种群系统的最优控制理论

付 军 著

清華大学出版社
北 京

内 容 简 介

本书系统介绍了与年龄相关的种群系统的最优控制问题。主要内容包括：国内外种群系统最优控制问题的发展历程，包括种群系统数学模型的发展与完善，以及偏微分方程和控制问题的具体研究。

书中所涉及的内容及其论证的数学思想方法和运算技巧均具有创新性，无论对偏微分方程的研究，还是对最优控制理论的研究，尤其是对非线性偏微分方程的研究，均具启发性和借鉴性。

本书可供理工科大学数学专业及有关专业的本科生、研究生、教师和有关的科研工作者参考使用。

图书在版编目（CIP）数据

种群系统的最优控制理论 /付军著.—北京：清华大学出版社，2022.4
ISBN 978-7-302-54849-2

Ⅰ.①种… Ⅱ.①付… Ⅲ.①最佳控制－研究 Ⅳ.①O232

中国版本图书馆 CIP 数据核字（2020）第 017666 号

责任编辑：佟丽霞
封面设计：刘艳芝
责任校对：王淑云
责任印制：沈 露

出版发行：清华大学出版社
网 址：http://www.tup.com.cn，http://www.wqbook.com
地 址：北京清华大学学研大厦 A 座 邮 编：100084
社 总 机：010-83470000 邮 购：010-62786544
投稿与读者服务：010-62776969，c-service@tup.tsinghua.edu.cn
质量反馈：010-62772015，zhiliang@tup.tsinghua.edu.cn
印 装 者：天津鑫丰华印务有限公司
经 销：全国新华书店
开 本：185mm×260mm 印 张：18.5 字 数：449 千字
版 次：2022 年 4 月第 1 版 印 次：2022 年 4 月第1 次印刷
定 价：89.00 元

产品编号：082747-01

前言

生物种群系统控制，是人们长期以来十分关心的问题，因为它关系着人类生存环境的生态平衡和社会的可持续发展。种群系统是个生灭系统，这个系统的演化既与时间有关又与空间分布有关，它的演化过程既受自然因素的作用又受外在因素的影响。从控制论的角度来看，这个过程的“生”与“灭”都是可以施加控制的。这个系统广泛存在于现实世界中，对这类系统的描述，多为偏微分方程而且是非线性的，对其控制问题的研究形成了现代分布参数系统控制理论。因此对种群系统控制问题的研究具有重要的理论意义和应用价值。

本书主要围绕作者近年来的研究工作撰写而成，绝大部分内容取材于作者近年来已发表或未发表的论文。本书共分 5 章，对于与年龄相关的线性种群系统、半线性系统和拟线性系统，针对单种群和多种群系统分别加以研究，并于第 4 章中首次提出由拟线性积分-偏微分方程组描述的年龄相关和空间扩散的拟线性种群系统的数学模型，控制量作为规模变量的权函数出现在种群空间扩散系数中，可对生存环境进行控制。

为了保持本书的系统性，作者在第 1 章绪论中对种群系统的最优控制的研究状况加以概述；在第 2 章中讨论与年龄相关的线性种群系统的相关控制问题；在第 3 章中讨论与年龄相关的半线性种群系统的最优控制；在第 4 章中讨论与年龄相关的拟线性种群系统的最优控制；在第 5 章中讨论与年龄相关的多种群系统的最优控制。

对本书中第 4 章的研究内容，我国著名系统科学家、数学家、国务院学位委员于景元教授评价道：“这类模型在偏微分方程理论中是一类新的方程，在分布参数系统控制中，也是一类新的控制问题。关于模型的解的存在唯一性、正则性，不仅对控制问题的研究是基础，就是对偏微分方程理论本身也是有价值的。关于最优控制必要条件的结果，对分布参数系统理论是丰富和发展。”对本书中第 4 章的研究成果，著名数学家、中国原子能科学研究院阳名珠教授评价说：“这些系统而完整的创新学术成果，论证的思想、方法有创造性，有难度，例如，用抛物方程的差分方法和先验估计论证广义解的正则性来通向最优控制问题之研究，思想方法有别于前人，巧而新，有创新意义，启迪了非线性方程研究之某种方法，广义解唯一性定理之论证也深化和扩展了 Langlais 存在性的结果。该成果中，以动态的拟线性积分-微分型方程来刻画物种种群系统演化之研究，对客观物质世界各种生灭现象平衡问题的探讨具有一定的代表性，这类问题的数学研究尚不成熟，因而它的任何学术进展在理论与应用上都是有价值的，它是一门跨众多学科的、受人关注的、重要的数学研究领域。”于景元研究员和阳名珠教授对本书工作所给予的这些肯定与评价，将激励我在科学研究的道路上不畏艰难，努力前行。在此，本人对两位学术前辈给予的关怀和鼓励表示深切的谢意！

我还要特别地感谢我的博士研究生导师陈任昭教授。在26年前，是陈任昭先生将我带入了分布参数系统控制的研究领域，师从于陈任昭先生学习和研究，他那渊博的学识和严谨的治学态度以及高尚的品格都将使我受益终生。在导师陈任昭先生逝世三周年之际，谨向我的导师致以学子最诚挚的敬意和深切的怀念！

在此，感谢东北师范大学高夯教授的指导！感谢我的研究生在书稿整理过程中的辛勤工作！感谢本书所列参考文献的各位作者！感谢吉林师范大学数学学院对本书出版的大力支持！

作　者

2021年9月8日

目录

第 1 章　绪论 …… 1

1.1　Malthus 模型和 Logistic 模型 …… 1
1.2　与年龄相关的线性种群数学模型 …… 2
1.3　与年龄相关的非线性种群数学模型 …… 4
1.4　与年龄相关的线性种群扩散模型 …… 6
1.5　与年龄相关的半线性与拟线性种群扩散模型 …… 7
1.6　关于种群系统最优控制计算的惩罚移位法 …… 10
1.7　多种群系统的最优控制 …… 11

第 2 章　与年龄相关的线性种群系统 …… 19

2.1　与年龄相关的种群扩散系统解的存在性与收获控制 …… 19
2.1.1　问题的陈述 …… 19
2.1.2　系统 S 解的存在唯一性 …… 22
2.1.3　最优控制的存在性 …… 32
2.1.4　必要条件和最优性组 …… 37
2.2　与年龄相关的种群扩散系统的最优分布控制 …… 41
2.2.1　问题的陈述 …… 41
2.2.2　系统的状态 …… 43
2.2.3　控制为最优的充分必要条件和最优性组 …… 43
2.3　与年龄相关的种群扩散系统的最优分布控制计算的惩罚位移法 …… 46
2.4　具有最终状态观测的时变种群系统的最优初始控制 …… 54
2.4.1　问题的提出 …… 54
2.4.2　基本假设和系统的状态 …… 55
2.4.3　最优初始控制的存在性 …… 56
2.4.4　控制为最优的必要条件和最优性组 …… 62
2.4.5　最优初始控制计算的惩罚移位法 …… 65
2.5　与年龄相关的时变种群系统的边界能控性 …… 71
2.5.1　问题的陈述 …… 71
2.5.2　系统解的存在唯一性 …… 72
2.5.3　伴随问题与后向唯一性 …… 73
2.5.4　近似能控性 …… 75

2.6 与年龄相关的时变种群系统的分布能控性 …… 77
2.6.1 问题的陈述 …… 77
2.6.2 系统解的存在唯一性 …… 78
2.6.3 伴随问题与后向唯一性 …… 79
2.6.4 近似能控性 …… 82
2.7 本章小结 …… 84

第 3 章 与年龄相关的半线性种群系统 …… 86

3.1 与年龄相关的半线性种群扩散系统的最优收获控制问题 …… 86
3.1.1 问题的陈述 …… 86
3.1.2 基本假设与系统的状态 …… 88
3.1.3 最优收获控制的存在性 …… 90
3.1.4 必要条件和最优性组 …… 96
3.2 具有最终状态观测的半线性种群扩散系统的最优生育率控制 …… 100
3.2.1 问题的陈述 …… 100
3.2.2 系统(P)广义解的存在唯一性 …… 102
3.2.3 最优生育率控制的存在性 …… 104
3.2.4 必要条件与最优性组 …… 112
3.3 具有年龄分布和加权的半线性种群系统的最优边界控制 …… 117
3.3.1 问题的陈述 …… 117
3.3.2 基本假设与系统的状态 …… 119
3.3.3 最优边界控制的存在性 …… 121
3.3.4 必要条件与最优性组 …… 124
3.4 本章小结 …… 127

第 4 章 与年龄相关的拟线性种群扩散系统 …… 128

4.1 与年龄相关的拟线性种群扩散系统广义解的存在唯一性 …… 128
4.1.1 系统(P)的数学模型 …… 128
4.1.2 广义解的概念和一些引理 …… 130
4.1.3 相关的拟线性抛物方程解的存在唯一性 …… 134
4.1.4 系统(P)广义解的存在性 …… 139
4.1.5 系统(P)广义解的唯一性 …… 148
4.2 拟线性系统(P)广义解的正则性 …… 162
4.2.1 线性系统(P_0)解的正则性 …… 162
4.2.2 拟线性系统(P)广义解的正则性 …… 171
4.3 与年龄相关的拟线性种群扩散系统的最优控制 …… 177
4.3.1 引言 …… 177
4.3.2 具有分布观测的拟线性种群系统的最优控制 …… 179
4.3.3 具有最终状态观测的拟线性种群系统的最优控制 …… 197

4.4 与年龄相关的种群系统的最优扩散控制 …… 207
4.4.1 引言 …… 207
4.4.2 基本假设 …… 208
4.4.3 系统 S 的奇扰动系统 S_ε …… 208
4.4.4 扰动系统 S_ε 最优控制 u_ε 的存在性 …… 218
4.4.5 扰动系统 S_ε 控制为最优的必要条件 …… 222
4.4.6 扰动系统 S_ε 和系统 S 广义解的正则性 …… 224
4.4.7 系统 S 最优控制的存在性 …… 227
4.4.8 系统 S 控制为最优的必要条件 …… 234
4.5 本章小结 …… 236

第 5 章 与年龄相关的多种群系统 …… 238

5.1 半线性捕食与被捕食种群扩散系统的最优收获控制 …… 238
5.1.1 问题的提出 …… 238
5.1.2 系统(P)的状态 …… 239
5.1.3 最优收获控制的存在性 …… 243
5.1.4 最优收获控制存在性的最优条件 …… 247
5.2 与年龄相关的半线性 n 维食物链种群系统的最优收获控制 …… 250
5.2.1 问题的陈述 …… 250
5.2.2 基本假设与系统的状态 …… 251
5.2.3 最优收获控制的存在性 …… 255
5.2.4 最优条件 …… 259
5.3 与年龄相关的捕食种群系统的最优控制 …… 262
5.3.1 问题的陈述 …… 262
5.3.2 系统(P)广义解的存在唯一性 …… 263
5.3.3 系统(P)广义解的正则性 …… 266
5.3.4 系统(P)广义解对控制变量的连续依赖性 …… 268
5.3.5 最优控制的存在性 …… 269
5.3.6 控制为最优的一阶必要条件及最优性组 …… 272
5.4 本章小结 …… 277

附录 A $\mu(r,t,x)p(r,t,x)$ 在 $L^1(A)$ 中的有界性 …… 278

参考文献 …… 282

第 1 章 绪　论

本书讨论与年龄相关的种群系统的最优控制问题。生物种群系统控制，是人们长期以来十分关心的问题，因为它关系着人类生存环境的生态平衡和社会的可持续发展，因而对它的研究具有十分重要的现实意义。所谓种群，就是在特定时间内，占据一定空间的同一物种的个体的集合。例如，生活在地球上的人类，就可以看作一生物种群，而且它作为种群的一个典型代表被广泛而深入地研究，得出了许多有意义的理论成果，并且被有效地推广到其他问题的研究中去。因此，对种群问题的研究又具有理论意义。

种群问题，特别是人口问题，在人类历史上很早就引起了人们的关注。尤其随着数学和自然科学的形成和发展，人们对种群问题的研究也逐步深入并形成一门科学。马克思说："一种科学只有在成功地运用数学时才算达到真正完善的地步[1]。"正是人们运用数学工具建立起了从简单到复杂的种群发展系统模型，才使种群问题的研究逐步走向成熟。科学家们所建立的种群发展模型具有不同的特点，从而体现出不同的研究阶段或时期。

另一方面，从种群系统控制这一学术领域的特点来说，要很好地进行其系统控制问题的研究，首先要有反映种群各种主要数量关系的数学模型，而模型的数学解则可以描述种群发展过程的状态，然后才能在这个理论基础上严密地讨论种群系统的控制问题。

可见，种群系统的各种数学模型在很大程度上代表了相应时期研究的状况和进展。下面我们结合各个时期的种群系统数学模型来评述关于种群系统控制领域国内外研究的状况和进展。本书只就种群确定性、连续性的数学模型来叙述。

1.1 Malthus 模型和 Logistic 模型

在 Malthus 结合人口问题建立种群动态模型的 170 多年前，曾首次将欧几里得《几何原本》翻译成中文的我国明代杰出科学家徐光启，就曾用数学方法估算过人口增长的特点。他指出："生人之率，大抵三十年加一倍，自非有大兵革，则不得减[2]"。他还以我国在没有天灾人祸和不节制生育的几个历史时期的人口增长数据作了论证。这和后来 Malthus 在《人口原理》中推算的 25 年人口增长一倍的论点很近似。这是世界上应用数学去探讨种群生态的最早史例。

1798 年，身为经济学家和人口学家的英国著名神父 Malthus 提出了一个描述种群发展过程的动态数学模型，它就是下面的常微分方程[3]：

$$\frac{\mathrm{d}}{\mathrm{d}t}P(t)=\lambda P(t), \quad t\geqslant 0。 \tag{1.1.1}$$

其中，假设种群的变化率$\frac{\mathrm{d}}{\mathrm{d}t}P(t)$与群体大小$P(t)$成比例，比例系数$\lambda$是所谓的Malthus群体参数。显然，方程(1.1.1)的解为

$$P(t)=P(0)\mathrm{e}^{\lambda t}, \tag{1.1.2}$$

这就是著名的Malthus种群(或称人口)指数增长公式。

Malthus公式(1.1.2)在不太长的时间内还是正确的，例如从1780—1980年的200年中，瑞典的人口普查的数据结果与公式(1.1.2)计算出来的结论是相吻合的。瑞典的统计数据还表明：人口每25年增加一倍。这与我国科学家徐光启的结论相当。

但是，从Malthus公式(1.1.2)容易看出：当$\lambda>0$且$t\to+\infty$时，种群总数$P(t)\to+\infty$，即种群数量无限增长。这一不现实的结论促使人们用怀疑的目光来看待Malthus的基本假设，从中发现是由于建立模型时没有考虑种群拥挤和资源环境对种群发展的影响。比较切合实际的种群增长模型应该允许Malthus参数λ依赖于种群总数本身和环境状况。因此，比利时的社会学家Verhulst于1838年提出了一个新模型，被称为Logistic方程[4]：

$$\frac{\mathrm{d}}{\mathrm{d}t}P(t)=\lambda_1\left(1-\frac{P(t)}{K}\right)P(t),\quad t\geqslant 0。\tag{1.1.3}$$

这样，就有$\lambda=\lambda_1\left(1-\frac{P(t)}{K}\right)$，其中常数$\lambda_1$和$K$分别称作种群的内在增长率和环境容量。非线性方程(1.1.3)的解$P(t)$为

$$P(t)=K/[1+(K/P(0)-1)\mathrm{e}^{-\lambda_1 t}],\quad t\geqslant 0, \tag{1.1.4}$$

而当$\lambda_1>0$时，有$\lim\limits_{t\to+\infty}P(t)=K$，即当时间变得无限时，种群总数趋向一个非平凡的平衡状态，这正是人们期望的目标。

Logistic方程的实际含义可以这样理解：由于资源最多只能维持K个个体，故每个个体平均所需资源为总资源的$\frac{1}{K}$。在t时刻$P(t)$个个体共消耗了总资源的$\frac{P(t)}{K}$，此时剩余的资源为$1-\frac{P(t)}{K}$。因此，Logistic方程表明：种群规模的相对增长率与当时剩余的资源是成正比的。这种种群密度对种群规模增长起抑制作用的现象，称为密度制约。显然，当不考虑密度制约因素时，Logistic方程(1.1.3)就变成了Malthus模型(1.1.1)。

由此可见，以Logistic方程为内容的Verhulst模型要比线性的Malthus模型更加符合种群实际，这是可以理解的。因为严格地说，现实世界中复杂的数量关系都是非线性的。一般来说，人们提出的线性方程只是现实关系的一种近似，而方程的非线性程度越高则越接近实际，相应地在数学理论上难度也越大。非线性Logistic方程对细菌、酵母、浮游藻类等低等生物种群生长的预测是很适用的，至今仍被种群统计学者和种群生态学家们广泛地应用。

但是，由于它没有考虑年龄分布等因素，因而对寿命较长、世代重叠的物种进行生长预测例如人口增长等会产生较大偏差。

1.2 与年龄相关的线性种群数学模型

Malthus模型和Logistic方程没有涉及到年龄结构。而对于寿命很长、世代重叠的物种，其年龄结构往往是人们十分关心的信息。对于人类自身而言，随时获得人口发展过程中

的年龄分布信息，更是十分重要的事情，它便于有关部门掌握中小学生、青壮年劳动力和老年人的人数分布状况，从而对教育、就业和福利等进行科学的规划，以适应社会发展的实际需要。

最早考虑年龄相关的连续模型是 Sharpe 和 Lotka 在 1911 年以及 Mekendrick 在 1926 年提出的模型，统称为 Sharpe-Lotka-Mekendrick 模型（简称 S.L.M 模型）[5-6]。该模型中的方程是线性的，在经过 Foerster 的改进后，具有了下面的形式[7]：

$$\begin{cases}\dfrac{\partial p}{\partial r}+\dfrac{\partial p}{\partial t}+\mu(r,t)p=f(r,t), & \text{在}(0,A)\times(0,T)\text{内}, \\ p(0,t)=\displaystyle\int_0^A \beta(r,t)p(r,t)\mathrm{d}r, & \text{在}(0,T)\text{内}, \\ p(r,0)=p_0(r), & \text{在}(0,A)\text{内}。\end{cases} \tag{1.1.5}$$

其中，$p(r,t)$表示时刻 t 年龄为 r 的单种群年龄密度分布，因而有

$$P(r,t)=\int_0^r p(\sigma,t)\mathrm{d}\sigma, \quad \frac{\partial P}{\partial r}=p(r,t)。 \tag{1.1.6}$$

其中，$P(r,t)$表示时刻 t 种群中年龄不超过 r 岁的个体总数；$\mu(r,t)$表示种群的死亡率；$\beta(r,t)$表示种群的繁殖率或生育率；$f(r,t)$表示由于种群的迁移和发生自然灾害等产生的机械变动。初边值问题(1.1.5)是一阶双曲线性偏微分方程$(1.1.5)_1$ 和 Fredholm 积分方程$(1.1.5)_2$ 在边界 $r=0$ 处相耦合而成的积分-偏微分方程组。问题(1.1.5)就构成了与年龄相关的种群动态的经典线性模型，被称为 Mekendrick 或 Foerster 方程。

Feller、Bellman 和 Cooke、Miller 分别将偏微分-积分方程组(1.1.5)化为等价的积分方程[8-10]，并在假设 $\mu=\mu(r)$ 和 $\beta=\beta(r)$，即所谓定常情形下讨论了方程组(1.1.5)的解及其渐近性态，得到了著名的 Sharpe-Lotka 定理。Webb 于 1983 年运用半群理论给出了新的证明[11]。

这里要特别指出的是，我国著名控制论科学家宋健院士和于景元教授在 1980 年就结合中国人口研究实际对模型(1.1.5)进行了重要改进[12]，将方程$(1.1.5)_2$ 改进为下面的正规化形式，即把反馈积分方程$(1.1.5)_2$ 精确化。令 $\beta(r,t)=\beta(t)k(r,t)h(r,t)$，则方程$(1.1.5)_2$ 变为

$$p(0,t)=\beta(t)\int_0^A k(r,t)h(r,t)p(r,t)\mathrm{d}r, \tag{1.1.7}$$

其中，$k(r,t)$为总人口中的女性占比，$h(r,t)$为生育模式，规格化为

$$\int_{r_1}^{r_2} h(r,t)\mathrm{d}r=1。 \tag{1.1.8}$$

其中，$[r_1,r_2]$为妇女生育区间，$\beta(t)$为妇女比生育率，它的实际意义为每个妇女一生中平均所生孩子的个数。宋健等在文献[12]中还对中国人口未来发展作出了科学预测，为中国政府制定人口政策提供了理论依据。

宋健和于景元于 1981 年，还找到了模型$(1.1.5)_1$，模型$(1.1.5)_3$ 和模型(1.1.7)在 $\mu=\mu(r)$和 $\beta=\beta(r)$的定常情形下的妇女比生育率 β 的临界值 β_{cr} 及其数值方法[13]。这个新发现是在人口系统渐近性态研究上的重大突破，为人口控制政策的制定提供了科学依据。

陈任昭在宋健的指导下，分别于 1981 年和 1983 年证明了模型$(1.1.5)_1$，模型$(1.1.5)_3$ 和模型(1.1.7)在 $\mu=\mu(r,t)$和 $\beta=\beta(r,t)$的非定常即所谓时变情形下的古典解和弱解的存

在唯一性及其解析表达式[14-15]。在此基础上，宋健和陈任昭于 1983 年提出了人口系统平均寿命等一些人口指数的新概念和计算公式[16]。陈任昭同时得到了时变人口模型的临界生育率 β_{cr}[17]，而陈任昭、高夯和李健全等进一步得到了 $\beta_{cr}(t)$[18-20]，深化了文献[13]关于人口系统的渐近性态研究成果。

宋健等在 1980 年对人口系统$(1.1.5)_1$，系统$(1.1.5)_3$ 和系统(1.1.7)的最优控制等问题进行了开创性的研究工作[21]，其中对给定的理想人口总数 $P^*(t)$和理想人口状态 $p^*(r,t)$，按给出的有关性能指标泛函 $J(\beta)$求出最优的 $\beta^*(t)$使 $J(\beta)$达到最小，得到了充分必要条件$\beta=\beta_{cr}$。

宋健和于景元在大量深入研究工作的基础上，创立了人口控制论[22-23]。他们还把人口发展过程进一步概括为一般的生灭过程，将有关理论上升到基础学科的层次，并有效地将其应用到经济控制等领域中去[24-30]，推动了数学控制论在实际应用中的发展。

1984 年和 1994 年，胡顺菊和赵友等分别讨论了系统$(1.1.5)_1$，系统$(1.1.5)_3$ 和系统(1.1.7)为定常情形的最优生育率控制存在性和时变情形的生育率控制为最优的必要条件[31-32]。

1989—1990 年，陈炜良、郭宝珠研究了系统$(1.1.5)_1$，系统$(1.1.5)_3$，系统(1.1.7)在定常情形的最优生育率制问题，给出了生育率控制 β^* 为最优的必要条件以及时间最优控制的存在性等[33-35]。

1994 年，意大利的 Prato 和 Iannelli 对定常种群系统$(1.1.5)_1$，系统$(1.1.5)_3$ 和

$$p(0,t)=\int_0^A \beta(r)p(r,t)\mathrm{d}r+v(t),\quad t\geqslant 0 \tag{1.1.9}$$

的最优边界控制作了讨论，在性能指标泛函

$$J(v)=\int_0^T\left[\int_0^A p^2(r,t)\mathrm{d}r+v^2(t)\right]\mathrm{d}t \tag{1.1.10}$$

的情形下，得到了控制 $u(t)$为最优的必要条件[36]。

1999—2000 年，曹春玲、徐文兵和陈任昭讨论了时变系统$(1.1.5)_1$，系统$(1.1.5)_3$ 和

$$p(0,t)=\int_0^A \beta(r,t)p(r,t)\mathrm{d}r+v(t),\quad t\geqslant 0$$

的最优边界控制问题，证明了最优边界控制的存在唯一性，并给出了控制 $u(t)\in U_{ad}$ 为最优的充分必要条件[37-38]。

1.3 与年龄相关的非线性种群数学模型

如同 1.1.1 节 Verhulst 模型中的 Logistic 方程对 Malthus 模型存在的缺陷所作的改进情况一样，在与年龄相关的种群问题的研究过程中，我们应该考虑种群拥挤和生存环境限制对种群发展过程的影响。这就自然导致死亡率 μ 和种群生育率 β 等依赖于种群年龄密度 $p(r,t)$或种群总数 $P(t)=\int_0^A p(r,t)\mathrm{d}r$，即

$$\mu=\mu(r,t;P(t)),\quad \beta=\beta(r,t;P(t))\ 和\ f=f(r,t;P(t))。$$

这样，相应的模型关于状态函数 $p(r,t)$就是非线性的。第一个与年龄相关的非线性种群连续模型是由 Gurtin 和 MacCamy 以及 Hoppensteadt 于 1974 年引入的，其具体的形式为[39]：

$$\begin{cases} P(t)=\int_0^A p(r,t)\mathrm{d}r, \quad t\geqslant 0, \\ \dfrac{\partial p}{\partial r}+\dfrac{\partial p}{\partial t}+\mu(r,t;P)p=f(r,t;P), \quad 在(0,A)\times(0,T)内, \\ p(0,t)=\int_0^A \beta(r,t;P(t))p(r,t)\mathrm{d}r, \quad 在(0,T)内, \\ p(r,0)=p_0(r), \quad 在(0,A)内。\end{cases} \tag{1.1.11}$$

其中 $\mu(r,t;P)$,$f(r,t;P)$和 $\beta(r,t;P)$均为 $P(t)(t\geqslant 0)$的函数,而且在

$$\mu=\mu(r;P), \quad \beta=\beta(r;P), \quad f\equiv 0 \tag{1.1.12}$$

的定常假设下,利用与处理线性模型类似的策略,即用特征线法把原问题转换为包含繁殖率 $B(t)=p(0,t)$的非线性 Volterra 积分方程的系统。

1985 年,Webb 总结了前人有关解的存在性、稳定性等工作,并用算子半群的方法进一步对系统(1.1.11)在定常情形的解的存在性和稳定性作了研究,得出了系统解的稳定性结果,同时还列出了一些学者对种群系统所做的研究工作的论文目录[40]。

1990 年, Chan 和 Guo[41-42]对方程(1.1.11)在 $\mu(r,t;P)\equiv\mu(r,P)$ 和 $\beta(r,t;P)\equiv\beta(r;P)$ 的特殊情况下, 用半群理论证明其连续解的存在唯一性。同时,他们还运用基于锥理论的 Dubovitskii-Milyutin 方法[42]证明了线性定常人口系统$(1.1.5)_1$,系统$(1.1.5)_3$ 和系统(1.1.7)的生育率 $\beta^*(t)$为最优控制的必要条件,其中容许控制集合 U_{ad} 为有界凸集。

2003 年, 陈任昭和李健全对非线性时变种群系统(1.1.11)的一般情形解的存在唯一性给出了证明[43], 把文献[40]在定常情形下的结果推广到时变情形。

2000 年,徐文兵和陈任昭利用分离变量的方法,讨论了非线性时变种群系统(1.1.11)在

$$f(r,t,P(t))=-v(r,t)p(r,t) \tag{1.1.13}$$

时的最优捕获问题,证明了最优捕获的存在唯一性及控制为最优的必要条件[44]。该结果是文献[45]～文献[48]关于系统(1.1.11)在定常情形下的结论的推广。

1999 年,罗马尼亚著名的控制论专家 Barbu 和意大利的 Iannelli 提出了下面与年龄相关的非线性种群控制系统的定常情形[49]:

$$\begin{cases} \dfrac{\partial p}{\partial r}+\dfrac{\partial p}{\partial t}+\mu_0(r)p+\mu_e(S)p=0, \quad 在(0,A)\times(0,T)内, \\ p(0,t)=\int_0^A \beta(r;S)p(r,t)\mathrm{d}r, \quad 在(0,T)内, \\ p(r,0)=p_0(r,t), \quad 在(0,A)内, \\ S(t)=\int_0^A v(r,t)p(r,t)\mathrm{d}r, \quad 在(0,T)内。\end{cases} \tag{1.1.14}$$

其中,$v(r,t)$为该种群系统的控制量,它反映人们为减轻种群总量 $P(t)=\int_0^A p(r,t)\mathrm{d}r$ 所带来的对种群系统的不利影响而采取的措施; μ_0 为种群的自然死亡率;μ_e 为额外死亡率;β 为生育率;$S(t)$为种群的规模变量。μ_e 和 β 均依赖于 $S(t)$,这反映 μ_e 和 β 与种群拥挤程度和生存环境有关。文献[49]还在性能指标泛函 $J(v)$取

$$J(v)=\int_Q g(r,t;p(r,t;v))\mathrm{d}r\mathrm{d}t+\rho\|v\|^2_{L^2(Q)} \tag{1.1.15}$$

的情形下,利用压缩映射原理和 Ekeland 变分原理证明了系统(1.1.14)的最优控制的存在

唯一性，并用锥理论的方法推出了以 Euler-Lagrange 组形式给出的控制为最优的一阶必要条件和反馈形式。

1.4 与年龄相关的线性种群扩散模型

生物种群虽然生活在某一空间里，但是它们经常移动它们所在的空间位置或者在空间中扩散，因而引起种群在空间中的密度变化，这也是人们十分关心的。例如，海洋渔业者就十分关心鱼群在海洋空间中的分布状况。这些问题吸引了一些生态学者和数学工作者对其进行研究，建立了许多具有空间扩散且与年龄相关的种群系统数学模型。与年龄相关的线性种群扩散模型最早是由 Gurtin 于 1973 年提出的，简记为系统(P_0)[50]：

$$\begin{cases}\dfrac{\partial p}{\partial r}+\dfrac{\partial p}{\partial t}-k(t,x)\Delta p+u(r,t,x)p=f(r,t,x), & \text{在 } Q=(0,A)\times\Omega_T \text{ 内},\\ p(0,t,x)=\displaystyle\int_0^A\beta(r,t,x)p(r,t,x)\mathrm{d}r, & \text{在 } \Omega_T=(0,T)\times\Omega \text{ 内},\\ p(r,0,x)=p_0(r,x), & \text{在 } \Omega_A=(0,A)\times\Omega \text{ 内},\\ p(r,t,x)=0, & \text{在 } \Sigma=(0,A)\times(0,T)\times\partial\Omega \text{ 上},\\ \text{或 } k\,\mathrm{grad}p\cdot\boldsymbol{\eta}=\dfrac{\partial p}{\partial\eta_k}=0, & \text{在 } \Sigma \text{ 上}。\end{cases}\tag{1.1.16}$$

其中，$p(r,t,x)$是时刻 t 年龄为 r 的单种群在空间点 $x\in\Omega$ 处的年龄-空间密度分布；$k(t,x)>0$ 是空间扩散系数；$\boldsymbol{\eta}$ 是 Ω 的边界$\partial\Omega$ 上的外法单位向量。条件$(1.1.16)_4$ 表示边界$\partial\Omega$ 非常不适宜于种群生存，而条件$(1.1.16)_5$ 表示没有种群通过边界$\partial\Omega$。

1976 年，Gopalsamy 对在一维空间 $\Omega=(0,l)$ 情形下的系统(P_0)的稳定性作了研究[51]。1979 年，Garroni 和 Lambert 证明系统(P_0)的正则广义解的存在唯一性[52]。

1982 年，Garroni 和 Langlais 证明了种群系统(P_0)的 L^1-解的存在唯一性[53]。

1993 年，我国学者冯德兴和陈炜良讨论了系统(P_0)的谱性质和系统的渐近特性[54]。

2000 年和 2002 年，陈任昭和张丹松等讨论了系统$(1.1.16)_1$，系统$(1.1.16)_3$，系统$(1.1.16)_4$ 和

$$p(0,t,x)=\int_0^A\beta(r,t,x)p(r,t,x)\mathrm{d}r+v(t,x)\tag{1.1.17}$$

关于含分布观测的二次性能指标的最优边界控制，证明了最优控制的存在唯一性及控制 $u\in U_{ad}$ 为最优的充分必要条件，并在系统(1.1.17)修改为

$$p(0,t,x)=B(t,x)+v(t,x)$$

的情形下，应用惩罚移位法得出了求最优控制 $u\in U_{ad}$ 的数值逼近程序[55-56]。

2002 年，李健全和陈任昭对系统(P_0)在$(0,A)$内关于 r 积分将其变为抛物型的种群扩散系统，证明了最优生育率控制 $\beta^*\in U_{ad}$ 的存在性及 β^* 为最优的必要条件[57]。

2000 年，申健中等利用 Mazur 引理，证明了系统(P_0)在含分布观测的性能指标 $J_2(\beta)$ 情形下的最优生育率控制 $\beta^*\in U_{ad}$ 的存在性[58]。

2001 年，李健全在博士论文[59]中第 3 章对前人未研究过的系统(P_0)在性能指标$J_1(\beta)$含最终状态观测情形下的最优生育率 $\beta^*\in U_{ad}$ 控制问题进行了讨论，证明了最优控制的存

在性和控制 β^* 为最优的必要条件以及最优控制 β^* 的反馈表达式。同时对文献[58]未探讨的含分布观测的性能指标泛函 $J_2(\beta)$ 的生育率控制 $\beta^*\in U_{ad}$ 为最优的必要条件进行讨论，得到了与 $J_1(\beta)$ 相应的结果。

2003 年，付军和陈任昭对在 $f(r,t,x)=v(r,t,x)$ 情形下的系统(P_0)的最优分布控制问题作了讨论，证明了控制 v^* 为最优的充分必要条件和最优性组[60]，并且用惩罚移位法得出了最优控制 v^* 近似计算的逼近程序[61]。

2000 年，Ainseba 和 Langlais 在文献[62]中讨论了系统(P_0)中的式(1.1.16)$_3$ 换为 $p(r,T,x)=g(r,x)$ 后系统的能控性问题，并得出了结果。

1.5 与年龄相关的半线性与拟线性种群扩散模型

把与年龄相关的线性种群扩散模型(1.1.16)和与年龄相关的非线性种群模型(1.1.11)的形成思想结合起来，就形成了如下的与年龄相关的拟线性种群扩散模型，简记为系统($\widetilde{P}$)：

$$\begin{cases}P(t,x)=\int_0^A p(r,t,x)\mathrm{d}r,\\ \dfrac{\partial p}{\partial r}+\dfrac{\partial p}{\partial t}-\mathrm{div}(k(t,x;P)\nabla p)+\mu(r,t;P)p=f(r,t,x;P), & \text{在 } Q \text{ 内},\\ p(0,t,x)=\int_0^A \beta(r,t,x;P)p(r,t,x)\mathrm{d}r, & \text{在 } \Omega_T \text{ 内},\\ p(r,0,x)=p_0(r,x), & \text{在 } \Omega_A \text{ 内},\\ p(r,t,x)=0, & \text{在 } \Sigma \text{ 上},\\ \text{或 } k\,\mathrm{grad}p\cdot\boldsymbol{\eta}=\dfrac{\partial p}{\partial \eta_k}=0, & \text{在 } \Sigma \text{ 上}。\end{cases}\tag{1.1.18}$$

其中，$p(r,t,x)$ 是种群年龄-空间密度分布函数；μ，β 和 f 均依赖于种群的空间密度 $P(t,x)$，它反映种群拥挤程度和种群所处的生存环境对种群发展过程的影响。所以对拟线性种群扩散系统 $\widetilde{P}$ 的研究具有重要的实际价值。第一边值问题(1.1.18)$_1$～问题(1.1.18)$_5$ 记为系统($\widetilde{P}_1$)，而第二边值问题(1.1.18)$_1$～问题(1.1.18)$_4$ 及问题(1.1.18)$_6$ 记为系统($\widetilde{P}_2$)。

与得到系统($\widetilde{P}$)类似，李健全和陈任昭把与年龄相关的种群扩散系统模型(1.1.16)同与年龄相关的半线性种群模型(1.1.14)结合起来考虑，则形成了下面和系统($\widetilde{P}$)类似但又有所不同的与年龄相关的半线性种群扩散模型，简记为系统(P^*)[59]：

$$\begin{cases}\dfrac{\partial p}{\partial r}+\dfrac{\partial p}{\partial t}-k(r,t)\Delta p+\mu_0 p+\mu_e(r,t,x;S)p=f(r,t,x;S), & \text{在 } Q \text{ 内},\\ p(0,t,x)=\int_0^A \beta(r,t,x;S)p(r,t,x)\mathrm{d}r, & \text{在 } \Omega_T \text{ 内},\\ p(r,0,x)=p_0(r,x), & \text{在 } \Omega_A \text{ 内},\\ p(r,t,x)=0, & \text{在 } \Sigma \text{ 上},\\ S(t,x)=\int_0^A v(r,t,x)p(r,t,x)\mathrm{d}r, & \text{在 } \Omega_T \text{ 内}。\end{cases}\tag{1.1.19}$$

其中，$p(r,t,x)$为种群的年龄-空间密度分布函数；$S(t,x)$为规模变量；v 为控制量。

1979 年，Blasio 对系统($\widetilde{P}_1$)在常数 $k>0,\mu=\mu(r,x;P),\beta=\beta(r,x;P)$时的所谓定常情形下的解的存在性进行了分析[63]。

1981 年，MacCamy 对非线性扩散的种群模型($\widetilde{P}$)作过探讨[64]。

1985 年，法国的 Langlais 证明了当 $f\equiv 0$ 和 $k(t,x;P)\equiv k(P)$时系统($\widetilde{P}_2$)的非负 L^1-解的存在性；1988 年，他又证明了在 $k(t,x;P)\equiv k>0$，k 为常数，μ 和 β 与 t 无关的定常情形下的半线性系统($\widetilde{P}_1$)的 L^1-解的唯一性及渐近特性[65-66]。

1993 年，冯德兴和陈炜良讨论了系统($\widetilde{P}_1$)在

$$k(t,x;P)\equiv k,\quad \mu=\mu(r),\quad \beta=\beta(r),\quad f=f_1(r,t;P)p(r,t,x)$$

时的半线性情形，并对将年龄 $0<r<A$ 进行离散所得的差分-半线性抛物发展方程组($\widetilde{P}_{1n}$)，利用半群理论证明了其解的存在唯一性及渐近稳定和不稳定的充分条件[54]。

1994 年，Kubo 和 Langlais 讨论并给出了系统($\widetilde{P}_1$)周期解的存在性、不存在性和唯一性的条件[67]。

1997—1999 年，张丹松、李健全和陈任昭证明了当 $f\neq 0$ 时的拟线性时变系统($\widetilde{P}_2$)的广义解的存在性和在半线性情形下的唯一性及渐近性质[68-70]。

下面主要介绍关于系统($\widetilde{P}$)控制问题研究的一些研究成果。

1990 年，罗马尼亚的 Anita 对系统($\widetilde{P}_1$)在

$$k(t,x;P)\equiv k(t,x),\quad \mu_0+\mu_e\equiv\mu=\mu(r),\quad \beta=\beta(r)$$

定常情形下而 $f(r,t,x;P)=-b(p-\psi)+g(P)v(r,t,x)$，其中 b 和 g 均为非线性函数的半线性情形的最优分布控制问题作了讨论，得到了最优控制 $u\in U_{ad}$ 的存在性及控制为最优的必要条件[71]。

1994 年，我国学者赵怡和黄煜讨论了当

$$k(t,x;P)\equiv k(t,x),\quad \mu_0+\mu_e\equiv\mu=\mu(r,t,x),\quad \beta=\beta(r,t,x),$$
$$f(r,t,x;P)=-b(p-\psi)$$

其中 b 为非线性函数，且有单边约束的系统($\widetilde{P}_1$)在半线性情形下的最优生育率控制问题，得到了控制 β^* 为最优的必要条件[72]。

由上可见，国内外学者对与年龄相关的拟线性种群扩散系统($\widetilde{P}$)进行了一些研究，讨论其解的存在性和半线性情形唯一性、渐近特性等问题，取得了不少重要成果；对于系统($\widetilde{P}$)的最优控制问题，只在系统($\widetilde{P}$)的半线性情形的个别特殊情况下作过一些初步探讨，例如文献[71]，文献[72]。而对于系统($\widetilde{P}$)的一般情形，则未发现有文献对其最优控制问题作过讨论。对于半线性系统(P^*)，Barbu 只对其当不含扩散即 $k(r,t)=0$ 的特殊情形的控制问题进行过讨论[49]。

2001—2002 年，陈任昭、李健全和付军，证明了半线性系统(P^*)在一般情形下的广义

解 $p\in V\equiv L^2((0,A)\times(0,T);H_0^1(\Omega))$ 的存在唯一性[73-74]。

2001 年，李健全证明了半线性系统(P^*)的最优控制 $u\in U_{ad}$ 的存在性，控制 u 为最优的必要条件、最优性组和最优控制 u 的反馈表达式[59]。

在这里，我们把建立系统(1.1.14)和系统(1.1.18)的思想结合起来，则形成与种群年龄-空间密度函数 $p(r,t,x)$ 相关的系统(P)：

$$
\begin{cases}
\dfrac{\partial p}{\partial r}+\dfrac{\partial p}{\partial t}-\operatorname{div}(k(t,x;S)\nabla p)+[\mu_0(r,t,x)+\mu_e(r,t,x;S)]p=0, \\
\qquad\qquad\qquad\qquad\qquad\qquad \text{在 } Q=\Theta\times\Omega \text{ 内}, & (1.1.20)\\
p(0,t,x)=\displaystyle\int_0^A \beta(r,t,x;S)p(r,t,x)\mathrm{d}r, \quad \text{在 } \Omega_T=(0,T)\times\Omega \text{ 内}, & (1.1.21)\\
p(r,0,x)=p_0(r,x), \quad \text{在 } \Omega_A=(0,A)\times\Omega \text{ 内}, & (1.1.22)\\
p(r,t,x)=0, \quad \text{在 } \Sigma=(0,A)\times(0,T)\times\partial\Omega \text{ 上}, & (1.1.23)\\
S=S(t,x)\equiv\displaystyle\int_0^A v(r,t,x)p(r,t,x)\mathrm{d}r, \quad \text{在 } \Omega_T \text{ 内}。 & (1.1.24)
\end{cases}
$$

问题(1.1.20)～问题(1.1.24)是一个与年龄相关的拟线性种群扩散控制系统(P)。它与前面所述的各类种群模型相比，较大的不同特点在于：它不仅可以反映种群死亡率 $\mu_e(r,t,x;S)$ 和生育率 $\beta(r,t,x;S)$ 受规模变量 S 的影响，还能反映出时刻 t 在空间位置 x 处的种群空间扩散系数 $k(t,x;S)$ 也受到 S 的影响，而这又是客观存在的现实。这也表明，规模变量 $S(t,x)\equiv\int_0^A v(r,t,x)p(r,t,x)\mathrm{d}r$ 的权函数 $v(r,t,x)$ 作为控制量，可以控制着种群的空间扩散系数的状况，而扩散系数 k 可以反映种群的空间结构。所以，控制量 v 出现在 $k\left(t,x;\int_0^A v(r,t,x)p(r,t,x)\mathrm{d}r\right)$ 中，它可以对种群所处的空间生态环境起到调节的作用。因此，对拟线性控制系统(P)的研究是有实际意义的。从数学控制理论方面来说，对拟线性控制系统(P)的研究也要比前人研究过的半线性系统(P^*)和($\widetilde{P}$)等都要繁难些，就像拟线性椭圆方程、抛物方程要比相应的线性、半线性的方程要繁难一样，理论上要有所创新，实践中才能有所前进。因而对它的研究也有一定的理论意义。

本书的主要研究内容之一，就是上述拟线性积分-偏微分方程组初边值问题(1.1.20)～问题(1.1.24)所描述的与年龄相关的拟线性种群扩散控制系统(P)。它是本书作者在博士生导师陈任昭教授的指导下，综合前人工作而提出的一类种群模型。

不难看出，问题(1.1.20)是一阶双曲偏微分算子 $\dfrac{\partial}{\partial r}+\dfrac{\partial}{\partial t}$ 与拟线性椭圆偏微分算子 $\operatorname{div}(k(t,x;S)\nabla p)$ 组合而成的混合型方程，而且它在边界 $r=0$ 处与非线性积分方程(1.1.21)相耦合成的非线性积分-偏微分方程组，还要满足初边值条件(1.1.22)和条件(1.1.23)；此外，问题(1.1.24)实际上也是 S 与 p 的方程。可见问题(1.1.20)～问题(1.1.24)与单纯的一阶双曲方程、椭圆方程、抛物方程或积分方程都有很大的区别。无论是对解的存在唯一性，还是对最优控制的存在性或者控制为最优的必要条件等的讨论上，其在数学和控制理论上都要遇到一些新的困难，就是相类似之处也要繁难得多。

正如 1.1.2 节所述，于景元教授于 1996 年把人口发展过程概括为一般的生灭过程，将有关理论上升到基础学科的层次[24-25]。人口系统是种群系统的一种典型情形，所以，种群发展系统亦可看成一种生灭的过程。繁殖过程是生的过程，死亡过程是灭的过程。因此，只要占据有空间且随时间而变化的具有某种形态的客体，在它演化过程中都存在“生”和“灭”的情况，那么它的状态变量 $p(r,t,x)$（随年龄、时间、空间而变化）都遵循一定的运动规律，这就导致它满足形如本节中的积分-偏微分方程组（式(1.1.20)～式(1.1.24)）。而当近似地认为 k,μ_e 和 β 与 S 无关时，它就变为系统(1.1.16)。因此，描述具有某种形态的客体演化的方程例如方程(1.1.16)，可以被应用来揭示许多与“生”和“灭”过程有关的系统的状态变化规律。例如，像文献[24]～[25]指出的一样，对于一个宏观经济系统，$K(r,t,x)$表示时刻 t 资产按役龄 r（资产已经使用的时间）和区域位置 x 的分布密度函数，而 $\mu(r,t,x)$是资产的相对折旧率函数，$b(r,t,x)$是时刻 t 资产按役龄 r 和位置函数 x 的资产-产出率，$\gamma(t)$是时刻 t 的积累率，常数 $k>0$ 为资产 K 在区域 Ω 中的流动系数或称扩散系数，那么 $K(r,t,x)$服从于方程

$$\begin{cases}\dfrac{\partial K}{\partial r}+\dfrac{\partial K}{\partial t}-k(r,t)\Delta K+\mu K=0, & \text{在 } Q \text{ 内},\\ K(0,t,x)=\psi(t,x)=\gamma(t)\displaystyle\int_0^A b(r,t,x)K(r,t,x)\mathrm{d}r, & \text{在 } \Omega_T \text{ 内},\\ K(r,0,x)=K_0(r,x), & \text{在 } \Omega_A \text{ 内},\\ K(r,t,x)=0, & \text{在 } \Sigma \text{ 上}。\end{cases} \tag{1.1.25}$$

这里，生产过程中的资产消耗即折旧率 μ 是“灭”的过程，而投资后新增的资产数量 ψ 表示了“生”的过程。方程组(1.1.25)与方程组(1.1.16)在形式上是完全一样的。所以方程组(1.1.16)或者方程(1.1.20)～方程(1.1.24)及对其的研究具有一般意义，它可以被用来描述和解释许多与生灭过程有关的系统。在本书后面的所有讨论中，为了具体起见，我们还是把方程(1.1.20)～方程(1.1.24)视作种群系统的数学模型。

上述内容的研究工作将在本书的第 4 章中叙述。

1.6 关于种群系统最优控制计算的惩罚移位法

上述文献所研究的种群系统的最优控制问题，只是在理论上证明了最优控制的存在性，给出了控制为最优的必要条件，但是并没有得到具体的计算结果和计算方法。为此，学者们经过不断研究，给出了一种求得近似解的逼近方法——惩罚移位法，近年来该方法在工程控制以及种群控制中都有所应用。

1993 年，陈任昭将惩罚移位法应用于新空间中复连通域上的抛物系统，得到了最优边界控制的近似解[75]。

1997 年，陈任昭、聂宏在《混凝土坝温度的最优预冷控制》中应用惩罚移位法得到了最优预冷控制的数值逼近[76]。

1998 年，陈任昭、聂宏将惩罚移位法应用于一类抛物系统最优初始计算，得到其近似解[77]。

1998 年，翁世友、高海音、赵宏亮、陈任昭应用乘子算法得到混凝土坝基渗流系统最优

控制的近似解[78]。

2000 年，陈任昭、张丹松将惩罚移位法应用于具空间扩散的且与年龄相关的时变种群系统，得到最优边界控制的逼近序列[79]。

2008 年，付军、程岩将惩罚移位法应用于与年龄相关的种群扩散系统，得到最优边界控制的逼近序列[80]。

2010 年，付军、闫淑坤在与年龄相关的时变种群系统中应用惩罚移位法得到最优边界控制的逼近序列[81]。

2010 年，付军、鞠静楠等应用惩罚移位法讨论了具空间扩散的时变种群系统最优分布控制计算的乘子方法[82]。

2017 年，付军、李婉婷、李仲庆在具有年龄结构的种群动力系统中应用惩罚移位法得到最优分布控制的近似解[83]。

1.7　多种群系统的最优控制

在自然界中，生物种群之间因存在着一定的相互关系而形成简单的群落，这种群落中各个种群之间的相互关系在生态学中有 9 种分类[84]，大体上可以分为两大类：一种是关系简单，或者说作用单一，其中包括彼此互不影响的中性作用；另一种是具有一定的相互作用关系，包括互利、竞争和捕食作用。1925 年，Lotka 建立了捕食-被捕食系统模型；1926—1931 年，Volterra 建立了竞争种群系统模型；1971 年，Odum 把上述两种模型推广到互利系统，后来人们把这三种模型统称为 Lotka-Volterra 模型，其表达式为

$$\begin{cases} \dfrac{\mathrm{d}x}{\mathrm{d}t} = x(a_1 + b_1 x + c_1 y), \\ \dfrac{\mathrm{d}y}{\mathrm{d}t} = y(a_2 + b_2 x + c_2 y)。 \end{cases}$$

其中，x，y 的系数均为常数；a_1 和 a_2 分别表示两种群的内禀增长率；b_1 和 c_2 分别表示两种群的密度作用因素，称为内作用系数；c_1 和 b_2 分别表示两种群的相互作用因素，称为内种间作用系数。

70 多年来，Lotka-Volterra 模型描述的生态动力学系统吸引了众多数学家、生态学家、经济学家从不同角度，用不同方法去研究两种群相互作用系统。至今，该研究仍然经久不衰，研究内容也从简单到复杂，从连续到离散，从确定性到随机性、模糊性，由特殊到一般，由生态到经济，呈现出的数学模型多种多样，研究成果丰富喜人。具体内容详见陈兰荪教授的著作[85]和马知恩教授的著作[86]以及其他有关文献。

正如单种群的研究一样，对于多种群的研究，年龄结构也是人们十分关注的信息，尤其对于寿命较长、世代重叠的物种，其年龄信息更具有实际意义。

2005 年，赵春、王绵森研究了两种群线性食物链系统[87]：

$$
\begin{cases}
\dfrac{\partial p_1}{\partial t}+\dfrac{\partial p_1}{\partial a}-k_1\Delta p_1=-\mu_1(a,t,x)p_1-\lambda_1(a,t,x)P_2(t,x)p_1-u_1(a,t,x)p_2, & \text{在 } Q \text{ 上},\\
\dfrac{\partial p_2}{\partial t}+\dfrac{\partial p_2}{\partial a}-k_2\Delta p_2=-\mu_2(a,t,x)p_2+\lambda_2(a,t,x)P_1(t,x)p_2-u_2(a,t,x)p_2, & \text{在 } Q \text{ 上},\\
\dfrac{\partial p_i}{\partial \nu}(a,t,x)=0, \quad \text{在 } \Sigma \text{ 上},\\
p_i(0,t,x)=\displaystyle\int_0^A \beta_i(a,t,x)p_i(a,t,x)\mathrm{d}a, \quad \text{在 } \Omega_T \text{ 上},\\
p_i(a,0,x)=p_{i0}(a,x), \quad \text{在 } \Omega_A \text{ 上},\\
p_i(t,x)=\displaystyle\int_0^A p_i(a,t,x)\mathrm{d}a, i=1,2, \quad \text{在 } \Omega_T \text{ 上。}
\end{cases}
$$

其中,

$$
Q=(0,A)\times(0,T)\times\Omega, \quad Q_T=(0,T)\times\Omega, \quad Q_A=(0,A)\times\partial\Omega,
$$
$$
\Sigma=(0,A)\times(0,T)\times\partial\Omega,
$$

针对性能指标泛函

$$
J(u)=\int_Q[u_1(a,t,x)p_1^u(a,t,x)+u_2(a,t,x)P_2^u(a,t,x)]\mathrm{d}a\,\mathrm{d}t\,\mathrm{d}x
$$

讨论了如下的收获控制问题

$$
\sup_{u\in U} J(u)
$$

其中,

$$
\begin{aligned}
&U=\{v \mid v=(v_1,v_2),v_1,v_2\in L^\infty(Q)\},\\
&0\leqslant\gamma_{11}(a,t,x)\leqslant v_1(a,t,x)\leqslant\gamma_{12}(a,t,x),\\
&0\leqslant\gamma_{21}(a,t,x)\leqslant v_2(a,t,x)\leqslant\gamma_{22}(a,t,x),\\
&\gamma_{ij}(a,t,x)\in L^\infty(Q), \quad i=1,2;j=1,2。
\end{aligned}
$$

2006 年,雒志学讨论了多种群线性竞争系统[88]:

$$
\begin{cases}
\dfrac{\partial p_i}{\partial t}+\dfrac{\partial p_i}{\partial a}=f_i(a,t)-\mu_i(a,t)p_i=-\displaystyle\sum_{k=1,k\neq i}^{n}\lambda_{ik}(a,t)P_k(t)p_i-u_i(a,t)p_i, & \text{在 } Q \text{ 上},\\
p_i(0,t)=\beta_i(t)\displaystyle\int_{a_1}^{a_2} m_i(a,t)p_i(a,t)\mathrm{d}a, \quad \text{在}(0,T)\text{ 上},\\
p_i(a_i,0)=p_{i0}(a), \quad \text{在}(0,a_+)\text{ 上},\\
p_i(t)=\displaystyle\int_0^{a_+} p_i(a,t)\mathrm{d}a, \quad i=1,2,\cdots,n, \quad \text{在}(0,T)\text{ 上。}
\end{cases}
$$

其中,$Q=(0,a_+)\times(0,T)$;$p_i(a,t)$为种群在 t 时刻年龄为 a 的密度函数;$\mu_i(a,t)$为种群的平均死亡率;$\lambda_{ik}(a,t)$表示种群间的相互作用系数;$m_i(a,t)$表示雌性占种群总数的比例。

针对性能指标泛函

$$
J(u)=\sum_{i=1}^{n}\int_0^T\int_0^{a_+} g_i(a,t)u_i(a,t)p_i^u(a,t)\mathrm{d}a\,\mathrm{d}t, \quad u\in U
$$

研究了收获控制问题

$$
\max_{u\in U}\sum_{i=1}^{n}\int_0^T\int_0^{a_+} g_i(a,t)u_i(a,t)p_i^u(a,t)\mathrm{d}a\,\mathrm{d}t
$$

其中，允许控制集

$$U=\prod_{i=1}^{n}U_i,$$

$$U_i=\{u_i\in L^\infty(Q):0\leqslant\zeta_{i1}(a,t)\leqslant u_i(a,t)\leqslant\zeta_{i2}(a,t),\quad \text{a.e.}Q\},$$

$$\zeta_{ij}\in L^\infty(Q),\quad i,j=1,2。$$

2007 年，雒志学研究了线性 n 维食物链系统[89]：

$$\begin{cases}\dfrac{\partial p_1}{\partial t}+\dfrac{\partial p_1}{\partial a}-k_1\Delta p_1=f_1(a,t,x)-\mu_1(a,t,x)p_1-\lambda_1(a,t,x)P_2(t,x)p_1-u_1(a,t,x)p_1,\\ \dfrac{\partial p_j}{\partial t}+\dfrac{\partial p_j}{\partial a}-k_j\Delta p_j=f_j(a,t,x)-\mu_j(a,t,x)p_j+\lambda_{2j-2}P_{j-1}(t)p_j-\lambda_{2j-2}(a,t,x)P_{j+1}(t,x)p_j-\\ \qquad\lambda_{2j-1}(a,t,x)P_{j+1}(t,x)p_j-u_j(a,t,x)p_j,\quad j=2,3,\cdots,n-1,\\ \dfrac{\partial p_n}{\partial t}+\dfrac{\partial p_n}{\partial a}-k_n\Delta p_n=f_n(a,t,x)-\mu_n(a,t,x)p_n+\lambda_{2n-2}(a,t,x)P_{n-1}(t,x)p_n-u_n(a,t,x)p_n,\\ \dfrac{\partial p_i}{\partial \nu}=0,\quad (a,t,x)\in\Sigma,\\ p_i(0,t,x)=\displaystyle\int_0^{a_+}\beta_i(a,t,x)p_i(a,t,x)\mathrm{d}a,\\ p_i(a,0,x)=p_{i0}(a,x),\\ P_i(t,x)=\displaystyle\int_0^{a_+}p_i(a,t,x)\mathrm{d}a,\quad (a,t,x)\in Q_i;i=1,2,\cdots,n。\end{cases}$$

其中，$Q=(0,a_+)\times(0,T)\times\Omega$，$\Sigma=(0,a_+)\times(0,T)\times\partial\Omega$，$k_i(i=1,2,\cdots,n)$表示 Ω 中第 i 个种群的扩散率，$u_i(a,t,x)$表示种群收获努力量，且为控制变量。

针对性能指标泛函

$$J(u)=\sum_{i=1}^{n}\int_0^T\int_0^{a_+}\int_\Omega g_i(a,t,x)u_i(a,t,x)p_i^u(a,t,x)\mathrm{d}a\,\mathrm{d}t\,\mathrm{d}x,\quad u\in U$$

研究了收获控制问题

$$\max_{u\in U}J(u)。$$

其中，允许控制集 $U=\prod_{i=1}^{n}U_i$，

$$U_i=\{u_i\in L^\infty(Q):0\leqslant\zeta_{i1}(a,t,x)\leqslant u_i(a,t,x)\leqslant\zeta_{i2}(a,t,x),\quad \text{a.e.}(a,t,x)\in Q\},$$

$$\zeta_{ij}\in L^\infty(Q),\quad i=1,2,\cdots,n;j=1,2,$$

$$\forall u\in U,\quad u=(u_1,u_2,\cdots,u_n)。$$

2007 年，雒志学研究了线性 n 种群竞争系统[90]：

$$\begin{cases}\dfrac{\partial p_i}{\partial t}+\dfrac{\partial p_i}{\partial a}=-p_i(a,t)\Big(\mu_i(a,t)+\displaystyle\sum_{k=1,k\neq i}^{n}\lambda_{ik}(a,t)P_k(t)\Big),\\ p_i(0,t)=\beta_i(t)\displaystyle\int_{a_1}^{a_2}m_i(a,t)p_i(a,t)\mathrm{d}a,\\ p_i(a_i,0)=p_{i0}(a),\quad P_i(t)=\displaystyle\int_0^{a_+}p_i(a,t)\mathrm{d}a,\quad i=1,2,\cdots,n;(a,t)\in Q。\end{cases}$$

其中，$Q=(0,a_+)\times(0,+\infty)$；$[a_1,a_2]$是生育区间；$p_i(a,t)$是种群在 t 时刻年龄为 a 的密度函数；$\lambda_{ik}(a,t)$ $(i,k=1,2,\cdots,n;k\neq i)$是相互作用系数；$m_i(a,t)$为雌性种群个体占种群总量的比例。

针对性能指标泛函

$$J(\beta,p)=\int_0^T\int_0^{a_+}L(\beta_1(t),\beta_2(t),\cdots,\beta_n(t),p_1(a,t),p_2(a,t),\cdots,p_n(a,t),a,t)\,\mathrm{d}a\,\mathrm{d}t+\frac{1}{2}\sum_{i=1}^{n}\int_0^{a_+}[p_i(a,t)-\bar{p}(a,t)]^2\,\mathrm{d}a$$

研究了生育率控制问题

$$J(\beta^*,p^*)=\min\{J(\beta,p),\beta\in U\}。$$

其中，允许控制集 $U=\prod_{i=1}^{n}U_i$，

$$U_i=\{\beta_i\in L^\infty(0,+\infty):0\leqslant\beta_0\leqslant\beta_i(t)\leqslant\beta^0,\forall t>0\}。$$

2008 年，雒志学、杜明银讨论了线性 n 种群食物链系统[91]：

$$\begin{cases}\dfrac{\partial p_1}{\partial t}+\dfrac{\partial p_1}{\partial r}=f_1(r,t)-\mu_1(r,t)p_1-\lambda_1(r,t)P_2(t)p_1-u_1(r,t)p_1,\\ \dfrac{\partial p_j}{\partial t}+\dfrac{\partial p_j}{\partial r}=f_j(r,t)-\mu_j(r,t)p_j+\lambda_{2j-2}P_{j-1}(t)p_j-\lambda_{2j-1}(r,t)P_{j+1}(t)p_j-u_j(r,t)p_j,\\ j=2,3,\cdots,n-1,\\ \dfrac{\partial p_n}{\partial t}+\dfrac{\partial p_n}{\partial r}=f_n(r,t)-\mu_n(r,t)p_n+\lambda_{2n-2}(r,t)P_{n-1}(t)p_n-u_n(r,t)p_n,\\ p_i(0,t)=\beta_i(t)\displaystyle\int_{a_1}^{a_2}m_i(r,t)p_i(r,t)\mathrm{d}r,\\ p_i(r,0)=p_{i0}(r),\\ P_i(t)=\displaystyle\int_0^{a_+}p_i(r,t)\mathrm{d}r,\quad (r,t)\in Q_i,\quad i=1,2,\cdots,n\end{cases}$$

其中，$p_i(r,t)$表示 t 时刻年龄为 r 的第 i 个种群的密度；μ_i 为第 i 个种群的个体平均死亡率；$m_i(r,t)$为第 i 个种群中雌性个体的比例；$f_i(a,t)$是第 i 个种群的输入率；$p_{i0}(a)$表示第 i 个种群的初始年龄分布。

针对性能指标泛函

$$J(u)=\sum_{i=1}^{n}\int_0^T\int_0^{a_+}g_i(a,t)u_i(a,t)p_i^u(a,t)\,\mathrm{d}a\,\mathrm{d}t$$

研究了最优收获控制问题：

寻找满足等式 $d=\sup\limits_{u\in U}J(u)$ 的 $u\in U$。

其中，允许控制集 $U=\prod_{i=1}^{n}U_i$，

$$U_i=\{u_i\in L^\infty(Q):0\leqslant\xi_{i1}(a,t)\leqslant u_i(a,t)\leqslant\xi_{i2}(a,t),\quad \text{a.e.}(a,t)\in Q\}。$$

2008 年，顾建军、卢殿臣、王晓明讨论了三种群捕食与被捕食扩散系统[92]：

$$\begin{cases}\dfrac{\partial p_1}{\partial a}+\dfrac{\partial p_1}{\partial t}-k_1\Delta p_1=-\mu_1(a,t,x)p_1-\lambda_1(a,t,x)P_2(t,x)p_1-u_1(a,t,x)p_1,\\ \dfrac{\partial p_2}{\partial a}+\dfrac{\partial p_2}{\partial t}-k_2\Delta p_2=-\mu_2(a,t,x)p_2+\lambda_2(a,t,x)P_1(t,x)p_2-\\ \qquad\qquad\lambda_3(a,t,x)P_3(t,x)p_2-u_2(a,t,x)p_2,\\ \dfrac{\partial p_3}{\partial a}-k_3\Delta p_3=-\mu_3(a,t,x)p_3+\lambda_4(a,t,x)P_2(t,x)p_3-u_3(a,t,x)p_3,\quad (a,t,x)\in Q,\\ \dfrac{\partial p_i}{\partial \nu}=0,\quad (a,t,x)\in\Sigma,\\ p_i(0,t,x)=\beta_i(t,x)\displaystyle\int_{a_2}^{a_1}m_i(a,t,x)p_i(a,t,x)\mathrm{d}a,\quad (t,x)\in Q_T,\\ p_i(a,0,x)=p_i^0(a,x),\quad (a,x)\in Q_A,\\ P_i(t,x)=\displaystyle\int_0^A p_i(a,t,x)\mathrm{d}a,\quad i=1,2,3,\quad (a,t,x)\in Q。\end{cases}$$

其中，ν 是外法单位向量，$\Omega\subset\mathbb{R}^N(N=2,3)$是具有光滑边界$\partial\Omega$ 的开区域，

$$Q=(0,A)\times(0,T)\times\Omega,\quad Q_A=(0,A)\times\Omega,\quad Q_T=(0,T)\times\Omega,$$
$$\Sigma=(0,A)\times(0,T)\times\partial\Omega。$$

针对性能指标

$$J(u)=\sum_{i=1}^{3}\int_Q g_i(a,t,x)p_i^u(a,t,x)u_i(a,t,x)\mathrm{d}a\,\mathrm{d}t\,\mathrm{d}x$$

考虑食物链系统的最优收获控制问题：

$$\sup_{u\in U}J(u)=\sup_{u\in U}\sum_{i=1}^{3}\int_Q g_i(a,t,x)p_i^u(a,t,x)u_i(a,t,x)\mathrm{d}a\,\mathrm{d}t\,\mathrm{d}x。$$

其中，$0<g_i(a,t,x)\leqslant M_1$ 表示价格因子，收获率 $u=(u_1,u_2,u_3)$，允许控制集 $U=\prod_{i=1}^{n}U_i$，

$$U_i=\{u_i\in L^\infty(Q):0\leqslant\gamma_{i1}(a,t,x)\leqslant u_i\leqslant\gamma_{i2}(a,t,x)\},$$
$$\gamma_{ij}(a,t,x)\in L^\infty(Q),\quad i,j=1,2。$$

文献[92]运用不动点原理证明了系统解的存在性和唯一性，应用最大值原理证明了最优收获控制的存在性问题。

2009 年，雒志学、郭金生等人研究了线性扩散三种群竞争系统[93]：

$$\begin{cases}\dfrac{\partial p_i}{\partial t}+\dfrac{\partial p_i}{\partial a}-k_i\Delta p_i=f_i(a,t,x)-\mu_i(a,t,x)p_i-\mu_i(a,t,x)p_i-\displaystyle\sum_{k=1,k\neq i}^{3}\lambda_{ik}(a,t,x)P_k(t,x)p_i,\\ \dfrac{\partial p_i}{\partial\nu}=\displaystyle\int_0^{a_+}\beta_i(a,t,x)p_i(a,t,x)\mathrm{d}a,\\ p_i(0,t,x)=\displaystyle\int_0^{a_+}\beta_i(a,t,x)p_i(a,t,x)\mathrm{d}a,\\ p_i(a,0,x)=p_{i0}(a,x),\\ P_i(t,x)=\displaystyle\int_0^{a_+}p_i(a,t,x)\mathrm{d}a,\quad (a,t,x)\in Q;i=1,2,3。\end{cases}$$

其中，$\Omega\subset\mathbb{R}^n$，$n\in\{1,2,3\}$；$Q=(0,a_+)\times(0,T)\times\Omega$；$\Sigma=(0,a_+)\times(0,T)\times\partial\Omega$；$k_i$ 为第 i 个种群扩散系数；$p_i(a,t,x)$是 t 时刻年龄为 a 时间的第 i 个种群的密度函数；$\mu_i(a,t,x)$是第 i 个种群的平均死亡率，$i=1,2,3$。

针对性能指标泛函

$$J(u)=\sum_{i=1}^{3}\int_0^T\int_0^{a_+}\int_\Omega g_i(a,t,x)u_i(a,t,x)p_i^u(a,t,x)\,\mathrm{d}a\,\mathrm{d}t\,\mathrm{d}x$$

讨论了收获控制问题：

$$\text{寻找满足等式 } J(u^*)=\sup_{u\in U}J(u) \text{ 的 } u^*\in U\text{。}$$

其中，允许控制集 $U=U_1\times U_2\times U_3$，$u\in U$，$u=(u_1,u_2,u_3)$，

$U_i=\{h_i\in L^\infty(Q):0\leqslant\zeta_{i1}(a,t,x)\leqslant u_i(a,t,x)\leqslant\zeta_{i2}(a,t,x),\text{a.e.}(a,t,x)\in Q\}$，

$\zeta_{ij}\in L^\infty(Q)$，　$i=1,2,3;j=1,2$，　$g_i\in L^1(Q)$，　$g_i(a,t,x)>0$，　$\forall(a,t,x)\in Q$。

2010 年，孙宏雨、赵春研究了非线性两种群竞争系统[94]：

$$\begin{cases}\dfrac{\partial p_1}{\partial a}+\dfrac{\partial p_1}{\partial t}=-\mu_1(a,t;S_1(t))p_1-\lambda_1(a,t)P_2(a,t)p_1, & (a,t)\in Q,\\[2mm] \dfrac{\partial p_2}{\partial a}+\dfrac{\partial p_2}{\partial t}=-\mu_2(a,t;S_2(t))p_2-\lambda_2(a,t)P_1(a,t)p_2, & (a,t)\in Q,\\[2mm] p_i(0,t)=\displaystyle\int_0^A\beta_i(a,t)p_i(a,t)\,\mathrm{d}a, & t\in(0,T),\\[2mm] p_i(a,0)=p_{i0}(a), & a\in(0,A),\\[2mm] P_i(t)=\displaystyle\int_0^A p_i(a,t)\,\mathrm{d}a, & i=1,2;\ (a,t)\in Q,\\[2mm] S_i(t)=\displaystyle\int_0^A\omega_i(a,t)p_i(a,t)\,\mathrm{d}a, & i=1,2;\ (a,t)\in Q。\end{cases}$$

其中，$Q=(0,A)\times(0,T)$；a 表示种群年龄；t 表示时间；$p_i(a,t)$表示 t 时刻年龄为 a 的第 i 个种群的密度；$\lambda_i(a,t)$表示种群间的互相作用系数；$S_i(t)$表示 t 时刻第 i 个种群的加权总量；$\omega_i(a,t)$表示第 i 个种群的权函数，为控制变量。

针对性能指标泛函

$$J(\omega,p)=\sum_{i=1}^{2}\int_0^T\int_0^A\left[\omega_i(a,t)p_i^{\omega_i}(a,t)+\frac{1}{2}\rho\omega_i^2(a,t)\right]\mathrm{d}a\,\mathrm{d}t$$

研究了最优控制问题

$$\min J(\omega,p)\text{。}$$

其中，允许控制集为 $U=U_1\times U_2$，

$$U_i=\{u_i\in L^\infty(Q):0\leqslant u_i(a,t)\leqslant L,\forall(a,t)\in Q\},\quad i=1,2\text{。}$$

文献[94]利用不动点定理证明了系统解的存在唯一性，并利用法锥原理给出了最优控制的必要条件。

2010 年，吴秀兰、付军考虑了具有扩散项的非线性捕食与被捕食种群系统[95]：

$$\begin{cases}\dfrac{\partial p_1}{\partial r}+\dfrac{\partial p_1}{\partial t}-k_1\Delta p_1=-\mu_1(r,t,x)p_1-\lambda_1(r,t,x)P_2(t,x)p_1+u_1(r,t,x),(r,t,x)\in Q,\\ \dfrac{\partial p_2}{\partial r}+\dfrac{\partial p_2}{\partial t}-k_2\Delta p_2=-\mu_2(r,t,x)p_2+\lambda_2(r,t,x)P_1(t,x)p_2+u_2(r,t,x),(r,t,x)\in Q,\\ p_1(0,t,x)=\int_0^A\beta_1(r,t,x;P_2(t,x))p_1(r,t,x)\mathrm{d}r,\quad (t,x)\in Q_T,\\ p_2(0,t,x)=\int_0^A\beta_2(r,t,x;P_1(t,x))p_2(r,t,x)\mathrm{d}r,\quad (t,x)\in Q_T,\\ \dfrac{\partial p_i}{\partial\nu}=0,i=1,2,\quad (r,t,x)\in\Sigma,\\ p_i(r,0,x)=p_{i0}(r,x),\quad (r,x)\in\Omega_A,\\ P_i(t,x)=\int_0^A p_i(r,t,x)\mathrm{d}r,\quad (t,x)\in\Omega_T。\end{cases}$$

其中，$Q=(0,A)\times(0,T)\times\Omega$；$\nu$ 是外法向量；$\Omega\subset\mathbb{R}^N(N=2,3)$是具有光滑边界的区域；$\Omega_T=(0,T)\times\Omega$；$\Omega_A=(0,A)\times\Omega$；$\Sigma=(0,A)\times(0,T)\times\partial\Omega$；$k_1,k_2$ 表示两种群在 Ω 内的扩散率，且 k_1,k_2 都是正数；$p_1(r,t,x)$，$p_2(r,t,x)$分别表示被捕食与捕食种群系统的分布密度；$A(0<A<+\infty)$为两种群共同的假设最高寿命。μ_i 是第 i 个种群的平均死亡率；β_i 是第 i 个种群的平均生育率；λ_i 为两种群之间的相互作用系数；p_{i0}是第 i 个种群的初始分布密度函数。

针对性能指标

$$\sum_{i=1}^{2}\int_Q[g(p_i^u(r,t,x)-\bar{p}_i(r,t,x))+h(u_i(r,t,x))]\mathrm{d}r\,\mathrm{d}t\,\mathrm{d}x$$

研究了最优控制问题：

$$\min\sum_{i=1}^{2}\int_Q[g(p_i^u(r,t,x)-\bar{p}_i(r,t,x))+h(u_i(r,t,x))]\mathrm{d}r\,\mathrm{d}t\,\mathrm{d}x。$$

其中，控制变量 $u_i\in U_i(i=1,2)$，

$$U_i=\{u_i\in L^\infty(Q):0\leqslant\zeta_{i1}\leqslant u_i(r,t,x)\leqslant\zeta_{i2}\}。$$

文献[95]运用 Mazur 引理证明了最优分布控制的存在性，并给出了最优控制的必要条件。

2011 年，孙宏雨、赵春对文献[94]的工作进行了推广，讨论了下面的三竞争种群系统[96]：

$$\begin{cases}\dfrac{\partial p_i}{\partial a}+\dfrac{\partial p_i}{\partial t}=-\mu_i(a,t;S_i(t))p_i-\sum\limits_{k=1,i\neq k}^{3}\lambda_{ik}(a,t)P_k(t)p_i,\quad \text{a.e.}(a,t)\in Q,\\ p_i(0,t)=\int_0^A\beta_i(a,t)p_i(a,t)\mathrm{d}a,\quad \text{a.e.}t\in(0,T),\\ p_i(a,0)=p_{i0}(a),\quad \text{a.e.}a\in(0,A),\\ P_i(t)=\int_0^A p_i(a,t)\mathrm{d}a,\quad \text{a.e.}(a,t)\in Q,\\ S_i(t)=\int_0^A u_i(a,t)p_i(a,t)\mathrm{d}a,\quad i=1,2,3,\quad \text{a.e.}(a,t)\in Q。\end{cases}$$

其中，允许控制集为

$U=U_1\times U_2\times U_3$，　$u=(u_1,u_2,u_3)\in U$，

$U_i=\{u_i\in L^\infty(Q):0\leqslant u_i(a,t)\leqslant L,\forall(a,t)\in Q\}$，　$i=1,2,3$，　$L>0$ 为常数。

性能指标为

$$J(u,p)=\sum_{i=1}^{3}\int_{0}^{T}\int_{0}^{A}\left[u_i(a,t)p_i^{u_i}(a,t)+\frac{1}{2}\rho u_i^2(a,t)\right]\mathrm{d}a\,\mathrm{d}t,$$

其中，$p^u=(p_1^{u_1},p_2^{u_2},p_3^{u_3})$是对应于$u=(u_1,u_2,u_3)$的上述系统的解；$\rho$是正常数。利用不动点定理证明了上述系统解的存在唯一性，为研究最优控制问题$\min\limits_{u\in U}J(u,p)$奠定了理论基础。

近年来，多种群系统的研究取得了丰富的成果。然而，在一些实际问题的研究中，我们发现只考虑种群的年龄因素还不够，还需要考虑种群的尺度大小。因此人们又提出了具有尺度结构的种群系统的数学模型并加以研究，且取得了很多有意义的成果。关于具有尺度结构的种群系统的研究，本文不再赘述，感兴趣的读者可以研读文献[97]～文献[100]。

第 2 章 与年龄相关的线性种群系统

本章主要讨论线性种群扩散系统解的存在唯一性、最优控制的存在性、控制为最优的必要条件以及确定最优控制的最优性组；此外，还介绍了最优控制计算的惩罚移位法，构造了逼近程序，证明了这种方法的收敛性；对于非扩散的时变种群系统，讨论了相应的能控性问题。

2.1 与年龄相关的种群扩散系统解的存在性与收获控制

2.1.1 问题的陈述

本节考虑如下的与年龄相关的时变种群扩散系统 S 的数学模型，即偏微分方程的初边值问题[50,101]：

$$\frac{\partial p}{\partial r}+\frac{\partial p}{\partial t}-k\Delta p+\mu(r,t,x)p=-v(r,t,x)p,\quad 在\ Q=\Theta\times\Omega\ 内,\tag{2.1.1}$$

$$p(0,t,x)=\int_0^A\beta(r,t,x)p(r,t,x)\mathrm{d}r,\quad 在\ \Omega_T=(0,T)\times\Omega\ 内,\tag{2.1.2}$$

$$p(r,0,x)=p_0(r,x),\quad 在\ \Omega_A=(0,A)\times\Omega\ 内,\tag{2.1.3}$$

$$p(r,t,x)=0,\quad 在\ \Sigma=\Theta\times\partial\Omega\ 上。\tag{2.1.4}$$

其中，$p(r,t,x)$是 t 时刻年龄为 r 的单种群在空间位置 $x\in\Omega$ 处的年龄-空间密度；Ω 为 $\mathbb{R}^N(1\leqslant N\leqslant 3)$中具有充分光滑边界$\partial\Omega$ 的有界区域；$\beta(r,t,x)$和 $\mu(r,t,x)$分别是种群的生育率和死亡率，$v(r,t,x)$是收获率；常数 $k>0$ 是种群的空间扩散系数；T 是某个固定的时刻，$0<T<+\infty$，$\Theta=(0,A)\times(0,T)$；式(2.1.4)表示区域 Ω 的边界$\partial\Omega$ 为非常不适宜种群生存的；$p_0(r,x)$是种群的年龄-空间密度的初始分布；显然，$P(r,t)=\int_0^r\int_\Omega p(\alpha,t,x)\mathrm{d}x\,\mathrm{d}\alpha$ 是 t 时刻 Ω 上年龄不超过 r 岁的种群总数；A 是种群个体所能活到的最高年龄，$0<A<+\infty$。由种群的实际意义可知，有

$$p(r,t,x)=0,\quad r\geqslant A。\tag{2.1.5}$$

在本节，我们始终假定下面的假设条件成立：

(H_1) 在$[0,A)\times[0,T]\times\Omega$ 上，连续函数 $\mu(r,t,x)$满足

$$\begin{cases}\mu(r,t,x)\geqslant 0, & 在\ Q\ 内,\\ \int_0^A\mu(r,t,x)\mathrm{d}r=+\infty, & 在\ \Omega_T\ 内;\end{cases}$$

(H_2) $\beta\in L^\infty(Q)$，$0\leqslant\beta(r,t,x)\leqslant\bar{\beta}<+\infty$，a.e.于 Q 内；

$$
(\mathrm{H}_3)\begin{cases}\displaystyle\int_0^A p^2\,\mathrm{d}r \leqslant C < +\infty, & \text{在 } \Omega_T \text{ 内},\\ p_0 \in L^2(\Omega_A), \quad p_0(r,x) \geqslant 0, & \text{a.e.于 } \Omega_A \text{ 内},\\ \displaystyle\int_0^A p_0^2(r,x)\,\mathrm{d}r \leqslant M_0 < +\infty, & \text{a.e.在 } \Omega \text{ 上};\end{cases}
$$

(H_4) 常数 $k \geqslant k_0 > 0$，$\partial\Omega$ 充分光滑。

式(2.1.5)与条件(H_1)是等价的。

关于收获率 v，我们假定它属于下面的容许控制集 U：

$$
\begin{cases}U = \{v \mid v \in L^2(Q), 0 < \gamma_0 \leqslant v(r,t,x) \leqslant \gamma_1 < +\infty, \quad \text{a.e.于 } Q \text{ 内}\},\\ U \text{ 是 } L^2(Q) \text{ 中的有界内凸子集。}\end{cases} \tag{2.1.6}
$$

由方程(2.1.1)～方程(2.1.4)可见，系统 S 的解 $p(r,t,x)$ 依赖于 v，因此我们将它表示为 $p(r,t,x;v)$ 或 $p(v)$，即

$$
p(v) \equiv p(r,t,x;v)。 \tag{2.1.7}
$$

上式表明，

$$
p(v) \text{ 关于 } v \text{ 是非线性的。} \tag{2.1.8}
$$

引入性能指标泛函 J：

$$
J(v) = \int_Q v(r,t,x)p(r,t,x)\,\mathrm{d}Q, \quad \mathrm{d}Q = \mathrm{d}r\,\mathrm{d}t\,\mathrm{d}x, \tag{2.1.9}
$$

最优收获控制问题为：

$$
\text{寻求满足等式 } J(u) = \sup_{v\in U} J(v) \text{ 的 } u \in U, \tag{2.1.10}
$$

其中，U 是由式(2.1.6)所定义的。问题(2.1.10)中的 $u \in U$ 称为系统 S 的最优收获控制，而 $p(r,t,x;u)$ 称为系统 S 的最优状态，仿照式(2.1.7)，则 $p(r,t,x;u)$ 可简记为

$$
p(r,t,x;u) = p(u) \tag{2.1.11}
$$

方程(2.1.1)～方程(2.1.4)、性能指标泛函(2.1.9)和极大化问题(2.1.10)就构成了与年龄相关的时变种群扩散系统最优控制的数学模型。

具有数学模型(2.1.1)～模型(2.1.4)的系统 S 及其最优收获控制问题，是前人还未讨论过的较一般性的课题，其特殊情形被一些学者所讨论过。

宋健和于景元在文献[105]，于景元、郭宝珠和朱广田在文献[42]中均对系统 S 在没有空间结构，即空间扩散系数 $k=0$ 且 $v=0$，$\mu=\mu_1(r)$，$\beta(r,t)=\beta_1(t)k(r)h(r)$ 以及系统状态为 $p_1(r,t)=\int_\Omega p(r,t,x)\,\mathrm{d}x$ 的所谓定常情形(记为 S_1)，讨论了其总和生育率 $\beta_1(t)$ 的最优控制问题。针对性能指标泛函 J_1：

$$
J_1(\beta_1) = \int_\Theta L(p_1(\beta_1),\beta_1)\,\mathrm{d}r\,\mathrm{d}t + \frac{1}{2}\int_0^A (p_1(\beta_1,r,T) - z_1(r))^2\,\mathrm{d}r
$$

研究了最优控制问题：

$$
\text{寻求满足 } J_1(\beta_1^{\ *}) = \min_{\beta_1\in U} J_1(\beta_1) \text{ 的 } \beta_1^{\ *} \in U,
$$

$$
U = \{\beta_1(t) \mid 0 \leqslant \beta_0 \leqslant \beta_1(t) \leqslant \beta_2 < +\infty, \beta_1 \text{ 在}[0,T]\text{上可测}\}。
$$

文献[42]利用 Dubovitskii-Milyutin 方法基于锥理论得到了控制为最优的必要条件：

$$
\begin{cases}\beta_1^*(t)H(t) = \max\limits_{\beta_0\leqslant\beta_1\leqslant\beta_2} \beta_1(t)H(t), \quad \text{a.e.} t \in [0,T],\\ H(t) = q(t)\displaystyle\int_{r_1}^{r_2} k(r)h(r)p_1(\beta_1^*)\,\mathrm{d}r - \int_0^A \frac{\partial L(p_1(\beta_1^*),\beta_1^*)}{\partial\beta_1}\,\mathrm{d}r。\end{cases} \tag{2.1.12}
$$

其中，$q(t)=q(0,t)$，$q(r,t)$为相应的伴随矩阵方程的解。于是有

$$\beta_1^*(t)=\begin{cases}\beta_0, & H(t)<0,\\ \beta_2, & H(t)>0,\\ \text{不定}, & H(t)=0。\end{cases} \tag{2.1.13}$$

文献[16]讨论了系统 S_1 在 $p_1(0,t)=\varphi(t)$ 和 $\mu=\mu(r,t)$，$k=k(r,t)$ 及 $h=h(r,t)$，所谓时变情形下(记为 $S_{1.1}$)的广义函数解和几个重要人口指数的计算公式。文献[18]，文献[19]讨论了系统 $S_{1.1}$ 在

$$\varphi=\beta_1(t)\int_{r_1}^{r_2}k(r,t)h(r,t)p_1(r,t)\mathrm{d}r$$

时的情形(记为 $S_{1.2}$)，得到了时变系统 $S_{1.2}$ 在李雅普诺夫意义下稳定的充分必要条件。

文献[46]，文献[48]，文献[102]讨论了系统 S 在没有空间结构，即扩散系数 $k=0$，状态变量 $p_1(r,t)=\int_\Omega p(r,t,x)\mathrm{d}x$ 的情形下(记为 $S_{1.3}$)的最优收获控制问题。

李健全和陈任昭在文献[88]中讨论了系统 S 在没有年龄结构时，其状态为

$$y(t,x)=\int_0^A p(r,t,x)\mathrm{d}r,$$

$$\beta_2(t,x)=\int_0^A \beta(r,t,x)p(r,t,x)\mathrm{d}r/y(t,x),$$

$$\mu_2(t,x)=\cdots$$

在非二次也非一次的性能指标泛函下讨论了其最优生育率控制 β_2^* 问题。

陈任昭、张丹松和李健全在文献[55]中，讨论了当系统 S 在控制量 v 出现且边界 $r=0$ 时，即

$$p(0,t,x)=\int_0^A \beta(r,t,x)p(r,t,x)\mathrm{d}r+v(t,x),\quad \text{在 } \Omega_T \text{ 内}$$

所谓具有空间结构的边界控制的情形(系统记为 $S_{2.1}$)。

付军和陈任昭在文献[60]中讨论了系统 S 在方程(2.1.1)中的 vp 换为($-v$)时的具有空间结构的分布控制的情形(系统记为 $S_{2.2}$)。

在系统 $S_{2.1}$ 和 $S_{2.2}$ 中，$p(v)$ 关于 v 是仿射的，因而相应的性能指标泛函 $J_{2.1}(v)$ 和 $J_{2.2}(v)$ 关于 v 均是二次的，可套用 Lions 有关经典最优控制理论和方法[111]比较容易地加以解决。

付军和陈任昭在文献[103]中讨论了系统 S 的模型(2.1.1)～模型(2.1.4)的解及其对收获控制的连续相依性。陈任昭、张丹松和李健全在文献[55]中讨论了系统 $S_{2.1}$ 的广义解 $p(r,t,x)$ 的存在唯一性，但对死亡率 μ 作了有界的假设：

$$0\leqslant\mu(r,t,x)\leqslant\bar{\mu}<+\infty,\quad \text{在 } Q=(0,A)\times(0,T)\times\Omega \text{ 上。} \tag{2.1.14}$$

经过查阅，我们发现一些文献，例如法国著名控制论权威 Langlais 的重要论文[65,66]，在讨论一类与年龄相关的种群扩散系统解的存在唯一性时也作了式(2.1.14)的假设，而假设(2.1.14)不符合种群系统中参数 μ 的实际意义。

在本节中，我们将解决系统 S 在 μ 满足假设条件(H_1)，即 μ 在$(0,A)$上无界的条件下解的存在唯一性和最优收获控制这两个问题。这同前人包括我们以往工作相比有如下两个不同之处。

(1) 本节的模型 S 同文献[42]，文献[46]，文献[48]，文献[102]相比多了空间结构；同

文献[104]相比多了年龄结构；同我们以前的工作[55,60]相比，虽然都具有年龄-空间结构，但本节中 $p(v)$ 关于v 是非线性的而不是文献[55]，文献[60]中的仿射。因此在本节证明最优控制存在性时必须采用文献[16]，文献[42]，文献[46]，文献[48]，文献[60]，文献[102]，文献[104]中均未采用的三个空间笛卡儿积上的紧性定理，而这个带基础性的紧性定理则是由本书首次给出的。

(2) 本节在证明系统 S 解的存在唯一性时，采用的是假设条件(H_1)即 μ 在 $r=A$ 左侧是无界的，而不是文献[55]，文献[103]或文献[65]，文献[66]中所采用的假设条件(2.1.14)，即 μ 在 $r=A$ 处及其邻近有界的。显然，前者的工作要比后者艰难得多。

顺便指出，在证明控制 u 为最优的必要条件时，本节采用了有别于文献[42]中的 D-M 方法的 Lions 变分不等式理论，但这两种方法殊途同归，各有千秋。

由上可见，本节前面所列工作中讨论的问题[16,42,46,48,50,55,60,65,101-105,111]，在某种意义上都是本节的特例，因而本节所得到的结果具有一般性的意义。

2.1.2 系统 S 解的存在唯一性

系统 S 的状态是由积分-微分方程初边值问题(2.1.1)～问题(2.1.4)的解 $p(v)$来描述的，它的存在唯一性是讨论系统 S 最优控制的基础。

首先引入一些函数空间和记号。

设 $H^1(\Omega)$是 Ω 上一阶 Sobolev 空间[106]，而且 $H_0^1(\Omega)$由 $H^1(\Omega)$中的具有性质 $\varphi(x)\big|_{\partial\Omega}=0$ 的元素构成；又设 $V=L^2(\Theta;H_0^1(\Omega))$，$V$ 的对偶 $V'=L^2(\Omega;H^{-1}(\Omega))$，$H_0^1(\Omega)$的对偶 $(H_0^1(\Omega))'=H^{-1}(\Omega)$，$Dp=\dfrac{\partial p}{\partial r}+\dfrac{\partial p}{\partial t}=p_r+p_t$。

引入检验函数空间 $\bar{\Phi}$：

$$\bar{\Phi}=\{\varphi\mid\varphi\in C^1(\bar{\Omega}),\varphi\big|_{\partial\Omega}=0,\sqrt{\mu}\varphi\in L^2(Q),\varphi(A,t,x)=\varphi(r,T,x)=0\}。\tag{2.1.15}$$

定义 2.1.1 若 p 满足下面的积分恒等式：

$$\begin{aligned}&\int_q p[-D\varphi+\mu\varphi]\mathrm{d}q+k\int_Q\nabla p\cdot\nabla\varphi\mathrm{d}Q\\&=\int_\Omega p_0(r,x)\varphi(r,0,x)\mathrm{d}r\mathrm{d}x+\\&\int_{\Omega_T}\left[\int_0^A\beta p\mathrm{d}r\right]\varphi(0,t,x)\mathrm{d}t\mathrm{d}x-\int_q vp\varphi\mathrm{d}q,\quad\forall\varphi\in\bar{\Phi},\end{aligned}\tag{2.1.16}$$

则称函数 $p\in V$ 为问题(2.1.1)～问题(2.1.4)的广义解。

我们也有问题(2.1.1)～问题(2.1.4)广义解的另一个等价定义。

定义 2.1.2[55,106] 设 $p\in V$，$Dp\in V'$是问题(2.1.1)～问题(2.1.4)在定义 2.1.1 下的广义解，当且仅当它满足

$$\int_\Theta\langle Dp+\mu p,\varphi\rangle\mathrm{d}r\mathrm{d}t+k\int_q\nabla p\cdot\nabla\varphi\mathrm{d}Q=-\int_q vp\varphi\mathrm{d}Q,\quad\forall\varphi\in V,\tag{2.1.17}$$

$$\int_{\Omega_T}p\varphi(0,t,x)\mathrm{d}t\mathrm{d}x=\int_{\Omega_T}\left[\int_0^A\beta p\mathrm{d}r\right]\varphi(0,t,x)\mathrm{d}t\mathrm{d}x,\quad\forall\varphi\in\Phi_1,\tag{2.1.18}$$

$$\int_{\Omega_A} p\varphi(r,0,x)\,\mathrm{d}r\,\mathrm{d}x = \int_{\Omega} p_0(r,x)\varphi(r,0,x)\,\mathrm{d}r\,\mathrm{d}x,\quad \forall \varphi \in \Phi_1。\tag{2.1.19}$$

其中$\langle \cdot , \cdot \rangle$表示$(H_0^1(\Omega))' \equiv H^{-1}(\Omega)$与$H_0^1(\Omega)$之间的对偶积；$\Phi_1$由下式定义：

$$\Phi_1 = \{\varphi \mid \varphi \in V, D\varphi \in V', \sqrt{\mu}\varphi \in L^2(Q), \varphi(A,t,x) = \varphi(r,T,x) = 0\}。\tag{2.1.20}$$

显然，$\bar{\Phi}$ 在 Φ_1 中稠。

为了证明系统 S 广义解的存在唯一性，我们先引用或证明几个引理和几个定理。

引理 2.1.1[55]　设 $p\in V, Dp\in V'$，则有

$$\begin{cases} p \in C^0([0,A];L^2(\Omega_T)), \\ p \in C^0([0,T];L^2(\Omega_A))。\end{cases}\tag{2.1.21}$$

式(2.1.21)蕴涵下面的事实：

$$\begin{cases} p(0,\cdot,\cdot), p(A,\cdot,\cdot) \in L^2(\Omega_T), \\ p(\cdot,0,\cdot), p(\cdot,T,\cdot) \in L^2(\Omega_A), \end{cases}\tag{2.1.22}$$

而且对于固定的 $r_0\in[0,A]$（或 $t_0\in[0,T]$），

$$\begin{cases} \{p,Dp\} \to p(r_0,\cdot,\cdot)\quad (\text{或 } p(\cdot,t_0,\cdot))\text{ 是} \\ V\times V' \to L^2(\Omega_T)\quad (\text{或 } L^2(\Omega_A))\text{ 连续线性的。}\end{cases}\tag{2.1.23}$$

由引理 2.1.1 可知，积分恒等式(2.1.16)中的积分是有意义的，因而定义 2.1.1 和定义 2.1.2 是合理的。

引理 2.1.2[107]　设 B,W,E 为 Hilbert 空间，且 $B\subset W\subset E$。若 B 到 W 的线性映射是紧的，则 $H_1(a,b;B,E)$到$L^2(a,b;W)$的线性映射也是紧的，其中空间 $H_1(a,b;B,E)$表示$P\in L^2(a,b;B)$，且$\dfrac{\partial p}{\partial t}\in L^2(a,b;E)$的元素的集合，其范数定义为

$$\|p\|_{H_1} = \left(\int_a^b \|p(t)\|_B^2\,\mathrm{d}t + \int_a^b \left\|\frac{\partial p(t)}{\partial t}\right\|_E^2 \mathrm{d}t\right)^{1/2}。$$

定理 2.1.1　设 $H_1(0,T;L^2(0,A;H_0^m(\Omega)),L^2(0,A;H^{-m}(\Omega)))$是 $p\in L^2(0,T;L^2(0,A;H_0^m(\Omega)))$且$\dfrac{\partial p}{\partial t}\in L^2(0,T;L^2(0,A;H^{-m}(\Omega)))$的元素的集合，其中 $m\geqslant 1$，则从$H_1(0,T;L^2(0,A,H_0^m(\Omega)),L^2(0,A;H^{-m}(\Omega)))$到 $L^2(Q)$的线性映射是紧的。

定理 2.1.1 将利用引理 2.1.2 证明。

证明　有 $H_0^m(\Omega)\subset L^2(\Omega)\subset H^{-m}(\Omega)$[106]。由于从 $H_0^m(\Omega)\to L^2(\Omega)$的线性映射是紧的[108]，因而由引理 2.1.2 知，从 $H_1(0,A;H_0^m(\Omega),H^{-m}(\Omega))$到 $L^2(0,A;L^2(\Omega))=L^2(\Omega_A)$的线性映射是紧的，所以从 $L^2(0,A;H_0^m(\Omega))\to L^2(\Omega_A)$的线性映射也是紧的。由于

$$L^2(0,A;H_0^m(\Omega)) \subset L^2(\Omega_A) \subset L^2(0,A;H^{-m}(\Omega)),$$

因此再由引理 2.1.2 推得从 $H_1(0,T;L^2(0,A;H_0^m(\Omega)),L^2(0,A;H^{-m}(\Omega)))$到 $L^2(0,T;L^2(\Omega_A))\equiv L^2(Q)$的线性映射是紧的。定理 2.1.1 证毕。

推论 2.1.1　在定理 2.1.1 的假设下，若$\{p_n\}$为

$$H_1(0,T;L^2(0,A,H_0^m(\Omega)),L^2(0,A;H^{-m}(\Omega)))$$

中的有界集，则$\{p_n\}$为 $L^2(Q)$中的列紧集。

为了讨论问题(2.1.1)～问题(2.1.4)中的 p，对未知函数 p 进行变换是有必要的。设$\lambda>0$ 是足够大的数，若 $p(r,t,x)$是问题(2.1.1)～问题(2.1.4)的解，则 $g(r,t,x)=\mathrm{e}^{-\lambda t}p(r,t,$

x)为问题(2.1.1)~问题(2.1.4)由 $\mu+\lambda$ 代替 μ 后得到的解。反之亦然。往下我们将 g 仍然表示为 p,而把方程(2.1.1)中的 μ 用 $\mu+\lambda$ 代替。

我们首先考虑 $\mu=m$ 为有界时的系统 S_m:

$$p_r+p_t-k\Delta p+(m+\lambda)p=-vp+f,\quad 在\ Q\ 内, \tag{2.1.24}$$
$$p(0,t,x)=0,\quad 在\ \Omega_T\ 内, \tag{2.1.25}$$
$$p(r,0,x)=0,\quad 在\ \Omega_A\ 内, \tag{2.1.26}$$
$$p(r,t,x)=0,\quad 在\ \Sigma\ 上 \tag{2.1.27}$$

并假定函数 $m(r,t,x)$ 满足条件:

$$\begin{cases} m(r,t,x)\ 在[0,A]\times[0,T]\times\bar{\Omega}\ 上连续; \\ 0\leqslant m(r,t,x)\leqslant \bar{m},\quad 在\ Q\ 上。\end{cases} \tag{2.1.28}$$

引理 2.1.3 设 k,m 和 v 分别满足假设条件(H_4)、条件(2.1.28)和式(2.1.6)以及 $f\in V'$,则系统 S_m 在 V 中存在唯一的广义解 p。

证明 令 $m+v=\mu_1$,则 μ_1 在$[0,A]$上有界。由文献[55]中的引理 3.2(其中 μ 理解为 μ_1)推得系统 S_m 在 V 中存在唯一的广义解 p。引理 2.1.3 证毕。

引理 2.1.4 设 p_0 满足假设条件(H_3)且 $B\in L^2(\Omega_T)$,则 V 中存在唯一的函数 p 且 $Dp\in V'$,p 满足方程和初边值条件

$$p_r+p_t-k\Delta p+(m+\lambda)p=-vp\quad 在\ Q\ 内, \tag{2.1.29}$$
$$p(r,0,x)=p_0(r,x),\quad p(0,t,x)=B(t,x), \tag{2.1.30}$$

而且有估计

$$\alpha\|p\|_V^2\leqslant\frac{1}{2}\|p_0\|_{L^2(\Omega_A)}^2+\frac{1}{2}\|B\|_{L^2(\Omega_T)}^2, \tag{2.1.31}$$

其中,常数 $\alpha=\alpha_1\cdot \mathrm{mes}\Theta>0$,$\alpha_1=\min\{k_0,\gamma_0+\lambda\}$。

证明 令 $m+v=\mu_1$,则依据引理 2.1.3,进行完全类似于文献[55]中的引理 3.3(其中 μ 理解为 μ_1)的推导,可以证明问题(2.1.29)~问题(2.1.30)在 V 中存在唯一的广义解 p,并有估计式(2.1.31)。引理 2.1.4 证毕。

定理 2.1.2 设 β,p_0,k 和 m 分别满足假设条件(H_2)~条件(H_4)和条件(2.1.28),同时 v 满足式(2.1.6)且 λ 为足够大的正数,则问题

$$p_r+p_t-k\Delta p+(m+\lambda)p=-vp,\quad 在\ Q\ 内, \tag{2.1.32}$$
$$p(0,t,x)=\int_0^A\beta(r,t,x)p(r,t,x)\mathrm{d}r,\quad 在\ \Omega_T\ 内, \tag{2.1.33}$$
$$p(r,0,x)=p_0(r,x),\quad 在\ \Omega_A\ 内, \tag{2.1.34}$$
$$p(r,t,x)=0,\quad 在\ \Sigma\ 上 \tag{2.1.35}$$

存在唯一的广义解 $p\in V$,$Dp\in V'$。

证明 该定理用不动点方法进行证明。由引理 2.1.4 可知,对于 V 中任意给定的 w,存在唯一的 $p=Fw$,$Dp\in V'$,其中 p 是问题(2.1.32),问题(2.1.34),问题(2.1.35)和

$$p(0,t,x)=\int_0^A\beta(r,t,x)w(r,t,x)\mathrm{d}r \tag{2.1.36}$$

的解,引理 2.1.4 中 $B(t,x)\equiv\int_0^A\beta(r,t,x)w(r,t,x)\mathrm{d}r$,同时由假设条件($H_2$)有估计

$$\|B\|_{L^2(\Omega_T)}^2=\int_{\Omega_T}\left(\int_0^A\beta w\mathrm{d}r\right)^2\mathrm{d}t\mathrm{d}x\leqslant C_1\|w\|_{L^2}^2(Q)\leqslant C_1\|w\|_V^2。 \tag{2.1.37}$$

其中，常数 $C_1=A\bar{\beta}^2>0$。由估计式(2.1.31)和估计式(2.1.37)推得

$$\|p\|_V^2\leqslant C_2\|p_0\|_{L^2(\Omega_A)}^2+C_3\|w\|_{L^2(Q)}^2\leqslant C_2\|p_0\|_{L^2(\Omega_A)}^2+C_3\|w\|_V^2,\tag{2.1.38}$$

其中，常数 $C_2=1/2\alpha>0$，$C_3=C_1/2\alpha$。由式(2.1.38)推得 F 在 V 中到它自身，且是连续的，由式(2.1.38)还推得 F 从 $L^2(Q)$ 到 V 是有界的。

设 w_1 和 w_2 是在 $L^2(Q)$ 中任意选择的两个元素，若 $p_1=Fw_1$，$p_2=Fw_2$，$w=w_1-w_2$，则差 $p=p_1-p_2$ 是问题(2.1.32)在满足条件

$$\begin{cases}p(0,t,x)=\int_0^A\beta(r,t,x)w(r,t,x)\mathrm{d}r, & \text{在 } \Omega_T \text{ 内},\\ p(r,0,x)=p_0(r,x)-p_0(r,x)=0, & \text{在 } \Omega_A \text{ 内}\end{cases}\tag{2.1.39}$$

时的解。

引入记号

$$e(p,\varphi)=\int_\Omega[k\nabla p\cdot\nabla\varphi+(m+v+\lambda)p\varphi]\mathrm{d}x,\tag{2.1.40}$$

则方程(2.1.32)相对应的积分恒等式为

$$\int_\Theta\langle Dp,p\rangle\mathrm{d}r\mathrm{d}t+\int_\Theta e(p,p)\mathrm{d}r\mathrm{d}t=0。\tag{2.1.41}$$

由 e 的定义(2.1.40)，并注意到参数 $k,m,v\geqslant0$，可得

$$\lambda\|p\|_{L^2(\Omega)}^2\leqslant e(p,p)。\tag{2.1.42}$$

由分部积分公式，能够推得

$$\int_\Theta\langle Dp,p\rangle\mathrm{d}r\mathrm{d}t=\frac{1}{2}\int_{\Omega_A}[p^2(r,t,x)-p^2(r,0,x)]\mathrm{d}r\mathrm{d}x+\frac{1}{2}\int_{\Omega_T}[p^2(A,t,x)-p^2(0,t,x)]\mathrm{d}t\mathrm{d}x。$$

所推得的结果要比 $-\frac{1}{2}\int_{\Omega_A}p^2(r,0,x)\mathrm{d}r\mathrm{d}x-\frac{1}{2}\int_{\Omega_T}p^2(0,t,x)\mathrm{d}t\mathrm{d}x$ 大，根据条件式(2.1.39)和估计式(2.1.37)，从上式就推得

$$\int_\Theta\langle Dp,p\rangle\mathrm{d}r\mathrm{d}t\geqslant-\frac{C_1}{2}\|w\|_{L^2(Q)}^2。\tag{2.1.43}$$

把式(2.1.43)代入式(2.1.41)，并注意到式(2.1.42)，就推得

$$\lambda\|p\|_{L^2(Q)}^2\leqslant\frac{1}{2}C_1\|w\|_{L^2(Q)}^2,$$

即

$$\|Fw_1-Fw_2\|_{L^2(Q)}\leqslant\frac{C_1}{2\lambda}\|w_1-w_2\|_{L^2(Q)}^2。$$

在上式中只要取 $\lambda>C_1$，就有

$$\|Fw_1-Fw_2\|_{L^2(Q)}^2\leqslant\frac{1}{2}\|w_1-w_2\|_{L^2(Q)}^2。\tag{2.1.44}$$

上式表明，F 在 $L^2(Q)$ 中是严格压缩的。由压缩映像原理可知，F 在 $L^2(Q)$ 中存在唯一的不动点 p，即 $Fp=p$，其中 $p\in L^2(Q)$ 是问题(2.1.32)～问题(2.1.35)的弱解。将式(2.1.38)中第一个不等号右边的第二项 $C_3\|w\|_{L^2(Q)}^2$ 变换为 $C_3\|p\|_{L^2(Q)}^2$，可以推得

$$\|p\|_V^2 \leqslant C_2\|p_0\|_{L^2(\Omega_A)}^2 + C_3\|p\|_{L^2(Q)}^2。$$

由上述不等式可见，刚才求出的问题(2.1.32)～问题(2.1.35)的 L^2-解 p，也是 V-解 p。定理 2.1.2 证毕。

定理 2.1.3 设 μ,β,p_0,k 和 v 分别满足假设条件(H_1)～条件(H_4)和式(2.1.6)，则问题(2.1.1)～问题(2.1.4)在 V 中存在唯一的广义解 $p\in V,Dp\in V'$，即 p 满足积分恒等式(2.1.17)～式(2.1.19)。

证明 (1) 存在性的证明。

假设条件(H_1)与解 p 满足 $p(A,t,x)=0$ 是等价的，但条件(H_1)没有假定 μ 在 $r=A$ 的左侧是有界的，因此 μ 甚至可以是急增的。

利用变换 $g=\mathrm{e}^{-\lambda t}p$，$g$ 仍然记作 p，其中 λ 是足够大的正数。这时，方程(2.1.1)可变为

$$p_r + p_t - k\Delta p + (\mu+\lambda)p = -vp,\quad 在\ Q\ 内 \tag{2.1.1$'$}$$

而条件式(2.1.2)～式(2.1.4)形式保持原样。显然，若问题(2.1.1′)，问题(2.1.2)～问题(2.1.4)在 V 中存在唯一解，则问题(2.1.1)～问题(2.1.4)也同样在 V 中存在唯一解。

取一个序列 $\{\mu_n\}$，使得当 $n=1,2,3,\cdots$，有

$$\begin{cases}\mu_n(r,t,x)=\mu(r,t,x), & 在\ Q_n=\left(0,A-\dfrac{1}{n}\right)\times(0,T)\times\Omega\ 内。\\ \mu_n\in L^\infty(Q)。\end{cases} \tag{2.1.45}$$

式(2.1.45)表示的 μ_n 是存在的。例如，设 $\varphi_n(r)$ 是$[0,A]$的连续函数，使得

$$\begin{cases}0\leqslant\varphi_n(r)\leqslant 1, & 在[0,A]上，\\ \varphi_n(r)=1, & 在\left[0,A-\dfrac{1}{n}\right]上，\\ \varphi_n(r)=0, & 在\left[A-\dfrac{1}{n+1},A\right]上，\end{cases} \tag{2.1.46}$$

因而有

$$\mu_n(r,t,x)=\mu(r,t,x)\varphi_n(r)=\begin{cases}\mu(r,t,x), & 在\ \bar{Q}_n\ 上，\\ \mu(r,t,x)\varphi_n(r,t,x), & 在\ Q_{n+1}\backslash Q_n\ 上，\\ 0, & 在\ \bar{Q}\backslash Q_{n+1}\ 上。\end{cases} \tag{2.1.47}$$

由假设条件(H_1)可知，μ 在 Q 上是连续的，而由式(2.1.46)～式(2.1.47)定义的 $\mu_n(r,t,x)$ 在 $\bar{Q}$ 上是连续有界的，从而有 $\mu_n\in L^\infty(Q)$。以后我们就假定 $\mu_n(r,t,x)$是由式(2.1.46)～式(2.1.47)给定的。

由 $\mu_n(r,t,x)$在 $\bar{Q}$ 上的连续有界性和定理 2.1.2 可知，对每个 n 存在属于 V 的唯一的 $p(r,t,x;\mu_n)$，记作 p_n，则 p_n 是下面问题(2.1.48)～问题(2.1.51)的广义解：

$$\begin{cases}\dfrac{\partial p_n}{\partial r}+\dfrac{\partial p_n}{\partial t}-k\Delta p_n+(\mu_n+v+\lambda)p_n=0, & 在\ Q\ 内， & (2.1.48)\\ p_n(0,t,x)=\displaystyle\int_0^A\beta(r,t,x)p_n(r,t,x)\mathrm{d}r, & 在\ \Omega_T\ 内， & (2.1.49)\\ p_n(r,0,x)=p_0(r,x), & 在\ \Omega_A\ 内， & (2.1.50)\\ p_n(r,t,x)=0, & 在\ \Sigma\ 上。 & (2.1.51)\end{cases}$$

用 p_n 乘式(2.1.48)，并在 Ω_A 上积分，得到

$$\int_{\Omega_A}\left[\frac{\partial p_n}{\partial r}p_n+\frac{\partial p_n}{\partial t}p_n\right]\mathrm{d}r\mathrm{d}x-k\int_{\Omega_A}\Delta p_n\cdot p_n\mathrm{d}r\mathrm{d}x+\int_{\Omega_A}(\mu_n+v+\lambda)p_n^2\mathrm{d}r\mathrm{d}x=0。$$

对上式第一项分部积分，对第二项利用 Green 公式，并注意到式(2.1.49)和 $p_n(A,t,x)\geqslant 0$，可以得到

$$\frac{1}{2}\frac{\mathrm{d}}{\mathrm{d}t}\mid p_n(t)\mid^2+\frac{1}{2}\alpha_2\left\|p_n(t)\right\|^2+\int_{\Omega_A}(\mu+v+\lambda)p_n^2(t)\mathrm{d}r\mathrm{d}x\leqslant\frac{1}{2}\int_{\Omega}\left[\int_0^A\beta p_n\mathrm{d}r\right]^2\mathrm{d}x。\tag{2.1.52}$$

其中，常数 $\alpha_2>0$，只与 k 有关；$|\cdot|$（相应地 $\|\cdot\|$）表示空间 $L^2(\Omega_A)$（相应地 $L^2(0,A;H_0^1(\Omega))$）的范数。对式(2.1.52)在区间 $(0,t)$ 内 $(t\in[0,T])$ 关于 t 积分，并记 $\Omega_t=(0,t)\times\Omega$，$Q_t=(0,A)\times\Omega_t$，同时注意到式(2.1.50)，得到

$$\begin{aligned}&\mid p_n(t)\mid^2+\alpha_2\int_0^t\left\|p_n(\tau)\right\|^2\mathrm{d}\tau+2\int_{Q_t}(\mu_n+v+\lambda)p_n^2(\tau)\mathrm{d}r\mathrm{d}\tau\mathrm{d}x\\ \leqslant&\int_{\Omega_t}\left(\int_0^A(\beta p_n)(r,r,x)\mathrm{d}r\right)^2\mathrm{d}\tau\mathrm{d}x+\left\|p_0\right\|_{L^2(\Omega_A)}^2。\end{aligned}\tag{2.1.53}$$

由假设条件(H_2)和 Hölder 不等式估计上式不等号右边第一项，有

$$\int_{\Omega_t}\left(\int_0^A(\beta p_n)(r,\tau,x)\mathrm{d}r\right)^2\mathrm{d}\tau\mathrm{d}x\leqslant 2C_4\left\|p_n\right\|_{L^2(\Omega_t)}^2,$$

其中，常数 $C_4=\dfrac{A\bar{\beta}^2}{2}>0$ 且与 n 无关。把上式代入式(2.1.53)中，再合并同类项，得

$$\mid p_n(t)\mid^2+\alpha_2\int_0^t\left\|p_n(\tau)\right\|^2\mathrm{d}\tau+2\int_{Q_t}(\mu_n+v+\lambda-C_4)p_n^2(r)\mathrm{d}r\mathrm{d}\tau\mathrm{d}x\leqslant\left\|p_0\right\|_{L^2(\Omega_A)}^2。$$

对上式在 $(0,T)$ 内关于 t 积分，得到

$$\left\|p_n\right\|_{L^2(Q)}^2+\alpha_2T\left\|p_n\right\|_V^2+2T\int_Q(\mu_n+v+\lambda-C_4)p_n^2\mathrm{d}Q\leqslant T\left\|p_0\right\|_{L^2(\Omega_A)}^2,$$

即

$$\int_Q[1+2T(\mu_n+v+\lambda-C_4)]p_n^2\mathrm{d}Q+\alpha_2T\left\|p_n\right\|_V^2\leqslant T\left\|p_0\right\|_{L^2(\Omega_A)}^2。\tag{2.1.54}$$

由于 $v\geqslant\gamma_0$，$\mu_n\geqslant 0$，$T>0$，$\alpha_2>0$，常数 $C_4>0$，同时选取 λ 为足够大的正数，例如 $\lambda>C_4$，即可从式(2.1.54)推得

$$\begin{cases}\text{序列}\{p_n\}\text{ 分别在 }L^2(Q)\text{ 和在 }V\text{ 中一致有界,}\\ \{\sqrt{\mu}p_n\}\text{ 在 }L^2(Q)\text{ 中一致有界。}\end{cases}\tag{2.1.55}$$

尽管从 μ 导出的 μ_n 不是一致有界的，但结论(2.1.55)还是成立的。

由结论(2.1.55)我们推得，在 V 中存在 p 和 $\{p_n\}$ 的一个子序列，仍然记作 $\{p_n\}$，使得：当 $n\to+\infty$ 时，

$$p_n\to p,\quad\text{在 }V\text{ 中弱},\quad p\in V,\tag{2.1.56}$$

$$\begin{cases}p_n\to p,\quad\text{在 }L^2(Q)\text{ 中弱,}\\ \sqrt{\mu}p_n\to\sqrt{\mu}p,\quad\text{在 }L^2(Q)\text{ 中弱。}\end{cases}\tag{2.1.57}$$

众所周知，Δ 是从 $V\to V'$ 的有界线性算子，因此 Δp_n 在 V' 中是一致有界的。从方程(2.1.48)的变形式

$$\frac{\partial p_n}{\partial r}+\frac{\partial p_n}{\partial t}+(\mu_n+v+\lambda)p_n=k\Delta p_n,\quad 在 Q 内$$

在 V' 中一致有界可以推断出，序列 $\{\partial p_n/\partial r+\partial p_n/\partial t+(\mu_n+v+\lambda)p_n\}$ 依 V' 的范数是一致有界的。由此，可以得出，存在 $h\in V'$，且当 $n\to+\infty$ 时，使得

$$\frac{\partial p_n}{\partial r}+\frac{\partial p_n}{\partial t}+(\mu_n+v+\lambda)p_n\to h,\quad 在 V' 中弱, h\in V'。\tag{2.1.58}$$

下面我们依次考察式(2.1.58)左边各项的收敛情况。

对任意给定的 $\varphi\in D(Q)$，其中

$D(Q)=\{\varphi|\varphi$ 在 Q 上无限次可微并且有紧的支集，还赋予导出极限拓扑$\}$[106]，

当然有 $\frac{\partial\varphi}{\partial t},\frac{\partial\varphi}{\partial r}\in D(Q)$，而且 $D(Q)\subset V=V''$。因此从式(2.1.56)可推出，当 $n\to+\infty$ 时，

$$\begin{cases}\int_Q\frac{\partial p_n}{\partial r}\varphi\mathrm{d}Q=-\int_Q p_n\frac{\partial\varphi}{\partial r}\mathrm{d}Q\to-\int_Q p\frac{\partial\varphi}{\partial r}\mathrm{d}Q=\int_Q\frac{\partial p}{\partial r}\varphi\mathrm{d}Q,\\ 即\int_Q\frac{\partial p_n}{\partial r}\varphi\mathrm{d}Q\to\int_Q\frac{\partial p}{\partial r}\varphi\mathrm{d}Q,\quad\forall\varphi\in D(Q)。\end{cases}\tag{2.1.59}$$

由于 $D(Q)$ 在 V 中稠，因此

$$\begin{cases}式(2.1.59)对任意的 \varphi\in V=V'' 也成立,\\ 而且 p_r,p_t 均存在,\quad 其中 p_r,p_t\in V'。\end{cases}\tag{2.1.60}$$

所以，依据存在有限极限的序列一定有界这一性质，可推出

$$\{\partial p_n/\partial r\},\{\partial p_n/\partial t\} 分别地在 V' 中一致有界。\tag{2.1.61}$$

利用紧性定理 2.1.1 的推论 2.1.1，可从结论(2.1.55)和结论(2.1.61)推得，当 $n\to+\infty$ 时，

$$p_n\to p,\quad 在 L^2(Q) 中强。\tag{2.1.62}$$

根据式(2.1.6)，有 $\gamma_0\leqslant v\leqslant\gamma_1$。又知常数 $\lambda>0$，故从式(2.1.62)可推出，当 $n\to+\infty$ 时，

$$\begin{cases}\int_Q(v+\lambda)p_n\varphi\mathrm{d}Q\to\int_Q(v+\lambda)p\varphi\mathrm{d}Q,\quad\forall\varphi\in V,\\(v+\lambda)p\in V'。\end{cases}\tag{2.1.63}$$

事实上，当 $n\to+\infty$ 时，

$$\left|\int_Q(v+\lambda)p\varphi\mathrm{d}Q-\int_Q(v+\lambda)p_n\varphi\mathrm{d}Q\right|\leqslant\gamma_1\lambda\|\varphi\|_{L^2(Q)}\|p-p_n\|_{L^2(Q)}\to 0。$$

接下来考察式(2.1.58)中剩下的项 $\mu_n p_n$。

当 $n\to+\infty$ 时，

$$\int_Q\mu_n p_n\varphi\mathrm{d}Q\to\int_Q up\varphi\mathrm{d}Q,\quad\forall\varphi\in D(Q),\tag{2.1.64}$$

事实上

$$\int_Q\mu_n p_n\varphi\mathrm{d}Q=\int_Q\mu_n(p_n-p)\varphi\mathrm{d}Q+\int_Q\mu_n p\varphi\mathrm{d}Q=I_n^{(1)}+I_n^{(2)}。\tag{2.1.65}$$

由广义积分概念和 μ_n 的定义式(2.1.46)，式(2.1.47)，并令 $A_n=A-\frac{1}{n}$，则有

$$\lim_{n\to+\infty}I_n^{(1)}=\lim_{n\to+\infty}\int_Q\mu_n(p_n-p)\varphi\mathrm{d}Q=0,\quad\forall\varphi\in D(Q),\tag{2.1.66}$$

$$\lim_{n\to+\infty}I_n^{(2)}=\lim_{n\to+\infty}\int_Q\mu_n p\varphi\mathrm{d}Q=\lim_{A_n\to A}\int_0^{A_n}\mathrm{d}r\int_{\Omega_T}\mu p\varphi\mathrm{d}Q=\int_Q\mu p\varphi\mathrm{d}Q,\quad\forall\varphi\in D(Q)。\tag{2.1.67}$$

由 μ_n 的定义式(2.1.46)，式(2.1.47)和 $\varphi\in D(Q)$ 以及 $\mathrm{Supp}\varphi$ 的定义可知，函数 $\mu_n\varphi$ 在 $Q_0\equiv\mathrm{Supp}\varphi(\subset\subset Q)$ 上是一致有界的，即 $|\mu_n\varphi|\leqslant M<+\infty$，而在 $(Q\backslash\mathrm{Supp}\varphi)$ 上是消失为零的。因此，结合式(2.1.62)可推得，当 $n\to+\infty$ 时，

$$
\begin{aligned}
|I_n^{(1)}|&=\left|\int_Q(\mu_n\varphi)(p_n-p)\mathrm{d}Q\right|=\left|\int_{Q_0}(\mu_n\varphi)(p_n-p)\mathrm{d}Q\right|+\left|\int_{Q\backslash Q_0}(\mu_n\varphi)(p_n-p)\mathrm{d}Q\right|\\
&\leqslant M(\mathrm{mes}Q)^{1/2}\|p_n-p\|_{L^2(Q)}+0\to 0。
\end{aligned}
$$

这就证明了式(2.1.66)，由式(2.1.65)～式(2.1.67)推得式(2.1.64)成立，由 $D(Q)$ 在 V 中稠可得出，式(2.1.64)对任意的 $\varphi\in V=V''$ 也成立。

由式(2.1.59)，式(2.1.60)和式(2.1.63)，式(2.1.64)，就可以推得，当 $n\to+\infty$ 时，有

$$
\frac{\partial p_n}{\partial r}+\frac{\partial p_n}{\partial t}+(v+\lambda)p_n+\mu_n p_n\to\frac{\partial p}{\partial r}+\frac{\partial p}{\partial t}+(v+\lambda)p+\mu p,\quad 在 V' 中弱。\tag{2.1.68}
$$

依据极限的唯一性，从式(2.1.58)和式(2.1.68)推得

$$
h=\frac{\partial p}{\partial r}+\frac{\partial p}{\partial t}+(v+\lambda)p+\mu p。
$$

因此，由式(2.1.58)，式(2.1.60)，式(2.1.63)推得

$$
\mu p=h-\left(\frac{\partial p}{\partial r}+\frac{\partial p}{\partial t}+(v+\lambda)p\right)\in V'。\tag{2.1.69}
$$

下面我们来证明当 $n\to+\infty$ 时，

$$
\int_Q\nabla p_n\cdot\nabla\varphi\mathrm{d}Q\to\int_Q\nabla p\cdot\nabla\varphi\mathrm{d}Q,\quad\forall\varphi\in V。\tag{2.1.70}
$$

事实上，因为 $D(Q)$ 在 V 中稠，不妨取 $\varphi\in D(Q)$。显然，$\Delta\varphi\in D(Q)\subset V\subset V'$，因此从式(2.1.56)推得，当 $n\to+\infty$ 时，

$$
\int_Q\nabla p_n\cdot\nabla\varphi\mathrm{d}Q=-\int_Q p_n\cdot\Delta\varphi\mathrm{d}Q\to-\int_Q p\cdot\Delta\varphi\mathrm{d}Q=\int_Q\nabla p\cdot\nabla\varphi\mathrm{d}Q,\quad\forall\varphi\in D(Q),
$$

因此式(2.1.70)成立。

这样，在式(2.1.48)中令 $n\to+\infty$，从式(2.1.68)～式(2.1.70)就推得式(2.1.56)中的极限函数 $p\in V$ 在 V' 意义下满足方程(2.1.1′)。

接下来我们将证明条件(2.1.2)成立，即在 $L^2(\Omega_T)$ 中弱的意义下，有

$$
p(0,t,x)=\int_0^A\beta(r,t,x)p(r,t,x)\mathrm{d}r。
$$

首先，当 $n\to+\infty$ 时，

$$
\begin{aligned}
&\int_{\Omega_T}\left[\int_0^A\beta(r,t,x)p_n(r,t,x)\mathrm{d}r\right]\varphi(0,t,x)\mathrm{d}t\mathrm{d}x\\
&\to\int_{\Omega_T}\left[\int_0^A\beta(r,t,x)p(r,t,x)\mathrm{d}r\right]\varphi(0,t,x)\mathrm{d}t\mathrm{d}x,\quad\forall\varphi\in\Phi_1。
\end{aligned}\tag{2.1.71}
$$

事实上，由式(2.1.62)，假设条件(H_2)和迹引理2.1.1可推得，当 $n\to+\infty$ 时，

$$
\begin{aligned}
&\left|\int_{\Omega_T}\left[\int_0^A\beta p_n\mathrm{d}r\right]\varphi(0,t,x)\mathrm{d}t\mathrm{d}x-\int_{\Omega_T}\left[\int_0^A\beta p\mathrm{d}r\right]\varphi(0,t,x)\mathrm{d}t\mathrm{d}x\right|\\
&=\left|\int_Q\beta(p_n-p)\varphi(0,t,x)\mathrm{d}Q\right|
\end{aligned}
$$

$$\leqslant \bar{\beta}\left\|\varphi(0,\cdot,\cdot)\right\|_{L^2(\Omega_T)}\cdot\left\|p_n-p\right\|_{L^2(Q)},\quad \forall\varphi\in\Phi_1。$$

其次,当 $n\to+\infty$ 时,

$$\int_{\Omega_T}(p_n\varphi)(0,t,x)\mathrm{d}t\mathrm{d}x\to\int_{\Omega_T}(p\varphi)(0,t,x)\mathrm{d}t\mathrm{d}x,\quad \forall\varphi\in\Phi_1。\qquad(2.1.72)$$

事实上,对任意给定的 $\varphi\in\Phi_1\subset V''=V$,由式(2.1.59)推得,当 $n\to+\infty$ 时,

$$\int_Q\frac{\partial p_n}{\partial r}\varphi(r,t,x)\mathrm{d}Q\to\int_Q\frac{\partial p}{\partial r}\varphi(r,t,x)\mathrm{d}Q。$$

对上式两边分部积分推得,当 $n\to+\infty$ 时,

$$-\int_Q\frac{\partial\varphi}{\partial r}p_n(r,t,x)\mathrm{d}Q+\int_{\Omega_T}[p_n\varphi(A,t,x)-p_n\varphi(0,t,x)]\mathrm{d}t\mathrm{d}x\to$$

$$-\int_Q\frac{\partial\varphi}{\partial r}p(r,t,x)\mathrm{d}Q+\int_{\Omega_T}p\varphi(A,t,x)-p\varphi(0,t,x)\mathrm{d}t\mathrm{d}x。\qquad(2.1.73)$$

由 Φ_1 的定义,可得 $\varphi(A,t,x)=0,\dfrac{\partial\varphi}{\partial r}\in V'$。因此,从式(2.1.56)可推得,当 $n\to+\infty$ 时,

$$\int_Q p_n\frac{\partial\varphi}{\partial r}\mathrm{d}Q\to\int_Q p\frac{\partial\varphi}{\partial r}\mathrm{d}Q。$$

因此从式(2.1.73)就推得式(2.1.72)成立。从式(2.1.49)可得,

$$\int_{\Omega_T}p_n\varphi(0,t,x)\mathrm{d}t\mathrm{d}x=\int_{\Omega_T}\left[\int_0^A\beta(0,t,x)p_n(r,t,x)\mathrm{d}r\right]\varphi(0,t,x)\mathrm{d}t\mathrm{d}x,\quad\forall\varphi\in\Phi_1。$$

注意到迹引理 2.1.1 中的式(2.1.22),并在上式中令 $n\to+\infty$ 取极限,则从式(2.1.71),式(2.1.72)就推得在 $L^2(\Omega_T)$ 中弱的意义下,条件(2.1.2)成立。

最后,我们还需证明条件(2.1.3)成立,即在 $L^2(\Omega_A)$ 中弱的意义下有

$$p(r,0,x)=p_0(r,x)。$$

与证明式(2.1.72)完全类似,我们可以证明当 $n\to+\infty$ 时,

$$\int_{\Omega_A}(p_n\varphi)(r,0,x)\mathrm{d}r\mathrm{d}x\to\int_{\Omega_A}(p\varphi)(r,0,x)\mathrm{d}r\mathrm{d}x,\quad\forall\varphi\in\Phi_1。\qquad(2.1.74)$$

同时从式(2.1.50)可推得

$$p_n(r,0,x)=p_0(r,x),\quad 在\ \Omega_A\ 内。$$

所以从式(2.1.74)和式(2.1.50)就推得在 $L^2(\Omega_A)$ 中弱的意义下,条件(2.1.3)成立。至于边界条件(2.1.4),由 $p\in V$ 和 V 的定义可知,它显然成立。至此,我们就证明了式(2.1.56)中的极限函数 $p\in V$ 是问题(2.1.1′),问题(2.1.2)~问题(2.1.4)的广义解。由于此处的 p 是变换 $g=\mathrm{e}^{-\lambda t}p$ 中的 g,因此需要把前面证明过程中的 p 重新变换为 g,则 $p=g\mathrm{e}^{\lambda t}$ 就是问题(2.1.1)~问题(2.1.4)在 V 中的广义解。

(2) 唯一性的证明。

现在证明问题(2.1.1)~问题(2.1.4)广义解 $p\in V$ 的唯一性。我们只需要对问题(2.1.1′),问题(2.1.2)~问题(2.1.4)证明即可。设 p_1,p_2 是问题(2.1.1′),问题(2.1.2)~问题(2.1.4)任意给定的两个解,令 $p=p_1-p_2$,则 p 满足方程(2.1.1′),方程(2.1.2)~方程(2.1.4)及齐次初始条件

$$p(r,0,x)=0(p_0=0),\quad 在\ \Omega_A\ 内。$$

设 A_0 满足 $0<A_0<A,Q_0=(0,A_0)\times(0,T)\times\Omega$。用 p 去乘式(2.1.1′),并在 Q_0 上积

分，则推得

$$\int_{Q_0}(p_r+p_t+\mu p+\lambda p+v p)p\,\mathrm{d}Q+k\int_{Q_0}|\nabla p|^2\mathrm{d}Q=0。\tag{2.1.75}$$

由于 p_r+p_t 在 V' 中，$\mu\in L^2(Q_0)$，所以能够对式(2.1.75)左边的第一项分部积分。根据式(2.1.2)和式(2.1.3′)，可以推得

$$\begin{aligned}&\int_{Q_0}[p_r+p_t+(\mu+v+\lambda)p]p\,\mathrm{d}Q\\&=\frac{1}{2}\int_{\Omega_{A_0}}p^2(r,T,x)\mathrm{d}r\mathrm{d}x+\frac{1}{2}\int_{\Omega_{A_0}}p^2(A_0,t,x)\mathrm{d}t\mathrm{d}x+\\&\int_{Q_0}(\mu+v+\lambda)p^2\mathrm{d}Q-\frac{1}{2}\int_{\Omega_T}\left[\int_0^{A_0}\beta p\,\mathrm{d}r\right]^2\mathrm{d}t\mathrm{d}x,\end{aligned}$$

而

$$\int_{\Omega_T}\left[\int_0^{A_0}\beta p\,\mathrm{d}r\right]^2\mathrm{d}t\mathrm{d}x\leqslant C_5\|p\|^2_{L^2(Q_0)},\quad C_5=\bar{\beta}A_0>0。$$

把以上两个估计式代入式(2.1.75)中，并令 $A_0\to A$，就推得

$$\lambda\int_Q p^2\mathrm{d}Q+k\int_Q|\nabla p|^2\mathrm{d}Q\leqslant\frac{1}{2}C_5\int_Q p^2\mathrm{d}Q。$$

取 $\lambda>\frac{C_5}{2}$，则从上式得

$$\begin{cases}\left(\lambda-\dfrac{C_5}{2}\right)\displaystyle\int_Q p^2\mathrm{d}Q\leqslant 0, & \text{在 } Q \text{ 内},\\ p=0, & \text{在 } Q \text{ 内},\end{cases}$$

即

$$p_1=p_2,\quad \text{在 } Q \text{ 内}。$$

唯一性得证。定理 2.1.3 证毕。

推论 2.1.2　在定理 2.1.3 的假设条件下，还有下面的结果

$$\sqrt{\mu}p\in L^2(Q)\tag{2.1.76}$$

成立。

事实上，由式(2.1.54)可以推得序列 $\{\sqrt{\mu_n}p_n\}$ 在 $L^2(Q)$ 中一致有界。因此存在 $\sqrt{\mu}p\in L^2(Q)$ 和 $\{\sqrt{\mu_n}p_n\}$ 的一个子序列，仍然记作 $\{\sqrt{\mu_n}p_n\}$，使得当 $n\to+\infty$ 时，$\sqrt{\mu_n}p_n\to\sqrt{\mu}p$ 在 $L^2(Q)$ 中弱。

推论 2.1.3　在定理 2.1.3 的假设下，更有下面的结果

$$\mu p\in L^2(Q)\tag{2.1.77}$$

成立。

事实上，任意取定一个 $\varphi\in V$，由索伯列夫嵌入定理[108]推得，$V\to L^2(Q)$ 是紧的。因此，在对应于方程(2.1.48)的积分恒等式中的项

$$\int_Q\mu_n p_n\varphi\mathrm{d}Q,\quad\forall\varphi\in V\tag{2.1.78}$$

中，可以认为 $\varphi\in L^2(Q)$。而 $\int_Q\mu_n p_n\varphi\mathrm{d}Q$ 可以认为是三个函数的乘积 $\mu_n\cdot p_n\cdot\varphi$ 的 Lebesgus 积分。又因为 $D(\Theta;C_0^1(\Omega))$ 在 V 和 $L^2(Q)$ 中稠，所以我们不妨认为式(2.1.78)中

的 $\varphi\in D(\Theta;C_0^1(\Omega))$。令 $Q_0=\text{Supp}\varphi$，则有

$$\int_Q \mu_n p_n \varphi \mathrm{d}Q=\int_Q(\mu_n\varphi)(p_n-p)\mathrm{d}Q+\int_Q \mu_n\varphi p\,\mathrm{d}Q=I_n^{(1)}+I_n^{(2)}。\tag{2.1.79}$$

由 $\varphi\in D(\Theta;C_0^1(\Omega))$，$\text{Supp}\varphi$ 和 φ_n 的定义式(2.1.46)，式(2.1.47)可知，$\mu_n\varphi$ 在$\{Q\backslash Q_0\}$上消失为零，而在 Q_0 上有与 n 无关的上界 $M>0$。因此，再由式(2.1.62)可推得，当 $n\to+\infty$时，

$$\begin{aligned}|I_n^{(1)}|&\leqslant\left|\int_{Q_0}(\mu_n\varphi)(p_n-p)\mathrm{d}Q\right|+\left|\int_{Q\backslash Q_0}(\mu_n\varphi)(p_n-p)\mathrm{d}Q\right|\\&\leqslant M(\text{mes}Q)^{1/2}\left\|p_n-p\right\|_{L^2(Q)}+0\to 0。\end{aligned}\tag{2.1.80}$$

由广义积分定义可知，对于 $A_n=A-\dfrac{1}{n}$，当 $n\to+\infty$时，有

$$I_n^{(2)}=\int_Q \mu_n p\varphi\mathrm{d}Q=\int_0^A \mathrm{d}r\int_{\Omega_T}\mu_n\varphi p\,\mathrm{d}Q\to\int_0^A \mathrm{d}r\int_{\Omega_T}\mu p\varphi\mathrm{d}t\,\mathrm{d}x=\int_Q \mu p\varphi\mathrm{d}Q。\tag{2.1.81}$$

因为在式(2.1.69)中我们已经证明了 $\mu p\in V'$，因此由 $V\to L^2(Q)$可知，式(2.1.81)中的 $\int_Q \mu p\varphi\mathrm{d}Q$ 对于 $\varphi\in L^2(Q)$ 也应有有限数。由式(2.1.79)～式(2.1.81)和 $D(\Theta;C_0^1(\Omega))$在 $L^2(Q)$和 V 中稠，就推得

$$\mu_n p_n\to\mu p,\quad 在 L^2(Q) 中弱。\tag{2.1.82}$$

其中，$\mu p\in L^2(Q)$。事实上，由式(2.1.81)，式(2.1.82)可知，$\mu p(\varphi)=\int_Q \mu p\cdot\varphi\mathrm{d}Q$ 是$L^2(Q)$上的连续线性泛函，即 $\mu p\in(L^2(Q))'$。但是，$L^2(Q)$具有自共轭性，即$(L^2(Q))'=L^2(Q)$，因此有 $\mu p\in L^2(Q)$。

2.1.3 最优控制的存在性

下面的定理是本节的主要结果之一。

定理 2.1.4 设 $p(v)\in V, Dp\in V'$为由问题(2.1.1)～问题(2.1.4)所支配的系统 S 的状态，容许控制集合 U 由式(2.1.6)确定，性能指标泛函 $J(v)$由式(2.1.9)给定。若假设条件(H_1)～条件(H_4)成立，则问题(2.1.10)在 U 中存在一个最优收获控制 $u\in U$，即 u 满足式(2.1.10)中的等式

$$J(u)=\sup_{v\in U}J(v)。\tag{2.1.83}$$

证明 设$\{v_n\}\in U$ 为问题(2.1.10)的极大化序列，使得当 $n\to+\infty$时，

$$J(v_n)\to\sup_{v\in U}J(v),\tag{2.1.84}$$

其中，$J(v_n)$中的 $p(r,t,x;v_n)$记作

$$p(r,t,x;v_n)=p(v_n)=p_n。\tag{2.1.85}$$

由式(2.1.6)有

$$\left\|v_n\right\|_{L^2(Q)}\leqslant\gamma_2<+\infty,\tag{2.1.86}$$

其中，$\gamma_2=\gamma_1\,\text{mes}Q$。

由于自反的 Banach 空间 $L^2(Q)$的有界集是弱序列紧的和完备的[109]，因而存在 $u\in U$ 和可以抽出$\{v_n\}$的一个子序列，这里仍记为$\{v_n\}$，使得

$$v_n\to u,\quad 在 L^2(Q) 中弱,\quad u\in U。\tag{2.1.87}$$

以下我们将证明式(2.1.87)中的极限函数 $u\in U$ 即为所要求的系统 S 关于性能指标泛

函(2.1.9)的问题(2.1.10)的最优收获控制,即 $u\in U$ 满足式(2.1.83)。

我们首先证明存在 $p\in V, Dp\in V''$,使得当 $n\to+\infty$时,

$$p_n\to p,\quad 在 V 中弱,\tag{2.1.88}$$

$$Dp_n\to Dp,\quad 在 V' 中弱,\tag{2.1.89}$$

$$p_n\to p,\quad 在 L^2(Q) 中强。\tag{2.1.90}$$

其中由记号(2.1.85)可得,上式中 $p_n=p(v_n)\in V, Dp_n\in V'$是问题(2.1.1)~问题(2.1.4)在 $v=v_n$ 时的广义解。

在广义解定义 2.1.2 的式(2.1.17)中,令 $\varphi=p_n$,则对每个 $\tau\in(0,t)$,$0\leqslant t\leqslant T$,有

$$\int_0^t\int_0^A(Dp_n+\mu p_n,p_n)\mathrm{d}r\mathrm{d}\tau+k\int_0^t\int_{\Omega_A}\nabla p_n\cdot\nabla p_n\mathrm{d}r\mathrm{d}x\mathrm{d}\tau=-\int_0^t\int_{\Omega_A}v_np_n^2\mathrm{d}r\mathrm{d}x\mathrm{d}\tau,$$

即

$$\frac{1}{2}\int_0^t\int_0^A\int_\Omega\frac{\partial}{\partial r}(p_n^2)\mathrm{d}x\mathrm{d}r\mathrm{d}\tau+\frac{1}{2}\int_0^t\int_0^A\int_\Omega\frac{\partial(p_n^2)}{\partial\tau}\mathrm{d}x\mathrm{d}r\mathrm{d}\tau+\int_0^t\int_{\Omega_A}\mu p_n^2\mathrm{d}r\mathrm{d}x\mathrm{d}\tau+k\int_0^t\int_{\Omega_A}|\nabla p_n|^2\mathrm{d}r\mathrm{d}x\mathrm{d}\tau$$
$$=-\int_0^t\int_{\Omega_A}v_np_n^2\mathrm{d}r\mathrm{d}x\mathrm{d}\tau。$$

对上式分部积分及利用牛顿-莱布尼兹公式,并注意到

$$k\left\|\nabla p_n\right\|_{L^2(\Omega_A)}\geqslant\frac{\alpha}{2}\left\|p_n\right\|_{L^2(0,A;H_0^1(\Omega))},\quad\alpha>0,$$

可得

$$\frac{1}{2}\int_{\Omega_t}p_n^2(A,\tau,x)\mathrm{d}x\mathrm{d}\tau-\frac{1}{2}\int_{\Omega_A}p_n^2(0,\tau,x)\mathrm{d}x\mathrm{d}\tau+\frac{1}{2}\left|p_n(t)\right|_{L^2(\Omega_A)}^2-$$
$$\frac{1}{2}\left|p_n(0)\right|_{L^2(\Omega_A)}^2+\int_0^t\int_{\Omega_A}\mu p_n^2(\tau)\mathrm{d}r\mathrm{d}x\mathrm{d}\tau+\frac{\alpha}{2}\int_0^t\left\|p_n(\tau)\right\|^2\mathrm{d}\tau$$
$$\leqslant-\int_0^t\int_{\Omega_A}v_np_n^2(\tau)\mathrm{d}r\mathrm{d}x\mathrm{d}\tau。$$

其中,$p_n(r)=p_n(r,\tau,x)$,模$|\cdot|$(相应地$\|\cdot\|$)为 $L^2(\Omega_A)$(相应地 $L^2(0,A;H_0^1(\Omega))$)的范数。

由式(2.1.5)和初边值条件(2.1.18),条件(2.1.19),并注意到 μ 的非负性和假设条件(H_2)及式(2.1.6)关于 β 和 v_n 的有界性假设,可从上式得到

$$|p_n(t)|^2+\alpha\int_0^t\left\|p_n(\tau)\right\|^2\mathrm{d}\tau+\int_0^t\int_{\Omega_A}\mu p_n^2(\tau)\mathrm{d}r\mathrm{d}x\mathrm{d}\tau$$
$$\leqslant|p_n(0)|^2+\int_{\Omega_t}\left(\int_0^A\bar{\beta}p_n(r,\tau,x)\mathrm{d}r\right)^2\mathrm{d}\tau\mathrm{d}x+$$
$$2\int_0^t\gamma_1\int_{\Omega_A}p_n^2(r,\tau,x)\mathrm{d}r\mathrm{d}x\mathrm{d}\tau$$
$$\leqslant|p_n(0)|^2+\int_0^t(A\bar{\beta}+2\gamma_1)|p_n(\tau)|^2\mathrm{d}\tau,\quad\alpha>0。\tag{2.1.91}$$

由 Gronwall 不等式,推得

$$|p_n(t)|^2\leqslant|p_0|^2\exp[T(A\bar{\beta}^2+2\gamma_1)]\equiv M_1<+\infty。\tag{2.1.92}$$

将上式在$[0,T]$上积分,得到

$$\left\|p_n\right\|_{L^2(Q)} \leqslant TM_1 \equiv M_2 < +\infty, \tag{2.1.93}$$

其中，M_2 是与 n 无关的正数。由式(2.1.91)和式(2.1.93)推得

$$\left\|\mu^{\frac{1}{2}} p_n\right\|_{L^2(Q)} \leqslant M_3 < +\infty, \tag{2.1.94}$$

与式(2.1.87)的导出同理，存在$\{p_n\}$的子序列，仍记作$\{p_n\}$，使得当 $n \to +\infty$时，

$$p_n \to p \quad 在\ L^2(Q)\ 中弱, \quad p \in L^2(Q)。 \tag{2.1.95}$$

由式(2.1.91)和式(2.1.93)可以推得

$$\left\|p_n\right\|_V^2 \leqslant M_4 < +\infty, \tag{2.1.96}$$

其中，常数 $M_4 = \alpha^{-1}[|p_0|^2 + (A\bar{\beta}^2 + 2\gamma_1)M_2]$与 n 无关。类似于式(2.1.87)和式(2.1.95)，由式(2.1.96)可从序列$\{p_n(r,t,x)\}$中抽出子序列，仍记为$\{p_n\}$，使得当 $n \to +\infty$时，

$$p_n \to p, \quad 在\ V\ 中弱, \quad p \in V。 \tag{2.1.97}$$

式(2.1.97)就是式(2.1.88)，即式(2.1.88)成立。

由于拉普拉斯算子 Δ 是从 V 到 V'的有界算子，因此可从式(2.1.96)推得

$$\{\Delta p_n\}\ 在\ V'\ 中一致有界。 \tag{2.1.98}$$

由式(2.1.97)和广义导数定义可知，$\forall \varphi \in D(Q) \subset V$，有$\dfrac{\partial \varphi}{\partial r} \in D(Q) \subset V$ 以及 $p_n \in V$。因此，当 $n \to +\infty$时，

$$\int_Q \frac{\partial p_n}{\partial r}\varphi \mathrm{d}Q = -\int_Q p_n \frac{\partial \varphi}{\partial r}\mathrm{d}Q \to -\int_Q \frac{\partial \varphi}{\partial r}\mathrm{d}Q = \int_Q \frac{\partial p}{\partial r}\varphi \mathrm{d}Q, \quad \forall \varphi \in D(Q)。 \tag{2.1.99}$$

因为 $D(Q)$在 V 中稠，故上式对任意 $\varphi \in V = V''$也成立。因此，当 $n \to +\infty$时，

$$\frac{\partial p_n}{\partial r} \to \frac{\partial p}{\partial r}, \quad 在\ V'\ 中弱。 \tag{2.1.100}$$

同理有，当 $n \to \infty$时，

$$\frac{\partial p_n}{\partial t} \to \frac{\partial p}{\partial t}, \quad 在\ V'\ 中弱。 \tag{2.1.101}$$

由存在有限极限的变量是有界变量这一极限性质，可以从式(2.1.100)，式(2.1.101)推得

$$\{Dp_n\}\ 在\ V'\ 中一致有界。 \tag{2.1.102}$$

由紧性定理 2.1.1 的推论 2.1.1，可从式(2.1.96)和式(2.1.102)推得

$$p_n \to p, \quad 在\ L^2(Q)\ 中强。 \tag{2.1.103}$$

同时可得，当 $n \to +\infty$时，

$$v_n p_n \to vp, \quad 分别在\ L^2(Q)\ 和\ V\ 中弱。 \tag{2.1.104}$$

事实上，由式(2.1.86)和式(2.1.103)可推得，对任意 $\varphi \in L^2(Q) \subset V$，当 $n \to +\infty$时，

$$\int_Q (v_n p_n - v_n p)\varphi \mathrm{d}Q \leqslant \gamma_1 \left\|\varphi\right\|_{L^2(Q)} \left\|p_n - p\right\|_{L^2(Q)} \to 0, \tag{2.1.105}$$

$$\int_Q (v_n p - up)\varphi \mathrm{d}Q \to 0。 \tag{2.1.106}$$

故此可得出，$p\varphi \in L^2(Q)$，这是因为$\int_Q (p\varphi)^2 \mathrm{d}Q \leqslant \left\|p\right\|_{L^2(Q)}^2 \left\|\varphi\right\|_{L^2(Q)}^2$。结合式(2.1.87)可以推得，当 $n \to +\infty$时，

$$\int_Q (v_n p - up)\varphi \mathrm{d}Q = \int_Q (v_n - u)(p\varphi)\mathrm{d}Q \to 0, \quad \forall \varphi \in L^2(Q)。$$

由此推出式(2.1.106)。由式(2.1.105)和式(2.1.106)，可以推出式(2.1.104)成立。当 $n \to +\infty$ 时，

$$\int_Q (v_n p_n - up)\varphi \mathrm{d}Q = \int_Q v_n (p_n - p)\varphi \mathrm{d}Q + \int_Q (v_n - u)p\varphi \mathrm{d}Q \to 0 + 0 = 0,$$

$$\forall \varphi \in L^2(Q) 或 V。$$

由存在有限极限的量为有界这一极限性质，从式(2.1.104)推得

$$\{v_n p_n\} 分别在 L^2(Q) 和 V' 中一致有界。 \tag{2.1.107}$$

当 $v = v_n$ 时，方程(2.1.1)可变形为

$$\mu p_n = k\Delta p_n - Dp_n - v_n p_n。$$

由式(2.1.98)，式(2.1.100)，式(2.1.101)，式(2.1.104)推得上式右端在 V' 中一致有界，因而

$$\{\mu p_n\} 在 V' 中一致有界。$$

由 $V'' = V$ 及上式推得

$$\mu p_n \to \mu p, \quad 在 V 中弱。 \tag{2.1.108}$$

由式(2.1.98)推得

$$\begin{cases} \Delta p_n \to \Delta p, & 在 V' 中弱, \\ \nabla p_n \to \nabla p, & 在 V 中弱。 \end{cases} \tag{2.1.109}$$

下面我们证明，当 $n \to +\infty$ 时，

$$\int_{\Omega_T} (p_n \varphi)(0,t,x)\mathrm{d}t\mathrm{d}x \to \int_{\Omega_T} (p\varphi)(0,t,x)\mathrm{d}t\mathrm{d}x, \quad \forall \varphi \in \Phi_1, \tag{2.1.110}$$

$$\int_{\Omega_T} \left[\int_0^A \beta p_n \mathrm{d}r\right]\varphi(0,t,x)\mathrm{d}t\mathrm{d}x \to \int_{\Omega_T} \left[\int_0^A \beta p \mathrm{d}r\right]\varphi(0,t,x)\mathrm{d}t\mathrm{d}x, \quad \forall \varphi \in \Phi_1。 \tag{2.1.111}$$

事实上，由式(2.1.89)可知，对于任意给定的 $\varphi \in \Phi_1 \subset V \equiv V''$，当 $n \to +\infty$ 时，有

$$\int_Q \frac{\partial p_n}{\partial r}\varphi(r,t,x)\mathrm{d}Q \to \int_Q \frac{\partial p}{\partial r}\varphi(r,t,x)\mathrm{d}Q。$$

结合式(2.1.22)并对上式分部积分得，当 $n \to +\infty$ 时，

$$-\int_Q \frac{\partial \varphi}{\partial r}p_n(r,t,x)\mathrm{d}Q + \int_{\Omega_T} p_n\varphi(A,t,x)\mathrm{d}t\mathrm{d}x - \int_{\Omega_T} (p_n\varphi)(0,t,x)\mathrm{d}t\mathrm{d}x$$

$$\to -\int_Q \frac{\partial \varphi}{\partial r}p(r,t,x)\mathrm{d}Q + \int_{\Omega_T} (p\varphi)(A,t,x)\mathrm{d}t\mathrm{d}x - \int_{\Omega_T} (p\varphi)(0,t,x)\mathrm{d}t\mathrm{d}x。$$

由 Φ_1 的定义式(2.1.20)，$\varphi(A,t,x) = 0$，$\frac{\partial \varphi}{\partial r} \in V'$ 及式(2.1.88)，可从上式推得式(2.1.110)。

对于任意给定的 $\varphi \in \Phi_1$，应用 Hölder 不等式，同时结合关于 β 的假设条件(H_2)及式(2.1.90)可得，当 $n \to +\infty$ 时，

$$\left|\int_{\Omega_T} \left[\int_0^A \beta p_n \mathrm{d}r\right]\varphi(0,t,x)\mathrm{d}t\mathrm{d}x - \int_{\Omega_T} \left[\int_0^A \beta p \mathrm{d}r\right]\varphi(0,t,x)\mathrm{d}t\mathrm{d}x\right|$$

$$= \left|\int_{\Omega_T} \left[\int_0^A \beta(p_n - p)\mathrm{d}r\right]\varphi(0,t,x)\mathrm{d}t\mathrm{d}x\right|$$

$$\leqslant \bar{\beta}\left\|\varphi(0,t,x)\right\|_{L^2(\Omega_T)} \cdot A^{\frac{1}{2}} \cdot \left\|p_n - p\right\|_{L^2(Q)} \to 0,$$

即式(2.1.111)成立。

接下来我们再证明：当 $n\to+\infty$ 时，

$$\int_{\Omega_A}(p_n\varphi)(r,0,x)\mathrm{d}r\mathrm{d}x \to -\int_{\Omega_A}(p\varphi)(r,0,x)\mathrm{d}r\mathrm{d}x,\quad \forall\varphi\in\Phi_1。\tag{2.1.112}$$

事实上，由式(2.1.89)推得，对于任意给定的 $\varphi\in\Phi_1\subset V\equiv V''$，当 $n\to+\infty$ 时，有

$$\int_Q \frac{\partial p_n}{\partial t}\varphi(r,t,x)\mathrm{d}Q \to \int_Q \frac{\partial p}{\partial t}\varphi(r,t,x)\mathrm{d}Q。$$

对上式分部积分并注意到 Φ_1 的定义式(2.1.15)，$\varphi(r,T,x)=0$，$\dfrac{\partial\varphi}{\partial t}\in V'$ 以及式(2.1.88)，可以推得，当 $n\to+\infty$ 时，

$$\int_{\Omega_A}(p_n\varphi)(r,0,x)\mathrm{d}r\mathrm{d}x \to \int_{\Omega_A}(p\varphi)(r,0,x)\mathrm{d}r\mathrm{d}x,$$

即式(2.1.112)成立。

由广义解的定义 2.1.2 及记号(2.1.85)可知，$p_n=p(v_n)=p(r,t,x;v_n)$ 满足下面的积分恒等式：

$$\int_\Theta\langle Dp_n+\mu p_n,\varphi\rangle\mathrm{d}r\mathrm{d}t + k\int_Q \nabla p_n\nabla\varphi\mathrm{d}Q = -\int_Q v_n p_n\varphi\mathrm{d}Q,\quad \forall\varphi\in V,\tag{2.1.113}$$

$$\int_{\Omega_T}(p_n\varphi)(0,t,x)\mathrm{d}t\mathrm{d}x = \int_{\Omega_T}\left[\int_0^A \beta p_n\mathrm{d}r\right]\varphi(0,t,x)\mathrm{d}t\mathrm{d}x,\quad \forall\varphi\in\Phi_1,\tag{2.1.114}$$

$$\int_{\Omega_A}(p_n\varphi)(r,0,x)\mathrm{d}r\mathrm{d}x = \int_{\Omega_A} p_0(r,x)\varphi(r,0,x)\mathrm{d}r\mathrm{d}x,\quad \forall\varphi\in\Phi_1。\tag{2.1.115}$$

在式(2.1.113)中令 $n\to+\infty$ 取极限，由式(2.1.100)，式(2.1.101)，式(2.1.104)，式(2.1.108)，式(2.1.109)推得式(2.1.88)的极限函数 $p(r,t,x)\in V$，$Dp\in V'$ 和式(2.1.87)中的极限函数 $u\in U$ 满足积分恒等式：

$$\int_\Theta\langle Dp+\mu p,\varphi\rangle\mathrm{d}r\mathrm{d}t + k\int_Q \nabla p\cdot\nabla\varphi\mathrm{d}Q = -\int_Q up\varphi\mathrm{d}Q,\quad \forall\varphi\in V。\tag{2.1.116}$$

同样，在式(2.1.114)和式(2.1.115)中，令 $n\to+\infty$ 取极限，由式(2.1.110)～式(2.1.112)推得，上述的 (p,u) 满足下面的等式：

$$\int_{\Omega_T}(p\varphi)(0,t,x)\mathrm{d}t\mathrm{d}x = \int_{\Omega_T}\left[\int_0^A \beta p\mathrm{d}r\right]\varphi(0,t,x)\mathrm{d}t\mathrm{d}x,\quad \forall\varphi\in\Phi_1,\tag{2.1.117}$$

$$\int_{\Omega_A}(p\varphi)(r,0,x)\mathrm{d}r\mathrm{d}x = \int_{\Omega} p_0(r,x)\varphi(r,0,x)\mathrm{d}r\mathrm{d}x,\quad \forall\varphi\in\Phi_1。\tag{2.1.118}$$

根据记号(2.1.11)，就可推得式(2.1.88)和式(2.1.89)中的极限函数

$$p(r,t,x)=p(r,t,x;u)=p(u)\in V,\quad Dp\in V'\tag{2.1.119}$$

为问题(2.1.1)～问题(2.1.4)对应于 $v=u$ 的广义解。

由下面的定理 2.1.5 可知，式(2.1.87)中的极限函数 $u\in U$(由式(2.1.87)可知，u 是存在的)即为我们所要求的具有性能指标泛函式(2.1.9)的系统 S 的最优收获控制。定理 2.1.4 证毕。

定理 2.1.5 设 $v\in U$，$p(r,t,x;v)$ 是问题(2.1.1)～问题(2.1.4)的广义解，性能指标泛函 $J(v)$ 由式(2.1.9)给定，容许控制集合 U 由式(2.1.6)确定，$\{v_n\}$ 是定理 2.1.4 中的极大化

序列，$u(r,t,x)\in U$ 是式(2.1.87)中的极限函数，即 $v_n\to u$ 在 $L^2(Q)$中弱，则 $u\in U$ 就是系统 S 的最优收获控制，即它满足下面的等式

$$J(u)=\sup_{v\in U}J(v),\quad u\in U。\tag{2.1.120}$$

证明　由 U 的定义式(2.1.6)及式(2.1.93)可推得

$$0\leqslant J(v)=\int_Q vp\,\mathrm{d}Q\leqslant\gamma_1\int_Q p\,\mathrm{d}Q\leqslant\gamma_1(\mathrm{mes}Q)^{1/2}\|p\|_{L^2(Q)}\leqslant\gamma_1(\mathrm{mes}Q)^{1/2}M_2^2<+\infty。$$

结合式(2.1.84)可得

$$\lim_{n\to+\infty}J(v_n)=\sup_{v\in U}J(v)<+\infty。$$

由极限唯一性可知，要证明(2.1.120)成立，只需证明，当 $n\to+\infty$时，

$$J(v_n)\to\int_Q u(r,t,x)p(r,t,x;u)\mathrm{d}Q=J(u)。\tag{2.1.121}$$

根据定义式(2.1.9)有

$$J(v_n)=\int_Q v_n(r,t,x)p(r,t,x;u)\mathrm{d}Q。$$

以下估计$|J(u)-J(v_n)|$的值。

由式(2.1.87)推得 $v_n\to u$ 在 $L^2(Q)$弱，因而对于式(2.1.119)的 $p\in V\subset L^2(Q)$可得，当 $n\to+\infty$时，

$$\int_Q(v_n-u)p(r,t,x;u)\mathrm{d}Q\to 0。\tag{2.1.122}$$

由式(2.1.90)及定理 2.1.4 中的式(2.1.119)可推得，当 $n\to+\infty$时，

$$p(v_n)\to p(u),\quad 在\ L^2(Q)\ 中强。$$

结合式(2.1.86)推得，当 $n\to+\infty$时，

$$\left|\int_Q v_n[p(v_n)-p(u)]\mathrm{d}Q\right|\leqslant\gamma_1\|p(v_n)-p(u)\|_{L^2(Q)}\to 0。\tag{2.1.123}$$

由式(2.1.122)及式(2.1.123)可得，当 $n\to+\infty$时，

$$\begin{aligned}|J(u)-J(v_n)|&=\left|\int_Q[v_np(v_n)-up(u)]\mathrm{d}Q\right|\\&\leqslant\left|\int_Q v_n[p(v_n)-p(u)]\mathrm{d}Q\right|+\left|\int_Q(v_n-u)p(u)\mathrm{d}Q\right|\to 0,\end{aligned}$$

即 $J(v_n)\to J(u)$，因此式(2.1.120)成立。定理 2.1.5 证毕。

2.1.4　必要条件和最优性组

本节讨论系统 S 关于性能指标泛函 $J(v)$，即问题(2.1.10)的收获控制为最优的必要条件和最优性组。

设 $p(v)\in V,Dp(v)$为问题(2.1.1)～问题(2.1.4)的广义解，$\dot{p}=\dot{p}(u)(v-u)$为非线性算子 $p(v)$在 u 处沿方向 $v-u$ 的 G-微分[109]，即

$$\dot{p}=\dot{p}(u)(v-u)=\frac{\mathrm{d}}{\mathrm{d}\lambda}p(u+\lambda(v-u))\Big|_{\lambda=0}=\lim_{\lambda\to0^+}\frac{1}{\lambda}[p(u+\lambda(v-u))-p(u)],\quad v\in U。\tag{2.1.124}$$

引入记号

$$\begin{cases} u_\lambda = u + \lambda(v-u), \quad 0<\lambda<1, \\ p_\lambda = p(u_\lambda), p = p(u)。 \end{cases} \tag{2.1.125}$$

因为 U 是闭凸集,有 $u_\lambda \in U$,由记号(2.1.125),可得

$$\begin{cases} \dfrac{\partial p_\lambda}{\partial r} + \dfrac{\partial p_\lambda}{\partial t} - k\Delta p_\lambda + \mu p_\lambda = -\mu_\lambda p_\lambda, & 在\ Q\ 内, \\ p_\lambda(0,t,x) = \displaystyle\int_0^A \beta p_\lambda \mathrm{d}r, & 在\ \Omega_T\ 内, \\ p_\lambda(r,0,x) = p_0(r,x), & 在\ \Omega_A\ 内, \\ p_\lambda(r,t,x) = 0, & 在\ \Sigma\ 上 \end{cases} \tag{2.1.126}$$

及

$$\begin{cases} \dfrac{\partial p}{\partial r} + \dfrac{\partial p}{\partial t} - k\Delta p + \mu p = -\mu p, & 在\ Q\ 内, \\ p(0,t,x) = \displaystyle\int_0^A \beta p \mathrm{d}r, & 在\ \Omega_T\ 内, \\ p(r,0,x) = p_0(r,x), & 在\ \Omega_A\ 内, \\ p(r,t,x) = 0, & 在\ \Sigma\ 上。 \end{cases} \tag{2.1.127}$$

将式(2.1.126)减式(2.1.127)并在所得方程两端除 $\lambda(\lambda>0)$,同时令 $\lambda\to 0^+$ 取极限,注意到记号(2.1.124)和记号(2.1.125),可以推得

$$\begin{cases} \dfrac{\partial \dot{p}}{\partial r} + \dfrac{\partial \dot{p}}{\partial t} - k\Delta \dot{p} + (\mu+u)\dot{p} = -(v-u)p, & 在\ Q\ 内, \\ \dot{p}(0,t,x) = \displaystyle\int_0^A \beta \dot{p} \mathrm{d}r, & 在\ \Omega_T\ 内, \\ \dot{p}(r,0,x) = p_0(r,x), & 在\ \Omega_A\ 内, \\ \dot{p}(r,t,x) = 0, & 在\ \Sigma\ 上。 \end{cases} \tag{2.1.128}$$

其中式$(2.1.128)_1$ 的推导过程用到了如下结果:对任意给定的 $\varphi\in\Phi$,当 $\lambda\to 0^+$ 时,

$$\begin{aligned} &\left|\int_Q (v-u)[p(u+\lambda(v-u)) - p(u)\varphi]\mathrm{d}Q\right| \\ &\leqslant \|v-u\|_{L^2(Q)} \cdot \|\varphi\|_{C^0(Q)} \cdot \|p(u_\lambda) - p(u)\|_{L^2(Q)} \to 0。\end{aligned}$$

而上式是成立的,这是因为同式(2.1.90)证明类似,可以证明当 $u_\lambda\to u$ 在 $L^2(Q)$中弱时,有 $p(u_\lambda)\to p(u)$在 V 中强,而 $\lambda\to 0^+$ 可推得 $u_\lambda\to u$ 在 $L^2(Q)$中弱。

由于已知函数 $f(r,t,x)\equiv[v(r,t,x)-u(r,t,x)]p(r,t,x)$与 $\dot{p}$ 无关,$f\in L^2(Q)$且有界,因而问题(2.1.128)与问题(2.1.1)~问题(2.1.4)属于同一类型问题,只是相差一个自由项 $f(r,t,x)$。运用证明定理 2.1.3 的证明方法,容易证明在定理 2.1.3 的所设条件下,问题(2.1.128)在 V 中存在唯一广义解 $\dot{p}\in V, D\dot{p}\in V'$。

现在我们来导出 $u\in U$ 为最优的必要条件。

定理 2.1.6 设 u 是系统 S 关于性能指标泛函(2.1.9)(即问题(2.1.10))的最优收获控制,则 u 满足下面的不等式

$$-\int_Q \left[u\dot{p} + (v-u)p(u)\right]\mathrm{d}Q \geqslant 0, \quad \forall v\in U, \tag{2.1.129}$$

即 $u\in U$ 为系统 S 最优收获控制的必要条件是 u 满足不等式(2.1.129)。

证明　由性能指标泛函 $J(v)$ 的结构式(2.1.9)和 $u\in U$ 为最优收获控制，以及 μ_λ 和 p_λ 的记号(2.1.125)，可推得

$$\begin{aligned}J(u)-J(u_\lambda)&=\int_Q(up-u_\lambda p_\lambda)\mathrm{d}Q\\&=\int_Q[up-(u+\lambda(v-u))p(u+\lambda(v-u))]\mathrm{d}Q\\&=-\int_Q u[p(u+\lambda(v-u))-p(u)]\mathrm{d}Q-\\&\quad\int_Q\lambda(v-u)p(u+\lambda(v-u))\mathrm{d}Q\geqslant 0。\end{aligned}$$

将上式除 λ，令 $\lambda\to 0^+$ 取极限，并注意到 $\dot{p}(r,t,x)$ 的定义(2.1.124)，由极限保号性推得

$$\begin{aligned}&\lim_{\lambda\to 0^+}\frac{1}{\lambda}\left\{-\int_Q u[p(u+\lambda(v-u))-p(u)]\mathrm{d}Q-\int_Q(v-u)p(u+\lambda(v-u))\mathrm{d}Q\right\}\\&=-\int_Q[u\dot{p}+(v-u)p(u)]\mathrm{d}Q\geqslant 0。\end{aligned}\tag{2.1.130}$$

上式的推导中，用到了如下结果：当 $\lambda\to 0^+$ 时

$$\int_Q(v-u)[p(u+\lambda(v-u))-p(u)]\mathrm{d}Q\to 0。\tag{2.1.131}$$

式(2.1.131)是成立的，只要注意到式(2.1.6)，即 $(v-u)\in L^2(Q)$ 和下面的事实：当 $\lambda\to 0^+$ 时，

$$p(u+\lambda(v-u))\to p(u),\quad 在 L^2(Q) 弱。\tag{2.1.132}$$

式(2.1.132)的证明方法与式(2.1.88)的证明方法完全类似。事实上，由 $u_\lambda\to u$（当 $\lambda\to 0^+$ 时）在 $L^2(Q)$ 强，可推得 $u_\lambda\to u$（当 $\lambda\to 0^+$ 时）在 $L^2(Q)$ 中弱，而且与式(2.1.96)一样可以证明 $\left\{\left\|p(u_\lambda)\right\|_{L^2(Q)}\right\}$ 一致有界，因而存在 $\{p(u_\lambda)\}$ 的子序列仍记为 $\{p(u_\lambda)\}$，使得

$$p(u_\lambda)\to\bar{p},\quad 在 L^2(Q) 中弱。\tag{2.1.133}$$

由于式(2.1.85)中的序列 $\{v_n\}$ 可以看作 $\{v_n\}$ 的子序列并注意到式(2.1.88)和式(2.1.11)以及极限的唯一性，可以从式(2.1.133)推得式(2.1.132)成立。

由上可见，若 $u\in U$ 是最优收获控制，则有式(2.1.130)成立，而式(2.1.130)即为式(2.1.129)。定理 2.1.6 证毕。

为了变换不等式(2.1.129)，我们利用

$$-\frac{\partial q}{\partial r}-\frac{\partial q}{\partial t}-k\Delta q+(\mu+u)q-\beta(r,t,x)q(0,t,x)=-u,\quad 在 Q 内,\tag{2.1.134}$$

$$q(A,t,x)=0,\quad 在 \Omega_T 内,\tag{2.1.135}$$

$$q(r,T,x)=0,\quad 在 \Omega_A 内,\tag{2.1.136}$$

$$q(r,t,x)=0,\quad 在 \Sigma 上\tag{2.1.137}$$

定义伴随状态 $q(r,t,x;u)$。

上述问题(2.1.134)～问题(2.1.137)容许唯一解 $q(r,t,x;u)\in V$（只要作变换 $r=A-r'$，$t=T-t'$，即可化为类似于问题(2.1.1)～问题(2.1.4)的情形，可用类似定理 2.1.3 的证明方法进行证明）。

用 $\dot{p}$ 乘式(2.1.134)并在 Q 上积分,可得

$$-\int_Q u\dot{p}\,\mathrm{d}Q=\int_Q\left[-\frac{\partial q}{\partial r}-\frac{\partial q}{\partial t}-k\Delta q+(\mu+u)q-\beta(r,t,x)q(0,t,x)\right]\dot{p}\,\mathrm{d}Q。\tag{2.1.138}$$

对上式进行分部积分,并注意到式(2.1.135),式$(2.1.128)_2$,式(2.1.136)和式$(2.1.128)_3$,可得

$$\begin{aligned}&-\int_Q\left(\frac{\partial q}{\partial r}+\frac{\partial q}{\partial t}\right)\dot{p}\,\mathrm{d}Q\\&=\int_Q\left(\frac{\partial\dot{p}}{\partial r}+\frac{\partial\dot{p}}{\partial t}\right)q\,\mathrm{d}Q-\int_{\Omega_T}[(\dot{p}q)(A,t,x)-(\dot{p}q)(0,t,x)]\mathrm{d}t\,\mathrm{d}x-\\&\quad\int_{\Omega_A}[(\dot{p}q)(r,T,x)-(\dot{p}q)(r,0,x)]\mathrm{d}r\,\mathrm{d}x\\&=\int_Q\left(\frac{\partial\dot{p}}{\partial r}+\frac{\partial\dot{p}}{\partial t}\right)q\,\mathrm{d}Q+\int_Q\beta(r,t,x)\dot{p}q(0,t,x)\mathrm{d}Q。\end{aligned}\tag{2.1.139}$$

对上式应用格林公式并注意到式(2.1.137)和式$(2.1.128)_4$,可推得

$$\int_Q(\Delta q)\dot{p}\,\mathrm{d}Q=\int_Q(\Delta\dot{p})q\,\mathrm{d}Q。\tag{2.1.140}$$

把式(2.1.139)和式(2.1.140)代入式(2.1.138)并注意到式$(2.1.128)_1$,可得

$$\begin{aligned}-\int_Q u\dot{p}\,\mathrm{d}Q&=\int_Q\left(\frac{\partial\dot{p}}{\partial r}+\frac{\partial\dot{p}}{\partial t}\right)q\,\mathrm{d}Q+\int_Q\beta(r,t,x)\dot{p}q(0,t,x)\mathrm{d}Q-\\&\quad k\int_Q(\Delta\dot{p})q\,\mathrm{d}Q+\int_Q(\mu+u)q\dot{p}\,\mathrm{d}Q-\int_Q\beta(r,t,x)q(0,t,x)\dot{p}\,\mathrm{d}Q\\&=\int_Q\left(\frac{\partial\dot{p}}{\partial r}+\frac{\partial\dot{p}}{\partial t}\right)q\,\mathrm{d}Q-k\int_Q(\Delta\dot{p})q\,\mathrm{d}Q+\int_Q(\mu+u)Q\dot{p}\,\mathrm{d}Q\\&=\int_Q\left[\frac{\partial\dot{p}}{\partial r}+\frac{\partial\dot{p}}{\partial t}-k\Delta\dot{p}+(\mu+u)\dot{p}\right]q\,\mathrm{d}Q\\&=\int_Q[-(v-u)p]q\,\mathrm{d}Q=-\int_Q(v-u)pq\,\mathrm{d}Q。\end{aligned}$$

即

$$\int_Q u\dot{p}\,\mathrm{d}Q=\int_Q(v-u)pq\,\mathrm{d}Q。\tag{2.1.141}$$

结合式(2.1.141)可得,式(2.1.129)就等价于

$$-\int_Q[(v-u)p(u)q(u)+(v-u)p(u)]\mathrm{d}Q\geqslant 0,\quad\forall v\in U,$$

即

$$\int_Q p(u)[1+q(u)](u-v)\mathrm{d}Q\geqslant 0,\quad\forall v\in U。\tag{2.1.142}$$

综上所述,我们得到本节另一个主要结果:

定理 2.1.7 设 $p(v)$是由问题(2.1.1)~问题(2.1.4)所描述的系统 S 的状态,性能指标泛函 $J(v)$由式(2.1.9)给出,容许控制集合 U 由式(2.1.6)确定。若 $u\in U$ 为系统S 关于问题(2.1.10)的最优收获控制,则 $u\in U$ 由方程(2.1.1)~方程(2.1.4)(其中 $v=u$),伴随方程(2.1.134)~方程(2.1.137)及变分不等式(2.1.142)所组成的最优性组的联立解$\{u;p,q\}$所

确定。

推论 2.1.4　最优性必要条件有 Euler-Langrange 组形式(即式(2.1.150),式(2.1.151))。

我们从 U 的定义(2.1.6)和变分不等式(2.1.142)可以容易推得下面的局部性条件[111]

$$\int_Q p(u)(1+q(u))(u-\xi)\mathrm{d}Q \geqslant 0, \quad \forall \xi \in [\gamma_0,\gamma_1]。 \tag{2.1.143}$$

将上式变形为

$$\int_Q p(u)(1+q(u))u\mathrm{d}Q \geqslant \int_Q p(u)(1+q(u))\xi\mathrm{d}Q, \quad \forall \xi \in [\gamma_0,\gamma_1]。$$

若记

$$H_1(r,t,x;u)=p(r,t,x;u)(1+q(r,t,x;u)),$$

则 u 为最优控制的必要条件的另一表达形式为

$$\int_Q H_1(r,t,x;u)u\mathrm{d}Q = \max_{\gamma_0\leqslant\xi\leqslant\gamma_2}\int_Q H_1(r,t,\boldsymbol{x};u)\xi\mathrm{d}Q。 \tag{2.1.144}$$

为了得到最优性必要条件的 Euler-Langrange 组形式,分以下几种情况讨论式(2.1.143)的取值。

在式(2.1.143)中,若

$$p(u)(1+q(u))>0, \tag{2.1.145}$$

则当

$$u-\xi\geqslant 0, \quad \xi\in[\gamma_0,\gamma_1] \tag{2.1.146}$$

时,式(2.1.143)成立。由于式(2.1.146)等价于 $u=\gamma_1$,因此从式(2.1.145)～式(2.1.146)推得,

若 $p(u)(1+q(u))>0$,则当 $u=\gamma_1$ 时,　式(2.1.143) 成立。　(2.1.147)

同理可得,

若 $p(u)(1+q(u))<0$,则 $u=\gamma_0$。　(2.1.148)

若 $p(u)(1+q(u))=0$,则$(u-\xi)$ 取不定值且 $\xi\in[\gamma_0,\gamma_1]$,即 u 取不定值。

(2.1.149)

综上所述,从结论(2.1.147)～结论(2.1.149)可以推得,若令

$$H=H(r,t,x,u)=p(r,t,x;u)(1+q(r,t,x;u)), \tag{2.1.150}$$

则有

$$u=\begin{cases}\gamma_1, & H>0,\\ \gamma_0, & H<0,\\ \text{不定}, & H=0。\end{cases} \tag{2.1.151}$$

本节的相关内容,可参阅本书著者论文[101]。

2.2　与年龄相关的种群扩散系统的最优分布控制

2.2.1　问题的陈述

我们考虑下面的与年龄相关的种群扩散系统模型(P)[50,60]:

$$\begin{cases} Lp \equiv \dfrac{\partial p}{\partial r} + \dfrac{\partial p}{\partial r} - k\Delta p + \mu(r,t,x)p = v(r,t,x), \quad 在 Q = \Theta \times \Omega 内, & (2.2.1) \\ p(0,t,x) = \displaystyle\int_0^A \beta(r,t,x)p(r,t,x)\mathrm{d}r, \quad 在 \Omega_T = (0,T) \times \Omega 内, & (2.2.2) \\ p(r,0,x) = p_0(r,x), \quad 在 \Omega_A = (0,A) \times \Omega 内, & (2.2.3) \\ p(r,t,x) = 0, \quad 在 \Sigma = \Theta \times \partial\Omega 上。 & (2.2.4) \end{cases}$$

其中，$p(r,t,x)$，β，μ，$p_0(r,x)$和常数 k 的意义同 2.1 节。显然，当 $r \geqslant A$ 时，

$$p(r,t,x) = 0。\tag{2.2.5}$$

$v(r,t,x)$是系统(P)中的控制量，是人为的迁入率或迁出率，它表示种群系统在单位时间内、单位年龄在单位空间中的迁入或移出的数量，迁入为正，迁出为负。例如，退耕还林的生态过程中，播籽或栽树为迁入，定时间苗和间伐为迁出。又例如，水产养殖业中，向水域投放鱼种为迁入，适时捕捞为迁出。可见系统(P)有着很强的实际背景，对它的研究有现实意义。

自 1973 年 Gurtin[50]提出与系统(P)类似且与年龄相关的种群扩散的数学模型以来，许多学者对它进行了研究。我们在文献[16]、文献[18]中将系统(P)在不考虑空间扩散(即 $k \equiv 0$)的情形作为人口系统模型，并对它进行过研究。文献[36]和文献[37]分别对系统(P)在不考虑空间扩散($k \equiv 0$)且是定常情形下和时变情形下进行了边界控制研究，即控制量 $v(t)$在 $r=0$ 处的边界条件中，实际意义相当于投放刚孵出的鱼苗($v(t)>0$)或播撒刚发芽的树种。文献[55]，文献[56]对具有空间扩散(即 $k>0$)的系统(P)进行了边界控制研究。本节则对系统(P)进行分布控制研究，所谓分布控制，意为控制量分布于整个区域 Ω 或者 Q。函数 $v(r,t,x)$中的自变量 r 的变化范围为 $0 \leqslant r \leqslant A$，当取 $r=0$ 时，即 $v(r,t,x)$为 $v(0,t,x)$，则包含了文献[55]，文献[56]研究过的情形。所以本节所讨论的问题更具有普遍意义。

在本节，我们始终假定下面的假设条件成立：

(A_1) 可测函数 $\mu(r,t,x)$满足

$$\mu(\cdot,t,x) \in L_{\mathrm{loc}}[0,A], \quad \mu(r,t,x) \geqslant 0, \quad \text{a.e.于 } Q \text{ 内}, \quad \int_0^A \mu(r,t,x)\mathrm{d}r = +\infty。$$

(A_2) $\begin{cases} \beta \in L^\infty(Q), 0 \leqslant \beta(r,t,x) \leqslant \bar{\beta} < \infty, \quad \text{a.e.于 } \bar{Q}, \\ p_0 \in L^2(\Omega_A), p_0(r,x) \geqslant 0, \quad \text{a.e.于 } \Omega_A \text{ 内}。 \end{cases}$

(A_3) $\displaystyle\int_0^A p_0(r,x)\mathrm{d}r \leqslant M_0$。

(A_4) $k > 0$。

关于迁移率 v，我们假定它属于下面的容许控制集合：

$$U \text{ 是 } L^2(Q) \text{ 中的闭凸子集。} \tag{2.2.6}$$

利用 $p(r,t,x;v)$或 $p(v)$表示问题(2.2.1)～问题(2.2.4)在 $v \in U$ 时的解，即

$$p(r,t,x) \equiv p(r,t,x;v) \equiv p(v)。\tag{2.2.7}$$

设 $z_d(r,z)$是人们所希望的种群-年龄空间密度当 $t=T$ 时在 Ω_A 上的理想分布，此时实际控制问题是：

$$选取 v(r,t,x)，使得\|p(\cdot,T,\cdot;v) - z_d\|_{\Omega_A} 尽可能地小，而\|v\|_Q 也尽可能地小。\tag{2.2.8}$$

其中，

$$\left\| p(\cdot,T,\cdot)-z_d(\cdot,\cdot)\right\|_{\Omega_A}^2=\int_{\Omega_A}\mid p(r,T,x)-z_d(r,x)^2\mid \mathrm{d}r\mathrm{d}x,$$

$$\left\|v\right\|_Q^2=\int_Q \mid v(r,t,x)^2\mid \mathrm{d}Q,\quad \mathrm{d}Q=\mathrm{d}r\mathrm{d}t\mathrm{d}x,\quad z_d\in L^2(\Omega_A)。$$

例如，制订一个植树方案，使得所植地域的树木分布 $p(r,t,x)$在时刻 $T(T>0)$时，非常接近于预定的此地域的合理分布状况，而且植树造林的成本还要尽可能的小，即效益最大，投入最小。

实际控制问题的数学提法是：

$$\text{寻求满足等式 } J(u)=\inf_{v\in U}J(v)\text{ 的 } u\in U, \tag{2.2.9}$$

其中，性能指标 J 为

$$J(v)=\left\|p(\cdot,T,\cdot)-z_d\right\|_{\Omega_A}^2+\alpha\left\|v\right\|_Q^2,\quad \alpha>0。\tag{2.2.10}$$

式(2.2.9)也称为极小化问题。式(2.2.9)中的 $u\in U$ 称为系统(P)关于问题(2.2.9)的最优分布控制，而函数 $p(r,t,x;u)$称为系统(P)的最优状态，简记为 $p(r,t,x;u)=p(u)$，$(p(u),u)$称为最优对。本节后面将给出系统(P)的状态 $p(r,t,x)$的存在唯一性，最优控制 $u\in U$ 的存在唯一性，控制 $u\in U$ 为最优的充分必要条件和最优性组。

2.2.2　系统的状态

系统(P)的状态是由积分-偏微分方程初边值问题(2.2.1)～问题(2.2.4)的广义解 $p(v)$来描述的，它的存在唯一性是讨论系统(P)最优控制的基础。

首先引入记号：

$$Lp\equiv Dp-k\Delta p+\mu p,\quad L^*q=-Dq-k\Delta q+\mu q-\beta(r,t,x)q(0,t,x),$$

然后用类似于证明定理 2.1.2 的证明方法，可以证明系统(P)的广义解存在唯一性定理 2.2.1。

定理 2.2.1　若假设条件(A_1)～条件(A_4)成立，$v\in U$，U 由式(2.2.6)定义，则问题(2.2.1)～问题(2.2.4)即系统(P)在 V 中存在唯一的非负有界广义解 $p\in V$，$Dp\in V'$，且 $\{v,p_0\}\rightarrow p$ 是$L^2(Q)\times L^2(\Omega_A)\rightarrow V$ 连续线性的。

引理 2.2.1　映射 $v\rightarrow p(\cdot,T,\cdot;v)$在 $L^2(Q)\times L^2(\Omega_A)$是连续仿射的，即

$$p(\cdot,T,\cdot;v)=\Gamma v+h, \tag{2.2.11}$$

其中，Γ 为 $L^2(Q)\times L^2(\Omega_A)$的连续线性算子，而 h 为 $L^2(\Omega_A)$中与 v 无关的元素。

由定理 2.2.1 容易推得引理 2.2.1 成立。

2.2.3　控制为最优的充分必要条件和最优性组

定理 2.2.2　极小化问题(2.2.9)存在唯一解 $u\in U$，它是由

$$\langle p(T;v)-p(T;u),p(T;u)-z_d\rangle_{\Omega_A}+\alpha\langle u,v-u\rangle_Q\geqslant 0,\quad \forall v\in U \tag{2.2.12}$$

表述特征的，即分布控制 $u\in U$ 为最优的充分必要条件是它满足不等式(2.2.12)。

证明　依据 $J(v)$的结构式(2.2.10)和 $J(v)$的 Gâteaue 微分(简记为 G-微分)的定义[109]，用 $J'(u,v-u)$表示在点 u 处沿方向$(v-u)$的 G-微分值，记 $p(T;v)=p(r,T,x;v)$，

并且依据$\|y_1\|^2-\|y_2\|^2=\|y_1-y_2{}^2\|+2\langle y_1-y_2,y_2\rangle$（$\langle\cdot,\cdot\rangle$也表示内积）和引理 2.2.1 指出的 $p(T;v)$关于 v 连续，推得

$$\begin{aligned}
J'(u,v-u)&=\lim_{\theta\to0^+}\frac{1}{\theta}[J(u+\theta(v-u))-J(u)]\\
&=\lim_{\theta\to0^+}\Big[\|p(T;u+\theta(v-u))-z_d\|^2_{\Omega_A}+\alpha\|u+\theta(v-u)\|^2_Q-\\
&\quad\|p(T;u)-z_d\|^2_{\Omega_A}-\alpha\|u\|^2_Q\Big]\\
&=\lim_{\theta\to0^+}\frac{1}{\theta}\Big[\|p(T;u+\theta(v-u))-p(T,u)\|^2_{\Omega_A}+\\
&\quad2\langle p(T;u+\theta(v-u))-p(T;u),p(T,u)-z_d\rangle_{\Omega_A}+\\
&\quad\alpha\langle\theta(v-u),\theta(v-u)_Q\rangle+2\alpha\langle\theta(v-u),u\rangle_Q\Big]\\
&=\lim_{\theta\to0^+}\Big[\Big\langle\frac{p(T;u+\theta(v-u))-p(T,u)}{\theta},p(T;u+\theta(v-u))-p(T;u)\Big\rangle_Q+\\
&\quad2\Big\langle\frac{p(T;u+\theta(v-u))-p(T;u)}{\theta},p(T,u)-z_d\Big\rangle_{\Omega_A}+\\
&\quad\alpha\Big\langle\frac{\theta(v-u)}{\theta},\theta(v-u)\Big\rangle_Q+2\alpha\Big\langle\frac{\theta(v-u)}{\theta},u\Big\rangle_Q\Big]\\
&=\langle p'(u,v-u),p(T;u)-p(T;u)\rangle_{\Omega_A}+\\
&\quad2\langle p'(u,v-u),p(T;u)-z_d\rangle_{\Omega_A}+\alpha\langle v-u,0\rangle+2\alpha\langle v-u,u\rangle_Q\\
&=2\langle p'(u,v-u),p(T;u)-z_d\rangle_{\Omega_A}+2\alpha\langle v-u,u\rangle_Q。
\end{aligned}\tag{2.2.13}$$

而由式(2.2.11)可以推得

$$\begin{aligned}
p'(u,v-u)&=\lim_{\theta\to0^+}\frac{1}{\theta}[p(T;u+\theta(v-u))-p(T;u)]\\
&=\lim_{\theta\to0^+}\frac{1}{\theta}[\Gamma(u+\theta(v-u))+h-(\Gamma u+h)]\\
&=\lim_{\theta\to0^+}\frac{1}{\theta}[\Gamma u+\theta\Gamma(v-u)-\Gamma(u)]\\
&=\Gamma v-\Gamma u\\
&=(\Gamma v+h)-(\Gamma u+h)\\
&=p(T;v)-p(T;u)。
\end{aligned}\tag{2.2.14}$$

由式(2.2.13)～式(2.2.14)推得

$$\frac{1}{2}J'(u,v-u)=\langle p(T;v)-p(T;u),p(T;u)-z_d\rangle_{\Omega_A}+\alpha\langle v-u,u\rangle_Q。\tag{2.2.15}$$

由 $J(v)$结构式(2.2.10)，引理 2.2.1 中的式(2.2.11)，以及$\|v\|^2$ 是连续二次的，推得 $v\to J(v)$是 $L^2(Q)\to\mathbb{R}$ 连续的，而且是严格凸的，并且由式(2.2.10)有 $J(v)\geqslant\alpha\|v\|^2$，$\alpha>0$，推得当$\|v\|_Q\to+\infty$时，$J(v)\to+\infty$，由文献[111]可知，存在唯一的元素 $u\in U$，使得式(2.2.9)中的等式

$$J(u)=\inf_{v\in U}J(v)$$

成立，而且 u 是由

$$J'(u,v-u)\geqslant 0,\quad \forall v\in U \tag{2.2.16}$$

表述特征的。由式(2.2.15)和式(2.2.16)就推得式(2.2.12)。定理 2.2.2 证毕。

为了变换式(2.2.12)，我们引入伴随状态 $q(u)$：

$$L^*q\equiv -\frac{\partial q}{\partial r}-\frac{\partial q}{\partial t}-k\Delta q+\mu q-\beta(r,t,x)q(0,t,x)=0,\quad \text{在 } Q \text{ 内}, \tag{2.2.17}$$

$$q(A,t,x)=0,\quad \text{在 } \Omega_T \text{ 内}, \tag{2.2.18}$$

$$q(r,T,x)=p(T;u)-z_d,\quad \text{在 } \Omega_A \text{ 内}, \tag{2.2.19}$$

$$q(r,t,x)=0,\quad \text{在 } \Sigma \text{ 上}。 \tag{2.2.20}$$

只要令

$$t=T-t',\quad r=A-r',\quad g(r',t',x)=q(A-r',T-t',x), \tag{2.2.21}$$

问题(2.2.17)～问题(2.2.20)就变换为关于 $g(r',t',x)$的方程组，它与问题(2.2.1)～问题(2.2.4)是属于同一个类型的问题。应用定理 2.2.1 可证明关于 $g(r',t',x)$的方程组存在唯一解 $g\in V$。再由变换式(2.2.21)，推得问题(2.2.17)～(2.2.20)存在唯一解 $q(u)\in V$。

用$(p(v)-p(u))$乘式(2.2.17)并在 Q 上积分，再分部积分，同时应用关于 Δ 的格林公式，并注意到式(2.2.1)～式(2.2.4)和式(2.2.17)～式(2.2.20)，令 $p(A;v)=p(A,t,x;v)$，可推得

$$\begin{aligned}
0&=(p(v)-p(u),L^*q)_Q\\
&=(L(p(v)-p(u)),q)_Q-\int_{\Omega_T}[(p(A;v)-p(A;u))q(A,t,x)-\\
&\quad (p(0,t,x;v)-p(0,t,x;u))q(0,t,x;u)]\mathrm{d}t\,\mathrm{d}x-\\
&\quad \int_{\Omega_A}[(p(T;v)-p(T,u))q(r,T,x)-\\
&\quad (p(r,0,x;v)-p(r,0,x;u))q(r,0,x)]\mathrm{d}r\,\mathrm{d}x+\\
&\quad \int_\Sigma(p(v)-p(u))\frac{\partial q}{\partial\nu^*}\mathrm{d}\Sigma-\int_\Sigma q\frac{\partial}{\partial\nu}(p(v)-p(u))\mathrm{d}\Sigma-\\
&\quad \left\langle\int_0^A\beta(r,t,x)(p(r,t,x;v)-p(r,t,x;u))\mathrm{d}r,q(0,t,x)\right\rangle_{\Omega_T}\\
&=\langle v-u,q\rangle_Q-0+\\
&\quad \left\langle\int_0^A(p(r,t,x;v)-p(r,t,x;u))\beta(r,t,x)\mathrm{d}r,q(0,t,x;u)\right\rangle_{\Omega_T}-\\
&\quad \left\langle\int_0^A\beta(p(v)-p(u))\mathrm{d}r,q(0,t,x)\right\rangle_{\Omega_T}\\
&=(v-u,q)_Q,-\langle p(T;v)-p(T;u),p(T;u)-z_d\rangle_{\Omega_A}+0。
\end{aligned}$$

即

$$\langle p(T;v)-p(T;u),p(T;u)-z_d\rangle_{\Omega_A}=\langle v-u,q\rangle_Q。 \tag{2.2.22}$$

因此，根据式(2.2.22)，式(2.2.12)可变为

$$\int_Q(q(u)+\alpha u)(v-u)\mathrm{d}Q\geqslant 0,\quad \forall v\in U。 \tag{2.2.23}$$

于是，我们就得到下面的重要结果。

定理 2.2.3 设系统(P)的状态由式(2.2.1)～式(2.2.4)的解 $p\in V$ 确定,相应的性能指标泛函 $J(v)$ 由式(2.2.10)给出,则关于极小化问题(2.2.9)的最优分布控制 $u\in U$ 由方程(2.2.1)～方程(2.2.4)(其中 $v=u$),伴随方程(2.2.17)～方程(2.2.20)及变分不等式(2.2.23)所构成的最优性组的解(p,q,u)所确定。

由定理 2.2.3 可知,只要从最优性组中解出(p,q,u),即可得到最优分布控制 $u\in U$。但是,从最优组中直接求出 u 的数值近似解 u_m 是非常困难的,因此需要结合其他方法例如惩罚位移法求得 u 的数值近似解 u_m。这将在下节叙述。

本节具体内容,可详细参阅本书著者的论文[60]。

2.3 与年龄相关的种群扩散系统的最优分布控制计算的惩罚位移法

我们在 2.2 节中建立了与年龄相关的种群扩散系统最优分布控制问题的数学模型,系统的状态是由下面的积分-偏微分方程组初边值问题所确定:

$$p_r+p_t-k\Delta p+\mu(r,t,x)p=v(r,t,x),\quad 在\ Q=\Theta\times\Omega\ 内,\tag{2.3.1}$$

$$p(0,t,x)=\int_0^A\beta(r,t,x)p(r,t,x)\mathrm{d}r,\quad 在\ \Omega_T=(0,T)\times\Omega\ 内,\tag{2.3.2}$$

$$p(r,0,x)=p_0(r,x),\quad 在\ \Omega_A=(0,A)\times\Omega\ 内,\tag{2.3.3}$$

$$p(r,t,x)=0,\quad 在\ \Sigma=\Theta\times\partial\Omega\ 上。\tag{2.3.4}$$

式中,v 是系统中的控制量,是人为的迁入率或迁出率,它表示种群系统在单位时间内,单位年龄在单位空间中的迁入或移出的数量。

由定理 2.2.1 推得,问题(2.3.1)～问题(2.3.4)存在唯一的非负广义解 $p\in V\equiv L^2(\Theta;H_0^1(\Omega))$,而且 $(v,p_0)\to p$ 在 $L^2(Q)\times L^2(\Omega_A)$ 中是连续线性的。

由引理 2.2.1 推得,$v\to p(\cdot,T,\cdot;v)$ 在 $L^2(Q)\to L^2(\Omega_A)$ 中是连续仿射的,即 $p(\cdot,T,\cdot;v)=\Gamma v+h$,$\Gamma$ 为 $L^2(Q)\to L^2(\Omega_A)$ 的连续线性算子,$h\in L^2(\Omega_A)$ 与 v 无关。

对于性能指标泛函

$$I(v)=\left\|p(\cdot,T,\cdot;v)-z_d\right\|^2_{L^2(\Omega_A)}+\alpha\left\|v\right\|^2_{L^2(Q)},\quad \alpha>0,\tag{2.3.5}$$

其中,$z_d\in L^2(\Omega_A)$是系统 $t=T$ 在时的理想状态,有如下极小化问题:

$$在约束(2.3.1)\sim 约束(2.3.4)下就(p(v),v)而论,求满足\ I(p(u),u)=\inf_{v\in U}I(p(v),v)\ 的\ u\in U。\tag{2.3.6}$$

其中,$I(p(v),v)$是式(2.3.5)中的 $I(v)$,U 是 $L^2(Q)$中的一个闭凸子集。

在 2.2 节中我们证明了问题(2.3.6)容许唯一解$(p(u),u)$,它是由状态方程(其中 $v\equiv u$)

$$Lp\equiv p_r+p_t-k\Delta p+\mu p=u,\quad 在\ Q\ 内,\tag{2.3.7}$$

$$p(0,t,x)=\int_0^A\beta(r,t,x)p(r,t,x)\mathrm{d}r,\quad 在\ \Omega_T\ 内,\tag{2.3.8}$$

$$p(r,0,x)=p_0(r,x),\quad 在\ \Omega_A\ 内,\tag{2.3.9}$$

$$p(r,t,x)=0,\quad 在\ \Sigma\ 上\tag{2.3.10}$$

和伴随方程

$$L^* q \equiv -q_r - q_t - k\Delta q + \mu q - \beta(r,t,x)q(0,t,x) = 0, \quad 在 Q 内, \tag{2.3.11}$$

$$q(A,t,x) = 0, \quad 在 \Omega_T 内, \tag{2.3.12}$$

$$q(r,T,x) = q(T;u) - z_d, \quad 在 \Omega_A 内, \tag{2.3.13}$$

$$q(r,t,x) = 0, \quad 在 \Sigma 上 \tag{2.3.14}$$

以及变分不等式

$$\int_Q (q(u) + \alpha u)(v - u)\mathrm{d}Q \geqslant 0, \quad \forall v \in U \tag{2.3.15}$$

所构成的最优性组所确定的，其中 $q(u) = q(r,t,x;u)$。

由上可见，从最优性组中解出 (p,q,u)，则其中的 $u \in U$ 即为系统的最优分布控制。但是，要从最优性组中直接求出 u 的数值近似解 u_m 是非常困难的，其主要原因在于有约束条件(2.3.1)～条件(2.3.4)的限制，且 p 和 v 是相互依赖的，即 $p = p(v)$。

本节我们将惩罚位移法[56]应用于问题(2.3.6)的近似求解，用 p 和 v 作为两个相互独立变量的无约束极小化问题的解族 (p_m, u_m) 来逼近有约束极小化问题(2.3.6)的解 $\{p(u), u\}$。众所周知，无约束的前者解决起来要比有约束的后者容易些。

引入一些简化记号：

$$(Bp)(t,x) \equiv p(0,t,x) - \int_0^A \beta(r,t,x)p(r,t,x)\mathrm{d}r,$$

$\|\cdot\|_E = \|\cdot\|_{L^2(E)}$，$E$ 可为 Q, Ω_T, Ω_A 或 Σ 等，$\langle\cdot,\cdot\rangle$ 表示 $L^2(E)$ 的内积。并引入集合

$$Y = \{p \mid p \in V, p \geqslant 0, Lp \in L^2(Q), (Bp)(\cdot,\cdot) \in L^2(\Omega_T)\}, \tag{2.3.16}$$

赋以范数

$$\|p\|_Y = \left(\|p\|_V^2 + \|Lp\|_Q^2 + \|Bp\|_{\Omega_T}^2\right)^{1/2}, \tag{2.3.17}$$

则 Y 是某个 Hilbert 空间中的闭凸子集。

现在设 $c \geqslant 0, \xi = (\lambda, \eta, \zeta), \lambda \in L^2(Q), \eta \in L^2(\Omega_T), \zeta \in L^2(\Omega_A)$，且增广 Lagrange 算子

$$J(p,v,c,\xi) = I(p,v) + c\left[\|Lp - v\|_Q^2 + \|Bp\|_{\Omega_T}^2 + \|p(\cdot,0,\cdot) - p_0\|_{\Omega_A}\right] + \langle\lambda, Lp - v\rangle_Q + \langle\eta, Bp\rangle_{\Omega_T} + \langle\zeta, p(\cdot,\cdot) - p_0\rangle_{\Omega_A} \tag{2.3.18}$$

定义在 $Y \times U$ 上。显然，在 $J(p,v,c,\xi)$ 中 p 和 v 是互相独立的变元。为此，我们首先给出下面的结果。

定理 2.3.1　对于任意给定的 ξ 和 $c > 0$，极小化问题

$$\inf_{p \in Y, v \in U} J(p,v,c,\xi) \tag{2.3.19}$$

容许唯一解 $(\hat{p}, \hat{v}) \in Y \times U$。

证明　设

$$w = (y,v), \quad w \in W = Y \times U, \tag{2.3.20}$$

则有 $J(w,c,\xi) = J(y,v,c,\xi)$。极小化问题(2.3.19)变为

$$\inf_{w \in W} J(w,c,\xi)。\tag{2.3.21}$$

显然，W 是 Hilbert 空间中的闭凸子集。

下面首先证明 $J(p,v,c,\xi)$ 在 $Y \times U$ 上，即 $J(w,c,\xi)$ 在 W 上是径向无界的。我们用反证法证明。假定存在一个序列 $\{(p_m, v_m)\}$，使得 $\left(\|p_m\|_Y^2 + \|v_m\|_Q^2\right)^{1/2} \to +\infty$，而 $J(p_m, v_m, c, \xi) \to l < +\infty$。能够证实，后者意味着

$$\begin{cases}\| v_m \|_Q \leqslant C_1, \\ \left\| p_m(\cdot,0,\cdot) \right\|_{\Omega_A} \leqslant C_2, \\ \| Lp_m - v_m \|_Q \leqslant C_3, \\ \left\| BP_m \right\|_{\Omega_T} \leqslant C_4。\end{cases} \tag{2.3.22}$$

因此,由式$(2.3.22)_1$ 和式$(2.3.22)_2$ 有

$$\| Lp_m \|_Q \leqslant C_5。 \tag{2.3.23}$$

注意到由方程(2.3.7)~方程(2.3.10)定义的双线性映射$(v,p_0)\to p$ 的连续性(由定理 2.2.1)、式$(2.3.22)_4$ 及式(2.3.23),可得$\| p_m \|_V \leqslant C_6$,结合式$(2.3.22)_1$,式$(2.3.2)_4$ 和式(2.3.23)可知,这与最初假设矛盾。因此,$J(w,c,\xi)$在$W=Y\times U$ 上是径向无界的。

此外,从$J(p,v,c,\xi)$的结构式(2.3.18)可见,它仅含有 p 的二次项和一次项,v 的二次项和一次项以及项(pv)的积分值,由此推得$J(w,c,\xi)$在$W=Y\times U$ 上关于$w=(p,v)$是严格凸的和强连续的。

应用文献[111](定理 1.1 的注 1.2)的结果推得,存在唯一的元素 $\hat{w}=(\hat{p},\hat{v})\in V\times U=W$ 使得$J(\hat{w},c,\xi)=\inf\limits_{w\in W}J(w,c,\xi)$,即$J(\hat{p},\hat{v},c,\xi)=\inf\limits_{p\in Y,v\in U}J(p,v,c,\xi)$成立。这样就证明了极小化问题(2.3.19)容许唯一解$(\hat{p},\hat{v})\in Y\times U$。定理 2.3.1 证毕。

引理 2.3.1 设$(\bar{p},\bar{v})$是$Y\times U$ 中任意给定的一点,则对于任意给定的ξ 和$c>0$,有

$$\begin{aligned}&J(p,v,c,\xi)=J(\bar{p},\bar{v},c,\xi)+\left\|p(\cdot,T,\cdot)-\bar{p}(\cdot,T,\cdot)\right\|_{\Omega_A}^2+a\left\|v-\bar{v}\right\|_Q^2+\\&c\left[\left\|L(p-\bar{p})-(v-\bar{v})\right\|_Q^2+\left\|B(p-\bar{p})\right\|_{\Omega_T}^2+\left\|p(\cdot,0,\cdot)-\bar{p}(\cdot,0,\cdot)\right\|_{\Omega_A}^2\right]+\\&J'(\bar{p},\bar{v},c,\xi,p-\bar{p},v-\bar{v}),\quad \forall p\in Y,\forall v\in U,\end{aligned} \tag{2.3.24}$$

其中,$J'(\bar{p},\bar{v},c,\xi,p-\bar{p},v-\bar{v})$为$J(p,v,c,\xi)$在点$(\bar{p},\bar{v})$沿方向$(p-\bar{p},v-\bar{v})$的 Gâteaux 微分值[109]。

证明 由$I(p,v)$,$J(p,v,c,\xi)$的定义式(2.3.5)和式(2.3.18)并注意到

$$\left\|y\right\|_E^2-\left\|\bar{y}\right\|_E^2=\left\|y-\bar{y}\right\|_E^2+2\langle y-\bar{y},y\rangle_E, \tag{2.3.25}$$

可得

$$\begin{aligned}&J(p,v,c,\xi)-J(\bar{p},\bar{v},c,\xi)\\&=\left\|p-\bar{p}\right\|_{\Omega_A}^2+a\left\|v-\bar{v}\right\|_Q^2+c\left[\left\|L(p-\bar{p})-(v-\bar{v})\right\|_Q^2+\left\|B(p-\bar{p})\right\|_{\Omega_T}^2+\right.\\&\left.\left\|p(\cdot,0,\cdot)-\bar{p}(\cdot,0,\cdot)\right\|_{\Omega_A}^2\right]+\left\{2\langle p-\bar{p},\bar{p}-z_d\rangle_{\Omega_T}+2a\langle v-\bar{v},\bar{v}\rangle_Q+\right.\\&2c[\langle L(p-\bar{p})-(v-\bar{v}),L\bar{p}-\bar{v}\rangle_Q+\langle B(p-\bar{p}),B\bar{p}\rangle_{\Omega_T}+\\&\langle p(\cdot,0,\cdot)-\bar{p}(\cdot,0,\cdot),\bar{p}(\cdot,0,\cdot)-p_0\rangle_{\Omega_A}]+\langle\lambda,L(p-\bar{p})-(v-\bar{v})\rangle_Q+\\&\left.\langle\eta,B(p-\bar{p})\rangle_{\Omega_T}+\langle\zeta,p(\cdot,0,\cdot)-\bar{p}(\cdot,0,\cdot)\rangle_{\Omega_A}\right\}。\end{aligned} \tag{2.3.26}$$

将式(2.3.6)等号右边大括号{…}内的量记为 S。通过对比式(2.3.24)和式(2.3.26),可以发现,若能证明

$$S=J'(\bar{p},\bar{v},c,\xi,p-\bar{p},v-\bar{v}), \tag{2.3.27}$$

则就证明了等式(2.3.24)。事实上,由 J 及 G-微分的定义,并注意到式(2.3.25)及 L 和 B 均为线性算子,可得

$$
\begin{aligned}
& J'(\bar{p},\bar{v},c,\xi,p-\bar{p},v-\bar{v}) \\
= & \lim_{\theta\to 0^+}\frac{1}{\theta}[J(\bar{p}+\theta(p-\bar{p}),\bar{v}+\theta(v-\bar{v}),c,\xi)-J(\bar{p},\bar{v},c,\xi)] \\
= & \lim_{\theta\to 0^+}\frac{1}{\theta}\Big\{\left\|\bar{p}+\theta(p-\bar{p})-z_d\right\|_{\Omega_A}^2+a\left\|\bar{v}+\theta(v-\bar{v})\right\|_Q^2+ \\
& c\Big[\left\|L(\bar{p}+\theta(p-\bar{p}))-(\bar{v}+\theta(v-\bar{v}))\right\|_Q^2+\left\|B(\bar{p}+\theta(p-\bar{p}))\right\|_{\Omega_T}^2+ \\
& \left\|(\bar{p}+\theta(p-\bar{p}))(\cdot,0,\cdot)-p_0\right\|_{\Omega_A}^2\Big]+ \\
& \langle\lambda,L(\bar{p}+\theta(p-\bar{p}))-(\bar{v}+\theta(v-\bar{v}))\rangle_Q+\langle\eta,B(\bar{p}+\theta(p-\bar{p}))\rangle_{\Omega_T}+ \\
& \langle\xi,(\bar{p}+\theta(p-\bar{p}))(\cdot,0,\cdot)-p_0\rangle_{\Omega_A}-\left\|\bar{p}-z_d\right\|_{\Omega_A}^2-a\left\|\bar{v}\right\|_Q^2- \\
& c\Big[\left\|L\bar{p}-\bar{v}\right\|_Q^2+\left\|B\bar{p}\right\|_{\Omega_T}^2+\left\|\bar{p}(\cdot,0,\cdot)-p_0\right\|_{\Omega_A}^2\Big]- \\
& \langle\lambda,L\bar{p}-\bar{v}\rangle_Q-\langle\eta,B\bar{p}\rangle_{\Omega_T}-\langle\zeta,\bar{p}(\cdot,0,\cdot)-p_0\rangle_{\Omega_A}\Big\} \\
= & 0+2\langle p-\bar{p},\bar{p}-z_d\rangle_{\Omega_A}+0+2\langle v-\bar{v},\bar{v}\rangle_Q+c[0+2\langle L(p-\bar{p})-(v-\bar{v}),L\bar{p}-\bar{v}\rangle_Q+ \\
& 0+2\langle B(p-\bar{p}),B\bar{p}\rangle_{\Omega_T}+0+2\langle(p-\bar{p})(\cdot,0,\cdot),\bar{p}(\cdot,0,\cdot)-p_0\rangle_{\Omega_A}]+ \\
& \langle\lambda,L(p-\bar{p})-(v-\bar{v})\rangle_Q+\langle\eta,B(p-p)\rangle_{\Omega_T}+\langle\zeta,p-\bar{p}\rangle_{\Omega_A} \\
= & S,
\end{aligned}
$$

即式(2.3.27)成立。引理 2.3.1 证毕。

引理 2.3.2　设 $\bar{w}=(\bar{p},\bar{u})$ 是 $J(w,c,\xi)=J(p,v,c,\xi)$ 在 $Y\times U$ 中的极小化点,那么对于任意给定的 ξ 和 $c>0$,有

$$
\begin{aligned}
J(p,v,c,\xi)\geqslant & J(\bar{p},\bar{v},c,\xi)+\left\|p(\cdot,T,\cdot)-\bar{p}(\cdot,T,\cdot)\right\|_{\Omega_A}^2+a\left\|v-\bar{u}\right\|_Q^2+ \\
& c\Big[\left\|L(p-\bar{p})-(v-\bar{v})\right\|_Q^2+\left\|B(p-\bar{p})\right\|_{\Omega_T}^2+ \\
& \left\|p(\cdot,0,\cdot)-\bar{p}(\cdot,0,\cdot)\right\|_{\Omega_A}^2\Big],\quad \forall p\in Y,\forall v\in U。
\end{aligned}
\tag{2.3.28}
$$

证明　由极小化点的必要条件[111],有

$$
J'(\bar{w},c,\xi,w-\bar{w})=J'(\bar{p},\bar{v},c,\xi,p-\bar{p},v-\bar{u})\geqslant 0,\quad \forall w\in W。\tag{2.3.29}
$$

因此,在引理 2.3.1 的式(2.3.24)中,令 $\bar{p}=\bar{p}$, $\bar{v}=\bar{u}$,并注意到式(2.3.29)可知不等式(2.3.28)为真。引理 2.3.2 证毕。

引理 2.3.3　设$(\tilde{p},u)$是问题(2.3.6)的最优对,即 $u\in U$ 是问题(2.3.6)的解,$\tilde{p}=p(r,t,x;u)$,则存在 $\tilde{\xi}=(\tilde{\lambda},\tilde{\eta},\tilde{\zeta})$,使得

$$
\begin{aligned}
J'(p,v,0,\tilde{\xi})\geqslant I(\tilde{p},u)+\left\|p(\cdot,T,\cdot)-\tilde{p}(\cdot,T,\cdot)\right\|_{\Omega_A}^2+a\left\|v-u\right\|_Q^2, \\
\forall p\in V,\forall v\in U。
\end{aligned}
\tag{2.3.30}
$$

证明　设 $q(u)$是由方程(2.3.11)～方程(2.3.14)(其中 $p(u)=\tilde{p}(u)$)给出的伴随状

态。设

$$\begin{cases}\tilde{\lambda}=-2q, & 在 Q 内, \\ \tilde{\eta}=-2q(0,t,x), & 在 \Omega_T 内, \\ \tilde{\zeta}=-2q(r,0,x), & 在 \Omega_A 内,\end{cases} \tag{2.3.31}$$

应用分部积分公式和算子$(-\Delta_x)$的格林公式[106]，可推得

$$\begin{aligned}\int_Q qLp\,\mathrm{d}Q=&\int_Q pL^* q\,\mathrm{d}Q+\int_{\Omega_T}[pq(A,t,x)-(pq)(0,t,x)]\mathrm{d}t\,\mathrm{d}x+\\&\int_{\Omega_A}[(pq)(r,T,x)-(pq)(r,0,x)]\mathrm{d}r\,\mathrm{d}x+\\&\int_\Sigma\left(p\frac{\partial q}{\partial\nu^*}-q\frac{\partial p}{\partial\nu}\right)\mathrm{d}\Sigma+\int_Q\beta(r,t,x)q(0,t,x)p\,\mathrm{d}Q。\end{aligned} \tag{2.3.32}$$

应用式(2.3.32)，并注意到$q(u)$满足式(2.3.11)～式(2.3.14)和$\tilde{p}(u)$满足式(2.3.7)～式(2.3.10)和$p\in Y$，可得

$$\begin{aligned}&\langle q,L(p-\tilde{p})\rangle_Q\\=&\langle L^*q,p-\tilde{p}\rangle_Q+\langle q(A,\cdot,\cdot),(p-\tilde{p})(A,\cdot,\cdot)\rangle_{\Omega_T}-\\&\langle q(0,\cdot,\cdot),(p-\tilde{p})(0,\cdot,\cdot)\rangle_{\Omega_T}+\langle q(\cdot,T,\cdot),(p-\tilde{p})(\cdot,T,\cdot)\rangle_{\Omega_A}-\\&\langle q(\cdot,0,\cdot),(p-\tilde{p})(\cdot,0,\cdot)\rangle_{\Omega_A}+\langle\beta q(0,t,x),(p-\tilde{p})(0,t,x)\rangle_Q\\=&\langle\tilde{p}(\cdot,T,\cdot)-z_d,(p-\tilde{p})(\cdot,T,\cdot)\rangle_{\Omega_A}-\langle q(\cdot,0,\cdot),(p-\tilde{p})(\cdot,0,\cdot)\rangle_{\Omega_A}-\\&\langle q(0,\cdot,\cdot),(Bp)(0,\cdot,\cdot)-B\tilde{p}(0,\cdot,\cdot)\rangle_{\Omega_T}。\end{aligned} \tag{2.3.33}$$

由引理2.3.1中的式(2.3.24)(令$p=\tilde{p}$，$\bar{v}=u$)，$J(p,v,c,\xi)$的定义式(2.3.18)(其中$c=0$)，关系式(2.3.31)，最优性条件式(2.3.15)和式(2.3.25)以及式(2.3.33)，可得

$$\begin{aligned}&J'(\tilde{p},u,0,\tilde{\xi},p-\tilde{p},v-u)\\=&J(p,v,0,\xi)-J(\tilde{p},u,0,\xi)-\|p(\cdot,T,\cdot)-\tilde{p}(\cdot,T,\cdot)\|_{\Omega_A}^2-\alpha\|v-u\|_Q^2\\=&I(p,v)+\langle\lambda,Lp-v\rangle_Q+\langle\eta,Bp\rangle_{\Omega_T}+\langle\zeta,p(\cdot,0,\cdot)-p_0\rangle_{\Omega_A}-I(\tilde{p},u)-\\&\langle\lambda,L\tilde{p}-u\rangle_Q-\langle\eta,B\tilde{p}\rangle_{\Omega_T}-\langle\zeta,\tilde{p}(\cdot,0,\cdot)-p_0\rangle_{\Omega_A}-\\&\|p(\cdot,T,\cdot)-\tilde{p}(\cdot,T,\cdot)\|_{\Omega_A}^2-\alpha\|v-u\|_Q^2\\=&2\langle p(\cdot,T,\cdot)-\tilde{p}(\cdot,T,\cdot),\tilde{p}(\cdot,T,\cdot)-z_d\rangle_{\Omega_A}-\\&2\langle p(\cdot,T,\cdot)-z_d,p(\cdot,T,\cdot)-\tilde{p}(\cdot,T,\cdot)\rangle_{\Omega_A}+\\&2\langle q(\cdot,0,\cdot),p(\cdot,0,\cdot)-\tilde{p}(\cdot,0,\cdot)\rangle_{\Omega_A}-2\langle q,v\rangle_Q+2\alpha\langle v-u,u\rangle_Q-\\&2\langle q(\cdot,0,\cdot),p(\cdot,0,\cdot)-\tilde{p}(\cdot,0,\cdot)\rangle_{\Omega_A}+2\langle q,u\rangle_Q-2\langle q,B(p-\tilde{p})\rangle_{\Omega_T}+\\&2\langle q,B(p-\tilde{p})\rangle_{\Omega_T}\\=&2\langle q+\alpha u,v-u\rangle_Q\geqslant 0,\quad\forall v\in U。\end{aligned}$$

根据最优必要条件式(2.3.15)，因此推得上式中最后一个不等号成立。这样我们就有

$$J'(\tilde{p},u,0,\bar{\xi},p-\tilde{p},v-u)\geqslant 0,\quad \forall v\in U。\tag{2.3.34}$$

另一方面，由于$(\tilde{p},u)$是问题(2.3.7)～问题(2.3.10)的解，故有

$$J'(\tilde{p},u,0,\bar{\xi})=I(\tilde{p},u)。\tag{2.3.35}$$

在式(2.3.24)中令 $c=0,\bar{p}=\tilde{p},\bar{v}=u$，并由式(2.3.35)有

$$J(p,v,0,\tilde{\xi})=I(\tilde{p},u)+\left\|p(\cdot,T,\cdot),-\tilde{p}(\cdot,T,\cdot)\right\|_{\Omega_A}^2+\alpha\left\|v-u\right\|_Q^2$$

$$+J'(\tilde{p},u,0,\tilde{\xi},p-\tilde{p},v-u),\quad \forall p\in Y,\forall v\in U。$$

由上式及式(2.3.34)就推得式(2.3.30)。引理 2.3.3 证毕。

现在考虑由下面乘子调节规则得到的$\{(p_m,v_m)\}$：

$$\begin{cases}\lambda_{m+1}=\lambda_m+ac(Lp_m-v_m), & 在 Q 内,\\ \eta_{m+1}=\eta_m+acBp_m, & 在 \Omega_T 内,\\ \zeta_{m+1}=\zeta_m+ac(p_m(\cdot,0,\cdot)-p_0), & 在 \Omega 内。\end{cases}\tag{2.3.36}$$

其中，$0<\alpha\leqslant 2$ 和 $\xi_0=(\lambda_0,\eta_0,\zeta_0)$是任意给定在 $L^2(Q)\times L^2(\Omega_T)\times L^2(\Omega_A)$中的初始数据；$(p_m,u_m)$是 $J(p,v,c,\xi_m)$的极小化点。于是，可以得到如下的本节的主要结果。

定理 2.3.2　序列$\{(p_m,u_m)\}$在 $Y\times U$ 中强收敛于问题(2.3.6)的解(p,u)，其中 $p=p(u)$。

证明　设 $\tilde{\xi}=(\tilde{\lambda},\tilde{\eta},\tilde{\zeta})$是引理 2.3.3 证明中由式(2.3.31)引进的乘子，为简洁起见，仍然记作 $\xi=(\lambda,\eta,\zeta)$。由式(2.3.36)可以推得

$$\begin{cases}\left\|\lambda_m-\lambda\right\|_Q^2=\left\|\lambda_{m+1}-\lambda\right\|_Q^2-a^2c^2\left\|Lp_m-u_m\right\|_Q^2-2ac\langle\lambda_m-\lambda,Lp_m-u_m\rangle_Q,\\ \left\|\eta_m-\eta\right\|_{\Omega_T}^2=\left\|\eta_{m+1}-\eta\right\|_{\Omega_T}^2-a^2c^2\left\|Bp_m\right\|_Q^2-2ac\langle\eta_m-\eta,Bp_m\rangle_{\Omega_T},\\ \left\|\zeta_m-\zeta\right\|_{\Omega_A}^2=\left\|\zeta_{m+1}-\zeta\right\|_{\Omega_A}^2-a^2c^2\left\|p_m(\cdot,0,\cdot)-p_0\right\|_{\Omega_A}^2-2ac\langle\zeta_m-\zeta,p_m(\cdot,0,\cdot)-p_0\rangle_{\Omega_A}。\end{cases}\tag{2.3.37}$$

由引理 2.3.2 及式(2.3.35)，同时在式(2.3.28)中令 $p=p(u),v=u,\bar{p}=p_m,\bar{u}=u_m,\xi=\xi_m$，可以推得

$$\begin{aligned}I(p,u)\geqslant{}&J(p_m,u_m,c,\xi_m)+\left\|(p-p_m)(\cdot,T,\cdot)\right\|_{\Omega_A}^2+\alpha\left\|u-u_m\right\|_Q^2+\\&c\Big[\left\|L(p-p_m)-(u-u_m)\right\|_Q^2+\left\|B(p-p_m)\right\|_{\Omega_T}^2+\\&\left\|p(\cdot,0,\cdot)-p_m(\cdot,0,\cdot)\right\|_{\Omega_A}^2\Big]。\end{aligned}\tag{2.3.38}$$

根据引理 2.3.3，并在式(2.3.30)中令 $p=p_m,v=v_m,\tilde{p}=p(u),u=u_m$，可以推得

$$J(p_m,u_m,0,\xi)\geqslant I(p,u)+\left\|p(\cdot,T,\cdot)-p_m(\cdot,T,\cdot)\right\|_{\Omega_A}^2+\alpha\left\|u-u_m\right\|_Q^2。\tag{2.3.39}$$

把式(2.3.38)代入式(2.3.39)中，并注意到 $Lp=u,Bp\big|_{\Omega_T}=0$，可以得到

$$\begin{aligned}J(p_m,u_m,0,\xi)\geqslant{}&J(p_m,u_m,c,\xi_m)+2\left\|p(\cdot,T,\cdot)-p_m(\cdot,T,\cdot)\right\|_{\Omega_A}^2+\\&2\alpha\left\|u-u_m\right\|_Q^2+c\Big[\left\|Lp_m-u_m\right\|_Q^2+\left\|Bp_m\right\|_{\Omega_T}^2+\end{aligned}$$

$$\left\|p(\cdot,0,\cdot)-p_m(\cdot,0,\cdot)\right\|_{\Omega_A}^2\Big]。\tag{2.3.40}$$

在式(2.3.40)中把 $J(p_m,u_m,0,\xi)$ 和 $J(p_m,u_m,c,\xi_m)$ 按 J 的定义式(2.3.18)展开，可以得到

$$\begin{aligned}
&I(p_m,u_m)+\langle\lambda,Lp_m-u_m\rangle_Q+\langle\eta,Bp_m\rangle_{\Omega_T}+\langle\zeta,p_m(\cdot,0,\cdot)-p_0\rangle_{\Omega_A}\\
\geqslant\ &I(p_m,u_m)+c\Big[\left\|Lp_m-u_m\right\|_Q^2+\left\|Bp_m\right\|_{\Omega_T}^2+\left\|p_m(\cdot,0,\cdot)-p_0\right\|_{\Omega_A}^2\Big]+\\
&\langle\lambda_m,Lp_m-u_m\rangle_Q+\langle\eta_m,Bp_m\rangle_{\Omega_T}+\langle\zeta_m,p_m(\cdot,0,\cdot)-p_0\rangle_{\Omega_A}+\\
&2\left\|p(\cdot,T,\cdot)-p_m(\cdot,T,\cdot)\right\|_{\Omega_A}^2+2\alpha\left\|u-u_m\right\|_Q^2+\\
&c\Big[\left\|Lp_m-u_m\right\|_Q^2+\left\|Bp-Bp_m\right\|_{\Omega_T}^2+\left\|p(\cdot,0,\cdot)-p_m(\cdot,0,\cdot)\right\|_{\Omega_A}^2\Big]。
\end{aligned}$$

消去两边相同的项，并注意到 $\left\|p(\cdot,T,\cdot)-p_m(\cdot,T,\cdot)\right\|_{\Omega_A}\geqslant 0$，可以推得

$$\begin{aligned}
&\langle\lambda,Lp_m-u_m\rangle_Q+\langle\eta,Bp_m\rangle_{\Omega_T}+\langle\zeta,p_m(\cdot,0,\cdot)-p_0\rangle_{\Omega_A}\\
\geqslant\ &\langle\lambda_m,Lp_m-u_m\rangle_Q+\langle\eta_m,Bp_m\rangle_{\Omega_T}+\langle\zeta,p_m(\cdot,0,\cdot)-p_0\rangle_{\Omega_A}+\\
&2c\Big[\left\|Lp_m-u_m\right\|_Q^2+\left\|Bp_m\right\|_{\Omega_T}^2\Big]+\\
&c\Big[\left\|p(\cdot,0,\cdot)-p_m(\cdot,0,\cdot)\right\|_{\Omega_A}^2+\left\|p_m(\cdot,0,\cdot)-p_0\right\|_{\Omega_A}^2\Big]+\\
&2\alpha\left\|u-u_m\right\|_Q^2。
\end{aligned}\tag{2.3.41}$$

注意到 $0<a\leqslant 2$，因此 $-2ac^2<-a^2c^2$，由式(2.3.37)可得

$$\begin{cases}
\left\|\lambda_m-\lambda\right\|_Q^2\geqslant\left\|\lambda_{m+1}-\lambda\right\|_Q^2-2ac^2\left\|Lp_m-u_m\right\|_Q^2-2ac\langle\lambda_m,Lp_m-u_m\rangle_Q+2ac\langle\lambda,Lp_m-u_m\rangle_Q,\\
\left\|\eta_m-\eta\right\|_{\Omega_T}^2\geqslant\left\|\eta_{m+1}-\eta\right\|_{\Omega_T}^2-2ac^2\left\|Bp_m\right\|_{\Omega_T}^2-2ac\langle\eta_m,Bp_m\rangle_{\Omega_T}+2ac\langle\eta,Bp_m\rangle_{\Omega_T},\\
\left\|\zeta_m-\zeta\right\|_{\Omega_A}^2\geqslant\left\|\zeta_{m+1}-\zeta\right\|_{\Omega_A}^2-2ac\left\|p_m(\cdot,0,\cdot)-p_0\right\|_{\Omega_A}^2-\\
\qquad 2ac\langle\zeta_m,p_m(\cdot,0,\cdot)-p_0\rangle_{\Omega_A}+2ac\langle\zeta,p_m(\cdot,0,\cdot)-p_0\rangle_{\Omega_A}。
\end{cases}$$

把上面的三个不等式相加，并把式(2.3.41)代入其中，可以推得

$$\begin{aligned}
&\left\|\lambda_m-\lambda\right\|_Q^2+\left\|\eta_m-\eta\right\|_{\Omega_T}^2+\left\|\zeta_m-\zeta\right\|_{\Omega_A}^2\\
\geqslant\ &\left\|\lambda_{m+1}-\lambda\right\|_Q^2+\left\|\eta_{m+1}-\eta\right\|_{\Omega_T}^2+\left\|\zeta_{m+1}-\zeta\right\|_{\Omega_A}^2-\\
&2ac^2\left\|Lp_m-u_m\right\|_Q^2-2ac\langle\lambda_m,Lp_m-u_m\rangle_Q+\\
&2ac\langle\lambda,Lp_m-u_m\rangle_Q-2ac^2\left\|Bp_m\right\|_{\Omega_T}^2-2ac\langle\eta_m,Bp_m\rangle_{\Omega_T}+\\
&2ac\langle\eta,Bp_m\rangle_{\Omega_T}-2ac^2\left\|p_m(\cdot,0,\cdot)-p_0\right\|_{\Omega_A}^2-\\
&2ac\langle\zeta_m,p_m(\cdot,0,\cdot)-p_0\rangle_{\Omega_A}+2ac\langle\zeta,p_m(\cdot,0,\cdot)-p_0\rangle_{\Omega_A}\\
\geqslant\ &2ac[\langle\lambda_m,Lp_m-u_m\rangle_Q+\langle\eta_m,Bp_m\rangle_{\Omega_T}+\langle\zeta_m,p_m(\cdot,0,\cdot)-p_0\rangle_{\Omega_A}]+\\
&4ac^2\Big[\left\|Lp_m-u_m\right\|_Q^2+\left\|Bp_m\right\|_{\Omega_T}^2\Big]+2ac^2\Big[\left\|p(\cdot,0,\cdot)-p_m(\cdot,0,\cdot)\right\|_{\Omega_A}^2+\\
&\left\|p_m(\cdot,0,\cdot)-p_0\right\|_{\Omega_A}^2\Big]+4\alpha ac\left\|u-u_m\right\|_Q^2+\left\|\lambda_{m+1}-\lambda\right\|_Q^2+
\end{aligned}$$

$$\|\eta_{m+1}-\eta\|_{\Omega_T}^2+\|\zeta_{m+1}-\zeta\|_{\Omega_A}^2-2ac\|Lp_m-u_m\|_Q^2-$$
$$2ac\langle\lambda_m,Lp_m-u_m\rangle_Q-2ac^2\|Bp_m\|_{\Omega_T}^2-2ac\langle\eta_m,Bp_m\rangle_{\Omega_T}-$$
$$2ac^2\|p_m(\cdot,0,\cdot)-p_0\|_{\Omega_A}^2\Big]-2ac\langle\zeta_m,p_m(\cdot,0,\cdot)-p_0\rangle_{\Omega_A}$$
$$=\|\lambda_{m+1}-\lambda\|_Q^2+\|\eta_{m+1}-\eta\|_{\Omega_T}^2+\|\zeta_{m+1}-\zeta\|_{\Omega_A}^2+2ac^2\|Lp_m-u_m\|_Q^2+2ac^2\|Bp_m\|_{\Omega_T}^2+$$
$$2ac^2\|p_m(\cdot,0,\cdot)-p(\cdot,0,\cdot)\|_{\Omega_A}^2+4\alpha ac\|u-u_m\|_Q^2。$$

即

$$\begin{aligned}&\|\lambda_m-\lambda\|_Q^2+\|\eta_m-\eta\|_{\Omega_T}^2+\|\zeta_m-\zeta\|_{\Omega_A}^2\\ \geqslant&\|\lambda_{m+1}-\lambda\|_Q^2+\|\eta_{m+1}-\eta\|_{\Omega_T}^2+\|\zeta_{m+1}-\zeta\|_{\Omega_A}^2+\\&2ac^2\|Lp_m-u_m\|_Q^2+2ac^2\|Bp_m\|_{\Omega_T}^2+\\&2ac^2\|p_m(\cdot,0,\cdot)-p(\cdot,0,\cdot)\|_{\Omega_A}^2+4\alpha ac\|u-u_m\|_Q^2。\end{aligned}\tag{2.3.42}$$

从不等式(2.3.42)可看出，当 $m\to+\infty$ 时，序列

$$\left\{\|\lambda_m-\lambda\|_Q^2+\|\eta_m-\eta\|_{\Omega_T}^2+\|\zeta_m-\zeta\|_{\Omega_A}^2\right\}$$

是非增的，因而容许一个极限，式(2.3.42)表明，当 $m\to+\infty$ 时，

$$\begin{cases}\|u_m-u\|_Q\to0,\quad\|Lp_m-u_m\|_Q^2\to0\\ \|Bp_m\|_{\Omega_T}^2\to0,\quad\|p_m(\cdot,0,\cdot)-p(\cdot,0,\cdot)\|_{\Omega_A}\to0\end{cases}\tag{2.3.43}$$

因为 $Lp=u$，且 $\|L(p_m-p)\|_Q\leqslant\|Lp_m-u_m\|+\|u_m-u\|_Q$，所以由式$(2.3.43)_1$ 和式$(2.3.43)_2$ 推得，当 $m\to+\infty$ 时，

$$\|L(p_m-p)\|_Q\to0。\tag{2.3.44}$$

由 $(Bp)(t,x)=0$，从式$(2.3.43)_3$ 推得，当 $m\to+\infty$ 时，

$$\|B(p_m-p)\|_{\Omega_T}=\|Bp_m\|_{\Omega_T}\to0。\tag{2.3.45}$$

由 $(p_m,u_m)\in Y\times U$，方程(2.3.1)～方程(2.3.4)的解 $p(v)\in V$ 关于 (v,Bp,p_0) 的连续相依性(定理 2.3.1)，能够从式(2.3.43)～式(2.3.45)推得 $\|p_m-p\|_V\to0$。结合 $\|\cdot\|_Y$ 和 $\|\cdot\|_U$ 的定义及式(2.3.44)，式(2.3.45)和式$(2.3.43)_1$ 推得，在 $Y\times U$ 中 $\{(p_m,u_m)\}$ 强收敛于 (p,u)。定理 2.3.2 证毕。

定理 2.3.2 表明，求有约束的泛函 $I(v)$ 的极小化问题(2.3.6)的数值近似解，可以化为求无约束的两个独立变量的泛函 $J(p,v,c,\xi)$ 的极小化问题(2.3.19)或一个独立变量泛函 $J(\omega,c,\xi)$ 的极小化问题(2.3.21)的数值近似解。无约束的泛函的极小化问题的近似求解是较容易解决的，而且有许多有关文献可以借鉴。

本节的具体内容，可详细参阅本书著者的论文[61]。

2.4 具有最终状态观测的时变种群系统的最优初始控制

2.4.1 问题的提出

2002 年,李健全与陈任昭教授在文献[57]中讨论了如下的时变种群扩散系统:

$$\begin{cases}\dfrac{\partial p}{\partial r}+\dfrac{\partial p}{\partial t}-k\Delta p+\mu_1(r,t,x)p=f_1(r,t,x), & \text{在 } Q_A=(0,A)\times Q \text{ 内},\\ p(0,t,x)=\displaystyle\int_0^A\beta_1(r,t,x)p(r,t,x)\mathrm{d}r, & \text{在 } Q=(0,T)\times\Omega \text{ 内},\\ p(r,0,x)=p_0(r,x), & \text{在 } \Omega_A=(0,A)\times\Omega \text{ 内},\\ p(r,t,x)=0, & \text{在 } \Sigma_A=(0,A)\times(0,T)\times\partial\Omega \text{ 上},\\ y(t,x)=\displaystyle\int_0^A p(r,t,x)\mathrm{d}r, & \text{在 } Q \text{ 内}\end{cases}$$

的最优生育率控制。该系统是一阶双曲算子$\dfrac{\partial}{\partial r}+\dfrac{\partial}{\partial t}$与 Laplace 算子 Δ 组成的混合型偏微分方程,研究起来比较复杂。将上述种群系统对年龄 r 在$[0,A]$上积分可以得到如下的抛物型的种群系统(P):

$$\begin{cases}\dfrac{\partial p}{\partial t}-k\Delta p+\mu(t,x)p-\beta(t,x)p=f(t,x), & \text{在 } Q=\Omega\times(0,T) \text{ 内}, & (2.4.1)\\ p(0,x)=u(x), & \text{在 } \Omega \text{ 内}, & (2.4.2)\\ p(t,x)=0, & \text{在 } \Sigma=(0,T)\times\partial\Omega \text{ 上}。 & (2.4.3)\end{cases}$$

式中,$t\in[0,T]$表示时间,$0<T<+\infty$;$\Omega\subset\mathbb{R}^N(1\leqslant N\leqslant 3)$是具有光滑边界$\partial\Omega$ 的有界开区域;$p(t,x)$是种群在 t 时刻于点 x 处的空间密度;$k>0$ 是种群的空间扩散系数;$\mu(t,x)$是种群在 t 时刻于点 x 处的死亡率;$\beta(t,x)$是种群在 t 时刻于点 x 处的生育率;$u(x)$是种群空间密度的初始分布;$f(t,x)$是种群在 t 时刻于点 x 处的机械变动,例如由迁移、地震等突发性事件所造成的死亡率;选取初始条件 $u(x)$作为控制量,从而该种群系统的最优控制问题称为初始控制。

设 $z_d(x)\in L^2(\Omega)$是人们所希望的种群在 $t=T$ 时刻于区域 Ω 上的理想分布,其性能指标泛函取为

$$J(u)=\frac{1}{2}\int_\Omega|p(T,x;u)-z_d|^2\mathrm{d}x+N\|u\|_{L^\infty(\Omega)}, \tag{2.4.4}$$

则实际控制问题可以变成如下的数学问题:

$$\text{寻求满足等式 } J(u^*)=\min_{u\in U_{ad}}J(u) \text{ 的 } u^*\in U_{ad}。 \tag{2.4.5}$$

其中,

$$\begin{cases}U=L^\infty(\Omega);\\ U_{ad}=U \text{ 中的闭凸集,它在 } L^1(\Omega) \text{ 的对偶的弱拓扑中是闭的。}\end{cases} \tag{2.4.6}$$

换言之,其中的拓扑是“弱星-拓扑”:若 $u_n\in U_{ad}$,且

$$\int_\Omega u_n(x)h(x)\mathrm{d}x\to\int_\Omega u(x)h(x)\mathrm{d}x,\quad \forall h\in L^1(Q),u\in U_{ad},$$

则 $u^* \in U_{ad}$，记作 $u_n \to u$ 在 $L^\infty(\Omega)$ 中弱星。假设

$$U_{ad} = \{u \mid u \in L^\infty(\Omega),\quad 0 \leqslant \gamma_1(x) \leqslant u \leqslant \gamma_2(x),\quad \text{a.e.于}\,\Omega\,\text{内}, \gamma_i \in L^\infty(\Omega), i = 1,2\}, \tag{2.4.7}$$

可以验证由式(2.4.7)确定的 U_{ad} 符合式(2.4.6)～式(2.4.7)的要求。

式(2.4.5)中的 $u^* \in U_{ad}$ 称为系统(P)的最优初始控制，状态方程(2.4.1)～方程(2.4.3)，性能指标泛函(2.4.4)及极小化问题(2.4.5)就构成了时变种群扩散系统的最优初始控制的数学模型。

2.4.2　基本假设和系统的状态

本节假设下面的条件始终成立：

(H_1) $\mu, \beta \in L^\infty(Q)$，且 μ, β 为 Q 上的非负可测函数；

(H_2) $f \in L^2(Q)$；

(H_3) $0 \leqslant u \in L^\infty(\Omega) \subset L^2(\Omega)$。

引入记号：$V = L^2(0,T;H_0^1(\Omega))$，$V' = L^2(0,T;H^{-1}(\Omega))$ 表示 V 的对偶空间。

定义 2.4.1[57]　$p \in V$ 是系统(P)的广义解当且仅当它满足如下的积分恒等式：

$$-\left\langle \frac{\partial \varphi}{\partial t}, p \right\rangle + \int_Q [k\nabla p \cdot \nabla\varphi + (\mu - \beta)p\varphi]\mathrm{d}t\mathrm{d}x - \int_\Omega u(x)\varphi(0,x)\mathrm{d}x = \int_Q f\varphi \mathrm{d}t\mathrm{d}x,\quad \forall \varphi \in \Phi。 \tag{2.4.8}$$

其中

$$\Phi = \left\{\varphi \mid \varphi(t,x) \in V,\quad \frac{\partial \varphi}{\partial t} \in V',\quad \varphi\big|_\Sigma = 0,\quad \varphi(T,x) = 0\right\}, \tag{2.4.9}$$

$\langle \cdot, \cdot \rangle$ 表示 V' 和 V 之间的对偶积。

由于 $D(\bar{Q}) \subset \Phi \subset V$，且 $D(\bar{Q})$ 在 V 中稠，其中 $D(\bar{Q})$ 是 Q 上任意次可微且在实数集 $\mathbb{R}$ 中取值并具有紧支集的函数 φ 组成的空间，$D(\bar{Q})$ 上的拓扑是 Schwartz 的导出极限拓扑，如果取检验函数 $\varphi \in D(\bar{Q})$，那么 $D(\bar{Q})$ 上的线性泛函

$$\varphi \to \left\langle \frac{\partial \varphi}{\partial t}, p \right\rangle \equiv -\left\langle \frac{\partial p}{\partial t}, \varphi \right\rangle。$$

由于 V 的拓扑是 $D(\bar{Q}) \to D'(\bar{Q})$ 连续的，且 $D(\bar{Q})$ 在 V 中稠，因此它能延拓到 V，故 $\frac{\partial p}{\partial t} \in V'$。由对 $p, \varphi \in V$，$\frac{\partial p}{\partial t}, \frac{\partial \varphi}{\partial t} \in V'$ 的分部积分公式，可以推出

$$\left\langle \frac{\partial p}{\partial t}, \varphi \right\rangle = -\left\langle \frac{\partial \varphi}{\partial t}, p \right\rangle + \int_\Omega [p\varphi(T,x) - p\varphi(0,x)]\mathrm{d}x。 \tag{2.4.10}$$

结合式(2.4.8)和式(2.4.9)可以得到下面的另一种定义。

定义 2.4.2[57]　函数 $p \in V$ 是式(2.4.8)，式(2.4.9)给出的广义解，只需满足

$$\begin{cases} \left\langle \dfrac{\partial p}{\partial t}, \varphi \right\rangle + \displaystyle\int_\Omega [k\,\nabla p \cdot \nabla\varphi + (\mu - \beta)p\varphi]\mathrm{d}t\mathrm{d}x = \int_Q f\varphi \mathrm{d}t\mathrm{d}x,\quad \varphi \in V, & (2.4.11) \\ \displaystyle\int_\Omega p(0,x)\varphi(0,x)\mathrm{d}x = \int_\Omega u(x)\varphi(0,x)\mathrm{d}x,\quad \forall \varphi \in \Phi。 & (2.4.12) \end{cases}$$

定理 2.4.1[57] 若系统(P)满足假设条件(H_1)～条件(H_3)，则它在V中有唯一非负广义解$p\in V$，且当$f\equiv 0$时，有$p(t,x)\geqslant 0$，a.e 于Q内。

证明 由假设条件(H_1)～条件(H_3)可得，$a(t,x)\equiv\mu(t,x)-\beta(t,x)\in L^{\infty}(Q)$。

由$L^{\infty}(Q)$的定义有$L^{\infty}(Q)\subseteq L^{\infty}(\Omega;L^{\infty}(0,T))$。由文献[108]可得

$$a(t,x)\in L^{q}(\Omega;L^{\infty}(0,T)),\quad 1\leqslant q\leqslant+\infty。$$

类似 Fubini 定理有$L^{q}(\Omega;L^{\infty}(0,T))=L^{\infty}(0,T;L^{q}(\Omega))$。再由文献[108]可推得

$$a(t,x)\in L^{r}(0,T;L^{q}(\Omega))\equiv L_{q,r,Q},\quad 1\leqslant r\leqslant+\infty,$$

$u(x)$和$f(t,x)$满足假设条件(H_1)～条件(H_3)。因此，由文献[110]可以推得问题(2.4.1)～问题(2.4.3)在V中存在唯一的解$p(t,x;u)$。再由引理 2.4.1 可以得到当$f\equiv 0$时，

$$p(t,x;u)\geqslant 0,\quad \text{a.e 于 } Q \text{ 内。}$$

定理 2.4.1 证毕。

引理 2.4.1[57] 设$p(t,x)\in V$是问题(2.4.1)～问题(2.4.3)中的广义解，且$\mu(t,x)$，$\beta(t,x)$和$u(x)$满足假设条件(H_1)～条件(H_3)，$f\equiv 0$，$u(x)\geqslant 0$，则有$p(t,x)\geqslant 0$，a.e 于Q内。

证明 令

$$p(t,x)=q(t,x)e^{\lambda t},\quad \lambda>0,\quad e^{\lambda t}>0,\quad t\in(0,T),\tag{2.4.13}$$

对t求偏导，则可得

$$\frac{\partial p(t,x)}{\partial t}=\frac{\partial q(t,x)}{\partial t}e^{\lambda t}+\lambda e^{\lambda t}q,$$

$$-k\Delta p(t,x)=-k\Delta q(t,x)e^{\lambda t}。$$

代入问题(2.4.1)～问题(2.4.3)，则$q(t,x)$是下列方程在V中的广义解

$$\begin{cases}\dfrac{\partial q}{\partial t}-k\Delta q+[\lambda+\mu(t,x)-\beta(t,x)]q=0, & \text{在 } Q \text{ 内}, & (2.4.14)\\ q(0,x)=u(x), & \text{在 } \Omega \text{ 内}, & (2.4.15)\\ q(t,x)=0, & \text{在 } \Sigma=(0,T)\times\partial\Omega \text{ 上。} & (2.4.16)\end{cases}$$

由假设条件(H_1)～条件(H_3)，$\mu(t,x)$，$\beta(t,x)\in L^{\infty}(Q)$可知，只要$\lambda$充分大，就有

$$a(t,x;\lambda)=\lambda+\mu(t,x)-\beta(t,x)\geqslant 0,\quad \text{a.e.于 } Q \text{ 内。}\tag{2.4.17}$$

由式(2.4.2)，式(2.4.15)和式(2.4.16)可得$q(t,x)\big|_{\Gamma_T}\geqslant 0$，其中$\Gamma_T=\Sigma\times\Omega_0$，$\Omega_0=\{(t,x)\mid t=0,x\in\Omega\}$，因此$q(t,x)$在$\Gamma_T$上的本质下界$\operatorname*{essinf}_{\Gamma_T}q(t,x)\geqslant 0$，故有

$$\min\{0;\operatorname*{essinf}_{\Gamma_T}q(t,x)\}=0。\tag{2.4.18}$$

由式(2.4.17)可知$a(t,x;\lambda)\geqslant 0$，因此，根据抛物线方程的极值原理[110]及式(2.4.18)可知，方程(2.4.14)～方程(2.4.16)在V中的广义解$q(t,x)$，对于任意的$(t,x)\in Q$，均有不等式

$$0=\min\{0;\operatorname*{essinf}_{\Gamma_T}q(t,x)\}=0\leqslant q(t,x)$$

成立，即$q(t,x)\geqslant 0$，a.e.于Q内。由于$p(t,x)=q(t,x)e^{\lambda t}$，$\lambda>0$，$e^{\lambda t}>0$，因此，$p(t,x)\geqslant 0$，a.e.于$Q$内。引理 2.4.1 证毕。

2.4.3 最优初始控制的存在性

引理 2.4.2[57] 若$p(t,x;u)$是系统(P)在V中的广义解，则

$$p(t_0,x;u)\in L^{2}(\Omega),\quad t_0\in[0,T],\tag{2.4.19}$$

而且

$p(t,x;u) \to p^{(0)}(t,x;u)$ 是 $W(0,T) \to C^0(0,T;L^2(\Omega))$ 的连续线性映射，

$$(2.4.20)$$

其中，

$$W(0,T)=\left\{p \mid p \in V, \frac{\partial p}{\partial t} \in V'\right\}。$$

证明　由引理 2.4.2 的假设条件及 V 的定义，可推得

$$p(t,x;u) \in L^2(0,T;H_0^1(\Omega)) \equiv V。 \tag{2.4.21}$$

又由方程(2.4.1)可得

$$\frac{\partial p(t,x)}{\partial t}=f(t,x)+k\Delta p-(\mu(t,x)-\beta(t,x))p。 \tag{2.4.22}$$

因为 Laplace 算子 Δ 是从 V 到 V' 的线性有界算子，再由假设条件(H_1)和假设条件(H_2)，可得

$$f(t,x)+k\Delta p-(\mu(t,x)-\beta(t,x))p \in V',$$

所以

$$\frac{\partial p}{\partial t} \in V'。 \tag{2.4.23}$$

结合式(2.4.21)和式(2.4.23)，利用插值定理[106]推得

$$p^{(0)}(t,x;u) \equiv p(t,x;u) \in C^0(0,T;L^2(\Omega))$$

和式(2.4.20)成立。由上式显然有式(2.4.19)成立。引理 2.4.2 证毕。

下面给出本文的主要结论之一。

定理 2.4.2　假设系统(P)的状态由方程(2.4.1)～方程(2.4.3)的解 $p(t,x;u)$ 给出，且 μ,β,f,u 满足假设条件(H_1)和条件(H_2)，容许控制集合 U_{ad} 由式(2.4.6)给出，性能指标 $J(u)$ 由式(2.4.6)给出，则存在最优控制 $u^* \in U_{ad}$。

证明　设极小化序列 $\{u_n(x)\} \in U_{ad}$，当 $n \to +\infty$ 时，有

$$J(u_n)=\inf_{u \in U_{ad}} J(u) \geqslant 0。 \tag{2.4.24}$$

由 $J(u)$ 的结构式(2.4.4)及下确界定义，可以推得

$$\left\|u_n\right\|_{L^\infty(Q)} \leqslant C_0 \quad (常数)。 \tag{2.4.25}$$

以下的证明分三步完成。

(1) 证明存在 $u^*(x) \in U_{ad}$，使得

$$\begin{cases} u_n(x) \to u^*(x), & 在 L^\infty(\Omega) 中弱星, \\ u^*(x) \in U_{ad}。 \end{cases} \tag{2.4.26}$$

由于 $L^1(Q)$ 为可分的 Banach 空间且其对偶空间为 $L^\infty(Q)$ 及 $\{u_n(x)\}$ 的一致有界性(2.4.25)，又因为可分空间的对偶空间的任何有界集是弱星列紧的[109]，所以存在一个 $u^*(x) \in L^\infty(Q)$，使得式$(2.4.26)_1$ 成立，由式(2.4.6)可推得 U_{ad} 在 $L^\infty(Q)$ 中的弱星拓扑中是闭的，因而有 $u^*(x) \in U_{ad}$。

(2) 要证明存在 $p(t,x) \in V, \dfrac{\partial p(t,x)}{\partial t} \in V'$，使得

$$\begin{cases} p_n(t,x) \to p(t,x), & 在 V 中弱, \\ \dfrac{\partial p_n(t,x)}{\partial t} \to \dfrac{\partial p(t,x)}{\partial t}, & 在 V' 中弱, \end{cases} \tag{2.4.27}$$

$$p_n(t,x) \to p(t,x),\quad 在 L^2(Q) 中强。\tag{2.4.28}$$

成立。其中 $p_n(t,x)=p(t,x;u_n)$ 是问题(2.4.1)～问题(2.4.3)在 $u=u_n$ 时的广义解。由定义 2.4.2 中的式(2.4.11)及引理 2.4.2 可以推得，对于任意的 $t\in[0,T]$，有

$$\left(\frac{\partial p_n}{\partial t},y_n\right)+\int_\Omega[k\nabla p_n\nabla p_n+(\mu-\beta)p_n^2]\mathrm{d}x=\int_\Omega fp_n\mathrm{d}x。$$

其中 $(\cdot,\cdot)$ 表示 $H^{-1}(\Omega)$ 与 $H_0^1(\Omega)$ 的对偶积，上式变为

$$\frac{1}{2}\frac{\mathrm{d}}{\mathrm{d}t}|p_n|^2+\frac{\alpha}{2}\|p_n\|^2+\int_\Omega(\mu-\beta)p_n^2\mathrm{d}x\leqslant\int_\Omega fp_n\mathrm{d}x,\quad \alpha\geqslant 0,$$

其中 $|\cdot|$（相应地 $\|\cdot\|$）为 $L^2(\Omega)$（相应地 $H_0^1(\Omega)$）的范数。对上式在 $[0,t]$ 上关于变量 t 积分，并注意到假设条件(H_1)和条件(H_2)及 $u_n(x)$ 的本征有界性，可以得到

$$|p_n(t,\cdot)|^2+\alpha\int_0^t\|p_n(\tau,\cdot)\|^2\mathrm{d}\tau\leqslant C_1\int_0^t|p_n(\cdot,\tau)|^2\mathrm{d}\tau+C_2,\tag{2.4.29}$$

其中，$C_1=1+2M$，$C_2=\|f\|_{L^2(Q)}^2+C_0^2$，$M$ 为 $(\mu-\beta)$ 的上界。

利用式(2.4.29)及 Gronwall 不等式，可推得

$$\int_0^t\|p_n(\tau,\cdot)\|^2\mathrm{d}\tau\leqslant C_3,\quad \forall\tau\in[0,T],$$

其中，$C_3=\alpha^{-1}C_1C_2T\mathrm{e}^{C_1T}+C_2\alpha^{-1}$，即

$$\{p_n(t,x)\} 在 V 中一致有界。\tag{2.4.30}$$

由方程(2.4.1)变形得

$$\frac{\partial p_n(t,x)}{\partial t}=f(t,x)+k\Delta p_n+(\beta(t,x)-\mu(t,x))p_n。$$

根据算子 Δ 的有界性、假设条件(H_1)和条件(H_2)及式(2.4.25)中的 $\{u_n\}$ 和式(2.4.30)中的 $\{p_n\}$ 的有界性，可以推得

$$\frac{\partial p_n(t,x)}{\partial t} 在 V' 中有界。\tag{2.4.31}$$

因为 V 和 V' 是自反的，并且自反空间的有界集一定是弱列紧的，所以，从式(2.4.30)和结论(2.4.31)中可以选取 $\{p_n(t,x)\}$ 的一个子序列，仍记为 $\{p_n(t,x)\}$，使得

$$\begin{cases}p_n(t,x)\to p(t,x), & 在 V 中弱,\\ \dfrac{\partial p_n(t,x)}{\partial t}\to z(t,x), & 在 V' 中弱。\end{cases}\tag{2.4.32}$$

由于 V 是自反的 Hilbert 空间，V 必然是序列弱完备的，因此 $p(t,x)\in V$，除此之外还要证明式(2.4.32)中 $z(t,x)=\dfrac{\partial p(t,x)}{\partial t}$。事实上，由式 $(2.4.32)_2$ 及 V 的自反性可知，对任意的 $\varphi(t,x)\in V$，有

$$\left\langle\frac{\partial p_n(t,x)}{\partial t},\varphi(t,x)\right\rangle\to\langle z(t,x),\varphi(t,x)\rangle。$$

但是，对于任意的 $\varphi(t,x)\in D(Q)\subset V$，$\dfrac{\partial\varphi}{\partial t}\in D(Q)$，由广义导数的定义及式 $(2.4.32)_1$，有

$$\left\langle\frac{\partial p_n}{\partial t},\varphi\right\rangle=-\left\langle\frac{\partial\varphi}{\partial t},p_n\right\rangle\to-\left\langle\frac{\partial\varphi}{\partial t},\varphi\right\rangle,\quad\forall\varphi\in D(Q)。$$

由于 $D(Q)$在 V 中稠,上式对于任意 $\varphi\in V$ 亦成立,所以由极限唯一性可推得

$$z(t,x)=\frac{\partial p(t,x)}{\partial t}。$$

再由 V 的自反性,可以证明式(2.4.27)成立。

令空间

$$H(0,T;H_0^1(\Omega),H^{-1}(\Omega))=\left\{p \mid p\in L^2(0,T;H_0^1(\Omega)),\frac{\partial p}{\partial t}\in L^2(0,T;H^{-1}(\Omega))\right\},\tag{2.4.33}$$

它的范数定义为

$$\| p \|_H=\left(\| p\|^2_{L^2(0,T;H_0^1(\Omega))}+\left\|\frac{\partial p}{\partial t}\right\|^2_{L^2(0,T;H^{-1}(\Omega))}\right)^{\frac{1}{2}},\tag{2.4.34}$$

显然有

$$H_0^1(\Omega)\subset L^2(\Omega)\subset H^{-1}(\Omega)。\tag{2.4.35}$$

由嵌入定理[108]可得

$$H_0^1(\Omega)\rightarrow L^2(\Omega)\text{ 是紧映射。}\tag{2.4.36}$$

由紧性定理[111],可以从式(2.4.32)和式(2.4.36)及空间(2.4.33)的定义和式(2.4.34)推得

$$H\text{ 到 }L^2(0,T;L^2(\Omega))\equiv L^2(\Omega)\text{ 的嵌入是紧的。}$$

因此,由式(2.4.30)和结论(2.4.31)推得,存在$\{p_n\}$($p_n\in L^2(Q)$)的一个子序列,仍然记作$\{p_n\}$,使得

$$p_n\rightarrow\tilde{p},\quad\text{在 }L^2(Q)\text{ 中强。}\tag{2.4.37}$$

由于强收敛蕴含弱收敛和弱极限的唯一性,有 $\tilde{p}(t,x)=p(t,x)$,其中 $p(t,x)$是式(2.4.32)中的,结合式(2.4.37)可知,式(2.4.28)成立。

(3) 证明式(2.4.27)中的极限函数 $p\in V$ 是问题(2.4.1)~问题(2.4.3)在 u 取式(2.4.26)中极限函数 $u^*\in u_{ad}$时的解,即

$$p(t,x)=p(t,x,u^*)=p(u^*)。\tag{2.4.38}$$

由定义 2.4.2 可知,这相当于证明下面的积分恒等式成立:

$$\left\langle\frac{\partial p}{\partial t},\varphi\right\rangle+\int_Q[k\nabla p\cdot\nabla\varphi+(\mu-\beta)y\varphi]\mathrm{d}t\,\mathrm{d}x=\int_Q f\varphi\mathrm{d}t\,\mathrm{d}x,\quad\varphi\in V,$$

$$\int_\Omega p(0,x)\varphi(0,x)\mathrm{d}x=\int_\Omega u^*(x)\varphi(0,x)\mathrm{d}x,\quad\forall\varphi\in\Phi。$$

此过程我们分以下几个小步骤完成。

① 证明当 $n\rightarrow+\infty$时,

$$\left\langle\frac{\partial p_n}{\partial t},\varphi\right\rangle\rightarrow\left\langle\frac{\partial p}{\partial t},\varphi\right\rangle,\quad\forall\varphi\in V。\tag{2.4.39}$$

因为 V 是自反的,所以由式(2.4.27)可知式(2.4.39)成立。

② 证明当 $n\rightarrow+\infty$时,

$$\int_Q\nabla p_n\cdot\nabla\varphi\mathrm{d}Q\rightarrow\int_Q\nabla p\cdot\nabla\varphi\mathrm{d}Q,\quad\forall\varphi\in V。\tag{2.4.40}$$

任意取定 $\varphi\in D(Q)$,显然有 $\Delta\varphi\in D(Q)\subset V\subset V'$。由广义导数定义可知,当 $n\rightarrow+\infty$时,有

$$\int_Q \nabla p_n \cdot \nabla\varphi \mathrm{d}Q = -\int_Q p_n \cdot \Delta\varphi \mathrm{d}Q \to -\int_Q p \cdot \Delta\varphi \mathrm{d}Q = \int_Q \nabla p \cdot \nabla\varphi \mathrm{d}Q。$$

由上式及 $D(Q)$ 在 V 中稠,可推得式(2.4.40)成立。

③ 证明当 $n\to+\infty$ 时,

$$\int_Q (\mu-\beta) p_n \varphi \mathrm{d}Q \to \int_Q (\mu-\beta) p\varphi \mathrm{d}Q, \quad \forall \varphi \in \Phi。 \tag{2.4.41}$$

由假设条件(H_1)～条件(H_3)可知,$\mu(t,x)-\beta(t,x)\in L^\infty(Q)\subset L^2(Q)$,并且 $\varphi\in V\subset L^2(Q)$,而 $L^2(Q)$ 是自反的,所以当 $n\to+\infty$ 时,

$$\int_Q (\mu-\beta)(p_n-p)\varphi \mathrm{d}Q \to 0,$$

即式(2.4.41)成立。

④ 证明当 $n\to+\infty$ 时,

$$\int_\Omega p_n(0,x)\varphi(0,x)\mathrm{d}x \to \int_\Omega u^*(x)\varphi(0,x)\mathrm{d}x, \quad \forall \varphi \in V。 \tag{2.4.42}$$

对于任意给定的 $\varphi\in\Phi\subset V$,当 $n\to+\infty$ 时,有

$$\int_Q \varphi \frac{\partial p_n(t,x)}{\partial t}\mathrm{d}Q \to \int_Q \varphi \frac{\partial p(t,x)}{\partial t}\mathrm{d}Q。 \tag{2.4.43}$$

对上式进行分部积分,可得

$$\begin{aligned} &\int_\Omega p_n(T,x)\varphi(T,x)\mathrm{d}x - \int_\Omega p_n(0,x)\varphi(0,x)\mathrm{d}x - \int_Q p_n(t,x)\frac{\partial\varphi}{\partial t}\mathrm{d}Q \\ \to &\int_\Omega p(T,x)\varphi(T,x)\mathrm{d}x - \int_\Omega p_n(0,x)\varphi(0,x)\mathrm{d}x - \int_Q p(t,x)\frac{\partial\varphi}{\partial t}\mathrm{d}Q, \end{aligned} \tag{2.4.44}$$

由于式(2.4.9)给出了 $\varphi(T,x)=0$,再结合式(2.4.42)与式(2.4.43),显然可得到

$$\int_\Omega p_n(0,x)\varphi(0,x)\mathrm{d}x \to \int_\Omega u^*(x)\varphi(0,x)\mathrm{d}x,$$

即式(2.4.42)成立。

⑤ 证明当 $n\to+\infty$ 时,

$$\int_\Omega u_n(x)\varphi(0,x)\mathrm{d}x \to \int_\Omega u^*(x)\varphi(0,x)\mathrm{d}x \tag{2.4.45}$$

由于 $\varphi(0,x)\in L^1(\Omega)$,并且 $u_n(x)\to u^*(x)$,在 $L^\infty(\Omega)$ 中弱星,因此结合容许控制集的性质式(2.4.6)可知式(2.4.45)成立。

经过以上几个小步骤后,下面我们来证明式(2.4.27)中的极限函数 $p\in V$ 是问题(2.4.1)～问题(2.4.3)在 u 取式(2.4.26)中极限函数 $u^*\in U_{ad}$ 时的解。由系统(P)广义解的定义 2.4.1 及 $p_n=p(u_n)=p(t,x;u_n)$ 可知,p_n 满足下面的积分恒等式:

$$\begin{cases} \left\langle \dfrac{\partial p_n}{\partial t},\varphi \right\rangle + \displaystyle\int_Q [k\nabla p_n\cdot\nabla\varphi + (\mu-\beta)p_n\varphi]\mathrm{d}t\mathrm{d}x = \int_Q f\varphi \mathrm{d}t\mathrm{d}x, & \varphi\in V, \\ \displaystyle\int_\Omega p_n(0,x)\varphi(0,x)\mathrm{d}x = \int_\Omega u_n(x)\varphi(0,x)\mathrm{d}x, & \forall\varphi\in\Phi。 \end{cases} \tag{2.4.46}$$

令式(2.4.46)中的 $n\to+\infty$ 取极限,由步骤①～⑤,就可推得 $p(t,x)=p(t,x;u^*)=p(u^*)$,即式(2.4.38)成立。

利用定理 2.4.3,即可推出 $u^*\in U_{ad}$ 是所求的系统(P)的最优初始控制,相应的$\{u^*, p(u^*)\}$为问题(2.4.1)～问题(2.4.3)的最优对。定理 2.4.2 证毕。

定理 2.4.3 若$\{u_n(x)\}$是定理 2.4.2 中的极小化序列,$u_n(x)\to u^*(x)$在 $L^\infty(\Omega)$中弱

星，则 $u^*(x)\in U_{ad}$ 是系统(P)的最优初始控制，即它满足

$$J(u^*)=\inf_{u\in U_{ad}} J(u)。 \tag{2.4.47}$$

证明　(1) 令

$$u_n(h)=\int_\Omega u_n(x)h(x)\mathrm{d}x, \quad \forall h\in L'(\Omega), \tag{2.4.48}$$

则由式(2.4.26)，有

$$u_n(h)=\int_\Omega u_n(x)h(x)\mathrm{d}x\to\int_\Omega u^*(x)h(x)\mathrm{d}x, \quad u^*\in L^\infty(\Omega)。 \tag{2.4.49}$$

由$\{u_n\}$的有界性及下确界定义有

$$|u_n(h)|\leqslant\|u_n\|\cdot\left\|h\right\|_{L^1(\Omega)},$$

所以

$$\inf_{k\geqslant n}|u_k(h)|\leqslant\inf_{k\geqslant n}\|u_k\|\cdot\left\|h\right\|_{L^1(\Omega)}。$$

令 $n\to+\infty$，得

$$\varliminf_{n\to+\infty}|u_n(h)|\leqslant(\varliminf_{n\to+\infty}\|u_n\|)\cdot\left\|h\right\|_{L(\Omega)^1}。$$

结合式(2.4.49)可以推得

$$|u^*(h)|=\lim_{n\to+\infty}|u_n(h)|=\varliminf_{n\to+\infty}|u_n(h)|\leqslant\left(\varliminf_{n\to+\infty}\left\|u_n\right\|\right)\cdot\left\|h\right\|_{L(\Omega)^1}。$$

由上式及范数$\left\|u^*\right\|$定义有

$$\|u^*\|\leqslant\lim_{n\to+\infty}\|u_n\|。 \tag{2.4.50}$$

由 $L^1(\Omega)$的 Riesz 表示定理，推得

$$\begin{cases}\|u_n\|=\|u_n;[L^1(\Omega)]'\|=\|u_n\|_{L^\infty(\Omega)},\\ \|u^*\|=\|u^*\|_{L^\infty(\Omega)}。\end{cases}$$

结合式(2.4.50)可得，

$$\begin{cases}\|u^*\|_{L^\infty(\Omega)}\leqslant\varliminf_{n\to+\infty}\|u_n\|_{L^\infty(\Omega)}, \quad \text{当 } u_n\to u^* \text{ 在 } L^\infty(\Omega) \text{ 中弱收敛时},\\ \text{即 } \|u_n\|_{L^\infty(\Omega)} \text{ 在 } u^*\in L^\infty(\Omega) \text{ 处是弱下半连续的。}\end{cases} \tag{2.4.51}$$

(2) 当 $n\to+\infty$时，由式(2.4.27)～式(2.4.28)可知，

$$\int_\Omega p_n(T,x)\varphi(T,x)\mathrm{d}x\to\int_\Omega p(T,x)\varphi(T,x)\mathrm{d}x, \quad \forall\varphi\in V。 \tag{2.4.52}$$

其中，由引理 2.4.1 及 $p_n(t,x)$在 $L^2(Q)$中一致有界可推得，$p_n(t,x)\to p(t,x)$，且

$$p_n(t,x),p(t,x),\varphi(t,x)\in L^2(Q)。$$

由此可以证明，当 $n\to+\infty$时，有

$$\lim_{n\to+\infty}\inf_{k\geqslant n}\left\|p_k(T,x)\right\|_{L^2(\Omega)}\geqslant\left\|p(T,x;u^*)\right\|_{L^2(\Omega)}。 \tag{2.4.53}$$

事实上，在式(2.4.52)中，令 $\varphi(T,x)=p(T,x;u^*)$，则有

$$\int_\Omega p(T,x;u_n)p(T,x;u^*)\mathrm{d}x\to\int_\Omega|p(T,x;u^*)|^2\mathrm{d}x=\left\|p(T,x;u^*)\right\|_{L^2(\Omega)}^2, \tag{2.4.54}$$

再由 Hölder 不等式，可推得

$$\int_\Omega p(T,x;u_n)p(T,x;u^*)\mathrm{d}x\leqslant\left\|p(T,x;u_n)\right\|_{L^2(\Omega)}\cdot\left\|p(T,x;u^*)\right\|_{L^2(\Omega)},$$

即由式(2.4.54)及极限保号性推得

$$\| p(T,x;u_n) \|_{L^2(\Omega)} \geqslant \| p(T,x;u^*) \|_{L^2(\Omega)}。$$

对上式左边取下极限就得到式(2.4.53)，即

$$u \to \left\| p(T,x;u) \right\|_{L^2(\Omega)}, \quad \text{在 } u^* \text{ 处是弱下半连续的。}$$

联合式(2.4.51)和式(2.4.53)，并注意到 $J(u)$ 的结构式(2.4.4)，可推得

$$J(u) \text{ 在 } u^* \in U_{ad} \text{ 处是弱下半连续的，}$$

即

$$J(u^*) \leqslant \varliminf_{n\to+\infty} J(u_n)。 \tag{2.4.55}$$

而由下确界的定义显然有

$$J(u^*) \geqslant \inf_{u\in U_{ad}} J(u), \quad u^*(x) \in U_{ad}。$$

结合式(2.4.55)，可推得 $J(u^*) = \inf\limits_{u\in U_{ad}} J(u)$。定理 2.4.3 证毕。

2.4.4 控制为最优的必要条件和最优性组

引入记号

$$\begin{cases} u_\varepsilon = u^* + \varepsilon(u - u^*), \quad 0 < \varepsilon < 1, \\ p_\varepsilon = p(u_\varepsilon), \quad p = p(u^*), \end{cases} \tag{2.4.56}$$

设 $u\in U_{ad}$，$p(u)\in V$ 为问题(2.4.1)～问题(2.4.3)的广义解，令

$$\dot{p} = \frac{\mathrm{d}}{\mathrm{d}\varepsilon} p(u^* + \varepsilon(u-u^*))\Big|_{\varepsilon=0} = \lim_{\varepsilon\to 0+} \frac{1}{\varepsilon}[p(u^*+\varepsilon(u-u^*)) - p(u^*)], \tag{2.4.57}$$

事实上，$\dot{p}$ 就是函数 $p(u)$ 在 u^* 处沿方向 $u-u^*$ 的 G-微分[125]。

设 p_ε 与 p 分别是问题(2.4.1)～问题(2.4.3)在 $u=u_\varepsilon$ 和 $u=u^*$ 时的广义解，则 p_ε、p 分别满足

$$\begin{cases} \dfrac{\partial p_\varepsilon}{\partial t} - k\Delta p_\varepsilon + \mu(t,x)p_\varepsilon - \beta(t,x)p_\varepsilon = f(t,x), \quad \text{在 } Q = \Omega\times(0,T) \text{ 内}, \\ p_\varepsilon(0,x) = u^* + \varepsilon(u-u^*), \quad \text{在 } \Omega = (0,A) \text{ 内}, \\ p_\varepsilon(t,x) = 0, \quad \text{在 } \Sigma = (0,T)\times\partial\Omega \text{ 上} \end{cases} \tag{2.4.58}$$

和

$$\begin{cases} \dfrac{\partial p}{\partial t} - k\Delta p + \mu(t,x)p - \beta(t,x)p_\varepsilon = f(t,x), \quad \text{在 } Q = \Omega\times(0,T) \text{ 内}, \\ p(0,x) = u^*, \quad \text{在 } \Omega \text{ 内}, \\ p(t,x) = 0, \quad \text{在 } \Sigma = (0,T)\times\partial\Omega \text{ 上。} \end{cases} \tag{2.4.59}$$

将式(2.4.58)与式(2.4.59)对应项相减，并将所得方程两端同时除 $\varepsilon\in(0,1)$，令 $\varepsilon\to 0^+$ 取极限，由 $\dot{p}$ 的定义式(2.4.57)和记号(2.4.56)，可得

$$\begin{cases} \dfrac{\partial \dot{p}}{\partial t} - k\Delta \dot{p} + \mu(t,x)\dot{p} - \beta(t,x)\dot{p} = 0, \quad \text{在 } Q = \Omega\times(0,T) \text{ 内}, \\ \dot{p}(0,x) = u - u^*, \quad \text{在 } \Omega \text{ 内}, \\ \dot{p}(t,x) = 0, \quad \text{在 } \Sigma = (0,T)\times\partial\Omega \text{ 上。} \end{cases} \tag{2.4.60}$$

定理 2.4.4 若假设条件(H_1)～条件(H_3)成立，则问题(2.4.60)在 V 中存在唯一的广

义解 $\dot{p}$。

定理 2.4.5　若 $u^* \in U_{ad}$ 是系统(P)的最优初始控制，则 $u^* \in U_{ad}$ 满足下列的不等式

$$\int_\Omega \dot{p}(T,x;u^*)[p(T,x;u^*) - z_d(T,x)]\mathrm{d}x + N\|u - u^*\|_{L^\infty(\Omega)} \geqslant 0, \quad \forall u \in U_{ad}, \tag{2.4.61}$$

即 $u^* \in U_{ad}$ 是系统(P)的最优初始控制的必要条件为 u^* 满足不等式(2.4.61)。

证明　由 U_{ad} 的凸性假设可知，对任意的 $u \in U_{ad}$ 和 $0<\varepsilon<1$，有

$$u_\varepsilon = u^* + \varepsilon(u - u^*) = \varepsilon u + (1-\varepsilon)u^* \in U_{ad},$$

则由性能指标泛函的结构式(2.4.4)，可推得

$$\begin{aligned}
&J(u_\varepsilon) - J(u^*)\\
=& \frac{1}{2}\int_\Omega |p(T,x;u_\varepsilon) - z_d|^2\mathrm{d}x + N\|u_\varepsilon\|_{L^\infty(\Omega)} - \frac{1}{2}\int_\Omega |p(T,x;u^*) - z_d|^2\mathrm{d}x - N\|u^*\|_{L^\infty(\Omega)}\\
=& \frac{1}{2}\int_\Omega |p(T,x;u_\varepsilon) - z_d|^2\mathrm{d}x - \frac{1}{2}\int_\Omega |p(T,x;u^*) - z_d|^2\mathrm{d}x + N\|u_\varepsilon\|_{L^\infty(\Omega)} - N\|u^*\|_{L^\infty(\Omega)}\\
=& \frac{1}{2}\int_\Omega [p(T,x;u_\varepsilon) + p(T,x;u^*) - 2z_d][p(T,x;u_\varepsilon) - p(T,x;u^*)]\mathrm{d}x +\\
&N\|u_\varepsilon\|_{L^\infty(\Omega)} - N\|u^*\|_{L^\infty(\Omega)} \geqslant 0。
\end{aligned} \tag{2.4.62}$$

根据范数的三角不等式，有

$$\begin{gathered}
\|u_\varepsilon\|_{L^\infty(\Omega)} = \|u^* + \varepsilon(u - u^*)\|_{L^\infty(\Omega)} \leqslant \|u^*\|_{L^\infty(\Omega)} + \varepsilon\|u - u^*\|_{L^\infty(\Omega)}\\
\|u_\varepsilon\|_{L^\infty(\Omega)} - \|u^*\|_{L^\infty(\Omega)} \leqslant \varepsilon\|u - u^*\|_{L^\infty(\Omega)}。
\end{gathered} \tag{2.4.63}$$

将式(2.4.62)两端同时除 ε，并令 $\varepsilon \to 0^+$ 取极限，再结合式(2.4.57)与式(2.4.63)，由极限的保号性可推得

$$\begin{aligned}
&\lim_{\varepsilon\to 0^+}\frac{1}{2}\int_\Omega \frac{1}{\varepsilon}[p(T,x;u_\varepsilon) + p(T,x;u^*) - 2z_d][p(T,x;u_\varepsilon) -\\
&p(T,x;u^*)]\mathrm{d}x + \lim_{\varepsilon\to 0^+} N\|u - u^*\|_{L^\infty(\Omega)}\\
=& \int_\Omega \dot{p}(T,x;u^*)[p(T,x;u^*) - z_d(T,x)]\mathrm{d}x + N\|u - u^*\|_{L^\infty(\Omega)} \geqslant 0, \quad \forall u \in U_{ad},
\end{aligned} \tag{2.4.64}$$

即不等式(2.4.61)成立。定理 2.4.5 证毕。

为了变换不等式(2.4.61)，我们引入下面关于 $q(t,x;u^*)$ 的伴随方程：

$$\begin{cases}
-\dfrac{\partial q}{\partial t} - k\Delta q + \mu(t,x)q - \beta(t,x)q = 0, & \text{在 } Q = \Omega \times (0,T) \text{ 内},\\
q(T,x) = p(u^*) - z_d(T,x), & \text{在 } \Omega \text{ 内},\\
q(t,\boldsymbol{x}) = 0, & \text{在 } \Sigma = (0,T) \times \partial\Omega \text{ 上}。
\end{cases} \tag{2.4.65}$$

下面我们来证明式(2.4.65)解的存在唯一性。

定理 2.4.6　假设定理 2.4.5 的条件成立，若 $u^* \in U_{ad}$ 是系统(P)的最优初始控制，$p(u^*)$ 为系统(P)对应 u^* 在 V 中的广义解，则伴随方程(2.4.65)在 V 中存在唯一解 $q(t,x;u^*)$。

证明　令

$$\begin{cases}t=T-t',\\q(t,x)=q(T-t',x)=\psi(t',x),\\\mu(t,x)=\mu(T-t',x)=\mu'(t',x),\\\beta(t,x)=\beta(T-t',x)=\beta'(t',x),\end{cases}\tag{2.4.66}$$

则 $\psi(t',x)$满足下列方程：

$$\begin{cases}-\dfrac{\partial\psi}{\partial t}-k\Delta\psi+\mu'(t',x)\psi-\beta'(t',x)\psi=0, & 在\ Q=\Omega\times(0,T)\ 内,\\\psi(0,x)=p(u^*)-z_d(0,x), & 在\ \Omega\ 内,\\\psi(t',x)=0, & 在\ \Sigma=(0,T)\times\partial\Omega\ 上。\end{cases}\tag{2.4.67}$$

由于上述问题(2.4.67)与系统(P)是同种类型的问题,因此在假设条件(H_1)~条件(H_3)成立的条件下,用类似证明定理2.4.1的证明方法可以证明问题(2.4.67)在 V 中存在唯一解$\psi(t,x;u^*)$,再由变换式(2.4.66)得问题(2.4.67)在 V 中存在唯一解,即定理2.4.6成立。

设 $\dot{p}(u^*)$是问题(2.4.61)的广义解,然后我们对不等式(2.4.61)进行变换,让 $\dot{p}(u^*)$乘式$(2.4.65)_1$ 的两端,并在 Q 上积分,可得

$$\int_Q\left[-\frac{\partial q}{\partial t}-k\Delta q+\mu(t,x)q-\beta(t,x)q\right]\dot{p}(u^*)\mathrm{d}t\mathrm{d}x=0。\tag{2.4.68}$$

对上式左端第一项进行分部积分,可得

$$-\int_\Omega\int_0^T\dot{p}(u^*)\frac{\partial q}{\partial t}\mathrm{d}t\mathrm{d}x=-\int_\Omega[\dot{p}(T,x)q(T,x)-\dot{p}(0,x)q(0,x)]\mathrm{d}x+\int_\Omega\int_0^T q\frac{\partial\dot{p}}{\partial t}\mathrm{d}t\mathrm{d}x。$$

对第二项应用格林公式,有

$$\int_Q k\Delta q\cdot\dot{p}(u^*)\mathrm{d}t\mathrm{d}x=\int_Q k\Delta\dot{p}\cdot q\mathrm{d}t\mathrm{d}x,$$

并结合式(2.4.65)和式(2.4.60),同时利用

$$\int_\Omega[\dot{p}(T,x)q(T,x)-\dot{p}(0,x)q(0,x)]\mathrm{d}x=0,$$

可得

$$\int_\Omega\dot{p}(T,x)[p(u^*)-z_d(T,x)]\mathrm{d}x-\int_\Omega(u-u^*)q(0,x)\mathrm{d}x=0,\tag{2.4.69}$$

$$\int_\Omega(u-u^*)q(0,x;u^*)\mathrm{d}x+N\|u-u^*\|_{L^\infty(\Omega)}\geqslant 0,\quad\forall u\in U_{ad}。\tag{2.4.70}$$

至此,我们得到本节中的又一个重要结论。

定理 2.4.7 设 $p(u)$是系统(P)的状态,容许控制集由式(2.4.5)给出,性能指标泛函由式(2.4.4)所确定,若 $u^*\in U_{ad}$是系统(P)的最优初始控制,则存在三元组$\{p,q,u^*\}$,且它们满足

$$\begin{cases}\dfrac{\partial p}{\partial t}-k\Delta p+\mu(t,x)p-\beta(t,x)p=f(t,x),\\-\dfrac{\partial q}{\partial t}-k\Delta q+\mu(t,x)q-\beta(t,x)q=0, & 在\ Q=\Omega\times(0,T)\ 内,\\p(0,x)=u(t,x),\\q(T,x)=p(u^*)-z_d(T,x), & 在\ \Omega\ 内,\\p(t,x)=0,\\q(t,x)=0, & 在\ \Sigma=(0,T)\times\partial\Omega\ 上\end{cases}\tag{2.4.71}$$

以及变分不等式

$$\int_{\Omega}(u-u^{*})q(0,x;u^{*})\mathrm{d}x+N\|u-u^{*}\|_{L^{\infty}(\Omega)}\geqslant 0,\quad \forall u\in U_{ad},\tag{2.4.72}$$

即式(2.4.71)和式(2.4.72)为系统(P)的最优性组。

2.4.5　最优初始控制计算的惩罚移位法

2.4.4 节证明了系统(P)的最优初始控制，它由状态方程(2.4.1)～方程(2.4.3)和伴随方程(2.4.65)以及变分不等式(2.4.72)所构成的最优性组所确定，但要从最优性组直接求出 u^{*} 的数值解非常困难，因为 $p(u)$ 与 u 在方程组中是相互依赖的。

因此，本节应用惩罚移位法给出问题(2.4.5)的近似解法，即用 $p(u)$ 和 u 作为两个相互独立的变量，逼近有约束的极小化问题(2.4.5)的解($p(u^{*}),u^{*}$)。为此，可将式(2.4.5)改写成如下极小化问题

$$\begin{cases}\text{在约束条件(2.4.1)} \sim \text{条件(2.4.3)下，}\quad \text{求满足等式}\\ J(p(u^{*}),u^{*})=\inf\limits_{v\in U_{ad}}J(p(u),u)\text{ 的 }u^{*},\quad u^{*}\in U_{ad}。\end{cases}\tag{2.4.73}$$

其中，$J(p(u),u)$ 为问题(2.4.5)中的 $J(u)$，u^{*} 为式(2.4.5)中的 u^{*}，U_{ad} 由式(2.4.6)给出，不失一般性，假设 $f=0$，并引入以下记号：

$$Lp=\frac{\partial p}{\partial t}-k\Delta p+\mu(t,x)p-\beta(t,x)p,$$

$$L^{*}q=-\frac{\partial q}{\partial t}-k\Delta q+[\mu(t,x)-\beta(t,x)]q,$$

$\langle\cdot,\cdot\rangle_{E}$ 表示 $L^{2}(E)$ 的内积，$\|\cdot\|_{E}=\|\cdot\|_{L^{2}(E)}$，$E$ 分别为 Q,Ω,Σ 等。

引入集合

$$Y=\{p\mid p\in V,p\geqslant 0,Lp\in L^{2}(Q),p(0,\cdot)\in L^{2}(\Omega)\},\tag{2.4.74}$$

赋以范数

$$\|p\|_{Y}=\left(\|p\|_{V}^{2}+\|Lp\|_{Q}^{2}\right)^{1/2},$$

则 Y 是某个 Hilbert 空间中的闭凸子集。

现在假设 $c\geqslant 0$，$\xi=(\lambda,\eta)$，$\lambda\in L^{2}(Q)$，$\eta\in L^{2}(Q)$，增广 Lagrange 算子

$$H(p,u,c,\xi)=J(p,u)+c\left[\|Lp\|_{Q}^{2}+\|p(0,\cdot)-u\|_{\Omega}^{2}\right]+\langle\lambda,Lp\rangle_{Q}+\langle\eta,p(0,\cdot)-u\rangle_{\Omega}\tag{2.4.75}$$

定义在 $Y\times U_{ad}$ 上，$H(p,u,c,\xi)$ 中的 p,u 是相互独立的变元，则可得如下的结论。

定理 2.4.8　对于任意给定的 ξ 和 $c>0$，极小化问题

$$\inf_{p\in Y,u\in U_{ad}}H(p,u,c,\xi)\tag{2.4.76}$$

容许唯一解($\tilde{p},\tilde{u}$)$\in Y\times U_{ad}$。

证明　记 $w=(p,u)$，$w\in W=Y\times U_{ad}$，

$$\|w\|_{W}=\left(\|p\|_{Y}^{2}+\|u\|_{U_{ad}}^{2}\right)^{1/2},\tag{2.4.77}$$

则有

$$H(w,c,\xi)=H(p,u,c,\xi)。$$

极小化问题(2.4.76)变为

$$\inf_{p\in Y,u\in U_{ad}} H(w,c,\xi)。 \tag{2.4.78}$$

显然，W 是 Hilbert 空间中的闭凸子集。

首先证明，$H(p,u,c,\xi)$在 $Y\times U_{ad}$ 上，即 $H(w,c,\xi)$在 W 上径向无界。对此，采用反证法进行证明。

假设存在一个序列$\{w_m\}=\{(p_m,u_m)\}$，使得

$$\left\|w_m\right\|_W=\left(\left\|p_m\right\|_Y^2+\left\|u_m\right\|_{U_{ad}}^2\right)^{1/2}\to+\infty, \tag{2.4.79}$$

而

$$H(w_m,c,\xi)=H(p_m,u_m,c,\xi)\to l<+\infty,$$

结合 H 的定义能够得出

$$\left\|u_m\right\|_\Omega\leqslant C_1,\quad \left\|p_m(0,\cdot)-u_m\right\|_\Omega\leqslant C_2,\quad \left\|Lp_m\right\|_Q\leqslant C_3。 \tag{2.4.80}$$

注意到方程(2.4.1)～方程(2.4.3)定义的双线性映射$(u,p_0)\to p$ 在 V 中的连续性，再结合式(2.4.80)有

$$\|p_m\|_Y\leqslant C_4。$$

这与假设条件(2.4.79)相矛盾，因此证明了 $H(w,c,\xi)$是在 $W=Y\times U$ 上径向无界，即 $H(w,c,\xi)\to+\infty$。

此外，从 $H(p,u,c,\xi)$的表达式可见，它只含 p 的二次项和一次项，u 的二次项和一次项以及项(pu)的积分值，因此 $H(w,c,\xi)$在 $W=Y\times U_{ad}$上关于 $w=(p,u)$是严格凸的和强连续的，应用文献[111]的结果可以推得，存在唯一的元素 $\tilde{w}=(\tilde{p},\tilde{u})\in Y\times U_{ad}=W$ 使得 $H(\tilde{w},c,\xi)=\inf\limits_{w\in W}H(w,c,\xi)$，即

$$H(\tilde{p},\tilde{u},c,\xi)=\inf_{p\in Y,u\in U_{ad}} H(p,u,c,\xi)。$$

定理 2.4.8 证毕。

引理 2.4.3 设$(\bar{p},\bar{u})$是 $Y\times U_{ad}$ 中任意给定的一点，则对任意给定的 ξ 和 $c>0$，有

$$\begin{aligned}H(p,u,c,\xi)=&H(\bar{p},\bar{u},c,\xi)+\frac{1}{2}\left\|p-\bar{p}\right\|_\Omega^2+N\left\|u-\bar{u}\right\|_\Omega^2+\\&c\left[\left\|L(p-\bar{p})\right\|_\Omega^2+\left\|p(0,\cdot)-\bar{p}(0,\cdot)-(u-\bar{u})\right\|_\Omega^2\right]+\\&H'(\bar{p},\bar{u},c,\xi,p-\bar{p},u-\bar{u}),\quad\forall p\in Y,\quad\forall u\in U_{ad}。\end{aligned} \tag{2.4.81}$$

其中 $H'(\bar{p},\bar{u},c,\xi,p-\bar{p},u-\bar{u})$为 $H(p,u,c,\xi)$沿方向$(p-\bar{p},u-\bar{u})$的 G-微分[109]。

证明 由 $J(p,u)$和 $H(p,u,c,\xi)$的定义以及

$$\left\|p\right\|_E^2-\left\|\bar{p}\right\|_E^2=\left\|p-\bar{p}\right\|_E^2+2\langle p-\bar{p},\bar{p}\rangle_E \tag{2.4.82}$$

且 $L^\infty(\Omega)\subset L^2(\Omega)$，可推得

$$\begin{aligned}&H(p,u,c,\xi)-H(\bar{p},\bar{u},c,\xi)\\&=\frac{1}{2}\left\|p-z_d\right\|_\Omega^2+N\|u\|_\Omega+c\left[\left\|Lp\right\|_Q^2+\left\|p(0,\cdot)-p\right\|_\Omega^2\right]+\\&\langle\lambda,Lp\rangle_Q+\langle\eta,p(0,\cdot)-u\rangle_\Omega-\left\{\left\|\bar{p}-z_d\right\|_Q^2+N\|\bar{u}\|_\Omega+\right.\\&\left.c\left[\left\|L\bar{p}\right\|_Q^2+\left\|\bar{p}(0,\cdot)-\bar{u}\right\|_\Omega^2\right]+\langle\lambda,L\bar{p}\rangle_Q+\langle\eta,\bar{p}(0,\cdot)-\bar{u}\rangle_\Omega\right\}\end{aligned}$$

$$= \frac{1}{2}\left\|p-\bar{p}\right\|_{\Omega}^{2}+N\left(\left\|u\right\|_{\Omega}-\left\|\bar{u}\right\|_{\Omega}\right)+c\left[\left\|L(p-\bar{p})\right\|_{Q}^{2}+\left\|p(0,\cdot)-\bar{p}(0,\cdot)-(u-\bar{u})\right\|_{\Omega}^{2}\right]+$$
$$\{2c[\langle L(p-\bar{p}),L\bar{p}\rangle_{Q}+\langle p(0,\cdot)-\bar{p}(0,\cdot)-(u-\bar{u}),\bar{p}(0,\cdot)-\bar{u}\rangle_{\Omega}]+$$
$$2\langle p-\bar{p},\bar{p}-z_{d}\rangle_{\Omega}+2N\langle u-\bar{u},\bar{u}\rangle_{\Omega}+\langle\lambda,L(p-\bar{p})\rangle_{Q}+$$
$$\langle\eta,p(0,\cdot)-\bar{p}(0,\cdot)-(u-\bar{u})\rangle_{\Omega}\}。\tag{2.4.83}$$

将上式等号右边{…}内的量记为 S,对比式(2.4.81)和式(2.4.83)可知,只需证明

$$S=H'(\bar{p},\bar{u},c,\xi,p-\bar{p},u-\bar{u})。\tag{2.4.84}$$

由 H 和 G-微分的定义以及 L 为线性算子,可得

$$H'(\bar{p},\bar{u},c,\xi,p-\bar{p},u-\bar{u})$$
$$=\lim_{\theta\to0^{+}}\frac{1}{\theta}[H(\bar{p}+\theta(p-\bar{p}),\bar{u}+\theta(u-\bar{u}),c,\xi)-H(\bar{p},\bar{u},c,\xi)]$$
$$=\lim_{\theta\to0^{+}}\frac{1}{\theta}\Big\{\left\|\bar{p}+\theta(p-\bar{p})-z_{d}\right\|_{\Omega}^{2}+N\left\|\bar{u}+\theta(u-\bar{u})\right\|_{\Omega}+$$
$$c\left[\left\|L(\bar{p}+\theta(p-\bar{p}))\right\|_{Q}^{2}+\left\|(\bar{p}+\theta(p-\bar{p}))(0,\cdot)-(\bar{u}+\theta(u-\bar{u}))\right\|_{\Omega}^{2}\right]+$$
$$\langle\lambda,L(\bar{p}+\theta(p-\bar{p}))\rangle_{Q}+\langle\eta,(\bar{p}+\theta(p-\bar{p}))(0,\cdot)-(\bar{u}+\theta(u-\bar{u}))\rangle_{\Omega}\Big\}-$$
$$\frac{1}{2}\Big\{\left\|\bar{p}-z_{d}\right\|_{\Omega}^{2}-N\left\|\bar{u}\right\|_{\Omega}-c\left[\left\|L\bar{p}\right\|_{Q}^{2}+\left\|\bar{p}(0,\cdot)-\bar{u}\right\|_{\Omega}^{2}\right]-$$
$$\langle\lambda,L\bar{p}\rangle_{Q}-\langle\eta,\bar{p}(0,\cdot)-\bar{u}\rangle_{\Omega}\Big\}$$
$$=0+2\langle p-\bar{p},\bar{p}-z_{d}\rangle_{\Omega}+2N\langle u-\bar{u},\bar{u}\rangle_{\Omega}+$$
$$c[2\langle L(p-\bar{p}),L\bar{p}\rangle_{Q}+2\langle p(0,\cdot)-\bar{p}(0,\cdot)-(u-\bar{u}),\bar{p}(0,\cdot)-\bar{u}\rangle_{\Omega}]+$$
$$\langle\lambda,L(\bar{p}-\bar{p})\rangle_{Q}+\langle\eta,p(0,\cdot)-\bar{p}(0,\cdot)-(u-\bar{u})\rangle_{\Omega}$$
$$=S。$$

引理 2.4.3 证毕。

引理 2.4.4[80]　设 $\bar{w}=(\bar{p},\bar{u})$ 是 $H(w,c,\xi)=H(p,v,c,\xi)$ 在 $W=Y\times U_{ad}$ 中的极小化点,那么对于任意给定的 ξ 和 $c>0$,有

$$H(p,u,c,\xi)\geqslant H(\bar{p},\bar{u},c,\xi)+\frac{1}{2}\left\|p-\bar{p}\right\|_{\Omega}^{2}+N\left\|u-\bar{u}\right\|_{\Omega}^{2}+$$
$$c\left[\left\|L(p-\bar{p})\right\|_{Q}^{2}+\left\|p(0,\cdot)-\bar{p}(0,\cdot)-(u-\bar{u})\right\|_{\Omega}^{2}\right],$$
$$\forall p\in Y,\forall u\in U_{ad}。\tag{2.4.85}$$

证明　由极小化的必要条件[111],有

$$H'(\bar{w},c,\xi,w-\bar{w})=H'(\bar{y},\bar{u},c,\xi,y-\bar{y},v-\bar{u})\geqslant0,\quad\forall w\in W。\tag{2.4.86}$$

因此,注意到式(2.4.86)可知,不等式(2.4.85)为真。引理 2.4.4 证毕。

引理 2.4.5　设 $(\tilde{p},u^{*})$ 是问题(2.4.5)的最优对,即 $u^{*}\in U_{ad}$ 是问题(2.4.5)的解,$\tilde{p}=p(t,x,u^{*})$,则存在 $\tilde{\xi}=(\tilde{\lambda},\tilde{\eta})$,使得

$$H(p,u,0,\tilde{\xi})\geqslant J(\tilde{p},u^{*})+\frac{1}{2}\left\|p-\tilde{p}\right\|_{Q}^{2}+N\left\|u-u^{*}\right\|_{\Omega},\quad\forall p\in Y,\forall u\in U_{ad}。\tag{2.4.87}$$

证明 设 $\psi(u^*)$ 是方程(2.4.65)(其中 $p(u^*)=\tilde{p}(u^*)$)给出的伴随状态,令

$$\begin{cases}\tilde{\lambda}=-\Psi, & \text{在}\,Q\,\text{内},\\ \tilde{\eta}=-\Psi(0,x), & \text{在}\,\Omega\,\text{内},\end{cases}\tag{2.4.88}$$

应用分部积分公式和关于 Δ_x 的格林公式,有

$$\int_Q \Psi Lp\,\mathrm{d}Q=\int_Q pL^*\Psi\,\mathrm{d}Q+\int_\Omega[p\Psi(T,x)-p\Psi(0,x)]\mathrm{d}x-\int_\Sigma\left(p\frac{\partial\Psi}{\partial\nu^*}-\Psi\frac{\partial p}{\partial\nu}\right)\mathrm{d}\Sigma。\tag{2.4.89}$$

利用上式,并注意到 $\Psi(u^*)$ 满足式(2.4.65)和 $\tilde{p}(u^*)$ 满足式(2.4.1)~式(2.4.3)及 $p\in Y$,有

$$\begin{aligned}&\langle\Psi,L(p-\tilde{p})\rangle_Q\\ &=\langle L^*\Psi,p-\tilde{p}\rangle_Q+\langle(p-\tilde{p})(T,x),\Psi(T,x)\rangle_\Omega-\langle(p-\tilde{p})(0,x),\Psi(0,x)\rangle_\Omega\\ &=\langle\tilde{p}-z_d,p-\tilde{p}\rangle_Q-\langle(p-\tilde{p})(0,x),\Psi(0,x)\rangle_\Omega。\end{aligned}\tag{2.4.90}$$

由引理 2.4.1(令 $\bar{p}=\tilde{p},\bar{u}=u^*,\xi=\tilde{\xi}$),$H(p,u,c,\xi)$ 的定义(令 $c=0$),关系式(2.4.88),最优条件式(2.4.79),式(2.4.82)和式(2.4.86),有

$$\begin{aligned}&H'(\tilde{p},u^*,0,\tilde{\xi},p-\tilde{p},u-u^*)\\ &=H(p,u,0,\tilde{\xi})-H(\tilde{p},u^*,0,\tilde{\xi})-\frac{1}{2}\|p-\tilde{p}\|_Q^2-N\|u-u^*\|_\Omega^2\\ &=J(p,u)+\langle\tilde{\lambda},Lp\rangle_Q+\langle\tilde{\eta},p(0,\cdot)-u\rangle_\Omega-J(\tilde{p},u^*)-\langle\tilde{\lambda},L\tilde{p}\rangle_Q-\\ &\quad\langle\tilde{\eta},\tilde{p}(0,\cdot)-u^*\rangle_\Omega-\frac{1}{2}\|p-\tilde{p}\|_Q^2-N\|u-u^*\|_\Omega^2\\ &=\frac{1}{2}\|p-z_d\|_Q^2+N\|u\|_\Omega+\langle\tilde{\lambda},L(p-\tilde{p})\rangle_Q+\langle\tilde{\eta},p(0,\cdot)-\tilde{p}(0,\cdot)\rangle_\Omega-\\ &\quad\langle\tilde{\eta},u-u^*\rangle_\Omega-\frac{1}{2}\|\tilde{p}-z_d\|_Q^2-N\|u^*\|_\Omega-\frac{1}{2}\|p-\tilde{p}\|_Q^2\\ &=\langle p-\tilde{p},\tilde{p}-z_d\rangle_Q+2N\langle u-u^*,u^*\rangle_\Omega-\langle\Psi,L(p-\tilde{p})\rangle_Q-\\ &\quad\langle\Psi(0,\cdot),p(0,\cdot)-\tilde{p}(0,\cdot)\rangle_\Omega+\langle\Psi,u-u^*\rangle_\Omega\\ &=\langle p-\tilde{p},\tilde{p}-z_d\rangle_Q+2N\langle u-u^*,u^*\rangle_\Omega-\langle\Psi(0,\cdot),p(0,\cdot)-\tilde{p}(0,\cdot)\rangle_\Omega+\\ &\quad\langle\Psi,u-u^*\rangle_\Omega-[\langle\tilde{p}-z_d,p-\tilde{p}\rangle_Q-\langle(p-\tilde{p})(0,\cdot),\Psi(0,x)\rangle_\Omega]\\ &=\langle\Psi,u-u^*\rangle_\Omega+2N\langle u-u^*,u^*\rangle_\Omega。\end{aligned}$$

由变分不等式(2.4.61),可得

$$\langle\Psi,u-u^*\rangle_\Omega+2N\langle u-u^*,u^*\rangle_\Omega\geqslant 0,\quad\forall u\in U_{ad}。$$

故

$$H'(\tilde{p},u^*,0,\tilde{\xi},p-\tilde{p},u-u^*)\geqslant 0,\quad\forall u\in U_{ad}。\tag{2.4.91}$$

另一个方面,由于 $\tilde{p}(u^*)$ 是问题(2.4.1)~问题(2.4.3)的解,故有

$$H(\tilde{p},u^*,0,\tilde{\xi})=J(\tilde{p},u^*)。\tag{2.4.92}$$

在式(2.4.81)中,令 $c=0,\bar{p}=\tilde{p},\bar{u}=u^*$,并结合式(2.4.93),可得

$$H(p,u,0,\tilde{\xi})=J(\tilde{p},u^*)+\frac{1}{2}\left\|p-\tilde{p}\right\|_Q^2+N\|u-u^*\|_\Omega+$$

$$H'(\tilde{p},u^*,0,\tilde{\xi},p-\tilde{p},u-u^*),\quad \forall p\in Y,\forall u\in U_{ad}。$$

再由式(2.4.91),有式(2.4.87)成立。引理 2.4.5 证毕。

现在考虑利用乘子调节规则得到$\{(p_m,u_m^*)\}$,

$$\begin{cases}\lambda_{m+1}=\lambda_m+acLy_m, & 在 Q 内,\\ \eta_{m+1}=\eta_m+ac(y_m(0,\cdot)-u_m^*), & 在 \Omega 内,\end{cases}\tag{2.4.93}$$

其中,$0<a<2$;$\xi_0=(\lambda_0,\eta_0)$为任意给定的在$L^2(Q)\times L^2(\Omega)$中的初始数据;(p_m,u_m^*)是$H(p,u,c,\xi_m)$的极小化点。因此,我们可得到如下的本节的主要结果。

定理 2.4.9　序列(p_m,u_m^*)在$Y\times U_{ad}$中强收敛于问题(2.4.73)的解(p,u^*),其中$p=p(u^*)$。

证明　设$\tilde{\xi}=(\tilde{\lambda},\tilde{\eta})$是引理 2.4.5 证明中由(2.4.88)引入的乘子,为简洁起见,仍然记作$\xi=(\lambda,\eta)$,由式(2.4.93)推得

$$\begin{cases}\left\|\lambda_m-\lambda\right\|_Q^2=\left\|\lambda_{m+1}-\lambda\right\|_Q^2-a^2c^2\left\|Lp_m\right\|_Q^2-2ac\langle\lambda_m-\lambda,Lp_m\rangle_Q,\\ \left\|\eta_m-\eta\right\|_\Omega^2=\left\|\eta_{m+1}-\eta\right\|_\Omega^2-a^2c^2\left\|p_m(0,\cdot)-u_m^*\right\|_\Omega^2-2ac\langle\eta_m-\eta,p_m(0,\cdot)-u_m^*\rangle_\Omega。\end{cases}\tag{2.4.94}$$

由引理 2.4.4 及式(2.4.93),并在(2.4.85)中,令$p=p(u^*)$,$u=u^*$,$\bar{p}=p_m$,$\bar{v}=u_m^*$,$\xi=\xi_m$可以推得

$$J(p,u^*)\geqslant H(p_m,u_m^*,c,\xi_m)+\frac{1}{2}\left\|p-p_m\right\|_Q^2+N\left\|u^*-u_m^*\right\|_\Omega^2+$$
$$c\left[\left\|L(p-p_m)\right\|_Q^2+\left\|p(0,\cdot)-p_m(0,\cdot)-(u^*-u_m^*)\right\|_\Omega^2\right]。\tag{2.4.95}$$

根据引理 2.4.5,并在式(2.4.87)中令$p=p_m$,$u=u_m^*$,$\tilde{y}=y(u^*)$,可以得到

$$H(p_m,u_m^*,0,\xi)\geqslant J(p,u^*)+\frac{1}{2}\left\|p-p_m\right\|_Q^2+N\left\|u^*-u_m^*\right\|_\Omega^2。\tag{2.4.96}$$

把式(2.4.95)代入式(2.4.96)中,并注意到$Lp=0$,$p(0,\cdot)\big|_\Omega=u^*$,可以推得

$$H(p_m,u_m^*,0,\xi)\geqslant H(p_m,u_m^*,c,\xi_m)+\left\|p-p_m\right\|_Q^2+2N\left\|u^*-u_m^*\right\|_\Omega^2+$$
$$c\left[\left\|Lp_m\right\|_Q^2+\left\|p_m(0,\cdot)-u_m^*\right\|_\Omega^2\right]。\tag{2.4.97}$$

在式(2.4.97)中把$H(p_m,u_m^*,0,\xi)$和$H(p_m,u_m^*,c,\xi_m)$按H的定义式(2.4.75)展开,可以得到

$$J(p_m,u_m^*)+\langle\lambda,Lp_m\rangle_Q+\langle\eta,p_m(0,\cdot)-u_m^*\rangle_\Omega$$
$$\geqslant J(p_m,u_m^*)+c\left[\left\|Lp_m\right\|_Q^2+\left\|p_m(0,\cdot)-u_m^*\right\|_\Omega^2\right]+\langle\lambda_m,Lp_m\rangle_Q+\langle\eta_m,p_m(0,\cdot)-u_m^*\rangle_\Omega+$$
$$\left\|p-p_m\right\|_Q^2+2N\left\|u^*-u_m^*\right\|_\Omega^2+c\left[\left\|Lp_m\right\|_Q^2+\left\|p_m(0,\cdot)-u_m^*\right\|_\Omega^2\right]。$$

消去两边相同的项,并注意到$\left\|p-p_m\right\|_Q^2\geqslant 0$,可以得到

$$\langle\lambda,Lp_m\rangle_Q+\langle\eta,p_m(0,\cdot)-u_m^*\rangle_\Omega\geqslant\langle\lambda_m,Lp_m\rangle_Q+\langle\eta_m,p_m(0,\cdot)-u_m^*\rangle_\Omega+$$
$$2N\left\|u^*-u_m^2\right\|_\Omega^2+2c\left[\left\|Lp_m\right\|_Q^2+\right.$$
$$\left.\left\|p_m(0,\cdot)-u_m^*\right\|^2\right]。\tag{2.4.98}$$

由于 $0<a<2$，因此 $-2ac^2\leqslant -a^2c^2$，从式(2.4.94)有

$$\begin{cases}\left\|\lambda_m-\lambda\right\|_Q^2\geqslant\left\|\lambda_{m+1}-\lambda\right\|_Q^2-2ac^2\left\|Lp_m\right\|_Q^2-2ac\langle\lambda_m,Lp_m\rangle_Q+2ac\langle\lambda,Lp_m\rangle_Q,\\ \left\|\eta_m-\eta\right\|_\Omega^2\geqslant\left\|\eta_{m+1}-\eta\right\|_\Omega^2-2ac^2\left\|p_m(0,\cdot)-u_m^*\right\|_\Omega^2-2ac\langle\eta_m,p_m(0,\cdot)-u_m^*\rangle_\Omega+\\ 2ac\langle\eta,p_m(0,\cdot)-u_m^*\rangle_\Omega。\end{cases}$$

将上式的两个不等式相加，并把式(2.4.98)代入其中，可以得到

$$\begin{aligned}&\left\|\lambda_m-\lambda\right\|_Q^2+\left\|\eta_m-\eta\right\|_\Omega^2\\ \geqslant&\left\|\lambda_{m+1}-\lambda\right\|_Q^2+\left\|\eta_{m+1}-\eta\right\|_\Omega^2-2ac^2\left\|Lp_m\right\|_Q^2-2ac\langle\lambda_m,Lp_m\rangle_Q+2ac\langle\lambda,Lp_m\rangle_Q-\\ &2ac^2\left\|p_m(0,\cdot)-u_m^*\right\|_\Omega^2-2ac\langle\eta_m,p_m(0,\cdot)-u_m^*\rangle_\Omega+2ac\langle\eta,p_m(0,\cdot)-u_m^*\rangle_\Omega\\ \geqslant&\left\|\lambda_{m+1}-\lambda\right\|_Q^2+\left\|\eta_{m+1}-\eta\right\|_\Omega^2-2ac^2\left\|Lp_m\right\|_Q^2-2ac^2\left\|p_m(0,\cdot)-u_m^*\right\|_\Omega^2-2ac\langle\lambda_m,Lp_m\rangle_Q-\\ &2ac\langle\eta_m,p_m(0,\cdot)-u_m^*\rangle_\Omega+2ac[\langle\lambda,Lp_m\rangle_Q+\langle\eta,p_m(0,\cdot)-u_m^*\rangle_\Omega]+\\ &4ac^2\left[\left\|Lp_m\right\|_Q^2+\left\|p_m(0,\cdot)-u_m^*\right\|_\Omega^2\right]+4acN\left\|u^*-u_m^*\right\|_\Omega^2\\ =&\left\|\lambda_{m+1}-\lambda\right\|_Q^2+\left\|\eta_{m+1}-\eta\right\|_\Omega^2+2ac^2\left\|Lp_m\right\|_Q^2+2ac^2\left\|p_m(0,\cdot)-u_m^*\right\|_\Omega^2+4acN\left\|u^*-u_m^*\right\|_\Omega^2,\end{aligned}$$

即

$$\begin{aligned}&\left\|\lambda_m-\lambda\right\|_Q^2+\left\|\eta_m-\eta\right\|_\Omega^2\\ \geqslant&\left\|\lambda_{m+1}-\lambda\right\|_Q^2+\left\|\eta_{m+1}-\eta\right\|_\Omega^2+2ac^2\left\|Lp_m\right\|_Q^2+2ac^2\left\|p_m(0,\cdot)-u_m^*\right\|_\Omega^2+4acN\left\|u^*-u_m^*\right\|_\Omega^2。\end{aligned}\tag{2.4.99}$$

从不等式(2.4.99)可以看出，当 $m\to+\infty$ 时，序列 $\left\{\left\|\lambda_m-\lambda\right\|_Q^2+\left\|\eta_m-\eta\right\|_\Omega^2\right\}$ 是非增的，因而容许一个极限，这就意味着，当 $m\to+\infty$ 时，

$$\begin{cases}\left\|u^*-u_m^*\right\|\to 0,\\ \left\|p_m(0,\cdot)-u_m^*\right\|_\Omega\to 0,\\ \left\|Lp_m\right\|_Q^2\to 0。\end{cases}\tag{2.4.100}$$

因为 $Lp=0$，显然，当 $m\to+\infty$ 时，有

$$\left\|L(p_m-p)\right\|_Q\to 0。\tag{2.4.101}$$

由式 $(2.4.100)_1$ 和式 $(2.4.100)_3$ 推得

$$\|p_m(0,\cdot)-u^*\|_\Omega\leqslant\|p_m(0,\cdot)-u_m^*\|_\Omega+\|u_m^*-u^*\|\to 0+0=0。\tag{2.4.102}$$

由 $(p_m,u_m^*)\in Y\times U_{ad}$ 及方程(2.4.1)～方程(2.4.3)的解 $p(u_m^*)\in V$ 关于 $(Lp_m,u_m(0,x))$ 的连续相依性，可从式(2.4.101)和式(2.4.102)推出

$$\|p_m-p\|_V\to 0。\tag{2.4.103}$$

结合 $\|\cdot\|_Y$ 和 $\|\cdot\|_{U_{ad}}$ 的定义及式(2.4.100)～式(2.4.103)，可推得在 $Y\times U_{ad}$ 中，$\{(p_m,u_m^*)\}$ 强收敛于 (y,u^*)。定理 2.4.9 证毕。

定理 2.4.9 表明，求有约束的极小化问题(2.4.73)的近似解，可以化为求具有两个独立变量 (p,u) 的泛函 $I(y,u,c,\xi)$ 的极小化问题(2.4.76)或一个独立变量 w 的泛函 $I(w,c,\xi)$ 的极小化问题(2.4.78)的近似解。无约束的极小化问题的近似解法是较容易求解的，而且

相关文献较多。

关于该种群系统最优初始控制计算的惩罚移位法，其研究成果详见本书著者论文[82]。

2.5　与年龄相关的时变种群系统的边界能控性

2.5.1　问题的陈述

考虑下面与年龄相关的时变种群边界控制系统[112-114]：

$$\frac{\partial p}{\partial r}+\frac{\partial p}{\partial t}+\mu(r,t)p=f(r,t),\quad \text{在 } Q=(0,A)\times(0,T) \text{ 内}, \tag{2.5.1}$$

$$p(0,t)=\beta(t)+v(t),\quad \text{在}(0,T)\text{ 上}, \tag{2.5.2}$$

$$p(r,0)=p_0(r),\quad \text{在 } \Omega=(0,A)\text{ 上。} \tag{2.5.3}$$

其中，$p(r,t)$是单种群在 t 时刻年龄为 r 岁的单种群的年龄密度，$0\leqslant t\leqslant T$，$0\leqslant r\leqslant A$；$\mu(r,t)\geqslant 0$ 和 $\beta(r,t)\geqslant 0$ 分别是种群的死亡率和绝对繁殖率；$f(r,t)$是外界迁移函数；$v(t)$是 $r=0$ 处的边界控制量；$p_0(t)$是 $p(r,t)$在 $t=0$ 的初始分布；$T>0$ 是任意给定的有限时刻；$A>0$ 是种群个体最高期望寿命，因而当 $r\geqslant A$ 时，有 $p(r,t)=0$。

由于系统(即式(2.5.1)～式(2.5.3))是个线性问题，因此只要对于 β 和 p_0 做适当的假设，就能够利用平移变换将其化为 $f=0,\beta=0,p_0=0$ 的情形：

$$\frac{\partial p}{\partial r}+\frac{\partial p}{\partial t}+\mu(r,t)p=0,\quad \text{在 } Q \text{ 内}, \tag{2.5.4}$$

$$p(0,t)=v(t),\quad \text{在}(0,T)\text{ 内}, \tag{2.5.5}$$

$$p(r,0)=0,\quad \text{在 } \Omega \text{ 上。} \tag{2.5.6}$$

我们在文献[113]～文献[116]中证明了式(2.5.4)～式(2.5.6)和类似问题解的存在唯一性以及最优控制的存在性；在文献[117]中证明了系统(即式(2.5.4)～式(2.5.6))在假定 $\mu(r,t)\equiv\mu(r)$的非时变情形下边界控制 u 为最优的必要条件；在文献[38]中讨论了时变系统(即式(2.5.4)～式(2.5.6))的边界最优控制 u 的存在唯一性及控制 u 为最优的必要条件。至今我们还未发现有人讨论过系统(即式(2.5.4)～式(2.5.6))的边界控制的能控性问题。但是，如果一个控制系统不具有能控性，那么它是没有多少实际价值的。本节讨论并证明了系统(即式(2.5.4)～式(2.5.6))的边界控制的能控性，它是具有实际意义的。

能控性问题的一般提法如下：设 $T>0$ 是任意给定的有限时间，系统在 T 时刻的状态 $p(\cdot,T;v)$所在的空间，称为观测空间，记作 H。若当 v 取遍某个给定的控制集合 U 时，例如 $U=L^2(0,T)$，$p(\cdot,T;v)$所构成的集合为

$$A_d\equiv\{p(\cdot,T;v)\mid v\in U,p(r,t;v)\text{ 为式(2.5.4)～式(2.5.6)的解}\}, \tag{2.5.7}$$

其中，A_d 称为系统(即式(2.5.1)～式(2.5.3))于时刻 T 在 H 中的能达集[111]。一般地，有 $A_d\subset H$。人们关心的问题是：能否适当选择到某个控制量 $u\in U$，使得系统(即式(2.5.1)～式(2.5.3))从初始状态 $p(r,t;u)\big|_{t=0}=p_0(r)$出发的解 $p(r,t;u)$在有限时间 T 转移到 H 中任何给定的状态分布 $p_d(r)\in H$，即

$$p(r,t;u)=p_d(r),\quad 0<r<A, \tag{2.5.8}$$

其中，$p_d(r)$是以人们的期望而给定的种群年龄密度在 T 时刻的一个理想状态分布。如果

式(2.5.8)成立,则称系统(即式(2.5.1)~式(2.5.3))于 T 时刻在 H 中是精确能控的,用数学语言表述就是

$$A_d = H。\tag{2.5.9}$$

但是,像大多数其他工程控制系统一样,实现任意状态的有限时间转移往往是不现实的,也很困难,甚至是不可能做到的。比较现实的是稍微小一点的要求:对于给定的目标种群年龄结构 $p_d(r)$,当种群系统从 $p(r,0)=p_0(r)$ 的初始状态出发时,通过选择相应的控制量 $v_n \in U$,可以使得其在有限时间 $T>0$ 内转移到目标状态 $p_d(r)\in H$ 的允许范围内;或者更明确地说就是当 n 足够大时,量 $\| p(\cdot,T;v_n)-p_d(r)\|_H$ 任意小。即对任意给定的初始状态 $p_0(r)$,时间 $T>0$ 和 $\varepsilon>0$,存在自然数 $N(\varepsilon)>0$ 和控制量序列 $\{v_n\}\subset U$,使得当 $n \geqslant N(\varepsilon)$ 时,有

$$\| p(\cdot,T;v_n) - p_d(\cdot)\|_H \leqslant \varepsilon。$$

上面的说法无异于下面的事实成立:A_d 在 H 中稠,即

$$\overline{A}_d = H,\tag{2.5.10}$$

其中 $\overline{A}_d$ 表示 A_d 在 H 中的闭包。

定义 2.5.1[111] 若式(2.5.7)和式(2.5.10)成立,则称系统(即式(2.5.1)~式(2.5.3))于时刻 T 在 H 中是近似能控的,简称系统是近似能控的,或系统具有近似能控性。

本文下面将说明系统(即式(2.5.4)~式(2.5.6))是近似能控的,但这需要有系统的连续且正则的广义解存在唯一性、伴随系统解的存在唯一性和解的后向唯一性作为理论前提和工具。

2.5.2 系统解的存在唯一性

引入本节需要用到的函数空间[106]:

$$H^{1,1}((0,T)\times\Omega) = H^1(0,T;H^0(\Omega)) \cap H^0(0,T;H^1(\Omega)),$$

其中,$H^1(\Omega)$是 Ω 上的 Sobolev 空间,$\Omega=(0,A)$,$H^0(\Omega)=L^2(\Omega)$,$H^1(0,T;x)=\{\varphi \mid \varphi, \varphi_t' \in L^2(0,T;x)\}$。

假设:

(H_1) $\mu(r,t)$是 Q 的连续函数且 $\mu\in H^{1,1}_{\text{loc}}(Q)$,它同时满足

$$0\leqslant \mu(r,t),\quad \int_0^A \mu(r,t)\mathrm{d}r = +\infty,\quad 在(0,T)内;$$

(H_2) $v\in U\equiv H^1(0,T)\subset L^2(0,T)$,$v(t)$在$(-\infty,0)$内做零延拓。

我们在文献[113]~文献[115]中利用关于$\partial/\partial r+\partial/\partial t$ 的特征线理论方法[118],证明了下面的引理。

引理 2.5.1 若假设条件(H_1)和条件(H_2)成立,则问题(2.5.4)~问题(2.5.6)在 $C^0(\overline{Q}\cap H^{1,1}(Q))$存在唯一解 $p(r,t)$,且有解析表达式:

$$p(r,t)=\begin{cases} v(t-r)\mathrm{e}^{-\int_0^r \mu(\rho,\rho+t-r)\mathrm{d}\rho}, & t\geqslant r,\\ 0, & t<r。\end{cases}\tag{2.5.11}$$

定理 2.5.1 若引理 2.5.1 的假设成立,则有

$$p(\cdot,T;v)\in L^2(\Omega)。\tag{2.5.12}$$

证明　由引理 2.5.1，有 $p\in H^{1,1}(Q)\subset L^2(0,T;H^1(\Omega))$和$\partial p/\partial t\in L^2(0,T;H^0(\Omega))$。结合连续性定理[106]可以推得

$$p\in C^0([0,T];[H^1(\Omega),H^0(\Omega)]_{\frac{1}{2}})。\tag{2.5.13}$$

再利用插值定理[106]可以推得

$$[H^1(\Omega),H^0(\Omega)]_{\frac{1}{2}}=H^{\left(1-\frac{1}{2}\right)\cdot 1+\frac{1}{2}\cdot 0}(\Omega)=H^{\frac{1}{2}}(\Omega)\subset L^2(\Omega)。$$

结合式(2.5.13)推得式(2.5.12)成立。定理 2.5.1 证毕。

推论 2.5.1　系统(即式(2.5.4)～式(2.5.6))的观测空间为 $H\equiv L^2(\Omega)$。

2.5.3　伴随问题与后向唯一性

下面考虑系统(即式(2.5.4)～式(2.5.6))的相应伴随问题：

$$-\frac{\partial\xi}{\partial r}+\frac{\partial\xi}{\partial t}+\mu(r,t)\xi=0,\quad 在 Q 内,\tag{2.5.14}$$

$$\xi(r,T)=g(r),\quad 在 \Omega 上,\tag{2.5.15}$$

$$\xi(A,t)=0,\quad 在(0,T)内。\tag{2.5.16}$$

其中，

$$g 是任意给定的在 C^0(\bar{\Omega})\cap H^1(\Omega) 中的函数。\tag{2.5.17}$$

定理 2.5.2　若假设条件(H_1)和式(2.5.17)成立，则问题(2.5.14)～问题(2.5.16)在 $C^0(Q)\cap H^{1,1}(Q)$中存在的唯一解 $\xi(r,t)$。

证明　利用变换

$$r=T-t',\quad r=A-r',\quad \xi(r,t)=\xi(A-r',T-t')\equiv q(r',t'),\tag{2.5.18}$$

可将问题(2.5.14)～问题(2.5.16)变换为

$$\begin{cases}\dfrac{\partial q}{\partial r'}+\dfrac{\partial q}{\partial t'}+\mu(r',t')q=0, & 在 Q 内,\\ q(r',0)=\bar{g}(r'), & 在 \Omega 上,\\ q(0,t')=0, & 在(0,T)内。\end{cases}\tag{2.5.19}$$

显然，问题(2.5.19)与问题(2.5.4)～问题(2.5.6)或者问题(2.5.1)～问题(2.5.3)是同一类型的问题。采用证明引理 2.5.1 中使用过的$\partial/\partial r'+\partial/\partial t'$的特征线法[118]，可以证明问题(2.5.19)在 $C^0(\bar{Q})\cap H^{1,1}(Q)$中存在唯一的解 $q(r',t')$。结合变换式(2.5.18)可以推得定理 2.5.2 的结论成立。定理 2.5.2 证毕。

现在讨论伴随问题有关解的后向唯一性问题：

$$-\frac{\partial\xi}{\partial r}-\frac{\partial\xi}{\partial t}+\mu(r,t)\xi=0,\quad 在 Q'=(0,A)\times(-A,T')内,\tag{2.5.20}$$

$$\xi(0,t)=\xi_0(t),\quad 在(-A,T')内, T'>T>0,\tag{2.5.21}$$

$$\xi(A,t)=\xi_1(t),\quad 在(0,T')内。\tag{2.5.22}$$

其中，

$$\begin{cases}\xi_0\in C^0([-A,T'])\cap H^1(-A,T'),\ \xi_1\in C^0([0,T'])\cap H^1(0,T'),\\ \xi_0 和 \xi_1 分别在(-\infty,-A)和(-\infty,0)内做零延拓。\end{cases}\tag{2.5.23}$$

且 ξ_0 和 ξ_1 同时满足相容性条件(或称衔接性条件),即

$$\xi_1(t)=\xi_0(t-A)\mathrm{e}^{\int_0^A \mu(\tau,\tau+t-A)\mathrm{d}\tau}。\tag{2.5.24}$$

定理 2.5.3 若假设条件(H_1)和式(2.5.23)～式(2.5.24)成立,则问题(2.5.20)～问题(2.5.22)在 $C^0(\bar{Q})\cap H^{1,1}(Q)$ 中存在唯一整体解 $\xi(\tau,t)$,并有解析表达式

$$\xi(r,t)\equiv\tilde{\xi}_0(r,t)=\xi_0(t-r)\mathrm{e}^{\int_0^r \mu(\rho,\rho+t-r)\mathrm{d}\rho},\tag{2.5.25}$$

或

$$\xi(r,t)\equiv\tilde{\xi}_1(r,t)=\xi_1(t+A-r)\mathrm{e}^{\int_0^{r-A} \mu(\rho+A,\rho+t+A-r)\mathrm{d}\rho}\tag{2.5.26}$$

且 ξ_0 和 ξ_1 同时满足

$$\tilde{\xi}_1(r,t)\equiv\tilde{\xi}_0(r,t),\quad 在\ Q'\ 内。\tag{2.5.27}$$

证明 利用文献[118]中关于 $\partial/\partial_r+\partial/\partial_t$ 的特征线理论方法证明本定理。首先,求问题(2.5.20)～问题(2.5.22)的解。容易看出,三维空间 (r,t,ξ) 中的初始曲线方程 (2.5.21)可以表述为

$$t=t,\quad r=0,\quad \xi=\xi_0(t)\quad 或\quad t_0=\tau,\quad r_0=0,\quad \xi_0=\xi_0(\tau)。\tag{2.5.28}$$

方程(2.5.20)对应的等价常微分方程组为

$$\begin{cases}\dfrac{\mathrm{d}t}{\mathrm{d}s}=1,\\ \dfrac{\mathrm{d}r}{\mathrm{d}s}=1,\\ \dfrac{\mathrm{d}\xi}{\mathrm{d}s}=\mu\xi。\end{cases}\tag{2.5.29}$$

方程组(2.5.29)的前两个方程的解分别为

$$\begin{cases}t=s+t_0,\\ r=s+r_0。\end{cases}\tag{2.5.30}$$

把式(2.5.30)代入式$(2.5.29)_3$ 可得

$$\frac{\mathrm{d}\xi}{\mathrm{d}s}=\mu(s+r_0,s+t_0)\xi。$$

对上式积分,就得到

$$\xi=\xi_0(t_0)\mathrm{e}^{\int_0^s \mu(\rho+r_0,\rho+t_0)\mathrm{d}\rho}。$$

由式(2.5.28)和式(2.5.30)有

$$\xi=\xi_0(\tau)\mathrm{e}^{\int_0^s \mu(\rho,\rho+\tau)\mathrm{d}\rho},\tag{2.5.31}$$

$$\begin{cases}s=r,\\ \tau=t-r。\end{cases}\tag{2.5.32}$$

将式(2.5.32)代入式(2.5.30),可得

$$\xi(r,t)=\xi_0(t-r)\mathrm{e}^{\int_0^r \mu(\rho,\rho+t-r)\mathrm{d}\rho}\equiv\tilde{\xi}_0(r,t)。\tag{2.5.33}$$

由式(2.5.32)有

$$\Delta(s)=t_s r_\tau-t_\tau r_s=0\cdot 0-1\cdot 1=-1\neq 0,\quad s=0。\tag{2.5.34}$$

由式(2.5.25),从文献[118]推得式(2.5.33)中的 $\xi(r,t)\equiv\tilde{\xi}_0(r,t)$ 是问题(2.5.20)～问题(2.5.22)

在 $Q_1=(0,A)\times(-A,T_1)$ 上的唯一局部解且容易直接验证事实：$\xi\in C^0(\bar{Q}_1)\cap H^{1,1}(Q_1)$，其中，$T_1>0$ 为适当小的数。运用文献[43]中的延拓法，可以证明问题(2.5.20)～问题(2.5.22)在 $Q'\equiv(0,A)\times(-A,T')$ 上存在唯一的整体解 $\xi(r,t)\equiv\tilde{\xi}_0(r,t)$，其中 $T'>T>0$，同时不排除 $T'=+\infty$ 的可能性。

应用类似的方法，可以证明，式(2.5.20)与式(2.5.22)组成的问题也在 Q' 上存在唯一的整体解 $\xi(r,t)$，即

$$\xi(r,t)=\xi_1(t+A-r)\mathrm{e}^{\int_0^{r-A}\mu(\rho+A,\rho+t+A-r)\mathrm{d}\rho}\equiv\tilde{\xi}_1(r,t)。$$

这就证明了式(2.5.25)和式(2.5.26)。

现在来证明式(2.5.27)。把相容条件式(2.5.24)代入式(2.5.25)中，得

$$\begin{aligned}\tilde{\xi}_1(r,t)&=\xi_1(t+A-r)\mathrm{e}^{\int_0^{r-A}\mu(\rho+A,\rho+t+A-r)\mathrm{d}\rho}=\left[\xi_0(t-r)\mathrm{e}^{\int_0^{A}\mu(\tau,\tau+t-r)\mathrm{d}\tau}\right]\mathrm{e}^{\int_A^{r}\mu(\tau,\tau+t-r)\mathrm{d}\tau}\\&=\xi_0(t-r)\mathrm{e}^{\int_0^{r}\mu(\tau,\tau+t-r)\mathrm{d}\tau}\equiv\tilde{\xi}_0(r,t),\quad 在\ Q'\ 上。\end{aligned}\tag{2.5.35}$$

式(2.5.35)表明式(2.5.27)成立。这样，就证明了本定理所有的结论。定理 2.5.3 证毕。

推论 2.5.2　若假设条件(H_1)成立，则问题

$$-\frac{\partial\xi}{\partial r}-\frac{\partial\xi}{\partial t}+\mu(r,t)\xi=0,\quad 在\ Q'\ 内,\tag{2.5.36}$$

$$\xi(0,t)=0,\quad 在(-A,T')内,\tag{2.5.37}$$

$$\xi(A,t)=0,\quad 在(0,T')内\tag{2.5.38}$$

在 Q' 只有零解，即 $\xi(r,t)\equiv0$ 在 Q' 上。

证明　推论的结论等价于问题(2.5.20)～问题(2.5.22)，即当

$$\begin{cases}\xi_0(t)\equiv0,& 在(-A,T')内,\\\xi_1(t)\equiv0,& 在(0,T')内\end{cases}\tag{2.5.39}$$

时，只有零解：

$$\xi(r,t)=\tilde{\xi}_1(r,t)=\tilde{\xi}_0(r,t)\equiv0,\quad 在\ Q'\ 上。\tag{2.5.40}$$

显然式(2.5.39)中的 $\tilde{\xi}_1$ 和 $\tilde{\xi}_0$ 满足相容条件(2.5.24)。由定理 2.5.3 可知，问题(2.5.36)～问题(2.5.38)在 Q' 上存在唯一整体解 $\xi(r,t)\equiv\tilde{\xi}(r,t)\equiv\tilde{\xi}_0(r,t)$。例如，将式(2.5.25)中的 $\xi_0(t-r)$ 用式$(2.5.39)_1$ 代替，则在 $Q'=(0,A)\times[-A,T']$ 内，有

$$\xi(r,t)=\tilde{\xi}_0(r,t)=\xi_0(r,t)\mathrm{e}^{\int_0^{r}\mu(\rho,\rho+t-r)\mathrm{d}\rho}=0\cdot\mathrm{e}^{\int_0^{r}\mu(\rho,\rho+t-r)\mathrm{d}\rho}\equiv0。\tag{2.5.41}$$

推论 2.5.1 证明完毕。

2.5.4　近似能控性

若 M 是 Hilbert 空间 H 的一个非空子集，则 H 中所有与 M 直交的向量全体称为 M 在 H 中的直交补(集)，记作 $M^{\perp}$。

引理 2.5.2[119]　M 在 H 中稠即 M 的闭包 $\overline{M}=H$ 的充要条件是 $M^{\perp}=\{0\}$。

定理 2.5.4　若假设条件(H_1)，条件(H_2)成立，则对于任意给定的时间 $T>0$，系统(即式(2.5.1)～式(2.5.4))在 $H\equiv L^2(\Omega)$ 中是近似能控的。

证明　由定理 2.5.1 和推论 2.5.1 可知，系统(即式(2.5.4)～式(2.5.6))的观测空间为

$H \equiv L^2(\Omega), \Omega=(0,A)$。而能达集 A_d 由式(2.5.7)所确定，即

$$\begin{cases} A_d \equiv \{p(\cdot,T;v) \mid v \in U \equiv L^2(0,T), p(r,t;v) \text{ 为问题(2.5.4) ～ 问题(2.5.6) 的解}\}, \\ A_d \subset H = L^2(\Omega)。\end{cases} \tag{2.5.42}$$

由定义 2.5.1 可知，若要证明定理结论成立，只需证明 $\bar{A}_d = L^2(\Omega)$。而由引理 2.5.2 可知，又只需证明：

$$A_d^{\perp} = \{0\}。 \tag{2.5.43}$$

采用反证法进行证明。假设结论不成立，即式(2.5.43)不成立，则在观测空间 $L^2(\Omega)$ 中存在一个不恒为零的函数 $g(r)$，它与 A_d 的元素 $p(r,T;v)$ 正交，即

$$\int_0^A p(r,T;v)g(r)\,\mathrm{d}r = 0, \quad \forall v \in L^2(0,T)。 \tag{2.5.44}$$

设 $\xi(r,t)$ 是伴随后向系统

$$-\frac{\partial \xi}{\partial r} - \frac{\partial \xi}{\partial t} + \mu(r,t)\xi = 0, \quad \text{在 } Q \text{ 内}, \tag{2.5.45}$$

$$\xi(r,T) = g(r), \quad \text{在 } \Omega \text{ 内}, \tag{2.5.46}$$

$$\xi(A,t) = 0, \quad \text{在}(0,T) \text{ 内} \tag{2.5.47}$$

的解，而且有 $\xi \in C^0(\bar{Q}) \cap H^{1,1}(Q)$，将问题(2.5.4)～问题(2.5.6)的解 $p(r,t;v)$ 乘式(2.5.45)，并在 Q 上分部积分，同时注意到式(2.5.4)～式(2.5.6)，式(2.5.46)，式(2.5.47)，可推得

$$\begin{aligned} 0 &= \int_Q \left(-\frac{\partial \xi}{\partial r} - \frac{\partial \xi}{\partial t} + \mu\xi\right) p\,\mathrm{d}r\,\mathrm{d}t \\ &\equiv \int_Q \frac{\partial p}{\partial r}\xi\,\mathrm{d}r\,\mathrm{d}t - \int_0^T [(\xi p)(A,t) - (\xi p)(r,0)]\mathrm{d}t + \\ &\quad \int_Q \frac{\partial p}{\partial t}\xi\,\mathrm{d}r\,\mathrm{d}t - \int_0^A [(\xi p)(r,T) - (\xi p)(r,0)]\mathrm{d}t + \int_Q (\mu p)\xi\,\mathrm{d}r\,\mathrm{d}t \\ &= \int_Q \left(\frac{\partial p}{\partial r} + \frac{\partial p}{\partial t} + \mu p\right)\xi\,\mathrm{d}r\,\mathrm{d}t - \\ &\quad \int_0^A p(r,T;v)g(r)\,\mathrm{d}r + \int_0^T \xi(0,t)v(t)\,\mathrm{d}t \\ &\equiv 0 - \int_0^A p(r,T;v)g(r)\,\mathrm{d}r + \int_0^T \xi(0,t)v(t)\,\mathrm{d}t。\end{aligned}$$

注意到式(2.5.44)，从上式就推得

$$\int_0^T \xi(0,t)v(t)\,\mathrm{d}t = 0。 \tag{2.5.48}$$

当 $v(t)=\xi(0,t)$ 时，从式(2.5.48) 得到 $\int_0^T \xi^2(0,t)\,\mathrm{d}t = 0$，因而有

$$\xi(0,t) \equiv 0, \quad \text{在}(0,T) \text{ 内}。 \tag{2.5.49}$$

由式(2.5.49)和假设 $\xi(r,t)$ 是问题(2.5.45)～问题(2.5.47)的解，可以推得

$$-\frac{\partial \xi}{\partial r} - \frac{\partial \xi}{\partial t} + \mu(r,t)\xi = 0, \quad \text{在 } Q \text{ 内},$$

$$\xi(r,T) = g(r), \quad \text{在 } \Omega=(0,A) \text{ 内},$$

$$\xi(A,t) = 0, \quad \text{在}(0,T) \text{ 内},$$

$$\xi(0,t) \equiv 0, \quad \text{在}(0,T) \text{ 内}。$$

由推论 2.5.2 可知，问题(2.5.45)～问题(2.5.47)有“后向唯一性”[111]，即问题

$$-\frac{\partial \xi}{\partial r}-\frac{\partial \xi}{\partial t}+\mu(r,t)\xi=0,\quad \text{在 } Q'=(0,A)\times(-A,T') \text{ 内},$$

$$\xi(A,t)=0,\qquad \text{在}(0,T')\text{ 内},T'>T>0,$$

$$\xi(0,t)=0,\qquad \text{在}(-A,T')\text{ 内}$$

在 $Q'=(0,A)\times(-A,T')$内只有零解，即 $\xi(r,t)\equiv 0$，在 Q'上。结合 $T'>T>0$，向后推得 $g(r)=\xi(r,T)\equiv 0$，在$(0,A)$上。这与证明伊始假设 $g(r)$在$(0,A)$不恒为零的结论矛盾，因而式(2.5.43)成立。这就表明，系统(即式(2.5.1)～式(2.5.6))在 $H=L^2(\Omega)$中是近似能控的。定理 2.5.4 证毕。

本节具体内容详见本书著者论文[120]。

2.6 与年龄相关的时变种群系统的分布能控性

2.6.1 问题的陈述

考虑下面与年龄相关的时变种群分布控制系统[112-113]：

$$\frac{\partial p}{\partial r}+\frac{\partial p}{\partial t}+\mu(r,t)p=f(r,t)+v(r,t),\quad \text{在 } Q=(0,A)\times(0,T) \text{ 内}, \tag{2.6.1}$$

$$p(0,t)=\int_0^A \beta(r,t)p(r,t)\mathrm{d}r,\quad \text{在}(0,T)\text{ 内}, \tag{2.6.2}$$

$$p(r,0)=p_0(r),\quad \text{在 } \Omega=(0,A) \text{ 内。} \tag{2.6.3}$$

其中，$p(r,t)$是 t 时刻年龄为 r 岁的单种群的年龄密度，$0\leqslant t\leqslant T$，$0\leqslant r\leqslant A$；$\mu(r,t)\geqslant 0$ 和 $\beta(r,t)\geqslant 0$ 分别是种群的死亡率和繁殖率；$f(r,t)$是外界迁移函数；$v(r,t)$是分布控制量；$p_0(r)$是 $p(r,t)$在 $t=0$ 时的初始分布；$T>0$ 是任意给定的有限时刻；$A>0$ 是种群个体的最高期望寿命，因而有当 $r\geqslant A$ 时，$p(r,t)=0$。

我们在文献[38]，文献[43]，文献[114]～文献[116]，文献[121]～文献[123]中讨论了系统(即式(2.6.1)～式(2.6.3))解的存在唯一性、稳定性和最优控制等。但还未发现有人讨论过系统(即式(2.6.1)～式(2.6.3))的能控性问题。虽然文献[62]讨论过问题(2.6.1)～问题(2.6.3)的推广情形，即带扩散项 Δ_x 情形下的能控性，但它是在假定 $\mu(r,t,x)\equiv 0$ 和 $\beta(r,t,x)=\beta(r,x)$与 t 无关的情形下进行讨论的，这有很大的局限性，甚至改变了问题的性质。我们在 2.5 节中证明了在假定式(2.6.2)换为 $p(0,t)=\varphi(t)$的非反馈情形下的系统边界能控性，这与问题(2.6.1)～问题(2.6.3)还有一定距离。本节无简化地讨论问题(2.6.1)～问题(2.6.3)的分布控制的近似能控性。如果一个控制系统不具有能控性，那么价值就很小了。所以本节的讨论具有重要的实际意义。

我们在 2.5 节中曾依据 Lions 较详细地介绍过近似能控性概念的实际含义[111]。这里我们结合问题(2.6.1)～问题(2.6.3)做简要重述，以便后续讨论。

设 $T>0$ 是任意给定的有限时间，H 为系统状态 $p(\cdot,T;v)$所在的空间，称为观测空间。若当 v 取遍某个给定的控制集合 U，例如 $U=L^2(Q)$，则系统状态 $p(\cdot,T;v)$所构成的集合为

$$A_d\equiv\{p(\cdot,T;v)\mid v\in U,p(r,t;v)\text{ 为系统(即式(2.6.1)～式(2.6.3))的解}\}, \tag{2.6.4}$$

其中，A_d 称为系统(即式(2.6.1)～式(2.6.3))于时刻 T 在 H 中的能达集。

定义 2.6.1[120] 若下面的等式成立：

$$\overline{A}_d = H, \tag{2.6.5}$$

其中 $\overline{A}_d$ 表示 A_d 在 H 中的闭包，则称系统(即式(2.6.1)～式(2.6.3))于时刻 T 在 H 中是近似能控的，简称系统具有近似能控性。

本节将说明系统(即式(2.6.1)～式(2.6.3))的近似能控性，但这需要有系统(即式(2.6.1)～式(2.6.3))的正则广义解的存在唯一性、伴随问题解的存在唯一性和解的后向唯一性等作为理论前提和工具。

2.6.2 系统解的存在唯一性

引入函数空间[106]：

$$H^{1,1}((0,T)\times\Omega) \equiv H^1(0,T;H^0(\Omega)) \cap H^0(0,T;H^1(\Omega)),$$

其中，$H^0(\Omega)=L^2(\Omega)$，$\Omega=(0,A)$；$H^1(0,T;X)\equiv\{\varphi\mid\varphi,\varphi'_t\in L^2(0,T;X)\}$；$H^1(\Omega)=\{\varphi\mid\varphi,\varphi'_r\in L^2(\Omega)\}$；$H^{\frac{1}{2}}(\Omega)\equiv[H^1(\Omega),H^0(\Omega)]_{\frac{1}{2}}$ 表示 $H^1(\Omega)$ 与 $H^0(\Omega)$ 之间的插值空间。

假设：

(H_1) $\beta(r,t)$ 是 $\overline{Q}=[0,A]\times[0,T]$ 上的连续函数且 $\beta\in H^{1,1}(Q)$，同时满足 $0\leqslant\beta(r,t)\leqslant\bar{\beta}<+\infty$ 在 $\overline{Q}$ 上；

(H_2) $\mu(r,t)$ 是 Q 上的连续函数且 $\mu\in H^{1,1}_{\mathrm{loc}}(Q)$，同时满足 $0\leqslant\mu(r,t)$，$\int_0^A\mu(r,t)\mathrm{d}r=+\infty$ 在 $(0,T)$ 内；

(H_3) $p_0\in H^1(\Omega)$，$0<p_0(r)\leqslant\bar{p}_0<+\infty$ 在 $\overline{Q}$ 上；

(H_4) $f,v\in L^2(Q)$，$F\equiv f+v\in L^2(Q)$；

(H_5) μ,f,v 在 $(-\infty,0)\times(-\infty,0)$，$(-\infty,0)\times(0,T)$，$(0,A)\times(-\infty,0)$ 上作零延拓，$p_0(r)$ 在 $(-\infty,0)$ 内作零延拓。

考虑问题

$$\begin{cases}\dfrac{\partial p}{\partial r}+\dfrac{\partial p}{\partial t}+\mu(r,t)p=F(r,t), & \text{在 } Q \text{ 内},\\ p(0,t)=\varphi(t), & \text{在}(0,T)\text{ 内},\\ p(r,0)=p_0(r), & \text{在 } \Omega \text{ 内。}\end{cases} \tag{2.6.6}$$

我们在文献[114]～文献[115]，文献[121]，文献[123]中利用关于 $\partial/\partial r+\partial/\partial t$ 的特征线方法[118]，证明了下面的引理 2.6.1。

引理 2.6.1 若假设条件 (H_2)～条件 (H_5) 成立，$\varphi\in H^1(0,T)\cap C^0([0,T])$，则问题(2.6.6)在 $C^0(\overline{Q})\cap H^{1,1}(Q)$ 中存在唯一解 $p(r,t)$，且有如下解析表达式：

$$p(r,t)=\left[p_0(r-t)+\varphi(t-r)+\int_0^r F(\eta,\eta+t-r)\mathrm{e}^{\int_0^\eta\mu(\rho,\rho+t-r)\mathrm{d}\rho}\mathrm{d}\eta\right]\mathrm{e}^{-\int_0^r\mu(\rho,\rho+t-r)\mathrm{d}\rho}。 \tag{2.6.7}$$

我们在引理 2.6.1 的基础上，在文献[20]，文献[115]，文献[123]中应用积分方程理论[118]，证明了下面的定理 2.6.1。

定理 2.6.1　若假设条件(H_1)～条件(H_5)成立,则问题(2.6.1)～问题(2.6.3)在 $C^0(\bar{Q})\cap H^{1,1}(Q)$中存在唯一解 $p(r,t;v)$。

引理 2.6.2　若定理 2.6.1 的假设成立,则有

$$p(\cdot,T;v)\in L^2(\Omega)。\tag{2.6.8}$$

证明　由定理 2.6.1 可知,$p\in H^{1,1}(Q)\subset L^2(0,T;H^1(\Omega))$,$\partial p/\partial t\in L^2(0,T;H^0(\Omega))$。结合连续性定理[106]可以推得

$$p\in C^0([0,T];[H^1(\Omega),H^0(\Omega)]_{\frac{1}{2}})。\tag{2.6.9}$$

再利用插值定理[106]推得

$$[H^1(\Omega),H^0(\Omega)]_{\frac{1}{2}}=H^{\left(1-\frac{1}{2}\right)\cdot 1+\frac{1}{2}\cdot 0}(\Omega)\subset H^{\frac{1}{2}}(\Omega)\subset L^2(\Omega)。$$

结合式(2.6.9)推得式(2.6.8)成立。引理 2.6.2 证毕。

推论 2.6.1　系统(即式(2.6.1)～式(2.6.3))的观测空间为 $H=L^2(\Omega)$。

2.6.3　伴随问题与后向唯一性

考虑系统(即式(2.6.1)～式(2.6.3))的相应伴随问题:

$$-\frac{\partial\xi}{\partial r}-\frac{\partial\xi}{\partial t}+\mu(r,t)\xi=\xi(0,t)\beta(r,t),\quad 在 Q 内,\tag{2.6.10}$$

$$\xi(r,T)=g(r),\quad 在 \Omega 内,\tag{2.6.11}$$

$$\xi(A,t)=0,\quad 在(0,T)内,\tag{2.6.12}$$

其中,g 是任意给定的在 $C^0(\bar{\Omega})\cap H^1(\Omega)$中的函数。

先考虑下面的方程及条件:

$$\begin{cases}-\dfrac{\partial\xi}{\partial r}-\dfrac{\partial\xi}{\partial t}+\mu(r,t)\xi=h(r,t), & 在 Q 内,\\ \xi(r,T)=g(r), & 在 \Omega 内,\\ \xi(A,t)=0, & 在(0,T)内,\end{cases}\tag{2.6.13}$$

其中 $h\in L^2(Q)$。利用变换

$$r=T-t',\quad r=A-r',\quad \xi(r,t)=\xi(A-r',T-t')\equiv q(r',t'),\tag{2.6.14}$$

可将问题(2.6.13)变为与问题(2.6.6)同类的关于未知函数 $q(r',t')$的问题(2.6.13)。由引理 2.6.1 推得问题(2.6.13)在 $C^0(\bar{Q})\cap H^{1,1}(Q)$中存在唯一解 $q(r',t')$。由变换(2.6.14)可知有下面的定理 2.6.2 成立。

定理 2.6.2　若假设条件(H_2)成立,$g\in H^1(\Omega)$,$h\in L^2(Q)$,则问题(2.6.13)在 $C^0(\bar{Q})\cap H^{1,1}(Q)$中存在唯一解 $\xi(r,t)$。

定理 2.6.3　若假设条件(H_1),条件(H_2),条件(H_5)成立,且 $g(r)$连续,$g\in C^0(\bar{\Omega})\cap H^1(\Omega)$,则问题(2.6.10)～问题(2.6.12)在 $C^0(\bar{Q})\cap H^{1,1}(Q)$中存在唯一解 $\xi(r,t)$。

证明　令 $\hat{\xi}(r,t)=e^{\lambda t}\xi(r,t)$,$\lambda>1$ 为充分大的数,则问题(2.6.10)～问题(2.6.12)可以化为下面的等价问题:

$$
\begin{cases}
-\dfrac{\partial\hat{\xi}}{\partial r}-\dfrac{\partial\hat{\xi}}{\partial t}+(\mu+\lambda)\hat{\xi}=\hat{\xi}(0,t)\beta(0,t), & \text{在 } Q \text{ 内},\\
\hat{\xi}(0,T)=\mathrm{e}^{\lambda r}g(r), & \text{在 } \Omega \text{ 内},\\
\hat{\xi}(A,t)=0, & \text{在}(0,T)\text{内。}
\end{cases}
\tag{2.6.15}
$$

设 $\pi: L^2(0,T)\to L^2(0,T)$表示由 $\pi(\varphi_i(\cdot))=\hat{\xi}_i(0,\cdot)$的映射，$i=1,2$，其中 $\hat{\xi}_i$ 是后向线性问题：

$$
\begin{cases}
-\dfrac{\partial\hat{\xi}_i}{\partial r}-\dfrac{\partial\hat{\xi}_i}{\partial t}+(\mu+\lambda)\hat{\xi}_i=\varphi_i(t)\beta(r,t), & \text{在 } Q \text{ 内},\\
\hat{\xi}_i(r,T)=\mathrm{e}^{\lambda T}g(r), & \text{在 } \Omega \text{ 内},\\
\hat{\xi}_i(A,t)=0, & \text{在}(0,T)\text{内}
\end{cases}
\tag{2.6.16}
$$

的解 $\hat{\xi}_i\in C^0(Q)\cap H^{1,1}(Q)$。由定理 2.6.2 可知，$\hat{\xi}_i$ 存在且唯一。令 $\tilde{\xi}_0=\hat{\xi}_1-\hat{\xi}_2$，$\varphi_0=\varphi_1-\varphi_2$，则 $\tilde{\xi}_0$ 满足下面的方程及条件：

$$
\begin{cases}
-\dfrac{\partial\tilde{\xi}_0}{\partial r}-\dfrac{\partial\tilde{\xi}_0}{\partial t}+(\lambda+\mu)\tilde{\xi}_0=\tilde{\varphi}_0(t)\beta(r,t), & \text{在 } \Omega \text{ 内},\\
\tilde{\xi}_0(r,T)=0, & \text{在 } \Omega \text{ 内},\\
\tilde{\xi}_0(A,t)=0, & \text{在}(0,T)\text{内。}
\end{cases}
\tag{2.6.17}
$$

用 $\tilde{\xi}_0$ 乘式(2.6.17)并在 Q 上分部积分，可以得到

$$
\left\|\tilde{\xi}_0(0,\cdot)\right\|^2_{L^2(0,T)}+2\lambda\left\|\tilde{\xi}_0(0,\cdot)\right\|^2_{L^2(Q)}\leqslant 2\bar{\beta}\cdot A\left\|\tilde{\varphi}_0\right\|_{L^2(0,T)}\left\|\tilde{\xi}_0\right\|_{L^2(Q)}。\tag{2.6.18}
$$

再由式(2.6.18)，显然有 $2\lambda\left\|\tilde{\xi}_0\right\|^2_{L^2(Q)}\leqslant 2\bar{\beta}\cdot A\left\|\tilde{\varphi}_0\right\|_{L^2(0,T)}\left\|\tilde{\xi}_0\right\|_{L^2(Q)}$，两边消去相同因子，得

$$
\left\|\tilde{\xi}_0\right\|_{L^2(Q)}\leqslant(A\cdot\bar{\beta})/\lambda\,\|\tilde{\varphi}_0\|_{L^2(0,T)}。
$$

将上式代入式(2.6.18)右侧，得到

$$
\left\|\tilde{\xi}_0(0,\cdot)\right\|^2_{L^2(0,T)}\leqslant\frac{2\bar{\beta}^2A^2}{\lambda}\left\|\tilde{\varphi}_0\right\|^2_{L^2(0,T)}。
$$

只要 $\lambda>1$ 充分大，就有 $2\bar{\beta}\cdot A/\lambda<1$，则上式表明映射 π 是压缩的。由压缩映射原理推得问题(2.6.15)在 $C^0(Q)\cap H^{1,1}(Q)$中存在唯一解 $\hat{\xi}(r,t)$。定理 2.6.3 证毕。

现在我们讨论与后向唯一性有关的问题：

$$
\begin{cases}
-\dfrac{\partial\xi}{\partial r}-\dfrac{\partial\xi}{\partial t}+\mu(r,t)\xi=\xi(0,t)\beta(r,t), & \text{在 } Q'=(0,A)\times(0,T')\text{ 内},\\
\xi(A,t)=\xi_0(t), & \text{在}(0,T')\text{内}, T'>T>0。
\end{cases}
\tag{2.6.19}
$$

我们有问题(2.6.19)解的唯一性定理 2.6.4。

定理 2.6.4 若假设条件(H_1)，条件(H_2)成立，且 $\xi_0(t)$在$[0,T']$连续，$\xi_0\in H^1(0,T')$，则问题(2.6.19)在 Q'存在唯一连续解 $\xi(r,t)$，且 $\xi\in C^0(Q')\cap H^{1,1}(Q')$。

在证明定理 2.6.4 之前，先证明下面的引理 2.6.2。

引理 2.6.3 若假设条件(H_2)成立，$f\in L^2(Q')$，ξ_0 满足定理 2.6.4 中的条件，则问题

$$-\frac{\partial \xi}{\partial r}-\frac{\partial \xi}{\partial t}+\mu\xi=f,\quad 在\ Q'\ 内, \tag{2.6.20}$$

$$\xi(A,t)=\xi_0(t),\quad 在(0,T')内 \tag{2.6.21}$$

在 Q' 上存在唯一的连续解 $\xi(r,t)$，且 $\xi\in H^{1,1}(Q')$，并有如下的解析表达式：

$$\xi(r,t)=\left[\xi_0(t+A-r)-\int_0^{r-A}f(\eta+A,\eta+t+A-r)\right]e^{-\int_0^{\eta}\mu(\rho+A,\rho+t+A-r)d\rho}d\eta\cdot e^{-\int_0^{r-A}\mu(\rho+A,\rho+t+A-r)d\rho}。$$

证明　我们运用文献[118]中关于 $\partial/\partial r+\partial/\partial t$ 的特征线理论法进行证明。容易看出，三维空间 (r,t,ξ) 中的初始曲线方程(2.6.21)可以表述为

$$t=t,\quad r=A,\quad \xi=\xi_0(t),\quad 或\quad t_0=\tau,\quad r_0=A,\quad \xi_0=\xi_0(\tau)。 \tag{2.6.22}$$

方程(2.6.20)对应的等价常微分方程组为

$$\begin{cases}\dfrac{dt}{ds}=1,\\ \dfrac{dr}{ds}=1,\\ \dfrac{d\xi}{ds}=\mu\xi-f。\end{cases} \tag{2.6.23}$$

方程组(2.6.23)的前两个方程的解分别为

$$\begin{cases}t=s+t_0,\\ r=s+r_0。\end{cases} \tag{2.6.24}$$

把式(2.6.24)代入式$(2.6.23)_3$ 中，得

$$\frac{d\xi}{ds}=\mu(s+r_0,s+t_0)\xi-f(s+r_0,s+t_0)。$$

对上式积分，解得

$$\xi(s,t_0,r_0)=\left[\xi_0(t_0)-\int_0^s f(\eta+r_0,\eta+t_0)e^{-\int_0^s\mu(\rho+r_0,\rho+t_0)d\rho}d\eta\right]e^{\int_0^s\mu(\rho+r_0,\rho+t_0)d\rho}。$$

将式(2.6.22)和式(2.6.24)代入上式，得

$$\xi(r,t)=\left[\xi_0(t+A-r)-\int_0^{r-A}f(\eta+A,\eta+t+A-r)\right]e^{-\int_0^{\eta}\mu(\rho+A,\rho+t+A-r)d\rho}d\eta\cdot e^{-\int_0^{r-A}\mu(\rho+A,\rho+t+A-r)d\rho}。 \tag{2.6.25}$$

由式(2.6.22)和式(2.6.24)，有 $\Delta(s)=t_s r_\tau-t_\tau r_s=1\cdot 0-1\cdot 1\neq 0(s=0)$。因此，由文献[118]，推得式(2.6.25)中的 $\xi(r,t)$ 是问题(2.6.20)和问题(2.6.21)在 $Q_1=(0,A)\times(0,T_1)$ 上的唯一局部连续解，并容易直接验证事实：$\xi\in H^{1,1}(Q_1)$，其中 $T_1>0$ 为适当小的数。运用文献[43]中的延拓法，可以证明问题(2.6.20)和问题(2.6.21)在 Q' 上存在唯一的整体解 $\xi(r,t)$，其中 $T'>T>0$，不排除 $T'=+\infty$ 的可能性。引理 2.6.2 证毕。

定理 2.6.4 的证明与定理 2.6.3 的证明有些类似(但要克服新的难点)，下面只讨论与问题(2.6.19)有关的等价问题：

$$\begin{cases}-\dfrac{\partial \xi}{\partial r}-\dfrac{\partial \xi}{\partial t}+(\mu+\lambda)\xi=\xi(0,t)\beta(r,t),\quad 在\ Q'\ 内,\\ \xi(A,t)=e^{\lambda t}\xi_0(t),\quad 在\ (0,T')\ 内,\end{cases} \tag{2.6.26}$$

其中 $\lambda>1$ 为充分大的数。设 π：$L^2(0,T')\to L^2(0,T')$ 表示由 $\pi(\varphi_i(\cdot))=\tilde{\xi}_i(0,\cdot)$ 的映射，$i=1,2$，其中 $\tilde{\xi}_i$ 为问题

$$\begin{cases}-\dfrac{\partial\tilde{\xi}_i}{\partial r}-\dfrac{\partial\tilde{\xi}_i}{\partial t}+(\mu+\lambda)\tilde{\xi}_i=\varphi_i(t)\beta(r,t), & \text{在 } Q' \text{ 内},\\ \tilde{\xi}_i(A,t)=\mathrm{e}^{\lambda t}\tilde{\xi}_0(t), & \text{在 } (0,T') \text{ 内}\end{cases} \tag{2.6.27}$$

的解。令 $\xi^0=\tilde{\xi}_1-\tilde{\xi}_2$，$\varphi^0=\varphi_1-\varphi_2$，则 ξ^0 满足下面的方程及条件：

$$\begin{cases}-\dfrac{\partial\xi^0}{\partial r}-\dfrac{\partial\xi^0}{\partial t}+(\mu+\lambda)\xi^0=\varphi^0(t)\beta(r,t), & \text{在 } Q' \text{ 内},\\ \xi^0(A,t)=0, & \text{在 } (0,T') \text{ 内。}\end{cases} \tag{2.6.28}$$

由引理 2.6.2 可知，式(2.6.28)在 $\bar{Q}'$ 上存在唯一的连续解 $\xi^0(r,t)$ 及 $\xi^0\in H^{1,1}(Q')\subset L^2(Q')$，而且 $\xi^0(0,t)$ 满足如下解析表达式：

$$\xi^0(0,t)=\left[-\int_0^{-A_0}\varphi^0(\eta+t+A)\beta(\eta+A,\eta+t+A)\mathrm{e}^{-\int_0^{\eta}[\lambda+\mu(\rho+A,\rho+t+A-r)]\mathrm{d}\rho}\mathrm{d}\eta\right]\cdot \mathrm{e}^{\int_0^{-A}[\lambda+\mu(\rho+A,\rho+t+A-r)]\mathrm{d}\rho}。\tag{2.6.29}$$

对上式进行积分变量替换，则式(2.6.29)变为

$$\xi^0(0,t)=\int_0^A\varphi^0(y+t)\beta(y,y+t)\mathrm{e}^{-\int_0^y[\lambda+\mu(\tau,\tau+t)\mathrm{d}\tau]}\mathrm{d}y\leqslant\bar{\beta}\int_0^A|\varphi^0(y+t)|\mathrm{e}^{-\lambda y}\mathrm{d}y。$$

将上式两边平方，并在$[0,T']$上积分，可以得到

$$\|\xi^0(0,\cdot)\|^2_{L^2(0,T')}\leqslant\frac{A\beta^2}{2}\|\varphi^0\|^2_{L^2(0,T')}\cdot\frac{1}{\lambda}。$$

这就表明，只要取充分大的正数 $\lambda>1$，映射 π 就是压缩的。由压缩映象原理就推得在 $L^2(Q')$中存在唯一的 $\xi(r,t)$，它是问题(2.6.29)的解，且 $\tilde{\xi}\in C^0(\bar{Q}')\cap H^{1,1}(Q')$。定理 2.6.4 证毕。

由定理 2.6.4 可得下面的推论，即所谓的“后向唯一性”。

推论 2.6.2 问题

$$\begin{cases}-\dfrac{\partial\xi}{\partial r}-\dfrac{\partial\xi}{\partial t}+\mu(r+t)\xi=\xi(0,t)\beta(r,t), & \text{在 } Q'=(0,A)\times(0,T')\text{内},\\ \xi(A,t)=0, & \text{在 } (0,T')\text{内},T'>T>0\end{cases} \tag{2.6.30}$$

在 $\bar{Q}'$上只有零解，即 $\xi(r,t)\equiv0$ 在 $\bar{Q}'$上。

2.6.4 近似能控性

系统(即式(2.6.1)～式(2.6.3))是个线性问题，利用平移变换能够将它化为 $f=0$ 和 $p_0=0$ 的情形：

$$\frac{\partial p}{\partial r}+\frac{\partial p}{\partial t}+\mu(r,t)p=v(r,t),\quad \text{在 } Q \text{ 内}, \tag{2.6.31}$$

$$p(0,t)=\int_0^A\beta(r,t)p(r,t)\mathrm{d}r,\quad \text{在}(0,T)\text{ 内}, \tag{2.6.32}$$

$$p(r,0)=0,\quad \text{在 } \Omega=(0,A) \text{ 内。} \tag{2.6.33}$$

因此，不失一般性，我们以问题(2.6.31)～问题(2.6.33)代替系统(即式(2.6.1)～式(2.6.3))来讨

论系统的近似能控性。

设 M 是 Hilbert 空间 H 的一个非空子集，H 中所有与 M 直交的向量全体称为 M 在 H 中的直交补(集)，记作 $M^{\perp}$。

引理 2.6.4[119]　M 在 H 中稠，即 M 的闭包 $\overline{M}=H$ 的充要条件是 $M^{\perp}=\{0\}$。

定理 2.6.5　若假设条件(H_1)～条件(H_5)成立，则对于任意给定时间 $T>0$，系统(即式(2.6.31)～式(2.6.33))在 $H\equiv L^2(\Omega)$中是近似能控的。

证明　由推论 2.6.1 可知，系统(即式(2.6.31)～式(2.6.33))的观测空间为 $H\equiv L^2(\Omega)$，$\Omega=(0,A)$。而能达集 A_d 由式(2.6.4)所确定，即

$$\begin{cases}A_d\equiv\{p(\cdot,T;v)\mid v\in U,p(r,t;v)\ \text{为系统即式(2.6.31)}\sim\text{式(2.6.33)的解}\},\\ A_d\subset H=L^2(\Omega)。\end{cases}\tag{2.6.34}$$

由定义 2.6.1，为了证明定理结论成立，只需证明 $\overline{A}_d=L^2(\Omega)$；而由引理 2.6.3 可知，又只需证明

$$A_d^{\perp}=\{0\}。\tag{2.6.35}$$

采用反证法进行证明。假设结论(2.6.35)不成立，则在观测空间 $L^2(\Omega)$中存在一个不恒等于零的函数 $g(r)$，它与 A_d 的元素 $p(r,T;v)$正交，即

$$\int_0^A p(r,T;v)g(r)\mathrm{d}r=0,\quad\forall v\in L^2(Q)。\tag{2.6.36}$$

设 $\xi(r,t)$是伴随后向系统

$$-\frac{\partial\xi}{\partial r}-\frac{\partial\xi}{\partial t}+\mu(r,t)\xi=\xi(0,t)\beta(r,t),\quad\text{在 }Q\text{ 内},\tag{2.6.37}$$

$$\xi(r,T)=g(r),\quad\text{在 }\Omega\text{ 内},\tag{2.6.38}$$

$$\xi(A,t)=0,\quad\text{在}(0,T)\text{ 内}\tag{2.6.39}$$

的解，$\xi\in C^0(Q)\cap H^{1,1}(Q)$(由定理 2.6.3 可知，如此的 ξ 存在且唯一)，将方程(2.6.31)～方程(2.6.33)的解 $p(r,t;v)$乘式(2.6.37)，并在 Q 上分部积分，同时注意到方程(2.6.31)～方程(2.6.33)与方程(2.6.38)，方程(2.6.39)，可得

$$\begin{aligned}0&=\int_Q\left(-\frac{\partial\xi}{\partial r}-\frac{\partial\xi}{\partial t}+\mu\xi\right)p\,\mathrm{d}r\,\mathrm{d}t-\int_Q\xi(0,t)\beta(r,t)p(r,t)\mathrm{d}r\,\mathrm{d}t\\&\equiv\int_Q\frac{\partial p}{\partial r}\xi\mathrm{d}r\,\mathrm{d}t+\int_0^T\left[\int_0^A\beta(r,t)p(r,t)\mathrm{d}r\right]\xi(0,t)\mathrm{d}t+\\&\quad\int_Q\frac{\partial p}{\partial t}\xi\mathrm{d}r\,\mathrm{d}t+\int_0^A\xi(r,T;v)p(r,T)\mathrm{d}r+\int_Q\mu\xi p\,\mathrm{d}r\,\mathrm{d}t-\int_Q\xi(0,t)\beta(r,t)p(r,t)\mathrm{d}r\,\mathrm{d}t\\&\equiv\int_Q\left(\frac{\partial p}{\partial r}+\frac{\partial p}{\partial t}+\mu p\right)\xi\mathrm{d}r\,\mathrm{d}t-\int_0^A p(r,T;v)g(r)\mathrm{d}r\\&\equiv\int_Q v\xi\mathrm{d}r\,\mathrm{d}t-\int_0^A p(r,T;v)g(r)\mathrm{d}r。\end{aligned}$$

由式(2.6.36)，可从上式推得

$$\int_Q v(r,t)\xi(r,t;v)\mathrm{d}r\,\mathrm{d}t=0。\tag{2.6.40}$$

当 $v=\xi$ 时，从式(2.6.40)可得$\int_Q \xi^2(r,t;v)\mathrm{d}r\mathrm{d}t=0$，因而有

$$\xi(r,t)\equiv 0,\quad \text{在 } Q \text{ 内。} \tag{2.6.41}$$

由式(2.6.41)和假定 $\xi(r,t)$是方程(2.6.37)～方程(2.6.39)的解，有

$$-\frac{\partial \xi}{\partial r}-\frac{\partial \xi}{\partial t}+\mu(r,t)\xi=\xi(0,t)\beta(r,t),\quad \text{在 } Q \text{ 内，}$$

$$\xi(r,T)=g(r),\quad \text{在 } \Omega=(0,A) \text{ 内，}$$

$$\xi(A,t)=0,\quad \text{在}(0,T)\text{ 内。}$$

显然，式(2.6.41)中的 $\xi(r,t)$，在 Q 内满足 $\xi(r,t)\equiv 0$，而且满足方程(2.6.37)和边界条件(2.6.38)和条件(2.6.39)。但是否有 $\xi(r,t)\equiv 0$，在 $\bar{Q}$ 上？换句话说，是否有 $\xi(r,T)=g(r)=0$？至此并没有给出答案。

然而，由推论 2.6.2，可得系统有“后向唯一性”，即问题

$$-\frac{\partial \xi}{\partial r}-\frac{\partial \xi}{\partial t}+\mu(r,t)\xi=\xi(0,t)\beta(r,t),\quad Q'=(0,A)\times(-A,T')\text{ 内，} \tag{2.6.37$'$}$$

$$\xi(A,t)=0,\quad \text{在}(0,T')\text{ 内，}\quad T'>T>0 \tag{2.6.39$'$}$$

在 Q'上只有零解：$\xi(r,t)\equiv 0$。结合 $T'>T$，就向后推得：$g(r)=\xi(r,t;v)\equiv 0$，在$(0,A)$内。这与证明伊始假设 $g(r)\neq 0$ 在$(0,A)$内矛盾，因而有结论(2.6.35)成立。这就表明，系统(即式(2.6.31)～式(2.6.33))在 $H=L^2(\Omega)$中是近似能控的。定理 2.6.4 证毕。

本节具体内容详见本书著者论文[124]。

2.7 本章小结

本章 2.1 节讨论了与年龄相关的种群扩散系统解的存在唯一性与收获控制。首先，利用不动点方法证明了对于死亡率 μ 的系统广义解的存在性，但这是预备结果。其次，运用上述结果、先验估计和紧性定理，证明了对于 $r=A$ 附近无界的 μ 的系统广义解的存在唯一性。再次，利用类似方法得到系统最优收获控制的存在性。最后利用 G-微分和 Lions 的变分不等式理论，推得了控制为最优的必要条件，从而得到了由积分-偏微分方程和变分不等式构成的最优性组，最优性组能够确定最优收获控制。同时，还建立了表征最优控制的 Euler-Lagrange 组。

2.2 节讨论了与年龄相关的种群扩散系统的最优分布控制，证明了最优分布控制的存在性，利用 G-微分和变分不等式理论，得到了分布控制为最优的充分必要条件及确定最优控制的最优性组。

2.3 节讨论了与年龄相关的种群扩散系统最优分布控制计算的惩罚位移法。用 p 和 v 作为两个相互独立变元的无约束的极小化问题的解簇$\{(p_m,u_m)\}$来逼近有约束的极小化问题的解$(p(u),u)$，这样求最优控制 u 的近似值 u_m 解决起来就容易些。

2.4 节研究了具有最终状态观测的时变种群扩散系统的初始控制问题，证明了最优初始控制的存在性，得到了初始控制为最优的必要条件，给出了由抛物型方程和变分不等式组成的最优性组。应用惩罚移位法研究了该系统最优初始控制问题的计算，构造了解的逼近

序列,求得最优控制 u 的近似值 u_m,并证明了该逼近序列的收敛性。

2.5 节讨论了与年龄相关的时变种群系统的边界能控性问题,系统的数学模型是积分-偏微分方程组,表明了对每个固定的有限时刻 T 的近似能控性,证明了伴随问题的后向唯一性性质。

2.6 节讨论了与年龄相关的时变种群系统的分布控制问题,系统的数学模型也是积分-偏微分方程组,阐明了对每个固定的有限时刻 T 的近似能控性,证明了伴随问题的后向唯一性。

上述结果丰富了线性种群扩散系统的控制理论,可为种群系统控制问题的实际研究提供理论参考。

第 3 章 与年龄相关的半线性种群系统

本章讨论与年龄相关的半线性种群系统的最优控制问题。

3.1 与年龄相关的半线性种群扩散系统的最优收获控制问题

3.1.1 问题的陈述

我们考虑下面的与年龄相关的半线性种群扩散系统(P)[39,50,65]:

$$\frac{\partial p}{\partial r}+\frac{\partial p}{\partial t}-k\Delta p+\mu(r,t,x)p+\zeta(r,t,x,N(t,x))p=-v(r,t,x)p,\quad 在\ Q=\Theta\times\Omega\ 内, \tag{3.1.1}$$

$$p(0,t,x)=\int_0^A\beta(r,t,x)p(r,t,x)\mathrm{d}r,\quad 在\ \Omega_T=(0,T)\times\Omega\ 内, \tag{3.1.2}$$

$$p(r,0,x)=p_0(r,x),\quad 在\ \Omega_A=(0,A)\times\Omega\ 内, \tag{3.1.3}$$

$$p(r,t,x)=0,\quad 在\ \Sigma=(0,A)\times(0,T)\times\partial\Omega\ 上, \tag{3.1.4}$$

$$N(t,x)=\int_0^A p(r,t,x)\mathrm{d}r,\quad 在\ \Omega_T\ 内。 \tag{3.1.5}$$

其中,p,k,μ,β 和 p_0 等的实际含义与 2.1 节的相同;而当 $r\geqslant A$ 时,

$$p(r,t,x)=0; \tag{3.1.6}$$

$N(t,x)=\int_0^A p(r,t,x)\mathrm{d}r$ 是年龄段$[0,A]$上所有种群的空间密度;$\sigma(r,t)=\int_0^r\int_0^t\int_\Omega p(r,t,x)\mathrm{d}x\,\mathrm{d}t\,\mathrm{d}r$ 是t时刻年龄不超过r岁的所有种群在区域Ω上的数量总和;$\mu(r,t,x)$是种群的自然死亡率;$\zeta(r,t,x;N)$是外界死亡率,它依赖于年龄段$[0,A)$上所有种群的空间密度 $N(t,x)$的大小,因而有时简记为 $\zeta(N)$,它反映的是所处的生存环境变化(诸如拥挤程度等)对种群动态过程的实际影响。由 $\zeta(N)$依赖于 N 可知,问题(3.1.1)~问题(3.1.4)关于状态函数 $p(r,t,x)$就是非线性的。$v(r,t,x)$是 t 时刻年龄为 r 岁的种群在位置 x 处的收获率,它是系统(P)的控制量,称为收获控制。系统(P)的状态函数 $p(r,t,x)$依赖于控制函数 v,所以记为

$$p(r,t,x)=p(r,t,x;v)=p(v)。 \tag{3.1.7}$$

种群系统(P)的实际控制问题是:

$$选取\ v(r,t,x)\ 使得收获量\ J(v)\ 尽可能地大。 \tag{3.1.8}$$

其中,性能指标泛函 $J(v)$为

$$J(v)=\int_Q v(r,t,x)p(r,t,x)\mathrm{d}Q。\tag{3.1.9}$$

实际问题(3.1.8)的数学描述为

$$求满足等式\ J(u)=\sup_{v\in U}J(v)的\ u\in U。\tag{3.1.10}$$

其中,容许控制集合 U 由下式定义:

$$U=L^{\infty}(Q)\ 中的有界凸集,它在\ L^1(Q)\ 的对偶的弱拓扑中是闭的。\tag{3.1.11}$$

换言之,其中的拓扑是“弱星-拓扑”,即

$$若\ v_n\in U,\quad \int_Q v_n h\,\mathrm{d}Q\to\int_Q vh\,\mathrm{d}Q,\quad \forall h\in L^1(Q),\quad 则\ v\in U。\tag{3.1.12}$$

例如,

$$U=\{v\mid v\in L^{\infty}(Q),0<\gamma_1\leqslant v(r,t,x)\leqslant\gamma_2<+\infty,\text{a.e.}于\ Q\ 内\},\tag{3.1.13}$$

U 就具有性质(3.1.11)(含性质(3.1.12))。本文始终假定式(3.1.11)中的 U 就是由式(3.1.13)确定的。

式(3.1.10)中的 $u\in U$ 称为系统(P)的最优收获控制,简称最优控制。状态方程(3.1.1)~方程(3.1.5),性能指标泛函(3.1.9)和极大化问题(3.1.10)就构成了半线性种群扩散系统最优收获控制问题的数学模型。

文献[16],文献[18]分别讨论了系统(P)在不考虑空间扩散(即 $k=0$)的线性(即 $\zeta=0$)情形下的广义函数解和广义解 p 的存在性;文献[45],文献[94]讨论了系统(P)在不考虑空间扩散(即$k=0$)和假设 v 与年龄 r 和空间位置 x 无关,即 $v=v(t)$,但为半线性(即 $\zeta=\zeta(N)\neq0$)情形下的广义解的存在性和最优收获控制 $u\in U$ 的存在性;文献[44]讨论了系统(P)在 $k=0$ 情形下的最优收获控制;本书 2.1 节讨论了系统(P)在线性情形下的收获控制;文献[66],文献[73]讨论了系统(P)在半线性情形下的广义解及其渐进特征性。本节讨论系统(P)具有空间扩散(即 $k>0$)且 $v=v(r,t,x)$及半线性(即 $\zeta=\zeta(N)\neq0$)的一般情形,证明最优收获控制 $u\in U$ 的存在性,得到收获控制 $u\in U$ 为最优的必要条件和确定最优控制的最优性组。最优性组由半线性积分-偏微分方程和变分不等式所构成。种群本来就有一定的生存空间 Ω,而且收获率 $v(r,t,x)$也本是与年龄 r 和空间位置 x 有关的函数。我们所得到的结果,首先可以防止出现那种把 v 看作与年龄无关的假设所产生的负影响,例如渔业捕捞,若捕捞率$v(t)$与 r 和 x 无关,就会使得无多大眼前经济价值而又对渔业后续发展有重大影响的未成年小鱼也被捕捉殆尽。反之,$v(r,t,x)$则能如实反映鱼的年龄结构,若令

$$v(r,t,x)=\begin{cases}v_1(r,t,x)\neq0, & 在\ Q_1=(r_1,A)\times(0,T)\times\Omega\ 内,\\ 0, & 在\ Q-Q_1\ 内,\end{cases}$$

则年龄在 $0\leqslant r\leqslant r_1$ 内的未成年小鱼就能漏网得以生存和后续发展。其次,v 与地点 x 有关,同时考虑到年龄-空间密度分布状况 $p(r,t,x)$,对于确定在不同捕捞场所捕捞量的多少也有指导意义。所以本节所得结果可为种群收获的合理控制的实际研究提供比文献[16],文献[18],文献[45],文献[66],文献[73],文献[138]及 2.1 节更为全面和确切的信息,具有实际价值和理论意义。

但是,由于所讨论的半线性模型的年龄相关性,使得本节所讨论的系统最优控制问题不能直接套用前人的相关理论的一般结果加以解决。这是因为,目前国内外文献中所能见到的相关分布参数系统最优控制问题几乎都是关于由半线性椭圆型偏微分方程或半线性抛物型偏微分方程(或更一般的发展方程)所支配的系统,其典型的泛定方程为

$$\Delta p + \mu(x,p) = f(x), \quad 在\ \Omega\ 内 \tag{3.1.14}$$

或

$$\frac{\partial p}{\partial t} - k\Delta p + \mu(r,t,x,p)p = f(t,x), \quad 在\ \Omega_T = (0,T) \times \Omega\ 内。 \tag{3.1.15}$$

其中,式(3.1.14)涉及的区域是空间$\mathbb{R}^N$中的区域Ω,式(3.1.15)所涉及的是空间$\mathbb{R}^N$的相应的区域$(0,T)$和Ω的笛卡儿积$\Omega_T=(0,T)\times\Omega$。而我们在本节中所讨论的系统最优控制问题,其泛定方程为

$$\frac{\partial p}{\partial r} + \frac{\partial p}{\partial t} - k\Delta p + \mu p + \zeta\left(r,t,x,\int_0^A p(r,t,x)\mathrm{d}r\right)p = -vp,$$
$$在\ Q=(0,A)\times(0,T)\times\Omega\ 内 \tag{3.1.1$'$}$$

和

$$p(0,t,x) = \int_0^A \beta(r,t,x)p(r,t,x)\mathrm{d}r, \quad 在\ \Omega_T=(0,T)\times\Omega\ 内。 \tag{3.1.2$'$}$$

式(3.1.1)$'$是由双曲算子$D=\dfrac{\partial}{\partial r}+\dfrac{\partial}{\partial t}$和椭圆算子$\Delta\equiv\Delta_x=\sum\limits_{i=1}^{N}\dfrac{\partial^2}{\partial x_i^2}$构成的半线性混合型偏微分方程,而且在边界$r=0$处与Fredholm积分方程(3.1.2)$'$相耦合成半线性积分-偏微分方程(3.1.1)$'$和方程(3.1.2)$'$。显然,混合型积分-偏微分方程组与椭圆偏微分方程(3.1.14)和抛物型偏微分方程(3.1.15)在类型上有本质的不同。

3.1.2 基本假设与系统的状态

假设

$$(\mathrm{H}_1)\begin{cases}\beta(r,t,x)\ 是\ Q\rightarrow\mathbb{R}^+上的实可测函数,\\ 0\leqslant\beta(r,t,x)\leqslant\bar{\beta}<+\infty, \quad \text{a.e.}于\ Q\ 内,\\ \displaystyle\int_0^A\beta(r,t,x)\mathrm{d}r\leqslant C_0<+\infty, \quad 在\ \Omega_T\ 内;\end{cases}$$

$$(\mathrm{H}_2)\begin{cases}0\leqslant p_0(r,x)\leqslant\bar{p}_0, \quad \text{a.e.}于\ Q_A\ 内,\\ N_0(x)\leqslant\displaystyle\int_0^A p_0(r,x)\mathrm{d}r\leqslant C_1, \quad \text{a.e.}于\ Q\ 内,\\ p_0\in L^2(\Omega_A), \quad \nabla p_0\in L^2(\Omega_A);\end{cases}$$

$$(\mathrm{H}_3)\begin{cases}\zeta(r,t,x;y)\ 定义在\ Q\times\mathbb{R}^+上,且关于(r,t,x)连续,\\ \zeta(r,t,x;y)\ 关于\ y\ 两次连续可微,\\ 0\leqslant\zeta(r,t,x;y), \quad |\zeta_y(r,t,x;y)|,|\zeta_{yy}(r,t,x;y)|\leqslant C_2;\end{cases}$$

$$(\mathrm{H}_4)\begin{cases}\mu(r,t,x)\geqslant 0, \quad \text{a.e.}于\ Q\ 内,\\ \mu(r,t,x)\ 关于(t,x)在\ \bar{\Omega}_T\ 上连续,\\ \mu(\cdot,t,x)\in L_{\mathrm{loc}}^{\infty}([0,A)), \quad \displaystyle\int_0^A\mu(r,t,x)\mathrm{d}r=+\infty;\end{cases}$$

根据文献[106]引入一些记号。

设$H^1(\Omega)$是Ω上的一阶Sobolev空间,即

$$H^1(\Omega)=\left\{\varphi \mid \varphi\in L^2(\Omega),\frac{\partial\varphi}{\partial x_i}\in L^2(\Omega),其中\frac{\partial\varphi}{\partial x_i}是广义函数意义下的偏导数\right\},$$

它是具有范数

$$\|\varphi\|_{H^1(\Omega)}=\left(\|\varphi\|_{L^2(\Omega)}^2+\sum_{i=1}^{N}\left\|\frac{\partial\varphi}{\partial x_i}\right\|_{L^2(\Omega)}^2\right)^{1/2}$$

的 Hilbert 空间。$H_0^1(\Omega)$是 $H^1(\Omega)$中满足条件 $\varphi\big|_{\partial\Omega=0}$的元素所组成的子空间。$\langle\cdot,\cdot\rangle$表示 $H_0^1(\Omega)$和它的对偶空间 $H^{-1}(\Omega)$组成的对偶积。$V=L^2(\Theta;H_0^1(\Omega))$表示定义在 Θ 上取值在 $H_0^1(\Omega)$中并使得

$$\int_\Theta\|\psi(r,t,\cdot)\|_{H_0^1(\Omega)}^2\mathrm{d}r\mathrm{d}t<+\infty$$

的函数(等价类)空间,它是具有范数

$$\|\psi\|_V=\left(\int_\Theta\|\psi(r,t,\cdot)\|_{H_0^1(\Omega)}^2\mathrm{d}r\mathrm{d}t\right)^{1/2}$$

的 Hilbert 空间;$V'=V$ 的对偶空间$=L^2(\Theta;H^{-1}(\Omega))$;$(\cdot,\cdot)$表示 V 和 V'组成的对偶积;$D=\dfrac{\partial}{\partial r}+\dfrac{\partial}{\partial t}$。

仿照 2.1 节,可给出下面的定义。

定义 3.1.1　函数 $p\in V,Dp\in V'$称为问题(3.1.1)~问题(3.1.5)的广义解,若它满足下面的积分恒等式:

$$\int_\Theta\langle Dp+\mu p+\zeta(N)p,\varphi\rangle\mathrm{d}r\mathrm{d}t+k\int_Q\nabla p\cdot\nabla\varphi\mathrm{d}Q=\int_Q-vp\mathrm{d}Q,\quad\forall\varphi\in\Phi,\tag{3.1.16}$$

$$\int_{\Omega_T}(p\varphi)(0,t,x)\mathrm{d}t\mathrm{d}x=\int_{\Omega_T}\left(\int_0^A p\mathrm{d}r\right)\varphi(0,t,x)\mathrm{d}t\mathrm{d}x,\quad\forall\varphi\in\Phi_1,\tag{3.1.17}$$

$$\int_{\Omega_A}(p\varphi)(r,0,x)\mathrm{d}r\mathrm{d}x=\int_{\Omega_A}p_0(r,x)\varphi(r,0,x)\mathrm{d}r\mathrm{d}x,\quad\forall\varphi\in\Phi_1,\tag{3.1.18}$$

$$N(t,x)=\int_0^A p\mathrm{d}r,\quad 在\ \Omega_T\ 内。\tag{3.1.19}$$

其中,Φ 和 Φ_1 由下式定义

$$\begin{cases}\Phi=\{\varphi\mid\varphi\in V,D\varphi\in V',\sqrt{\mu}\varphi\in L^2(Q)\},\\\Phi_1=\{\varphi\mid\varphi\in\Phi,\varphi(A,t,x)=\varphi(r,T,x)=0\}。\end{cases}\tag{3.1.20}$$

由迹定理引理 2.1.1 中的式(2.1.22)可知,积分恒等式(3.1.16)~式(3.1.18)有意义。

下面给出问题(3.1.1)~问题(3.1.5)的广义解 p 的存在唯一性定理。

定理 3.1.1　若假设条件(H_1)~条件(H_4)成立,则在 V 中存在问题(3.1.1)~问题(3.1.5)的唯一广义解 p。

证明　广义解 $p\in V$ 的存在性可根据文献[55]及文献[73]推得。事实上,对文献[73]中的 $S(t,x;v)=\int_0^A(vp)(r,t,x)\mathrm{d}r$,令 $v(r,t,x)=1$,则有

$$S(t,x;1)=\int_0^A p(r,t,x)\mathrm{d}r=N(t,x)。$$

又令文献[73]中的 $\mu_n=\mu+v,\mu_e(S)=\zeta(N)$,则由假设条件($H_1$)~条件($H_4$)可知,文献[73]中定理 3.1 的条件全部满足,由此推出问题(3.1.1)~问题(3.1.5)在 V 中存在广义解 p。问题(3.1.1)~问题(3.1.5)的广义解 $p\in V$ 的唯一性可利用文献[55]及文献[74]直接推出。定

理 3.1.1 证毕。

由定理 3.1.1 可知，系统(P)的状态空间为 V。

3.1.3 最优收获控制的存在性

下面讨论最优收获控制的存在性。

定理 3.1.2 设 $p(v)\in V$ 为问题(3.1.1)～问题(3.1.5)所支配的系统(P)的状态，容许控制集合 U 由式(3.1.11)确定，性能指标泛函 $J(v)$ 由式(3.1.9)给定。若假设条件(H_1)～条件(H_4)成立，则系统(P)在 U 中至少存在一个最优控制 $u\in U$ 使得

$$J(u)=\sup_{v\in U}J(v)。\tag{3.1.21}$$

证明 为清晰起见，我们分以下几步来证明定理。

(1) 证明存在 $u\in U$，使得当 $n\to+\infty$ 时，

$$v_n\to u\ 在\ L^{\infty}(0,T)\ 中弱星,\quad u\in U。\tag{3.1.22}$$

其中，$\{v_n\}$是一个极大化序列，且当 $n\to+\infty$ 时，有

$$J(v_n)\to\sup_{v\in U}J(v),\quad v_n\in U。\tag{3.1.23}$$

由 U 的定义式(3.1.11)，有

$$\|v_n\|_{L^{\infty}(Q)}\leqslant\gamma<+\infty。\tag{3.1.24}$$

由于 $L^1(Q)$是可分的 Banach 空间且其对偶空间为 $L^{\infty}(Q)$[108] 则由 Alaoglu 定理[125]、式(3.1.24)以及 U 的性质式(3.1.12)可知，可以抽出$\{v_n\}$的一个子序列，仍然记作$\{v_n\}$，使得当 $n\to+\infty$ 时，

$$v_n\to u\ 在\ L^{\infty}(Q)\ 中弱星,\quad u\in U。$$

上式即为式(3.1.22)，即式(3.1.22)成立。

(2) 证明存在 $p\in V$，且 $Dp\in V'$，使得当 $v_n\to u$ 在 $L^{\infty}(Q)$弱星，即当 $n\to+\infty$ 时，

$$\begin{cases}p_n\to p, & 在\ L^2(Q)\ 中弱, p\in L^2(Q),\\ \sqrt{\mu}\,p_n\to p, & 在\ L^2(Q)\ 中弱,\\ p_n\to p, & 在\ L^2(Q)\ 中强\end{cases}\tag{3.1.25}$$

和

$$p_n\to p,\quad 在\ V\ 中弱, p\in V,\tag{3.1.26}$$

$$Dp_n\to Dp,\quad 在\ V'\ 中弱, Dp\in V'。\tag{3.1.27}$$

其中根据记号(3.1.7)，可得

$$p_n=p(v_n)=p(r,t,x;v_n)\tag{3.1.28}$$

为问题(3.1.1)～问题(3.1.5)对应于 $v=v_n$，$N=N_n$ 在 V 中的广义解，而

$$N_n(t,x)=\int_0^A p_n(r,t,x)\mathrm{d}r。\tag{3.1.29}$$

在式(3.1.16)中令 $\varphi=p$，$Q_t=(0,A)\times(0,t)\times\Omega$，$p(r,\tau,x)=p(\tau)$，$v(r,\tau,x)=v(\tau)$，则当 $0<t<T$，有

$$\begin{aligned}&\int_0^t\int_0^A\langle Dp(\tau),p(\tau)\rangle\mathrm{d}r\mathrm{d}\tau+\int_{Q_t}[\mu+\zeta(N)]p^2(\tau)\mathrm{d}r\mathrm{d}\tau\mathrm{d}x+\\&k\int_0^t\|\nabla p^2(\tau)\|_{L^2(\Omega_A)}\mathrm{d}\tau=-\int_0^t v(\tau)\left|p^2(\tau)\right|^2_{L^2(\Omega_A)}\mathrm{d}\tau。\end{aligned}\tag{3.1.30}$$

注意到

$$\begin{aligned}&\int_0^t\int_0^A \langle Dp(\tau),p(\tau)\rangle \mathrm{d}r\,\mathrm{d}\tau\\&=\frac{1}{2}\int_0^t \frac{\mathrm{d}}{\mathrm{d}\tau}\left|p(\tau)\right|^2_{L^2(\Omega_A)}\mathrm{d}\tau+\frac{1}{2}\int_0^t\int_\Omega\int_0^A \frac{\mathrm{d}}{\mathrm{d}\tau}p^2(r,\tau,x)\mathrm{d}r\,\mathrm{d}x\,\mathrm{d}\tau\\&=\frac{1}{2}\left|p(t)\right|^2_{L^2(\Omega_A)}-\frac{1}{2}\left|p(0)\right|^2_{L^2(\Omega_A)}+\frac{1}{2}\int_0^t\int_\Omega[p^2(A,\tau,x)-p^2(0,\tau,x)]\mathrm{d}x\,\mathrm{d}\tau\end{aligned}$$

和 $\mu,\zeta\geqslant 0$，式(3.1.20)及假设条件(H_4)，从式(3.1.30)可得

$$|p(t)|^2+\alpha_1\int_0^t\|p(\tau)\|^2\mathrm{d}\tau+\alpha_2\int_0^t\|p(\tau)\|^2\mathrm{d}\tau\leqslant|p_0|^2+\int_0^t[\bar{\beta}^2A+\alpha\gamma_2]|p(\tau)|^2\mathrm{d}\tau,\tag{3.1.31}$$

其中$|\cdot|$(相应地$\|\cdot\|$)表示 $L^2(\Omega_A)$(相应地 $L^2(0,A;H_0^1(\Omega))$)的范数。应用 Gronwall 不等式，从式(3.1.31)推得

$$|p(t)|^2\leqslant|p_0|^2\exp\left[\int_0^t(A\bar{\beta}^2+2v(\tau)\mathrm{d}\tau)\right]\leqslant|p_0|^2\mathrm{e}^{T(A\beta^2+2\gamma_2)}=C_3,$$

对上式在$[0,T]$上积分，并令 $p=p_n,N=N_n,v=v_n$，可得

$$\|p_n\|^2_{L^2(Q)}\leqslant TC_3<+\infty。\tag{3.1.32}$$

上式表明，

$$\{p_n\}\text{ 在 }L^2(Q)\text{ 中一致有界。}\tag{3.1.33}$$

由式(3.1.31)和式(3.1.32)推得$\|p_n\|_V^2\leqslant\alpha^{-1}(|p_0|^2+TC_3)<+\infty$，即

$$\begin{cases}\{\sqrt{\mu}p_n\}\text{ 在 }L^2(Q)\text{ 中一致有界，}\\\{p_n\}\text{ 在 }V\text{ 中一致有界。}\end{cases}\tag{3.1.34}$$

但是，从方程(3.1.1)可推得

$$Dp=k\Delta p_n-\mu p_n-\zeta(N_n)p_n-v_np_n。\tag{3.1.35}$$

由于算子 Δ 是从 V 到 V'上的有界算子，因此由假设条件(H_4)和假设条件(H_3)中的关于 ζ 有界性的假设以及结论(3.1.34)和式(3.1.24)，可以推得式(3.1.35)等号右端在 V'中有界。因此，

$$\{Dp_n\}\text{ 在 }V'\text{ 中一致有界。}\tag{3.1.36}$$

由于 $L^2(Q),V,V'$均为自反的 Banach 空间，因此由文献[109]可知，$L^2(Q),V$ 和 V'中存在有界集$\{p_n\}$和$\{Dp_n\}$的子序列仍然记作$\{p_n\}$和$\{Dp_n\}$，使得式(3.1.25)的前半部分，式(3.1.26)和式(3.1.27)成立。

为了证明式(3.1.25)的后半部分，即 $p_n\to p$ 在 $L^2(Q)$中强，需要引用第 2 章中的引理 2.1.2，定理 2.1.1 和推论 2.1.1。

现在我们来证明式(3.1.25)的后半部分。由 Fubini 定理，式(3.1.26)和式(3.1.27)，可得

$$\begin{cases}p_n\in L^2(0,T;L^2(0,A;H_0^1(\Omega)))\equiv V,\\\dfrac{\partial p_n}{\partial t}\in L^2(0,T;L^2(0,A;H^{-1}(\Omega)))\equiv V'。\end{cases}\tag{3.1.37}$$

而从式(3.1.36)推得

$$\left\{\frac{\partial p_n}{\partial t}\right\}\text{ 在 }V'\text{ 中一致有界，}\tag{3.1.38}$$

因此由推论 2.1.1,可从式(3.1.34),式(3.1.37),式(3.1.38)推得$\{p_n\}$为$L^2(Q)$中的列紧集。结合式$(3.1.25)_1$推得

$$p_n \to p \text{ 在 } L^2(Q) \text{ 中强。}$$

上式即为式$(3.1.25)_3$。至此,可以全部得出式(3.1.25)～式(3.1.27)成立。

(3) 证明式(3.1.26)中的极限函数$p\in V$是问题(3.1.1)～问题(3.1.5)在v取式(3.1.17)中的极限函数$u\in U$时的广义解,即

$$p(r,t,x)=p(r,t,x;u)=p(u)。\tag{3.1.39}$$

由广义解定义 3.1.1,这相当于要证明式(3.1.26)中的极限函数$p\in V$满足下面的积分恒等式:

$$\int_\Theta \langle Dp,\varphi\rangle \mathrm{d}r\mathrm{d}t+\int_Q(\mu+\zeta(N^*))p\varphi \mathrm{d}Q+k\int_Q \nabla p\cdot\nabla p\mathrm{d}Q=-\int_Q up\mathrm{d}Q,\quad \forall\varphi\in\Phi,\tag{3.1.40}$$

$$\int_{\Omega_T}(p\varphi)(0,t,x)\mathrm{d}t\mathrm{d}x=\int_{\Omega_T}\left(\int_0^A \beta p\mathrm{d}r\right)\varphi(0,t,x)\mathrm{d}t\mathrm{d}x,\quad \forall\varphi\in\Phi,\tag{3.1.41}$$

$$\int_{\Omega_A}(p\varphi)(r,0,x)\mathrm{d}r\mathrm{d}x=\int_{\Omega_A}p_0(r,x)\varphi(r,0,x)\mathrm{d}t\mathrm{d}x,\quad \forall\varphi\in\Phi,\tag{3.1.42}$$

$$N^*(t,x)=\int_0^A p(r,t,x)\mathrm{d}r。\tag{3.1.43}$$

对此我们又分以下几个小步骤来进行证明。

① 证明当$n\to+\infty$时,

$$\int_\Theta\langle Dp_n,\varphi\rangle\mathrm{d}r\mathrm{d}t\to\int_\Theta\langle Dp,\varphi\rangle\mathrm{d}r\mathrm{d}t,\quad \forall\varphi\in\Phi。\tag{3.1.44}$$

事实上,由于$\varphi\in V=V''$,故由式(3.1.27)立即推得式(3.1.44)成立。

② 证明当$n\to+\infty$时,

$$\int_Q\nabla p_n\cdot\nabla\varphi\mathrm{d}Q\to\int_Q\nabla p\cdot\nabla\varphi\mathrm{d}Q,\quad \forall\varphi\in\Phi。\tag{3.1.45}$$

事实上,$D(\bar{Q})$上的拓扑是 Schwartz 的导出极限拓扑[107]。对于任意给定的$\varphi\in D(\bar{Q})$,有$\Delta\varphi\in D(\bar{Q})\subset V\subset V'$。因此,由广义导数定义和式(3.1.26)可得

$$\int_Q\nabla p_n\cdot\nabla\varphi\mathrm{d}Q=-\int_Q p_n(\Delta\varphi)\mathrm{d}Q\to-\int_Q p(\Delta\varphi)\mathrm{d}Q=\int_Q\nabla p\cdot\nabla\varphi\mathrm{d}Q。$$

由于$D(\bar{Q})$在Φ中稠,因此由连续延拓性可知,上式对任意给定的$\varphi\in\Phi$也成立,即式(3.1.45)成立。

③ 证明当$n\to+\infty$时,

$$\int_Q\mu p_n\varphi\mathrm{d}Q\to\int_Q\mu p\varphi\mathrm{d}Q,\quad \forall\varphi\in\Phi。\tag{3.1.46}$$

事实上,注意到$\varphi\in\Phi\subset L^2(Q)=(L^2(Q))'$,由假设条件$(\mathrm{H}_4)$和式(3.1.25)可以推得,当$n\to+\infty$时,$\mu p_n\in L^2(Q)$和$\int_Q\mu(p_n-p)\varphi\mathrm{d}Q\to 0$,即式(3.1.46)成立。

④ 证明当$n\to+\infty$时,

$$\int_Q\zeta(N_n)p_n\varphi\mathrm{d}Q\to\int_Q\zeta(N^*)p\varphi\mathrm{d}Q,\quad \forall\varphi\in\Phi。\tag{3.1.47}$$

事实上，依据假设条件(H_3)和微分中值定理可推得，对任意的 $\varphi\in\Phi\subset L^2(Q)$，存在 $\bar{N}_n\in[N_n,N^*]$，使得

$$\begin{aligned}&\left|\int_Q[\zeta(N_n)p_n-\zeta(N^*)p]\varphi\mathrm{d}Q\right|\\ \leqslant&\left|\int_Q\zeta(N_n)(p_n-p)\varphi\mathrm{d}Q\right|+\left|\int_Q[\zeta(N_n)-\zeta(N^*)]p\varphi\mathrm{d}Q\right|\\ \leqslant& C_1\left|\int_Q(p_n-p)\varphi\mathrm{d}Q\right|+\left|\int_Q\zeta'_N(\bar{N}_n)(N_n-N^*)p\varphi\mathrm{d}Q\right|\\ \leqslant& C_1\left|\int_Q(p_n-p)\varphi\mathrm{d}Q\right|+C_2\left|\int_Q\left[\int_0^A(p_n-p)\mathrm{d}\zeta\right]p\varphi\mathrm{d}Q\right|\\ =&C_1\mid I_1(n)\mid+C_2\mid I_2(n)\mid。\end{aligned}\tag{3.1.48}$$

由于 $\varphi\in\Phi\subset L^2(Q)=(L^2(Q))'$，式(3.1.25)中的 $p_n\rightharpoonup p$ 在 $L^2(Q)$中弱，因而可推得，当 $n\to+\infty$时

$$I_1(n)=\int_Q(p_n-p)\varphi\mathrm{d}Q\to 0,\quad\forall\varphi\in\Phi。\tag{3.1.49}$$

现在证明当 $n\to+\infty$时，对于任意给定的 $\varphi\in\Phi\subset V\subset L^2(Q)$，

$$I_2(n)=\int_Q\left[\int_0^A(p_n-p)(\xi,t,x)\mathrm{d}\xi\right]p(r,t,x)\varphi(r,t,x)\mathrm{d}r\mathrm{d}t\mathrm{d}x\to 0。\tag{3.1.50}$$

假设 $\varphi\in D(\bar{Q})$，则有

$$\begin{aligned}I_2(n)&\leqslant\|\varphi\|_{C^0(\bar{Q})}\int_Q\left[\int_0^A(p_n-p)(\xi,t,x)\mathrm{d}\xi\right]p(r,t,x)\mathrm{d}r\mathrm{d}t\mathrm{d}x\\&=\|\varphi\|_{C^0(\bar{Q})}\int_0^A\left[\int_Q(p_n-p)(\xi,t,x)p(r,t,x)\mathrm{d}\xi\mathrm{d}t\mathrm{d}x\right]\mathrm{d}r。\end{aligned}\tag{3.1.51}$$

同时有 $p(\xi,t,x)\in L^2(\bar{Q})$，$(\xi,t,x)\in Q$，这是因为

$$\int_Q(p(\xi,t,x))^2\mathrm{d}\xi\mathrm{d}t\mathrm{d}x\leqslant\int_0^A\left[\int_{\Omega_T}p^2(r)\mathrm{d}t\mathrm{d}x\right]\mathrm{d}\xi\leqslant A\|p(r)\|^2_{L^2(\Omega_T)}。$$

由引理 2.1.1 中的式(2.1.21)可知，上式中的 $\|p(r)\|^2_{L^2(\Omega_T)}$ 是 $r\in[0,A]$的连续函数，进而它是$[0,A]$上的一致连续函数，因而存在$[0,A]$上的最大值 $\|p(\bar{r})\|^2_{L^2(\Omega_T)}<+\infty$。这就证明了 $p(r)\in L^2(Q)$，$(\xi,t,x)\in Q$。而由式(3.1.25)中的 $p_n\rightharpoonup p$ 在 $L^2(Q)$弱，因此式(3.1.51)中方括号[·]的量趋近于 0，即当 $n\to+\infty$时

$$\varepsilon_n(r)=\int_Q(p_n-p)p(r)(\xi,t,x)\mathrm{d}\xi\mathrm{d}t\mathrm{d}x\to 0,\quad\text{关于 } r \text{ 在 } [0,A] \text{ 一致。}$$

结合式(3.1.51)可推得，当 $n\to+\infty$时，

$$I_2(n)\leqslant\|\varphi\|_{C^0(\bar{Q})}\int_0^A\varepsilon_n(r)\mathrm{d}r\to 0。\tag{3.1.52}$$

由于 $D(\bar{Q})$在 $\Phi\subset V$ 中，因此它在 $L^2(Q)$中稠。由连续延拓性可知，式(3.1.52)对任意的 $\varphi\in V\subset L^2(Q)$也成立，即式(3.1.50)成立。由式(3.1.48)～式(3.1.51)就推得式(3.1.47)成立。

⑤ 证明当 $n\to+\infty$时，

$$\int_{\Omega_T}(p_n\varphi)(0,t,x)\mathrm{d}t\mathrm{d}x\to\int_{\Omega_T}(p\varphi)(0,t,x)\mathrm{d}t\mathrm{d}x,\quad\forall\varphi\in\Phi,\tag{3.1.53}$$

$$\int_{\Omega_T}\left[\int_0^A \beta p_n \mathrm{d}r\right]\varphi(0,t,x)\mathrm{d}t\mathrm{d}x \to \int_{\Omega_T}\left[\int_0^A \beta p \mathrm{d}r\right]\varphi(0,t,x)\mathrm{d}t\mathrm{d}x, \quad \forall \varphi \in \Phi_1。\tag{3.1.54}$$

事实上，由式(3.1.27)可知，对任意给定的 $\varphi\in\Phi_1\subset V\equiv V''$ 有，当 $n\to+\infty$ 时，

$$\int_Q \frac{\partial p_n}{\partial r}\varphi \mathrm{d}Q \to \int_Q \frac{\partial p}{\partial r}\varphi \mathrm{d}Q。$$

对上式分部积分并注意到引理 2.1.1 的式(2.1.23)，可以得到，当 $n\to+\infty$ 时，

$$-\int_Q \frac{\partial \varphi}{\partial r}p_n \mathrm{d}Q + \int_{\Omega_T}[(p_n\varphi)(A,t,x)-(p_n\varphi)(0,t,x)]\mathrm{d}t\mathrm{d}x$$

$$\to -\int_Q \frac{\partial \varphi}{\partial r}p \mathrm{d}Q + \int_{\Omega_T}[(p\varphi)(A,t,x)-(p\varphi)(0,t,x)]\mathrm{d}t\mathrm{d}x。$$

由 Φ_1 定义式(3.1.20)中的 $\varphi(A,t,x)=0$，$\dfrac{\partial\varphi}{\partial r}\in V'$ 及式(3.1.26)，可从上式推得式(3.1.53)。

对于任意给定的 $\varphi\in\Phi_1$，由引理 2.1.1 可推得 $\varphi(0,\cdot,\cdot)\in L^2(\Omega_T)$，$\varphi(0,\cdot,\cdot)\in L^2(Q)$。由假设条件($\mathrm{H}_1$)中关于 β 的假设和式(3.1.25)的前半部分可推得，当 $n\to+\infty$ 时，

$$\left|\int_{\Omega_T}\left[\int_0^A \beta p_n \mathrm{d}r\right]\varphi(0,t,x)\mathrm{d}t\mathrm{d}x - \int_{\Omega_T}\left[\int_0^A \beta p \mathrm{d}r\right]\varphi(0,t,x)\mathrm{d}t\mathrm{d}x\right|$$

$$\leqslant \bar{\beta}\left|\int_Q (p_n - p)\varphi(0,t,x)\mathrm{d}r\mathrm{d}t\mathrm{d}x\right| \to 0, \quad \forall \varphi \in \Phi_1。$$

即式(3.1.54)成立。

⑥ 证明当 $n\to+\infty$ 时，

$$\int_{\Omega_A}(p_n\varphi)(r,0,x)\mathrm{d}r\mathrm{d}x \to \int_{\Omega_A}(p\varphi)(r,0,x)\mathrm{d}r\mathrm{d}x, \quad \forall \varphi \in \Phi_1。\tag{3.1.55}$$

事实上，与式(3.1.53)的推导类似，由式(3.1.27)推得，对任意给定的 $\varphi\in\Phi\subset V\equiv V''$，

$$\int_Q \frac{\partial p_n}{\partial t}\varphi \mathrm{d}Q \to \int_Q \frac{\partial p}{\partial t}\varphi \mathrm{d}Q。$$

对上式分部积分并注意到 Φ_1 的定义(3.2.5)中的 $\varphi(r,T,x)=0$，$\dfrac{\partial\varphi}{\partial t}\in V'$ 及式(3.1.26)可以推得式(3.1.55)成立。

⑦ 证明当 $n\to+\infty$ 时，

$$\int_Q v_n p_n \varphi \mathrm{d}Q \to \int_Q up\varphi \mathrm{d}Q, \quad \forall \varphi \in \Phi。\tag{3.1.56}$$

在此之前，首先证明当 $n\to+\infty$ 时，

$$\int_Q v_n (p_n - p)\varphi \mathrm{d}Q \to 0, \quad \forall \varphi \in \Phi。\tag{3.1.57}$$

事实上，对任意给定的 $\varphi\in\Phi_1\subset V\subset L^2(Q)$，由式(3.1.13)或式(3.1.24)和式(3.1.25)可推得，当 $n\to+\infty$ 时，

$$\left|\int_Q v_n (p_n - p)\varphi \mathrm{d}Q\right| \leqslant \gamma\left|\int_Q (p_n - p)\varphi \mathrm{d}Q\right| \to 0,$$

即式(3.1.57)成立。

接下来，证明当 $n\to+\infty$ 时，

$$\int_Q v_n p_n \varphi \mathrm{d}Q \to \int_Q up\varphi \mathrm{d}Q, \quad \forall \varphi \in \Phi。\tag{3.1.58}$$

事实上，$(p\varphi)\in L^1(Q)$，由式(3.1.22)及 U 的性质(3.1.12)，推得

$$\int_Q (v_n-u)p\varphi \mathrm{d}Q \to 0,\quad \forall \varphi\in\Phi,$$

即式(3.1.58)成立。

由式(3.1.57)和式(3.1.58)可以推得式(3.1.56)成立，这是因为当 $n\to+\infty$ 时，

$$\int_Q v_n p_n\varphi \mathrm{d}Q=\int_Q v_n p\varphi \mathrm{d}Q+\int_Q v_n(p_n-p)\varphi \mathrm{d}Q\to\int_Q up\varphi \mathrm{d}Q+0,\quad \forall\varphi\in\Phi_1。$$

经过①～⑦的推导之后，现在我们来证明式(3.1.26)中的极限函数 $p\in V$ 是问题(3.1.1)～问题(3.1.5)在 v 取式(3.1.22)中的极限函数 $u\in U$ 时的广义解。由广义解的定义 3.1.1 及记号(3.1.28)可知，$p_n=p(v_n)$ 满足下面的积分恒等式：

$$\int_\Theta\langle Dp_n,\varphi\rangle \mathrm{d}r\mathrm{d}t+\int_Q(\mu+\zeta(N_n))p_n\varphi \mathrm{d}Q+k\int_Q\nabla p_n\cdot\nabla\varphi \mathrm{d}Q=-\int_Q v_n p_v\varphi \mathrm{d}Q,\quad\forall\varphi\in\Phi_1,\tag{3.1.59}$$

$$\int_{\Omega_T}(p_n\varphi)(0,t,x)\mathrm{d}t\mathrm{d}x=\int_{\Omega_T}\left[\int_0^A\beta p_n\mathrm{d}r\right]\varphi(0,t,x)\mathrm{d}t\mathrm{d}x,\quad\forall\varphi\in\Phi_1,\tag{3.1.60}$$

$$\int_{\Omega_A}(p_0\varphi)(r,0,x)\mathrm{d}r\mathrm{d}x=\int_{\Omega_A}p_0(r,x)\varphi(r,0,x)\mathrm{d}r\mathrm{d}x,\quad\forall\varphi\in\Phi_1,\tag{3.1.61}$$

$$N_n(t,x)=\int_0^A p_n(r,t,x)\mathrm{d}r。\tag{3.1.62}$$

在式(3.1.59)中令 $n\to+\infty$ 取极限，并结合式(3.1.44)～式(3.1.47)和式(3.1.56)可以推得，式(3.1.26)和式(3.1.22)中的极限函数 $p\in V$ 和 $u\in U$ 满足积分恒等式(3.1.40)。同样，在式(3.1.60)中令 $n\to+\infty$ 取极限，并结合式(3.1.53)和式(3.1.54)可以推得，上述的 $p\in V$ 和 $u\in U$ 满足式(3.1.41)；在式(3.1.61)中令 $n\to+\infty$ 取极限，并结合式(3.1.55)可以推得，上述的 $p\in V$ 和 $u\in U$ 满足式(3.1.42)；至于上述的 $p\in V$ 和 $u\in U$ 满足式(3.1.43)是显而易见的。因此，式(3.1.26)中的极限函数 $p(r,t,x)\in V$ 为问题(3.1.1)～问题(3.1.5)在 v 取式(3.1.22)中的极限函数 $u\in U$ 时的广义解。根据记号(3.1.7)有

$$p(r,t,x)=p(r,t,x;u)=p(u)。\tag{3.1.63}$$

下面的定理 3.1.3 表明，式(3.3.2)中的极限函数 $u\in U$ 即为所求的系统(P)在具有性能指标泛函(3.1.9)时关于问题(3.1.10)的最优收获控制，而$\{p(u),u\}$称为最优对。定理 3.1.2 证毕。

定理 3.1.3 设 $p(v)$ 是问题(3.1.1)～问题(3.1.5)的广义解，性能指标泛函 $J(v)$ 由式(3.1.9)给定，容许控制集合 U 由式(3.1.11)～式(3.1.12)或式(3.1.13)确定。$\{v_n\}$是极大化序列，$u\in U$ 是式(3.1.22)中的极限函数，即 $v_n\to u$ 在 $L^\infty(Q)$中弱星。则 $u\in U$ 就是系统(P)关于问题(3.1.10)的最优收获控制，即它满足等式

$$J(u)=\sup_{v\in U}J(v),\quad u\in U。\tag{3.1.64}$$

证明 由式(3.1.23)有

$$\lim_{n\to\infty}J(v_n)=\sup_{v\in U}J(v)<+\infty。$$

因此，由极限唯一性可知，要证明式(3.1.64)，只需证明当 $n\to+\infty$ 时，

$$J(v_n) \to \int_Q up\,\mathrm{d}Q = J(u), \quad u \in U。 \tag{3.1.65}$$

根据定义式(3.1.9),有

$$\begin{aligned} J(v_n) &= \int_Q v_n p_n \mathrm{d}Q, \\ |J(u) - J(v_n)| &= \left| \int_Q (up - v_n p_n) \mathrm{d}Q \right| \\ &\leqslant \left| \int_Q (u - v_n) p \mathrm{d}Q \right| + \left| \int_Q v_n (p - p_n) \mathrm{d}Q \right| \\ &= I_3(n) - I_4(n)。\end{aligned}$$

于是,由式(3.1.22)和 $p \in V \subset L^1(Q)$ 推得,当 $n \to +\infty$ 时,$I_3(n) \to 0$。而由式(3.1.23)、式(3.1.24)和式(3.1.11)推得 $v_n \in L^2(Q)$,且$\|v_n\|_{L^2(Q)} \leqslant \gamma_2 \operatorname{mes} Q = \gamma_3$。再注意到式(3.1.25)的后半部分,应用 Hölder 不等式可推得,当 $n \to +\infty$时,

$$I_4(n) = \gamma_3 \|p - p_n\|_{L^2(Q)} \to 0。$$

于是可得,当 $n \to +\infty$时,

$$|J(u) - J(v_n)| = \left| \int_Q (up - v_n p_n) \mathrm{d}Q \right| \to 0,$$

即式(3.1.64)成立。定理 3.1.3 证毕。

3.1.4 必要条件和最优性组

本节讨论 $u \in U$ 为系统(P)关于问题(3.1.10)的最优收获控制的必要条件和确定最优控制 $u \in U$ 的最优性组。

设 $v \in U, p(v) \in V$ 为问题(3.1.1)~问题(3.1.5)的广义解,非线性算子 $p \in M(U,V)$在 u 处沿方向$(v-u)$的 Gâteaux-微分记为 $\dot{p} = \dot{p}(u)(v-u)$[109,125],即

$$\begin{aligned} \dot{p} = \dot{p}(u)(v-u) &= \frac{\mathrm{d}}{\mathrm{d}\lambda} p(u + \lambda(v-u)) \big|_{\lambda=0} \\ &= \lim_{\lambda \to 0^+} \frac{1}{\lambda} [p(u + \lambda(v-u)) - p(u)]。\end{aligned} \tag{3.1.66}$$

引入记号:

$$\begin{cases} u_\lambda = u + \lambda(v - u), \quad 0 < \lambda < 1, \\ p_\lambda = p(u_\lambda), \quad p = p(u)。\end{cases} \tag{3.1.67}$$

因为 U 是凸集,所以当 $u, v \in U$ 时,有 $u_\lambda \in U$。

由记号(3.1.67),可推得

$$\begin{cases} \dfrac{\partial p_\lambda}{\partial r} + \dfrac{\partial p_\lambda}{\partial t} - k\Delta p_\lambda + \mu p_\lambda + \zeta(N_\lambda) p_\lambda = -u_\lambda p_\lambda, \quad \text{在 } Q \text{ 内}, \\ p_\lambda(0,t,x) = \displaystyle\int_0^A \beta p_\lambda \mathrm{d}r, \quad \text{在 } \Omega_T \text{ 内}, \\ p_\lambda(r,0,x) = p_0(r,x), \quad \text{在 } \Omega_A \text{ 内}, \\ p_\lambda(r,t,x) = 0, \quad \text{在 } \Sigma \text{ 上}, \\ N_\lambda(t,x) = \displaystyle\int_0^A p_\lambda(r,t,x) \mathrm{d}r, \quad \text{在 } \Omega_T \text{ 内} \end{cases} \tag{3.1.68}$$

和

$$\begin{cases}\dfrac{\partial p}{\partial r}+\dfrac{\partial p}{\partial t}-k\Delta p+\mu p+\zeta(N^*)p=-up, & \text{在 } Q \text{ 内},\\ p(0,t,x)=\displaystyle\int_0^A \beta p\,\mathrm{d}\lambda, & \text{在 } \Omega_T \text{ 内},\\ p(r,0,x)=p_0(r,x), & \text{在 } \Omega_A \text{ 内},\\ p(r,t,x)=0, & \text{在 } \Sigma \text{ 上},\\ N^*(t,x)=\displaystyle\int_0^A p(r,t,x)\mathrm{d}r, & \text{在 } \Omega_T \text{ 内}。\end{cases} \tag{3.1.69}$$

将式(3.1.68)减式(3.1.69),并将所得方程两端除 $\lambda>0$,令 $\lambda\to0^+$ 取极限,同时注意到记号式(3.1.66)和式(3.1.67),可以推得

$$\begin{cases}\dfrac{\partial \dot p}{\partial r}+\dfrac{\partial \dot p}{\partial t}-k\Delta \dot p+\mu \dot p+\zeta(N^*)\dot p+\zeta_N(N^*)p\displaystyle\int_0^A \dot p\,\mathrm{d}r=-u\dot p-(v-u)p, & \text{在 } Q \text{ 内},\\ \dot p(0,t,x)=\displaystyle\int_0^A \beta \dot p\,\mathrm{d}r, & \text{在 } \Omega_T \text{ 内},\\ \dot p(r,0,x)=0, & \text{在 } \Omega_A \text{ 内},\\ \dot p(r,t,x)=0, & \text{在 } \Sigma \text{ 上},\\ \dot N(t,x)=\displaystyle\int_0^A \dot p\,\mathrm{d}r, & \text{在 } \Omega_T \text{ 内},\\ N^*(t,x)=\displaystyle\int_0^A p(r,t,x)\mathrm{d}r。\end{cases} \tag{3.1.70}$$

注　在式(3.1.70)的推导过程中,应用了如下结果:当 $\lambda\to0^+$ 时,

$$\int_Q [p(u+\lambda(v-u))-p(u)]\varphi \mathrm{d}Q\to0,\quad \forall\varphi\in V\subset L^2(Q)。\tag{3.1.71}$$

而式(3.1.71)是成立的,因为同式(3.1.25)的证明类似,可以证明当 $u_\lambda\to u$ 在 $L^\infty(Q)$ 中弱星时有 $p(u_\lambda)\to p(u)$ 在 $L^2(Q)$ 中弱。而由 $\lambda\to0^+$ 可以推得 $u_\lambda\to u$ 在 $L^\infty(Q)$ 中弱星。事实上,由弱星收敛的定义(3.1.12),只需证明当 $\lambda\to0^+$ 时,

$$\int_Q (u_\lambda-u)\varphi\mathrm{d}Q\to0,\quad \forall\varphi\in L^1(Q)。$$

而由 u_λ 的定义(3.1.68)和 $p=1,p'=+\infty$ 的 Hölder 不等式可推得,当 $\lambda\to0^+$ 时,

$$\begin{aligned}\left|\int_Q (u_\lambda-u)\varphi\mathrm{d}Q\right|&=\left|\int_Q [u+\lambda(v-u)-u]\varphi\mathrm{d}Q\right|\leqslant\int_Q |\lambda(v-u)\varphi|\,\mathrm{d}Q\\&\leqslant\lambda\|v-u\|_{L^\infty(Q)}\cdot\|\varphi\|_{L^1(Q)}\to0,\end{aligned}$$

问题(3.1.70)容许唯一解 $\dot p\in V$。事实上,由于函数 $f(r,t,x)=(v-u)p\in V'$ 及假设条件(H_3)关于 $|\zeta_{yy}(r,t,x;y)|\leqslant C_2$ 的假设,所以问题(3.1.70)与问题(3.1.1)~问题(3.1.5)是同一类型的问题,用证明定理 3.1.1 的方法可以证明问题(3.1.70)在 V 中存在唯一的广义解 $\dot p$。

现在我们来导出最优收获控制 $u\in U$ 为最优的必要条件。

定理 3.1.4　若 $u\in U$ 是系统(P)关于问题(3.1.10)的最优收获控制,则 $u\in U$ 满足下面

的不等式：

$$-\int_Q [u\dot{p}+(v-u)p]\mathrm{d}Q \geqslant 0, \quad \forall v \in U, \tag{3.1.72}$$

即 $u\in U$ 为系统(P)的最优收获控制的必要条件是 u 满足不等式(3.1.72)。

证明 由性能指标泛函 $J(v)$ 的结构式(3.1.9)，$u\in U$ 为最优收获控制，u_λ，p_λ 的记号(3.1.68)及 $0<\lambda<1$，可推得

$$\begin{aligned}\frac{1}{\lambda}[J(u)-J(u_\lambda)] &= \frac{1}{\lambda}\int_Q (up-u_\lambda p_\lambda)\mathrm{d}Q \\ &= \frac{1}{\lambda}\int_Q [up-(u+\lambda(v-u))p(u+\lambda(v-u))]\mathrm{d}Q \\ &= \int_Q(-u)\left[\frac{p(u+\lambda(v-u))-p(u)}{\lambda}\right]\mathrm{d}Q-\int_Q \frac{\lambda(v-u)p(u+\lambda(v-u))}{\lambda}\mathrm{d}Q \\ &= -J_1(\lambda)-J_2(\lambda)\geqslant 0。\end{aligned} \tag{3.1.73}$$

在式(3.1.73)中令 $\lambda\to 0^+$ 取极限，并注意到 $\dot{p}$ 的定义式(3.4.1)，可推得

$$\lim_{\lambda\to 0^+} J_1(\lambda)=\lim_{\lambda\to 0^+}\int_Q u\,\frac{p(u+\lambda(v-u))-p(u)}{\lambda}\mathrm{d}Q=\int_Q u\dot{p}\,\mathrm{d}Q, \tag{3.1.74}$$

$$\lim_{\lambda\to 0^+} J_2(\lambda)=\lim_{\lambda\to 0^+}\lambda\int_Q (v-u)\,\frac{p(u+\lambda(v-u))}{\lambda}\mathrm{d}Q=\int_Q (v-u)p(u)\mathrm{d}Q, \tag{3.1.75}$$

式(3.1.74)显然是成立的。事实上，由定义式(3.1.66)有

$$\begin{aligned}&\lim_{\lambda\to 0^+} J_2(\lambda)-\int_Q (v-u)p(u)\mathrm{d}Q \\ &=\lim_{\lambda\to 0^+}\left[\lambda\int_Q (v-u)\cdot\frac{p(u+\lambda(v-u))-p(u)}{\lambda}\mathrm{d}Q\right] \\ &=\left[\lim_{\lambda\to 0^+}\lambda\right]\cdot\left[\lim_{\lambda\to 0^+}\int_Q (v-u)\,\frac{p(u+\lambda(v-u))-p(u)}{\lambda}\mathrm{d}Q\right] \\ &=0\cdot\int_Q (v-u)\dot{p}\,\mathrm{d}Q=0,\end{aligned}$$

即式(3.1.75)成立。由式(3.1.73)～式(3.1.75)可以推得式(3.1.72)成立。由此可见，收获控制 $u\in U$ 为最优的必要条件是它满足式(3.1.72)。定理 3.1.4 证毕。

下面我们导出确定最优控制 $u\in U$ 的最优性组。为此需要变换不等式(3.1.72)，用下列方程：

$$-\frac{\partial q}{\partial r}-\frac{\partial q}{\partial t}-k\Delta q+(\mu+\zeta(N^*)+u)q-\beta(r,t,x)q(0,t,x)+$$

$$\int_0^A \zeta_N(N^*)pq(\xi,t,x)\mathrm{d}\xi=-u, \quad 在\ Q\ 内, \tag{3.1.76}$$

$$q(A,t,x)=0, \quad 在\ \Omega_T\ 内, \tag{3.1.77}$$

$$q(r,T,x)=0, \quad 在\ \Omega_A\ 内, \tag{3.1.78}$$

$$q(r,t,x)=0, \quad 在\ \Sigma\ 上, \tag{3.1.79}$$

$$N^*(t,x)=\int_0^A p(r,t,x)\mathrm{d}r, \quad 在\ \Omega_T\ 上 \tag{3.1.80}$$

定义伴随状态 $q(r,t,x;u)=q(u)$。

上述问题(3.1.76)～问题(3.1.80)容许唯一解 $q(u)\in V$。这是由下面定理 3.1.5 给

出的。

定理 3.1.5　若定理 3.1.4 的条件成立，$u\in U$ 是系统(P)的最优控制，$p(u)\in V$ 是问题(3.1.1)～问题(3.1.5)的广义解，则伴随问题(3.1.76)～问题(3.1.80)存在唯一的广义解 $q(u)\in V, Dq(u)\in V'$。

证明　引入变换

$$\begin{cases} r=A-r', t=T-t', \\ q(r,t,x)=q(A-r',T-t',x)\equiv\psi(r',t',x), \\ \mu(r,t,x)=\mu(A-r',T-t',x)\equiv\mu_1(r',t',x), \\ \zeta(r,t,x;N^*)=\zeta(A-r',T-t',x;N^*)\equiv\zeta_1(r',t',x;N^*), \\ \beta(r,t,x)=\beta(A-r',T-t',x)\equiv\beta_1(r',t',x), \\ u(r,t,x)=u(A-r',T-t',x)\equiv u_1(r',t',x), \\ N^*(t,x)=\int_0^A p(r,t,x)\mathrm{d}r=\int_0^A p(r,T-t',x)\mathrm{d}r=N_1^*(t',x), \end{cases} \tag{3.1.81}$$

则问题(3.1.76)～问题(3.1.80)变换为下面的问题：

$$\begin{cases} \dfrac{\partial\psi}{\partial r'}+\dfrac{\partial\psi}{\partial t'}-k\Delta\psi+\mu_1+\zeta_1(N_1^*)-\beta_1(r',t',x)\psi(A,t',x)+ \\ \displaystyle\int_0^A \zeta_{1N}(N_1^*)p\psi(\xi,t',x)\mathrm{d}\xi=-u_1(r',t',x), \quad \text{在 } Q \text{ 内}, \\ \psi(0,t',x)=0, \quad \text{在 } \Omega_T \text{ 内}, \\ \psi(r',0,x)=0, \quad \text{在 } \Omega_A \text{ 内}, \\ \psi(r',t',x)=0, \quad \text{在 } \Sigma \text{ 上}, \\ N_1^*(t',x)=\displaystyle\int_0^A p(\xi,T-t',x)\mathrm{d}\xi。 \end{cases} \tag{3.1.82}$$

由于我们要求 $\psi\in V, D\psi\in V'$，因而由引理 1.1.1，迹映射 $\psi(r',t',x)\to\psi(A,t',x)$ 在 $(V\times V')\to L^2(\Omega_T)$ 中是连续线性的，及假设条件(H_3)中 ζ_{yy} 连续且有界，可推得问题(3.1.82)与问题(3.1.1)～问题(3.1.5)是同一类型的问题。因此，用证明定理 3.1.1 的方法可以证明问题(3.1.82)存在唯一的广义解 $\psi\in V, D\psi\in V'$。由变换(3.1.81)可知，伴随问题(3.1.76)～问题(3.1.80)存在唯一的广义解 $q(u)\in V, Dq(u)\in V'$。定理 3.1.5 证毕。

用 $\dot{p}$ 乘式(3.1.76)并在 Q 上积分，可得

$$-\int_Q u\dot{p}\,\mathrm{d}Q=\int_Q\Big[\frac{\partial q}{\partial r}+\frac{\partial q}{\partial t}-k\Delta q+(\mu+\zeta(N^*)+u)q- \\ \beta(r,t,x)q(0,t,x)+\int_0^A\zeta_N(N^*)pq(\xi,t,x)\mathrm{d}\xi\Big]\mathrm{d}Q。$$

在上式等号右边对(r,t)分部积分，对 x 应用格林公式，并注意到式(3.1.70)和式(3.1.77)～式(3.1.80)可得

$$-\int_Q u\dot{p}\,\mathrm{d}Q=\int_Q\Big[\frac{\partial\dot{p}}{\partial r}+\frac{\partial\dot{p}}{\partial t}-k\Delta\dot{p}+(\mu+\zeta(N^*)+u)\dot{p}+\zeta_N(N^*)p\int_0^A\dot{p}\,\mathrm{d}r\Big]q\,\mathrm{d}Q \\ \equiv-\int_Q(v-u)\mathrm{d}Q,$$

即

$$\int_Q u\dot{p}\,\mathrm{d}Q=\int_Q (v-u)p(u)q(u)\,\mathrm{d}Q。\tag{3.1.83}$$

由于式(3.1.83),因此式(3.1.72)等价于下面的变分不等式

$$-\int_Q [(v-u)p(u)q(u)+(v-u)p(u)]\mathrm{d}Q\geqslant 0,$$

即

$$\int_Q (1+q(u))p(u)(u-v)\,\mathrm{d}Q\geqslant 0,\quad \forall\, v\in U。\tag{3.1.84}$$

上式的积分表示 $L^1(Q)$与 $L^\infty(Q)$两者之间的对偶积。由于 $q(u),p(u)\in L^2(Q)$,因此

$$(u-v)\in L^\infty(Q),\quad (1+q(u))p(u)\in L^1(Q)。$$

定理 3.1.5 证毕。

综上所述,可以得到本节另一个重要结论。

定理 3.1.6 设 $p(u)\in V$ 是由问题(3.1.1)~问题(3.1.5)的解所描述的系统(P)的状态,性能指标 J 由式(3.1.9)给出,容许控制集合 U 由式(3.1.76),式(3.1.77)或式(3.1.78)确定,若 $u\in U$ 为系统(P)关于问题(3.1.75)的最优控制,则 $u\in U$ 由半线性偏微分方程(3.1.1)~方程(3.1.5)(其中 $v=u$)、伴随方程(3.1.76)~方程(3.1.80)及变分不等式(3.1.84)所构成的最优性组的联立解$\{u,p,q\}$所确定。

本节具体内容,可详见本书著者论文[126]。

3.2 具有最终状态观测的半线性种群扩散系统的最优生育率控制

3.2.1 问题的陈述

本节讨论如下的与年龄相关的半线性时变种群扩散系统(P):

$$\begin{cases}\dfrac{\partial p}{\partial r}+\dfrac{\partial p}{\partial t}-k\Delta p+\mu_0(r,t,x)p+\mu_e(r,t,x;N)p\\ =f(r,t,x),\quad 在\ Q=(0,A)\times(0,T)\times\Omega\ 内, & (3.2.1)\\ p(0,t,x)=\displaystyle\int_0^A\beta(r,t,x)p(r,t,x)\mathrm{d}r,\quad 在\ \Omega_T=(0,T)\times\Omega\ 内, & (3.2.2)\\ p(r,0,x)=p_0(r,x),\quad 在\ \Omega_A=(r,x)\in(0,A)\times\Omega\ 内, & (3.2.3)\\ p(r,t,x)=0,\quad 在\ \Sigma=(0,A)\times(0,T)\times\partial\Omega\ 上, & (3.2.4)\\ N=N(t,x)=\displaystyle\int_0^A p(r,t,x)\mathrm{d}r,\quad 在\ \Omega_T=(0,T)\times\Omega\ 内。 & (3.2.5)\end{cases}$$

其中,$r\in[0,A]$表示年龄;$t\in[0,t]$表示时间;T 是某个固定时刻,$0<T<+\infty$;$x\in\Omega$ 表示空间位置,$\Omega\subset\mathbb{R}^N(1\leqslant N\leqslant 3)$是具有光滑边界$\partial\Omega$ 的有界区域;$p(r,t,x)\geqslant 0$ 是 t 时刻年龄为 r 的种群在空间点 x 处的年龄-空间密度;$p_0(r,x)$是种群年龄-空间密度的初始分布;常数 $k>0$ 是种群的空间扩散系数;$\mu_0(r,t,x)$是种群的自然死亡率; $\mu_e(r,t,x;N)$是种群的外界死亡率,它依赖于 N,有时简记为 $\mu_e(N)$,它反映的是由于外部生态环境恶化如拥挤程度等对种群动态过程造成的实际影响;$\beta(r,t,x)$是种群的生育率函数; $f(r,t,x)$是 t 时刻

年龄为 r 的种群在空间点 x 处的外部扰动函数，如迁移、地震等突发性灾害所造成的死亡率等；$A>0$ 是种群个体所能活到的最高岁数，因而当 $r\geqslant A$ 时，

$$p(r,t,x)=0。\tag{3.2.6}$$

式(3.2.4)表示区域 Ω 的边界 $\partial\Omega$ 为非常不适宜于种群生存的。

在数学上，式(3.2.1)，式(3.2.2)是关于系统(P)的状态变量 p 的由偏微分方程(3.2.1)和积分方程(3.2.2)相耦合而成的积分-偏微分方程组的初边值问题，生育率函数 β 是控制变量，称为生育率控制。系统(P)的状态函数 $p(r,t,x)$ 依赖于控制量 β，所以记为

$$p(r,t,x)=p(r,t,x;\beta)=p(\beta)。\tag{3.2.7}$$

上式表明，$p(\beta)$是关于 β 的非线性函数。

设 $z_d\in L^2(\Omega_A)$是人们所期望的种群年龄-空间密度在 Ω_A 上的理想分布，因此所研究的种群系统(P)的实际问题是：

$$\begin{cases}\text{选取适当的控制量 }\beta\text{，使得对于给定的 }T>0\text{，种群的年龄-空间密度函数}\\ p(r,T,x;\beta)\text{尽可能地逼近 }z_d(r,x)\text{，且控制量 }\beta\text{ 尽可能地小。}\end{cases}\tag{3.2.8}$$

为此我们引入如下的性能指标泛函 $J(\beta)$：

$$J(\beta)=\frac{1}{2}\int_{\Omega_A}|p(r,T,x;\beta)-z_d(r,x)|^2\mathrm{d}r\mathrm{d}x+\rho\|\beta\|_{L^\infty(Q)},\tag{3.2.9}$$

其中，常数 $\rho>0$。

由式(3.2.9)中等号右边第一项可见，观测空间为 $L^2(\Omega_A)$，最终状态为 $p(r,T,x;\beta)$。因此本节中的问题称为具有最终状态观测的非线性种群扩散系统的最优生育率控制问题。

上述种群系统(P)关于生育率函数的实际控制问题(3.2.8)可以抽象为如下的数学问题：求 $\beta^*\in U_{ad}$满足

$$J(\beta^*)=\inf_{\beta\in U_{ad}}J(\beta),\tag{3.2.10}$$

其中

$$U_{ad}=L^\infty(Q)\text{ 中的凸集，}\quad\text{它在 }L^1(Q)\text{ 的对偶的弱拓扑是闭的。}\tag{3.2.11}$$

换言之，其中的拓扑是“弱星拓扑”，即若 $\beta_n\in U_{ad}$，

$$\int_Q\beta_n(r,t,x)h(r,t,x)\mathrm{d}Q\to\int_Q\beta(r,t,x)h(r,t,x)\mathrm{d}Q,\quad\forall h\in L^1(Q),\tag{3.2.12}$$

则 $\beta\in U_{ad}$，简记为 $\beta_n\to\beta$ 在 U_{ad} 中弱星。

问题(3.2.10)中的 $\beta^*\in U_{ad}$ 称为系统(P)的最优生育率控制，而相应的$\{\beta^*,p(\beta^*)\}$则被称为最优对。

状态方程(3.2.1)～方程(3.2.5)，性能指标泛函(3.2.9)和极小化问题(3.2.10)就构成了与年龄相关的半线性种群扩散系统最优生育率控制问题的数学模型。

文献[57]讨论了系统(P)与年龄无关的线性情形，即对抛物偏微分方程初边值问题所描述的种群扩散系统的生育率控制问题进行了讨论。文献[122]在 μ_e 不依赖于 $N(t,x)$的情形下，讨论了具有最终状态观测的与年龄相关的时变线性种群扩散系统(P)的最优生育率控制问题；文献[127]在 μ_e 不依赖于 $N(t,x)$的情形下，证明了具有分布观测的与年龄相关的线性时变种群系统(P)的最优生育率控制的存在性。

本节将对系统(P)在 μ_e 依赖于 $N(t,x)$的一般情形下进行讨论，具体讨论具有最终状态观测的与年龄相关的半线性时变种群扩散系统的最优生育率控制问题，这是一个值得研

究的问题。我们将运用类似于文献[126]中的证明方法，即积分-偏微分方程和泛函分析理论以及变分不等式方法，证明系统(P)最优生育率控制的存在性，得到生育率控制为最优的必要条件和确定最优控制的最优性组，最优性组由非线性积分-偏微分方程组和变分不等式所构成，所得结论可为种群系统最优控制问题的实际研究提供理论基础。

3.2.2 系统(P)广义解的存在唯一性

系统(P)的状态是由问题(3.2.1)～问题(3.2.5)的解 $p(r,t,x)$ 来描述的，它的存在唯一性是讨论系统(P)最优控制问题的基础。为确定广义解的概念，首先引入一些记号[108]：

设 $H^1(\Omega)$ 是 Ω 上的一阶 Sobolev 空间，即

$$H^1(\Omega)=\left\{\varphi \mid \varphi\in L^2(\Omega),\frac{\partial\varphi}{\partial x_i}\in L^2(\Omega),i=1,2,\cdots,N,\frac{\partial\varphi}{\partial x_i}\text{是广义函数意义下的偏导数}\right\},$$

它是具有范数

$$\|\varphi\|_{H^1(\Omega)}=\left[\|\varphi\|^2_{L^2(\Omega)}+\sum_{i=1}^{N}\left\|\frac{\partial\varphi}{\partial x_i}\right\|^2_{L^2(\Omega)}\right]^{\frac{1}{2}}$$

的 Hilbert 空间。$H_0^1(\Omega)$ 是 $H^1(\Omega)$ 中满足条件 $\varphi\big|_{\partial\Omega}=0$ 的所有元素组成的子空间。$\langle\cdot,\cdot\rangle$ 表示 $H_0^1(\Omega)$ 和它的对偶空间 $H^{-1}(\Omega)$ 的对偶积。

$V=L^2(\Theta;H_0^1(\Omega))$ 表示定义在 Θ 上，取值在 $H_0^1(\Omega)$ 中，并使得

$$\int_\Theta\|\varphi(r,t,\cdot)\|^2_{H_0^1(\Omega)}\mathrm{d}r\mathrm{d}t<+\infty$$

的函数(等价类)空间，它是具有范数

$$\|\varphi\|_V=\left[\int_\Theta\|\varphi(r,t,\cdot)\|^2_{H_0^1(\Omega)}\mathrm{d}r\mathrm{d}t\right]^{\frac{1}{2}}$$

的 Hilbert 空间。

$V'=V$ 的对偶空间$=L^2(\Theta;H^{-1}(\Omega))$，$\Theta=(0,A)\times(0,T)$，$(\cdot,\cdot)$表示 V 和 V' 的对偶积。$D=\frac{\partial}{\partial t}+\frac{\partial}{\partial r}$。

引入检验函数空间 Φ：

$$\Phi=\left\{\varphi\,\middle|\,\varphi\in C^1(Q),\varphi\big|_\Sigma=0,\varphi(A,t,x)=\varphi(r,T,x)=0\right\}。\tag{3.2.13}$$

定义 3.2.1[55] 若函数 $p\in V$ 满足下面的积分恒等式：

$$\begin{aligned}&\int_Q[p(-D\varphi)+(\mu_0+\mu_e(N))p\varphi+k\nabla p\cdot\nabla\varphi]\mathrm{d}Q\\&=\int_{\Omega_A}p_0(r,x)\varphi(r,0,x)\mathrm{d}r\mathrm{d}x+\int_{\Omega_T}\left[\int_0^A\beta p\,\mathrm{d}r\right]\varphi(0,t,x)\mathrm{d}t\mathrm{d}x+\int_Q f\varphi\mathrm{d}Q,\quad\forall\varphi\in\Phi,\end{aligned}\tag{3.2.14}$$

则称函数 $p\in V$ 为问题(3.2.1)～问题(3.2.5)的广义解。上述积分恒等式实际上是由问题(3.2.1)～问题(3.2.5)利用分部积分公式导出的。

由于 Φ 在 V 中稠，所以对于任意的 $\varphi\in V$，积分恒等式(3.2.14)仍然成立，因而有与定义 3.2.1 等价的定义 3.2.2。

定义 3.2.2[55] 函数 $p\in V$ 是问题(3.2.1)～问题(3.2.5)在定义 3.2.1 意义下的广义解，

当且仅当 $p\in V$ 满足下面的积分恒等式：

$$\int_{\theta}\langle Dp,\varphi\rangle \mathrm{d}r\mathrm{d}t+\int_{Q}[k\nabla p\nabla\varphi+(\mu_0+\mu_e(N))p\varphi]\mathrm{d}Q=\int_{Q}f\varphi\mathrm{d}Q,\quad \forall\varphi\in V, \tag{3.2.15}$$

$$\int_{\Omega_T}(p\varphi)(0,t,x)\mathrm{d}t\mathrm{d}x=\int_{\Omega_T}\left[\int_0^A\beta p\mathrm{d}r\right]\varphi(0,t,x)\mathrm{d}t\mathrm{d}x,\quad \forall\varphi\in\Phi, \tag{3.2.16}$$

$$\int_{\Omega_A}(p\varphi)(r,0,x)\mathrm{d}r\mathrm{d}x=\int_{\Omega_A}p_0(r,x)\varphi(r,0,x)\mathrm{d}r\mathrm{d}x,\quad \forall\varphi\in\Phi。 \tag{3.2.17}$$

本节始终假设下面的条件成立。

$$(\mathrm{H}_1)\begin{cases}\beta(r,t,x)\text{ 是 }Q\to\mathbb{R}^+\text{上的可测函数},\\ 0\leqslant\beta(r,t,x)\leqslant\bar{\beta}(\text{常数})<+\infty,\quad \text{a.e.在 }Q\text{ 内},\\ \int_0^A\beta^2\mathrm{d}r\leqslant C_0<+\infty,\quad \text{a.e.在 }\Omega_T\text{ 内};\end{cases}$$

$$(\mathrm{H}_2)\begin{cases}\mu_0(r,t,x)\geqslant 0,\quad \text{a.e.在 }Q\text{ 内},\\ \mu_0(r,t,x)\text{ 关于}(t,x)\text{ 在 }\Omega_T\text{ 上连续},\\ \mu_0(\cdot,t,x)\in L^\infty_{\mathrm{loc}}([0,A)),\quad \int_0^A\mu_0(r,t,x)\mathrm{d}r=+\infty;\end{cases}$$

$$(\mathrm{H}_3)\begin{cases}0\leqslant p_0(r,x)\leqslant\bar{p}_0,\quad \text{a.e.在 }\Omega_A\text{ 内},\\ p_0(x)=\int_0^A p_0(r,x)\mathrm{d}r\leqslant C_1,\quad \text{a.e.在 }\Omega\text{ 内},\\ p_0\in L^2(\Omega_A),\nabla p_0\in L^2(\Omega_A);\end{cases}$$

(H_4) 常数 $k>0$，　$f\in L^2(Q)$；

$$(\mathrm{H}_5)\begin{cases}\mu_e(r,t,x;y)\text{ 定义在 }Q\times\mathbb{R}^+\text{上},\quad \text{且关于}(r,t,x)\text{ 连续},\\ \mu_e(r,t,x;y)\text{ 关于 }y\text{ 两次连续可微},\\ 0\leqslant\mu_e(r,t,x;y),\ |\mu_{ey}(r,t,x;y)|,\ |\mu_{eyy}(r,t,x;y)|\leqslant C_2。\end{cases}$$

在给出系统(P)即问题(3.2.1)～问题(3.2.5)广义解的存在唯一性定理之前，先引出几个引理。

引理 3.2.1[126]　若 $p_n\in V,Dp_n\in V'$，且 $\{p_n\}$ 和 $\left\{\dfrac{\partial p_n}{\partial t}\right\}$ 分别在 V 和 V' 中一致有界，则 $\{p_n\}$ 为 $L^2(Q)$ 中的列紧集，即当 $n\to+\infty$ 时，

$$p_n\to p\text{ 在 }L^2(Q)\text{ 中强},\quad p\in L^2(Q)。 \tag{3.2.18}$$

引理 3.2.2[55]　设 $p(r,t,x)$ 和 Dp 分别是 V 和 V' 中的函数，则有

$$\begin{cases}p(r,t,x)\in C^0([0,A];L^2(\Omega_T)),\\ p(r,t,x)\in C^0([0,A];L^2(\Omega_A))。\end{cases} \tag{3.2.19}$$

式(3.2.19)蕴含下面的迹映射

$$p(0,\cdot,\cdot),p(A,\cdot,\cdot)\in L^2(\Omega_T),\quad p(\cdot,0,\cdot),p(\cdot,T,\cdot)\in L^2(\Omega_A),$$

且

$$\{p,Dp\}\to p\text{ 在 }V\times V'\to L^2(\Omega_T)\text{ 或 }L^2(\Omega_A)\text{ 中是连续的。}$$

由引理 3.2.2 可知，积分恒等式(3.2.15)～式(3.2.17)有意义。

定理 3.2.1[73]　若假设条件(H_1)～条件(H_5)成立，则问题(3.2.1)～问题(3.2.5)在 V 中

存在一个广义解 $p(\beta)$。

定理 3.2.2[74] 若假设条件(H_1)~条件(H_5)成立,则问题(3.2.1)~问题(3.2.5)在 V 中至多存在一个广义解 $p(\beta)$。

注 在文献[73]中,$S(t,x;v)=\int_0^A v(r,t,x)p(r,t,x)\mathrm{d}r$,令 $v(r,t,x)=1$,则有

$$S(t,x;1)=\int_0^A p(r,t,x)\mathrm{d}r=N(t,x)。$$

利用文献[73],文献[74]中的定理 3.2.1 的完全类似的推导方法可证明定理 3.2.1 和定理 3.2.2,或者说令 $v\equiv 1$,即可从文献[73],文献[74]推得定理 3.2.1 和定理 3.2.2 成立。

3.2.3 最优生育率控制的存在性

本小节讨论最优收获控制的存在性。

定理 3.2.3 设 $p(\beta)\in V$ 为问题(3.2.1)~问题(3.2.5)所支配的系统(P)的状态,容许控制集合 U_{ad} 由式(3.2.11)给出,性能指标泛函 $J(\beta)$ 由式(3.2.9)给定,则在 U_{ad} 中存在一个最优生育率控制 β^*,使得

$$J(\beta^*)=\inf_{\beta\in U_{ad}} J(\beta)。$$

证明 设 $\{\beta_n\}\subset U_{ad}$ 为问题(3.2.10)的极小化序列,使得当 $n\to\infty$ 时

$$J(\beta_n)\to\inf_{\beta\in U_{ad}} J(\beta), \tag{3.2.20}$$

由极限(3.2.20)可知,对任意给定的 $\varepsilon>0$,存在 $N(\varepsilon)>0$,当 $n\geqslant N(\varepsilon)$ 时,有

$$J(\beta_n)<\inf_{\beta\in U_{ad}} J(\beta)+\varepsilon=M_0>0。$$

而由 $J(\beta_n)$ 的结构式(3.2.9),有 $\|\beta_n\|_{L^\infty(Q)}\leqslant\rho^{-1}J(\beta_n)<\rho^{-1}M_0$,因此推得

$$\|\beta_n\|_{L^\infty(Q)}\leqslant C_3(\text{常数}),\quad n=1,2,3,\cdots。\tag{3.2.21}$$

为了清晰起见,下面证明我们分几步来完成。

(1) 证明存在 $\beta^*\in U_{ad}$,使得当 $n\to\infty$ 时,

$$\beta_n\to\beta^*\ \text{在}\ L^\infty(Q)\ \text{中弱星},\quad \beta^*\in U_{ad}。\tag{3.2.22}$$

由于 $L^1(Q)$ 是可分的 Banach 空间且其对偶空间为 $L^\infty(Q)$,则由 Alaoglu 定理[125]及 β_n 在 $L^\infty(Q)$ 中的一致有界性(3.2.21)可知,存在 $\{\beta_n\}$ 的一个子序列,仍记作 $\{\beta_n\}$,使得式(3.2.22)前半部分成立。而由 U_{ad} 的定义式(3.2.11)和式(3.2.12)可知,U_{ad} 在 $L^\infty(Q)$ 的弱星拓扑是闭的,因而有 $\beta^*\in U_{ad}$,即式(3.2.22)中的后半部分成立。因此式(3.2.22)成立。

(2) 证明存在 $p\in V, Dp\in V'$,使得 $\beta_n\to\beta^*$ 在 U_{ad} 中弱星,即当 $n\to\infty$ 时,

$$p_n\to p,\quad \text{在}\ V\ \text{中弱},\quad p\in V,\tag{3.2.23}$$

$$Dp_n\to Dp,\quad \text{在}\ V'\ \text{中弱},\quad Dp\in V',\tag{3.2.24}$$

$$p_n\to p,\quad \text{在}\ L^2(Q)\ \text{中强}。\tag{3.2.25}$$

根据记号(3.2.7),函数

$$p_n=p(\beta_n)=p(r,t,x;\beta_n)\tag{3.2.26}$$

为问题(3.2.1)~问题(3.2.5)对应于 $\beta=\beta_n$ 和 $N=N_n$ 在 V 中的广义解,其中

$$N_n(t,x)=\int_0^A p_n(r,t,x)\mathrm{d}r。\tag{3.2.27}$$

根据定义 3.2.2 可知，p_n 满足下面恒等式：

$$\int_{\Theta}\langle Dp_n,\varphi\rangle \mathrm{d}r\mathrm{d}t+\int_Q[k\nabla p_n\cdot\nabla\varphi+(\mu_0+\mu_e(N))p_n\varphi]\mathrm{d}Q=\int_Q f\varphi\mathrm{d}Q,\quad \forall\varphi\in V,\tag{3.2.28}$$

$$\int_{\Omega_T}(p_n\varphi)(0,t,x)\mathrm{d}t\mathrm{d}x=\int_{\Omega_T}\left[\int_0^A\beta p_n\mathrm{d}r\right]\varphi(0,t,x)\mathrm{d}t\mathrm{d}x,\quad \forall\varphi\in\Phi,\tag{3.2.29}$$

$$\int_{\Omega_A}(p_n\varphi)(r,0,x)\mathrm{d}r\mathrm{d}x=\int_{\Omega_A}p_0(r,x)\varphi(r,0,x)\mathrm{d}r\mathrm{d}x,\quad \forall\varphi\in\Phi,\tag{3.2.30}$$

$$N_n(t,x)=\int_0^A p_n(r,t,x)\mathrm{d}r,\quad \text{在 } \Omega_T \text{ 内。}\tag{3.2.31}$$

令 $\varphi=p_n$，由恒等式(3.2.28)和引理 3.2.1 可知，对于任意的 $t\in[0,T]$，均有

$$\int_{\Omega_A}(Dp_n)p_n(r,t,x)\mathrm{d}r\mathrm{d}x-k\int_{\Omega_A}|\nabla p_n|^2\mathrm{d}r\mathrm{d}x+\int_{\Omega_A}[\mu_0+\mu_e(N)p_n^2(r,t,x)]\mathrm{d}r\mathrm{d}x$$
$$=\int_{\Omega_A}fp_n(r,t,x)\mathrm{d}r\mathrm{d}x。\tag{3.2.32}$$

对上式左边第一项分部积分，可得

$$\frac{1}{2}\frac{\mathrm{d}}{\mathrm{d}t}\|p_n\|^2_{L^2(\Omega_A)}+\frac{1}{2}\int_\Omega[p_n^2(A,t,x)-p_n^2(0,t,x)]\mathrm{d}x+\frac{\alpha}{2}\|p_n\|^2_{L^2(0,A;H_0^1(\Omega))}+$$
$$\int_{\Omega_A}[\mu_0+\mu_e(N)p_n^2(r,t,x)]\mathrm{d}r\mathrm{d}x=\int_{\Omega_A}fp_n(r,t,x)\mathrm{d}r\mathrm{d}x,\tag{3.2.33}$$

其中，α 为大于 0 的常数。

注意到 $\mu_0,\mu_e(N_e)\geqslant 0$ 和 $p_n^2(A,t,x)\geqslant 0$ 以及边界条件(3.2.2)，可从式(3.2.33)推得

$$\frac{\mathrm{d}}{\mathrm{d}t}\|p_n\|^2_{L^2(\Omega_A)}+\alpha\|p_n\|^2_{L^2(0,A;H_0^1(\Omega))}+\|(\mu_0+\mu_e(N_n))^{\frac{1}{2}}p_n\|^2_{L^2(\Omega_A)}$$
$$\leqslant\int_\Omega p_n^2(0,t,x)\mathrm{d}x+2\int_{\Omega_A}fp_n(r,t,x)\mathrm{d}r\mathrm{d}x$$
$$\leqslant\int_\Omega\left[\int_0^A\beta_n p_n(r,t,x)\mathrm{d}r\right]^2+2\int_{\Omega_A}fp_n(r,t,x)\mathrm{d}r\mathrm{d}x,\quad \alpha>0。\tag{3.2.34}$$

上式两端同时在$(0,t)$上关于变量 t 积分，并记 $\Omega_t=(0,t)\times\Omega$，$Q_t=(0,t)\times\Omega_A$ 可得

$$\|p_n\|^2_{L^2(\Omega_A)}+\alpha\int_0^t\|p_n(\tau)\|^2_{L^2(0,A;H_0^1(\Omega))}\mathrm{d}\tau+\int_0^t\|(\mu_0+\mu_e(N_n))^{\frac{1}{2}}p_n(\tau)\|^2_{L^2(\Omega_A)}\mathrm{d}\tau$$
$$\leqslant\int_{\Omega_t}\left[\int_0^A\beta_n p_n(r,t,x)\mathrm{d}r\right]^2\mathrm{d}\tau\mathrm{d}x+2\int_{Q_t}fp_n(r,t,x)\mathrm{d}r\mathrm{d}x+\|p_0\|^2_{L^2(\Omega_A)}\tag{3.2.35}$$

注意到 β_n 的一致有界性(3.2.21)和 $f\in L^2(Q)$，$p_0(r,x)\in L^2(\Omega_A)$，对上式右端第一项利用 Hölder 不等式，而对第二项应用 Cauchy 不等式，可推得

$$\int_{\Omega_t}\left[\int_0^A\beta_n p_n(r,t,x)\mathrm{d}r\right]^2\mathrm{d}\tau\mathrm{d}x+2\int_{Q_t}fp_n(r,t,x)\mathrm{d}r\mathrm{d}x$$
$$\leqslant C_3^2A\int_0^t\|p_n(\tau)\|^2_{L^2(\Omega_A)}\mathrm{d}\tau+\|f\|^2_{L^2(Q_t)}+\int_0^t\|p_n(\tau)\|^2_{L^2(\Omega_A)}\mathrm{d}\tau。\tag{3.2.36}$$

将式(3.2.36)代入式(3.2.35)有

$$\|p_n(\tau)\|^2_{L^2(\Omega_A)}+\alpha\int_0^t\|p_n(\tau)\|^2_{L^2(0,A;H_0^1(\Omega))}\mathrm{d}\tau\leqslant C_4\int_0^t\|p_n(\tau)\|^2_{L^2(\Omega_A)}\mathrm{d}\tau+C_5,\tag{3.2.37}$$

其中，$C_5=\|f\|^2_{L^2(Q_t)}+\|p_0\|^2_{L^2(\Omega_A)}$， $C_4=C_3^2A+1$。

由式(3.2.37)显然有

$$\|p_n(t)\|^2_{L^2(\Omega_A)}\leqslant C_5+C_4\int_0^t\|p_n(\tau)\|^2_{L^2(\Omega_A)}\mathrm{d}\tau。$$

结合 Gronwall 不等式，可以推得

$$\|p_n(t)\|^2_{L^2(\Omega_A)}\leqslant C_5\mathrm{e}^{\int_0^t C4\,\mathrm{d}r}\leqslant C_5\mathrm{e}^{C_4T}\equiv C_6,\quad \forall t\in[0,T]。\tag{3.2.38}$$

将上述不等式在区间$[0,T]$上对 t 积分可得

$$\|p_n(t)\|^2_{L^2(Q)}\leqslant TC_6<+\infty,\tag{3.2.39}$$

即

$$\{p_n\}\text{ 在 }L^2(Q)\text{ 中一致有界。}\tag{3.2.40}$$

由式(3.2.37)～式(3.2.39)得

$$\begin{aligned}\int_0^\tau\|p_n(\tau)\|^2_{L^2(0,A;H_0^1(\Omega))}\mathrm{d}\tau&\leqslant\alpha^{-1}\left(C_4\int_0^t\|p_n(\tau)\|^2_{L^2(\Omega_A)}\mathrm{d}\tau+C_5\right)\\&\leqslant\alpha^{-1}(C_4C_6T+C_5)\\&=C_7<+\infty,\quad\forall t\in[0,T]。\end{aligned}\tag{3.2.41}$$

由上式即推得$\{p_n\}$在 V 中一致有界。

由于 V 和 $L^2(Q)$是自反的 Hilbert 空间，由文献[109]可知，V 和 $L^2(Q)$中的有界集分别是弱序列紧的，V 和 $L^2(Q)$分别是序列弱完备的。从式(3.2.40)和式(3.2.41)推得存在函数 $p\in V\subset L^2(Q)$和序列$\{p_n\}$的子序列仍然记作$\{p_n\}$，使得式(3.2.23)成立，即当 $n\to+\infty$时，

$$p_n\to p\text{ 在 }L^2(Q)\text{ 中弱},\quad p\in L^2(Q)。\tag{3.2.42}$$

接下来证明式(3.2.24)。

设 $D(\bar{Q})\equiv\bar{Q}$ 上无穷次可微且在$\mathbb{R}$中取值和具有紧支集的函数 φ 的空间，$D(\bar{Q})$的拓扑是 Schwartz 的导出极限拓扑[106]。任意取定 $\varphi\in D(\bar{Q})\subset V\subset V'$，显然有$\dfrac{\partial\varphi}{\partial r}\in D(\bar{Q})\subset V\subset V'$。结合广义导数的定义及式(3.2.23)可得，当 $n\to+\infty$时，

$$\int_Q\frac{\partial p_n}{\partial r}\varphi\,\mathrm{d}Q=-\int_Q p_n\frac{\partial\varphi}{\partial r}\mathrm{d}Q\to\int_Q p\frac{\partial\varphi}{\partial r}\mathrm{d}Q=\int_Q\frac{\partial p}{\partial r}\varphi\,\mathrm{d}Q,\quad\forall\varphi\in D(\bar{Q})。\tag{3.2.43}$$

同理可得，当 $n\to+\infty$时

$$\int_Q\frac{\partial p_n}{\partial t}\varphi\mathrm{d}Q\to\int_Q\frac{\partial p}{\partial t}\varphi\mathrm{d}Q,\quad\forall\varphi\in D(\bar{Q})。\tag{3.2.44}$$

$D(\bar{Q})$ 上的线性泛函 $\varphi\to\int_Q(Dp_n)\varphi\,\mathrm{d}Q$ 在 V 中的拓扑是连续的，由于 $D(\bar{Q})$在 V 中稠且 $V=V''$，因此它能连续延拓到 V 中，从而式(3.2.43)～式(3.2.44)在 $\varphi\in V=V''$时也成立。故有，当 $n\to+\infty$时

$$\frac{\partial p_n}{\partial r}\to\frac{\partial p}{\partial r},\quad\text{在 }V'\text{ 中弱},\quad\frac{\partial p}{\partial r}\in V',\tag{3.2.45}$$

$$\frac{\partial p_n}{\partial t}\to\frac{\partial p}{\partial t},\quad\text{在 }V'\text{ 中弱},\quad\frac{\partial p}{\partial t}\in V'。\tag{3.2.46}$$

结合式(3.2.45)和式(3.2.46)可推得式(3.2.24)成立。

由存在极限的序列一定一致有界这一极限性质，可从式(3.2.46)推得

$$\left\{\frac{\partial p_n}{\partial t}\right\} \text{在 } V' \text{ 中一致有界。} \tag{3.2.47}$$

由引理 3.2.1，并结合式(3.2.41)和式(3.2.47)推得式(3.2.25)成立。至此，式(3.2.23)、式(3.2.24)和式(3.2.25)已全部证明。

(3) 下面证明式(3.2.23)～式(3.2.25)中的极限函数 $p\in V, Dp\in V'$ 是问题(3.2.1)～问题(3.2.5)在 $\beta=\beta^*$ 时的广义解。根据记号(3.2.7)可得

$$p=p(r,t,x;\beta^*)=p(\beta^*), \tag{3.2.48}$$

也就是说，$p(r,t,x)$是系统(P)的最优状态 $p(\beta^*)$。

依据广义解定义 3.2.2，这相当于要证明式(3.2.23)～式(3.2.25)中的极限函数 $p\in V, Dp\in V'$满足下面的恒等式：

$$\int_\Theta \langle Dp,\varphi\rangle \mathrm{d}r\mathrm{d}t+\int_Q [k\nabla p\cdot\nabla\varphi+(\mu_0+\mu_e(N^*))p\varphi]\mathrm{d}Q=\int_Q f\varphi\mathrm{d}Q,\quad \forall\varphi\in V, \tag{3.2.49}$$

$$\int_{\Omega_T}(p\varphi)(0,t,x)\mathrm{d}t\mathrm{d}x=\int_{\Omega_T}\left[\int_0^A \beta^* p\mathrm{d}r\right]\varphi(0,t,x)\mathrm{d}t\mathrm{d}x,\quad \forall\varphi\in\Phi, \tag{3.2.50}$$

$$\int_{\Omega_A}(p\varphi)(r,0,x)\mathrm{d}r\mathrm{d}x=\int_{\Omega_A} p_0(r,x)\varphi(r,0,x)\mathrm{d}r\mathrm{d}x,\quad \forall\varphi\in\Phi, \tag{3.2.51}$$

$$N^*(t,x)=\int_0^A p(r,t,x)\mathrm{d}r。 \tag{3.2.52}$$

对此，又分以下几个小步骤来进行证明。

① 证明当 $n\to+\infty$时，

$$\int_\Theta \langle Dp_n,\varphi\rangle\mathrm{d}r\mathrm{d}t\to\int_\Theta\langle Dp,\varphi\rangle\mathrm{d}r\mathrm{d}t,\quad\forall\varphi\in V。 \tag{3.2.53}$$

事实上，注意到 $V=V''$，由式(3.2.24)立即得式(3.2.53)成立。

② 证明当 $n\to+\infty$时，

$$\int_Q\nabla p_n\cdot\nabla\varphi\mathrm{d}Q\to\int_Q\nabla p\cdot\nabla\varphi\mathrm{d}Q,\quad\forall\varphi\in V。 \tag{3.2.54}$$

事实上，对于任意给定的 $\varphi\in D(\bar{Q})$，有 $\Delta\varphi\in D(\bar{Q})\subset V\subset V'$，因此，由广义导数和式(3.2.23)可推得

$$\int_Q\nabla p_n\cdot\nabla\varphi\mathrm{d}Q=-\int_Q p_n\Delta\varphi\mathrm{d}Q\to-\int_Q p\Delta\varphi\mathrm{d}Q=\int_Q\nabla p\cdot\nabla\varphi\mathrm{d}Q。$$

由于 $D(Q)$在 V 中稠，由连续延拓性可知，上式对任意给定的 $\varphi\in V$ 也成立，即式(3.2.54)成立。

③ 证明当 $n\to+\infty$时，

$$\int_Q\mu_e(N_n)p_n\varphi\mathrm{d}Q\to\int_Q\mu_e(N^*)p\varphi\mathrm{d}Q,\quad\forall\varphi\in V。 \tag{3.2.55}$$

事实上，依据假设条件(H_5)和微分中值定理可知，对任意的 $\varphi\in V\subset L^2(Q)$，存在 $\bar{N}_n\in[N_n,N^*]$，使得

$$\begin{aligned}&\left|\int_Q[\mu_e(N_n)p_n-\mu_e(N^*)p]\varphi\mathrm{d}Q\right|\\ \leqslant&\left|\int_Q\mu_e(N_n)(p_n-p)\varphi\mathrm{d}Q\right|+\left|\int_Q[\mu_e(N_n)-\mu_e(N^*)]p\varphi\mathrm{d}Q\right|\end{aligned}$$

$$\leqslant C_2\left|\int_Q (p_n-p)\varphi \mathrm{d}Q\right| + \left|\int_Q \mu_e'(\bar{N}_n)(N_n-N^*)p\varphi \mathrm{d}Q\right|$$

$$\leqslant C_2\left|\int_Q (p_n-p)\varphi \mathrm{d}Q\right| + C_2\left|\int_Q \left[\int_0^A (p_n-p)\mathrm{d}\xi\right]p\varphi \mathrm{d}Q\right|$$

$$\leqslant C_2\mid I_1(n)\mid + C_2\left|\int_Q I_2(n)\right|。\tag{3.2.56}$$

由于 $\varphi\in V\subset L^2(Q)=(L^2(Q))'$，$p_n\to p$ 在 $L^2(Q)$中弱，因而可得，当 $n\to+\infty$时，

$$I_1(n)=\int_Q (p_n-p)\varphi \mathrm{d}Q \to 0,\quad \varphi\in V\subset L^2(Q)。\tag{3.2.57}$$

现在证明，对于任意给定的 $\varphi\in V\subset L^2(Q)$，当 $n\to+\infty$时，

$$I_2(n)=\int_Q \left[\int_0^A (p_n-p)(\xi,t,x)\mathrm{d}\xi\right]p(r,t,x)\varphi(r,t,x)\mathrm{d}r\mathrm{d}t\mathrm{d}x \to 0。\tag{3.2.58}$$

假设 $\varphi\in D(Q)$，则有

$$I_2(n)\leqslant \|\varphi\|_{C^0(\bar{Q})}\int_Q \left[\int_0^A (p_n-p)(\xi,t,x)\mathrm{d}\xi\right]p(r,t,x)\mathrm{d}r\mathrm{d}t\mathrm{d}x$$

$$=\|\varphi\|_{C^0(\bar{Q})}\int_0^A \left[\int_Q (p_n-p)p(r)\mathrm{d}\xi\mathrm{d}t\mathrm{d}x\right]\mathrm{d}r。\tag{3.2.59}$$

因为

$$\int_Q (p(r)(\xi,t,x))^2\mathrm{d}\xi\mathrm{d}t\mathrm{d}x \leqslant \int_0^A \left[\int_{\Omega_T} p^2(r)\mathrm{d}t\mathrm{d}x\right]\mathrm{d}\xi \leqslant A\|p(r)\|^2_{L^2(\Omega_T)}。$$

而由引理 3.2.2 可得，上式中的 $\|p(r)\|^2_{L^2(\Omega_T)}$ 是 $r\in[0,A]$上的一致连续函数，因而它在 $[0,A]$上的最大值 $\|p(\bar{r})\|^2_{L^2(\Omega_T)}<+\infty$ 。这就证明了 $p(r)\in L^2(Q)$，$(\xi,t,x)\in Q$。因为 $p_n\to p$ 在 $L^2(Q)$弱，故式(3.2.59)中方括号[·]的量趋近于 0，即当 $n\to+\infty$时，

$$\int_Q (p_n-p)p(r)\mathrm{d}\xi\mathrm{d}t\mathrm{d}x \to 0,\quad \text{关于 } r \text{ 在}[0,A]\text{一致。}$$

结合式(3.2.59)推得，当 $n\to+\infty$时，

$$I_2(n)\leqslant \|\varphi\|_{C^0(\overline{Q_0})}\int_0^A \left[\int_Q (p_n-p)p(r)\mathrm{d}\xi\mathrm{d}t\mathrm{d}x\right]\mathrm{d}r \to 0。\tag{3.2.60}$$

由于 $D(\bar{Q})$在 V 中从而在 $L^2(Q)$中稠，由连续延拓性可知，式(3.2.60)对任意的 $\varphi\in V\subset L^2(Q)$也成立，即式(3.2.58)成立。由式(3.2.56)～式(3.2.58)就推得式(3.2.55)成立。

④ 证明当 $n\to+\infty$时，

$$\int_Q \mu_0 p_n\varphi \mathrm{d}Q \to \int_Q \mu_0 p\varphi \mathrm{d}Q,\quad \forall\varphi\in V。\tag{3.2.61}$$

事实上，当 $n\to+\infty$时，并注意到 $\varphi\in V\subset L^2(Q)=(L^2(Q))'$，则由假设条件($H_3$)和式(3.2.23)可以推得

$$\int_Q \mu_0(p_n-p)\varphi \mathrm{d}Q \to 0。\tag{3.2.62}$$

即式(3.2.61)成立。

⑤ 证明当 $n\to+\infty$时，

$$\int_{\Omega_A} (p_n\varphi)(r,0,x)\mathrm{d}r\mathrm{d}x = \int_{\Omega_A} p_0(r,x)\varphi(r,0,x)\mathrm{d}r\mathrm{d}x,\quad \forall\varphi\in\Phi。\tag{3.2.63}$$

事实上，由式(3.2.24)和式(3.2.46)可得，对任意给定的 $\varphi\in\Phi\subset V\equiv V''$，

$$\int_Q \frac{\partial p_n}{\partial t}\varphi(r,t,x)\mathrm{d}Q \to \int_Q \frac{\partial p}{\partial t}\varphi(r,t,x)\mathrm{d}Q,\quad \forall\varphi\in\Phi。$$

对上式进行分部积分并应用引理 3.2.1 可以推得，当 $n\to+\infty$ 时，

$$-\int_Q \frac{\partial\varphi}{\partial t}p_n(r,t,x)\mathrm{d}Q+\int_{\Omega_A}[p_n\varphi(r,T,x)-p_n\varphi(r,0,x)]\mathrm{d}r\mathrm{d}x$$

$$\to-\int_Q \frac{\partial\varphi}{\partial t}p_n(r,t,x)\mathrm{d}Q+\int_{\Omega_A}[p\varphi(r,T,x)-p\varphi(r,0,x)]\mathrm{d}r\mathrm{d}x。\tag{3.2.64}$$

由于 $\varphi\in\Phi$，因此 $\varphi(r,T,x)=0,\dfrac{\partial\varphi}{\partial t}\in C^0([0,t],C^1([0,A];C_0^1(\Omega))\subset V\subset V'$。再由式(3.2.23)可得，当 $n\to+\infty$ 时，

$$\int_Q \frac{\partial\varphi}{\partial t}p_n(r,t,x)\mathrm{d}Q \to \int_Q \frac{\partial\varphi}{\partial t}p(r,t,x)\mathrm{d}Q。\tag{3.2.65}$$

于是，由式(3.2.64)和式(3.2.65)推得式(3.2.63)成立。

⑥ 证明当 $n\to+\infty$ 时，

$$\int_{\Omega_T}(p_n\varphi)(0,t,x)\mathrm{d}t\mathrm{d}x \to \int_{\Omega_T}(p\varphi)(0,t,x)\mathrm{d}t\mathrm{d}x,\quad \forall\varphi\in\Phi,\tag{3.2.66}$$

$$\int_{\Omega_T}\left[\int_0^A \beta_n p_n\mathrm{d}r\right]\varphi(0,t,x)\mathrm{d}t\mathrm{d}x \to \int_{\Omega_T}\left[\int_0^A \beta^* p_n\mathrm{d}r\right]\varphi(0,t,x)\mathrm{d}t\mathrm{d}x,\ \forall\varphi\in\Phi。\tag{3.2.67}$$

事实上，与式(3.2.63)的推导类似，由式(3.2.24)推得，对任意的给定的 $\varphi\in\Phi\subset V\equiv V''$，有

$$\int_Q \frac{\partial p_n}{\partial r}\varphi\mathrm{d}Q \to \int_Q \frac{\partial p}{\partial r}\varphi\mathrm{d}Q。$$

对上式分部积分并注意到 Φ 定义式(3.2.1)中的 $\varphi(A,t,x)=0,\dfrac{\partial\varphi}{\partial r}\in V'$ 及式(3.2.23)可推得式(3.2.66)成立。

对任意给定的 $\varphi\in\Phi$，有

$$\left|\int_{\Omega_T}\left[\int_0^A \beta_n p_n\mathrm{d}r\right]\varphi(0,t,x)\mathrm{d}t\mathrm{d}x-\int_{\Omega_T}\left[\int_0^A \beta^* p_n\mathrm{d}r\right]\varphi(0,t,x)\mathrm{d}t\mathrm{d}x\right|$$

$$=\left|\int_Q[\beta_n p_n(r,t,x)-\beta^* p_n(r,t,x)]\varphi(0,t,x)\mathrm{d}Q\right|$$

$$\leqslant\left|\int_Q\beta_n(p_n-p)(r,t,x)\varphi(0,t,x)\mathrm{d}Q\right|+\left|\int_Q(\beta_n-\beta^*)p(r,t,x)\varphi(0,t,x)\mathrm{d}Q\right|。\tag{3.2.68}$$

由 $\varphi\in\Phi\subset V,D\varphi\in V'$，并根据引理 3.2.1，可推出 $\varphi(0,\cdot,\cdot)\in L^2(\Omega_T)$。对式(3.2.68)第一项应用 Hölder 不等式并注意假设条件(H_1)可推出，

$$\left|\int_Q\beta_n(p_n-p)(r,t,x)\varphi(0,t,x)\mathrm{d}Q\right|$$

$$\leqslant\bar{\beta}\int_Q|p_n-p|\cdot|\varphi(0,t,x)|\mathrm{d}Q$$

$$\leqslant \bar{\beta}\left\|p_n - p\right\|_{L^2(Q)}\left[\int_0^A \left\|\varphi(0,t,x)\right\|^2_{L^2(\Omega)}\mathrm{d}r\right]^{\frac{1}{2}}$$
$$\leqslant A^{\frac{1}{2}}\bar{\beta}\left\|p_n - p\right\|_{L^2(Q)}\left\|\varphi(0,t,x)\right\|_{L^2(\Omega)}。$$

由式(3.2.25)推得

$$\left|\int_Q \beta_n(p_n - p)\varphi\mathrm{d}Q\right| \to 0。\tag{3.2.69}$$

由于

$$\begin{aligned}\int_Q \varphi^2(0,t,x)\mathrm{d}Q &= \int_0^A\int_{\Omega_T}\varphi^2(0,t,x)\mathrm{d}t\,\mathrm{d}x\,\mathrm{d}r\\ &\leqslant \int_0^A \left\|\varphi(0,t,x)\right\|^2_{L^2(\Omega_T)}\mathrm{d}r\\ &= A\left\|\varphi(0,t,x)\right\|^2_{L^2(\Omega_T)},\end{aligned}$$

所以 $\varphi(0,t,x)\in L^2(Q)$，应用 Hölder 不等式，则有

$$\int_Q p(r,t,x)\varphi(r,t,x)\mathrm{d}Q \leqslant \left\|p(r,t,x)\right\|_{L^2(Q)}\left\|\varphi(0,t,x)\right\|_{L^2(Q)} < +\infty,$$

故 $p(r,t,x)\varphi(r,t,x)\in L^1(Q)$。

由式(3.2.22)可得，当 $n\to+\infty$ 时，

$$\int_Q(\beta_n - \beta^*)p(r,t,x)\varphi(0,t,x)\mathrm{d}Q \to 0。\tag{3.2.70}$$

结合式(3.2.68)，式(3.2.70)可得式(3.2.67)成立。

经过①～⑤的推导之后，现在我们来证明式(3.2.23)～式(3.2.25)中的极限函数 $p(r,t,x)$ 是问题(3.2.1)～(3.2.5)在 $\beta=\beta^*$ 时的广义解。由广义解的定义 3.2.2 及记号(3.2.26)可知，$p_n=p(\beta_n)$ 满足积分恒等式(3.2.28)。在式(3.2.28)中令 $n\to+\infty$ 取极限，由式(3.2.53)～式(3.2.55)，式(3.2.61)推得式(3.2.23)～式(3.2.25)中的极限函数 $p\in V$ 和 $Dp\in V'$ 满足积分恒等式(3.2.49)。同理，在式(3.2.29)中令 $n\to+\infty$ 取极限，由式(3.2.63)推得极限函数 $p\in V$ 和 $Dp\in V'$ 满足式(3.2.49)。至于极限函数 $p\in V$ 和 $Dp\in V'$ 满足式(3.2.51)是显而易见的。因此，式(3.2.23)～式(3.2.25)的极限函数 $p\in V$ 和 $Dp\in V'$ 为问题(3.2.1)～(3.2.5)在 $\beta=\beta^*$ 时的广义解。根据记号(3.2.7)有 $p=p(r,t,x;\beta^*)=p(\beta^*)$，即式(3.2.48)成立。

下面的定理 3.2.4 表明 $\beta^*(r,t,x)\in U_{ad}$，即为所求的系统(P)的最优生育率控制，而相应的$\{\beta^*,p(\beta^*)\}$就是最优对。定理 3.2.3 证毕。

定理 3.2.4 设 $p(\beta)\in V$ 是问题(3.2.1)～问题(3.2.5)的广义解，性能指标泛函 $J(\beta)$ 由式(3.2.9)给定，容许控制集合 U_{ad} 由式(3.2.11)确定，$\{\beta_n\}$是定理 3.2.3 中的极小化序列，β^* 是式(3.2.22)中的极限函数，$\beta_n\to\beta^*$，则 $\beta^*\in U_{ad}$ 就是系统(P)的最优生育率控制，即它满足下面的等式

$$J(\beta^*) = \inf_{\beta\in U_{ad}} J(\beta)。\tag{3.2.71}$$

证明 (1) 首先证明当 $\beta_n\to\beta^*$ 在 $L^\infty(Q)$ 中弱星时，

$$\begin{cases}\lim\limits_{n\to+\infty}\inf\limits_{k\geqslant n} p(r,T,x;\beta_k) \geqslant \left\|p(r,T,x;\beta^*)\right\|_{L^2(\Omega_A)},\\ \text{即函数 } \beta\to\left\|p(r,T,x;\beta)\right\|_{L^2(\Omega_A)} \text{ 在 } \beta^* \text{ 处是弱星下半连续的。}\end{cases}\tag{3.2.72}$$

与式(3.2.63)的证明类似,可以证明当 $\beta_n \to \beta$ 弱星时

$$\int_{\Omega_A} (p_n\varphi)(r,T,x)\mathrm{d}r\mathrm{d}x = \int_{\Omega_A} (p\varphi)(r,T,x)\mathrm{d}r\mathrm{d}x, \quad \forall \varphi \in V。\tag{3.2.73}$$

由引理 3.2.1 可知,$p_n(r,T,x),p(r,T,x),\varphi(r,T,x) \in L^2(\Omega_A)$。在式(3.2.73)中取 $\varphi = p(\beta^*)$,则有

$$\int_{\Omega_A} p(r,T,x;\beta_n)p(r,T,x;\beta^*)\mathrm{d}r\mathrm{d}x \to \int_{\Omega_A} \left|p(r,T,x;\beta^*)\right|^2\mathrm{d}r\mathrm{d}x = \left\|p(r,T,x;\beta^*)\right\|^2_{L^2(\Omega_A)}。\tag{3.2.74}$$

而由 Hölder 不等式可得

$$\int_{\Omega_A} p(r,T,x;\beta_n)p(r,T,x;\beta^*)\mathrm{d}r\mathrm{d}x \leqslant \left\|p(r,T,x;\beta_n)\right\|_{L^2(\Omega_A)}\left\|p(r,T,x;\beta^*)\right\|_{L^2(\Omega_A)},$$

进而可以推出

$$\begin{aligned}&\lim_{n\to+\infty}\inf_{k\geqslant n}\left\|p(r,T,x;\beta_k)\right\|_{L^2(\Omega_A)}\cdot\left\|p(r,T,x;\beta^*)\right\|_{L^2(\Omega_A)}\\ \geqslant&\lim_{n\to+\infty}\inf_{k\geqslant n}\int_{\Omega_A} p(r,T,x;\beta_k)p(r,T,x;\beta^*)\mathrm{d}r\mathrm{d}x = \left\|p(r,T,x;\beta^*)\right\|^2_{L^2(\Omega_A)}。\end{aligned}$$

将上式两边消去相同的因子 $\left\|p(r,T,x;\beta^*)\right\|_{L^2(\Omega_A)}$,即可推得式(3.2.72)成立。

(2) 接下来证明

$$\begin{cases}\text{当}\ \beta_n \to \beta^*\ \text{弱星时}, \quad \left\|\beta^*\right\|_{L^\infty(Q)} \leqslant \varliminf_{n\to+\infty}\left\|\beta_n\right\|_{L^\infty(Q)},\\ \text{即}\left\|\beta\right\|_{L^\infty(Q)}\ \text{在}\ \beta^* \in L^\infty(Q)\ \text{处是弱星下半连续的。}\end{cases}\tag{3.2.75}$$

我们定义 $L^1(Q)$上的泛函 $\beta_n(h)$为

$$\beta_n(h) = \int_Q \beta_n(r,t,x)h(r,t,x)\mathrm{d}Q, \quad \forall h \in L^1(Q),\tag{3.2.76}$$

则 $\beta_n(h) \in (L^1(Q))' \equiv L^\infty(Q)$,并由式(3.2.22)有,当 $n \to +\infty$时,

$$\begin{cases}\beta_n(h) = \int_Q \beta_n(r,t,x)h(r,t,x)\mathrm{d}Q \to \int_Q \beta^*(r,t,x)h(r,t,x)\mathrm{d}Q = \beta^*(h),\\ \beta^* \in L^\infty(Q)。\end{cases}\tag{3.2.77}$$

因为 $|\beta_n(h)| \leqslant \left\|\beta_n\right\|_{L^\infty(Q)}\cdot\left\|h\right\|_{L^1(Q)}$,所以 $\inf_{k\geqslant n}|\beta_k(h)| \leqslant \inf_{k\geqslant n}\left\|\beta_k\right\|_{L^\infty(Q)}\cdot\left\|h\right\|_{L^1(Q)}$。令 $n \to +\infty$,此时可得

$$\varliminf_{n\to+\infty}|\beta_n(h)| \leqslant [\varliminf_{n\to+\infty}|\beta_n|]\cdot\left\|h\right\|_{L^1(Q)}。$$

由上式及式(3.2.77)可得

$$|\beta^*(h)| = \lim_{n\to+\infty}|\beta_n(h)| = \varliminf_{n\to+\infty}|\beta_n(h)| \leqslant \left[\varliminf_{n\to+\infty}\left\|\beta_n\right\|_{L^\infty(Q)}\right]\left\|h\right\|_{L^1(Q)}。$$

结合范数$\left\|\beta^*\right\|$的定义有

$$\left\|\beta^*\right\| \leqslant \varliminf_{n\to+\infty}\left\|\beta_n\right\|_{L^\infty(Q)}。\tag{3.2.78}$$

由 $L^1(Q)$的 Riesz 表示定理[108]可得

$$\begin{cases}\|\beta_n\| = \|\beta_n;[L^1(Q)]'\| = \|\beta_n\|_{L^\infty(Q)} \\ \|\beta^*\| = \|\beta^*\|_{L^\infty(Q)}。\end{cases}$$

结合式(3.2.78)可推得式(3.2.75)成立。

联合式(3.2.72)与式(3.2.75)及$J(\beta)$的结构式，我们可得$\beta\to J(\beta)$在$\beta^*\in U_{ad}$处是弱下半连续的，即

$$J(\beta^*)\leqslant \varliminf_{n\to+\infty} J(\beta_n)。\tag{3.2.79}$$

由式(3.2.20)和极限定义可知，对于任意给定的$\varepsilon>0$，存在$N(\varepsilon)>0$，当$n\geqslant N(\varepsilon)$时有

$$J(\beta_n)\leqslant \inf_{\beta\in U_{ad}} J(\beta)+\varepsilon,$$

进而可以推出

$$\inf_{n\geqslant N} J(\beta_n)\leqslant \inf_{\beta\in U_{ad}} J(\beta)+\varepsilon。$$

令$\varepsilon\to 0$，$N(\varepsilon)\to+\infty$，就可得到

$$\varliminf_{n\to+\infty} J(\beta_n)\equiv \lim_{n\to+\infty}\inf_{n>N} J(\beta_n)\leqslant \inf_{\beta\in U_{ad}} J(\beta)。$$

由上式及式(3.2.79)可以推得

$$J(\beta^*)\leqslant \inf_{\beta\in U_{ad}} J(\beta)。\tag{3.2.80}$$

另一方面，由下确界定义显然有

$$J(\beta^*)\geqslant \inf_{\beta\in U_{ad}} J(\beta),\quad \beta^*\in U_{ad}。$$

联合上式和式(3.2.80)，有

$$J(\beta^*)=\inf_{\beta\in U_{ad}} J(\beta)。$$

即式(3.2.71)成立，因此$\beta^*\in U_{ad}$就是所求的系统(P)的最优生育率控制。定理3.2.4证毕。

3.2.4 必要条件与最优性组

本节讨论$\beta^*\in U_{ad}$为含最终状态观测的系统(P)的最优生育率控制的必要条件和最优性组。

设$\beta\in U_{ad}$，$p(\beta)$为问题(3.2.1)～问题(3.2.5)的广义解，$\dot{p}$是非线性函数$p(\beta)$在β^*处沿方向$(\beta-\beta^*)$的G-微分[125]，记为$\dot{p}=\dot{p}(\beta)(\beta-\beta^*)$，即

$$\begin{aligned}\dot{p}&=\dot{p}(\beta^*)(\beta-\beta^*)=\frac{\mathrm{d}}{\mathrm{d}\lambda}p(\beta^*+\lambda(\beta-\beta^*))\bigg|_{\lambda=0}\\&=\lim_{\lambda\to 0}\frac{1}{\lambda}[p(\beta^*+\lambda(\beta-\beta^*))-p(\beta^*)],\quad \forall\beta\in U_{ad}。\end{aligned}\tag{3.2.81}$$

令

$$\begin{cases}\beta_\lambda=\beta^*+\lambda(\beta-\beta^*), & 0<\lambda<1,\\ p_\lambda=p(\beta_\lambda), & p=p(\beta^*),\end{cases}\tag{3.2.82}$$

由于U_{ad}是闭凸集，所以当$\beta,\beta^*\in U_{ad}$时，有$\beta_\lambda\in U_{ad}$。设p_λ和p分别表示问题(3.2.1)～问题(3.2.5)在$\beta=\beta_\lambda$与$\beta=\beta^*$时在V中的广义解，因此$p_\lambda,p\in V$和$Dp_\lambda,Dp\in V'$在广义函数意义下分别满足

$$
\begin{cases}
\dfrac{\partial p_\lambda}{\partial r}+\dfrac{\partial p_\lambda}{\partial t}-k\Delta p_\lambda+\mu_0 p_\lambda+\mu_e(N_\lambda)p_\lambda=f, & \text{在 } Q \text{ 内},\\
p_\lambda(0,t,x)=\displaystyle\int_0^A \beta_\lambda p_\lambda \mathrm{d}r, & \text{在 } \Omega_T \text{ 内},\\
p_\lambda(r,0,x)=p_0(r,x), & \text{在 } \Omega_A \text{ 内},\\
p(r,t,x)=0, & \text{在 } \Sigma \text{ 上},\\
N_\lambda(t,x)=\displaystyle\int_0^A p_\lambda(r,t,x)\mathrm{d}r, & \text{在 } \Omega_T \text{ 内}
\end{cases}
\tag{3.2.83}
$$

及

$$
\begin{cases}
\dfrac{\partial p}{\partial r}+\dfrac{\partial p}{\partial t}-k\Delta p+\mu_0 p+\mu_e(N^*)p=f, & \text{在 } Q \text{ 内},\\
p(0,t,x)=\displaystyle\int_0^A \beta^*(r,t,x)p(r,t,x)\mathrm{d}r, & \text{在 } \Omega_T \text{ 内},\\
p(r,0,x)=p_0(r,x), & \text{在 } \Omega_A \text{ 内},\\
p(r,t,x)=0, & \text{在 } \Sigma \text{ 上},\\
N^*(t,x)=\displaystyle\int_0^A p(r,t,x)\mathrm{d}r, & \text{在 } \Omega_T \text{ 内。}
\end{cases}
\tag{3.2.84}
$$

将式(3.2.83)与式(3.2.84)相减,并将所得方程两端同除 $\lambda>0$,令 $\lambda\to0^+$ 取极限,同时注意到 $\dot{p}$ 的定义式(3.2.81),可以推得

$$
\begin{cases}
\dfrac{\partial \dot{p}}{\partial r}+\dfrac{\partial \dot{p}}{\partial t}-k\Delta\dot{p}+\mu_0\dot{p}+\mu_e(N^*)\dot{p}+p\mu_{eN}(N^*)\displaystyle\int_0^A\dot{p}\mathrm{d}r=0, & \text{在 } Q \text{ 内},\\
\dot{p}(0,t,x)=\displaystyle\int_0^A\beta^*\dot{p}+\int_0^A(\beta-\beta^*)p\mathrm{d}r, & \text{在 } \Omega_T \text{ 内},\\
\dot{p}(r,0,x)=0, & \text{在 } \Omega_A \text{ 内},\\
\dot{p}(r,T,x)=0, & \text{在 } \Sigma \text{ 上},\\
\dot{N}(t,x)=\displaystyle\int_0^A\dot{p}(r,t,x)\mathrm{d}r, & \text{在 } \Omega_T \text{ 内},\\
N^*(t,x)=\displaystyle\int_0^A p(r,t,x)\mathrm{d}r, & \text{在 } \Omega_T \text{ 内。}
\end{cases}
\tag{3.2.85}
$$

注　在式(3.2.85)的推导过程中,应用了如下的结果:当 $\lambda\to0^+$ 时

$$\int_Q(p_\lambda-p)\varphi\mathrm{d}Q\to0,\quad \forall\varphi\in V\subset L^2(Q),\tag{3.2.86}$$

而上式是成立的。因为同式(3.2.23)的证明类似,可以证明当 $\beta_\lambda\to\beta^*$ 在 $L^\infty(Q)$ 中弱星时,有 $p_\lambda\to p$ 在 $L^2(Q)$ 中弱,而由 $\lambda\to0^+$ 可以推得 $\beta_\lambda\to\beta$ 在 $L^\infty(Q)$ 中弱星。事实上,由弱星收敛的定义可知,只需证明当 $\lambda\to0^+$ 时,

$$\int_Q(\beta_\lambda-\beta^*)\varphi\mathrm{d}Q\to0,\quad \forall\varphi\in L^1(Q),$$

而由 β_λ 的定义式(3.2.82)和 $p=1,p'=+\infty$ 的 Hölder 不等式,可得当 $\lambda\to0^+$ 时,

$$\left|\int_Q(\beta_\lambda-\beta)\varphi\mathrm{d}Q\right|=\left|\int_Q(\beta^*+\lambda(\beta-\beta^*)-\beta^*)\varphi\mathrm{d}Q\right|$$

$$= \left| \int_Q \lambda(\beta - \beta^*) \varphi \mathrm{d}Q \right|$$
$$\leqslant \lambda \|\beta - \beta^*\|_{L^\infty(Q)} \cdot \|\varphi\|_{L^1(Q)} \to 0,$$

由假设条件(H_5)中关于$|\mu_{eyy}(r,t,x;y)| \leqslant C_2$ 的假设,故问题(3.2.85)与问题(3.2.1)~问题(3.2.5)的类型基本相同。因而我们可以用与证明定理 3.2.1、定理 3.2.2 类似的方法证明问题(3.2.85)的广义解 $\dot{p}$ 的存在唯一性定理。

定理 3.2.5 若定理 3.2.1 的条件成立,则问题(3.2.85)在 V 中存在唯一广义解 $\dot{p}$ 。

下面我们导出 $\beta^* \in U_{ad}$ 为系统(P)的最优生育率控制的必要条件。

定理 3.2.6 若 $\beta^* \in U_{ad}$ 为系统(P)的最优生育率控制,则 β^* 满足下面的不等式:

$$\int_{\Omega_A} \dot{p}(T;\beta^*)[p(T;\beta^*) - z_d(r,x)]\mathrm{d}r\mathrm{d}x + \rho\|\beta - \beta^*\|_{L^\infty(Q)} \geqslant 0, \quad \beta \in U_{ad}, \tag{3.2.87}$$

其中 $\dot{p}(T;\beta^*) = \dot{p}(r,t,x;\beta^*)$, $p(T;\beta^*) = p(r,t,x;\beta^*)$。换言之,$\beta^* \in U_{ad}$ 为系统(P)的最优生育率控制的必要条件是 β^* 满足不等式(3.2.87)。

证明 由关于 U_{ad} 的凸性假设(3.2.11)可知,对于任意的 $\beta \in U_{ad}$ 和 $0<\lambda<1$,有

$$\beta_\lambda = \beta^* + \lambda(\beta - \beta^*) = \lambda\beta + (1-\lambda)\beta^* \in U_{ad}。$$

由范数三角不等式,可得

$$\|\beta_\lambda\|_{L^\infty(Q)} = \|\beta^* + \lambda(\beta - \beta^*)\|_{L^\infty(Q)} \leqslant \|\beta^*\|_{L^\infty(Q)} + \lambda\|\beta - \beta^*\|_{L^\infty(Q)},$$

即

$$\|\beta_\lambda\|_{L^\infty(Q)} - \|\beta^*\|_{L^\infty(Q)} \leqslant \lambda\|\beta - \beta^*\|_{L^\infty(Q)}。\tag{3.2.88}$$

用 $p(\beta_\lambda)$和 $p(\beta^*)$分别表示 $p(r,T,x;\beta_\lambda)$和 $p(r,T,x;\beta^*)$。因为 $\beta^* \in U_{ad}$是满足问题(3.2.10)的最优生育率控制,所以 $J(\beta_n) - J(\beta^*) \geqslant 0$。结合性能指标泛函 $J(\beta)$的定义式(3.2.9),可得

$$\begin{aligned}
&J(\beta_\lambda) - J(\beta^*) \\
&= \frac{1}{2}\int_{\Omega_A} |p(\beta_\lambda) - z_d(r,x)|^2 \mathrm{d}r\mathrm{d}x + \rho\|\beta_\lambda\|_{L^\infty(Q)} - \\
&\quad \frac{1}{2}\int_{\Omega_A} |p(\beta^*) - z_d(r,x)|^2 \mathrm{d}r\mathrm{d}x + \rho\|\beta^*\|_{L^\infty(Q)} \\
&\geqslant 0, \quad \forall \beta \in U_{ad}。
\end{aligned}$$

将上述不等式两端同除 $\lambda>0$,且令 $\lambda \to 0^+$ 取极限,并注意到 $\dot{p}$ 的定义式(3.2.81),由极限的保号性可以推得

$$\begin{aligned}
0 &\leqslant \lim_{\lambda\to 0} \frac{1}{\lambda}[J(\beta_\lambda) - J(\beta^*)] \\
&= \lim_{\lambda\to 0} \frac{1}{2\lambda}\int_{\Omega_A} [p(\beta_\lambda) - p(\beta^*)][p(\beta_\lambda) + p(\beta^*) - 2z_d(r,x)]\mathrm{d}r\mathrm{d}x + \\
&\quad \lim_{\lambda\to 0} \frac{\rho}{\lambda}\left(\|\beta_\lambda\|_{L^\infty(Q)} - \|\beta^*\|_{L^\infty(Q)}\right) \\
&= \lim_{\lambda\to 0}\int_{\Omega_A} \frac{1}{2\lambda}[p(\beta_\lambda) - p(\beta^*)][p(\beta_\lambda) + p(\beta^*) - 2z_d(r,x)]\mathrm{d}r\mathrm{d}x +
\end{aligned}$$

$$\lim_{\lambda\to 0}\frac{\rho}{\lambda}\left(\|\beta_\lambda\|_{L^\infty(Q)}-\|\beta^*\|_{L^\infty(Q)}\right)$$
$$=\int_{\Omega_A}\dot{p}(\beta^*)(p(\beta^*)-z_d(r,x))\mathrm{d}r\mathrm{d}x+\lim_{\lambda\to 0}\frac{\rho}{\lambda}\left(\|\beta_\lambda\|_{L^\infty(Q)}-\|\beta^*\|_{L^\infty(Q)}\right),\quad \beta\in U_{ad}。\tag{3.2.89}$$

联合式(3.2.88)可得式(3.2.87)成立。定理 3.2.6 证毕。

注　在式(3.2.89)的最后一个等式的推导过程中,用到了如下的结果:当 $\lambda\to 0^+$ 时,

$$\int_{\Omega_A}\left[\frac{p(T;\beta_\lambda)-p(T;\beta^*)}{\lambda}\right]\cdot[p(T;\beta_\lambda)-p(T;\beta^*)]\mathrm{d}r\mathrm{d}x$$
$$=\int_{\Omega_A}\left[\frac{p(T;\beta_\lambda)-p(T;\beta^*)}{\lambda}\right]\cdot\left[\frac{p(T;\beta_\lambda)-p(T;\beta^*)}{\lambda}\right]\lambda\,\mathrm{d}r\mathrm{d}x\to 0。$$

为了变换不等式(3.2.87),我们引入伴随状态 $q(r,t,x)$:

$$\begin{cases}-Dq-k\Delta q+[\mu_0+\mu_e(N^*)]q-\beta^*q(0,t,x;\beta^*)+\int_0^A\mu_{eN}(N^*)pq(\xi,t,x)\mathrm{d}\xi=0, & 在 Q 内,\\ q(A,t,x)=0, & 在 \Omega_T 内,\\ q(r,T,x)=p(r,T,x;\beta^*)-z_d(r,x), & 在 \Omega_A 内,\\ q(r,t,x)=0, & 在 \Sigma 上\\ N^*(t,x)=\int_0^A p(r,t,x;\beta^*)\mathrm{d}r, & 在 \Omega_T 内。\end{cases}\tag{3.2.90}$$

上述问题(3.2.90)容许唯一解 $q(\beta^*)\in V$,这由下面的定理 3.2.7 给出。

定理 3.2.7　设 $\beta^*\in U_{ad}$ 是系统(P)的最优生育率控制,$p(\beta^*)\in V$ 为问题(3.2.1)～问题(3.2.5)的广义解,则伴随问题(3.2.90)在 V 中存在唯一的广义解 $q(\beta^*)\in V$, $Dq(\beta^*)\in V'$。

证明　引入变换,令

$$\begin{cases}r=A-r',\quad t=T-t',\\ q(r,t,x)=q(A-r',T-t',x)=\psi(r',t',x),\end{cases}\tag{3.2.91}$$

则 $\psi(r',t',x)$ 满足下面的方程及条件:

$$\begin{cases}\dfrac{\partial\psi}{\partial r'}+\dfrac{\partial\psi}{\partial t'}-k\Delta\psi+[\mu_0(A-r',T-t',x)+\mu_e(A-r',T-t',x;N^*)]\psi-\\ \beta^*(A-r',T-t',x)\psi(0,t',x;\beta^*)+\int_0^A\mu_{eN}(A-r',T-t',x;N^*)p\psi(\xi',t,x)\mathrm{d}\xi=0,\\ \hfill 在 Q 内,\\ \psi(0,t',x)=0, \quad 在 \Omega_T 内,\\ \psi(r',T,x)=p(A-r',0,x;\beta^*)-z_d(r',x'),\quad 在 \Omega_A 内,\\ \psi(r',t',x)=0,\quad 在 \Sigma 上,\\ N^*(t',x')=\int_0^A p(\xi',T-t',x;\beta^*)\mathrm{d}\xi,\quad 在 \Omega_T 内。\end{cases}\tag{3.2.92}$$

问题(3.2.92)与问题(3.2.1)～问题(3.2.5)是同类型的问题,在假设条件(H_1)～条件(H_5)被满足的情况下,用类似证明定理 3.2.1 的方法可以证明问题(3.2.92)在 V 中存在唯一广义解

$\psi(r',t',x)$。再由变换式(3.2.91)可知问题(3.2.90)在 V 中存在唯一广义解 $q(r,t,x;\beta^*)$。定理 3.2.7 证毕。

现在进行不等式(3.2.87)的变换工作。设 $\dot{p}(\beta^*)$ 为问题(3.2.85)的广义解,用 $\dot{p}(\beta^*)$ 乘式$(3.2.90)_1$ 两端,并在 Q 上积分可得

$$\int_Q \dot{p}[-Dq-k\Delta q+\mu_0 q+\mu_e(N^*)q-\beta^* q(0,t,x)+\int_0^A \mu_{eN}(N^*)pq(\xi,t,x)\mathrm{d}\xi]\mathrm{d}Q=0。\tag{3.2.93}$$

对上式左端第一项利用分部积分,并注意到式$(3.2.85)_2$ 和式$(3.2.85)_3$ 有

$$\begin{aligned}
&\int_Q(-Dq)\dot{p}(\beta^*)\mathrm{d}Q\\
=&\int_Q(D\dot{p})q(\beta^*)\mathrm{d}Q+\int_{\Omega_T}\dot{p}q(\beta^*)\Big|_0^A\mathrm{d}t\mathrm{d}x+\int_{\Omega_A}\dot{p}q(\beta^*)\Big|_0^T\mathrm{d}r\mathrm{d}x\\
=&\int_Q(D\dot{p})q(\beta^*)\mathrm{d}Q+\int_{\Omega_T}\dot{p}(A,t,x;\beta^*)q(A,t,x;\beta^*)\mathrm{d}t\mathrm{d}x-\\
&\int_{\Omega_T}\dot{p}(0,t,x;\beta^*)q(0,t,x;\beta^*)\mathrm{d}t\mathrm{d}x+\int_{\Omega_A}\dot{p}(r,T,x;\beta^*)q(r,T,x;\beta^*)\mathrm{d}r\mathrm{d}x-\\
&\int_{\Omega_A}\dot{p}(r,0,x;\beta^*)q(r,0,x;\beta^*)\mathrm{d}r\mathrm{d}x\\
=&\int_Q(D\dot{p})q(\beta^*)\mathrm{d}Q-\int_{\Omega_T}\dot{p}(0,t,x;\beta^*)q(0,t,x;\beta^*)\mathrm{d}t\mathrm{d}x+\\
&\int_{\Omega_A}\dot{p}(r,T,x;\beta^*)q(r,T,x;\beta^*)\mathrm{d}r\mathrm{d}x。
\end{aligned}\tag{3.2.94}$$

对式(3.2.93)的第二项应用 Green 公式可得

$$-k\int_Q\Delta q\cdot\dot{p}\mathrm{d}Q=-\int_Q k(\Delta\dot{p})\cdot q\mathrm{d}Q,\tag{3.2.95}$$

并注意 $\int_Q\dot{p}\left[\int_0^A\mu_{eN}(N^*)pq(\xi,t,x)\mathrm{d}\xi\right]\mathrm{d}Q=\int_Q\mu_{eN}(N^*)pq\left[\int_0^A\dot{p}\mathrm{d}\xi\right]\mathrm{d}Q$,同时将式(3.2.94),式(3.2.95)代入式(3.2.93)有

$$\begin{aligned}
&\int_Q(D\dot{p})q(\beta^*)\mathrm{d}Q-\int_Q k(\Delta\dot{p})\cdot q(\beta^*)\mathrm{d}Q+\int_Q\mu_0\dot{p}q\mathrm{d}Q+\int_Q\mu_{eN}(N^*)\dot{p}q\mathrm{d}Q-\\
&\int_Q\beta^*\dot{p}q(0,t,x)\mathrm{d}Q+\int_{\Omega_A}\dot{p}(r,T,x;\beta^*)q(r,T,x;\beta^*)\mathrm{d}r\mathrm{d}x-\\
&\int_{\Omega_T}\dot{p}(0,t,x,\beta)q(0,t,x,\beta^*)\mathrm{d}t\mathrm{d}x+\int_Q\mu_{eN}(N^*)\dot{p}q\left[\int_0^A\dot{p}\mathrm{d}r\right]\mathrm{d}Q\\
=&0。
\end{aligned}\tag{3.2.96}$$

将式$(3.2.85)_1$ 和式$(3.2.85)_2$ 代入式(3.2.96)中,可得

$$\begin{aligned}
&\int_{\Omega_T}q(0,t,x;\beta^*)\Big\{\int_0^A\beta^*(r,t,x)\dot{p}(r,t,x;\beta^*)\mathrm{d}r+\int_0^A(\beta-\beta^*)p(r,t,x;\beta^*)\mathrm{d}r\Big\}\mathrm{d}t\mathrm{d}x-\\
&\int_Q\beta^*(r,t,x)q(0,t,x;\beta^*)\dot{p}(r,t,x;\beta^*)\mathrm{d}Q-\int_{\Omega_A}\dot{p}(r,T,x;\beta^*)q(r,T,x;\beta^*)\mathrm{d}r\mathrm{d}x\\
=&0。
\end{aligned}\tag{3.2.97}$$

结合式(3.2.90),可得

$$\int_{\Omega_A}[p(r,T,x;\beta^*)-z_d(r,x)]\dot{p}(r,T,x;\beta^*)\mathrm{d}r\mathrm{d}x$$
$$=\int_Q(\beta-\beta^*)q(0,t,x;\beta^*)p(r,t,x;\beta^*)\mathrm{d}Q。\tag{3.2.98}$$

联合式(3.2.98)与式(3.2.87),可以推出

$$\int_Q(\beta-\beta^*)q(0,t,x;\beta^*)p(r,t,x;\beta^*)+\rho\left\|\beta-\beta^*\right\|_{L^\infty(Q)}\geqslant 0,\quad \forall\beta\in U_{ad}。\tag{3.2.99}$$

综上所述,可以得到本文另一个重要结论。

定理 3.2.8　设 $p(r,t,x;\beta)$为问题(3.2.1)～问题(3.2.5)所描述的系统(P)的状态,性能指标泛函 $J(\beta)$由式(3.2.9)给出,容许控制集合 U_{ad} 由式(3.2.11)确定,若 $\beta^*\in U_{ad}$ 为系统(P)的最优生育率控制,则存在三元组$\{p,q,\beta^*\}$满足方程组

$$\begin{cases}\dfrac{\partial p}{\partial r}+\dfrac{\partial p}{\partial t}-k\Delta p+\mu_0 p+\mu_e(N)p=f, \quad 在\ Q\ 内,-\\ \quad Dq-k\Delta q+[\mu_0+\mu_e(N^*)]q-\beta^* q(0,t,x;\beta^*)+\\ \quad \displaystyle\int_0^A\mu_{eN}(N^*)pq(\xi,t,x)\mathrm{d}\xi=0, \quad 在\ Q\ 内,\\ p(0,t,x)=\displaystyle\int_0^A\beta(r,t,x)p(r,t,x)\mathrm{d}r, \quad 在\ \Omega_T\ 内,\\ q(A,t,x)=0, \quad 在\ \Omega_T\ 内,\\ p(r,0,x)=p_0(r,x), \quad 在\ \Omega_A\ 内,\\ q(r,T,x)=p(r,T,x;\beta^*)-z_d(r,x), \quad 在\ \Omega_A\ 内,\\ p(r,t,x)=0, \quad 在\ \Sigma\ 上,\\ q(r,t,x)=0, \quad 在\ \Sigma\ 上,\\ N=N(t,x)=\displaystyle\int_0^A p(r,t,x)\mathrm{d}r, \quad 在\ \Omega_T\ 内,\\ N^*(t,x)=\displaystyle\int_0^A p(r,t,x;\beta^*)\mathrm{d}r, \quad 在\ \Omega_T\ 内\end{cases}\tag{3.2.100}$$

及变分不等式

$$\int_Q(\beta-\beta^*)q(0,t,x;\beta^*)p(r,t,x;\beta^*)+\rho\left\|\beta-\beta^*\right\|_{L^\infty(Q)}\geqslant 0,\quad \forall\beta\in U_{ad}。\tag{3.2.101}$$

$\{p,q,\beta^*\}$必须满足的方程组(3.2.100)和方程(3.2.101)称为最优性组。求出最优性方程组(3.2.100)和方程(3.2.101)的解$\{p,q,\beta^*\}$,则其中的 β^* 即为最优生育率控制。

本节具体内容,详见本书著者论文[128]。

3.3 具有年龄分布和加权的半线性种群系统的最优边界控制

3.3.1 问题的陈述

本节考虑如下的时变种群系统(P)[37,129]:

$$\begin{cases}\dfrac{\partial p}{\partial r}+\dfrac{\partial p}{\partial t}+\mu(r,t;S)p=f(r,t), & \text{在 } Q=\Omega\times(0,T)\text{ 内}, \quad (3.3.1)\\ p(0,t)=\displaystyle\int_0^A\beta(r,t;S)p(r,t)\mathrm{d}r+u(t), & \text{在}(0,T)\text{ 内}, \quad (3.3.2)\\ p(r,0)=p_0(r), & \text{在 } \Omega=(0,A)\text{ 内}, \quad (3.3.3)\\ S\equiv S(t)=\displaystyle\int_0^A\omega(r,t)p(a,t)\mathrm{d}r, & \text{在}(0,T)\text{ 内。} \quad (3.3.4)\end{cases}$$

其中，$p(r,t)$为t时刻年龄为r的单种群的密度分布函数；$p_0(r)$是种群年龄-密度的初始分布；$Q=(0,A)\times(0,T)$；常数T表示种群的控制周期，$t\in(0,T)$，$0<T<+\infty$；f是t时刻年龄为r的种群的外界扰动函数；控制函数$u(t)\geqslant 0$(或$\leqslant 0$)表示t时刻投放(或捞出)刚出生(年龄$r=0$)的种群数量，例如向湖泊或水库投放刚孵出的鱼苗；$u(t)$在系统(P)中作为控制量，因为它定位于年龄区间$(0,A)$的边界$r=0$处，所以也称为边界控制；$S(t)$表示t时刻种群的加权总量；ω为权函数；β,μ分别表示种群的出生率和死亡率。A表示种群个体所能活到的最高年龄，$r\in(0,A)$，$0<A<+\infty$，因而有当$r\geqslant A$时

$$p(r,t)=0, \quad (3.3.5)$$

2006年，何泽荣、朱广田[129]针对生育率和死亡率均依赖于个体年龄的情形，提出了加权总规模的种群系统模型：

$$\begin{cases}\dfrac{\partial p}{\partial t}+\dfrac{\partial p}{\partial a}=-\mu(a,t;S(t))p-u(a,t)p, & (a,t)\in Q,\\ p(0,t)=\displaystyle\int_0^A\beta(a,t;S(t))p(a,t)\mathrm{d}a, & t\in(0,T),\\ p(a,0)=p_0(a), & a\in(0,A),\\ S(t)=\displaystyle\int_0^A w(a,t)p(a,t)\mathrm{d}a, & t\in(0,T)\text{。}\end{cases}$$

其中，状态变量$p(a,t)$表示t时刻种群中年龄为a的个体数量；控制函数u代表收获努力度。$S(t)$表示t时刻种群的加权总量；w为权函数；β,μ分别表示出生率和死亡率，它们都与S有关，表明不同年龄的个体对种群的演化具有不同的影响。文献[129]借助不动点原理确立了该系统的适定性，应用极大化序列法和紧性证明了最优收获控制的存在性，利用法锥和共轭系统技巧导出了最优性条件。

2007年，叶山西、赵春研究了具有年龄分布和加权的半线性种群系统[130]：

$$\begin{cases}Dp(a,t)+\mu(a,t;P(t))p(a,t)=u(a,t), & (a,t)\in Q,\\ p(0,t)=\displaystyle\int_0^A\beta(a,t;P(t))p(a,t)\mathrm{d}a, & t\in(0,T),\\ p(a,0)=p_0(a), & a\in(0,A),\\ P(t)=\displaystyle\int_0^A w(a,t)p(a,t)\mathrm{d}a, & t\in(0,T)\end{cases}$$

的最优分布控制问题，应用Ekeland's变分原理证明了最优分布控制的存在性，并用法锥和共轭系统技巧导出了最优性条件。

基于文献[129]，文献[130]，本节进一步讨论具有年龄分布和加权的半线性种群系统(P)：

$$\frac{\partial p}{\partial r}+\frac{\partial p}{\partial t}+\mu(r,t;S)p=f(r,t),\quad 在\ Q=\Omega\times(0,T)\ 内,$$

$$p(0,t)=\int_0^A\beta(r,t;S)p(r,t)\mathrm{d}r+u(t),\quad 在(0,T)\ 内,$$

$$p(r,0)=p_0(r),\quad 在\ \Omega=(0,A)\ 内,$$

$$S\equiv S(t)=\int_0^A\omega(r,t)p(r,t)\mathrm{d}r,\quad 在(0,T)\ 内$$

的最优边界控制问题。本节考虑了种群死亡率 $\mu(r,t;S(t))$ 与生育率 $\beta(r,t;S(t))$ 均依赖于种群总数 $S(t)$ 的情形，它反映种群所处的生存环境变化诸如拥挤程度等对种群动态过程的实际影响。对它的讨论可为种群系统的研究提供更加符合实际的信息，因而更具实际意义。

由于状态方程(3.3.1)～方程(3.3.4)的解依赖于 u，所以记为 $p(r,t;u)$ 或简记为 $p(u)$。人们希望通过控制 $u(t)$，使系统(P)的状态更加接近理想状态 $z_d(r,t)$。为此，引入性能指标泛函

$$J(u)=\int_0^T\int_0^A g(p(r,t)-z_d(r,t))\mathrm{d}r\mathrm{d}t+\int_0^T h(u(t))\mathrm{d}t。\tag{3.3.6}$$

我们考虑的实际问题是：

寻求满足等式

$$J(u^*)=\inf_{u\in U_{ad}}J(u)\ 的\ u^*\in U_{ad},\tag{3.3.7}$$

其中

$$\begin{cases}U=L^2(0,T),\\ U_{ad}=U\ 的非空闭凸子集。\end{cases}$$

例如

$$U_{ad}=\{u\mid u\in L^2(0,T);0\leqslant \underline{u}\leqslant u(t)\leqslant\bar{u}<+\infty,\text{a.e.}于(0,T)\ 内\}\tag{3.3.8}$$

就是 $L^2(0,T)$ 的非空闭凸子集。

方程(3.3.1)～方程(3.3.4)，性能指标泛函(3.3.6)及极小化问题(3.3.7)构成了具有年龄分布和加权的半线性种群系统(P)最优边界控制的数学模型。本节考虑系统(P)的最优边界控制问题。

3.3.2　基本假设与系统的状态

假设

$$(\mathrm{H}_1)\begin{cases}\mu(r,t;y)\in L^1_{\mathrm{loc}}([0,A)\times[0,T]),\int_0^A\mu(r,t;y)\mathrm{d}r=+\infty,\\ \mu(r,t;y)\ 与\ \beta(r,t;y)\ 定义在\ Q\times R^+\ 上，且关于(r,t)\ 连续,\\ \mu(r,t;y)\ 与\ \beta(r,t;y)\ 关于\ y\ 两次连续可微,\\ 0\leqslant\mu(r,t;y),\beta(r,t;y),\ |\mu_y(r,t;y)|,|\beta_y(r,t;y)|,\\ |\mu_{yy}(r,t;y)|,|\beta_{yy}(r,t;y)|\leqslant G_1;\end{cases}$$

$$(\mathrm{H}_2)\begin{cases}f\in L^2(Q),\\ 0\leqslant p_0(r)\leqslant\bar{p}_0<+\infty,\text{a.e.}于[0,A]\ 内,p_0(r)\ 在[0,A]\ 上连续,\\ p_0\in L^2(0,A)\ 且\int_0^A p_0^2(r)\mathrm{d}r=P_0\leqslant G_2,\\ p_0(r)\ 和\ p(0,t)\ 满足相容条件\ p_0(0)=p(0,0)=\int_0^A\beta(r,0;S(0))p(r,0)\mathrm{d}r;\end{cases}$$

(H_3) $\omega\in L^{\infty}(Q)$，$\forall(r,t)\in Q$，$0\leqslant\omega(r,t)\leqslant G_3$；

(H_4) g,h：$R\to R^+$凸函数，$g,h\in C(R^+)$且g',h'有界。

现在给出系统(P)广义解的概念。

定义 3.3.1 若$\forall\varphi\in\Phi_0$满足下面的积分恒等式：

$$\int_Q[-D\varphi+\mu(S)\varphi]p\,\mathrm{d}Q=\int_0^T\left[\int_0^A\beta(S)p(r,t)\mathrm{d}r+u(t)\right]\varphi(0,t)\mathrm{d}t+\int_0^A p_0(r)\varphi(r,0)\mathrm{d}r+\int_Q f\varphi\mathrm{d}Q,\tag{3.3.9}$$

其中，

$$\Phi_0=\{\varphi\mid\varphi\in C^1(\bar{Q}),\varphi(r,T)=\varphi(A,t)=0\}。\tag{3.3.10}$$

则称函数$p\in L^2(Q)$为问题(3.3.1)～问题(3.3.4)的弱解。

引理 3.3.1[43] 若假设条件(H_1)～条件(H_4)成立，则系统(P)存在唯一解$p\in C([0,T];L^1(\Omega))$。

定理 3.3.1 若假设条件(H_1)～条件(H_4)成立，则引理3.3.1中系统(P)的$C([0,T];L^1(\Omega))$-解，属于$L^2(Q)$-解，即$p\in L^2([0,T];L^2(0,A))=L^2(Q)$。

证明 $\forall v\in U_{ad}$，有

$$p(v)\in\Phi_1=\{\varphi\mid\varphi\in C([0,T];L^1(\Omega)),\varphi(A,t)=\varphi(0,t)=0\}。$$

将上式乘方程(3.3.1)两边，并在$(0,A)$上积分，同时根据引理3.3.1可知，所得等式仍然成立，即有

$$\int_0^A\frac{\partial p}{\partial r}p(v)\mathrm{d}r+\int_0^A\frac{\partial p}{\partial t}p(v)\mathrm{d}r+\int_0^A\mu(S)p^2(v)=\int_0^A fp\,\mathrm{d}r。$$

对上式第一、第二项分别利用分部积分法，并注意到$\mu(S)$的非负性，则由式(3.3.5)可推得

$$\frac{\mathrm{d}}{\mathrm{d}t}\left|p^2(r,t)\right|_{L^2(\Omega)}^2\leqslant p^2(0,t)+\int_0^A f^2\mathrm{d}r+\int_0^A p^2(v)\mathrm{d}r。$$

将上式两边关于τ在$(0,t)$上积分，$t\in(0,T)$，则可得

$$\left|p(r,t)\right|_{L^2(\Omega)}^2-\left|p(r,0)\right|_{L^2(\Omega)}^2\leqslant\int_0^t p^2(0,\tau)\mathrm{d}\tau+\|f\|_{L^2(\Omega)}^2+\int_0^t\left|p\right|_{L^2(\Omega)}^2\mathrm{d}\tau。\tag{3.3.11}$$

将上式右边的项$\int_0^t p^2(0,\tau)\mathrm{d}\tau$运用 Hölder 不等式，且由式(3.3.2)及关于β的假设条件(H_1)可得

$$\begin{aligned}\int_0^t p^2(0,\tau)&=\int_0^t\left[\int_0^A\beta(S)p\,\mathrm{d}r+v(\tau)\right]^2\mathrm{d}\tau\\&\leqslant\int_0^t 2\left(\int_0^A\beta(S)p\,\mathrm{d}r\right)^2\mathrm{d}\tau+\int_0^t 2(v(\tau))^2\mathrm{d}\tau\\&\leqslant 2\int_0^t\left[\int_0^A\beta^2(S)\mathrm{d}r\cdot\int_0^A p^2\mathrm{d}r\right]\mathrm{d}\tau+2\int_0^t v^2(\tau)\mathrm{d}\tau\\&\leqslant 2G_1^2A\int_0^t\int_0^A p^2\mathrm{d}r\mathrm{d}\tau+2\bar{u}^2T\\&=2G_1^2A\int_0^t\left|p\right|_{L^2(\Omega)}^2\mathrm{d}\tau+2\bar{u}^2T。\end{aligned}\tag{3.3.12}$$

将上式代入式(3.3.11)，得

$$
\begin{aligned}
\left|p(r,t)\right|_{L^2(\Omega)}^2 &\leqslant \left|p_0(r)\right|_{L^2(\Omega)}^2 + 2G_1^2A\int_0^t \left|p\right|_{L^2(\Omega)}^2 d\tau + 2\bar{u}^2T + \left\|f\right\|_{L^2(\Omega)}^2 + \int_0^t |p|_{L^2(\Omega)}^2 d\tau \\
&\leqslant \left|p_0(r)\right|_{L^2(\Omega)}^2 + 2\bar{u}^2T + \left\|f\right\|_{L^2(\Omega)}^2 + (2G_1^2A+1)\int_0^t |p|_{L^2(\Omega)}^2 d\tau \\
&= C_1 + C_2\int_0^t |p|_{L^2(\Omega)}^2 d\tau。
\end{aligned}
\tag{3.3.13}
$$

其中，

$$
C_1 = \left|p_0(r)\right|_{L^2(\Omega)}^2 + 2\bar{u}^2T + \left\|f\right\|_{L^2(\Omega)}^2,
$$

$$
C_2 = 2G_1^2A + 1。
$$

对式(3.3.13)应用 Gronwall 不等式，可得

$$
\left|p(r,t)\right|_{L^2(\Omega)}^2 \leqslant C_1 e^{\int_0^t C_2 dr} = C_1 e^{C_2 t} \leqslant C_1 e^{C_2 T}。
$$

由此可见，

$$
\int_0^T \left|p(r,t)\right|_{L^2(\Omega)}^2 dt \leqslant \int_0^T C_1 e^{C_2 T} dt = C_1 T e^{C_2 T} \equiv C_3 < +\infty,
$$

其中 C_3 是与 p 无关的常数，即

$$
p(r,t) \in L^2([0,T];L^2(0,A)) = L^2(Q)。
$$

3.3.3　最优边界控制的存在性

为了证明系统(P)的最优边界控制的存在性，首先需要证明系统的解对控制变量的连续相依性。

定理 3.3.2　若假设(H_1)～条件(H_4)成立，则对于系统(即式(3.3.1)～式(3.3.4))的解 $p \in L^2(Q)$有 p 关于 v 是连续的。

证明　类似于定理 3.3.1 的证明过程。式(3.3.11)中右边第一项：

$$
\begin{aligned}
&\int_0^t p^2(0,\tau)d\tau = \int_0^t \left(\int_0^A \beta p\, dr + v\right)^2 d\tau \\
&\leqslant \int_0^t \left[\int_0^A \beta^2 dr \cdot \int_0^A p^2 dr\right] d\tau + 2\int_0^t v\int_0^A \left(\frac{1}{2}\beta^2 + \frac{1}{2}p^2\right) dr\, d\tau + \int_0^t v^2 d\tau \\
&\leqslant G_1^2A\int_0^t |p|_{L^2(\Omega)}^2 d\tau + G_1^2A\int_0^t v\, d\tau + \int_0^t v\, |p|_{L^2(\Omega)}^2 d\tau + \int_0^t v^2 d\tau \\
&= \int_0^t (G_1^2A + v)\left|p\right|_{L^2(\Omega)}^2 d\tau + G_1^2A\int_0^t v\, d\tau + \int_0^t v^2 d\tau。
\end{aligned}
$$

于是，由上式及式(3.3.11)，可推得

$$
\begin{aligned}
\left|p(r,t)\right|_{L^2(\Omega)}^2 &\leqslant \left|p_0(r)\right|_{L^2(\Omega)}^2 + \int_0^t (G_1^2A+v)\left|p\right|_{L^2(\Omega)}^2 d\tau + G_1^2A\bar{u}T + \bar{u}^2T + \\
&\quad \left\|f\right\|_{L^2(\Omega)}^2 + \int_0^t |p|_{L^2(\Omega)}^2 d\tau \\
&= C_4 + \int_0^t C_5 \left|p\right|_{L^2(\Omega)}^2 d\tau,
\end{aligned}
$$

其中

$$
C_4 = \left|p_0(r)\right|_{L^2(\Omega)}^2 + G_1^2A\bar{u}T + \bar{u}^2T + \left\|f\right\|_{L^2(\Omega)}^2,
$$

$$C_5 = G_1^2 A + v(t) + 1。$$

利用 Gronwall 不等式,可得

$$\left| p(r,t) \right|_{L^2(Q)}^2 \leqslant \int_0^T C_6 e^{\int_0^t v(\tau)d\tau} dt$$
$$\leqslant C_6 \int_0^T e^{\int_0^t v(\tau)d\tau} dt。$$

其中 $C_6 = C_4 e^{\left(1+G_1^2 A\right)T}$。因而,$p$ 关于 v 在 $L^2(Q)$中是连续的。

定理 3.3.3 设 $p \in L^2(Q)$是问题(3.3.1)～问题(3.3.4)所支配的系统(P)的状态。容许控制集合 U_{ad} 满足式(3.3.8),性能指标泛函 $J(u)$由式(3.3.6)给出,若假设条件(H_1)～条件(H_4)成立,则问题(3.3.7)在 U_{ad} 中至少存在一个最优控制 $u^* \in U_{ad}$,即 u^* 满足

$$J(u^*) = \inf_{u \in U_{ad}} J(u)。$$

证明 设

$$d = \inf_{u \in U_{ad}} J(u), \tag{3.3.14}$$

由假设条件(H_4)可知,

$$0 \leqslant J(u) < +\infty,$$

则 $d \in [0, +\infty)$。

取$\{v_n\} \subset U_{ad}$,使得

$$\begin{cases} d \leqslant J(v_n) \leqslant d + \dfrac{1}{n}, \\ \text{即当 } n \to +\infty \text{ 时}, \quad J(v_n) \to d。\end{cases} \tag{3.3.15}$$

由比较定理,可得

$$0 \leqslant p^{v_n} \leqslant p^{\bar{u}},$$

于是存在$\left\{p^{v_n}\right\}$的子序列,仍记为$\left\{p^{v_n}\right\}$,使得当 $n \to +\infty$时,

$$p_n = p^{v_n} \to p^*, \quad \text{在 } L^2(Q) \text{ 中弱}, \quad p^* \in L^2(Q)。 \tag{3.3.16}$$

由 Mazur 定理[141]可知,存在$\{p^{v_n}\}$的子序列$\{\tilde{p}_n\}$满足

$$\tilde{p}_n = \sum_{i=n+1}^{k_n} \lambda_i^{(n)} p^{v_i}, \quad \lambda_i^{(n)} \geqslant 0, \quad \sum_{i=n+1}^{k_n} \lambda_i^{(n)} = 1, \quad k_n \geqslant n+1。 \tag{3.3.17}$$

其中

$$\{v_i\} \subset \{v_n\}, \quad i = n+1, n+2, \cdots, k_n$$

使得

$$\tilde{p}_n \longrightarrow p^*, \quad \text{在 } L^2(Q) \text{ 中强} \tag{3.3.18}$$

和

$$v_n \longrightarrow u^*, \quad \text{在 } L^2(0,T) \text{ 中弱} \tag{3.3.19}$$

成立。这是因为由式(3.3.8)知,$\{v_n\}$在 $L^2(0,T)$中一致有界。

设 $\tilde{v}_n = \sum_{i=n+1}^{k_n} \lambda_i^{(n)} v_i$,易知 $\tilde{v}_n \in U_{ad}$,且当 $n \to +\infty$时,

$$\tilde{v}_n \to u^*, \quad \text{在 } L^2(0,T) \text{ 中强}。 \tag{3.3.20}$$

令

$$
\begin{cases}
S^{\tilde{v}_n}=\int_0^A \omega(r,t)p^{\tilde{v}_n}\,\mathrm{d}r,\\
\tilde{S}_n=\int_0^A \omega(r,t)\tilde{p}_n\,\mathrm{d}r,\\
S^*=\int_0^A \omega(r,t)p(u^*)\,\mathrm{d}r。
\end{cases}
\tag{3.3.21}
$$

设 $p^{v_i}=p(v_i)$ 为方程(3.3.1)～方程(3.3.4)在 $v=v_i$ 时的解，则 $\tilde{p}_n$ 满足如下方程(3.3.22)～方程(3.3.25)：

$$
\begin{cases}
D\tilde{p}_n+\sum_{i=n+1}^{k_n}\lambda_i^{(n)}\mu(S^{v_i})p^{v_i}=0, & (3.3.22)\\
\tilde{p}_n(0,t)=\int_0^A\sum_{i=n+1}^{k_n}\lambda_i^{(n)}\beta(S^{v_i})p^{v_i}\,\mathrm{d}r+\tilde{v}_n, & (3.3.23)\\
\tilde{p}_n(r,0)=p_0(r), & (3.3.24)\\
\tilde{S}_n(t)=\int_0^A\omega\tilde{p}_n\,\mathrm{d}r, & (3.3.25)
\end{cases}
$$

其中，$S^{v_i}=\int_0^A \omega p^{v_i}\,\mathrm{d}r$。

由定义 3.3.1 可知，p^{v_i} 满足式(3.3.9)。在式(3.3.9)中以 p^{v_i} 代替 p，以 S^{v_i} 代替 S，各项乘 $\lambda_i^{(n)}$ 再求和，可得

$$
\begin{aligned}
&\sum_{i=n+1}^{k_n}\lambda_i^{(n)}\int_Q[-D\varphi+\mu(S^{v_i})\varphi]p^{v_i}\,\mathrm{d}Q\\
&=\sum_{i=n+1}^{k_n}\lambda_i^{(n)}\int_0^T\left[\int_0^A\beta(S^{v_i})p^{v_i}\,\mathrm{d}r+v_i(t)\right]\varphi(0,t)\,\mathrm{d}t+\sum_{i=n+1}^{k_n}\lambda_i^{(n)}\int_0^A p_0(r)\varphi(r,0)\,\mathrm{d}r。
\end{aligned}
$$

即

$$
\begin{aligned}
&\int_Q -D\varphi\tilde{p}_n\,\mathrm{d}Q+\int_Q\sum_{i=n+1}^{k_n}\lambda_i^{(n)}\mu(S^{v_i})p^{v_i}\varphi\,\mathrm{d}Q\\
&=\int_0^T\int_0^A\sum_{i=n+1}^{k_n}\lambda_i^{(n)}\beta(S^{v_i})p^{v_i}\,\mathrm{d}r\varphi(0,t)\,\mathrm{d}t+\int_0^T\tilde{v}_n(t)\varphi(0,t)\,\mathrm{d}t+\int_0^A p_0(r)\varphi(0,t)\,\mathrm{d}r。
\end{aligned}
\tag{3.3.26}
$$

因此，根据定义 3.3.1 可知，$\tilde{p}_n$ 为式(3.3.22)～式(3.3.25)的 $L^2(Q)$-弱解。

已知

$$
\begin{cases}
\tilde{p}_n\longrightarrow p^*，\text{在 } L^2(Q) \text{ 中强}，\quad n\to+\infty,\\
p^{v_i}\longrightarrow p^*，\text{在 } L^2(Q) \text{ 中弱}，\quad i\to+\infty,\\
\tilde{v}_n\longrightarrow u^*，\text{在 } L^2(0,T) \text{ 中强}，\quad n\to+\infty,\\
v_i\longrightarrow u^*，\text{在 } L^2(0,T) \text{ 中强}，\quad i\to+\infty。
\end{cases}
$$

在式(3.3.26)中，令 $i\to+\infty$，$n\to+\infty$，有

$$
\begin{aligned}
&\int_Q(-D\varphi)p^*\,\mathrm{d}Q+\int_Q\mu(S^*)p^*\varphi\,\mathrm{d}Q\\
&=\int_0^T\left[\int_0^A\beta(S^*)p^*\,\mathrm{d}r\right]\varphi(0,t)\,\mathrm{d}t+\int_0^T u^*\varphi(0,t)\,\mathrm{d}t+\int_0^A p_0(r)\varphi(r,0)\,\mathrm{d}r。
\end{aligned}
\tag{3.3.27}
$$

上式说明 p^* 为下列方程的解

$$\begin{cases} Dp^* + \mu(S^*)p^* = 0, \\ p^*(0,t) = \int_0^A \beta(S^*)p^* \mathrm{d}r + u^*, \\ p^*(r,0) = p_0(r), \\ S^*(t) = \int_0^A \omega(r,t)p^* \mathrm{d}r, \end{cases}$$

即 p^* 为问题(3.3.1)～问题(3.3.4)在 $u=u^*$，$f=0$ 时的解，也即 $p^*=p(u^*)$为问题(3.3.1)～问题(3.3.4)在 $f=0$ 时的 $L^2(Q)$-解。

下面证明，u^* 为 $J(v)$的最优控制。

定理 3.3.4 设 $p(v)$是问题(3.3.1)～问题(3.3.4)的 $L^2(Q)$-解，性能指标泛函 $J(v)$由式(3.3.6)给定，容许控制集合 U_{ad} 由式(3.3.8)给定。$\{v_n\}$是极小化序列，$u^* \in U_{ad}$ 是式(3.3.19)中的极限函数，即 $v_n \to u^*$ 在 $L^2(0,T)$中弱。则 $u^* \in U_{ad}$ 就是系统(P)关于问题(3.3.7)的最优边界控制，即它满足等式

$$J(u^*) = \inf_{v \in U_{ad}} J(v), \quad u^* \in U_{ad}。 \tag{3.3.28}$$

证明 由 $p^{\tilde{v}_n}$ 对 $\tilde{v}_n$ 的连续性以及 $\beta(S^{\tilde{v}_n})$，$\mu(S^{\tilde{v}_n})$对 $\tilde{v}_n$ 的连续性可知，当 $\tilde{v}_n \to u^*$ 强时，在式(3.3.1)～式(3.3.4)(其中 $p=p^{\tilde{v}_n}$，$v=\tilde{v}_n$)中取极限，可得

$$p^{\tilde{v}_n} \to p^{u^*} \equiv p(u^*)。$$

由上式和已经证明的 $p^*=p(u^*)$，有 $p^*=p^{u^*}$，故可得

$$\begin{cases} p^{\tilde{v}_n} \to p^*, \quad n \to +\infty, \\ \text{即 } p^* \text{ 相当于问题(3.3.1)} \sim \text{问题(3.1.4) 在 } u=u^* \text{ 时的解，此时 } p^*=p(u^*)。 \end{cases} \tag{3.3.29}$$

现在证明，u^* 为最优边界控制，(p^*,u^*)为最优对，即证

$$J(u^*) = d。 \tag{3.3.30}$$

事实上，由式(3.3.15)，式(3.3.19)，式(3.3.20)和式(3.3.29)，可得

$$\begin{aligned} d &= \lim_{n\to+\infty} J(v_n) = \lim_{n\to+\infty} J(\tilde{v}_n) \\ &= \lim_{n\to+\infty} \left[\iint_Q g(p^{\tilde{v}_n} - z_d)\mathrm{d}r\mathrm{d}t + \int_0^T h(\tilde{v}_n)\mathrm{d}t\right] \\ &= \left[\iint_Q g(p^{u^*} - z_d)\mathrm{d}r\mathrm{d}t + \int_0^T h(u^*)\mathrm{d}t\right] \\ &= \left[\iint_Q g(p^* - z_d)\mathrm{d}r\mathrm{d}t + \int_0^T h(u^*)\mathrm{d}t\right] \\ &= J(u^*)。 \end{aligned}$$

定理 3.3.4 证毕。

3.3.4 必要条件与最优性组

本节讨论 $u^* \in U$ 为系统(P)的最优边界控制的必要条件及最优性组。令 $\dot{p}$ 为非线性函数 $p(u)$在 u^* 处沿方向$(u-u^*)$的 G-微分[24]，即

$$\dot{p}=\frac{\mathrm{d}}{\mathrm{d}\lambda}p(u^*+\lambda(u-u^*))\Big|_{\lambda=0}=\lim_{\lambda\to 0^+}\frac{1}{\lambda}[p(u^*+\lambda(u-u^*))-p(u^*)]。\tag{3.3.31}$$

记

$$u_\lambda=u^*+\lambda(u-u^*),\quad 0<\lambda<1,$$

用 p_λ 和 p 分别表示问题(3.3.1)～问题(3.3.4)在 $p_\lambda=p(u_\lambda)$ 与 $p=p(u^*)$ 时在 $L^2(Q)$ 中的弱解，则可得

$$\begin{cases}\dfrac{\partial p_\lambda}{\partial r}+\dfrac{\partial p_\lambda}{\partial t}+\mu(S_\lambda)p_\lambda=f(r,t), & 在 Q 内,\\ p_\lambda(0,t)=\displaystyle\int_0^A\beta(S_\lambda)p_\lambda\mathrm{d}r+u_\lambda(t), & 在(0,t)内,\\ p_\lambda(r,0)=p_0(r), & 在(0,A)内,\\ S_\lambda(t)=\displaystyle\int_0^A\omega p_\lambda(r,t)\mathrm{d}r, & 在(0,T)内\end{cases}\tag{3.3.32}$$

和

$$\begin{cases}\dfrac{\partial p}{\partial r}+\dfrac{\partial p}{\partial t}+\mu(S^*)p=f(r,t), & 在 Q 内,\\ p(0,t)=\displaystyle\int_0^A\beta(S^*)p\mathrm{d}r+u^*(t), & 在(0,t)内,\\ p(r,0)=p_0(r), & 在(0,A)内,\\ S^*(t)=\displaystyle\int_0^A\omega p(r,t)\mathrm{d}r, & 在(0,T)内。\end{cases}\tag{3.3.33}$$

将式(3.3.32)与式(3.3.33)相减，并利用微分中值定理将方程两端同除 $\lambda>0$，令 $\lambda\to 0^+$ 取极限，同时注意到 $\dot{p}$ 的定义式(3.3.31)可得

$$\begin{cases}\dfrac{\partial \dot{p}}{\partial r}+\dfrac{\partial \dot{p}}{\partial t}+\mu(\dot{S}^*)\dot{p}+\mu_P(\dot{S}^*)p\displaystyle\int_0^A\omega\dot{p}\mathrm{d}r=0, & 在 Q 内,\\ \dot{p}(0,t)=\displaystyle\int_0^A\beta(\dot{S}^*)\dot{p}\mathrm{d}r+\int_0^A p\beta_P(\dot{S}^*)\left(\int_0^A\omega\dot{p}\mathrm{d}r\right)\mathrm{d}r+u(t)-u^*(t), & 在(0,T)内,\\ \dot{p}(r,0)=0, & 在(0,A)内,\\ \dot{S}^*(t)=\displaystyle\int_0^A\omega\dot{p}(r,t)\mathrm{d}r, & 在(0,T)内。\end{cases}\tag{3.3.34}$$

由于问题(3.3.34)与问题(3.3.1)～问题(3.3.4)属于同一类型的问题，因此由定理 3.3.1 可知，问题(3.3.34)在 $L^2(Q)$ 中有唯一的弱解 $\dot{p}$。

定理 3.3.5　若 $u^*\in U_{ad}$ 是系统(P)的最优边界控制，则 u^* 满足下面的不等式：

$$\int_Q g'(p^*-z_d)\dot{p}\mathrm{d}Q+\int_0^T h'(u^*)(u-u^*)\mathrm{d}t\geqslant 0,\quad \forall u\in U_{ad}。\tag{3.3.35}$$

证明　设 $u^*\in U_{ad}$ 为最优边界控制，由性能指标泛函 $J(u)$ 的结构式(3.3.6)，可得

$$\begin{aligned}J(u_\lambda)-J(u^*)&=\int_Q g(p_\lambda-z_d)\mathrm{d}Q+\int_0^T h(u_\lambda)\mathrm{d}t-\int_Q g(p^*-z_d)\mathrm{d}Q-\int_0^T h(u^*)\mathrm{d}t\\&\geqslant 0,\end{aligned}\tag{3.3.36}$$

其中，$p(u_\lambda)$与$p^*(u)$分别是$p(r,t;u_\lambda)$与$p(r,t;u^*)$的简洁记号，$0<\lambda<1$。

上述不等式两端同除$\lambda>0$，令$\lambda\to0^+$取极限，并注意到$\dot{p}$的定义式(3.3.31)，由极限保号性可以推得

$$\begin{aligned}&\lim_{\lambda\to0^+}\frac{1}{\lambda}(J(u_\lambda)-J(u^*))\\&=\int_Q g'(p^*-z_d)\dot{p}\,\mathrm{d}Q+\int_0^T h'(u^*)(u-u^*)\mathrm{d}t\\&\geqslant 0。\end{aligned}$$

即式(3.3.35)成立。定理3.3.5证毕。

为了变换不等式(3.3.35)，我们引入问题(3.3.34)的伴随状态$q(r,t;u)=q(u)$：

$$\begin{cases}A^*q\equiv-\dfrac{\partial q}{\partial r}-\dfrac{\partial q}{\partial t}+\mu(S)q-\beta(r,t;S)q(0,t)-\omega\displaystyle\int_0^A p(\sigma,t)\beta_P(\sigma,t;S)\mathrm{d}\sigma q(0,t)+\\ \qquad\omega\displaystyle\int_0^A\mu_P(S)pq(\xi,t)\mathrm{d}\xi=g'(p-z_d),\quad 在Q内,\\ q(A,t)=0,\quad 在(0,T)内,\\ q(r,T)=0,\quad 在(0,A)内\\ S(t)=\displaystyle\int_0^A\omega(r,t)p(r,t)\mathrm{d}r,\quad 在(0,T)内。\end{cases}\tag{3.3.37}$$

定理3.3.6 设$p(r,t;u)$是方程(3.3.1)～方程(3.3.4)广义解，则伴随问题(3.3.37)容许唯一的广义解$q(u)\in L^2(Q)$，$Dq(u)\in L^2(Q)$。

证明 参见定理3.1.5的证明方法，在此不加以详细证明。

为变换式(3.3.35)用$q(u)$乘$(3.3.34)_1$并在Q上积分，可得

$$\int_Q g'(p^*-z_d)\dot{p}\,\mathrm{d}Q=\int_Q\left[\frac{\partial\dot{p}}{\partial r}+\frac{\partial\dot{p}}{\partial t}+\mu(S^*)\dot{p}+\mu_P(S^*)p\int_0^A\omega\dot{p}\,\mathrm{d}r\right]q\,\mathrm{d}Q。$$

在上式等号右边对(r,t)分部积分，并注意到式(3.3.34)和式(3.3.37)的后三式，可得

$$\int_Q g'(p^*-z_d)\dot{p}\,\mathrm{d}Q=\int_0^T(u(t)-u^*(t))q(0,t)\mathrm{d}t。\tag{3.3.38}$$

由式(3.3.38)可知，式(3.3.35)等价于下面的变分不等式：

$$\int_0^T(u-u^*)q(0,t)\mathrm{d}t+\int_0^T h'(u^*)(u-u^*)\mathrm{d}t\geqslant0。$$

即

$$\int_0^T[q(0,t)+h'(u^*)](u-u^*)\mathrm{d}t\geqslant0,\quad\forall u\in U。\tag{3.3.39}$$

注 由方程(3.3.37)可见，$q(r,t)$依赖于$p(r,t)$，而$p(r,t)=p(r,t;u^*)$，因此式(3.3.39)可变为

$$\int_0^T(q(0,t;p,u^*)+h'(u^*))(u-u^*)\mathrm{d}t\geqslant0,\quad\forall u\in U。\tag{3.3.40}$$

综上所述，可以得到本文主要的结论之一。

定理3.3.7 设$p\in L^2(Q)$是由问题(3.3.1)～问题(3.3.4)的解所描述的系统(S)的状态，性能指标$J(v)$由式(3.3.6)给出，容许控制集合U_{ad}由式(3.3.8)确定，若$u^*\in U_{ad}$为系

统(S)关于问题(3.3.9)的最优控制，$u^* \in U_{ad}$ 由非线性偏微分方程(3.3.1)～方程(3.3.4)(其中 $v=u^*$),伴随方程(3.3.37)及变分不等式(3.3.40)所构成的最优性组的联立解$\{u^*,p,q\}$所确定。

本节具体内容,详见本书著者论文[140]。

3.4　本章小结

本章讨论了与年龄相关的半线性种群扩散系统的最优控制问题。

3.1 节讨论了与年龄相关的半线性种群扩散系统的最优收获控制问题。通过将系统(P)转化为具有空间扩散(即 $k>0$)而且 $v=v(r,t,x)$及半线性(即 $\zeta=\zeta(N)\neq 0$)的一般情形,证明最优收获控制 $u\in U$ 的存在性,得到收获控制 $u\in U$ 为最优的必要条件和确定最优控制的最优性组,最优性组由半线性积分-偏微分方程和变分不等式所构成。

3.2 节讨论了具最终状态观测的半线性种群扩散系统(P)的最优生育率控制问题。利用 Lions 的最优控制理论和方法,在一定条件下,证明了对于给定的目标泛函 $J(\beta)$,系统(P)最优生育率控制的存在性,得到了生育率控制为最优的必要条件和由偏微分方程与变分不等式所构成的最优性组。由最优性组确定最优生育率控制。

3.3 节讨论了具有年龄分布和加权的半线性种群系统的最优边界控制问题。系统(P)是由积分-偏微分方程组初边值问题来描述的。运用比较定理和 Mazur 定理证明了最优边界控制的存在性,并得到了控制为最优的一阶必要条件及确定最优控制的最优性组。

第 4 章 与年龄相关的拟线性种群扩散系统

4.1 与年龄相关的拟线性种群扩散系统广义解的存在唯一性

4.1.1 系统(*P*)的数学模型

本章主要研究与年龄相关的拟线性种群空间扩散系统(P),它的数学模型是式(4.1.1)~式(4.1.5),即下面的拟线性偏微分-积分方程组的初边值问题(P):

$$\frac{\partial p}{\partial r}+\frac{\partial p}{\partial t}-\operatorname{div}(k(t,x;S)\operatorname{grad}p)+[\mu_0(r,t,x)+\mu_e(r,t,x;S)]p=0,\quad \text{在 } Q=\Theta\times\Omega \text{ 内}, \tag{4.1.1}$$

$$p(0,t,x)=\int_0^A\beta(r,t,x;S)p(r,t,x)\mathrm{d}r,\quad \text{在 } \Omega_T=(0,T)\times\Omega \text{ 内}, \tag{4.1.2}$$

$$p(r,0,x)=p_0(r,x),\quad \text{在 } \Omega_A=(0,A)\times\Omega \text{ 内}, \tag{4.1.3}$$

$$P(r,t,x)=0,\quad \text{在 } \Sigma=(0,A)\times(0,T)\times\partial\Omega \text{ 上}, \tag{4.1.4}$$

$$S\equiv S(t,x)=\int_0^A v(r,t,x)p(r,t,x)\mathrm{d}r,\quad \text{在 } \Omega_T \text{ 内。} \tag{4.1.5}$$

其中,p,p_0,Ω,T 等的实际意义同第 2~3 章;同样,A 是种群个体所能活到的最高年龄,所以当 $r\geqslant A$ 时

$$p(r,t,x)=0; \tag{4.1.6}$$

$k(S)>0$ 是种群的空间扩散系数函数;$\mu_0\geqslant 0$ 是种群的自然死亡率;$\mu_e(r,t,x;S)$表示由于外部生存环境恶化(例如拥挤)或人为捕获而造成种群数量的减少;$\beta(r,t,x;S)\geqslant 0$ 是种群生育率。本章如不特别声明,$k(t,x;S)$,$\mu_e(r,t,x;S)$和 $\beta(r,t,x;S)$均分别简记为$k(S)$,$\mu_e(S)$和 $\beta(S)$,它们均依赖于规模变量 S。规模变量 S 的表达式(4.1.5)中权的函数 v 为系统(P)中的控制量,它可以反映由于种群生态环境的恶化或改善而导致种群空间密度 $P(t,x)=\int_0^A p(r,t,x)\mathrm{d}r$ 的增加或减少对种群发展过程的影响。

如第 1 章所述,系统(P)的数学模型(即式(4.1.1)~式(4.1.5))是本书作者对文献[49],文献[50],文献[59],文献[65],文献[66]的模型稍作综合而提出来的。

模型(即式(4.1.1)~式(4.1.5))的广义解 $p(r,t,x)$描述了系统(P)的状态。如 1.5 节所指出的,式(4.1.1)是一阶双曲算子$\frac{\partial}{\partial r}+\frac{\partial}{\partial t}$与拟线性椭圆算子

$$B(\cdot)=\operatorname{div}\left[k\left(t,x;\int_0^A v(\cdot)\mathrm{d}r\right)\operatorname{gard}(\cdot)\right]$$

组成的混合型拟线性偏微分方程,它与单独的一阶双曲型偏微分方程或拟线性抛物型偏微分方程有很大的区别。同时,它还要与非线性积分方程(4.1.2)耦合成积分-偏微分方程组初边值问题,因此并不是能够简单套用双曲型偏微分方程或抛物型偏微分方程的已有理论与方法进行解决。文献[65]仅在 $v\equiv 1$ 和边界处为第二边值条件时证明了问题(P)的广义解的存在性。文献[73],文献[74]证明了问题(P)在 $k(t,x;S)\equiv k(t,x)$ 与 S 无关的半线性情形下的广义解的存在唯一性。我们在本章要讨论的是问题(P)在 $k=k(t,x;S)$ 时的拟线性情形。就抛物方程而言,拟线性情形讨论起来要比半线性情形困难得多,而我们在此处要讨论的是积分-双曲-拟线性抛物微分方程组,因此讨论起来显然比它的半线性情形要复杂得多。

在本节,我们既要解决比文献[65]多了 $v\neq 1$ 而带来的麻烦,又要克服不是文献[66],文献[73]中常数 $k>0$ 或 $k\equiv k(t,x)$,而是 $k\equiv k(t,x;S)$ 与 S 有关所带来的困难。例如,需要增加证明 $\int_0^t\int_0^A|\nabla p|^2\mathrm{d}r\mathrm{d}\tau$ 在 Ω_T 上有界(引理 4.1.3,式(4.1.34)),从而证明比文献[65],文献[66],文献[73],文献[74] 更一般情形下的问题(P) 的广义解的存在唯一性。

在证明问题(P)的广义解的存在唯一性时,要运用一个工具,那就是由式(4.1.5)确定的 $S(t,x)=\int_0^A v(r,t,x)p(r,t,x)\mathrm{d}r$ 所满足的辅助方程,即下面的关于 S 的拟线性抛物型偏微分方程初边值问题(S):

$$S_t-\operatorname{div}(k(S)\nabla S)=F(t,x),\quad 在\ \Omega_T\ 内,\tag{4.1.7}$$

$$S(0,x)=\int_0^A v(r,0,x)p_0(r,x)\mathrm{d}r\equiv S_0(x),\quad 在\ \Omega\ 内,\tag{4.1.8}$$

$$S(t,x)=0,\quad 在\ \Gamma=(0,T)\times\partial\Omega\ 上,\tag{4.1.9}$$

其中,

$$\begin{aligned}F(t,x)=&-k_S(S)\sum_{i=1}^N\left(\int_0^A(v_{x_i}p+vp_{x_i})\mathrm{d}r\right)^2-\sum_{i=1}^N k_{x_i}(S)\int_0^A(v_{x_i}p+vp_{x_i})\mathrm{d}r+\\&\int_0^A\left[k_S(S)\sum_{i=1}^N p_{x_i}\int_0^A(v_{x_i}p+vp_{x_i})\mathrm{d}r+\sum_{i=1}^N k_{x_i}(S)p_{x_i}\right]v(r,t,x)\mathrm{d}r+\\&\int_0^A\{[v_t+v_r-k(S)\Delta v-(\mu_0+\mu_e(S))v]p-\\&2k(S)\nabla v\cdot\nabla p\}\mathrm{d}r+v(0,t,x)\int_0^A\beta(r,t,x;S)p(r,t,x)\mathrm{d}r。\end{aligned}\tag{4.1.10}$$

初边值问题(S)是由问题(P)乘 v 并在$(0,A)$内积分导出来的。关于式(4.1.7),具体地说,由 div 和 grad 的定义,有

$$\operatorname{div}(k(t,x;S)\operatorname{grad}p)=k(S)\Delta p+k_S(S)\sum_{i=1}^N p_{x_i}\int_0^A(vp_{x_i}+v_{x_i}p)\mathrm{d}r+\sum_{i=1}^N k_{x_i}(S)p_{x_i}。\tag{4.1.11}$$

把式(4.1.11)代入式(4.1.1),可得

$$\begin{aligned}&\frac{\partial p}{\partial r}+\frac{\partial p}{\partial t}-k(S)\Delta p-k_S(S)\sum_{i=1}^N p_{x_i}\int_0^A(vp_{x_i}+v_{x_i}p)\mathrm{d}r-\sum_{i=1}^N k_{x_i}(S)p_{x_i}+\\&[\mu_0+\mu_e(S)]p=0。\end{aligned}\tag{4.1.12}$$

用 v 乘式(4.1.12),式(4.1.2)～式(4.1.4),并在$(0,A)$内对自变量 r 积分,推得 S 满足下列方程:

$$\frac{\partial S}{\partial t}-k(S)\Delta S-\int_0^A\{[v_t+v_r-k(S)\Delta v-(\mu_0+\mu_e(S))v]p-2k(S)\nabla v\cdot\nabla p\}\mathrm{d}r-$$
$$v(0,t,x)\int_0^A\beta(S)p\,\mathrm{d}r-\int_0^A\left[k_S(S)\sum_{i=1}^N p_{x_i}\int_0^A(vp_{x_i}+v_{x_i}p)\mathrm{d}\sigma+\sum_{i=1}^N k_{x_i}(S)p_{x_i}\right]\cdot$$
$$v(r,t,x)\mathrm{d}r=0,\quad 在\ Q\ 上 \tag{4.1.13}$$

及初边值条件(4.1.8),条件(4.1.9)。下面我们再把式(4.1.13)转化成散度型形式。因为

$$\frac{\partial}{\partial x_i}\left(k(S)\frac{\partial S}{\partial x_i}\right)=k_S(S)\frac{\partial S}{\partial x_i}\cdot\frac{\partial S}{\partial x_i}+k(S)\frac{\partial^2 S}{\partial x_i^2}+k_{x_i}(S)\frac{\partial S}{\partial x_i},$$

所以有

$$\begin{aligned}\operatorname{div}(k(S)\nabla S)&=\sum_{i=1}^N\left[k_S(S)\left(\frac{\partial S}{\partial x_i}\right)^2+k(S)\frac{\partial^2 S}{\partial x_i^2}+k_{x_i}(S)\frac{\partial S}{\partial x_i}\right]\\&=k(S)\Delta S+k_S(S)\sum_{i=1}^N\left(\frac{\partial S}{\partial x_i}\right)^2+\sum_{i=1}^N k_{x_i}(S)\frac{\partial S}{\partial x_i}\\&=k(S)\Delta S+k_S(S)\sum_{i=1}^N\left(\int_0^A(v_{x_i}p+vp_{x_i})\mathrm{d}\sigma\right)+\\&\quad\sum_{i=1}^N k_{x_i}(S)\int_0^A(v_{x_i}p+vp_{x_i})\mathrm{d}r,\end{aligned}$$

因此

$$k(S)\Delta S=\operatorname{div}(k(S)\Delta S)-k_S(S)\sum_{i=1}^N\left(\int_0^A(v_{x_i}p+vp_{x_i})\mathrm{d}\sigma\right)^2-$$
$$\sum_{i=1}^N k_{x_i}(S)\int_0^A(v_{x_i}p+vp_{x_i})\mathrm{d}r。$$

把上式代入式(4.1.13)就得到 S 所要满足的方程(4.1.7)及其自由项 $F(t,x)$ 的表达式(4.1.10)。

4.1.2 广义解的概念和一些引理

同前三章一样,我们在本章也要引入一些记号。例如,用 $H_0^1(\Omega)$表示 Ω 上的一阶 Sobolev 空间,且 $H_0^1(\Omega)$中的元素为 $\varphi,\varphi|_{\partial\Omega}=0$[106];用$\langle\cdot,\cdot\rangle$,表示 $H_0^1(\Omega)$与它的对偶空间$(H_0^1(\Omega))'=H^{-1}(\Omega)$的对偶积。令 $V=L^2(\Theta;H_0^1(\Omega))$,$V'=L^2(\Theta;H^{-1}(\Omega))$,$V_1=L^2(\Theta;H^2(\Omega))$,$V_1'=L^2(\Theta;(H^2(\Omega))')$,$(\cdot,\cdot)$表示 V 和 V'两者之间的对偶积,$W=L^2(0,T;H_0^1(\Omega))$,$W'=L^2(0,T;H^{-1}(\Omega))$,$D=\frac{\partial}{\partial r}+\frac{\partial}{\partial t}$,$\mathrm{d}Q=\mathrm{d}r\,\mathrm{d}t\,\mathrm{d}x$,$p_{x_i}=\frac{\partial}{\partial x_i}p$,$p_t=\frac{\partial}{\partial t}p$。

假设:

$$(\mathrm{H}_1)\begin{cases}\mu_0(r,t,x)\geqslant 0,\mu_0(\cdot,t,x)\in L_{\mathrm{loc}}^\infty[0,A),\\\int_0^A\mu_0(r,t,x)\mathrm{d}r=+\infty;\end{cases}\tag{4.1.14}$$

(H_2) $\mu_e(r,t,x;y)\geqslant 0$ 和 $\beta(r,t,x;y)\geqslant 0$ 关于(r,t,x)连续,关于 y 二次连续可微,同时满足

$$|\beta(r,t,x;y)|+|\beta_y(r,t,x;y)|+|\beta_{yy}(r,t,x;y)|+|\mu_e(r,t,x;u)|+$$
$$|\mu_{ey}(r,t,x;y)|+|\mu_{eyy}(r,t,x;y)|\leqslant G_1,\quad \text{a.e.于 } Q\times R_+ \text{ 上；} \tag{4.1.15}$$

(H_3) $\partial\Omega$ 充分光滑，$k(t,x;y)$关于(t,x)连续可微，关于 y 二次连续可微，同时满足

$$\begin{cases}0<k_0\leqslant k(t,x;y)\leqslant k_1, \text{a.e.于 } \Omega_T\times R_+ \text{ 上}，\\ 0\leqslant|k_{x_i}|,|k_t|,|k_y(y)|,|k_{yy}(y)|\leqslant k_1;\end{cases} \tag{4.1.16}$$

$$(H_4)\begin{cases}0\leqslant p_0(r,x)\leqslant \bar{p}_0<+\infty,\\ \int_0^A p_0(r,x)\mathrm{d}r=P_0(x)\leqslant G_2, \text{a.e.于 } \Omega \text{ 上}，\\ S_0(x)=\int_0^A v(r,0,x)p_0(r,x)\mathrm{d}r\in C^0(\Omega)\cap L^2(\Omega),\\ 0\leqslant S_0(x)\leqslant \gamma_2G_2\equiv M_0;\end{cases} \tag{4.1.17}$$

$$(H_5)\begin{cases}v(r,t,x) \text{ 满足 } v_t,v_r,\nabla v\in L^2(Q),\\ 0<\gamma_1\leqslant v\leqslant \gamma_2<+\infty,\\ |v_t|,|v_r|,|\nabla v|,|\Delta v|\leqslant \gamma_2<+\infty, \text{在 } Q \text{ 内。}\end{cases} \tag{4.1.18}$$

现在来定义拟线性问题(P)的广义解的概念。为此，引入检验函数空间 $\overline{\Phi}$：

$$\overline{\Phi}=\{\varphi\mid\varphi\in C^1(\bar{Q}),\varphi|_\Sigma=0,\sqrt{\mu_0}\,\varphi\in L^2(Q),\varphi(r,T,x)=\varphi(A,t,x)=0\}。 \tag{4.1.19}$$

定义 4.1.1　若对于任意的 $\varphi\in\overline{\Phi}$ 均有下面的积分恒等式成立：

$$\int_Q[p(-D\varphi)+(\mu_0+\mu_e(S))p\varphi+k(S)\nabla p\cdot\Delta\varphi]\mathrm{d}Q$$
$$=\int_\Omega\left[\int_0^A\beta(r,t,x;S)p(r,t,x)\mathrm{d}r\right]\varphi(0,t,x)\mathrm{d}t\mathrm{d}x+$$
$$\int_{\Omega_A}p_0(r,x)\varphi(r,0,x)\mathrm{d}r\mathrm{d}x,\quad \forall\varphi\in\overline{\Phi}。 \tag{4.1.20}$$

则称函数 $p\in V$ 为问题(P)(即式(4.1.1)～式(4.1.5))的广义解。

设 $D(\Theta;C_0^1(\overline{\Omega}))$是 Θ 上无穷次可微并在 $C_0^1(\overline{\Omega})$中取值和具有紧支集的函数空间，并赋予 Schwartz 的导出极限拓扑[106]，若选择 $D(\Theta;C_0^1(\overline{\Omega}))$中的元素作为式(4.1.20)中的检验函数，由于 $D(\Theta;C_0^1(\overline{\Omega}))$中的元素 φ 在 Θ 中是紧支的，所以 $\varphi(0,t,x)=\varphi(r,0,x)=0$，因而式(4.1.20)中等号右边的两项积分消失，故 $D(\Theta;C_0^1(\overline{\Omega}))$上的线性泛函

$$\varphi\to\int_Q p(-D\varphi)\mathrm{d}Q$$

在 V 中的拓扑是连续的。由于 $D(\Theta;C_0^1(\overline{Q}))$在 V 中稠，因此上述线性泛函能延拓到 V，即有 $\varphi\in V$。这意味着

$$\int_Q p(-D\varphi)\mathrm{d}Q\equiv(Dp,\varphi),\quad Dp\in V'。 \tag{4.1.21}$$

但是对 $p\in V,Dp\in V'$，由迹定理即引理 2.2.1，可得迹 $p(A,t,x)\in L^2(\Omega_T)$，$p(0,t,x)\in L^2(\Omega_T)$，$p(r,T,x)\in L^2(\Omega_A)$，$p(r,0,x)\in L^2(\Omega_A)$。因而对于任意的 $\varphi,p\in V'$，且 $D\varphi$，$Dp\in V'$，有如下分部积分公式

$$\int_\Theta[\langle Dp,\varphi\rangle+\langle D\varphi,p\rangle]\mathrm{d}r\mathrm{d}x=\int_{\Omega_A}[(p\varphi)(r,T,x)-(p\varphi)(r,0,x)]\mathrm{d}r\mathrm{d}x+$$

$$\int_{\Omega_A}[(p\varphi)(A,t,x)-(p\varphi)(0,t,x)]\mathrm{d}t\mathrm{d}x \tag{4.1.22}$$

设

$$\Phi=\{\varphi \mid \varphi \in V, D\varphi \in V', \sqrt{\mu}\varphi \in L^2(Q)\}, \tag{4.1.23}$$

将式(4.1.22)代入式(4.1.20),可以推得

$$\int_{\Theta}\langle Dp+(\mu_0+\mu_e(S))p,\varphi\rangle \mathrm{d}r\mathrm{d}t+\int_Q k(S)\,\nabla p\cdot\nabla\varphi \mathrm{d}Q=0,\quad \forall\varphi\in\Phi, \tag{4.1.24}$$

$$\int_{\Omega_T}(p\varphi)(0,t,x)\mathrm{d}t\mathrm{d}x=\int_{\Omega_T}\left[\int_0^A\beta(S)p\mathrm{d}t\right]\varphi(0,t,x)\mathrm{d}t\mathrm{d}x,\quad \forall\varphi\in\Phi_1, \tag{4.1.25}$$

$$\int_{\Omega_T}(p\varphi)(r,0,x)\mathrm{d}r\mathrm{d}x=\int_{\Omega_A}p_0(r,x)\varphi(0,t,x)\mathrm{d}r\mathrm{d}x,\quad \forall\varphi\in\Phi_1, \tag{4.1.26}$$

$$S\equiv S(t,x)=\int_0^A v(r,t,x)p(r,t,x)\mathrm{d}r, \tag{4.1.27}$$

其中

$$\Phi_1=\{\varphi \mid \varphi\in\Phi, \varphi(A,t,x)=\varphi(r,T,x)=0\}。 \tag{4.1.28}$$

反之,若将式(4.1.22)代入式(4.1.24),并注意到式(4.1.25),式(4.1.26),就得到式(4.1.20)。这样,我们就得到问题(P)的广义解 p 的另一个等价定义。

定义 4.1.2 函数 $p\in V$ 是问题(P)在定义 4.1.1 意义中的广义解,当且仅当对于 V 中的任意 φ,它均满足式(4.1.21),式(4.1.24)~式(4.1.27)。

引理 4.1.1 若 Ω 和 p_0 满足假设条件(H_3)和条件(H_4),U,m 和 b 均与 S 无关,且满足

$$\begin{cases}0<m_1\leqslant U(t,x)\leqslant M_1<+\infty, & \text{在 } \Omega_T \text{ 内},\\ 0\leqslant m(r,t,x), & \text{在 } Q \text{ 内},\\ m(\cdot,t,x)\in L^{\infty}_{\mathrm{loc}}[0,A), & \\ \displaystyle\int_{\Omega_A}m(r,t,x)\mathrm{d}r=+\infty, & \\ 0\leqslant b(r,t,x)\leqslant\bar{b}<+\infty, & \text{在 } Q \text{ 内},\end{cases} \tag{4.1.29}$$

则线性问题(P_0)

$$\begin{cases}p_r+p_t-\mathrm{div}(U\mathrm{grad}p)+mp=0, & \text{在 } Q \text{ 内},\\ p(0,t,x)=\displaystyle\int_0^A b(r,t,x)p(r,t,x)\mathrm{d}r, & \text{在 } \Omega_T \text{ 内},\\ p(r,0,x)=p_0(r,x), & \text{在 } \Omega_A \text{ 内},\\ p(r,t,x)=0, & \text{在 } \Sigma \text{ 上}。\end{cases} \tag{4.1.30}$$

在 Q 上有唯一非负广义解 $p\in V, Dp\in V'$,即满足下面的积分恒等式:

$$\begin{cases}\displaystyle\int_{\Theta}\langle Dp+mp,\varphi\rangle\mathrm{d}r\mathrm{d}t+\int_Q U\,\nabla p\cdot\nabla\varphi\mathrm{d}Q=0, & \forall\varphi\in\Phi,\\ p(0,t,x)=\displaystyle\int_0^A b(r,t,x)p(r,t,x)\mathrm{d}r, & \text{在 } \Omega_T \text{ 内},\\ p(r,t,x)=p_0(r,x), & \text{在 } \Omega_A \text{ 内}。\end{cases} \tag{4.1.31}$$

实际上,方程组(4.1.30)是拟线性问题(P)的线性化。

运用定理 2.1.2 的证明方法,可以证明引理 4.1.1。

引理 4.1.2 在引理 4.1.1 的假设下,对问题(P_0)的解 $p\in V$ 有估计

$$\|p(\cdot,t,x)\|^2_{L^2(0,A)} \leqslant A\,\bar{p}_0^2 e^{AT\bar{b}^2} \equiv C_1, \quad \text{在 } \Omega_T \text{ 内}, \tag{4.1.32}$$

$$\|\nabla p(\cdot,t,x)\|^2_{L^2(\Theta_t)} \leqslant C_1 < +\infty, \quad \text{在 } \Omega_T \text{ 内}, \tag{4.1.33}$$

$$p(t,x) = \int_0^A p(r,t,x)\mathrm{d}r \leqslant A\,\bar{p}_0^2 e^{AT\bar{b}^2} \equiv C_3(T), \quad \text{在 } \Omega_T \text{ 内}。 \tag{4.1.34}$$

证明　由方程 $(4.1.30)_1$ 和迹定理(引理 2.1.1)可知,在 Q 上几乎处处有

$$Dp - \mathrm{div}(U\mathrm{grad}p) + mp = 0。$$

对上式乘 p 并在 $\Theta_t = (0,t)\times(0,A)$ 上积分,$0 \leqslant \tau \leqslant t \leqslant T$,则由式$(4.1.30)_2$,式$(4.1.30)_3$ 和式$(4.1.30)_4$,可推得

$$\begin{aligned}\frac{1}{2}\int_0^A p^2(r,t,x)\mathrm{d}r + \int_{\Theta_t} m_1 \mid \nabla p \mid^2 \mathrm{d}r\mathrm{d}\tau &\leqslant \frac{1}{2}\int_0^A p_0^2 \mathrm{d}r + \frac{1}{2}\int_0^t \left[\int_0^A bp\right]^2 \mathrm{d}\tau \\ &\leqslant \frac{1}{2}\int_0^A \bar{p}_0^2 \mathrm{d}r + \frac{1}{2}A\,\bar{b}^2 \int_0^t\int_0^A \mid p \mid^2 \mathrm{d}r\mathrm{d}\tau。\end{aligned} \tag{4.1.35}$$

结合 Gronwall 不等式可以推得

$$\int_0^A p^2(r,t,x) \leqslant A\,\bar{p}_0^2 e^{\frac{1}{2}A\bar{b}^2 t} \leqslant A\,\bar{p}_0^2 e^{A\bar{b}^2 T} \equiv C_1, \quad \text{在 } \Omega_T \text{ 内}。 \tag{4.1.36}$$

式(4.1.32)得证。由式(4.1.32),式(4.1.35)推得

$$\int_0^t\int_0^A |\nabla p|^2 \mathrm{d}r\mathrm{d}t \leqslant \frac{1}{2m_1}[A\,\bar{p}_0^2 + A\,\bar{b}^2 TC_1] \equiv C_2, \quad \text{在 } \Omega \text{ 内}, \tag{4.1.37}$$

即

$$\int_0^t\int_0^A |\nabla p|^2 \mathrm{d}r\mathrm{d}\tau \leqslant C_2, \quad \text{在 } \Omega \text{ 内}。 \tag{4.1.38}$$

上式即是式(4.1.33)。

现在我们来推导式(4.1.34)。由式(4.1.36),可得

$$\begin{aligned}P(t,x) = \int_0^A p(r,t,x)\mathrm{d}r &\leqslant \left(\int_0^A 1^2 \mathrm{d}r\right)^{\frac{1}{2}} \cdot \left(\int_0^A p^2\ (r,t,x)\mathrm{d}r\right)^{\frac{1}{2}} \\ &\leqslant A^{\frac{1}{2}} A^{\frac{1}{2}} \bar{p}_0 e^{\frac{A\bar{b}^2 T}{2}} = A\,\bar{p}_0 e^{\frac{1}{2}AT\bar{b}^2} \equiv C_3(T), \quad \text{在 } \Omega_T \text{ 内}。\end{aligned} \tag{4.1.39}$$

上式即是式(4.1.34)。引理 4.1.2 证毕。

引理 4.1.3　在引理 4.1.1 的假设下,对于问题(4.1.30)的解 $p \in V$ 有估计

$$\|p\|_{L^2(Q)} \leqslant C_4 < +\infty, \tag{4.1.40}$$

$$\|p\|_V \leqslant C_5 < +\infty, \tag{4.1.41}$$

其中常数 $C_4, C_5 > 0$。

证明　将引理 4.1.2 证明过程中的式(4.1.35)对 x 在 Ω 上积分,得到

$$\begin{aligned}&\frac{1}{2}\int_{\Omega_A} |p|^2 \mathrm{d}r\mathrm{d}x + m_1\int_0^t\int_0^A\int_\Omega |\nabla p|^2 \mathrm{d}r\mathrm{d}x\mathrm{d}\tau \\ &\leqslant \frac{1}{2}\|p_0\|^2_{L^2(\Omega_A)} + \frac{A\,\bar{b}^2}{2}\int_0^t\int_{\Omega_A} |p|^2 \mathrm{d}r\mathrm{d}x\mathrm{d}\tau。\end{aligned} \tag{4.1.42}$$

由 Gronwall 不等式,从上式推得

$$\int_{\Omega_A} p^2(r,t,x)\mathrm{d}r\mathrm{d}x \leqslant A(\mathrm{mes}\,\Omega)\,\bar{p}_0^2 e^{A\bar{b}^2 t} \leqslant A(\mathrm{mes}\,\Omega)\,\bar{p}_0^2 e^{A\bar{b}^2 T} \equiv C_6 < +\infty。$$

对上式在$(0,T)$上关于t积分，得到

$$\|p\|_{L^2(Q)} \leqslant \sqrt{C_6 T} \equiv C_4 < +\infty,$$

此即式(4.1.40)。

由式(4.1.42)推得$\|\nabla p\|_{L^2(Q)} \leqslant C_7$，这是因为

$$\|\nabla p\|_{L^2(Q)}^2 \leqslant \frac{1}{2m_1}[A\,\bar{p}_0^2 \mathrm{mes}\,\Omega + \bar{b}^2 A C_6 T] \equiv C_7^2 < +\infty。$$

结合式(4.1.40)有

$$\|p\|_V \leqslant C_8(\|p\|_{L^2(Q)}^2 + \|\nabla p\|_{L^2(Q)}^2)^{\frac{1}{2}} \leqslant C_8\,(C_4^2 + C_7^2)^{\frac{1}{2}} = C_5 < +\infty,$$

此即式(4.1.41)成立。引理 4.1.3 证毕。

现在讨论问题(P_0)的解p和v的乘积关于变量r积分的性质。

设

$$Z(t,x) = \int_0^A v(r,t,x)p(r,t,x)\mathrm{d}r, \tag{4.1.43}$$

它是$L^2(\Omega_T)$中的元素。

引理 4.1.4[73] 在引理 4.1.1 的假设下，有$Z \in W, \partial_t Z \in W'$，而且对于$W$中的$w$，它满足

$$\begin{cases}\int_0^T \langle \partial_t Z, w\rangle \mathrm{d}t + \int_{\Omega_T} (U\,\nabla Z \cdot w\,\nabla U \cdot \nabla Z)\mathrm{d}t\,\mathrm{d}x \\ = \int_Q \{[v(0,t,x)b - mv + v_r + v_t - U\Delta v]p - 2U\,\nabla p \cdot \nabla v + v\,\nabla U \cdot \nabla p\} w\,\mathrm{d}Q, \\ Z(0,x) = S_0(x) \equiv \int_0^A v(r,0,x)p_0(r,x)\mathrm{d}r。\end{cases} \tag{4.1.44}$$

形式上，关于Z的积分恒等式(4.1.44)是通过方程组(4.1.30)乘v后对变量r在$[0,A]$上积分，并将所得的等式与w作内积而得到的。

引理 4.1.5 在引理 4.1.1 的假设下，有

$$0 \leqslant Z(t,x) \leqslant M_0 \mathrm{e}^{\frac{1}{2}A\bar{b}^2 T} \equiv M,$$

其中，M_0是式(4.1.17)中的正常数。

证明 由引理 4.1.1 和引理 4.1.2 中的式(4.1.34)及假设条件(H_5)中关于v的假设式(4.1.18)，有

$$0 \leqslant Z(t,x) = \int_0^A v(r,t,x)p(r,t,x)\mathrm{d}r \leqslant \gamma^2 \int_0^A p(r,t,x)\mathrm{d}r$$
$$\leqslant \gamma^2 A p_0 \mathrm{e}^{\frac{1}{2}A\bar{b}^2 T} \leqslant M_0 \mathrm{e}^{\frac{1}{2}A\bar{b}^2 T} \equiv M,$$

引理 4.1.5 证毕。

4.1.3 相关的拟线性抛物方程解的存在唯一性

问题(P)(即问题(4.1.1)～问题(4.1.5))解的存在唯一性的讨论，正如我们在 4.1.1 节中所指出的那样，需要利用拟线性抛物型偏微分方程初边值问题(4.1.7)～问题(4.1.10)确定规模变量S。为此，我们讨论下面的与问题(4.1.7)～问题(4.1.10)同类型的问题：

$$\begin{cases} S_t - \mathrm{div}(k(S)\,\nabla S) + \lambda S = F_1, & 在\ Q\ 内, \\ S(0,x) = S_0(x), & 在\ \Omega\ 内, \\ S(t,x) = 0, & 在\ \Gamma\ 上。\end{cases} \tag{4.1.45}$$

其中，λ 是个正常数，F_1 和 S_0 是非负有界函数，而且 $F_1(t,x)\in C^1(\overline{\Omega}_T)$。

对于古典解我们有下面的定理。

定理 4.1.1 若假设条件(H_3)成立，F_1 在 $C^1(\overline{\Omega}_T)$中且非负，S_0 在 $C^{2+\delta}(\overline{\Omega})$中且 $S_0=0$ 在$\partial\Omega$ 上，S_0 在 $\overline{\Omega}$ 中非负，k 在 $C^2(\overline{\Omega}_T+R_+)$中且 $k(S)\geqslant k_0>0$，则问题(4.1.45)在 $C^{1+\delta/2,2+\delta}(\overline{\Omega}_T)$中存在唯一非负解 S，$0<\delta<1$。

证明 我们利用文献[110]中的定理 6.1 来证明该定理。首先，我们验证上述定理是否满足文献[110]中的定理 6.1 的条件(1)～(6)。

(1) 将文献[110]中的定理 6.1 与本文定理 4.1.1 进行对照，有

$$\begin{cases}u=S,g=(g_1,g_2,\cdots,g_N)=S_x=(S_{x_1},S_{x_2},\cdots,S_{x_N}),\\ a(t,x,S,g)=\lambda S-F_1(t,x),\\ a_i(t,x,S,S_x)=k(t,x;S)S_{x_i},\\ A(t,x,S,S_x)=\lambda S-F_1(t,x)-k_S(t,x;S)\sum_{i=1}^{N}S_{x_i}-\sum_{i=1}^{N}k_{x_i}-0。\end{cases}\tag{4.1.46}$$

由假设条件(H_3)中关于 k 的假设(4.1.16)($k(S)\geqslant k_0>0$)及式(4.1.46)可知，对$(t,x)\in\overline{\Omega}_T$ 和任意的 S，有

$$\frac{\partial a_i(t,x,S,g)}{\partial g_j}\xi_i\xi_j=k(S)\cdot 1\cdot\xi_i\xi_j\geqslant k_0\xi^2\geqslant 0。\tag{4.1.47}$$

由于 $\lambda>0$ 且 F_1 为非负有界函数，有

$$A(t,x,S,0)S=\lambda S^2-F_1S-\sum_{i=1}^{N}k_{x_i}S\geqslant -b_1S-b_2,\tag{4.1.48}$$

其中，$b_1=\lambda>0$，$b_2=|S|(\sup F_1+Nk_2+1)b$。

上述结果表明对于问题(4.1.45)满足所引文献[110]中的定理 6.1 的条件(1)。

(2) 由$(t,x)\in\overline{\Omega}_T$，$|S|\leqslant M$($M$ 是取自文献[110]中式(6.8)的常数)并且由假设条件(H_3)和充分大的 $\lambda>0$ 以及 $F_1\geqslant 0$ 可得，对任意的 g，函数

$$a_i(t,x,S,g)\equiv k(t,x;S)g_i$$

和

$$a_i(t,x,S,g)\equiv(\lambda S-F_1(t,x))+0\cdot g,$$

显然是关于所有自变量连续的，而 $a_i(t,x,S,g)$关于 x，S 和 g 是可微的，并且有下列不等式成立：

$$\begin{cases}\nu\xi^2\leqslant\dfrac{\partial a_i(t,x,S,g)}{\partial g_j}\xi_i\xi_j\leqslant\mu_1\xi^2,\nu>0,\mu_1>0,\\ \sum_{i=1}^{N}\left(|a_i|+\left|\dfrac{\partial a_i}{\partial S}\right|\right)(1+|g|)+\sum_{i,j=1}^{N}\left|\dfrac{\partial a_i}{\partial x_j}\right|+|a|\leqslant\mu_1(1+|g|)^2\end{cases}。\tag{4.1.49}$$

事实上，$k_0\xi^2\leqslant\dfrac{\partial a_i(t,x,S,g)}{\partial g_j}\xi_i\xi_j=k(S)\xi^2\leqslant k_1\xi^2$。因此只需取 $\nu=k_0$ 和 $\mu_1=k_1$ 就有式$(4.1.49)_1$ 成立。

由 $a(t,x,S,g)=\lambda S-F_1(t,x)$关于 x，S 的连续性，$|a|$在 $\overline{\Omega}\times[0,M]$的最大值$\bar{a}\geqslant 0$，且$\bar{a}\leqslant\bar{a}(1+|g|)^2$，可取 $\mu_1=2\max\{2k_1,Nk_1,\bar{a}\}$，则由假设条件($H_3$)，有

$$\sum_{i=1}^{N}\left(|a_i|+\left|\frac{\partial a_i}{\partial S}\right|\right)(1+|g|)+\sum_{i,j=1}^{N}\left|\frac{\partial a_i}{\partial x_j}\right|+|a|$$
$$\leqslant\sum_{i=1}^{N}(|k(S)|\cdot|g_i|+|k_S(S)|\cdot|g_i|)(1+|g|)+\sum_{i=1}^{N}k_{x_i}+\bar{a}(1+|g|)^2$$
$$\leqslant 2k_1(1+|g|)^2+Nk_1+\bar{a}(1+|g|)^2$$
$$\leqslant\mu_1(1+|g|)^2,$$

即式$(4.1.49)_2$成立。因此问题(4.1.45)满足所引文献[110]中的定理6.1的条件(2)。

(3) 所引文献[110]中定理6.1要求对于$(t,x)\in\overline{\Omega}_T$，$|S|\leqslant M$和$|g|\leqslant M_1$($M_1$是取自文献[110]中式(6.10)的常数)，函数$a_i,a,\frac{\partial a_i}{\partial g_j},\frac{\partial a_i}{\partial S}$和$\frac{\partial a_i}{\partial x_i}$是满足分别带指数$\beta/2,\beta,\beta$和$\beta$的关于$t,x,S$和$g$的Hölder条件的连续函数。

事实上，由

$$a_i(t,x,S,g)=k(t,x;S)g_i$$

及本定理的假设条件$k(t,x;S)\in C^2(\overline{\Omega}_T\times R_+)$可知，$a_i$显然关于$t,x,S$分别满足带指数$\beta/2,\beta$和$\beta$的Hölder条件，而且它是$g$的线性函数，因此$g$也当然满足关于带指数$\beta$的Hölder条件。

由于定理假设$F_1\in C^1(\overline{\Omega}_T)$和$a$有如下形式：

$$a(t,x,S,g)=\lambda S-F_1(t,x),$$

我们推得a是满足分别带指数$\beta/2,\beta$和β的关于t,x,S和g的Hölder条件的连续函数。

因为$\partial a_i/\partial g_i$有形式：

$$\frac{\partial a_i}{\partial g_i}=k(t,x;S),$$

结合假设条件(H_3)可知，它是满足分别带指数$\beta/2,\beta$和β的关于t,x和S的Hölder条件的连续函数，它与g无关，当然是满足带指数β的关于g的Hölder条件的连续函数。

因为$\frac{\partial a_i}{\partial S}$有形式：

$$\frac{\partial a_i}{\partial S}=\frac{\partial}{\partial S}(k(t,x;S)g_i)=k_S(t,x;S)g_i,$$

结合假设条件(H_3)可知，它是满足分别带指数$\beta/2,\beta$和β的关于t,x,S和g的Hölder条件的连续函数。

因为$a_i(t,x,S,g)\equiv k(t,x;S)g_i$，所以由本定理假设$k\in C^2(\overline{\Omega}_T\times R_+)$可知，$\frac{\partial a_i}{\partial x_j}$显然是满足带指数$\beta/2,\beta$和$\beta$的关于$t,x,S$和$g$的Hölder条件的连续函数。

以上结果表明，对问题(4.1.45)满足所引文献[110]中的定理6.1的条件(3)。

(4) 对于$(t,x)\in\overline{\Omega}_T$，$|S|\leqslant M$和$|g|\leqslant M_1$，由式(4.1.46)表示的$a$和$a_i$可知，$a(t,x,S,g)$具有偏导数

$$\frac{\partial a}{\partial g_i}=\frac{\partial}{\partial g_i}(\lambda S-F_1(t,x))=0$$

和

$$\frac{\partial a}{\partial S}=\frac{\partial}{\partial S}[\lambda S-F_1(t,x)]=\lambda。$$

同时函数 a_i 和 a 满足条件

$$\left|\frac{\partial a_i(t,x,S,g)}{\partial S},\frac{a_i(t+h,x,S,g)-a_i(t,x,S,g)}{h},\frac{\partial a}{\partial g},\frac{\partial a}{\partial S},\right.$$
$$\left.\frac{a(t+h,x,S,g)-a(t,x,S,g)}{h}\right|\leqslant\varphi(t,x),\tag{4.1.50}$$

其中，$\|\varphi\|_{q,l,\Omega_T}\leqslant\mu$，$\|\varphi\|_{q,l,\Omega_T}=\int_0^T\left(\int_\Omega|\varphi(t,x)^q|\mathrm{d}x\right)^{\frac{l}{q}}\mathrm{d}t$，而且 q 和 l 满足条件

$$\begin{cases}\dfrac{1}{l}+\dfrac{N}{2q}=1-\kappa_1,\\ q\in\left[\dfrac{N}{2(1-\kappa_1)},+\infty\right],l\in\left[\dfrac{1}{1-\kappa_1},+\infty\right],\quad 0<\kappa_1<1,N\geqslant 2,\\ q\in\left[1,+\infty\right),l\in\left[\dfrac{1}{1-\kappa_1},\dfrac{2}{1-2\kappa_1}\right],\quad 0<\kappa_1<\dfrac{1}{2},N=1。\end{cases}\tag{4.1.51}$$

事实上，由假设条件(H_3)及式(4.1.46)有

$$\left|\frac{\partial a_i(t,x,S,g)}{\partial S}\right|=\left|\frac{\partial}{\partial S}(k(t,x;S)g_i)\right|=|k_S(t,x;S)g_i|\leqslant k_1M_1\equiv\varphi_1<+\infty,$$

式中，φ_1 是与$(t,x;S)$无关的正常数，显然有$\|\varphi_1\|_{q,l,\Omega_T}\leqslant\mu_1<+\infty$，$q,l$ 满足关系式(4.1.51)。

由式(4.1.46)和假设条件(H_3)可知，

$$\left|\frac{a_i(t+h,x,S,g)-a_i(t,x,S,g)}{h}\right|\leqslant|k_t(t,x;S)g_i|\leqslant k_1M_1\equiv\varphi_2,$$

显然有$\|\varphi_2\|_{q,l,\Omega_T}\leqslant\mu_2<+\infty$，$q,l$ 满足式(4.1.51)。

同时，还有

$$\left|\frac{\partial a}{\partial g}\right|=\left|\frac{\partial}{\partial g}(\lambda S-F_1(t,x))\right|=0\equiv\varphi_3,$$

显然有$\|\varphi_3\|_{q,l,\Omega_T}\leqslant\mu_3<+\infty$，$q,l$ 满足式(4.1.51)。

同理可得，

$$\left|\frac{\partial a}{\partial S}\right|=\left|\frac{\partial}{\partial S}(\lambda S-F_1(t,x))\right|=\lambda\equiv\varphi_4,$$

显然有$\|\varphi_4\|_{q,l,\Omega_T}\leqslant\mu_4<+\infty$，$q,l$ 满足式(4.1.51)。

由表达式(4.1.46)及 $F_1(t,x)\in C^1(\overline{\Omega}_T)$有

$$\begin{aligned}\left|\frac{a(t+h,x,S,g)-a(t,x,S,g)}{h}\right|&=\left|\frac{\lambda S-F_1(t+h,x)-\lambda S+F_1(t,x)}{h}\right|\\&=|F'_{1t}(t+\theta h,x)|\equiv\varphi_5\in C(\overline{\Omega}_T),\end{aligned}$$

故有$\|\varphi_5\|\leqslant\max\limits_{\overline{\Omega}_T}\varphi_5(t,x)<+\infty$，所以$\|\varphi_5\|_{q,l,\Omega_T}\leqslant\mu_5<+\infty$，$q,l$ 满足式(4.1.51)。

取 $\varphi=\sup\limits_{\Omega_T}\{\varphi_1,\varphi_2,\varphi_3,\varphi_4,\varphi_5\}$，$\mu=\max\{\mu_1,\mu_2,\mu_3,\mu_4,\mu_5\}$则有式(4.1.50)，式(4.1.51)成立。由此可见，问题(4.1.45)满足文献[110]中的定理 6.1 的条件(4)。

(5) 设 $S_0\in C^{2+\delta}$，且 $S(t,x)=0$ 在 Γ 上，以及 $S_0=0$ 在 $\partial\Omega$ 上，所以存在 $\psi(t,x)\in C(\overline{\Omega}_T)$，使得

$$\psi(t,x)=\begin{cases}S_0(x), & \text{在 } \Omega_0=\{x\in\Omega,t=0\} \text{ 上},\\ 0, & \text{在 } \Gamma \text{ 上},\\ 0, & \text{在 } \partial\Omega \text{ 上。}\end{cases} \tag{4.1.52}$$

因而在 $\Gamma_0=\{x\in\partial\Omega,t=0\}$ 上有零阶相容条件。

一阶相容条件：存在 $\psi(t,x)\in C^{1+\delta/2,2+\delta}(\overline{\Omega}_T)$，使得下式成立：

$$\psi_t-\frac{\mathrm{d}}{\mathrm{d}x_i}a_i(t,x,\psi,\psi_x)+a(t,x,\psi,\psi_x)=0, \quad \text{在 } \Gamma_0 \text{ 上。} \tag{4.1.53}$$

这个一阶相容性条件，我们在注中给出证明。因此，问题(4.1.45)满足文献[110]中的定理6.1 的条件(5)。

(6) 因为假设条件(H_3)假设 $\partial\Omega$ 充分光滑，故有 $\partial\Omega\in H^{2+\beta}$，即问题(4.1.45)满足文献[110]中的定理 6.1 的条件(6)。

综上所述，问题(4.1.45)满足文献[110]中定理 6.1 所列的所有条件(1)～(6)。因此，由该定理可推得问题(4.1.45)在 $C^{1+\delta/2,2+\delta}(\overline{\Omega}_T)$ 中存在唯一解 S，而且其具有导数 $S_{xt}\in L^2(\Omega_T)$。由 F_1 和 S_0 非负且 $\lambda>0$ 充分大，可以推得 $S(t,x)\geqslant 0$。定理 4.1.1 证毕。

注 条件 $(4.1.45)_2$ 和条件$(4.1.45)_3$ 具有如下形式：

$$\begin{cases}S(0,x)=S_0(x), & x\in\Omega,\\ S(t,x)|_\Gamma=g(t,x)|_\Gamma=0, & \Gamma=(0,T)\times\partial\Omega。\end{cases} \tag{4.1.54}$$

一阶相容性条件要求 $S_0(x)\in C^{2+\delta}(\overline{\Omega})$，$g\in C^{1+\delta/2,2+\delta}(\Gamma)$，且在 $\Gamma_0=\{x\in\partial\Omega,t=0\}$ 上满足零阶相容条件：

$$S_0(x)=g(0,x), \quad \text{在 } \Gamma_0 \text{ 上} \tag{4.1.55}$$

和一阶相容条件：

$$\frac{\partial g(0,x)}{\partial t}-\frac{\mathrm{d}}{\mathrm{d}x_i}(k(0,x;S_0(x))+S_{0x_i}(x))+\lambda S_0(x)-F_1(0,x)=0。 \tag{4.1.56}$$

由式(4.1.53)和本定理假设 $S_0=0$ 在 Γ_0 上可得出式(4.1.54)显然成立。

现在我们来考察式(4.1.55)成立的条件，由式(4.1.54)中的 $g(t,x)|_\Gamma=0$，可以推得 $\frac{\partial}{\partial t}g(0,x)|_\Gamma=0$。由定理假设 $S_0(x)$在 Γ 上等于零就有 $\lambda S_0(x)=0$，在 Γ_0 上。接下来再来考察式(4.1.56)等号左边第二项，将其展开得到

$$\frac{\mathrm{d}}{\mathrm{d}x_i}(k(0,x;S_0(x))S_{0x_i}(x))\Big|_{\Gamma_0}$$
$$=[k_{x_i}(0,x;S_0(x))+k_S(0,x;S_0(x))S_{0x_i}(x)]\,S_{0x_i}(x)|_{\Gamma_0}+k(0,x;S_0(x))S_{0x_ix_i}|_{\Gamma_0}。$$

若附加假设

$$\begin{cases}k(0,x;S_0(x))|_{\Gamma_0}=0,\\ F_1\in C^1([0,T];C_0^1(\overline{\Omega})),\end{cases} \tag{4.1.57}$$

则有$F_1(0,x)|_{\Gamma_0}=0$，则式(4.1.56)变为

$$k_{x_i}(0,x;S_0(x))=-k_S(0,x;S_0(x))S_{0x_i}(x)。 \tag{4.1.58}$$

因此，只要式(4.1.57)～式(4.1.58)满足条件，我们就有可能用类似于文献[106]第 4 章定理 2.3 构造出函数$\psi(t,x)\in C^{1+\delta/2,2+\delta}(\overline{\Omega}_T)$且它满足相容条件(4.1.52)和条件(4.1.53)。

与文献[65]关于第二边值问题的定理 5.4 的证明完全类似，利用光滑函数空间在

Sobolev 空间中稠的性质和定理 4.1.1 可以证明关于第一边值问题(4.1.45)的定理 4.1.2。

定理 4.1.2　若 k 满足假设条件(H_3)，S_0 满足假设条件(H_4)，F_1 非负有界，且 $S_0\in C^{\alpha}(\Omega)$，则存在唯一的在 Ω_T 中连续的非负有界函数 S，它是问题(4.1.45)(对于 $\lambda>0$)的解，而且其满足

$$S_t,\nabla S,\Delta S,\quad 在 L^2(\Omega_T) 中,\quad S\in C^{\alpha/2,\alpha}(\Omega_T)。$$

推论 4.1.1　在定理 4.1.2(对于 $\lambda>0$)的假设下，对 S 有如下估计

$$0\leqslant S(t,x)\leqslant \max\left\{M_0,\lambda^{-1}\|F_1\|_{L^\infty(\Omega_T)}\right\},\tag{4.1.59}$$

并且 S 满足下面的积分恒等式

$$\begin{cases}\displaystyle\int_{\Omega_T}[S_t w+k(S)\nabla S\cdot\nabla w+\lambda S w]\,\mathrm{d}t\,\mathrm{d}x=\int_{\Omega_T}F_1 w\,\mathrm{d}t\,\mathrm{d}x,\ \forall\, w\in W,\\ S(0,x)=S_0(x)。\end{cases}\tag{4.1.60}$$

推论 4.1.2　在定理 4.1.2 的假设下，下面的估计式成立，即对于 $0<\tau<T$，

$$\|\nabla S\|+\|S_t\|+\|\Delta S\|\leqslant(\|S_0\|_{H^1(\Omega)}+\|F_1-\lambda S\|)C(\|S\|_{L^\infty(\Omega_T)})。\tag{4.1.61}$$

其中 $\|\cdot\|$ 是 $L^2(\Omega_T)$ 模，$C(\cdot)$ 是它的自变量的非减函数。

4.1.4　系统(P)广义解的存在性

本节讨论问题(P)(即问题(4.1.1)～问题(4.1.5))的广义解 $P\in V$ 的存在性。

定理 4.1.3　若假设条件(H_1)～条件(H_5)成立，则

(1) 问题(P)有一个非负广义解 $p\in V$；

(2) 非负函数 $S(t,x)=\int_0^A v(r,t,x)p(r,t,x)\mathrm{d}r$ 满足初边值问题(4.1.7)～问题(4.1.10)

并且 $S_t,\nabla S,\Delta S$ 在 $L^2(\Omega_T)$ 中，而且对于一阶 Sobolev 空间 W 中的任意 w，有

$$\begin{cases}\displaystyle\int_{\Omega_T}[S_t w+k(S)\nabla S\cdot\nabla w]\,\mathrm{d}t\,\mathrm{d}x=\int_{\Omega_T}F w\,\mathrm{d}t\,\mathrm{d}x,\\ S(0,x)=S_0(x)。\end{cases}\tag{4.1.62}$$

其中 F 由式(4.1.10)确定。

证明　引入延滞 $h\geqslant 0$，并以 $S^h(t-h,x)$ 代替 $S(t,x)$，则当 $h\to 0$ 时 $S^h\to S$。由连续性可知，函数 $\mu_e(S^h)$，$\beta(S^h)$ 和 $k(S^h)$ 分别收敛于 $\mu_e(S)$，$\beta(S)$ 和 $k(S)$。

设 S_0 在 $\overline{\Omega}$ 上 Hölder 连续，这便于在包含带延滞的项(即 R^h)中取极限。一旦解的存在性对 Hölder 连续的 S_0 成立，那么满足假设条件(H_4)的 S_0 一般情形就可以通过光滑函数逼近 p_0 而得到。这部分证明略去，因为类似于后面的作法。

设 $M=M_0\mathrm{e}^{\frac{1}{2}AG_1^2T}$，其中 M_0 由假设条件(H_4)确定，$\lambda>1$ 为正常数，使得对于任意的 $(r,t,x)\in Q$，有 $0\leqslant S\leqslant\max\{M_0,(1+G_1)M\}$，并且满足

$$F(t,x)+\int_0^A\lambda v(r,t,x)p(r,t,x)\mathrm{d}r\geqslant 0,\quad \text{a.e.于}\ Q\ 内,\tag{4.1.63}$$

其中 $F(t,x)$ 由式(4.1.10)确定。

设 h 是一个由正数变到零的延滞，我们要求存在唯一具有下面性质(4.1.64)～性质(4.1.74)的(p^h,S^h)：

$$\begin{cases}0\leqslant S^h(t,x)\leqslant\max\{M_0,(1+G_1)M\},\\ S_t^h,\nabla S^h,\Delta S^h\in L^2(\Omega_T),\end{cases}\tag{4.1.64}$$

$$p^h \in V \cap L^1(Q),p^h \text{ 在 } Q \text{ 上是非负的}, \tag{4.1.65}$$

$$Dp^h \in V', p^h(r,0,x) = p_0(r,x), \text{在 } \Omega_A \text{ 内}, \tag{4.1.66}$$

$$0 \leqslant Z^h(t,x) = \int_0^A v(r,t,x)p^h(r,t,x)\mathrm{d}r \leqslant M, \tag{4.1.67}$$

$$p^h(0,t,x) = \int_0^A \beta^h(r,t,x)p^h(r,t,x)\mathrm{d}r, \tag{4.1.68}$$

其中,

$$\begin{cases} \beta^h(r,t,x) = \beta(r,t,x;R^h(t,x)), \quad \text{在 } Q \text{ 内}, \\ R^h(t,x) = S^h(t-h,x), \quad \text{在 } \Omega_T \text{ 内}, \\ R^h(t,x) = S^h(t-h,x) = S_0(x), \quad \text{在 } \Omega_h = [0,h) \times \Omega \text{ 内}, \\ k^h(t,x) = k(t,x;R^h(t,x)), \\ k_S^h(t,x) = k_S(t,x;R^h(t,x)), \\ k_{x_i}^h(t,x) = k_{x_i}(t,x;R^h(t,x)), \\ \mu_e^h(r,t,x) = \mu_e(r,t,x;R^h(t,x)). \end{cases} \tag{4.1.69}$$

对于 V 中的任意 φ,p^h 满足

$$\int_\Theta \langle Dp^h,\varphi\rangle \mathrm{d}r\mathrm{d}t + \int_Q [k^h \nabla p^h \cdot \nabla\varphi + \mu_0 p^h \varphi + \mu_e^h p^h \varphi]\mathrm{d}Q = 0. \tag{4.1.70}$$

S^h 为下面问题的解:

$$S_t^h - \mathrm{div}(k^h(t,x)\nabla S^h) + \lambda S^h = F_\lambda^h(t,x), \tag{4.1.71}$$

$$S^h(0,x) = S_0(x), \text{在}[-h,0] \times \Omega \text{ 内}, \tag{4.1.72}$$

$$S^h(t,x) = 0, \text{在 } \Gamma = (0,T) \times \partial\Omega \text{ 内}, \tag{4.1.73}$$

式中,

$$\begin{aligned} F_\lambda^h = & \int_0^A \Big[k_S^h \sum_{i=1}^N p_{x_i}^h \int_0^A (v_{x_i} p^h + v p_{x_i}^h)\mathrm{d}\alpha + \sum_{i=1}^N k_{x_i}^h p_{x_i}^h \Big] v\mathrm{d}r + \\ & \int_0^A \{[v_t + v_r - k^h \Delta v - (\mu_0 + \mu_e^h)v]p^h - 2k^h \nabla v \cdot \nabla p^h\}\mathrm{d}r + \\ & v(0,t,x)\int_0^A \beta^h p^h \mathrm{d}r - k_S^h \sum_{i=1}^N \Big[\int_0^A (v_{x_i} p^h + v p_{x_i}^h)\mathrm{d}r\Big]^2 - \\ & \sum_{i=1}^N k_{x_i}^h(t,x)\int_0^A (v_{x_i} p^h + v p_{x_i}^h)\mathrm{d}r + \int_0^A \lambda v p^h \mathrm{d}r \\ \equiv & F^h + \lambda Z^h. \end{aligned} \tag{4.1.74}$$

这是需要反复利用引理 4.1.1 给出的结果来证明的。

首先,由假设条件(H_4)可得:在 $\Omega_h = (0,h) \times \Omega$ 中,$R^h(t,x) = S_0(x) \in C^0(\Omega_h) \cap L^2(\Omega_h)$且有界。由假设条件($H_2$)中的式(4.1.15)有

$$|\beta(r,t,x;y)| = |\beta(r,t,x;0)| + |\beta_y(r,t,x;\theta y)| y^{\frac{2}{2}}|, 0 < \theta < 1,$$

因而由假设条件(H_2)及文献[109]有

$$\beta^h(r,t,x) = \beta(r,t,x;R^h(t,x)) \in C^0(\overline{Q}_h) \cap L^2(Q^h), \tag{4.1.75}$$

其中,$\Omega_h = (0,h) \times \Omega$。类似地,由假设条件($H_2$)和条件($H_3$)有

$$\mu_e^h(r,t,x) = \mu_e(r,t,x;R^h(t,x)) \in C^0(\overline{Q}_h) \cap L^2(Q_h), \tag{4.1.76}$$

$$\begin{cases} k^h(t,x)=k(t,x;R^h(t,x))\in C^0(\overline{\Omega}_A)L^2(\Omega_h), \\ k_S^h(t,x)=k_S^h(t,x;R^h(t,x))\in C^0(\overline{\Omega}_A)L^2(\Omega_h), \\ k_{x_i}^h(t,x)=k_{x_i}^h(t,x;R^h(t,x))\in C^0(\overline{\Omega}_A)L(\Omega_h), \end{cases} \tag{4.1.77}$$

其中，$\Omega_h=(0,h)\times\Omega$。在引理 4.1.1 和引理 4.1.5 中，令 $b=\beta^h$，$m=\mu_0+\mu_e^h$，$U=k^h$，则由这些引理推得线性方程(4.1.70)在 Q_h 上存在满足初边值条件(4.1.66)，条件 (4.1.68)的唯一非负并具有性质(4.1.65)的广义解

$$p^h\in V_h\equiv L^2(\Theta_h;H_0^1(\Omega)),\quad \Theta_h=(0,A)\times(0,h),Dp^h\in V_h{}',$$

而且有估计(4.1.67)。

接下来，我们验证式(4.1.74)中的 F_λ^h 是非负有界的。事实上，由假设条件(H_1)～条件(H_4)和式(4.1.75)～式(4.1.77)可知

$$\beta^h,\mu_e^h \text{ 和 } k^h,k_S^h \text{ 分别在}\overline{Q}_h \text{ 和 } \overline{\Omega}_T \text{ 上非负有界。} \tag{4.1.78}$$

由假设条件(H_5)有

$$v,|v_t|,|v_r|,|v_{x_i}|,|\nabla v|,|\Delta v|,\quad \text{在 } Q \text{ 上非负有界。} \tag{4.1.79}$$

由引理 4.1.2 有

$$\|p^h\|_{L^2(0,A)},\|\nabla p^h\|_{L^2(\Theta_t)} \text{ 有界。} \tag{4.1.80}$$

由式(A.5)有

$$\|\mu_0 p^h\|_{L^1(\Omega_A)} \text{ 非负有界。} \tag{4.1.81}$$

利用条件(4.1.79)～条件(4.1.81)，再注意到式(4.1.74)中 F_λ^h 表达式中最后一项

$$\int_0^A \lambda v p^h \mathrm{d}r=\lambda Z^h$$

以及式(4.1.67)可知，只要 $\lambda>1$ 充分大，就可保证式(4.1.74)中的

$$F_\lambda^h \text{ 在 } \Omega_h \text{ 中非负有界。} \tag{4.1.82}$$

结合定理 4.1.2 和推论 4.1.1 可以推得，问题(4.1.74)在 Ω_h 中存在唯一的连续非负有界解 S_h，并且具有性质(4.1.64)。

这样，由此及式(4.1.69)可以确定

$$R^h(t,x)=S^h(t-h,x),\quad \text{在 } \Omega_{2h}=(h,2h)\times\Omega \text{ 内，} \tag{4.1.83}$$

再由引理 4.1.1 和引理 4.1.5 推得问题(4.1.70)，(4.1.68)及类似问题(4.1.66)的初始条件

$$p^h(r,h,x)=p(r,h-0,x) \tag{4.1.84}$$

在 $\Omega_{2h}=(h,2h)\times\Omega_A$ 中存在唯一非负广义解：

$$p^h\in V_{2h}=L^2(\Theta_{2h};H_0^1(\Omega)),\quad Dp^h\in V'_{2h},\quad \Theta_{2h}=(h,2h)\times(0,A)\text{。}$$

同理，可推得对于这个 p^h，式(4.1.74)中的 F_λ^h 在 Ω_{2h} 中非负有界，结合定理 2.3.2 推得问题(4.1.71)～问题(4.1.74)在 Ω_{2h} 中存在唯一的非负有界连续解 S^h，并且具有性质(4.1.64)，我们能够如此进行迭代，并最终推得问题(4.1.66)，问题(4.1.68)和问题(4.1.70)在 Q 上存在唯一的非负广义解 $p^h\in V$，$Dp^h\in V'$，而且还得到问题(4.1.71)～问题(4.1.74)在 Ω_T 上的非负有界连续解 S^h。

再次，由引理 4.1.3 可知

$$p^h \text{ 在 } L^2(Q) \text{ 中有界，} p^h \text{ 在 } V \text{ 中有界。} \tag{4.1.85}$$

由条件(4.1.82)，条件(4.1.85)推得式(4.1.74)中的

$$F_\lambda^h \text{ 在 } L^\infty(\Omega_T) \text{ 中有界。} \tag{4.1.86}$$

结合推论 4.1.1 和推论 4.1.2 可得

$$S_t^h,\nabla S^h,\Delta S^h \quad 在 L^2(\Omega_T) 中一致有界, \tag{4.1.87}$$

而且 S^h 是下面抛物方程的一个广义解,对于 W 中的任意 w 有

$$\int_{\Omega_T}[S_t^h w + k^h \nabla S^h \cdot \nabla w + \lambda S^h w]\,\mathrm{d}t\,\mathrm{d}x = \int_{\Omega_T} F_\lambda^h w\,\mathrm{d}t\,\mathrm{d}x, \tag{4.1.88}$$

其中,F_λ^h 由式(4.1.74)确定。

由条件(4.1.86)和假设 $S_0\in C^\delta(\Omega)$,$\delta\in(0,1)$,利用文献[110]中的方法可推得

$$\{S^h\} 在 C^{\delta/2,\delta}(\overline{\Omega}_T) 中一致有界。 \tag{4.1.89}$$

由条件(4.1.89)和定义(4.1.69)推得

$$\{R^h\} 在 C^{\delta/2,\delta}(\overline{\Omega}_T) 中一致有界。 \tag{4.1.90}$$

由条件(4.1.89)和紧性定理[109]可得

$$\{S^h\} 在 L^2(\Omega_T) 中一致有界。 \tag{4.1.91}$$

由条件(4.1.87)和条件(4.1.91)推得

$$\begin{cases}\{S^h\} 在 H_0^{1,1}(\Omega_T)\equiv H^1(0,\quad T;\quad H_0^1(\Omega)) 中一致有界,\\ 当然也在 W\equiv L^2(0,\quad T;\quad H_0^1(\Omega)) 中一致有界。\end{cases} \tag{4.1.92}$$

由条件(4.1.89)~条件(4.1.90)和文献[109]分别推得存在 $S\in C^0(\overline{\Omega}_T)$,$R\in C^0(\overline{\Omega}_T)$,以及$\{S^h\}$和$\{R^h\}$的子序列仍记作$\{S^h\}$和$\{R^h\}$,使得当 $h\to0$ 时,

$$\begin{cases}S^h\to S \quad 在 C^0(\overline{\Omega}_T) 中强,\\ R^h\to R \quad 在 C^0(\overline{\Omega}_T) 中强,\end{cases} \tag{4.1.93}$$

从而有

$$\begin{cases}S^h\to S \quad 在 L^2(\overline{\Omega}_T) 中强,\\ R^h\to R \quad 在 L^2(\overline{\Omega}_T) 中强。\end{cases} \tag{4.1.94}$$

由于 S_t^h 在 $L^2(\Omega_T)$中一致有界,根据记号(4.1.69),可以推得当 $h\to0$ 时,

$$\|R^h(t,x)-S^h(t,x)\|_{L^2(\Omega_T)}^2 = \left\|\int_t^{t-h}\frac{\partial S^h(\tau,x)}{\partial\tau}\mathrm{d}\tau\right\|_{L^2(\Omega_T)}^2$$

$$\leqslant \int_{\Omega_T}\left[h\int_t^{t-h}\left|\frac{\partial S^h(\tau,x)}{\partial\tau}\right|^2\mathrm{d}\tau\right]\mathrm{d}t\,\mathrm{d}x\to 0。$$

结合条件(4.1.94)(或条件(4.1.93))可以推得

$$R(t,x)=S(t,x),\quad \text{a.e.于 } \Omega_T 内。 \tag{4.1.95}$$

由上式及条件(4.1.94)(甚至条件(4.1.93))有

$$R^h\to S,\quad 在 L^2(\Omega_T)(甚至 C^0(\overline{\Omega}_T)) 中强。 \tag{4.1.96}$$

由于自反的 Banch 空间的有界序列是弱紧和弱完备的[109],从式(4.1.84)推得存在$\{p^h\}$的子序列,仍然记作$\{p^h\}$,使得当 $h\to0$ 时,

$$p^h\to p,\quad 在 L^2(Q) 中弱,在 V 中弱;p\in L^2(Q),p\in V。 \tag{4.1.97}$$

由式(4.1.84),可得

$$\{\nabla p^h\} \quad 在 L^2(Q) 中一致有界, \tag{4.1.98}$$

从而有当 $h\to0$ 时,

$$\nabla p^h\to\nabla p,\quad 在 L^2(Q) 中弱。 \tag{4.1.99}$$

联合式(4.1.75)～式(4.1.78)，假设条件(H_2)，假设条件(H_3)，式(4.1.98)以及 $\varphi\in V$，从式(4.1.73)推得

$$\{Dp^h\}\ \text{在}\ V'\ \text{中一致有界}, \tag{4.1.100}$$

因此可得，当 $h\to 0$ 时，

$$Dp^h\to Dp,\quad \text{在}\ V'\ \text{中弱},Dp\in V'。\tag{4.1.101}$$

由条件(4.1.84)～条件(4.1.100)和三个笛卡儿积空间上的紧性定理，即定理 2.1.1 的推论 2.1.1，有，当 $h\to 0$ 时，

$$p^h\to p,\quad \text{在}\ L^2(Q)\ \text{中强},p\in L^2(Q)。\tag{4.1.102}$$

由假设条件(H_2)，条件(H_3)中 $\mu_e(r,t,x;y)$，$\beta(r,t,x;y)$和 $k(t,x;y)$关于 y 连续可微，故由复合算子的 Caratheodory 连续性[109]有，当 $h\to 0$ 时，

$$\begin{aligned}&\mu_e^h(r,t,x)\equiv\mu_e(r,t,x;R^h(t,x))\\&\qquad\to\mu_e(r,t,x;S(t,x)),\quad \text{在}\ C^0(\overline{Q})\ \text{中强},\text{在}\ L^2(Q)\ \text{中强};\end{aligned}\tag{4.1.103}$$

$$\begin{aligned}&\beta^h(r,t,x)\equiv\beta(r,t,x;R^h(t,x))\\&\qquad\to\beta(r,t,x;S(t,x)),\quad \text{在}\ C^0(\overline{Q})\ \text{中强},\text{在}\ L^2(Q)\ \text{中强};\end{aligned}\tag{4.1.104}$$

$$\begin{aligned}&k^h(t,x)\equiv k(t,x;R^h(t,x))\\&\qquad\to k(t,x;S(t,x)),\quad \text{在}\ C^0(\overline{\Omega}_T)\ \text{中强},\text{在}\ L^2(\Omega_T)\ \text{中强}。\end{aligned}\tag{4.1.105}$$

现在来证明(4.1.97)中的极限函数 $p\in V$ 满足恒等式(4.1.24)～式(4.1.27)。对于给定的$\varphi\in V$，有如下结果成立。

(1) 由 $\varphi\in V=V''$及条件(4.1.101)有，当 $h\to 0$ 时，

$$\int_\Theta\langle Dp^h,\varphi\rangle\mathrm{d}r\,\mathrm{d}t\to\int_\Theta\langle Dp,\varphi\rangle\mathrm{d}r\,\mathrm{d}t。\tag{4.1.106}$$

(2) 由$\nabla\varphi\in L^2(Q)$及条件(4.1.99)和条件(4.1.105)有，当 $h\to 0$ 时，

$$\int_Q k^h\,\nabla p^h\cdot\nabla\varphi\mathrm{d}Q\to\int_Q k(S)\,\nabla p\cdot\nabla\varphi\mathrm{d}Q。\tag{4.1.107}$$

事实上，当 $h\to 0$ 时，

$$\begin{aligned}&\left|\int_Q(k^h\,\nabla p^h-k(S)\,\nabla p)\,\nabla\varphi\mathrm{d}Q\right|\\&\leqslant\left|\int_Q(k^h-k(S))\,\nabla p^h\,\nabla\varphi\mathrm{d}Q\right|+\left|\int_Q k(S)(\nabla p^h-\nabla p)\,\nabla\varphi\mathrm{d}Q\right|\\&\leqslant\max_{\overline{Q}}|k^h-k(S)|\left|\int_Q\nabla p^h\,\nabla\varphi\mathrm{d}Q\right|+k_1\left|\int_Q(\nabla p^h-\nabla p)\,\nabla\varphi\mathrm{d}Q\right|\\&\leqslant\max_{\overline{Q}}|k^h-k(S)|\,\|\nabla p^h\|_{L^2(Q)}\,\|\nabla\varphi\|_{L^2(Q)}+k_1\left|\int_Q(\nabla p^h-\nabla p)\,\nabla\varphi\mathrm{d}Q\right|\\&\to 0+0=0。\end{aligned}$$

上式第一项趋于零是因为$\{\nabla p^h\}$在 $L^2(Q)$中一致有界(见条件(4.1.98))，$\|\nabla\varphi\|$与h 无关，而$k^h\to k(S)$在 $C^0(\Omega_T)$中强(见式(4.1.105))；第二项趋于零是因为$\nabla p^h\to\nabla p$ 在 $L^2(Q)$中弱(见条件(4.1.98))。

(3) 由假设条件(H_1)，条件(4.1.78)及 $\varphi\in V\subset L^2(Q)$，式(4.1.102)和式(A.5)有，当 $h\to 0$ 时，

$$\left|\int_Q(\mu_0 p^h\varphi-\mu_0 p\varphi)\mathrm{d}Q\right|\leqslant C_6\,\|\varphi\|_{L^2(Q)}\cdot\|p^h-p\|_{L^2(Q)}\to 0,$$

即当 $h\to 0$ 时，

$$\int_Q \mu_0 p^h \varphi \mathrm{d}Q \to \int_Q \mu_0 p\varphi \mathrm{d}Q。\tag{4.1.108}$$

（4）证明当 $h\to 0$ 时，

$$\int_Q \mu_e^h p^h \varphi \mathrm{d}Q \to \int_Q \mu_e(S) p\varphi \mathrm{d}Q。\tag{4.1.109}$$

事实上，由假设条件（H_2），式（4.1.84），式（4.1.102），式（4.1.103）和 $\varphi\in V\subset L^2(Q)$ 有，当 $h\to 0$ 时，

$$\begin{aligned}\left|\int_Q(\mu_e^h p^h-\mu_e(S)p)\varphi \mathrm{d}Q\right| &\leqslant \left|\int_Q \mu_e^h(p^h-p)\varphi \mathrm{d}Q\right|+\left|\int_Q(\mu_e^h-\mu_e(S))p\varphi \mathrm{d}Q\right| \\ &\leqslant G_1\left|\int_Q(p^h-p)\varphi \mathrm{d}Q\right|+\|\mu_e^h-\mu_e(S)\|_{C^0(Q)}\cdot \\ &\quad \|p\|_{L^2(Q)}\cdot\|\varphi\|_{L^2(Q)} \\ &\to 0+0=0。\end{aligned}$$

令 $h\to 0$ 在式（4.1.70）中取极限，并注意到式（4.1.106）～式（4.1.109），就推得式（4.1.97）中的极限函数 $p\in V, Dp\in V'$ 满足积分恒等式（4.1.23）。

接下来证明式（4.1.97）中的极限函数 $p\in V$ 满足初边值条件（4.1.25）～条件（4.1.27）。设 φ_1 由式（4.1.28）定义。对于任意给定 $\varphi\in\Phi_1\subset V\equiv V''$，由式（4.1.101）有，当 $h\to 0$ 时，

$$\int_Q \frac{\partial p^h}{\partial r}\varphi \mathrm{d}Q \to \int_Q \frac{\partial p}{\partial r}\varphi \mathrm{d}Q。$$

对上式关于变量 r 分部积分，并注意到 $\frac{\partial\varphi}{\partial r}\in V'$，式（4.1.97）和式（4.1.110）以及迹定理（引理 2.1.1）有，当 $h\to 0$ 时，

$$\begin{aligned}&-\int_Q \frac{\partial\varphi}{\partial r}p^h \mathrm{d}Q+\int_{\Omega_T}[(p^h\varphi)(A,t,x)-(p^h\varphi)(0,t,x)]\,\mathrm{d}t\mathrm{d}x \\ &\to -\int_Q \frac{\partial\varphi}{\partial r}p \mathrm{d}Q+\int_{\Omega_T}[(p\varphi)(A,t,x)-(p\varphi)(0,t,x)]\,\mathrm{d}t\mathrm{d}x,\end{aligned}\tag{4.1.110}$$

即当 $h\to 0$ 时，

$$\int_{\Omega_T} p^h(0,t,x)\varphi(0,t,x)\mathrm{d}t\mathrm{d}x \to \int_{\Omega_T} p(0,t,x)\varphi(0,t,x)\mathrm{d}t\mathrm{d}x。$$

由于式（4.1.68）中的 $p^h(0,t,x)=\int_0^A \beta^h(r,t,x)p^h(r,t,x)\mathrm{d}r$，故上式变为

$$\begin{aligned}&\int_{\Omega_T}\left[\int_0^A \beta^h(r,t,x)p^h(r,t,x)\mathrm{d}r\right]\varphi(0,t,x)\mathrm{d}t\mathrm{d}x \\ &\to \int_{\Omega_T} p(0,t,x)\varphi(0,t,x)\mathrm{d}t\mathrm{d}x。\end{aligned}\tag{4.1.111}$$

但是我们有，当 $h\to 0$ 时，

$$\begin{aligned}&\int_{\Omega_T}\left[\int_0^A \beta^h(r,t,x)p^h(r,t,x)\mathrm{d}r\right]\varphi(0,t,x)\mathrm{d}t\mathrm{d}x \\ &\to \int_{\Omega_T}\left[\int_0^A \beta(r,t,x;S)p(r,t,x)\mathrm{d}r\right]\varphi(0,t,x)\mathrm{d}t\mathrm{d}x。\end{aligned}\tag{4.1.112}$$

事实上，由式（4.1.104），式（4.1.85），假设条件（H_2）和式（4.1.102）有，当 $h\to 0$ 时，

$$\begin{aligned}&\left|\iint_Q\left[(\beta^h p^h)-\beta(S)p\right]\varphi(0,t,x)\mathrm{d}Q\right|\\ \leqslant&\left|\iint_Q(\beta^h-\beta)p^h\varphi(0,t,x)\mathrm{d}Q\right|+\left|\iint_Q\beta(p^h-p)\varphi(0,t,x)\mathrm{d}Q\right|\\ \leqslant&\|\beta^h-\beta\|_{C^0(Q)}\|p^h\|_{L^2(Q)}\cdot A^{\frac{1}{2}}\|\varphi(0,\cdot,\cdot)\|_{L^2(\Omega_T)}+\\ &G_1\|\varphi(0,\cdot,\cdot)\|_{L^2(\Omega_T)}\cdot A^{\frac{1}{2}}\|p^h-p\|_{L^2(Q)}\\ \to&\,0+0=0。\end{aligned}$$

即式(4.1.112)成立。由式(4.1.111)～式(4.1.112)推得式(4.1.25)成立。

现在证明式(4.1.26)成立。取 $\varphi\in\Phi_1\subset V=V''$，则由式(4.1.101)及分部积分有，当 $h\to 0$ 时，

$$\begin{aligned}&\int_Q\frac{\partial p^h}{\partial t}\varphi\mathrm{d}Q=-\int_Q\frac{\partial\varphi}{\partial t}p^h\mathrm{d}Q+\int_{\Omega_A}[(p^h\varphi)(r,T,x)-(p^h\varphi)(r,0,x)]\mathrm{d}r\mathrm{d}x\\ \to&\int_Q\frac{\partial p}{\partial t}\varphi\mathrm{d}Q=-\int_Q\frac{\partial\varphi}{\partial t}p\mathrm{d}Q+\int_{\Omega_A}[(p\varphi)(r,T,x)-(p\varphi)(r,0,x)]\mathrm{d}r\mathrm{d}x。\end{aligned}$$

因为 $\frac{\partial\varphi}{\partial t}\in V'$，故由式(4.1.97)有 $\int_Q\frac{\partial\varphi}{\partial t}p^h\mathrm{d}Q\to\int_Q\frac{\partial\varphi}{\partial t}p\mathrm{d}Q$，因此由上式推得，当 $h\to 0$ 时，

$$\int_{\Omega_A}(p^h\varphi)(r,0,x)\mathrm{d}r\mathrm{d}x\to\int_{\Omega_A}(p\varphi)(r,0,x)\mathrm{d}r\mathrm{d}x。\tag{4.1.113}$$

由式(4.1.66)，显然有，当 $h\to 0$ 时，

$$\int_{\Omega_A}(p^h\varphi)(r,0,x)\mathrm{d}r\mathrm{d}x\to\int_{\Omega_A}p_0(r,x)\varphi(r,0,x)\mathrm{d}r\mathrm{d}x。\tag{4.1.114}$$

由式(4.1.113)和式(4.1.114)推得式(4.1.26)成立。至此，我们证明了式(4.1.97)中的极限函数 $p\in V$ 是问题(4.1.24)～问题(4.1.26)的广义解。

现在我们证明从 $S_0(t,x)$ 延滞出的 $R^h(t,x)$，当 $h\to+\infty$ 时的极限函数 $S(t,x)$（见式(4.1.96)）是问题(4.1.62)的解，即是问题(4.1.7)～问题(4.1.10)的广义解。

① 证明当 $h\to 0$ 时，

$$S_h^t\to S^t,\quad 在\ W'\ 中弱。\tag{4.1.115}$$

事实上，由式(4.1.92)，$W\subset W'$ 及 S_t^h 定义可推出

$$\{S_t^h\}\ 在\ W'\ 一致有界。\tag{4.1.116}$$

由此推得，在 $\{S_t^h\}$ 中存在子序列仍然记作 $\{S_t^h\}$，使得对于任意给定的 $w\in W=W''$，当 $h\to 0$ 时，

$$\int_{\Omega_T}S_t^h w\mathrm{d}t\mathrm{d}x\to\int_{\Omega_T}S_t w\mathrm{d}t\mathrm{d}x。\tag{4.1.117}$$

由弱收敛定义可见，式(4.1.117)即是式(4.1.115)。

② 由式(4.1.87)推得，当 $h\to 0$ 时，

$$\nabla S^h\to\nabla S,\quad 在\ L^2(\Omega_T)\ 中弱,\nabla S\in L^2(\Omega_T)。$$

因而对任意给定的 $w\in W$，$\nabla w\in L^2(\Omega_T)$ 有，当 $h\to 0$ 时，

$$\int_{\Omega_T}\nabla S^h\cdot\nabla w\mathrm{d}t\mathrm{d}x\to\int_{\Omega_T}\nabla S\cdot\nabla w\mathrm{d}t\mathrm{d}x。$$

由于式(4.1.105)中，当 $h\to 0$ 时，$\|k^h-k(S)\|_{C^0(\Omega_T)}\to 0$。因而，同式(4.1.107)的推导类似，当 $h\to 0$ 时，有

$$\int_{\Omega_T} k^h \nabla S^h \cdot \nabla w \mathrm{d}t\mathrm{d}x \rightarrow \int_{\Omega_T} k(S) \nabla S \cdot \nabla w \mathrm{d}t\mathrm{d}x。\tag{4.1.118}$$

③ 由式(4.1.92)推得，$\{S^h\}$在 $L^2(\Omega_T)$中弱收敛于 S，因而有，当 $h\rightarrow 0$ 时，

$$\int_{\Omega_T} \lambda S^h w \mathrm{d}t\mathrm{d}x \rightarrow \int_{\Omega_T} \lambda S w \mathrm{d}t\mathrm{d}x, \quad \forall w \in W \in L^2(\Omega_T)。\tag{4.1.119}$$

④ 由假设条件(H_1)～条件(H_4)和前面关于 $k^h, k_x^h, k_S^h, \mu_e^h, \beta^h, p^h, R^h, S^h$ 和∇p^h 等收敛性的结论以及假设条件(H_5)关于 $v, v_r, v_t, \nabla v, \Delta v$ 的假设，容易推得，对于给定的 $w\in W \subset L^2(\Omega_T)$，当 $h\rightarrow 0$ 时，

$$\int_{\Omega_T} F_\lambda^h w \mathrm{d}t\mathrm{d}x \rightarrow \int_{\Omega_T} F_\lambda w \mathrm{d}t\mathrm{d}x,\tag{4.1.120}$$

其中，F_λ^h 和 F 在形式上分别由式(4.1.74)和式(4.1.10)确定。

另外，还需证明：存在 $Z\in W$，使得当 $h\rightarrow 0$ 时，

$$\int_{\Omega_T} Z^h w \mathrm{d}t\mathrm{d}x \rightarrow \int_{\Omega_T} Z w \mathrm{d}t\mathrm{d}x, \quad \forall w \in W,\tag{4.1.121}$$

其中由定义 (4.1.67) 可知，$Z^h(t,x)=\int_0^A v(r,t,x)p^h(r,t,x)\mathrm{d}r$。事实上，对于任意给定的 $w \in W \subset L^2(\Omega_T)$，由式(4.1.102) 推得，当 $h\rightarrow 0$ 时，

$$\begin{aligned}\|Z^h\|_W^2 &= \left\|\int_0^A v(r,t,x)p^h(r,t,x)\mathrm{d}r\right\|_W^2 = \int_0^T \left\|\int_0^A v p^h \mathrm{d}r\right\|_{H_0^1(\Omega)}^2 \mathrm{d}t \\ &\leqslant \gamma_2^2 A\alpha_1 \int_0^T\int_0^A \|p^h\|_{H_0^1(\Omega)}^2 \mathrm{d}r\mathrm{d}t \leqslant \gamma_2^2 A\alpha_1 \|p^h\|_V^2,\end{aligned}$$

其中 $\alpha_1>0$ 为常数。由上式和式(4.1.84)表明的$\{p^h\}$在 V 中一致有界就推得，$\{Z^h\}$在 W 中一致有界，由此推得，存在 $Z\in W$，使得当 $h\rightarrow 0$ 时，

$$Z^h \rightarrow Z, \quad 在 W 中弱,\tag{4.1.122}$$

这就推得式(4.1.121)。由式(4.1.120)～(4.1.122)，推得对于式(4.1.74)表达的 F_λ 就有，当 $h\rightarrow 0$ 时，

$$F_\lambda^h \rightarrow F_\lambda \equiv F+\lambda Z, \quad 在 W 中弱,\tag{4.1.123}$$

其中 F 在形式上由式(4.1.10)确定。

令 $h\rightarrow 0$，在与式(4.1.74)相对应的积分恒等式

$$\int_{\Omega_T} [S_t^h w + k(S^h)\nabla S^h \cdot \nabla w + \lambda S^h w]\mathrm{d}t\mathrm{d}x = \int_{\Omega_T} F_\lambda^h w \mathrm{d}t\mathrm{d}x \tag{4.1.124}$$

中取极限，由式(4.1.117)～ 式(4.1.119)推得式(4.1.93)中的极限函数 $S(t,x)$应满足的积分恒等式

$$\begin{cases}\iint_{\Omega_T} [S_t w + k(t,x;S)\nabla S \cdot \nabla w + \lambda S w]\mathrm{d}t\mathrm{d}x = \int_{\Omega_T} F w \mathrm{d}t\mathrm{d}x + \int_{\Omega_T} \lambda Z w \mathrm{d}t\mathrm{d}x, \quad \forall w \in W, \\ S(0,x)=S_0(x),\end{cases}\tag{4.1.125}$$

其中，$S(0,x)$是由式(4.1.69)在 $h\rightarrow 0$ 时得到的；式(4.1.125)意味着在广义函数意义下 S 满足下面的方程及初始条件

$$\begin{cases}S_t - \mathrm{div}(k(t,x;S)\nabla S) + \lambda S = F + \lambda Z, \\ S(0,x)=S_0(x)。\end{cases}\tag{4.1.126}$$

此外，在式(4.1.106)～式(4.1.114)的推导过程中，还证明了式(4.1.97)中的极限函数 $p\in V$，$Dp\in V'$满足形式上的积分恒等式(4.1.24)及初边值条件(4.1.25)，条件(4.1.26)。所以，(p,S,Z)提供了问题(4.1.125)和式(4.1.24)～式(4.1.26)的联立解。但是，式(4.1.125)，式(4.1.126)及式(4.1.24)～式(4.1.26)中的外来函数 $S(t,x)$和 $Z(t,x)$，仅仅分别是式(4.1.93)和式(4.1.122)中的极限函数，它们是否都等于 $\int_0^A v(r,t,x)p(r,x,t)\mathrm{d}r$，即是否有式(4.1.27)成立，到此为止，我们并不知道。如果我们能够证明此处的 S 和 Z 都等于 $\int_0^A v(r,t,x)p(r,x,t)\mathrm{d}r$，即 $S(t,x)=Z(t,x)=\int_0^A v(r,t,x)p(r,x,t)\mathrm{d}r$，则不仅有式(4.1.27)成立，也有式(4.1.24)，式(4.1.25)和式(4.1.125)在形式上和实际上都成立。这样，我们就将证明了定理 4.1.3。为此，我们来证实下面的等式：

$$S(t,x)=Z(t,x)=\int_0^A v(r,t,x)p(r,x,t)\mathrm{d}r。\tag{4.1.127}$$

首先，由引理 4.1.4 可知，由式(4.1.67)定义的 Z^h 是下面抛物方程及初始条件的解：

$$\begin{cases}\int_0^T\langle Z_t^h,w\rangle\mathrm{d}t+\int_{\Omega_T}k^h\,\nabla Z^h\cdot\nabla wt\,\mathrm{d}x=\int_{\Omega_T}F(t,x)w\,\mathrm{d}t\,\mathrm{d}x,w\in W,\\ Z^h(0,x)=Z_0^h(x)=S_0(x)。\end{cases}\tag{4.1.128}$$

与从式(4.1.124)推导式(4.1.125)的理由和过程一样，令 $h\to 0$，并在式(4.1.128)中取极限，就推得，$Z^h\to Z$ 在 W 中弱，$Z\in W$，$Z_t\in W'$，且 Z 是下面问题的解：

$$\begin{cases}\int_0^T\langle Z_t,w\rangle\mathrm{d}t+\int_{\Omega_T}k(t,x;S)\,\nabla Z\cdot\nabla wt\,\mathrm{d}x=\int_{\Omega_T}F(t,x)w\,\mathrm{d}t\,\mathrm{d}x,\\ Z(0,t)=S_0(x)。\end{cases}\tag{4.1.129}$$

同引理 4.1.4 中的作法类似，令

$$\widetilde{Z}(t,x)=\int_0^A v(r,t,x)p(r,t,x)\mathrm{d}r,$$

用 v 乘式(4.1.1)后对变量 r 在$[0,A]$上积分，代入式(4.1.2)，然后将所得的等式与 $w\in W$ 作对偶积(或内积)，得到 $\widetilde{Z}(t,x)$所满足的积分恒等式和初始条件为

$$\begin{cases}\int_0^T\langle Z_t^h,w\rangle\mathrm{d}t+\int_{\Omega_T}k(t,x;S)\,\nabla\widetilde{Z}\cdot\nabla wt\,\mathrm{d}x=\int_{\Omega_T}F(t,x)w\,\mathrm{d}t\,\mathrm{d}x,\quad\forall w\in W,\\ \widetilde{Z}(0,t)=S_0(x)。\end{cases}\tag{4.1.130}$$

比较式(4.1.129)和式(4.1.130)可见，它们是同一方程。由唯一性有

$$Z(t,x)=\widetilde{Z}(t,x)=\int_0^A v(r,t,x)p(r,t,x)\mathrm{d}r。\tag{4.1.131}$$

现在，在式(4.1.129)两边积分号内加上 λZ，则 Z 仍然是

$$\begin{cases}\int_0^T\langle Z_t^h,w\rangle\mathrm{d}t+\int_{\Omega_T}[k(t,x;S)\,\nabla Z\cdot\nabla w+\lambda Zw]t\,\mathrm{d}x=\int_{\Omega_T}(F(t,x)+\lambda Z)w\,\mathrm{d}t\,\mathrm{d}x,\\ Z(0,t)=S_0(x)\end{cases}\tag{4.1.132}$$

的一个解。但是，若将式(4.1.125)中的 Z 按式(4.1.131)中的结论取作 $\int_0^A v(r,t,x)p(r,t,x)\mathrm{d}r$，

所得到的方程记作式(4.1.125′)，其等价形式是式(4.1.126′)，则式(4.1.125′)与方程式(4.1.60)相一致。其中，式(4.1.60)中的 F_1 相当于式(4.1.125′)中的 $F+\lambda\int_0^A v(r,t,x)p(r,x,t)\mathrm{d}r$。这样，由推论 4.1.1 可以推得式(4.1.125′)有解 $S(t,x)$。由方程(4.1.7)～方程(4.1.10)的推导过程可知，S 所满足的方程(4.1.125′)，其等价形式(4.1.126′)与式(4.1.7)～式(4.1.10)(式(4.1.7)等号两边加 λS)是一致的，因此，S 所满足的方程(4.1.125′)其实也就是 Z 所满足的方程(4.1.133)。由解的唯一性，推得

$$S(t,x)=Z(t,x)。\tag{4.1.133}$$

由式(4.1.132)，式(4.1.133)就推得式(4.1.127)成立，也就是说式(4.1.24)～式(4.1.26)中的

$$S(t,x)=\int_0^A v(r,t,x)p(r,t,x)\mathrm{d}r,$$

即式(4.1.25)也成立，也即式(4.1.97)中的极限函数 $p\in V$ 确实是问题(P)的广义解。同时，在上述证明过程中我们也证明了 $S(t,x)=\int_0^A v(r,t,x)p(r,t,x)\mathrm{d}r$ 满足初边值问题(4.1.7)～问题(4.1.10)。由定理 4.1.2 可知，$S_t,\nabla S,\Delta S$ 在 $L^2(\Omega_T)$中；另外，由式(4.1.125)和式(4.1.127)推得 S 满足式(4.1.62)。定理 4.1.3 证毕。

4.1.5 系统(P)广义解的唯一性

本节证明问题(P)的广义解 $p\in V$ 的唯一性。问题(P)在 $v\equiv1$ 且为半线性方程的情形下解的唯一性被 Langlais 于 1988 年在文献[66]中所证明；而问题(P)在 $v\neq1$ 且为半线性方程时，解的唯一性被陈任昭、李健全于 2002 年在文献[74]中所证明。本文讨论的问题(P)是拟线性方程且 $v\neq1$，因此在证明唯一性时对二阶偏导数项的估计要碰到新的困难。这是因为半线性问题的二阶偏导数项是 $k\Delta p$，其中 k 是大于零的常数，因此 $k\Delta p$ 在本质上对 p 还是线性的，而在本文中碰到的二阶偏导数项是 $\mathrm{div}(k(t,x;S)\nabla p)$，其中 $S=\int_0^A vp\,\mathrm{d}r$，因而它对 p 是非线性的。所以在证明唯一性时先验估计中会出现对两个函数乘积的积分进行估计，而这种情形套用半线性方法是无济于事的。利用 Д.К.法捷耶夫定理(引理 2.5.3)，可以将两个函数乘积的积分化为两次累次积分，从而解决该问题。这就是比半线性情形的创新之处。

由定理 4.1.3 知广义解 p 是非负的，相应的 S 是非负的，而且

$$S\in L^2(\Omega_T)\tag{4.1.134}$$

是下面拟线性抛物方程初边值问题的解：

$$\begin{cases}S_t+\mathrm{div}(k(t,x;S)\nabla S)+\lambda S=F(t,x;S,S_x), & 在\ \Omega_T\ 内,\\ S(0,x)=S_0(x), & 在\ \Omega_T\ 内,\\ S(t,x)=0, & 在\ \Gamma=(0,T)\times\partial\Omega\ 上,\end{cases}\tag{4.1.135}$$

其中，

$$F(t,x;S,S_x)=\int_0^A\Big[k_S(S)\nabla p\cdot\nabla S+\sum_{i=1}^N k_{x_i}(S)p_{x_i}\Big]v\mathrm{d}r-k_S(S)\sum_{i=1}^N S_{x_i}^2-\sum_{i=1}^N k_{x_i}(S)S_{x_i}+$$

$$\int_0^A\{[v_t+v_r-k(S)\Delta v-(\mu_0+\mu_e(S))v]p-2k(S)\nabla v\cdot\nabla p\}\mathrm{d}r+$$

$$v(0,t,x)\int_0^A \beta(S)p(r,t,x)\mathrm{d}r。\tag{4.1.136}$$

式中，$k(S)$，$\beta(S)$和$\mu_e(S)$分别是$k(t,x;S)$，$\beta(r,t,x;S)$和$\mu_e(r,t,x;S)$的简洁记号。

下面写出问题(4.1.135)的比较方程及条件：

$$\begin{cases}\bar{S}_t+\operatorname{div}(k(\bar{S})\nabla\bar{S})=F(t,x;\bar{S},\bar{S}_x), & 在\ \Omega_T\ 内,\\ \bar{S}(0,x)=M_0, & 在\ \Omega_T\ 内, 0\leqslant S_0(x)\leqslant M_0,\\ \bar{S}(t,x)=0, & 在\ \Gamma\ 上,\end{cases}\tag{4.1.137}$$

其中，M_0 为假设条件(H_4)中的定值。

引理 4.1.6 若假设条件(H_1)～条件(H_5)成立，且 S 和 $\bar{S}$ 分别是问题(4.1.135)和问题(4.1.137)中具有性质(4.1.134)的解，则有

$$0\leqslant S(t,x)\leqslant\bar{S}(t,x),\quad 在\ \Omega_T\ 内。\tag{4.1.138}$$

证明 由于$C^{1,2}(\Omega_T)$在$H^{1,2}(\Omega_T)=H^1(0,T;L^2(\Omega))\cap L^2(0,T;H^2(\Omega))$中稠[106]，因此由性质(4.1.134)，只要对 $S,\bar{S}\in C^0(\bar{\Omega}_T)C^{1,2}(\Omega_T)$证明本引理即可。方程(4.1.135)改写为

$$\begin{aligned}LS&\equiv\operatorname{div}(k(t,x;S)\nabla S)-S_t+F\\&=k(t,x;S)S_{x_ix_i}+[k_{x_i}(t,x;S)+k_SS_{x_i}]S_{x_i}+F-S_t\\&\equiv a_i(t,x;S,S_{x_i})S_{x_ix_i}+b(t,x;S,S_x)-S_t\\&=0,\end{aligned}\tag{4.1.139}$$

其中，

$$\begin{cases}a_i(t,x;S,S_{x_i})\equiv k(t,x;S),\\ b(t,x;S,S_x)\equiv[k_{x_i}(t,x;S)+k_S(t,x;S)S_{x_i}]S_{x_i}+F。\end{cases}\tag{4.1.140}$$

又记

$$\Gamma_T=((0,T)\times\partial\Omega)\cup\{(x,t)\mid x\in\partial\Omega,t=0\},\tag{4.1.141}$$

由 L 记号(4.1.139)及方程$(4.1.135)_1$ 和方程$(4.1.137)_1$，有 $LS-L\bar{S}=0-0$，即

$$LS=L\bar{S},\tag{4.1.142}$$

由 Γ_T 记号(4.1.141)及条件$(4.1.135)_{2\text{-}3}$和条件$(4.1.137)_{2\text{-}3}$则有

$$S|_{\Gamma_T}\leqslant\bar{S}|_{\Gamma_T}。\tag{4.1.143}$$

依据拟线性抛物方程的比较定理[131]，从式(4.1.142)～式(4.1.143)推得，$0\leqslant S(t,x)\leqslant\bar{S}(t,x)$，即式(4.1.138)成立。引理 4.1.6 证毕。

引理 4.1.7 对于给定的 $T_0>0$，存在正数 $M(T_0)<+\infty$，使得对问题(P)的任意解 $p(r,t,x)\in V$ 满足

$$0\leqslant S(t,x)\leqslant M(T_0),\quad (t,x)\in\Omega_{T_0}。\tag{4.1.144}$$

证明 对问题(4.1.137)，有记号

$$\begin{cases}a_i(t,x;\bar{S},q)=k(t,x;\bar{S})q_i,\\ b(t,x;\bar{S},q)=F(t,x;\bar{S},q),\end{cases}\tag{4.1.145}$$

其中

$$F(t,x;\bar{S},q)=\int_0^A\left[k_S(\bar{S})\sum_{i=1}^N \bar{p}_{x_i}q+\sum_{i=1}^N k_{x_i}(S)\,\bar{p}_{x_i}\right]v\,\mathrm{d}r-$$
$$k_{\bar{S}}(\bar{S})\sum_{i=1}^N\left[\int_0^A(v\,\bar{p}_{x_i}+v_{x_i}\,\bar{p})\mathrm{d}r\right]^2+$$
$$\int_0^A\{[v_t+v_r-k(\bar{S})\Delta v-(\mu_0+\mu_e(\bar{S}))v]\,\bar{p}-2k(\bar{S})\,\nabla v\cdot\nabla\bar{p}\}\mathrm{d}r+$$
$$v(0,t,x)\int_0^A(r,t,x;\bar{S})\,\bar{p}(r,t,x)\mathrm{d}r-\sum_{i=1}^N k_{x_i}(\bar{S})\int_0^A(v\,\bar{p}_{x_i}+v_{x_i}\,\bar{p})\mathrm{d}r。$$

由假设条件(H_3)和记号(4.1.145)有

$$\sum_{i=1}^N q_i a_i(t,x;\bar{S},q)=\sum_{i=1}^N q_i k(t,x;\bar{S})q_i\geqslant k_0\ |q|^2-\lambda_1^2\ |\bar{S}|^2-\lambda_2^2,\tag{4.1.146}$$

其中,$k_0>0,\lambda_1=\lambda_2=0$。

由假设条件(H_1)~条件(H_5)和记号(4.1.145)及引理4.1.2,有

$$b(t,x;\bar{S},q)\leqslant C_1(k_1,A,N,\gamma_2,T_0(|\ q\ |+1))。$$

由于上述不等号右边与 $\bar{S}$ 无关,故有

$$b(t,x;\bar{S},q)\operatorname{sign}\bar{S}\leqslant b_0|q|+b_1\bar{S}+b_2,\tag{4.1.147}$$

其中,$b_0=C_1,b_1=0,b_2=C_1$。

依据拟线性抛物方程的广义解的极值原理[131],从式(4.1.146),式(4.1.147)推得

$$\begin{aligned}\sup_{\Omega_{T_0}}\bar{S}&\leqslant\sup_{\Gamma_{T_0}}S^+ +C(T_0)\{\|\bar{S}^+\|_{L^2(\Omega_{T_0})}+(\lambda_1+b_1)\sup_{\Gamma_{T_0}}\bar{S}^+ +(\lambda_2+b_2)\}\\&=M_0+C(T_0)[\|\bar{S}^+\|_{L^2(\Omega_{T_0})}+(0+0)M_0+(0+C_1(T_0))]\\&\equiv M(T_0)。\end{aligned}$$

从上式就推得

$$0\leqslant\bar{S}(t,x)\leqslant M(T_0)。\tag{4.1.148}$$

由式(4.1.148)和式(4.1.138)推得式(4.1.144)成立。引理4.1.7证毕。

定理 4.1.4 对于给定的 $T_0>0$,存在 $C(T_0)<+\infty$ 使得问题(4.1.1)~问题(4.1.5)的任意解 $p\in V$ 满足

$$\begin{cases}\displaystyle\int_0^A p^2(r,t,x)\mathrm{d}r\leqslant C(T_0), & 在\ \Omega_{T_0}\ 内,\\ \displaystyle\int_0^A p(r,t,x)\mathrm{d}r\leqslant(AC(T_0))^{\frac{1}{2}}, & 在\ \Omega_{T_0}\ 内,\end{cases}\tag{4.1.149}$$

$$\begin{cases}\displaystyle\int_0^t\int_0^A|\nabla p|^2\mathrm{d}r\mathrm{d}\tau\leqslant C(T_0), & 在\ \Omega\ 内,\\ \displaystyle\int_0^t\int_0^A|\nabla p|\mathrm{d}r\mathrm{d}\tau\leqslant(AC(T_0))^{\frac{1}{2}}, & 在\ \Omega\ 内。\end{cases}\tag{4.1.150}$$

证明 用 p 乘方程(4.1.1),然后在 $\Theta_t=(0,A)\times(0,t)$ 上积分,$t\in(0,T_0)$,可得

$$\frac{1}{2}\frac{\mathrm{d}}{\mathrm{d}r}\int_{\Theta_t}p^2\mathrm{d}r\mathrm{d}t+\frac{1}{2}\frac{\mathrm{d}}{\mathrm{d}t}\int_{\Theta_t}p^2\mathrm{d}r\mathrm{d}t-\int_{\Theta_t}\operatorname{div}(k(S)\,\nabla p)p\,\mathrm{d}r\mathrm{d}t+$$
$$\int_{\Theta_t}[\mu_0+\mu_e(S)]\,p^2\mathrm{d}r\mathrm{d}t=0。$$

对上式进行分部积分，并代入式(4.1.2)～式(4.1.4)和式(4.1.6)，得到

$$\frac{1}{2}\int_0^A p^2(r,t,x)\mathrm{d}r+\int_{\Theta_t}k(S)\ |\nabla p|^2\mathrm{d}r\mathrm{d}t+\int_{\Theta_t}[\mu_0+\mu_e(S)]\ p^2\mathrm{d}r\mathrm{d}t$$

$$=\frac{1}{2}\int_0^A p^2(r,t,x)\mathrm{d}r+\frac{1}{2}\int_0^t\left[\int_0^A\beta(S)p\,\mathrm{d}r\right]^2\mathrm{d}t。$$

注意到 $\mu_0,\mu_e\geqslant 0$ 和假设条件(H_3)中 $k(S)\geqslant k_0>0$ 以及假设条件(H_2)关于 $\beta(S)$的假设，有

$$\int_0^A p^2(r,t,x)\mathrm{d}r+2k_0\int_{\Theta_t}|\nabla p|^2\mathrm{d}r\mathrm{d}t\leqslant A\ \bar{p}_0^2+AG_1^2\int_0^t\left(\int_0^A p^2\mathrm{d}r\right)\mathrm{d}t。\tag{4.1.151}$$

从式(4.1.151)显然有

$$\int_0^A p^2(r,t,x)\mathrm{d}r\leqslant A\ \bar{p}_0^2+AG_1^2\int_0^t\left(\int_0^A p^2(r,t,x)\mathrm{d}r\right)\mathrm{d}t。$$

记 $f(t)\equiv\int_0^A p^2(r,t,x)\mathrm{d}r\geqslant 0$，则上式变为

$$f(t)\leqslant A\ \bar{p}_0^2+AG_1^2\int_0^t f(t)\mathrm{d}t。$$

依据 Gronwall 不等式，从上式推得

$$\int_0^A p^2(r,t,x)\mathrm{d}r\equiv f(x)\leqslant A\ \bar{p}_0^2\mathrm{e}^{AG_1^2t}\leqslant A\ \bar{p}_0^2\mathrm{e}^{AG_1^2T_0}\equiv C_2(T_0)。$$

从上式和式(4.1.151)有

$$\begin{aligned}\int_{\Phi_t}|\nabla p|^2\mathrm{d}r\mathrm{d}t&\leqslant\frac{1}{2k_0}\left[A\ \bar{p}_0^2+AG_1^2\int_0^t\int_0^A p^2(r,t,x)\mathrm{d}r\mathrm{d}t\right]\\&\leqslant\frac{1}{2k_0}\left[A\ \bar{p}_0^2+AG_1^2\int_0^t C_2(T_0)\mathrm{d}t\right]\\&\leqslant\frac{1}{2k_0}\left[A\ \bar{p}_0^2+AG_1^2C_2(T_0)T_0\right]\equiv C_3(T_0)。\end{aligned}$$

取 $C(T_0)=\max\{C_3(T_0),C_2(T_0)\}$，从上式和已证明的

$$\int_0^A p^2(r,t,x)\mathrm{d}r\leqslant C_2(T_0)$$

就推得式(4.1.149)，式(4.1.150)。定理 4.1.4 证毕。

引理 4.1.8(Д.К.法捷耶夫定理)[132]　设 $f(x)$与 $g(x)$是 E 上所定义的两个非负可测函数。置 $E_y=E(g\geqslant y)$，$\Phi(y)=\int_{E_y}f(x)\mathrm{d}x$，则

$$\int_E f(x)g(x)\mathrm{d}x=\int_0^{+\infty}\Phi(y)\mathrm{d}y=\int_0^{+\infty}\int_{E_y}f(x)\mathrm{d}x\mathrm{d}y。\tag{4.1.152}$$

定理 4.1.5　对于给定的 $T_0>0$，存在常数 $C_1(T_0)<+\infty$，使得问题(4.1.135)的任意解 $S\in W$ 满足

$$\int_\Omega S^2(s,t)\mathrm{d}x\leqslant C_1(T_0),\tag{4.1.153}$$

$$\int_{\Omega_t}|\nabla S^2|\mathrm{d}\tau\,\mathrm{d}x\leqslant C_1(T_0),\tag{4.1.154}$$

$$\int_{\Omega_t}S|\nabla S^2|\mathrm{d}\tau\,\mathrm{d}x\leqslant C_1(T_0)。\tag{4.1.155}$$

证明 用 S 乘式(4.1.135)$_1$，并在 Ω_t 上积分和分部积分，再注意到式(4.1.135)$_{2\text{-}3}$，得到

$$\int_{\Omega} S^2(x,t)\mathrm{d}x + 2k_0\int_{\Omega_t}|\nabla S^2|\mathrm{d}\tau\,\mathrm{d}x \leqslant M_0 + 2\int_{\Omega_t}F(\tau,x;S)S\mathrm{d}\tau\,\mathrm{d}x。\tag{4.1.156}$$

现在来估计 $\int_{\Omega_t}F(\tau,x;S)S\mathrm{d}\tau\,\mathrm{d}x$。由 F 的表达式(4.1.136)，有

$$\begin{aligned}\int_{\Omega_t}F(\tau,x;S)S\mathrm{d}\tau\,\mathrm{d}x =& \int_{\Omega_t}v(0,\tau,x)S\left[\int_0^A\beta(S)p\,\mathrm{d}r\right]\mathrm{d}\tau\,\mathrm{d}x - \\ & 2\int_{\Omega_t}S\int_0^A k(S)(\nabla v\cdot\nabla p)\mathrm{d}r\,\mathrm{d}\tau\,\mathrm{d}x + \\ & \int_{\Omega_t}S\int_0^A k_S(S)\,\nabla p\cdot\nabla Sv\,\mathrm{d}r\,\mathrm{d}\tau\,\mathrm{d}x + \\ & \int_{\Omega_t}S\int_0^A\sum_{i=1}^N k_{x_i}(S)p_{x_i}v\,\mathrm{d}r\,\mathrm{d}\tau\,\mathrm{d}x - \\ & \int_{\Omega_t}S\int_0^A\sum_{i=1}^N k_{x_i}(S)S_{x_i}\mathrm{d}\tau\,\mathrm{d}x - \int_{\Omega_t}k_S(S)S|\nabla S|^2\mathrm{d}\tau\,\mathrm{d}x + \\ & \int_{\Omega_t}\int_0^A[v_t+v_r-k(S)\Delta v-(\mu_0+\mu_e(S))v]v\,\mathrm{d}r\,\mathrm{d}\tau\,\mathrm{d}x \\ \equiv & \tilde I_1+\tilde I_2+\tilde I_3+\tilde I_4+\tilde I_5+\tilde I_6+\tilde I_7。\end{aligned}\tag{4.1.157}$$

由假设条件(H_1)，条件(H_3)，条件(H_5)和式(4.1.149)，有

$$\begin{aligned}\tilde I_1 &= \int_{\Omega_t}v(0,\tau,x)S(\tau,x)\left[\int_0^A\beta(r,\tau,x)p(r,\tau,x)\mathrm{d}r\right]\mathrm{d}\tau\,\mathrm{d}x \\ &\leqslant \frac{1}{2}\gamma_2G_1\left\{\int_{\Omega_t}S^2\mathrm{d}\tau\,\mathrm{d}x + \int_{\Omega_t}\left[\int_0^A p^2(r,\tau,x)\mathrm{d}r\right]\mathrm{d}\tau\,\mathrm{d}x\right\} \\ &\leqslant G_4\left[\int_{\Omega_t}S^2\mathrm{d}\tau\,\mathrm{d}x + 1\right]。\end{aligned}\tag{4.1.158}$$

由假设条件(H_3)，条件(H_5)和式(4.1.150)，有

$$\begin{aligned}\tilde I_2 &= \left|-2\int_{\Omega_t}S(\tau,x)k(\tau,x;S(\tau,x))\int_0^A\nabla v\cdot\nabla p\,\mathrm{d}r\,\mathrm{d}\tau\,\mathrm{d}x\right| \\ &\leqslant k_1\gamma_2\left[\int_{\Omega_t}S^2(\tau,x)\mathrm{d}\tau\,\mathrm{d}x + A\int_{\Omega_t}|\nabla p|^2\mathrm{d}r\,\mathrm{d}\tau\,\mathrm{d}x\right] \\ &= k_1\gamma_2\left[\int_{\Omega_t}S^2(\tau,x)\mathrm{d}\tau\,\mathrm{d}x + A(\mathrm{mes}\,\Omega_{T_0})C(T_0)\right],\end{aligned}$$

即

$$\tilde I_2 \leqslant C_5\int_{\Omega_t}S^2(\tau,x)\mathrm{d}\tau\,\mathrm{d}x + \tilde C(T_0)。\tag{4.1.159}$$

由假设条件(H_3)，条件(H_5)带 ε 的 Cauchy 不等式和式(4.1.150)，$\varepsilon=\dfrac{k_0}{2\lambda_2k_1}$，有

$$\begin{aligned}\tilde I_3 &= \int_{\Omega_t}S(\tau,x)k_S(\tau,x;S(\tau,x))\int_0^A(\nabla p\cdot\nabla S)v\,\mathrm{d}r\,\mathrm{d}\tau\,\mathrm{d}x \\ &\leqslant \frac{4\gamma_2^2k_1^2A}{k_0}\int_{\Omega_t}S^2(\tau,x)\int_0^A|\nabla p|^2\mathrm{d}r\,\mathrm{d}\tau\,\mathrm{d}x + \frac{k_0}{4}\int_{\Omega_t}|\nabla S|^2\mathrm{d}\tau\,\mathrm{d}x。\end{aligned}$$

现在对估计式 $\tilde I_3$ 不等号右边第一项应用引理 4.1.8，即 Д.К.法捷耶夫定理。令

$$\begin{cases}(r,x)=z,S(t,x)=(S(r,x),x)=S(z,x),S^2(z,x)=f(z),\\ |\nabla p(r,t,x)|^2=g(z,x),\\ E=\Theta_t=(0,A)\times(0,T),E_y=E(g\geqslant y)=E(|\nabla p|^2\geqslant y)。\end{cases}\tag{4.1.160}$$

由 Fubini 定理和引理 4.1.8 及式(4.1.150)，有

$$\begin{aligned}\int_{\Omega_t}S^2(\tau,x)\int_0^A|\nabla p|^2\mathrm{d}r\,\mathrm{d}\tau\,\mathrm{d}x&=\int_{\Omega}\mathrm{d}x\int_{\Theta_t}S^2((r,t),x)\ |\nabla p((r,t),x)|^2\mathrm{d}r\,\mathrm{d}t\\&=\int_{\Omega}\mathrm{d}x\int_{\Theta_t}S^2(z,x)\ |\nabla p(z,x)|^2\mathrm{d}\Theta_t\\&=\int_{\Omega}\mathrm{d}x\int_0^{+\infty}\int_{E(|\nabla p|^2>y)}S^2(z,x)\mathrm{d}z\,\mathrm{d}y\\&\leqslant\int_{\Omega}\mathrm{d}x\int_0^{C(T_0)}\int_E S^2(z,x)\mathrm{d}z\,\mathrm{d}y\\&\leqslant\int_{\Omega}\mathrm{d}x\int_0^{C(T_0)}\int_{\Theta_t}S^2(z,x)\mathrm{d}z\,\mathrm{d}y\\&\leqslant AC(T_0)\int_{\Omega_t}S^2(\tau,x)\mathrm{d}\tau\,\mathrm{d}x=C_6\int_{\Omega_t}S^2(\tau,x)\mathrm{d}\tau\,\mathrm{d}x。\end{aligned}$$

由上式及$\tilde{I}_3$的估计式，有

$$\begin{aligned}\tilde{I}_3&\leqslant\frac{4\gamma_2^2k_1^2AC_6}{k_0}\int_{\Omega_t}S^2(\tau,x)\mathrm{d}\tau\,\mathrm{d}x+\frac{k_0}{4}\int_{\Omega_t}|\nabla S|^2\mathrm{d}\tau\,\mathrm{d}x\\&\leqslant C_7\int_{\Omega_t}S^2(\tau,x)\mathrm{d}\tau\,\mathrm{d}x+\frac{k_0}{4}\int_{\Omega_t}|\nabla S|^2\mathrm{d}\tau\,\mathrm{d}x。\end{aligned}\tag{4.1.161}$$

由假设条件(H_3)，条件(H_5)和式(4.1.150)，有

$$\begin{aligned}\tilde{I}_4&=\int_{\Omega_t}Sk_x(S)\int_0^A\sum_{i=1}^N p_{x_i}v\,\mathrm{d}r\,\mathrm{d}\tau\,\mathrm{d}x\leqslant k_1\gamma_2\alpha_2\int_{\Omega_t}S\int_0^A\sum_{i=1}^N|\nabla p|\mathrm{d}r\,\mathrm{d}\tau\,\mathrm{d}x\\&\leqslant\frac{1}{2}k_1\gamma_2\alpha_2A\int_{\Phi_t}S^2(\tau,x)\mathrm{d}\tau\,\mathrm{d}x+\frac{1}{2}k_1\gamma_2\alpha_2(\mathrm{mes}\,\Omega)C(T_0)\\&\leqslant C_8\left[\int_{\Omega_t}S^2(\tau,x)\mathrm{d}\tau\,\mathrm{d}x+1\right],\end{aligned}\tag{4.1.162}$$

其中，$\alpha_2>0,\left|\sum_{i=1}^N p_{x_i}\right|\leqslant\alpha_2|\nabla p|$。类似地，有

$$\begin{aligned}\tilde{I}_5&=-\int_{\Omega_t}Sk_x(S)\sum_{i=1}^N S_{x_i}\mathrm{d}\tau\,\mathrm{d}x\leqslant k_1\int_{\Omega_t}S|\nabla S|\mathrm{d}\tau\,\mathrm{d}x\\&\leqslant\frac{4k_1^2}{k_0}\int_{\Omega_t}S^2(\tau,x)\mathrm{d}\tau\,\mathrm{d}x+\frac{k_0}{4}\int_{\Omega_t}|\nabla S|^2\mathrm{d}\tau\,\mathrm{d}x\\&\leqslant C_9\int_{\Omega_t}S^2(\tau,x)\mathrm{d}\tau\,\mathrm{d}x+\frac{k_0}{4}\int_{\Omega_t}|\nabla S|^2\mathrm{d}\tau\,\mathrm{d}x,\end{aligned}\tag{4.1.163}$$

$$\tilde{I}_6=-\int_{\Omega_t}k_S(S)S\ |\nabla S|^2\mathrm{d}\tau\,\mathrm{d}x\leqslant-k_0\int_{\Omega_t}S\ |\nabla S|^2\mathrm{d}\tau\,\mathrm{d}x\leqslant0。\tag{4.1.164}$$

由假设条件(H_1)～条件(H_4)和式(4.1.149)，特别是由μ_0,μ_e,v,p的非负性，可推得

$$\tilde{I}_7=\int_{\Omega_t}\int_0^A[v_t+v_r-k(S)\Delta v-(\mu_0+\mu_e(S))v]v\,\mathrm{d}r\,\mathrm{d}\tau\,\mathrm{d}x$$

$$\leqslant \int_{\Omega_t}\int_0^A (\gamma_1+\gamma_2+k_1\gamma_2)p\,\mathrm{d}r\,\mathrm{d}\tau\,\mathrm{d}x$$
$$\leqslant 3\cdot\max\{1,k_1\}\gamma_2\,\mathrm{mes}\Omega_t\,(AC(T_0))^{1/2}$$
$$\equiv C_{10}<+\infty。$$

因此,将上式(关于 $\widetilde{I}_7$ 的估计式)和关于 $\widetilde{I}_1\sim\widetilde{I}_6$ 的估计式(4.1.158)~式(4.1.159)及式(4.1.161)~式(4.1.164)代入式(4.1.156)和式(4.1.157),则可得

$$\int_\Omega S^2(t,x)\mathrm{d}x+2k_0\int_{\Omega_t}S\,|\nabla S|^2\mathrm{d}\tau\,\mathrm{d}x+2k_0\int_{\Omega_t}|\nabla S|^2\mathrm{d}\tau\,\mathrm{d}x$$
$$\leqslant C_{11}+C_{12}\int_0^t\int_\Omega S^2(\tau,x)\mathrm{d}\tau\,\mathrm{d}x。\tag{4.1.165}$$

应用 Gronwall 不等式,从式(4.1.165)推得

$$\int_\Omega S^2(t,x)\mathrm{d}x\leqslant C_{11}\exp\left(\int_0^t C_{12}\mathrm{d}\tau\right)\leqslant C_{11}\mathrm{e}^{C_{12}T_0}\equiv\widetilde{C}_1(T_0)。\tag{4.1.166}$$

从式(4.1.165),式(4.1.166)推得

$$\int_{\Omega_t}|\nabla S|^2\mathrm{d}\tau\,\mathrm{d}x\leqslant\frac{1}{2k_0}[C_{11}+C_{12}\widetilde{C}_1(T_0)T_0]C\equiv\widetilde{C}_2(T_0)\tag{4.1.167}$$

同样,从式(4.1.164)~式(4.1.165)推得

$$\int_{\Omega_t}S\,|\nabla S|^2\mathrm{d}\tau\,\mathrm{d}x\leqslant\widetilde{C}_3(T_0)。$$

取 $C_1(T_0)=\max\{\widetilde{C}_1(T_0),\widetilde{C}_2(T_0),\widetilde{C}_3(T_0)\}$,则由上式和式(4.1.166),式(4.1.167)推得式(4.1.153)~式(4.1.155)。定理 4.1.5 证毕。

在正式进行广义解的唯一性证明之前,还需要证明两个关键的预备定理:一个是关于问题(P)的任意给定的两个解 p_1 和 p_2 之差 $p=p_1-p_2$ 的先验估计,另一个是关于问题(4.1.135)的任意给定的两个解 S_1 和 S_2 之差 $S=S_1-S_2$ 的先验估计。有了这个预备定理,就能容易地推得问题(P)的广义解的唯一性。证明这两个预备定理的关键,在于如何利用好 Д.K.法捷耶夫定理(即引理 4.1.8)。

(预备)定理 4.1.6 若假设条件(H_1)~条件(H_5)成立,且 V 中的函数 $p_1(r,t,x)$ 和 $p_2(r,t,x)$ 是问题(P)的任意给定的两个解,设其差为 $p(r,t,x)=p_1(r,t,x)-p_2(r,t,x)$,而相应的 $S_i\equiv S_i(t,x)\equiv\int_0^A v(r,t,x)p_i(r,t,x)\mathrm{d}r,i=1,2$ 是问题(4.1.135)的两个解,其差 $S=S(t,x)=S_1(t,x)-S_2(t,x)$,记号 Θ_t,Q_t 与定理 4.1.4 证明过程中定义的相同,$\Theta_t=(0,A)\times(0,t),Q_t=\Theta_t\times\Omega,t\in[0,T_0],\mathrm{d}Q=\mathrm{d}r\,\mathrm{d}t\,\mathrm{d}x$,则有下面的估计式

$$\int_{\Omega_A}p^2(r,t,x)\mathrm{d}r\,\mathrm{d}t\leqslant K_3\left[\int_{\Omega_t}S^2(\tau,x)\mathrm{d}\tau\,\mathrm{d}x+\int_{\Omega_t}p^2(r,\tau,x)\mathrm{d}Q\right]\tag{4.1.168}$$

$$\int_{\Omega_t}|\nabla p|^2\mathrm{d}Q\leqslant K_3\left[\int_{\Omega_t}S^2(\tau,x)\mathrm{d}\tau\,\mathrm{d}x+\int_{\Omega_t}p^2(r,\tau,x)\mathrm{d}Q\right]\tag{4.1.169}$$

成立。

证明 记 $Q_0\equiv Q_{T_0}$。显然 $p=p_1-p_2$ 在 Q_0 上满足

$$p_r+p_t-\mathrm{div}(k(S_1)\nabla p)+\mu_0 p+\mu_e(S_1)p$$
$$=\mathrm{div}(k(S_1)-k(S_2)\nabla p_2)+[\mu_e(S_2)-\mu_e(S_1)]p_2,\quad 在\ Q_0\ 内\tag{4.1.170}$$

和

$$\begin{cases} p(0,t,x) = \int_0^A \beta(S_1) p \mathrm{d}r + \int_0^A [\beta(S_1) - \beta(S_2)] p_2 \mathrm{d}r, & \text{在 } Q_0 \text{ 内}, \\ p(r,0,x) = 0, & \text{在 } \Omega_A \text{ 内}, \\ p(r,t,x) = 0, & \text{在 } \Sigma_0 = (0,A) \times (0,T_0) \times \partial\Omega \text{ 上}。 \end{cases} \tag{4.1.171}$$

令 p 与式(4.1.170)相乘并在 Q_t 上分部积分,同时将式(4.1.171)代入可得

$$\begin{aligned} &\frac{1}{2}\int_{\Omega_A} p^2(r,t,x)\mathrm{d}r\mathrm{d}t + \int_{Q_t} k(S_1)\,|\nabla p|^2 \mathrm{d}Q + \int_{Q_t} [\mu_0 + \mu_e(S_1)]\, p^2 \mathrm{d}Q \\ \leqslant &\int_{Q_t} [\mu_e(S_2) + \mu_e(S_1)] p_2 \mathrm{d}Q + \frac{1}{2}\int_{\Omega_t} \left\{\int_0^A \beta(S_1) p \mathrm{d}r + \right. \\ &\left.\int_0^A [\beta(S_1) - \beta(S_2)] p_2 \mathrm{d}r\right\}^2 \mathrm{d}t\mathrm{d}x + \int_{Q_t} [k(S_2) - k(S_1)]\, \nabla p_2 \cdot \nabla p \mathrm{d}Q \end{aligned}$$

注意到 $k(S_1) > k_0 > 0, \mu_0, \mu_e(S_1) \geqslant 0$ 并结合 $(a+b)^m \leqslant 2^{m-1}(a^m + b^m), a \geqslant 0, b \geqslant 0$,从上式可以推得:

$$\begin{aligned} &\frac{1}{2}\int_{\Omega_A} p^2(r,t,x)\mathrm{d}r\mathrm{d}x + k_0 \int_{Q_t} |\nabla p|^2 \mathrm{d}Q \\ \leqslant &\int_{Q_t} [\mu_e(S_2) + \mu_e(S_1)] p_2 \mathrm{d}Q + \int_{Q_t} \left[\int_0^A \beta(S_1) p \mathrm{d}r\right]^2 \mathrm{d}\tau\, \mathrm{d}x + \\ &\int_{Q_t} \left\{\int_0^A [\beta(S_1) - \beta(S_2)] p_2 \mathrm{d}r\right\}^2 \mathrm{d}t\mathrm{d}x + \int_{Q_t} [k(S_2) - k(S_1)]\, \nabla p_2 \cdot \nabla p \mathrm{d}Q。\\ \equiv &I_1 + I_2 + I_3 + I_4。\end{aligned} \tag{4.1.172}$$

现在估计式(4.1.172)不等号右边的各项 $I_i(i=1,2,3,4)$。由假设条件(H_2),条件(H_3)有,对于 $0 \leqslant q_1, q_2 \leqslant M$,存在与$(r,t,x)$无关的 $K_1(M) > 0$,与(t,x)无关的 $K_2(M)$,使得

$$\begin{cases} |\mu_e(q_1) - \mu_e(q_2)| + |\beta(q_1) - \beta(q_2)| \leqslant K_1(M)\,|q_1 - q_2|, & \text{在 } Q_t \text{ 上一致的成立}, \\ |k(q_1) - k(q_2)|, |k_x(q_1) - k_x(q_2)|, |k_S(q_1) - k_S(q_2)| \leqslant K_2(M)\,|q_1 - q_2|, & Q_t \text{ 上一致的成立}。\end{cases} \tag{4.1.173}$$

关于 $S = S(t,x) = S_1(t,x) - S_2(t,x)$,对 p_2 应用定理 4.1.4 并结合 Hölder 不等式有

$$\begin{aligned} I_1 &\leqslant \left|\int_{Q_t} [\mu_e(S_1) + \mu_e(S_2)] p_2 p \mathrm{d}Q\right| \leqslant K_1 \int_{\Omega_t} |S| \left|\int_0^A p_2 p \mathrm{d}r\right| \mathrm{d}\tau\, \mathrm{d}x \\ &\leqslant K_1 \int_{\Omega_t} |S| \left(\int_0^A p_2^2 \mathrm{d}r\right)^{\frac{1}{2}} \left(\int_0^A p^2 \mathrm{d}r\right)^{\frac{1}{2}} \mathrm{d}\tau\, \mathrm{d}x \\ &\leqslant K_1 C^{\frac{1}{2}}(T_0) \int_{\Omega_t} |S| \left(\int_0^A p^2 \mathrm{d}r\right)^{\frac{1}{2}} \mathrm{d}\tau\, \mathrm{d}x \\ &\leqslant K_3 \left[\int_{\Omega_t} S^2 \mathrm{d}\tau\, \mathrm{d}t + \int_{Q_t} p^2 \mathrm{d}Q\right], \end{aligned} \tag{4.1.174}$$

$$I_2 = \int_{\Omega_t} \left[\int_0^A \beta(S_1) p \mathrm{d}r\right]^2 \mathrm{d}\tau\, \mathrm{d}x \leqslant G_1^2 A \int_{Q_t} p^2 \mathrm{d}Q \leqslant K_4 \int_{Q_t} p^2 \mathrm{d}Q。 \tag{4.1.175}$$

类似地,有

$$\begin{aligned} I_3 &= \int_{\Omega_t} \left[\int_0^A (\beta(S_1) - \beta(S_2)) p_2 \mathrm{d}r\right]^2 \mathrm{d}\tau\, \mathrm{d}x \leqslant K_1^2 \int_{\Omega_t} \left(\int_0^A |S|\, p_2 \mathrm{d}r\right)^2 \mathrm{d}\tau\, \mathrm{d}x \\ &\leqslant K_1^2 A \int_{\Omega_t} S^2 \left(\int_0^A p_2^2 \mathrm{d}r\right) \mathrm{d}\tau\, \mathrm{d}x \leqslant K_1^2 A C(T_0) \int_{\Omega_t} S^2 \mathrm{d}\tau\, \mathrm{d}x。\end{aligned} \tag{4.1.176}$$

现在估计 I_4。利用不等式 $2ab\leqslant a^2+b^2, a, b\geqslant 0$ 可以证实下面的不等式：

$$|\nabla p_2\cdot\nabla p|^2\leqslant|\nabla p_2|^2\cdot|\nabla p|^2,\quad \left|\sum p_{x_i}\right|\leqslant\alpha|\nabla p|。\tag{4.1.177}$$

由估计式(4.1.150)和带 $k_0/2$ 的 Cauchy 不等式，有

$$\begin{aligned}I_4&=\int_{Q_t}[k(S_2)-k(S_1)]\nabla p_2\cdot\nabla p\mathrm{d}Q\\&\leqslant K_2\int_{Q_t}(|S\|\nabla p_2\|\nabla p|)\mathrm{d}Q\\&\leqslant\frac{K_2^2}{4k_0}\int_{Q_t}S^2\ |\nabla p_2|^2\mathrm{d}Q+\frac{k_0}{4}\int_{Q_t}|\nabla p|^2\mathrm{d}Q。\end{aligned}$$

与估计 $\widetilde{I}_3$ 得出估计式(4.1.161)一样，继续应用引理 2.5.3(即 Д.K.法捷耶夫定理)和使用记号(4.1.160)，由定理 4.1.4 和式(4.1.150)，有

$$\begin{aligned}\int_{Q_t}S^2\ |\nabla p_2|^2\mathrm{d}Q&=\int_{\Omega}\mathrm{d}x\int_{\Theta_t}S^2((r,\tau),x)\ |\nabla p_2((r,\tau),x)|^2\mathrm{d}\Theta_t\\&=\int_{\Omega}\mathrm{d}x\int_{\Theta_t}S^2(z,x)\ |\nabla p_2(z,x)|^2\mathrm{d}\Theta_t\\&=\int_{\Omega}\mathrm{d}x\int_0^{+\infty}\int_{E(\ |\nabla p|^2\geqslant y)}S^2(z,x)\mathrm{d}z\mathrm{d}y\\&\leqslant\int_{\Omega}\mathrm{d}x\int_0^{C(T_0)}\int_{E(\ |\nabla p|^2\geqslant y)}S^2(z,x)\mathrm{d}z\mathrm{d}y\\&\leqslant AC(T_0)\int_{\Omega_t}S^2(z,x)\mathrm{d}z\mathrm{d}y。\end{aligned}$$

由上式及 I_4 估计式，有

$$I_4\leqslant\frac{K_2AC(T_0)}{4k_0}\int_{\Omega_t}S^2(\tau,x)\mathrm{d}\tau+\frac{k_0}{4}\int_{Q_t}\ |\nabla p\ |^2\mathrm{d}Q。\tag{4.1.178}$$

把 $I_1\sim I_4$ 相应的估计式(4.1.174)～式(4.1.176)和式(4.1.178)代入式(4.1.172)，合并同类项，得到

$$\begin{aligned}\int_{\Omega_A}p^2(r,t,x)\mathrm{d}r\mathrm{d}x+k_0\int_{Q_t}\ |\nabla p|^2\mathrm{d}Q\leqslant K_3\Big[\int_{\Omega_t}S^2(\tau,x)\mathrm{d}\tau\,\mathrm{d}x+\\\int_{Q_t}p^2(r,t,x)\mathrm{d}r\mathrm{d}t\mathrm{d}x\Big]\end{aligned}\tag{4.1.179}$$

注意到式(4.1.179)左端第一项非负和 $k_0>0$，从上式就推得估计式(4.1.168)，式(4.1.169)。定理 4.1.6 证毕。

(预备)定理 4.1.7 若定理 4.1.6 的假设成立，则有下面关于 S 的估计式

$$\int_{\Omega}S^2(t,x)\mathrm{d}x\leqslant K_4\Big[\int_{\Omega_t}S^2(\tau,x)\mathrm{d}\tau\,\mathrm{d}x+\int_{Q_t}p^2(r,t,x)\mathrm{d}Q\Big]。\tag{4.1.180}$$

证明 利用对 S_1 和 S_2 所满足的抛物方程初边值问题(4.1.135)，可以推得 $S(t,x)=S_1(t,x)-S_2(t,x)$ 是下面问题的解

$$\begin{cases}S_t-\mathrm{div}(k(S_1)\nabla S)=F(t,x;S_1,S_{1x})-F(t,x;S_2,S_{2x})+\\\qquad\mathrm{div}((k(S_1)-k(S_2))\nabla S_2),\quad 在\ \Omega_T\ 内,\\S(0,x)=0,\quad 在\ \Omega\ 内,\\S(t,x)=0,\quad 在\ \Gamma\ 内,\end{cases}\tag{4.1.181}$$

其中，$F(t,x;S_i,S_{ix})$由式(4.1.136)给出。

用 S 乘式$(4.1.181)_1$，并在 Ω_t 上分部积分，并注意到式$(4.1.181)_{2\text{-}3}$和假设条件(H_3)中的 $0<k_0\leqslant k(t,x;S_1)$以及 F 的表达式(4.1.136)，可得

$$
\begin{aligned}
&\frac{1}{2}\int_{\Omega}S^2(t,x)\mathrm{d}x+k_0\int_{\Omega_t}|\nabla S|^2\mathrm{d}\tau\,\mathrm{d}x\\
\leqslant&\int_{\Omega_t}v(0,t,x)\int_{\Omega_A}[\beta(S_1)p_1-\beta(S_2)p_2]\,S\mathrm{d}r\mathrm{d}\tau\,\mathrm{d}x+\\
&\int_{\Omega_t}\int_0^A[(v_t+v_r)p_1-(v_t+v_r)p_2]\,\mathrm{d}r\cdot S\mathrm{d}\tau\,\mathrm{d}x+\\
&\left[-\int_{\Omega_t}\int_0^A\mu_0v(p_1-p_2)S\mathrm{d}r\mathrm{d}\tau\,\mathrm{d}x\right]+\left[-\int_{\Omega_t}\int_0^A[\mu_e(S_1)p_1-\mu_e(S_2)p_2]vS\mathrm{d}r\mathrm{d}\tau\,\mathrm{d}x\right]+\\
&\left[-\int_{\Omega_t}\int_0^A[k(S_1)p_1-k(S_2)p_2]\Delta v\mathrm{d}r\cdot S\mathrm{d}\tau\,\mathrm{d}x\right]+\\
&\left[-\int_{\Omega_t}\int_0^A[2k(S_1)\nabla v\cdot\nabla p_1-2k(S_2)\nabla v\cdot\nabla p_2]S\mathrm{d}r\mathrm{d}\tau\,\mathrm{d}x\right]+\\
&\int_{\Omega_t}\int_0^A[k_S(S_1)\nabla p_1\cdot\nabla S_1-k_S(S_2)\nabla p_2\cdot\nabla S_2]vS\mathrm{d}r\mathrm{d}\tau\,\mathrm{d}x+\\
&\int_{\Omega_t}\int_0^A\left[\sum_{i=1}^N k_{x_i}(S_1)p_{1x_i}-\sum_{i=1}^N k_{x_i}(S_2)p_{2x_i}\right]vS\mathrm{d}r\mathrm{d}\tau\,\mathrm{d}x+\\
&\left[-\int_{\Omega_t}\int_0^A[k_S(S_1)\nabla S_1\cdot\nabla S_1-k_S(S_2)\nabla S_2\cdot\nabla S_2]S\mathrm{d}\tau\,\mathrm{d}x\right]+\\
&\left[-\int_{\Omega_t}\left[k_x(S_1)\sum_{i=1}^N S_{1x_i}-k_x(S_2)\sum_{i=1}^N S_{2x_i}\right]S\mathrm{d}\tau\,\mathrm{d}x\right]+\\
&\left[-\int_{\Omega_t}[k(S_1)-k(S_2)]\nabla S_2\cdot\nabla S\mathrm{d}\tau\,\mathrm{d}x\right]\\
\equiv& I_1+I_2+I_3+I_4+I_5+I_6+I_7+I_8+I_9+I_{10}+I_{11}。
\end{aligned}
\tag{4.1.182}
$$

下面我们分别估计 $I_1\sim I_{11}$。

由假设条件(H_2)，条件(H_5)，式(4.1.173)和式(4.1.149)以及不等式

$$ab\leqslant\frac{1}{2}(a^2+b^2),\quad a\geqslant0,b\geqslant0,$$

可得

$$
\begin{aligned}
I_1=&\int_{\Omega_t}v(0,t,x)\int_0^A[\beta(S_1)p_1-\beta(S_2)p_2]\mathrm{d}r\cdot S\mathrm{d}\tau\,\mathrm{d}x\\
\leqslant&\gamma_2\int_{\Omega_t}\int_0^A[|\beta(S_1)p|+|(\beta(S_1)-\beta(S_2))p_1|]S\mathrm{d}r\mathrm{d}\tau\,\mathrm{d}x\\
\leqslant&\gamma_2G_1\int_{\Omega_t}\int_0^A p^2S\mathrm{d}r\mathrm{d}\tau\,\mathrm{d}x+\gamma_2K_1\int_{\Omega_t}S^2\int_0^A|p^2|S\mathrm{d}r\mathrm{d}\tau\,\mathrm{d}x\\
\leqslant&\frac{1}{2}\gamma_2G_1T_0\int_{\Omega_t}S^2(\tau,x)\mathrm{d}\tau\,\mathrm{d}x+\frac{1}{2}\gamma_2G_1\int_{Q_t}p^2\mathrm{d}Q+\gamma_2K_1C(T_0)\int_{\Omega_t}S^2\mathrm{d}\tau\,\mathrm{d}x\\
\leqslant&K_4\left[\int_{\Omega_t}S^2\mathrm{d}\tau\,\mathrm{d}x-\int_{Q_t}p^2\mathrm{d}Q\right]。
\end{aligned}
\tag{4.1.183}
$$

与 I_1 的估计类似，可得

$$I_2=\int_{\Omega_t}\int_0^A(v_r+v_t)(p_1-p_2)S\mathrm{d}r\mathrm{d}\tau\,\mathrm{d}x\leqslant 2\gamma_2\int_{\Omega_t}\int_0^A|p|S\mathrm{d}r\mathrm{d}\tau\,\mathrm{d}x$$
$$=\gamma_2A\int_{\Omega_t}S^2\mathrm{d}\tau\,\mathrm{d}x+\gamma_2\int_{Q_t}p^2\mathrm{d}Q-K_5\left[\int_{\Omega_t}S^2\mathrm{d}\tau\,\mathrm{d}x+\int_{Q_t}p^2\mathrm{d}Q\right]。\tag{4.1.184}$$

由假设条件(H_1)和条件(H_5)分别关于$\mu_0,v\geqslant\gamma_1>0$的假设及$S$的定义,将$p$分解为$p=p^++p^-$,则有

$$I_3=-\int_{\Omega_t}\int_0^A\mu_0v(p_1-p_2)\mathrm{d}r\mathrm{d}\tau\,\mathrm{d}x$$
$$=-\int_{\Omega_t}\left[\int_0^A\mu_0vp\mathrm{d}r\cdot\int_0^Avp\mathrm{d}r\right]\mathrm{d}\tau\,\mathrm{d}x$$
$$=-\int_{\Omega_t}\left[\int_0^A\mu_0vp^+\mathrm{d}r\cdot\int_0^Avp^+\mathrm{d}r\right]\mathrm{d}\tau\,\mathrm{d}x-\int_{\Omega_t}\left[\int_0^A\mu_0vp^-\mathrm{d}r\cdot\int_0^Avp^-\mathrm{d}r\right]\mathrm{d}\tau\,\mathrm{d}x$$
$$\leqslant 0。\tag{4.1.185}$$

由假设条件(H_2),式(4.1.173)和式(4.1.149)有

$$I_4=-\int_{\Omega_t}\int_0^A[\mu_e(S_1)p-\mu_e(S_2)p_2]vS\mathrm{d}r\mathrm{d}\tau\,\mathrm{d}x$$
$$\leqslant\gamma_2\int_{\Omega_t}\int_0^A[|\mu_e(S_1)p|-|\mu_e(S_1)-\mu_e(S_2)|p_2]|S|\mathrm{d}r\mathrm{d}\tau\,\mathrm{d}x$$
$$\leqslant\gamma_2G_1\int_{Q_t}|p||S|\mathrm{d}Q+\gamma_2K_2\int_{\Omega_t}S^2[\int_0^Ap_2\mathrm{d}r]\mathrm{d}\tau\,\mathrm{d}x$$
$$\leqslant\frac{1}{2}\gamma_2G_1\int_{\Omega_t}S^2\mathrm{d}\tau\,\mathrm{d}x+\frac{1}{2}\gamma_2G_1\int_{Q_t}p^2\mathrm{d}Q+\gamma_2K_2C(T_0)\int_{\Omega_t}S^2\mathrm{d}\tau\,\mathrm{d}x$$
$$\leqslant K_6\left[\int_{\Omega_t}S^2\mathrm{d}\tau\,\mathrm{d}x+\int_{Q_t}p^2\mathrm{d}Q\right]。\tag{4.1.186}$$

由假设条件(H_3)和条件(H_5),式(4.1.173)和式(4.1.149)有

$$I_5=-\int_{\Omega_t}\int_0^A[k_1(S_1)p-k_1(S_2)p_2]\Delta v\mathrm{d}r\cdot S\mathrm{d}\tau\,\mathrm{d}x$$
$$\leqslant\gamma_2\int_{\Omega_t}|S|\left|\int_0^A[k(S_1)p+(k(S_1)-k(S_2)p_2)]\mathrm{d}r\right|\mathrm{d}\tau\,\mathrm{d}x$$
$$\leqslant\gamma_2k_1A\int_{\Omega_t}S^2\mathrm{d}\tau\,\mathrm{d}x+\gamma_2K_1\int_{Q_t}p^2\mathrm{d}Q+\gamma_2K_2\int_{\Omega_t}S^2\left(\int_0^Ap_2\mathrm{d}r\right)\mathrm{d}\tau\,\mathrm{d}x$$
$$\leqslant\gamma_2k_1A\int_{\Omega_t}S^2\mathrm{d}\tau\,\mathrm{d}x+\gamma_2K_1\int_{Q_t}p^2\mathrm{d}Q+\gamma_2K_2C(T_0)\int_{\Omega_t}S^2\mathrm{d}\tau\,\mathrm{d}x$$
$$\leqslant K_7\left[\int_{\Omega_t}S^2\mathrm{d}\tau\,\mathrm{d}x+\int_{Q_t}p^2\mathrm{d}Q\right]。\tag{4.1.187}$$

由假设条件(H_3)和条件(H_5),式(4.1.150)~式(4.1.169)和式(4.1.177),应用引理4.1.8(即Д. K.法捷耶夫定理),有

$$I_6=-2\int_{\Omega_t}S\int_0^A[k(S_1)\nabla p_1-k(S_2)\nabla p_2]\nabla v\mathrm{d}r\mathrm{d}\tau\,\mathrm{d}x$$
$$=-2\int_{\Omega_t}S\int_0^A[k(S_1)\nabla p+(k(S_1)-k(S_2))\nabla p_2]\nabla v\mathrm{d}r\mathrm{d}\tau\,\mathrm{d}x$$
$$\leqslant 2\gamma_2k_1\int_{\Omega_t}|S|\left(\int_0^A|\nabla p|\mathrm{d}r\right)\mathrm{d}\tau\,\mathrm{d}x+2\gamma_2K_2\int_{\Omega_t}S^2|\nabla p_2|\mathrm{d}r\mathrm{d}\tau\,\mathrm{d}x$$

$$\leqslant \gamma_2 k_1 A\int_{\Omega_t} S^2 \mathrm{d}\tau\,\mathrm{d}x + \gamma_2 K_1\int_{Q_t} |\nabla p|^2 \mathrm{d}Q +$$

$$2\gamma_2 K_2\int_{\Omega} \mathrm{d}x\int_{\Theta_t} S^2((r,\tau),x)|\nabla p_2((r,\tau),x)|\mathrm{d}r\,\mathrm{d}\tau$$

$$\leqslant \gamma_2 k_1 A\int_{\Omega_t} S^2 \mathrm{d}\tau\,\mathrm{d}x + \gamma_2 K_1\int_{Q_t} |\nabla p|^2 \mathrm{d}Q +$$

$$2\gamma_2 K_2\int_{\Omega} \mathrm{d}x\int_0^{\sqrt{AC(T_0)}}\int_{E(|\nabla P_2|\geqslant y)} S^2(z,x)\mathrm{d}z\,\mathrm{d}y$$

$$\leqslant K_8\left[\int_{\Omega_t} S^2 \mathrm{d}\tau\,\mathrm{d}x + \int_{Q_t} p^2 \mathrm{d}Q\right] + 2\gamma_2 K_2 A^{\frac{3}{2}} C(T_0)^{\frac{1}{2}}\int_{\Omega_t} S^2(\tau,x)\mathrm{d}\tau$$

$$\leqslant K_9\left[\int_{\Omega_t} S^2 \mathrm{d}\tau\,\mathrm{d}x + \int_{Q_t} p^2 \mathrm{d}Q\right]。\tag{4.1.188}$$

由假设条件(H_3)和条件(H_5)，式(4.1.150)，式(4.1.154)，式(4.1.169)和 Д.K.法捷耶夫定理，有

$$I_7 = \int_{\Omega_t}\int_0^A [k_S(S_1)\nabla p_1 \cdot \nabla S_1 - k_S(S_2)\nabla p_2 \cdot \nabla S_2]\,vS\,\mathrm{d}r\,\mathrm{d}\tau\,\mathrm{d}x$$

$$= \int_{\Omega_t} S\int_0^A [k_S(S_1)\nabla p_1 \cdot \nabla S + (k_S(S_1)\nabla p_1 - k_S(S_2)\nabla p_2)\nabla S_2]\,v\,\mathrm{d}r\,\mathrm{d}\tau\,\mathrm{d}x$$

$$\leqslant \frac{2\gamma_2^2 k_1^2}{k_0}\int_{\Omega_t}\int_0^A S^2\,|\nabla p_1|^2 \mathrm{d}r\,\mathrm{d}\tau\,\mathrm{d}x + \frac{k_0}{8}\int_{\Omega_t} |\nabla S|^2 \mathrm{d}\tau\,\mathrm{d}x +$$

$$\gamma_2\int_{\Omega_t} |S|\int_0^A [k_S(S_1)\nabla p + (k_S(S_1) - k_S(S_2))\nabla p_2]\nabla S_2 \mathrm{d}r\,\mathrm{d}\tau\,\mathrm{d}x$$

$$\leqslant \frac{2A^2\gamma_2^2 k_1^2 C(T_0)}{k_0}\int_{\Omega_t} S^2 \mathrm{d}\tau\,\mathrm{d}x + \frac{k_0}{8}\int_{\Omega_t} |\nabla S|^2 \mathrm{d}\tau\,\mathrm{d}x +$$

$$\frac{1}{2}A\gamma_2 k_1\int_{\Omega_t} S^2 |\nabla S_2|^2 \mathrm{d}\tau\,\mathrm{d}x + \frac{1}{2}\gamma_2 k_1\int_{Q_t} |\nabla p|^2 \mathrm{d}Q +$$

$$\gamma_2 K_2\int_{Q_t} S^2\int_0^A |\nabla p_2||\nabla S_2|\,\mathrm{d}r\,\mathrm{d}t\,\mathrm{d}x$$

$$\leqslant \frac{2A^2\gamma_2^2 k_1^2 C(T_0)}{k_0}\int_{\Omega_t} S^2 \mathrm{d}\tau\,\mathrm{d}x + \frac{k_0}{8}\int_{\Omega_t} |\nabla S|^2 \mathrm{d}\tau\,\mathrm{d}x +$$

$$\frac{1}{2}A\gamma_2 k_1 C_1(T_0)\int_{\Omega_t} S^2 \mathrm{d}\tau\,\mathrm{d}x + \frac{1}{2}\gamma_2 K_1 K_3\left[\int_{\Omega_t} S^2 \mathrm{d}\tau\,\mathrm{d}x + \int_{Q_t} p^2 \mathrm{d}Q\right] +$$

$$\frac{1}{2}\gamma_2 K_2\int_{\Omega_t} S^2\int_0^A (|\nabla p_2|^2 + |\nabla S_2|^2)\mathrm{d}r\,\mathrm{d}\tau\,\mathrm{d}x$$

$$\leqslant K_{10}\left[\int_{\Omega_t} S^2 \mathrm{d}\tau\,\mathrm{d}x + \int_{Q_t} p^2 \mathrm{d}Q\right] + \frac{k_0}{8}\int_{\Omega_t} |\nabla S|^2 \mathrm{d}\tau\,\mathrm{d}x。\tag{4.1.189}$$

其中，最后一个不等号左边的末两项再次利用了 Д.K.法捷耶夫定理。

由式(4.1.177)～式(4.1.179)，假设条件(H_3)和条件(H_5)及 Д.K.法捷耶夫定理，可得

$$I_8 = \int_{\Omega_t}\int_0^A \left[\sum_{i=1}^N k_{x_i}(S_1)p_{1x_i} - \sum_{i=1}^N k_{x_i}(S_2)p_{2x_i}\right] vS\,\mathrm{d}r\,\mathrm{d}\tau\,\mathrm{d}x$$

$$= \int_{\Omega_t}\int_0^A \left[\sum_{i=1}^N k_{x_i}(S_1)p_{x_i} - \sum_{i=1}^N (k_{x_i}(S_1) - k_{x_i}(S_2))p_{2x_i}\right] vS\,\mathrm{d}r\,\mathrm{d}\tau\,\mathrm{d}x$$

$$\leqslant \gamma_2\alpha_2 k_1\int_{Q_t}|S||\nabla p|\mathrm{d}Q+\gamma_2 K_2\int_{Q_t}|\nabla p|S^2\mathrm{d}Q$$

$$\leqslant \frac{1}{2}\gamma_2\alpha_2 k_1\left[A\int_{\Omega_t}S^2\mathrm{d}\tau\,\mathrm{d}x+\int_{Q_t}|\nabla p|^2\mathrm{d}Q+\gamma_2 K_2\sqrt{AC(T_0)}\int_{Q_t}S^2\mathrm{d}\iota\,\mathrm{d}x\right]$$

$$\leqslant K_{11}\left[\int_{\Omega_t}S^2\mathrm{d}\tau\,\mathrm{d}x+\int_{Q_t}p^2\mathrm{d}Q\right] \tag{4.1.190}$$

和

$$I_9=-\int_{\Omega_t}[k_S(S_1)\nabla S_1\cdot\nabla S_1-k_S(S_2)\nabla S_2\cdot\nabla S_2]S\mathrm{d}\tau\,\mathrm{d}x$$

$$=-\int_{\Omega_t}k_S(S_1)\nabla S\cdot\nabla S_1 S\mathrm{d}\tau\,\mathrm{d}x-\int_{\Omega_t}[k_S(S_1)\nabla S_1-k_S(S_2)\nabla S_2]\nabla S_2\cdot S\mathrm{d}\tau\,\mathrm{d}x$$

$$\equiv I_9^{(1)}+I_9^{(2)}。$$

应用式(4.1.154)和 Д.К.法捷耶夫定理,可得

$$I_9^{(1)}\leqslant\int_{\Omega_t}|S\,\nabla S_1||\nabla S|\mathrm{d}\tau\,\mathrm{d}x$$

$$\leqslant\frac{k_0}{8}\int_{\Omega_t}|\nabla S|^2\mathrm{d}\tau\,\mathrm{d}x+\frac{2k_1^2}{k_0}\int_{\Omega_t}S^2\;|\nabla S_1|^2\mathrm{d}\tau\,\mathrm{d}x$$

$$\leqslant\frac{k_0}{8}\int_{\Omega_t}|\nabla S|^2\mathrm{d}\tau\,\mathrm{d}x+\frac{2k_1^2C_1(T_0)}{k_0}\int_{\Omega_t}S^2\mathrm{d}\tau\,\mathrm{d}x, \tag{4.1.191}$$

同理有

$$I_9^{(2)}\leqslant\left|\int_{\Omega_t}[k_S(S_1)\nabla S_1-k_S(S_2)\nabla S_2]\nabla S_2\cdot S\mathrm{d}\tau\,\mathrm{d}x\right|$$

$$\leqslant k_1\int_{\Omega_t}|\nabla S|\cdot|\nabla S_2|S\mathrm{d}\tau\,\mathrm{d}x+k_2\int_{\Omega_t}S^2\cdot|\nabla S_2|^2\mathrm{d}\tau\,\mathrm{d}x$$

$$\leqslant\frac{k_0}{8}\;|\nabla S|^2\mathrm{d}\tau\,\mathrm{d}x+\left(\frac{2k_1^2}{k_0}+K_2\right)\int_{\Omega_t}S^2\cdot|\nabla S_2|^2\mathrm{d}\tau\,\mathrm{d}x$$

$$\leqslant\frac{k_0}{8}\;|\nabla S|^2\mathrm{d}\tau\,\mathrm{d}x+\left(\frac{2k_1^2}{k_0}+K_2\right)C_1(T_0)\int_{\Omega_t}S^2\mathrm{d}\tau\,\mathrm{d}x。$$

由上式和式(4.1.191)推得

$$I_9\leqslant K_{12}\int_{\Omega_t}S^2\mathrm{d}\tau\,\mathrm{d}x+\frac{k_0}{8}\int_{\Omega_t}|\nabla S|^2\mathrm{d}\tau\,\mathrm{d}x。 \tag{4.1.192}$$

由式(4.1.177)及式(4.1.154),并应用 Д.К.法捷耶夫定理,可得

$$I_{10}=-\int_{\Omega_t}\left[\sum_{i=1}^N k_{x_i}(S_1)S_{1x_i}-\sum_{i=1}^N k_{x_i}(S_2)S_{2x_i}\right]S\mathrm{d}\tau\,\mathrm{d}x$$

$$=-\int_{\Omega_t}\left[\sum_{i=1}^N k_{x_i}(S_1)S_{1x_i}+\sum_{i=1}^N(k_{x_i}(S_1)-k_{x_i}(S_2))S_{2x_i}\right]S\mathrm{d}\tau\,\mathrm{d}x$$

$$\leqslant\alpha_2 k_1\int_{\Omega_t}|\nabla S|\cdot|\nabla S|\mathrm{d}\tau\,\mathrm{d}x+K_2\int_{\Omega_t}|\nabla S_2|^2|S^2|\mathrm{d}\tau\,\mathrm{d}x$$

$$\leqslant\frac{k_0}{8}\int_{\Omega_t}|\nabla S|^2\mathrm{d}\tau\,\mathrm{d}x+\frac{2k_1^2\alpha_2^2}{k_0}\int_{\Omega_t}S^2\mathrm{d}\tau\,\mathrm{d}x+K_2\,(AC_1(T_0))^{\frac{1}{2}}\int_{\Omega_t}S^2\mathrm{d}\tau\,\mathrm{d}x$$

$$\leqslant \frac{k_0}{8}\int_{\Omega_t}|\nabla S|^2 \mathrm{d}\tau\,\mathrm{d}x + K_{13}\int_{\Omega_t} S^2 \mathrm{d}\tau\,\mathrm{d}x \tag{4.1.193}$$

和

$$\begin{aligned}
I_{11} &= -\int_{\Omega_t}[k(S_1)-k(S_2)]\nabla S_2 \cdot \nabla S \mathrm{d}\tau\,\mathrm{d}x \\
&\leqslant K_2\int_{\Omega_t}|\nabla S_2||\nabla S||S|\mathrm{d}\tau\,\mathrm{d}x \\
&\leqslant \frac{2K_2^2}{k_0}\int_{\Omega_t} S^2|\nabla S_2|\mathrm{d}\tau\,\mathrm{d}x + \frac{k_0}{8}\int_{\Omega_t}|\nabla S|^2\mathrm{d}\tau\,\mathrm{d}x \\
&\leqslant \frac{2K_2^2\,(AC_1(T_0))^{\frac{1}{2}}}{k_0}\int_{\Omega_t} S^2 \mathrm{d}\tau\,\mathrm{d}x + \frac{k_0}{8}\int_{\Omega_t}|\nabla S|^2\mathrm{d}\tau\,\mathrm{d}x \\
&= K_{14}\int_{\Omega_t}|S^2|\mathrm{d}\tau\,\mathrm{d}x + \frac{k_0}{8}\int_{\Omega_t}|\nabla S|^2\mathrm{d}\tau\,\mathrm{d}x。
\end{aligned} \tag{4.1.194}$$

把式(4.1.183)～式(4.1.190),式(4.1.192)～式(4.1.194)代入式(4.1.182)中,并把不等号右边的项 $\frac{k_0}{8}\int_{\Omega_t}|\nabla S|^2\mathrm{d}\tau\,\mathrm{d}x$ 移至左边,合并同类项可得

$$\int_{\Omega} S^2(t,x)\mathrm{d}x + k_0\int_{\Omega_t}|\nabla S|^2\mathrm{d}\tau\,\mathrm{d}x \leqslant K_{15}\left[\int_{\Omega_t} S^2(\tau,x)\mathrm{d}\tau\,\mathrm{d}x + \int_{Q_t} p^2(r,\tau,x)\mathrm{d}Q\right],$$

因此有

$$\int_{\Omega} S^2(t,x)\mathrm{d}x \leqslant K_4\left[\int_{\Omega_t} S^2(\tau,x)\mathrm{d}\tau\,\mathrm{d}x + \int_{Q_t} p^2(r,\tau,x)\mathrm{d}Q\right]。$$

上式就是估计式(4.1.180)。定理 4.1.7 证毕。

定理 4.1.8 若(预备)定理 4.1.6 的假设成立,则问题(P)至多存在一个广义解 $p\in V$。

证明 只需证明(预备)定理 4.1.6 和定理 4.1.7 中所述的问题(P)在 V 中的任意两个解 p_1 和 p_2 之差 $p=p_1-p_2$,在 $Q_{(T_0)}$ 上为零即可。事实上,将定理 4.1.6 和定理 4.1.7 的各自估计式(4.1.168)和式(4.1.180)相加就可得到,即

$$\int_{\Omega_A} p(r,\tau,x)\mathrm{d}r\mathrm{d}t + \int_{\Omega} S(t,x)\mathrm{d}x \leqslant K_{16}\left[\int_{\Omega_t} S^2(\tau,x)\mathrm{d}\tau\,\mathrm{d}x + \int_{Q_t} p^2(r,\tau,x)\mathrm{d}r\mathrm{d}\tau\,\mathrm{d}x\right], \tag{4.1.195}$$

其中,常数 $K_{16}>0$ 与 t 无关,$t\in(0,T_0)$。把式(4.1.195)左端关于 t 的函数记作 $f(t)$,则式(4.1.195)变为

$$f(t)\leqslant 0+K_{16}\int_0^t f(\tau)\mathrm{d}\tau,\quad 0<t<T_0。$$

结合 Gronwall 不等式,有

$$f(t)\leqslant 0\cdot\exp\left(\int_0^t K_{16}\mathrm{d}\tau\right)=0,\quad \forall t\in(0,T_0)。$$

因而在 $Q_{t_0}=(0,A)\times(0,T_0)\times\Omega$ 上,有

$$p(r,t,x)=p_1(r,t,x)-p_2(r,t,x)=0,$$

即

$$p_1(r,t,x)=p_2(r,t,x)。$$

由于 T_0 的任意性,故在 Q 上有 $p_1(r,t,x)=p_2(r,t,x)$成立。定理 4.1.8 证毕。

4.2 拟线性系统(P)广义解的正则性

如第 1 章绪论中所提到的,与年龄相关的拟线性种群扩散系统(P)和相应的线性或半线性系统(P_0)或(P^*)的不同之处在于,系统(P)的控制量 v 出现在状态变量 p 的二阶偏导数项 $\mathrm{div}\left[k\left(t,x;\int_0^A vp\,\mathrm{d}r\right)\nabla p\right]$的系数$k\left(t,x;\int_0^A vp\,\mathrm{d}r\right)$中,线性和半线性系统($P_0$)或($P^*$)中的控制量 v 不出现在 p 的二阶导数项的系数 $k(t,x)$中,而是出现在其他项中,例如在死亡率 μ、生育率 β 或迁移项 f 中。因此,在讨论最优控制问题时只需要结论:当 $v_n \to v$ 即 $n\to+\infty$时,

$$p_n \equiv p(v_n) \to p(v), \quad 在 L^2(Q) 中强。$$

而对于我们要讨论的拟线性系统(P)而言,由于控制量 v 出现在

$$k\left(t,x;\int_0^A vp\,\mathrm{d}r\right)$$

中,因此仅有 $p_n \to p$ 在 $L^2(Q)$中强这个条件是不够的,而还需要结论:当 $n\to+\infty$时,

$$(p_n)_{x_i} \to p_{x_i}, \quad 在 L^2(Q) 中强。$$

换言之,需要结论:当 $n\to+\infty$时,

$$(p_n)_{x_ix_i} \to p_{nx_ix_i}, \quad 在 L^2(Q) 中弱,$$

这就可以推出拟线性系统(P)的广义解 $p\in V$ 的正则性,即

$$\begin{cases} p \in V_1 \equiv L^2(\Theta;H^2(\Omega)), \\ p_t \in L^2(Q)。\end{cases}$$

本节就是要证明上述系统(P)的广义解 $p\in V$ 的正则性。我们首先证明线性系统 P_0 的广义解 P 的正则性:$p\in V_1$,然后再利用它和拟线性抛物方程的正则性证明拟线性系统(P)的广义解 P 的正则性,前者为 4.2.1 节,后者为 4.2.2 节。

4.2.1 线性系统(P_0)解的正则性

考虑系统(P_0):

$$p_r + p_t - \mathrm{div}(U\mathrm{grad}p) + mp = f, \quad 在 Q 内, \tag{4.2.1}$$

$$p(0,t,x) = \int_0^A b(r,t,x)p(r,t,x)\mathrm{d}r, \quad 在 \Omega_T 内, \tag{4.2.2}$$

$$p(r,0,x) = p_0(r,x), \quad 在 \Omega_A 内, \tag{4.2.3}$$

$$p(r,t,x) = 0, \quad 在 \Sigma 上, \tag{4.2.4}$$

其中假设

$$\begin{cases} 0 < m_1 \leqslant U(t,x) \leqslant m_2 < +\infty, |U_x| \leqslant m_2, \quad 在 \Omega_T 内, \\ 0 \leqslant m(r,t,x), \quad 在 Q 内, m(\cdot,t,x) \in L^l_{\mathrm{loc}}([0,A]), \\ \int_0^A m(r,t,x)\mathrm{d}r = +\infty, 0 \leqslant b(r,t,x), |b_{x_i}| \leqslant \bar{b} < +\infty, \quad 在 Q 内, \\ f \in L^2(Q), p_0 \in L^2(\Omega_A), (p_0)_{x_i} \in L^2(\Omega_A)。\end{cases} \tag{4.2.5}$$

由引理 4.1.1 知,问题 P_0 在 Q 内有唯一的广义解 $p\in V\equiv L^2(\Theta;H_0^1(\Omega))$,$Dp\in V'$即 p 满足下面的积分恒等式:

$$\begin{cases}\int_Q((Dp)\eta + U\,\nabla p\cdot\nabla\eta + mp\eta)\mathrm{d}Q = \int_Q f\eta\mathrm{d}Q, \mathrm{d}Q = \mathrm{d}r\mathrm{d}t\mathrm{d}x, \forall\,\eta\in\Phi,\\ p(0,t,x) = \int_0^A b(r,t,x)p(r,t,x)\mathrm{d}r, \quad 在\ \Omega_T\ 内,\\ p(r,0,x) = p_0(r,x), \quad 在\ \Omega_A\ 内,\\ p(r,t,x) = 0, \quad 在\ \Sigma\ 上。\end{cases} \tag{4.2.6}$$

本节要证明问题 P_0 的广义解 $p\in V$ 的正则性,即 p 关于 x 的二阶广义导数存在。因此,证明的思路是:首先对 p_{x_i} 的差商 $\Delta_l^h p_{x_i}$ 进行 L^2 估计,然后令 $h\to 0$ 即可推得 $p\in V_1\equiv L^2(\Theta;H^2(\Omega))$。记

$$\Omega_\delta = \{x \mid x\in\Omega, \mathrm{dist}(x,\partial\Omega) > \delta\},$$
$$\Omega_\delta = \Theta\times\Omega_\delta。$$

设

$$\Delta_l^p p = \frac{p(r,t,x+he_l) - p(r,t,x)}{h}, \quad h\neq 0,$$

其中,$\boldsymbol{e}_l$ 为 x_l 方向的单位坐标向量,因而有

$$(\Delta_l^p p)_{x_i} = \frac{p_{x_i}(r,t,x+he_l) - p_{x_i}(r,t,x)}{h} = \Delta_l^p p_{x_i}。$$

下面首先给出 Q 内的正则性定理。

定理 4.2.1　若 $p\in V$ 为问题(P_0)的广义解,条件(4.2.5)成立,则有

$$p\in L^2(\Theta;H_0^1(\Omega))\equiv V_{1\delta},$$

且

$$\|p\|_{V_{1\delta}} \leqslant C_1(\|p\|_V + \|f\|_{L^2(\Omega)} + \|(p_0)_{x_i}\|_{L^2(\Omega_A)}), \tag{4.2.7}$$

其中,$C_1 = C_1(m_1, m_2, \delta, \bar{b}, A)$。

证明　对广义解 $p\in V$,记 $g = -mp + f$。由广义解的定义式$(4.2.6)_1$,有

$$\int_Q\left[p_r\eta + p_t\eta + \sum_{i=1}^N Up_{x_i}\eta_{x_i}\right]\mathrm{d}Q = \int_Q g\eta\mathrm{d}Q。 \tag{4.2.8}$$

以后,为了书写简便,式(4.2.8)中的 $\sum\limits_{i=1}^N$ 略去。

显然,η 对 x 的支集 $\mathrm{supp}p\eta\subset\subset\Omega$。取 $h<\dfrac{1}{2}\mathrm{dist}(\mathrm{supp}p\eta,\partial\Omega)$,用 $\Delta_l^{-h}\eta$ 作为新的检验函数代入式(4.2.8),并注意到

$$\int_Q p(\Delta_l^{-h}\eta)\mathrm{d}Q = -\int_Q p(\Delta_l^h\eta)\mathrm{d}Q,$$

可得

$$\int_Q[(\Delta_l^h p_r)\eta + (\Delta_l^h p_t)\eta + \Delta_l^h(Up_{x_i})\eta_{x_i}]\mathrm{d}Q = -\int_Q g(\Delta_l^{-h}\eta)\mathrm{d}Q。$$

利用 $\Delta_l^h(Up_{x_i}) = U(t,x+he_l)\Delta_l^h p_{x_i} + (\Delta_l^h U)p_{x_i}$,由上式得

$$\begin{aligned}&\int_Q[(\Delta_l^h p_r)\eta + (\Delta_l^h p_t)\eta + U(t,x+he_l)(\Delta_l^h(p_{x_i})\eta_{x_i})]\mathrm{d}Q\\ &= -\int_Q[(\Delta_l^h U)p_{x_i}\eta_{x_i} + g\Delta_l^{-h}\eta]\mathrm{d}Q\equiv I。\end{aligned} \tag{4.2.9}$$

若 $p\in V,h<\delta$，则有

$$\|\Delta_l^h p\|_{L^2(\Omega_\delta)} \leqslant \|p_{x_l}\|_{L^2(\Omega)}。 \tag{4.2.10}$$

下面来证明不等式(4.2.10)。由于$\partial\Omega$充分光滑，故$C_0^1(\overline{\Omega})$在$H_0^1(\Omega)$中稠。因此只针对$p\in L^2(\Theta;H_0^1(\Omega))$，来证明式(4.2.10)即可。由$\Delta_l^h p$定义，有

$$\begin{aligned}\Delta_l^p p &= \frac{p(r,t,x+he_l)-p(r,t,x)}{h}\\ &= \frac{1}{h}\int_0^h p_{x_l}(r,t,x_1,\cdots,x_{l-1},x_l+\zeta,x_{l+1},\cdots,x_N)\mathrm{d}\xi,\end{aligned}$$

由 Hölder 不等式，可得

$$|\Delta_l^p p|^2 = \frac{1}{h}\int_0^h |p_{x_l}(r,t,x_1,\cdots,x_{l-1},x_l+\zeta,x_{l+1},\cdots,x_N)|^2\mathrm{d}\xi,$$

从而

$$\int_{\Omega_\delta}|\Delta_l^h p|^2\mathrm{d}x \leqslant \frac{1}{h}\int_0^h\int_{B_h(\Omega')}|p_{x_l}|^2\mathrm{d}x\mathrm{d}\xi \leqslant \int_\Omega |p_{x_l}|^2\mathrm{d}x = \|p_{x_l}\|_{L^2(\Omega)}^2,$$

其中，$B_h(\Omega')=\{x\,|\,\mathrm{dist}(x,\Omega')<h\}$。由此推得式(4.2.10)。

下面来证明对于式(4.2.9)中的I有估计式

$$I\leqslant C_2(m_2,\delta,Q)(\|p\|_V+\|f\|_{L^2(Q)})\|\eta_x\|_{L^2(Q)}。 \tag{4.2.11}$$

事实上，由式(4.2.10)，式(A.5)和 Hölder 不等式，有

$$\begin{aligned}I &\leqslant \left|-\int_Q[(\Delta_l^h U)p_{x_i}\eta_{x_i}+g\Delta_l^{-h}\eta]\mathrm{d}Q\right|\\ &\leqslant \|\Delta_l^h U\|_{L^\infty(Q)}\int_Q|p_{x_i}\eta_{x_i}|\mathrm{d}Q+\left|-\int_Q(-mp+f)\Delta_l^{-h}\eta\mathrm{d}Q\right|\\ &\leqslant \|U_{x_l}\|_{L^\infty(Q)}\|p_{x_i}\|_{L^2(Q)}\|\eta_{x_i}\|_{L^2(Q)}+[C_6\|p\|_{L^2(Q)}+2\|f\|_{L^2(Q)}]\|\eta_{x_i}\|_{L^2(Q)}\\ &\leqslant [(C_6+m_2)\|p\|_V+2\|f\|_{L^2(Q)}]\|\eta_x\|_{L^2(Q)}\\ &\leqslant C_2(m_2,\delta,Q)(\|p\|_V+\|f\|_{L^2(Q)})\|\eta_x\|_{L^2(Q)}。\end{aligned}$$

这就证明了估计式(4.2.11)。

取截断函数$\zeta_1(r,t)\in C^1$，使得$0\leqslant\zeta_1(r,t)\leqslant1$，当$\delta^2<r\leqslant A$且$\delta^2<t\leqslant T$，$|\zeta_{1t}'(r,t)|\leqslant 2/\delta^2$，$|\zeta_{1r}'(r,t)|\leqslant 2/\delta$时，有$\zeta_1(r,t)=1$；又取$\zeta_2(x)\in C_0^1(\Omega)$，使得$0\leqslant\zeta_2(x)\leqslant1$当$x\in\Omega_\delta$时，$|\zeta_{2x_i}|\leqslant 2/\delta$。记$\zeta(r,t,x)=\zeta_1(r,t)\zeta_2(x)$。现在取特殊的检验函数$\eta=\zeta^2\Delta_l^h p(h<\delta/2)$，可得如下关系式：

$$\eta_{x_i} = \zeta^2\Delta_l^h p_{x_i}+2\zeta\zeta_{x_i}\Delta_l^h p。 \tag{4.2.12}$$

联合关系式(4.2.12)和式(4.2.9)，有

$$\begin{aligned}I_1 &= \int_Q[(\zeta\Delta_l^h p)_r\cdot\zeta\Delta_l^h p+(\zeta\Delta_l^h p)_t\cdot\zeta\Delta_l^h p+\zeta^2U(t,x+he_l)\Delta_l^h p_{x_i}\Delta_l^h p_{x_i}]\mathrm{d}Q\\ &= \int_Q[(\Delta_l^h p_r)\eta+(\Delta_l^h p_t)\eta+\zeta_r\zeta(\Delta_l^h p)^2+\zeta_t\zeta(\Delta_l^h p)^2+\\ &\quad U(t,x+he_l)\Delta_l^h p_{x_i}(\eta_{x_i}-2\zeta\zeta_{x_i}\Delta_l^h p)]\mathrm{d}Q\\ &= I+\int_Q[\zeta_r\zeta(\Delta_l^h p)^2+\zeta_t\zeta(\Delta_l^h p)^2-2U(t,x+he_l)\zeta\zeta_{x_i}(\Delta_l^h p_{x_i})(\Delta_l^h p)]\mathrm{d}Q\\ &\equiv I+I_2,\end{aligned} \tag{4.2.13}$$

其中，

$$I_2 \equiv \int_Q [\zeta_r \zeta (\Delta_l^h p)^2 + \zeta_t \zeta (\Delta_l^h p)^2 - 2U(t,x+he_l)(\zeta \Delta_l^h p_{x_i})(\zeta_{x_i} \Delta_l^h p)] \mathrm{d}Q。\quad (4.2.14)$$

由方程(4.2.1)的抛物性质$(4.2.5)_1$，ζ 的定义，Schwarz 不等式和带 $\varepsilon=2$ 的 Cauchy 不等式，有

$$\begin{aligned} I_2 &= \frac{4}{\delta^2} \| \Delta_l^h p \|_{L^2(Q)}^2 + 2m_2 \| \zeta \Delta_l^h p_{x_i} \|_{L^2(Q)} \cdot \| \zeta_{x_i} \Delta_l^h p \|_{L^2(Q)} \\ &\leqslant \frac{4}{\delta^2} \| p_{x_l} \|_{L^2(Q)}^2 + \frac{m_1/2}{2} \| \zeta \Delta_l^h p_{x_i} \|_{L^2(Q)}^2 + \frac{1}{2 \cdot m_1/2} [2m_2 \| \zeta_{x_i} \Delta_l^h p \|_{L^2(Q)}]^2 \\ &\leqslant \frac{m_1}{4} \| \zeta \Delta_l^h p_{x_i} \|_{L^2(Q)}^2 + C_3(m_1, m_2, \delta)[\| P \|_V^2]。 \end{aligned} \quad (4.2.15)$$

由式(4.2.11)，有

$$I \leqslant C_2(m_2,\delta)(\| p \|_V + \| f \|_{L^2(Q)}) \| \eta_x \|_{L^2(Q)} \equiv M_1 \| \eta_x \|_{L^2(Q)}, \quad (4.2.16)$$

其中，$M_1 = C_2(m_2,\delta)(\| p \|_V + \| f \|_{L^2(Q)})$。由式(4.2.12)和 ζ 的定义，三角不等式及带 $\varepsilon=2$ 的 Cauchy 不等式，从式(4.2.16)推得

$$\begin{aligned} I &= M_1 \| \zeta^2 \Delta_l^h p_{x_i} + 2\zeta\zeta_{x_i} \Delta_l^h p \|_{L^2(Q)} \\ &\leqslant M_1 \| \zeta^2 \Delta_l^h p_{x_i} \|_{L^2(Q)} + M_1 \| 2\zeta\zeta_{x_i} \Delta_l^h p \|_{L^2(Q)} \\ &\leqslant \frac{m_1/2}{2} \| \zeta^2 \Delta_l^h p_x \|_{L^2(Q)}^2 + \frac{1}{2 \cdot m_1/2} M_1^2 + M_1 \| 2\zeta\zeta_{x_i} \Delta_l^h p \|_{L^2(Q)} \\ &\leqslant \frac{m_1}{4} \| \zeta^2 \Delta_l^h p_x \|_{L^2(Q)}^2 + \frac{1}{m_1} C_2^2(m_2,\delta)\,(\| p \|_V + \| f \|_{L^2(Q)})^2 + \frac{M_1}{\delta} \| p_{x_i} \|_{L^2(Q)} \\ &\leqslant \frac{m_1}{4} \| \zeta^2 \Delta_l^h p_x \|_{L^2(Q)}^2 + C_2(m_2,\delta,m_1)(\| p \|_V^2 + \| f \|_{L^2(Q)}^2), \end{aligned}$$

即

$$I \leqslant \frac{m_1}{4} \| \zeta^2 \Delta_l^h p_x \|_{L^2(Q)}^2 + C_2(m_2,\delta,m_1)(\| p \|_V^2 + \| f \|_{L^2(Q)}^2)。 \quad (4.2.17)$$

另一方面，由方程(4.2.1)的抛物性质$(4.2.5)_1$ 及 ζ 的定义和方程(4.2.2)～方程(4.2.3)，有

$$\begin{aligned} I_1 &= \int_Q [(\zeta \Delta_l^h p)_{x_i} \cdot \zeta \Delta_l^h p + (\zeta \Delta_l^h p)_t \cdot \zeta \Delta_l^h p + \zeta^2 U(t,x+he_l)\,(\Delta_l^h p_{x_i})^2] \mathrm{d}Q \\ &\geqslant \frac{1}{2} \int_Q \left\{ [(\zeta \Delta_l^h p)^2]_r + \frac{1}{2} [(\zeta \Delta_l^h p)^2]_t + m_1\,(\zeta \Delta_l^h p_{x_i})^2 \right\} \mathrm{d}Q \\ &\geqslant \frac{1}{2} \int_{\Omega_A} [(\zeta \Delta_l^h p)^2 |_{t=T} - (\zeta \Delta_l^h p)^2 |_{t=0}] \mathrm{d}r \mathrm{d}x + \\ &\quad \frac{1}{2} \int_{\Omega_T} [(\zeta \Delta_l^h p)^2 |_{r=A} - (\zeta \Delta_l^h p)^2 |_{r=0}] \mathrm{d}r \mathrm{d}x + m_1 \| \zeta \Delta_l^h p_{x_i} \|_{L^2(Q)}^2 \\ &\geqslant m_1 \| \zeta \Delta_l^h p_{x_i} \|_{L^2(Q)}^2 - \frac{1}{2} \int_{\Omega_T} [\zeta(0,t,x) \Delta_l^h p\,(0,t,x)^2] \mathrm{d}r \mathrm{d}x - \\ &\quad \frac{1}{2} \int_{\Omega_A} [\zeta(r,0,x) \Delta_l^h p\,(r,0,x)^2] \mathrm{d}r \mathrm{d}x \\ &\geqslant m_1 \| \zeta \Delta_l^h p_{x_i} \|_{L^2(Q)}^2 - \\ &\quad \frac{1}{2} \int_{\Omega_T} \left[\zeta(0,t,x) \Delta_l^h \int_0^A b(r,t,x) p(r,t,x) \right]^2 \mathrm{d}r \mathrm{d}x - \end{aligned}$$

$$\frac{1}{2}\int_{\Omega_A}[\zeta(r,0,x)\Delta_l^h p_0(r,x)^2]\mathrm{d}r\mathrm{d}x,$$

即

$$I_1 \geqslant m_1\|\zeta\Delta_l^h p_{x_i}\|_{L^2(Q)}^2 + \frac{1}{2}I_3, \tag{4.2.18}$$

其中，

$$I_3 \equiv \int_{\Omega_T}\left[\zeta(0,t,x)\Delta_l^h\int_0^A b(r,t,x)p(r,t,x)\mathrm{d}r\right]^2\mathrm{d}t\mathrm{d}x + \int_{\Omega_A}[\zeta(r,0,x)\Delta_l^h p_0(r,x)^2]\mathrm{d}r\mathrm{d}x。 \tag{4.2.19}$$

利用 $\Delta_l^h(bp)=b(r,t,x+he_l)\Delta_l^h p+(\Delta_l^h b)p$ 和 ζ 的定义，从式(4.2.19)推得

$$\begin{aligned}I_3 &\leqslant \int_{\Omega_T}\left\{\zeta(0,t,x)\int_0^A[b(r,t,x+he_l)\Delta_l^h p+(\Delta_l^h b)p]\mathrm{d}r\right\}^2\mathrm{d}t\mathrm{d}x + \|(p_0)_{x_i}\|_{L^2(\Omega_A)}^2\\ &= I_3^{(1)} + \|(p_0)_{x_i}\|_{L^2(\Omega_A)}^2,\end{aligned} \tag{4.2.20}$$

其中，

$$I_3^{(1)} = \int_{\Omega_T}\left\{\zeta(0,t,x)\int_0^A[b(r,t,x+he_l)\Delta_l^h p+(\Delta_l^h b)p]\mathrm{d}r\right\}^2\mathrm{d}t\mathrm{d}x。 \tag{4.2.21}$$

下面估计式(4.2.21)中的 $\Delta_l^h p$。根据定义，b 的假设式$(4.2.5)_4$ 和中值定理，有

$$\begin{aligned}|\Delta_l^h b| &= \left|\frac{1}{h}[b(r,t,x+he_l)-b(r,t,x)]\right| = \left|\frac{1}{h}[b_{x_l}(r,t,x+\theta he_l)\cdot h]\right|\\ &\leqslant \sup_Q|b_{x_l}(r,t,x)| \leqslant \bar{b}。\end{aligned} \tag{4.2.22}$$

依据 ζ 的定义，Hölder 不等式，取 $\varepsilon=2$ 的 Cauchy 不等式和$(a+b)^k=2^{k-1}(a^k-b^k)$（其中 $a>0,b>0,k>0$）可从式(4.2.21)和式(4.2.22)推得

$$\begin{aligned}I_3^{(1)} &\leqslant \int_{\Omega_T}\left\{\zeta(0,t,x)\int_0^A[b(r,t,x+he_l)\Delta_l^h p+(\Delta_l^h b)p]\mathrm{d}r\right\}^2\mathrm{d}t\mathrm{d}x\\ &\leqslant 2\int_{\Omega_T}\left[\left(\bar{b}\int_0^A|\Delta_l^h p|\mathrm{d}r\right)^2+\left(\int_0^A|\Delta_l^h b||p|\mathrm{d}r\right)^2\right]\mathrm{d}t\mathrm{d}x\\ &\leqslant 2\bar{b}^2A\int_{\Omega_T}\int_0^A|\Delta_l^h p|^2\mathrm{d}r\mathrm{d}t\mathrm{d}x + 2\int_{\Omega_T}\bar{b}^2A\int_0^A|p|^2\mathrm{d}r\mathrm{d}t\mathrm{d}x。\end{aligned}$$

联合式(4.2.10)可得

$$I_3^{(1)} \leqslant 2\bar{b}^2A(\|(p_{x_i})\|_{L^2(Q)}^2 + \|(p)\|_{L^2(Q)}^2)。 \tag{4.2.23}$$

由式(4.2.18)，式(4.2.20)和式(4.2.23)推得

$$\begin{aligned}I_1 &\geqslant m_1\|\zeta\Delta_l^h p_{x_i}\|_{L^2(Q)}^2 - \frac{1}{2}[I_3^{(1)} + \|(p_0)_{x_i}\|_{L^2(\Omega_A)}^2]\\ &\geqslant m_1\|\zeta\Delta_l^h p_{x_i}\|_{L^2(Q)}^2 - \frac{1}{2}[\|(p_0)_{x_i}\|_{L^2(\Omega_A)}^2 + 2\bar{b}^2A[\|(p_{x_i})\|_{L^2(Q)}^2 + \|p\|_{L^2(Q)}^2]\\ &\geqslant m_1\|\zeta\Delta_l^h p_{x_i}\|_{L^2(Q)}^2 - C_5[\|p\|_V^2 + \|(p_0)_{x_i}\|_{L^2(\Omega_A)}^2],\end{aligned} \tag{4.2.24}$$

其中，$C_5=C_5(\bar{b},A)\geqslant 0$。

由式(4.2.13)，式(4.2.15)和式(4.2.17)，有

$$
\begin{aligned}
I_1 &= I + I_2 \\
&\leqslant \frac{m_1}{4}\|\zeta\Delta_l^h p_{x_i}\|_{L^2(Q)}^2 + C_4(m_1,m_2,\delta)(\|p\|_V^2 + \|f\|_{L^2(Q)}^2) + \\
&\quad \frac{m_1}{4}\|\zeta\Delta_l^h p_{x_i}\|_{L^2(Q)}^2 + C_3(m_1,m_2,\delta)\|p\|_V^2。
\end{aligned} \tag{4.2.25}
$$

由式(4.2.24),式(4.2.25)推得

$$
\begin{aligned}
& m_1\|\zeta\Delta_l^h p_{x_i}\|_{L^2(Q)}^2 - C_5[\|p\|_V^2 + \|(p_0)_{x_i}\|_{L^2(\Omega_A)}^2] \\
\leqslant & \frac{m_1}{2}\|\zeta\Delta_l^h p_{x_i}\|_{L^2(Q)}^2 + C_6(m_1,m_2,\delta)(\|p\|_V^2 + \|f\|_{L^2(Q)}^2),
\end{aligned}
$$

即

$$
\frac{m_1}{2}\|\zeta\Delta_l^h p_{x_i}\|_{L^2(Q)}^2 \leqslant C_1(m_1,m_2,\delta,\bar{b},A)[\|p\|_V^2 + \|f\|_{L^2(Q)}^2 + \|(p_0)_{x_i}\|_{L^2(\Omega_A)}^2]。
$$

令 $h\to 0$,从上式即可得$\left[\sum_{|\alpha|=2} D_x^\alpha p\right] \in L^2(Q_\delta)$ 且估计式(4.2.7) 成立。 定理 4.2.1 证毕。

定理 4.2.2 若 $p\in V$ 为问题(P_0)的广义解,式(4.2.5)中的条件成立,且$\partial\Omega\in C^2$,则问题(P_0)的广义解 $p\in L^2(\Theta;H^2(\Omega))=V_1$,满足

$$
\|p\|_{V_1} \leqslant C_7(\|p\|_V^2 + \|p_0\|_{L^2(0,A;H_0^1(\Omega))}^2 + \|b\|^2 + \|f\|_{L^2(Q)}^2)。 \tag{4.2.26}
$$

证明 在 $\Sigma=\Theta\times\partial\Omega$ 附近,由于$\partial\Omega=\Gamma\in C^2$,$\forall x^0\in\partial\Omega$,因此存在一个分段光滑边界的区域 Ω_1,$\partial\Omega_1=\Gamma_1$,由两段光滑的线段 Γ_0 和 Γ_2 组成,其中 Γ_0 是 Ω 和 Ω_1 的共同边界,而 $\Gamma_2=\Gamma_1\backslash\Gamma_0$,不妨认为 Ω_1 就是以 x^0 为圆心,半径为 ρ 的圆 $B_\rho(x^0)$与 Ω 的交集,即 $B_\rho^+(x^0)=B_\rho(x^0)\cap\Omega$,而 Γ_2 是圆 $B_\rho(x^0)$边界$\partial B_\rho(x^0)$与 Ω 的交集,即 $\Gamma=\partial B_\rho(x^0)\cap\Omega$。

类似于定理 4.2.1 的证明,我们选取截断函数 $\zeta_1(r,t)\equiv 1$ 在 Θ 内,$\zeta_2(x)\in C^1(\Omega_1)$。

当 $x\in\left\{x\,|\,x\in\Omega_1,\operatorname{dist}(x,\Gamma_2)<\dfrac{\rho}{2}\right\}$时,$\zeta_2(x)=0$;当 $x\in\left\{x\,|\,x\in\Omega_1,\operatorname{dist}(x,\Gamma_2)<\dfrac{\rho}{2}\right\}$,且 $\zeta_{2x_i}\leqslant 4/\rho$ 时,$\zeta_2(x)=1$。记 $\zeta(r,t,x)=\zeta_1(r,t)\zeta_2(x)$。现在取特殊的检验函数 $\eta=\Delta_l^{-h}(\zeta^2\Delta_l^h p)\in L^2(\Theta;H_0^1(B_\rho^+(x^0)))\left(h<\dfrac{\rho}{4}\right)$,将其乘式$(4.2.6)_1$,并在 $Q_\rho=\Theta\times B_\rho^+(x^0)$上积分,并注意到$\int_{Q_\rho} p\Delta_l^{-h}\eta\,\mathrm{d}Q=-\int_{Q_\rho} p\Delta_l^h\eta\,\mathrm{d}Q$,可得

$$
\begin{aligned}
& \int_{Q_\rho}\{\Delta_l^h(p_r+p_t)(\zeta^2\Delta_l^h p) - (\Delta_l^h[(Up_{x_i})_{x_i}](\zeta^2\Delta_l^h p))\}\,\mathrm{d}Q \\
= & -\int_Q (f-mp)(\Delta_l^{-h}(\zeta^2\Delta_l^h p))\mathrm{d}Q。
\end{aligned}
$$

对上式分部积分,可得

$$
\begin{aligned}
& \frac{1}{2}\int_{[0,T]\times B_\rho^+}[(\zeta\Delta_l^h p)_{r=A}^2 - (\zeta\Delta_l^h p)^2\,|_{r=0}]\mathrm{d}t\,\mathrm{d}x + \\
& \int_{[0,A]\times B_\rho^+}[(\zeta\Delta_l^h p)_{t=T}^2 - (\zeta\Delta_l^h p)^2\,|_{t=0}]\mathrm{d}r\,\mathrm{d}x + \\
& \int_{Q_\rho}\Delta_l^h(Up_{x_i})(\zeta^2\Delta_l^h p)_{x_i}\,\mathrm{d}Q -
\end{aligned}
$$

$$2\int_{Q_\rho}(\zeta\Delta_l^h p)^2\mathrm{d}Q-\int_{\Sigma_0}\Delta_l^h(Up_{x_i})(\zeta^2\Delta_l^h p)\cos(\boldsymbol{N},x_i)\mathrm{d}\Sigma$$
$$=\int_Q(mp-f)(\Delta_l^{-h}(\zeta^2\Delta_l^h p))\mathrm{d}Q,\tag{4.2.27}$$

其中，$\boldsymbol{N}$ 是 Γ_0 上的内法向量方向，$\Sigma_0=\Theta\times\Gamma_0$。将式$(4.2.6)_{2\text{-}3}$代入式(4.2.27)，并依照定理 4.2.1 的证明过程，可以得到

$$\frac{m_1}{2}\int_{Q\frac{\rho}{2}}\Big[\sum_{|\alpha|=2}D_x^\alpha p\Big]\mathrm{d}Q-\lim_{h\to0}\int_{\Sigma_\rho}I_{\Sigma_0}(x^0,h)\mathrm{d}\Sigma$$
$$\leqslant C_1[\|p\|_V^2+\|f\|_{L^2(Q)}^2+\|(p_0)_{x_i}\|_{L^2(\Omega_A)}^2],\tag{4.2.28}$$

其中，

$$I_{\Sigma_0}(x^0,h)=\Delta_l^h(Up_{x_i})(\zeta^2\Delta_l^h p)\cos(\boldsymbol{N},x_i)$$
$$=[U(r,t,x+he_l)(\zeta\Delta_l^h p_{x_i})+(\zeta\Delta_l^h U)p_{x_i}](\zeta\Delta_l^h p)\cos(\boldsymbol{N},x_i)。\tag{4.2.29}$$

由 Δ_l^h 的定义，有

$$\lim_{h\to0}\int_{B_\rho}\zeta\Delta_l^h p\,\mathrm{d}x=\int_{B\frac{\rho}{2}}p_{x_l}\mathrm{d}x。\tag{4.2.30}$$

由此推得

$$\lim_{h\to0}\int_{\Sigma_\rho}I_{\Sigma_0}(x^0,h)\mathrm{d}\Sigma=\int_{\Sigma\frac{\rho}{2}}[U(r,t,x)p_{x_ix_l}+U_{x_l}p_{x_i}][p_{x_l}\cos(\boldsymbol{N},x_i)]\mathrm{d}\Sigma$$
$$\equiv\int_{\Sigma\frac{\rho}{2}}I_{\Sigma_0(x^0)}\mathrm{d}\Sigma,\tag{4.2.31}$$

其中，

$$I_{\Sigma_0(x^0)}=[U(r,t,x)p_{x_ix_l}+U_{x_l}p_{x_i}]p_{x_l}\cos(\boldsymbol{N},x_i)。\tag{4.2.32}$$

下面估计 $I_{\Sigma_0(x^0)}$。为此，我们在 x^0 处建立局部笛卡儿坐标系。取正交矩阵(C_{kl})，这样有

$$y_k=C_{kl}(x_l-x_l^0),\quad k=1,2,\cdots,N,\tag{4.2.33}$$

简记为 $y=\varphi^{-1}(x)$，其中 y_N 的方向同x^0 处的 Γ_0 内法方向 $\boldsymbol{N}$ 一致。由于矩阵(C_{kl})的正交性，有

$$x_l=C_{kl}y_k+x_l^0,\tag{4.2.34}$$

简记为 $x=\varphi(y)$。从式(4.2.31)推得

$$\cos(\boldsymbol{N},x_l)=C_{N_l},\quad l=1,2,\cdots,N。\tag{4.2.35}$$

在局部坐标系下，$y'=(y_1,y_2,\cdots,y_{N-1})$位于 Γ_0 在点 x^0 处的切平面上，Γ 上小曲面 Γ_0 的方程可以表示为

$$y_N=w(y')\equiv w(y_1,y_2,\cdots,y_{N-1}),\tag{4.2.36}$$

而且由定理假设$\partial\Omega=\Gamma\in C^2$，有函数 w 两次连续可微。假设 Ω 是凸域，由文献[133]可知，二次型 $\sum\limits_{k,l=0}^{N-1}\dfrac{\partial^2 w}{\partial y_k\partial y_l}\xi_k\xi_l$ 在x^0 的特征值$\lambda_1(x^0),\lambda_2(x^0),\cdots,\lambda_{N-1}(x^0)$以某个非负常数为上界，记为 K，则

$$\sup_{k,x^0\in\Gamma_0}\{\lambda_k(x^0)\}\leqslant K。\tag{4.2.37}$$

由变换(4.2.33)和复合函数微分法则，有

$$p(r,t,x)=p(r,t,\varphi(y)),$$

$$p_{y_j}=p_{x_i}\frac{\partial\varphi_i}{\partial y_j}=p_{x_i}\frac{\partial(C_{ji}y_j+x_i^0)}{\partial y_j}=p_{x_i}C_{ji}。$$

同样有

$$p_{x_j}=\frac{\partial p}{\partial y_j}\cdot\frac{\partial(C_{ji}x_i+x_i^0)}{\partial x_i}=p_{y_i}C_{ji}。$$

同理

$$p_{x_ix_l}=C_{ji}C_{kl}p_{y_jy_k}。$$

由上面等式，可从式(4.2.32)得到

$$\begin{aligned}I_{\Sigma_0}(x^0)&=(UC_{ji}C_{kl}p_{y_jy_k}+C_{jl}C_{ki}U_{y_j}p_k)C_{nl}p_{y_n}C_{N_i}\\&=Ub_{jk}b_{nN}p_{y_n}p_{y_jy_k}+b_{jk}b_{nN}U_{y_j}p_{y_k}p_{y_n},\end{aligned}\tag{4.2.38}$$

其中

$$b_{jk}=UC_{ji}C_{kl},b_{nN}=C_{nl}\cdot C_{Ni}。$$

现在使用边界条件$P|_{\Gamma_0}=0$，在坐标为 $y_1=\cdots=y_n=0$ 的点 x^0 附近，这个条件有如下形式

$$p(r,t,y_1,y_2,\cdots,y_{N-1},w(y_1,y_2,\cdots,y_{N-1}))=0,$$

而且，它关于 x^0 附近的 $y_1,y_2,\cdots,y_{N-1}$ 为恒等式，将此恒等式关于 y_i 和 y_jy_i 微分，$i,j=1,2,\cdots,N-1$，并注意到点 x^0 处有

$$\frac{\partial w}{\partial y_i}=0,\quad i=1,2,\cdots,N-1,$$

由于

$$\frac{\partial w}{\partial y_i}\equiv\frac{\partial p}{\partial y_i}+\frac{\partial p}{\partial y_N}\cdot\frac{\partial w}{\partial y_i}=0,$$

因此在 x^0 处，有

$$\frac{\partial p}{\partial y_i}=0,\quad i=1,2,\cdots,N-1,$$

$$\begin{aligned}\frac{\partial^2 p}{\partial y_i\partial y_j}&=\frac{\partial}{\partial y_i}\left(\frac{\partial p}{\partial x_i}\right)=\frac{\partial}{\partial y_j}\left(-\frac{\partial p}{\partial y_N}\frac{\partial w}{\partial y_i}\right)\\&=-\frac{\partial}{\partial x_j}\left(\frac{\partial p}{\partial y_N}\right)\frac{\partial w}{\partial y_i}-\frac{\partial p}{\partial y_N}\frac{\partial^2 w}{\partial y_i\partial y_j}=-\frac{\partial p}{\partial \mathbf{N}}\frac{\partial^2 w}{\partial y_i\partial y_j}。\end{aligned}\tag{4.2.39}$$

利用关系式(4.2.39)简化表达式(4.2.38)，可得

$$\begin{aligned}I_{\Sigma_0}(x^0)&=-Ub_{jk}b_{NN}p_{yN}^2w_{yjk}-U_{yj}b_{jN}p_{yN}^2b_{NN}\\&=-b_{NN}\left[\sum_{j,k=1}^{N-1}U\cdot b_{jk}\left(\frac{\partial p}{\partial\mathbf{N}}\right)^2\frac{\partial^2 w}{\partial y_j\partial y_k}+\sum_{j,k=1}^{N-1}U_{yj}\cdot b_{jN}\left(\frac{\partial p}{\partial\mathbf{N}}\right)^2\right]。\end{aligned}\tag{4.2.40}$$

我们认为，在切平面上是这样选取坐标 $y_1,y_2,\cdots,y_{N-1}$ 的，从而使所有混合导数$\frac{\partial^2 w}{\partial y_i\partial y_k}$在点 x^0 处等于零，$j,k=1,2,\cdots,N-1$。显然，通过坐标 $y_1,y_2,\cdots,y_{N-1}$ 的正交变换，这点是可以做到的。于是

$$I_{\Sigma}(x^0)=-b_{NN}\left[\sum_{k=1}^{N-1}U\cdot b_{kk}\left(\frac{\partial p}{\partial \mathbf{N}}\right)^2\frac{\partial^2 w}{\partial y_k\partial y_k}+\sum_{j,k=1}^{N-1}U_{yk}\cdot b_{kN}\left(\frac{\partial p}{\partial \mathbf{N}}\right)^2\right]$$

$$=-b_{NN}\left(\frac{\partial p}{\partial \mathbf{N}}\right)^2\left[\sum_{k=1}^{N-1}U\cdot b_{kk}\frac{\partial^2 w}{\partial y_k\partial y_k}+U_{yk}b_{kN}\right]。\tag{4.2.41}$$

根据曲面$\partial\Omega$的性质(4.2.37)，以及U的假设$(4.2.5)_1$，即$m_1<U<m_2$，我们可以认为，正交矩阵(C_{kl})是如此选择的，使得$(C_{kl})>0$，因而有$b_{kk}>0, b_{kN}>0, k=1,2,\cdots,N$，$\max\limits_k\{b_{kk}\}=\tilde{b}$。由假设$(4.2.5)_1$，有$|U_{yk}|\leqslant m_2, m_2\geqslant U\geqslant m_1>0$。联合曲面$\Gamma_0$的性质(4.2.37)，从式(4.2.41)推得

$$|I_{\Sigma_0}(x^0)|\leqslant b_{NN}\left(\frac{\partial p}{\partial \mathbf{N}}\right)^2\left[\left(\sum_{k=1}^{N-1}\sqrt{Ub_{kk}}\right)^2\frac{\partial^2 w}{\partial y_k\partial y_k}+|U_{yk}|b_{NN}\right]$$

$$\leqslant b_{NN}\left(\frac{\partial p}{\partial \mathbf{N}}\right)^2[(N-1)m_2\tilde{b}K+m_2b_{NN}]=C_8\left(\frac{\partial p}{\partial \mathbf{N}}\right)^2,\tag{4.2.42}$$

其中，$C_8=b_{NN}[(N-1)m_2\tilde{b}K+m_2b_{NN}]$。结合式(4.2.31)有

$$\left|\lim_{h\to 0}\int_{\Sigma_{0\rho}}I_{\Sigma_0}(x_0,h)\mathrm{d}\Sigma\right|=\left|\int_{\Sigma_0\frac{\rho}{2}}I_{\Sigma_0}(x_0,h)\mathrm{d}\Sigma\right|\leqslant\int_{\Sigma_0\frac{\rho}{2}}\left(\frac{\partial p}{\partial \mathbf{N}}\right)^2\mathrm{d}\Sigma。\tag{4.2.43}$$

由文献[133]，有

$$\int_{\Sigma_0\frac{\rho}{2}}\left(\frac{\partial p}{\partial \mathbf{N}}\right)^2\mathrm{d}\Sigma\leqslant C_9\int_{\Theta\times B^+_{\rho/2}}\left(\varepsilon_1 p^2_{xx}+\frac{1}{\varepsilon_1}|\nabla p|^2\right)\mathrm{d}Q。\tag{4.2.44}$$

由式(4.2.43)，式(4.2.44)，可从式(4.2.28)推得

$$\frac{m_1}{2}\left\|\sum_{|\alpha|=2}D^\alpha_x p\right\|^2_{L^2\left(\Theta\times B^+_{\rho/2}\right)}\leqslant C_1(\|p\|^2_V+\|f\|^2_{L^2(Q)}+\|(p_0)_{x_i}\|^2_{L^2(\Omega_A)})+$$

$$C_{10}\int_{\Theta\times B^+_{\rho/2}}\left(\varepsilon_1 p^2_{xx}+\frac{1}{\varepsilon_1}|\nabla p|^2\right)\mathrm{d}Q。$$

在上式中取$\varepsilon_1 C_{10}=\dfrac{1}{4}m_1$，则得

$$\frac{m_1}{2}\left\|\sum_{|\alpha|=2}D^\alpha_x p\right\|^2_{L^2\left(\Theta\times B^+_{\rho/2}\right)}\leqslant C_1(\|p\|^2_V+\|f\|^2_{L^2(Q)})+\|(p_0)_{x_i}\|^2_{L^2(\Omega_A)}+$$

$$\frac{m_1}{4}\left\|\sum_{|\alpha|=2}D^\alpha_x p\right\|^2_{L^2\left(\Theta\times B^+_{\rho/2}\right)}+$$

$$\int_{L^2\left(\Theta\times B^+_{\rho/2}\right)}\frac{4C^2_{10}}{m_1}|\nabla p|^2\mathrm{d}Q,$$

因而有

$$\frac{m_1}{4}\left\|\sum_{|\alpha|=2}D^\alpha_x p\right\|^2_{L^2\left(\Theta\times B^+_{\rho/2}\right)}\leqslant C_{11}(\|p\|^2_V+\|f\|^2_{L^2(Q)})+\|(p_0)_{x_i}\|^2_{L^2(\Omega_A)}。\tag{4.2.45}$$

式(4.2.45)表明，在边界Γ的一部分$\Sigma_0=\Theta\times\Gamma_0$附近的$\Theta\times B^+_{\rho/2}(x_0)$内，$\left[\sum\limits_{|\alpha|=2}D^\alpha_x p\right]\in L^2(\Theta\times B^+_{\rho/2}(x_0))$，注意到$x_0$的任意性，用有限覆盖定理并结合定理4.2.1的内估计(4.2.7)，

即可得到估计(4.2.46)。这也说明$\left[\sum_{|\alpha|=2} D_x^\alpha p\right]\in L^2(Q)$,即 $p\in V_1$。定理 4.2.2 证毕。

4.2.2 拟线性系统(*P*)广义解的正则性

本节考虑下面的与年龄相关的拟线性种群扩散系统(*P*):

$$\frac{\partial p}{\partial r}+\frac{\partial p}{\partial t}-\operatorname{div}(k(S)\operatorname{grad}p)+[\mu_0(r,t,x)+\mu_e(r,t,x;S)]p=0,\quad 在\ Q=\Theta\times\Omega\ 内, \tag{4.2.46}$$

$$p(0,t,x)=\int_0^A\beta(r,t,x;S)p(r,t,x)\mathrm{d}r,\quad 在\ \Omega_T=(0,T)\times\Omega\ 内, \tag{4.2.47}$$

$$p(r,0,t)=p_0(r,t),\quad 在\ \Omega_A=(0,A)\times\Omega\ 内, \tag{4.2.48}$$

$$p(r,t,x)=0,\quad 在\ \Sigma=(0,A)\times(0,T)\times\partial\Omega\ 上, \tag{4.2.49}$$

$$S\equiv S(t,x)=\int_0^A v(r,t,x)p(r,t,x)\mathrm{d}r,\quad 在\ \Omega_T\ 内 \tag{4.2.50}$$

的广义解 $p\in V$ 的正则性。

在假设条件(H_1)~条件(H_5)的基础上,加上下面的正则性假设:

$$(H_6)\begin{cases}p_0\in L^2(0,A;C^\alpha(\Omega))\cap L^2(0,A;H^1(\Omega)),\\ \Delta S_0\in L^2(\Omega),L^2\in C^\alpha(\Omega),\alpha\in(0,1),\\ v,v_r,v_t,\nabla v,\Delta v,\quad 在\overline{Q_T}\ 上连续,\\ \partial\Omega\in C^2,\end{cases}$$

可得如下的正则性定理。

定理 4.2.3 若 $p\in V$ 为问题(4.2.46)~问题(4.2.50)的广义解,且假设条件(H_1)~条件(H_6)成立,则

(1) 问题(*P*)的广义解 $p\in V_1=L^2(\Theta;H^2(\Omega))$,而且

$$\|p\|_{V_1}\leqslant C(\|p\|_V+\|p_0\|_{L^2(0,A;H_0^1(\Omega))}), \tag{4.2.51}$$

其中,$C=C(\Omega,A,G_1,\gamma_2,k_0,k_1)$。

(2) $S(t,x)=\int_0^A v(r,t,x)p(r,t,x)\mathrm{d}r$ 满足初边值问题(4.1.7)~问题(4.1.10),而且 $S_t,\nabla S,\Delta S\in L^2(\Omega_T)$,同时对于一阶 Sobolev 空间[108]

$$W\equiv H_0^{1,1}(\Omega_T)=H^1(0,T;L^2(\Omega))\cap L^2(0,T;H_0^1(\Omega))$$

中的任意 w,有下面的积分恒等式成立:

$$\begin{cases}\displaystyle\iint_{\Omega_T}[S_t w+k(S)\nabla S\cdot\nabla w]\mathrm{d}t\,\mathrm{d}x=\int_{\Omega_T}F_1 w\,\mathrm{d}t\,\mathrm{d}x,\\ S(0,x)=S_0(x)。\end{cases} \tag{4.2.52}$$

其中,由式(4.1.10)有

$$F(t,x)=-k_S(S)\sum_{i=1}^N\left(\int_0^A(v_{x_i}p+vp_{x_i})\mathrm{d}r\right)^2-k_x(S)\sum_{i=1}^N\int_0^A(v_{x_i}p+vp_{x_i})\mathrm{d}r+$$

$$\int_0^A\left[k_S(S)\sum_{i=1}^N p_{x_i}\int_0^A(v_{x_i}p+vp_{x_i})\mathrm{d}\alpha+k_x(S)\sum_{i=1}^N p_{x_i}\right]v(r,t,x)\mathrm{d}r+$$

$$\int_0^A \{[v_t + v_r - k(S)\Delta v - (\mu_0 + \mu_e(S))v]p - 2k(S)\nabla v \cdot \nabla p\}\mathrm{d}r + v(0,t,x)\int_0^A \beta(r,t,x;S)p(r,t,x)\mathrm{d}r。\tag{4.2.53}$$

证明 与定理 4.1.3 的证明类似,本定理的证明采用延滞法与线性系统 P_0 的正则性定理 4.2.2。

由假设条件(H_6)有 $S_0 \in C^\alpha(\overline{\Omega})$,$0<\alpha<1$。设 $M=M_0 e^{\frac{1}{2}AG_1^2 T}$,其中 M_0 和 G_1 分别由假设条件(H_4)和假设条件(H_2)确定,同时设 λ 是比 1 大的实数,使得对于任意的 $(r,t,x)\in Q$ 和 $0\leqslant S\leqslant \max\{M_0,(1+G_1)M\}$,有

$$0 \leqslant F + \lambda\int_0^A vp\,\mathrm{d}r \equiv F_\lambda,\tag{4.2.54}$$

其中,F 是由式(4.2.53)表达的,h 是从正数变到零的延滞。

我们要求存在唯一的具有如下性质的函数对 $\{p^h, S^h\}$:

$$\begin{cases}0 \leqslant S^h(t,x) \leqslant \max\{M_0,(1+G_1)M\},\\ S^h \in C^{\alpha/2,\alpha}(\overline{\Omega}_T) \cap H^{1,2}(\Omega_T),\end{cases}\tag{4.2.55}$$

$$p^h \in V_1 \cap L^1(Q),\ p^h \text{ 在 } Q \text{ 上非负},\tag{4.2.56}$$

$$Dp^h \in V',\ p^h(r,0,x) = p_0(r,t) \in L^2(0,A;C^\alpha(\Omega)),\tag{4.2.57}$$

$$0 \leqslant Z^h(t,x) = \int_0^A v(r,t,x)p^h(r,t,x)\mathrm{d}r \leqslant M,\tag{4.2.58}$$

$$p^h(0,t,x) = \int_0^A \beta^h(r,t,x)p^h(r,t,x)\mathrm{d}r。\tag{4.2.59}$$

其中,

$$\beta^h(r,t,x) = \beta(r,t,x;R^h(t,x)),\quad \text{在 } Q \text{ 内},\tag{4.2.60}$$

$$\begin{cases}R^h(t,x) = S^h(t-h,x), & \text{在 } \Omega_T \text{ 内},\\ R^h(t,x) = S^h(t-h,x) = S_0, & \text{在 } \Omega_h = [0,h)\times\Omega \text{ 上},\end{cases}\tag{4.2.61}$$

$$\begin{cases}k^h(t,x) = k(t,x;R^h(t,x)),\\ k_S^h(t,x) = k_S(t,x;R^h(t,x)),\\ k_{x_i}^h(t,x) = k_{x_i}(t,x;R^h(t,x)),\\ \mu_e^h(r,t,x) = \mu_e(r,t,x;R^h(t,x))。\end{cases}\tag{4.2.62}$$

而 p^h 满足,对于 V 中的任意 φ,均有

$$\int_\Theta \langle Dp^h,\varphi\rangle \mathrm{d}r\,\mathrm{d}t + \int_Q [k^h\nabla p^h \cdot \nabla\varphi + \mu_0 p^h\varphi + \mu_e^h p^h\varphi]\mathrm{d}Q = 0,\tag{4.2.63}$$

S^h 为下面问题的解:

$$\begin{cases}S_t^h - \mathrm{div}(k^h(t,x)\nabla S^h) + \lambda S^h = F_\lambda^h(t,x),\\ S^h(0,x) = S_0(x), & \text{在}[-h,0]\times\Omega \text{ 中},\\ S^h(t,x) = 0, & \text{在 } \Gamma = (0,T)\times\partial\Omega,\end{cases}\tag{4.2.64}$$

其中,F_λ^h 是由式(4.2.53),式(4.2.54)中的 F_λ 以 p^h,β^h,μ_e^h,k^h 分别代替 p,β,μ_e,k 后得到的。

我们反复利用引理 4.1.1 和定理 4.2.2 给出的结果来证明上述结果。首先,由定义(4.2.61)和假设条件(H_6)有:在 Ω_h 中,$R^h(t,x) = S_0(x) \in C^0(\Omega_h) \cap L^2(\Omega_h)$ 且有界;由假设条件

(H_2)中的式(4.1.15)有

$$|\beta(r,t,x;y)|\leqslant|\beta(r,t,x;0)|+|\beta_y(r,t,x;\theta y)|\cdot|y|,\quad 0<\theta<1,$$

因而由假设条件(H_2)及关于复合函数的 Carathëodory 连续性[109]有

$$\beta^h(r,t,x)=\beta(r,t,x;R^h(t,x))=\beta(r,t,x;S_0(t,x))\in C^0(\overline{Q}_h)\cap L^2(Q_h)。\tag{4.2.65}$$

其中,$\Omega_h=(0,h)\times\Omega_A$。类似地,由假设条件$(H_2)$～假设条件$(H_4)$和假设条件$(H_6)$有

$$\mu_e^h(r,t,x)\leqslant\mu_e^h(t,x;R^h(t,x))\in C^0(\overline{Q}_h)\cap L^2(Q_h),\tag{4.2.66}$$

$$\begin{cases}k^h(t,x)\leqslant k(t,x;R^h(t,x))\in C^0(\overline{\Omega})\cap L^2(\Omega),\\ k_S^h(t,x)\leqslant k_S^h(t,x;R^h(t,x))\in C^0(\overline{\Omega})\cap L^2(\Omega),\\ k_{x_i}^h(t,x)\leqslant k_{x_i}^h(t,x;R^h(t,x))\in C^0(\overline{\Omega})\cap L^2(\Omega)。\end{cases}\tag{4.2.67}$$

由假设条件(H_6)有

$$p_0\in L^2(0,A;C^\alpha(\Omega))。\tag{4.2.68}$$

在引理 4.1.1、引理 4.1.5 和定理 4.2.2 中,令

$$b=\beta^h,\quad m=\mu_0+\mu_e^h,\quad U=k^h,$$

则由式(4.2.65)～式(4.2.68)和上述引理和定理,可推得线性方程(4.2.63)在 Q_h 上存在满足初边值条件(4.2.57)～条件(4.2.59)的唯一非负广义解

$$p^h=V_h\equiv L^2(\Theta_h;H_0^1(\Omega)),\Theta_h=(0,A)\times(0,h),\quad Dp^h=V_h',$$

同时 p^h 具有正则性(4.2.56):

$$p^h\in V_{1,h}\cap L^1(Q_h),$$

其中,$V_{1,h}=L^2(\Theta_h;H^2(\Omega))$,以及存在估计

$$\|p^h\|_{V_{1,h}}\leqslant C_1(\|p^h\|_V+\|p_0\|_{L^2(0,A;H_0^1(\Omega))}),\tag{4.2.69}$$

式中,$C_1=C_1(k_0,k_1,G_1,\gamma_2,A)$。

其次,我们验证式(4.2.64)中由式(4.2.53),式(4.2.54)表述的 F_λ^h 在 Ω_T 中的非负有界连续性。事实上,由假设条件(H_1)～假设条件(H_4)和假设条件(H_6)及式(4.2.65)～式(4.2.67)推得

$$\beta^h,\mu_0,\mu_e^h,k^h,k_{x_i}^h\text{ 和 }k_S^h\text{ 均在 }\overline{Q}_h\text{ 上非负连续有界。}\tag{4.2.70}$$

由假设条件(H_5)～假设条件(H_6)有

$$v,|v_t|,|v_r|,|\nabla v|,|\Delta v|,\quad\text{在 }Q\text{ 上非负有界。}\tag{4.2.71}$$

由引理 4.1.2 和引理 4.1.5 以及式(A.5)有

$$\begin{cases}\|\mu_0 p\|_{L^1(\Omega_A)},\|p^h\|_{L^2(0,A)}\text{ 和 }\|\nabla p^h\|_{L^2(\Theta)},\\ \text{分别在}(0,T),\Omega_T\text{ 和 }\Omega\text{ 上非负连续有界。}\end{cases}\tag{4.2.72}$$

$\|\nabla p^h\|_{L^2(0,A)}\in L^2(\Omega_T)$在 Ω_T 中不连续有界,但由于 $C^0(\overline{\Omega}_T)$在 $L^2(\Omega_T)$中稠,所以我们可以用在 Ω_T 中连续的$\|\nabla p_n\|_{L^2(0,A)}$逼近$\|\nabla p^h\|_{L^2(0,A)}$,在前者的情形下证明所需结论成立,然后令$n\to+\infty$,得到所需的结论。因此,在此我们假定$\|\nabla p^h\|_{L^2(0,A)}$在 Ω_T 上连续有界。由式(4.2.58),式(4.2.60)～式(4.2.62)且当 $\lambda>0$ 充分大,就可保证 F_λ^h 在 Ω_h 上非负连续有界,而且由假设条件(H_3)和假设条件(H_4),假设条件(H_6)可知,$k^h\in C^2(\Omega_h)$,$k^h>k_0>0$,$S_0\in C^\alpha(\Omega)$,且 $S_0=0$ 在$\partial\Omega$ 上,S_0 在 $\overline{\Omega}$ 上非负,$\partial\Omega\in C^2$。因此,由定理 4.1.2 可知,问

题(4.2.64)在$C^{\alpha/2,\alpha}(\overline{\Omega}_h)\cap H^{1,2}(\Omega_h)$中有唯一非负解$S^h(t,x)$,并且具有性质(4.2.55)。

这样,结合式(4.2.61)能够确定

$$R^h(t,x)=S^h(t-h,x),\quad 在\ \Omega_{2h}=(h,2h)\times\Omega\ 上。\tag{4.2.73}$$

由此推得,以Ω_{2h}和Q_{2h}分别代替Ω_h和Q_h的式(4.2.65)~式(4.2.68)成立。结合引理4.1.1,引理4.1.5和定理4.2.2,推得问题(4.2.63)在Q_{2h}上存在唯一的满足边值条件(4.2.69)及类似式(4.2.57)的初始条件

$$p^h(r,h,x)=p(r,h-0,x)$$

的非负广义解$p^h\in V_{2h}\equiv L^2(\Theta_{2h};H_0^1(\Omega))$。其中$\Theta_{2h}=(0,A)\times(h,2h)$,$Dp^h\in V'_{2h}$。$p^h$有正则性$p^h\in V_{1,2h}\cap L^1(Q_h)$,其中$V_{1,2h}=L^2(\Theta_{2h};H^2(\Omega))$同时有估计

$$\|p^h\|_{V_{1,2h}}\leqslant C_1(\|p\|_{V_{2h}^h}+\|p_0\|_{L^2(0,A;H_0^1(\Omega))}),\tag{4.2.74}$$

并且同样可以推得式(4.2.64)中的F_λ^h在Ω_{2h}中非负连续有界,$k^h\in C^2(\Omega_{2h})$,$k^h\geqslant k_0>0$,在Ω_{2h}上;$S^h(h,x)=S^h(h-0,x)$,在Ω中。因此,再由定理4.1.1可知,问题(4.2.64)在Ω_{2h}中存在唯一的非负有界解$S^h\in C^{\alpha/2,\alpha}(\overline{\Omega}_{2h})\cap H^{1,2}(\Omega_{2h})$,并且具有性质(4.2.55)。

如此进行迭代,并最终推得问题(4.2.63),问题(4.2.57),问题(4.2.59)在Q上存在唯一非负广义解$P^h\in V$,$\nabla P^h\in V'$,并且具有正则性$p^h\in V_1\cap L^2(Q)$;同时还可得到估计

$$\|p^h\|_{V_1}\leqslant C_1(\|p^h\|_V+\|p_0\|_{L^2(0,A;H_0^1(\Omega))}),\tag{4.2.75}$$

以及问题(4.2.64)在Ω_T上的正则解$S^h\in C^{\alpha/2,\alpha}(\overline{\Omega}_T)\cap H^{1,2}(\Omega_T)$,并且具有性质(4.2.55)。

再次,由引理4.1.3可得

$$p^h\ 在\ L^2(Q)\ 中有界,\quad p^h\ 在\ V\ 中有界。\tag{4.2.76}$$

由前面推导过程知

$$F_\lambda^h\ 在\ \Omega_T\ 中非负有界,\quad 即\ F_\lambda^h\in C^0(\overline{\Omega}_T)。\tag{4.2.77}$$

结合推论4.1.1和推论4.1.2可推得

$$S_t^h,\nabla S^h,\Delta S^h,\quad 在\ L^2(\Omega_T)\ 中一致有界,\tag{4.2.78}$$

而且S^h是下面抛物方程的一个广义解,即对于W中的任意w,有

$$\int_{\Omega_T}[S_t^h w+k^h\nabla S^h\cdot\nabla w+\lambda S^h w]\,\mathrm{d}t\,\mathrm{d}x=\int_{\Omega_T}F_\lambda^h w\,\mathrm{d}t\,\mathrm{d}x。\tag{4.2.79}$$

由式(4.2.77)和假定$S_0\in C^\alpha(\Omega)(0<\alpha<1)$,$S^h\in C^{\alpha/2,\alpha}(\overline{\Omega}_T)\cap H^{1,2}(\Omega_T)$及文献[110]可推得

$$\{S^h\}\ 在\ C^{\alpha/2,\alpha}(\overline{\Omega}_T)\ 中一致有界。\tag{4.2.80}$$

由式(4.2.80)和定义式(4.2.61)推得

$$\{R^h\}\ 在\ C^{\alpha/2,\alpha}(\overline{\Omega}_T)\ 中一致有界。\tag{4.2.81}$$

由紧嵌入定理[108]和式(4.2.80)推得

$$\{S^h\}\ 在\ C^0(\overline{\Omega}_T)\ 从而在\ L^2(\Omega_T)\ 中一致有界。\tag{4.2.82}$$

由式(4.2.78)和式(4.2.82)推得

$$\{S^h\}\ 在\ H_0^{1,1}(\Omega_T)=H^1(0,T;H_0^1(\Omega))\ 中一致有界。\tag{4.2.83}$$

由式(4.2.80),式(4.2.81)和文献[109]分别推得存在$S\in C(\overline{\Omega}_T)$,$R\in C(\overline{\Omega}_T)$及$\{S^h\}$和$\{R^h\}$的子序列仍记作$\{S^h\}$和$\{R^h\}$,使得

$$\begin{cases}S^h\to S,\quad 在\ C^0(\overline{\Omega}_T)\ 中强,\\ R^h\to R,\quad 在\ C^0(\overline{\Omega}_T)\ 中强,\end{cases}\tag{4.2.84}$$

从而有

$$\begin{cases} S^h \to S, & \text{在 } L^2(\overline{\Omega}_T) \text{ 中强,} \\ R^h \to R, & \text{在 } L^2(\overline{\Omega}_T) \text{ 中强。} \end{cases} \tag{4.2.85}$$

由式(4.2.78)表明的 S_t^h 在 $L^2(\Omega_T)$ 中一致有界和记号(4.2.61)推得，当 $h \to 0$ 时，

$$\begin{aligned} \| R^h(t,x) - S^h(t,x) \|_{L^2(\Omega_T)}^2 &= \left\| \int_t^{t-h} \frac{\partial S^h(\tau,x)}{\partial \tau} \mathrm{d}\tau \right\|_{L^2(\Omega_T)}^2 \\ &\leqslant \int_{\Omega_T} \left[h \int_h^{t-h} \left| \frac{\partial S^h(\tau,x)}{\partial \tau} \right|^2 \mathrm{d}\tau \right] \mathrm{d}t\,\mathrm{d}x \to 0, \end{aligned}$$

结合式(4.2.85)(或式(4.2.84))推得

$$R(t,x) = S(t,x), \quad \text{a.e.于 } \Omega_T \text{ 内,} \tag{4.2.86}$$

由此及式(4.2.84)有

$$R^h \to S \text{ 在 } L^2(\Omega_T)(\text{甚至在 } C^0(\overline{\Omega}_T)) \text{ 中强。} \tag{4.2.87}$$

由于自反的 Banach 空间的有界序列是弱紧和弱完备的[109]，从式(4.2.76)推得存在$\{p^h\}$的子序列，仍然记作$\{p^h\}$，使得当 $h \to 0$ 时，

$$p^h \to p, \quad \text{在 } L^2(Q) \text{ 中弱}, p \in L^2(Q); \text{在 } V \text{ 中弱}, \quad p \in V。 \tag{4.2.88}$$

结合定理 4.1.3，可推出如下结论：式(4.2.88)中的 $p \in V$ 为问题(4.2.46)～问题(4.2.50)的非负广义解，而

$$S = \int_0^A vp\,\mathrm{d}r$$

为问题(4.1.7)～问题(4.1.10)在 $C^{\alpha/2,\alpha}(\Omega_T) \cap H^{1,2}(\Omega_T)$ 中的解，也满足恒等式(4.2.7)。

剩下要证明的是：问题(4.2.46)～问题(4.2.50)在 V 中的广义解 p，具有正则性

$$p \in V_1 \equiv L^2(\Theta; H^2(\Omega))。 \tag{4.2.89}$$

事实上，由式(4.2.75)和式(4.2.76)可推得

$$\{p^h\} \text{ 在 } V_1 \text{ 中一致有界,} \tag{4.2.90}$$

由于 V_1 是自反的 Banach 空间[108,109]，由文献[109]和式(4.2.90)推得 V_1 中的有界子集是弱序列紧的，即$\{p^h\}$中存在子序列，仍然记作$\{p^h\}$，使得当 $h \to 0$ 时，

$$p^h \to p, \quad \text{在 } V_1 \text{ 中弱。} \tag{4.2.91}$$

而且由文献[109]可知，V_1 必然是序列弱完备的，因此有

$$p \in V_1。 \tag{4.2.92}$$

我们已在定理 4.1.3 中证明了

$$p^h \to \tilde{p}, \quad \text{在 } V \text{ 中弱}, p \in V, \tag{4.2.93}$$

而且 $\tilde{p} \in V$ 还是问题(4.2.46)～问题(4.2.50)的广义解。因此，不难根据范数定义和弱极限的唯一性从 $V_1 \subset V$ 和式(4.2.91)～式(4.2.93)推得 $p \equiv \tilde{p}$，同时结合式(4.2.92)就推得问题(4.2.46)～式(4.2.50)在 V 中的广义解 p 具有正则性，即 $p \in V_1$，而且由式(4.2.75)，式(4.2.91)～式(4.2.93)及 $p = \tilde{p}$ 推得估计

$$\| p \|_{V_1} \leqslant C(\| p \|_V + \| p_0 \|_{L^2(0,A;H_0^1(\Omega))})。$$

定理 4.2.3 证毕。

上面的定理 4.2.3 表明，与年龄相关的拟线性种群扩散系统(P)的广义解 $p \in V$ 具有正则性：$p \in V_1$。这就是说，有

$$\left[\sum_{|\alpha|=2} D_x^\alpha p\right] \in L^2(Q)。\tag{4.2.94}$$

下面还要表明 p_t 的正则性。定理 4.1.3 和定理 4.2.3 仅表明 $p_t \in V'$。下面的定理 4.2.4 表明还有 $p_t \in L^2(Q)$，这就是 p_t 的正则性。

引理 4.2.1(Д.К.法捷耶夫定理)[132]　设 $f(x)$ 与 $g(x)$ 是 E 上所定义的两个非负可测函数，$E_y = E(g \geqslant y)$，$\Phi(y) = \int_{E_y} f(x)\mathrm{d}x$，则

$$\int_E f(x)g(x)\mathrm{d}x = \int_0^{+\infty} \Phi(y)\mathrm{d}y = \int_0^{+\infty}\int_{E_y} f(x)\mathrm{d}x\mathrm{d}y。\tag{4.2.95}$$

定理 4.2.4　在定理 4.2.3 的假设下，系统(P)的正则广义解 $p \in V_1$ 还具有下面的正则性

$$D_p \equiv (p_r + p_t) \in L^2(Q),\quad p_t \in L^2(Q),\tag{4.2.96}$$

连同定理 4.2.3 的式(4.2.51)表明，问题(P)的广义解 $p \in V$ 具有如下正则性，即有

$$p \in H^{1,1,2}(Q) \equiv H^1(\Theta;H^0(\Omega)) \cap L^2(\Theta;H^2(\Omega)),\tag{4.2.97}$$

证明　由定理 4.2.3 可知，系统(P)的正则广义解 $p \in V_1$ 满足方程(4.2.46)，即

$$p_r + p_t - \operatorname{div}(k(t,x;S)\nabla p) + [\mu_0 + \mu_e(r,t,x;S)]p = 0,\quad \text{在 } Q \text{ 内},\tag{4.2.98}$$

由式(4.1.11)可知，式(4.2.98)还可变形为

$$p_r + p_t = k(t,x;S)\Delta p - [\mu_0 + \mu_e(r,t,x;S)]p + \nabla k \cdot \nabla p + k_S \nabla S \cdot \nabla p。\tag{4.2.99}$$

由假设条件(H_3)和式(4.2.94)有

$$k(t,x;S)\Delta p \in L^2(Q)。\tag{4.2.100}$$

由假设条件(H_1)，假设条件(H_2)关于 μ_0，$\mu_e(S)$ 的假设和已知条件 $p \in V \subset L^2(Q)$ 以及式(A.5)，式(A.33)可推出，

$$(\mu_0 + \mu_e(S))p \in L^2(Q)。\tag{4.2.101}$$

由假设条件(H_3)关于 k_{x_i} 的假设和 $p \in V$，有

$$\nabla k \cdot \nabla p \in L^2(Q)\tag{4.2.102}$$

由假设条件(H_2)关于 k_S 的假设及定理 4.2.3 关于 $\nabla S \in L^2(Q)$ 的结论，有

$$k_S \nabla S \cdot \nabla p \in L^2(Q)。\tag{4.2.103}$$

结合式(4.2.99)～式(4.2.103)推得式(4.2.99)等号右边的所有项的代数和(记为 $\bar{f}$)$\bar{f} \in L^2(Q)$，这样就有

$$p_r + p_t = \bar{f} \in L^2(Q)。\tag{4.2.104}$$

这就证明了式(4.2.96)中的第一个结论，即 $p_r + p_t \in L^2(Q)$。

下面进一步证明式(4.2.96)中的第二个结论，即 $p_t \in L^2(Q)$。用 p_t 乘式(4.2.104)的两边，并在 $\Theta_t = (0,A)\times(0,t)$，$t \in [0,T]$ 上积分，得到

$$\int_0^t\int_0^A p_\tau^2 \mathrm{d}r\mathrm{d}\tau = -\int_0^t\int_0^A p_\tau p_r \mathrm{d}r\mathrm{d}\tau + \int_{\Theta_t} \bar{f} p_\tau \mathrm{d}r\mathrm{d}\tau \equiv I_1 + I_2。\tag{4.2.105}$$

由式 $ab \leqslant \frac{1}{2}(a^2+b^2)$，$a,b \geqslant 0$，可得

$$I_2 \leqslant \frac{1}{2}\int_{\Theta_t} p_\tau^2 \mathrm{d}r\mathrm{d}\tau + \frac{1}{2}\int_{\Theta_t} \bar{f}^2 \mathrm{d}r\mathrm{d}\tau。\tag{4.2.106}$$

由分部积分有

$$I_1=-\int_0^t\int_0^A p_\tau p_\tau \mathrm{d}r\mathrm{d}\tau=\int_0^A pp_{\tau\tau}\mathrm{d}r\mathrm{d}\tau-\int_0^t[(pp_\tau)|_0^A]\mathrm{d}\tau$$

$$=\int_{\Theta_t} pp_{\tau\tau}\mathrm{d}r\mathrm{d}\tau-\int_0^t[(pp_\tau)(A,\tau,x)-(pp_\tau)(0,\tau,x)]\mathrm{d}\tau$$

$$=\int_0^t (pp_\tau)(0,\tau,x)\mathrm{d}\tau+\int_{\Theta_t} pp_{\tau\tau}\mathrm{d}r\mathrm{d}\tau\equiv I_1^{(1)}+I_2^{(2)}。\tag{4.2.107}$$

由假设条件(H_2)及式(4.1.49),有

$$I_1^{(1)}\leqslant\left|\int_0^t\left[p_\tau(0,\tau,x)\int_0^A\beta(S)p\mathrm{d}r\right]\mathrm{d}\tau\right|$$

$$\leqslant G_1\sqrt{AC(T)}\left|\int_0^t p_\tau(0,\tau,x)\mathrm{d}\tau\right|$$

$$\leqslant G_1(AC(T))^{1/2}[p(0,t,x)-p(0,0,x)]$$

$$\leqslant G_1(AC(T))^{1/2}\left|\int_0^A\beta(S)p\mathrm{d}r-p_0(0,x)\right|$$

$$\leqslant G_1(AC(T))^{1/2}G_1\int_0^A p\mathrm{d}r\quad(\text{因为 } p_0(0,x)\geqslant 0)$$

$$\leqslant G_1^2AC(T)\equiv C_2<+\infty。\tag{4.2.108}$$

由 Д.К.法捷耶夫定理(即引理 4.2.1),设$(r,\tau)=z$,$E=\Theta_t=(0,A)\times(0,t)$,则有

$$I_1^{(2)}=\int_0^t\int_0^A p(r,\tau,x)p_{r\tau}(r,\tau,x)\mathrm{d}r\mathrm{d}\tau\leqslant\int_{\Theta_t}p(z,x)|p_{\tau\tau}(z,x)|\mathrm{d}z$$

$$=\int_0^{+\infty}\int_{E(p\geqslant y)}|p_{\tau\tau}(z)|\mathrm{d}z\mathrm{d}y\leqslant\int_0^{\sqrt{AC(T)}}\int_{\Theta_t}\left|\frac{\mathrm{d}}{\mathrm{d}\tau}p_r(z)\right|\mathrm{d}z\mathrm{d}y$$

$$=\sqrt{AC(T)}\int_0^A\int_0^t\left|\frac{\mathrm{d}}{\mathrm{d}\tau}p_r(r,\tau,x)\right|\mathrm{d}\tau\mathrm{d}r$$

$$=\sqrt{AC(T)}\int_0^A|p_r(r,\tau,x)-p_r(r,0,x)|\mathrm{d}r$$

$$=\sqrt{AC(T)}\,|p(A,t,x)-p(A,0,x)-p(0,t,x)+p(0,0,x)|$$

$$=\sqrt{AC(T)}\left|\int_0^A\beta(S)p\mathrm{d}r-p_0(0,x)\right|$$

$$\leqslant\sqrt{AC(T)}\left[G_1\int_0^A p\mathrm{d}r+p_0(0,x)\right]\quad(\text{因为 } p_0(0,x)=p_0(r,x)|_{r=0}\geqslant 0)$$

$$\leqslant G_1AC(T)+\sqrt{AC(T)}\;\bar{p}_0$$

$$\equiv C_3\leqslant+\infty。\tag{4.2.109}$$

将式(4.2.108),式(4.2.109)代入式(4.2.107),又将式(4.2.106),式(4.2.107)代入式(4.2.105),即得

$$\frac{1}{2}\|p_t\|_{L^2(\Omega)}^2\leqslant C_4<+\infty。\tag{4.2.110}$$

这就证明了 $p_t\in L^2(Q)$且 C_4 与 p 无关。至此,完全推得式(4.2.96),式(4.2.97)成立,顺便也推得 $p_r\in L^2(Q)$。定理 4.2.4 证毕。

4.3　与年龄相关的拟线性种群扩散系统的最优控制

4.3.1　引言

在 4.1 节和 4.2 节中,我们证明了与年龄相关的拟线性种群扩散系统(P)解的存在唯一

性和正则性。在此基础上，本节讨论拟线性系统(P)的最优控制问题。系统(P)的数学模型是4.1节的问题(4.1.1)～问题(4.1.5)。为了阅读方便起见，我们再写出系统(P)：

$$p_r+p_t-\mathrm{div}(k(t,x;S)\mathrm{grad}p)+[\mu_0(r,t,x)+\mu_e(r,t,x;S)]p=0,\quad \text{在 } Q \text{ 内}, \tag{4.3.1}$$

$$p(0,t,x)=\int_0^A\beta(r,t,x;S)p(r,t,x)\mathrm{d}r,\quad \text{在 } \Omega_T \text{ 内}, \tag{4.3.2}$$

$$p(r,0,x)=p_0(r,x),\quad \text{在 } \Omega_A \text{ 内}, \tag{4.3.3}$$

$$p(r,t,x)=0,\quad \text{在 } \Sigma \text{ 上}, \tag{4.3.4}$$

$$S\equiv S(t,x)=\int_0^A v(r,t,x)p(r,t,x)\mathrm{d}r,\quad \text{在 } \Omega_T \text{ 内。} \tag{4.3.5}$$

其中，$k(t,x;S)>0$是种群的空间扩散系数函数，当$p_0(r,x)\geqslant p^0>0$时，$k(t,x;S)\geqslant k_0>0$；同4.1节一样，$k(t,x;S)$，$\mu_e(r,t,x;S)$和$\beta(r,t,x;S)$均依赖于规模变量S，分别简记为$k(S)$，$\mu_e(S)$和$\beta(S)$；式(4.3.5)中的v为系统(P)中的控制量，由于状态变量$p(r,t,x)$依赖于S，因此其非线性地依赖于$v(r,t,x)$，这里将其记作$p(r,t,x;v)$或简记为$p(v)$，即

$$p(r,t,x)=p(r,t,x;v)=p(v)。\tag{4.3.6}$$

4.3.2节讨论系统(P)含分布观测的性能指标泛函J_1的最优控制，4.3.3节讨论系统(P)含最终状态观测的性能指标泛函J_2的最优控制。

首先如4.2节关于正则性问题叙述中所提到的那样，系统(P)含拟线性椭圆算子。因此，在证明最优控制存在性等结论时，需要下面的理论作前提，这就是证明当$v_n\to u$在$L^2(Q)$中弱，即$n\to+\infty$时，有

$$\int_Q k(t,x;S_n)\nabla p_n\cdot\nabla\phi\mathrm{d}Q\to\int_Q k(t,x;S^*)\nabla p\cdot\nabla\phi\mathrm{d}Q,$$

而这需要结论：

$$(p_n)_{x_i}\to p_{x_i},\quad \text{在 } L^2(Q) \text{ 中强。} \quad ①$$

与其他研究结果相比，Lions在文献[111]中对于线性抛物系统控制只需要结论：当$Q(0,T)\times\Omega$和$n\to+\infty$时，有

$$p_n\to p,\quad \text{在 } L^2(Q) \text{ 中强。} \quad ②$$

李健全在文献[59]中对于与年龄相关的半线性扩散系统P^*控制问题只需要结论：当$Q=(0,A)\times(0,T)\times\Omega$和$n\to+\infty$时有②成立。我们在证明①的过程中，发现文献[59]中关于三个空间的笛卡儿积$(0,A)\times(0,T)\times\Omega$的紧性定理只能推得②而推不出①。所以在本节定理4.3.1中对它作了改进，对$p_t\in V'$，$p_{x_ix_i}\in V'$，提高到$p_t\in L^2(Q)$，$p_{x_ix_i}\in L^2(Q)$。这就是需要4.2节正则性结果的缘由，也正因为这样，才能推得结果①。

其次，虽然解决最优控制问题的总体思路与文献[59]，文献[111]中的大体相同，但具体操作起来要繁难得多。

最后，还需要说明的是，Lions曾在文献[111]中指出，在解决二阶系统关于x的二阶导数项中包含控制量v的控制问题时，有三种可能选择：

(1) 将二阶方程化为一阶方程组，如Cesari在文献[134]中所做的那样。

(2) 使控制正则化，例如在抛物系统中，假定容许控制集合U_{ad}是$H^1(Q)$的一个闭的有界子集。

(3) 引入扰动算子$A_\varepsilon(v)$，$A_\varepsilon(v)$是p关于x的4阶椭圆算子。虽然Lions在文献[76]

中就二阶抛物系统作了尝试，但也正如他本人所指出的，这三种可能的选择只是“为了回避—但不克服—这个困难”。

我们在本节中没有采用 Lions 指出的上述三种可能做法。虽然曾就可能选择(3)做过尝试，但正如 Lions 所说的，只是“为了回避—但不克服—这个困难”。因此，我们另辟蹊径，将原问题系统(P)的解 p 正则化，在适当增加已知参数正则性的基础上获得解 p 的正则性：$p_t\in L^2(Q)$，$p_{x_ix_i}\in L^2(Q)$，从而解决了问题。这也算是有一点创造性的思路和工作。

4.3.2　具有分布观测的拟线性种群系统的最优控制

为清晰起见，本节的内容分为 3 个部分：①问题的提出；②最优控制问题的存在性；③最优性的一阶必要条件。

1. 问题的提出

本节讨论由问题(4.3.1)～问题(4.3.5)所支配的系统(P)在性能指标泛函 $J_1(v)$含分布观测的最优控制问题。由定理 4.1.3、定理 4.2.3 和定理 4.2.4 可知，在一定条件下，系统(P)的状态$p(v)\in H^{1,1,2}(Q)\subset V_1\subset V\subset L^2(Q)$。给定理想状态 $z_1(r,t,x)$，$z_1\in L^2(Q)$，含分布观测的性能指标泛函 $J_1(v)$为

$$J_1(v)=\frac{1}{2}\|p(r,t,x;v)-z_1(r,t,x)\|^2_{L^2(Q)}+\frac{1}{2}\rho\|v\|^2_{L^2(Q)},\tag{4.3.7}$$

其中观测空间为 $L^2(Q)$。

系统(P)的最优控制问题是：

$$\text{寻找满足等式 } J_1(u)=\inf_{v\in U}J_1(v) \text{ 的 } u\in U,\tag{4.3.8}$$

其中，

$$U=L^\infty(Q)\text{ 中的凸子集，并且它依 }L^1(Q)\text{ 的对偶的弱拓扑是闭的。}\tag{4.3.9}$$

换言之，其中的拓扑是“弱星-拓扑”：若 $v_n\in U$，且

$$\int_Q v_nh\,\mathrm{d}Q\to\int_Q uh\,\mathrm{d}Q,\quad \forall h\in L^1(Q)。$$

则 $u\in U$。以上事实以后记作：$v_n\in u$ 在 $L^\infty(Q)$中。例如，设

$$\begin{aligned}U^+=\{v\mid v\in L^\infty(Q),0<\gamma_1<\gamma_1(r,t,x)\leqslant v\leqslant\gamma_2(r,t,x)<\gamma_2,\quad \text{a.e.于 }Q\text{ 内}\\ \gamma_i(r,t,x)\in L^\infty(Q),i=1,2,\gamma_i\text{ 为很小的正常数}\},\end{aligned}\tag{4.3.10}$$

容易验证，U^+ 是 $L^\infty(Q)$中的有界凸闭集，它满足式(4.3.9)的要求。以后我们的讨论均认为式(4.3.9)中的 U 就是 U^+，但仍记为 U。

状态方程(4.3.1)～方程(4.3.5)，性能指标泛函 $J_1(v)$(即式(4.3.7))及极小化问题(4.3.8)就构成了与年龄相关的拟线性种群扩散系统最优控制问题的数学模型。问题(4.3.8)中的 $u\in U$称为系统(P)的最优控制，而相应的$(u,p(u))$则称为最优对。

下面讨论最优控制问题的存在性，控制 u 为最优的一阶必要条件和最优性组。

2. 最优控制问题的存在性

本节仍沿用 4.1 节和 4.2 节中的记号：

$$V=L^2(\Theta;H_0^1(\Omega)),\quad V'=L^2(\Theta;H^{-1}(\Omega)),$$
$$V=L^2(\Theta;H^2(\Omega)),\quad V_1'=L^2(\Theta;(H^2(\Omega))'),\quad \Theta=(0,A)\times(0,T)。$$

在此之前，我们先引入和证明几个引理和定理。

引理 4.3.1[59,107]　设 B,W,E 为 Hilbert 空间，且 $B\subset W\subset E$。假设 B 到 W 的线性映射是全连续的，则 $H_1(a,b;B,E)$ 到 $L^2(a,b;W)$ 的线性映射也是全连续的，其中空间 $H_1(a,b;B,E)$ 表示满足条件 $p\in L^2(a,b;B)$ 且 $\frac{\partial p}{\partial t}\in L^2(a,b;E)$ 的元素的集合，其范数定义为

$$\|p\|_{H_1}=\left(\int_b^a\|p(t)\|_B^2\mathrm{d}t+\int_a^b\left\|\frac{\partial p}{\partial t}\right\|_E^2\mathrm{d}t\right)^{\frac{1}{2}}。$$

定理 4.3.1　设 $H_1\equiv H_1(0,T;L^2(0,A;H^2(\Omega)),L^2(0,A;H^0(\Omega)))$ 是满足条件 $p\in L^2(0,T;L^2(0,A;H^2(\Omega)))$ 且 $\frac{\partial p}{\partial t}\in L^2(0,T;L^2(0,A;H^0(\Omega)))$ 的元素的集合，则从 $H_1(0,T;L^2(0,A;H^2(\Omega)),L^2(0,A;H^0(\Omega)))$ 到 $L^2(0,T;L^2(0,A;H^1(\Omega)))$ 的线性映射是紧的。

证明　此定理的证明与文献[59]证明定理 3.3.1 的过程类似，须运用引理 4.2.1。按引理 4.2.1 中的记号，$B=L^2(0,A;H^2(\Omega))$，$W=L^2(0,A;H^1(\Omega))$，$E=L^2(0,A;H^0(\Omega))$。显然，B,W,E 均为 Hilbert 空间 $L^2(0,A;H^2(\Omega))\subset L^2(0,A;H^1(\Omega))\subset L^2(0,A;H^0(\Omega))$。由于 $H^2(\Omega)\to H^1(\Omega)$ 的线性映射是紧的[107]，因而由引理 4.2.1 可得，$H_1(0,A;H^2(\Omega),H^0(\Omega))$ 到 $L^2(0,A;H^1(\Omega))$ 的线性映射是紧的，故

$L^2(0,A;H^2(\Omega))$ 到 $L^2(0,A;H^1(\Omega))$ 的线性映射是紧的，

而且有

$$L^2(0,A;H^2(\Omega))\subset L^2(0,A;H^1(\Omega))\subset L^2(0,A;H^0(\Omega))。$$

所以，再由引理 4.3.1 可推得

$H_1(0,T;L^2(0,A;H^2(\Omega)),L^2(0,A;H^0(\Omega)))$ 到 $L^2(0,T;L^2(0,A;H^1(\Omega)))$ 的线性映射是紧的。定理 4.3.1 证毕。

由紧映射的定义(即把有界集映射成紧集)及定理 4.2.1 可以直接推得下面的推论。

推论 4.3.1　若 $\{p_n\}$ 为 $H_1(0,T;L^2(0,A;H^2(\Omega)),L^2(0,A;H^0(\Omega)))$ 中的有界集，换言之，若 $p_n\in L^2(\Theta;H^2(\Omega))$，$\frac{\partial p_n}{\partial t}\in L^2(Q)$ 在 H_1 中一致有界，则 $\{p_n\}$ 为 $L^2(\Theta;H^1(\Omega))$ 中的紧集；由紧集的定义，存在 $\{p_n\}$ 中的子序列，仍然记作 $\{p_n\}$，使得当 $n\to+\infty$ 时

$$\begin{cases}p_n\to p, & \text{在 } L^2(\Theta;H^1(\Omega)) \text{ 中强，且 } p\in L^2(\Theta;H^1(\Omega)),\\ \text{即}(p_n)_{x_i}\to p_{x_i}, & \text{在 } L^2(Q) \text{ 中强，} p_{x_i}\in L^2(Q)。\end{cases}\tag{4.3.11}$$

下面的定理是本节的主要结果之一。

定理 4.3.2　设 $p\in V_1\subset V$ 为问题(4.3.1)～问题(4.3.5)所支配的系统(P)的状态，容许控制集合 U 由式(4.3.10)给定，性能指标泛函 $J_1(v)$ 由式(4.3.7)给出。若假设条件(H_1)～条件(H_6)成立，则问题(4.3.8)在 U 中至少存在一个最优控制 $u\in U$，使得

$$J_1(u)=\inf_{v\in U}J_1(v)。$$

证明　设 $\{v_n\}\subset U$ 为问题(4.3.8)的极小化序列，使得当 $n\to+\infty$ 时，

$$J_1(v_n)\to\inf_{v\in U}J_1(v)。$$

由 U 的定义(4.3.10)推得,v_n 在 $L^\infty(Q)\subset L^2(Q)$中一致有界,即

$$\begin{cases}\|v_n\|_{L^\infty(Q)}\leqslant C_1, & n=1,2,\cdots,\\ \|v_n\|_{L^2(Q)}\leqslant C_1, & n=1,2,\cdots,\end{cases}\tag{4.3.12}$$

其中,常数 $C_1>0$ 与 n 无关。

为了清晰起见,下面的证明过程我们分几个步骤完成。

(1) 证明存在 $u\in U$,使得当 $n\to+\infty$时,

$$\begin{cases}v_n\to u, & \text{在 } L^\infty(Q) \text{ 中弱}, u\in U,\\ v_n\to u, & \text{在 } L^2(Q) \text{ 中弱}, u\in U。\end{cases}\tag{4.3.13}$$

由于 $L^1(Q)$为可分的 Banach 空间且其共轭空间为 $L^\infty(Q)$[108],由 Alaoglu 定理[125]及$\{v_n\}$在 $L^\infty(Q)$中的一致有界性(4.3.12),存在 $u\in U$ 和$\{v_n\}$的一个子序列,这里仍记作$\{v_n\}$,使得

$$\begin{cases}v_n\to u, & \text{在 } L^\infty(Q) \text{ 中弱},\\ v_n\to u, & \text{在 } L^2(Q) \text{ 中弱}。\end{cases}\tag{4.3.14}$$

由式(4.3.9),式(4.3.10)知,U 在 $L^\infty(Q)$的弱拓扑下是闭的,因而 $u\in U$,所以式$(4.3.13)_1$ 成立。至于式$(4.3.13)_2$,则是由自反的 Banach 空间 $L^2(Q)$的有界集为弱序列紧的和弱完备的[109]而推得的。由此可知式(4.3.13)成立。

(2) 证明存在 $p\in H^{1,1,2}(Q)\subset V_1\subset V\subset L^2(Q)$且 $D_p\in V'$,使得当 $v_n\to v$ 在 U 中,即当 $n\to+\infty$时,有

$$\begin{cases}p_n\to p, & \text{在 } V \text{ 中弱}, p\in V,\\ Dp_n\to Dp, & \text{在 } V' \text{ 中弱},\\ p_n\to p, & \text{在 } L^2(Q) \text{ 中弱}\end{cases}\tag{4.3.15}$$

和

$$\begin{cases}p_n\to p, & \text{在 } V_1 \text{ 中弱}, p\in V_1,\\ (p_n)_t\to p_t, & \text{分别在 } V' \text{ 和 } L^2(Q) \text{ 中弱}, p_t\in L^2(Q),\\ (p_n)_r\to p_r, & \text{分别在 } V' \text{ 和 } L^2(Q) \text{ 中弱}, p_r\in L^2(Q)。\end{cases}\tag{4.3.16}$$

其中

$$p_n(r,t,x)=p(r,t,x;v_n)\tag{4.3.17}$$

为问题(P)对应于 $v=v_n(r,t,x)$的在 V 中的广义解;而

$$S_n(t,x)=\int_0^A v_n(r,t,x)p_n(r,t,x)\mathrm{d}r$$

为系统(P)对应于 $v=v_n(r,t,x)$的种群规模变量。

现在证明$\{p_n\}$在 V_1 中一致有界。由式(4.2.26),有

$$\|p_n\|_{V_1}^2\leqslant C(\|p_n\|_V^2+\|p_0\|_{L^2(0,A;H^1(\Omega))}^2)。\tag{4.3.18}$$

其中,常数 $C>0$ 与 p_n 无关。而由式(4.1.149),式(4.1.150),可得

$$\begin{aligned}\int_Q p_n^2(r,t,x)\mathrm{d}Q&=\int_{\Omega_T}\left[\int_0^A p_n^2(r,t,x)\mathrm{d}r\right]\mathrm{d}t\,\mathrm{d}x\\ &\leqslant\int_{\Omega_T}C(T)\mathrm{d}t\,\mathrm{d}x=C(T)T\,\mathrm{mes}\Omega\equiv C_3,\end{aligned}$$

即

$$\|p_n\|_{L^2(Q)}^2 \leqslant C_3, \tag{4.3.19}$$

或称$\{p_n\}$在$L^2(Q)$中一致有界。其中,常数$C_3>0$与p_n无关,

$$\int_Q |\nabla p_n|^2 \mathrm{d}Q = \int_\Omega \left[\int_0^T\int_0^A |\nabla p_n|^2 \mathrm{d}r\,\mathrm{d}t\right]\mathrm{d}x \leqslant C(T)\,\mathrm{mes}\Omega \equiv C_4。 \tag{4.3.20}$$

由式(4.3.19),式(4.3.20)就推得

$$\|p_n\|_V^2 \leqslant C_5, \tag{4.3.21}$$

或称$\{p_n\}$在V中一致有界。其中,常数$C_5>0$仅与C_3和C_4有关,而与p_n无关。将式(4.3.21)代入式(4.3.18)就推得

$$\|p_n\|_{V_1}^2 \leqslant C_6, \tag{4.3.22}$$

或称$\{p_n\}$在V_1中一致有界。其中,常数$C_6>0$仅依赖于C_3,C_4,C_5和$\|P_0\|_V$,而与p_n无关。

依据假设条件(H_1)～假设条件(H_6),式(4.3.19)～式(4.3.21)和式(4.2.96)以及式(A.5)和式(A.33),从方程(4.3.1)(其中$p=p_n,v=v_n,S=S_n$)推得

$$\{Dp_n\},\{(p_n)_r\},\{(p_n)_t\}\text{ 均在 }V'\text{ 和 }L^2(Q)\text{ 中一致有界。} \tag{4.3.23}$$

由于V和V',V_1和V_1'均是自反的Hilbert的空间[106,108],依据文献[109],从式(4.3.21),式(4.3.23),式(4.3.19)和方程(4.3.1)推得式(4.3.15)成立。由式(4.3.22),式(4.3.23)推得式(4.3.16)成立。由式(4.2.97)可推得$p\in H^{1,1,2}(Q)$。

现在证明,当$n\to+\infty$时

$$(p_n)_{x_i} \to p_{x_i}, \quad \text{在 } L^2(Q) \text{ 中强}, \tag{4.3.24}$$

$$(p_n) \to p, \quad \text{在 } L^2(Q) \text{ 中强}。 \tag{4.3.25}$$

由式(4.3.22),式(4.3.23)有$p_n\in L^2(\Theta;H^2(\Omega))$,$(p_n)_t\in L^2(Q)$,且在$H_1$中$\{p_n\}$一致有界。结合推论4.3.1推得式(4.3.24)成立。由于$\|p_n\|_{L^2(Q)}\leqslant\|p_n\|_{L^2(\Theta;H^1(\Omega))}$,由式(4.3.24)推得式(4.3.25)成立。

(3) 现在证明式(4.3.15),式(4.3.16)中的极限函数$p\in V_1\subset V$是问题(P)对应于$v=u$的广义解,即按记号(4.3.6)有

$$p \equiv p(r,t,x) = p(r,t,x;u)。 \tag{4.3.26}$$

式(4.3.15),式(4.3.16)中的函数$p_n(r,t,x)=p(r,t,x;v_n)$是问题(P)当$v=v_n$时的广义解。按广义解定义4.1.2,p_n满足下面4个积分恒等式:

$$\begin{cases}\displaystyle\int_Q (Dp_n)\varphi\,\mathrm{d}Q + \int_Q k(S_n)\,\nabla p_n\cdot\nabla\varphi\,\mathrm{d}Q + \int_Q[\mu_0+\mu_e(S_n)]p_n\varphi\,\mathrm{d}Q = 0, \quad \forall\varphi\in V,\\ \displaystyle\int_{\Omega_T} p_n(0,t,x)\varphi(0,t,x)\,\mathrm{d}t\,\mathrm{d}x = \int_{\Omega_T}\left[\int_0^A \beta(S_n)p_n\,\mathrm{d}r\right]\varphi(0,t,x)\,\mathrm{d}t\,\mathrm{d}x, \quad \forall\varphi\in V,\\ \displaystyle\int_{\Omega_A}(p_n\varphi)(r,0,x)\,\mathrm{d}r\,\mathrm{d}x = \int_{\Omega_A} p_0(r,x)\varphi(r,0,x)\,\mathrm{d}r\,\mathrm{d}x, \quad \forall\varphi\in V,\\ \displaystyle S_n \equiv S_n(t,x) = \int_0^A v_n(r,t,x)p_n(r,t,x)\,\mathrm{d}r。\end{cases} \tag{4.3.27}$$

要证明式(4.3.26)成立,即其中的p是问题(P)对应于$v=u$的广义解,也就是p要满足下面的积分恒等式:

$$
\begin{cases}
\int_Q (Dp)\varphi \mathrm{d}Q + \int_Q k(S^*)\nabla p \cdot \nabla\varphi \mathrm{d}Q + \int_Q [\mu_0 + \mu_e(S^*)] p\varphi \mathrm{d}Q = 0, & \forall \varphi \in V, \\
\int_{\Omega_T} p(0,t,x)\varphi(0,t,x)\mathrm{d}t\mathrm{d}x = \int_{\Omega_T} \left[\int_0^A \beta(S^*) p \mathrm{d}r\right]\varphi(0,t,x)\mathrm{d}t\mathrm{d}x, & \forall \varphi \in V, \\
\int_{\Omega_A} (p\varphi)(r,0,x)\mathrm{d}r\mathrm{d}x = \int_{\Omega_A} p_0(r,x)\varphi(r,0,x)\mathrm{d}r\mathrm{d}x, & \forall \varphi \in V, \\
S^* \equiv S^*(t,x) = \int_0^A u(r,t,x)p(r,t,x)\mathrm{d}r。
\end{cases}
\tag{4.3.28}
$$

对此，又分以下几个小步骤来进行证明。

① 证明当 $n \to +\infty$ 时，

$$
\int_Q (Dp_n)\varphi(r,t,x)\mathrm{d}Q \to \int_Q (Dp)\varphi(r,t,x)\mathrm{d}Q, \quad \forall \varphi \in V。 \tag{4.3.29}
$$

事实上，由式$(4.3.15)_2$ 可知，对于任意给定的 $\varphi \in V = V''$有，当 $n \to +\infty$时

$$
\int_Q D(p_n - p)\varphi \mathrm{d}Q \to 0,
$$

即式(4.3.29)成立。

② 证明当 $n \to +\infty$时，

$$
\begin{cases}
\int_Q k(S_n)\nabla p_n \cdot \nabla\varphi \mathrm{d}Q \to \int_Q k(S^*)\nabla p \cdot \nabla\varphi \mathrm{d}Q, \quad \forall \varphi \in V, \\
S_n \equiv S_n(t,x) = \int_0^A v_n(r,t,x)p_n(r,t,x)\mathrm{d}r, \\
S^* \equiv S^*(t,x) = \int_0^A u(r,t,x)p(r,t,x)\mathrm{d}r。
\end{cases}
\tag{4.3.30}
$$

首先，有广义函数意义下的 $S_n(t,x) \to S^*(t,x)$，即

$$
\int_{\Omega_T} S_n(t,x)\varphi(0,t,x)\mathrm{d}t\mathrm{d}x \to \int_{\Omega_T} S^*(t,x)\varphi(0,t,x)\mathrm{d}t\mathrm{d}x, \quad \forall \varphi \in V。 \tag{4.3.31}
$$

事实上，由式(4.3.25)，式(4.3.10)和 $p(r,t,x)\varphi(0,t,x) \in L^1(Q)$可推得，当 $n \to +\infty$时

$$
\begin{aligned}
&\left|\int_{\Omega_T} (S_n(t,x) - S^*(t,x))\varphi(0,t,x)\mathrm{d}t\mathrm{d}x\right| \\
&= \left|\int_{\Omega_T} \left[\int_0^A (v_n p_n - up)\mathrm{d}r\right]\varphi(0,t,x)\mathrm{d}t\mathrm{d}x\right| \\
&\leqslant \left|\int_Q v_n(p_n - p)\varphi(0,t,x)\mathrm{d}Q\right| + \left|\int_Q (v_n - u)p\varphi(0,t,x)\mathrm{d}Q\right| \\
&\leqslant \gamma_2 \|p_n - p\|_{L^2(Q)} \cdot A^{\frac{1}{2}} \|\varphi(0,t,x)\|_{L^2(\Omega_T)} + \left|\int_Q (v_n - u)p\varphi(0,t,x)\mathrm{d}Q\right| \to 0 + 0 \\
&= 0,
\end{aligned}
$$

这就证明了式(4.3.31)。

下面考虑这样的 I。对任意给定的 $\varphi \in V$，有

$$
\begin{aligned}
I &= \left|\int_Q (k(S_n)(p_n)_{x_i} - k(S^*)p_{x_i})\varphi_{x_i}\mathrm{d}Q\right| \\
&\leqslant \left|\int_Q k(S_n)[(p_n)_{x_i} - p_{x_i}]\varphi_{x_i}\mathrm{d}Q\right| + \left|\int_Q [k(S_n) - k(S^*)]p_{x_i}\varphi_{x_i}\mathrm{d}Q。\right| \\
&\equiv I_1(n) + I_2(n)。
\end{aligned}
\tag{4.3.32}
$$

首先估计 $I_1(n)$。由于 $\varphi\in V\Rightarrow\varphi_{x_i}\in L^2(Q)$,以及假设条件($H_3$)和式(4.3.24)可推得,当 $n\to+\infty$ 时,

$$
\begin{aligned}
I_1(n)&=\left|\iint_Q k(S_n)[(p_n)_{x_i}-p_{x_i}]\varphi_{x_i}\mathrm{d}Q\right|\\
&\leqslant k_1\|(p_n)_{x_i}-p_{x_i}\|_{L^2(Q)}\cdot\|\varphi_{x_i}\|_{L^2(Q)}\to 0。
\end{aligned}\tag{4.3.33}
$$

由假设条件(H_3)和微分中值定理可知,存在 $\overline{S}_n\in[S_n,S^*]$,使得

$$
\begin{aligned}
I_2(n)&=\left|\iint_Q (k(S_n)-k(S^*))p_{x_i}\varphi_{x_i}\mathrm{d}Q\right|\\
&=\left|\iint_Q (k_S(\overline{S}_n)(S_n-S^*)p_{x_i}\varphi_{x_i}\mathrm{d}Q)\right|\\
&=\left|\iint_Q (k_S(\overline{S}_n)\left[\int_0^A(v_np_n-up)\mathrm{d}\alpha\right]p_{x_i}\varphi_{x_i}\mathrm{d}Q)\right|\\
&=\left|\iint_Q k_S(\overline{S}_n)\left[\int_0^A v_n(p_n-p)\mathrm{d}\alpha\right]p_{x_i}\varphi_{x_i}\mathrm{d}Q\right|+\\
&\quad\left|\iint_Q k_S(\overline{S}_n)\left[\int_0^A(v_n-u)p\,\mathrm{d}\alpha\right]p_{x_i}\varphi_{x_i}\mathrm{d}Q\right|=I_2^{(1)}+I_2^{(2)}。
\end{aligned}\tag{4.3.34}
$$

注意到 $C^1(\overline{Q})$ 在 V 中稠,因此不妨认为 $\varphi_{x_i}\in C^0(\overline{Q})$。这样,由假设条件($H_3$)中关于 $k(y)$ 的假设和定义(4.3.10)中关于 v_n 的假设以及式(4.3.25)可推得,当 $n\to+\infty$ 时,

$$
\begin{aligned}
I_2^{(1)}&=\left|\iint_Q \left(k_S(\overline{S}_n)\left[\int_0^A v_n(p_n-p)\mathrm{d}\alpha\right]p_{x_i}\varphi_{x_i}\mathrm{d}Q\right)\right|\\
&\leqslant k_1\gamma_2\|\varphi_{x_i}\|_{C^0(\overline{Q})}\int_Q\left[\int_0^A|p_n-p|\mathrm{d}\alpha\right]|p_{x_i}|\mathrm{d}Q\\
&\leqslant k_1\gamma_2\|\varphi_{x_i}\|_{C^0(\overline{Q})}\int_Q A^{\frac12}\left(\int_0^A|p_n-p|^2\mathrm{d}\alpha\right)^{\frac12}|p_{x_i}|\mathrm{d}Q\\
&\leqslant A^{\frac12}k_1\gamma_2\|\varphi_{x_i}\|_{C^0(\overline{Q})}\left(\int_Q\left[\left(\int_0^A|p_n-p|^2\mathrm{d}\alpha\right)^{\frac12}\right]^2\mathrm{d}Q\right)^{\frac12}\cdot\left(\int_Q|p_{x_i}|^2\mathrm{d}Q\right)^{\frac12}\\
&=A^{\frac12}k_1\gamma_2\|\varphi_{x_i}\|_{C^0(\overline{Q})}\|p_{x_i}\|_{L^2(Q)}\left(\int_0^A\left[\iint_Q|p_n-p|^2\mathrm{d}\alpha\,\mathrm{d}t\,\mathrm{d}x\right]\mathrm{d}r\right)^{\frac12}\\
&=Ak_1\gamma_2\|\varphi_{x_i}\|_{C^0(\overline{Q})}\|p_{x_i}\|_{L^2(Q)}\|p_n-p\|_{L^2(Q)}\to 0。
\end{aligned}\tag{4.3.35}
$$

现在估计 $I_2^{(2)}$。在此之前,首先证明

$$
h=p(\alpha,t,x)\int_0^A(p_{x_i}\varphi_{x_i})(r,t,x)\mathrm{d}r\in L^1(Q)。\tag{4.3.36}
$$

同 $I_2^{(2)}$ 证明中一样,认为 $\varphi_{x_i}\in C^0(\overline{Q})$,因此可得

$$
\begin{aligned}
\|h\|_{L^1(Q)}&=\int_Q\left|\left[p(\alpha,t,x)\int_0^A(p_{x_i}\varphi_{x_i})(r,t,x)\mathrm{d}r\right]\right|\mathrm{d}\alpha\,\mathrm{d}t\,\mathrm{d}x\\
&\leqslant\int_Q|(p_{x_i}\varphi_{x_i})(r,t,x)|\left[\int_0^A|p(\alpha,t,x)|\mathrm{d}\alpha\right]\mathrm{d}r\,\mathrm{d}t\,\mathrm{d}x\\
&\leqslant\|\varphi_{x_i}\|_{C^0(\overline{Q})}\|p_{x_i}\|_{L^2(Q)}\left[\iint_Q\left(\int_0^A|p(\alpha,t,x)|\mathrm{d}\alpha\right)^2\mathrm{d}r\,\mathrm{d}t\,\mathrm{d}x\right]^{\frac12}\\
&\leqslant\|\varphi_{x_i}\|_{C^0(\overline{Q})}\|p_{x_i}\|_{L^2(Q)}\left[\iint_Q A\int_0^A|p(\alpha,t,x)|^2\mathrm{d}\alpha\,\mathrm{d}r\,\mathrm{d}t\,\mathrm{d}x\right]^{\frac12}\\
&\leqslant A\|\varphi_{x_i}\|_{C^0(\overline{Q})}\|p_{x_i}\|_{L^2(Q)}\left[\iint_Q|p(\alpha,t,x)|^2\mathrm{d}\alpha\,\mathrm{d}t\,\mathrm{d}x\right]^{\frac12}
\end{aligned}
$$

$$=A\|\varphi_{x_i}\|_{C^0(\overline{Q})}\|p_{x_i}\|_{L^2(Q)}\|p\|_{L^2(Q)}<+\infty。$$

由此推得式(4.3.36)成立。由假设条件(H_3),式(4.3.36)和式(4.3.13)以及 Hölder 不等式推得,当 $n\to+\infty$时,

$$\begin{aligned}I_2^{(2)}&=\left|\int_Q k_S(\overline{S}_n)\left[\int_0^A(v_n-u)p\,\mathrm{d}\alpha\right]p_{x_i}\varphi_{x_i}\,\mathrm{d}r\,\mathrm{d}t\,\mathrm{d}x\right|\\&\leqslant\int_Q|(v_n-u)(\alpha,t,x)||k_S(\overline{S}_n)||p(\alpha,t,x)|\left|\int_0^A(p_{x_i}\varphi_{x_i})(r,t,x)\mathrm{d}r\right|\mathrm{d}\alpha\,\mathrm{d}t\,\mathrm{d}x\\&\leqslant k_1\int_Q|(v_n-u)(\alpha,t,x)||h(\alpha,t,x)|\mathrm{d}Q\\&\leqslant k_1\|v_n-u\|_{L^\infty(Q)}\|h\|_{L^1(Q)}\to0,\quad\forall\varphi\in V。\end{aligned}\tag{4.3.37}$$

这是因为由$\|v_n-u\|_{L^\infty(Q)}$定义的泛函$\|\cdot\|_{L^\infty(Q)}$是$L^\infty(Q)$上的一个范数。这与“$v_n\to u$,在$L^\infty(Q)$中”是一致的。由式(4.3.31)~式(4.3.35)和式(4.3.37)推得式(4.3.30)成立。

③ 证明当 $n\to+\infty$时,

$$\int_Q\mu_0(r,t,x)p_n\varphi\mathrm{d}Q\to\int_Q\mu_0(r,t,x)p\varphi\mathrm{d}Q,\quad\forall\varphi\in V。\tag{4.3.38}$$

事实上,$C^1(\overline{Q})$在 V 中稠,不妨设 $\varphi\in C^1(\overline{Q})$。由假设条件($H_1$)中关于 $\mu_0(r,t,x)$的假设和式(A.5)以及式(4.3.25),应用 Hölder 不等式推得,当 $n\to+\infty$时,

$$\left|\int_Q\mu_0(p_n-p)(r,t,x)\varphi\mathrm{d}Q\right|\leqslant C_6\|p_n-p\|_{L^2(Q)}\|\varphi\|_{C^0(\overline{Q})}\to0$$

其中,常数 $C_7>0$ 与 p_n,p 无关。由此推得式(4.3.38)成立。

④ 证明当 $n\to+\infty$时,

$$\int_Q\mu_e(r,t,x;S_n)p_n\varphi\mathrm{d}Q\to\int_Q\mu_e(r,t,x;S^*)p\varphi\mathrm{d}Q,\quad\forall\varphi\in V。\tag{4.3.39}$$

事实上,依据微分中值定理及假设条件(H_2)中关于 μ_e 的假设,存在 $\overline{S}_n\in[S_n,S^*]$,对于任意的 $\varphi\in V\subset L^2(Q)$,可得

$$\begin{aligned}&\left|\int_Q\mu_e(r,t,x;S_n)p_n\varphi\mathrm{d}Q-\int_Q\mu_e(r,t,x;S^*)p\varphi\mathrm{d}Q\right|\\&=\left|\int_Q\mu_e(S_n)(p_n-p)\varphi\mathrm{d}Q+\int_Q[\mu_e(S_n)-\mu_e(S^*)]p\varphi\mathrm{d}Q\right|\\&\leqslant\left|\int_Q\mu_e(S_n)(p_n-p)\varphi\mathrm{d}Q\right|+\left|\int_Q[\mu_e(S_n)-\mu_e(S^*)]p\varphi\mathrm{d}Q\right|\\&=\left|\int_Q\mu_e(S_n)(p_n-p)\varphi\mathrm{d}Q\right|+\left|\int_Q\mu_{eS}(\overline{S}_n)(S_n-S^*)p\varphi\mathrm{d}Q\right|\\&=\Pi_1(n)+\Pi_2(n),\quad\overline{S}_n\in[S_n,S^*]。\end{aligned}\tag{4.3.40}$$

由假设条件(H_2)关于 μ_e 的假设和式(4.3.25),应用 Hölder 不等式推得,当 $n\to+\infty$时,

$$\Pi_1(n)=\left|\int_Q\mu_e(S_n)(p_n-p)\varphi\mathrm{d}Q\right|\leqslant G_1\|\varphi\|_{L^2(Q)}\|p_n-p\|_{L^2(Q)}\to0,\quad\forall\varphi\in V。\tag{4.3.41}$$

由 S_n 和 S^* 的定义式(4.3.30),有

$$\begin{aligned}\Pi_2(n)&=\left|\int_Q\mu_{eS}(\overline{S}_n)(S_n-S^*)p\varphi\mathrm{d}Q\right|=\left|\int_Q\left[\mu_{eS}(\overline{S}_n)\int_0^A(v_np_n-up)\mathrm{d}\alpha\right]p\varphi\mathrm{d}Q\right|\\&\leqslant\left|\int_Q\left[\mu_{eS}(\overline{S}_n)\int_0^Av_n(p_n-p)\mathrm{d}\alpha\right]p\varphi\mathrm{d}Q\right|+\left|\int_Q\mu_{eS}(\overline{S}_n)\left[\int_0^A(v_n-u)p\,\mathrm{d}\alpha\right]p\varphi\mathrm{d}Q\right|\end{aligned}$$

$$\leqslant E_1(n)+E_2(n)。\tag{4.3.42}$$

由式(4.3.10),式(4.3.25)和假设条件(H_2)以及对 $\varphi\in V$,不妨认为 $\varphi\in C^1(\overline{Q})$,可推得,当 $n\to+\infty$ 时,

$$\begin{aligned}E_1(n)&=\left|\int_Q\left[\mu_{eS}(\overline{S}_n)\int_0^A v_n(p_n-p)\mathrm{d}\alpha\right]p\varphi\mathrm{d}Q\right|\\&\leqslant G_1\int_Q\left|\left[\int_0^A v_n(p_n-p)\mathrm{d}\alpha\right]p\varphi\right|\mathrm{d}Q\\&\leqslant G_1\gamma_2\|\varphi\|_{C^0(\overline{Q})}\int_Q\left[\int_0^A|p_n-p|\mathrm{d}\alpha\right]|p|\mathrm{d}Q\\&\leqslant G_1\gamma_2\|\varphi\|_{C^0(\overline{Q})}\|p\|_{L^2(Q)}\left[\int_Q\left(\int_0^A(p_n-p)\mathrm{d}\alpha\right)^2\mathrm{d}Q\right]^{\frac{1}{2}}\\&\leqslant G_1\gamma_2\|\varphi\|_{C^0(\overline{Q})}\|p\|_{L^2(Q)}\left[\int_Q A\int_0^A(p_n-p)^2\mathrm{d}\alpha\,\mathrm{d}Q\right]^{\frac{1}{2}}\\&\leqslant G_1A\gamma_2\|\varphi\|_{C^0(\overline{Q})}\|p\|_{L^2(Q)}\|p_n-p\|_{L^2(Q)}\to0,\quad\forall\varphi\in V。\end{aligned}\tag{4.3.43}$$

现在估计 $E_2(n)$。首先,与式(4.3.36)的证明完全类似,可以证明下面事实:

$$h(\alpha,t,x)\equiv p(\alpha,t,x)\int_0^A(p\varphi)(r,t,x)\mathrm{d}r\in L^1(Q),\tag{4.3.44}$$

由式(4.3.44)及式(4.3.13)可推得,当 $n\to+\infty$ 时,

$$\begin{aligned}E_2(n)&=\left|\int_Q\left[\int_0^A(v_n-u)p\,\mathrm{d}\alpha\right]p\varphi\mathrm{d}Q\right|\\&=\left|\int_Q(v_n-u)\left[p(\alpha,t,x)\int_0^A(p\varphi)(r,t,x)\mathrm{d}r\right]\mathrm{d}\alpha\,\mathrm{d}t\,\mathrm{d}x\right|\\&=\int_Q(v_n-u)h\,\mathrm{d}\alpha\,\mathrm{d}t\,\mathrm{d}x\to0,\quad\forall\varphi\in V。\end{aligned}\tag{4.3.45}$$

由式(4.3.40)~式(4.3.43)和式(4.3.45)推得式(4.3.39)成立。

⑤ 证明

$$\int_{\Omega_A}(p\varphi)(r,0,x)\mathrm{d}r\,\mathrm{d}x=\int_{\Omega_A}p_0(r,x)\varphi(r,0,x)\mathrm{d}r\,\mathrm{d}x,\quad\forall\varphi\in V。\tag{4.3.46}$$

为此,首先证明当 $n\to+\infty$ 时,

$$\int_{\Omega_A}(p_n\varphi)(r,0,x)\mathrm{d}r\,\mathrm{d}x\to\int_{\Omega_A}p\varphi(r,0,x)\mathrm{d}r\,\mathrm{d}x,\quad\forall\varphi\in\Phi。\tag{4.3.47}$$

由式(4.3.15),式(4.3.16)得到,对于任意给定的 $\varphi\in V\equiv V''$,当 $n\to+\infty$ 时,

$$\int_Q\frac{\partial p_n}{\partial t}\varphi(r,t,x)\mathrm{d}Q\to\int_Q\frac{\partial p}{\partial t}\varphi(r,t,x)\mathrm{d}Q,\quad\forall\varphi\in V。\tag{4.3.48}$$

对上式分部积分得到,当 $n\to+\infty$ 时,

$$\begin{aligned}&-\int_{Q_t}\frac{\partial\varphi}{\partial t}p_n(r,t,x)\mathrm{d}Q+\int_{\Omega_A}[(p_n\varphi)(r,T,x)-(p_n\varphi)(r,0,x)]\mathrm{d}r\,\mathrm{d}x\\&\to\int_Q\frac{\partial\varphi}{\partial t}p(r,t,x)\mathrm{d}Q+\int_{\Omega_A}[(p\varphi)(r,T,x)-(p\varphi)(r,0,x)]\mathrm{d}r\,\mathrm{d}x。\end{aligned}$$

设 $\varphi(r,T,x)=0,\dfrac{\partial\varphi}{\partial t}\in V'$,结合式(4.3.15)可得,当 $n\to+\infty$ 时,

$$\int_{\Omega_A}[(p_n(r,0,x)-p(r,0,x))]\varphi(r,0,x)\mathrm{d}r\,\mathrm{d}x\to0,$$

即式(4.3.47)成立。由 $p_n(r,t,x)$ 的定义式(4.3.17)及式$(4.3.27)_3$，可得

$$\int_{\Omega_A} p_n(r,0,x)\varphi(r,0,x)\mathrm{d}r\mathrm{d}x=\int_{\Omega_A} p_0(r,x)\varphi(r,0,x)\mathrm{d}r\mathrm{d}x,$$

由上式及式(4.3.47)就推得式(4.3.46)成立。

⑥ 证明

$$\int_{\Omega_T}(p\varphi)(0,t,x)\mathrm{d}t\mathrm{d}x=\int_{\Omega_T}\left[\int_0^A\beta(r,t,x;S^*)p(r,t,x)\mathrm{d}r\right]\varphi(0,t,x)\mathrm{d}t\mathrm{d}x,\quad \forall\varphi\in V。\tag{4.3.49}$$

在此之前，首先证明当 $n\to+\infty$时，

$$\begin{aligned}&\int_{\Omega_T}\left[\int_0^A\beta(r,t,x;S_n)p_n(r,t,x)\mathrm{d}r\right]\varphi(0,t,x)\mathrm{d}t\mathrm{d}x\\ &\to\int_{\Omega_T}\left[\int_0^A\beta(r,t,x;S^*)p(r,t,x)\mathrm{d}r\right]\varphi(0,t,x)\mathrm{d}t\mathrm{d}x,\quad \forall\varphi\in V。\end{aligned}\tag{4.3.50}$$

事实上

$$\begin{aligned}&\int_{\Omega_T}\left[\int_0^A\beta(S_n)p_n(r,t,x)\mathrm{d}r-\int_0^A\beta(S^*)p(r,t,x)\mathrm{d}r\right]\varphi(0,t,x)\mathrm{d}t\mathrm{d}x\\ &=\int_{\Omega_T}\left\{\int_0^A[\beta(S_n)(p_n-p)+(\beta(S_n)-\beta(S^*))p]\mathrm{d}r\right\}\varphi(0,t,x)\mathrm{d}t\mathrm{d}x\\ &\leqslant\left|\int_{\Omega_T}\left[\int_0^A\beta(S_n)(p_n-p)\mathrm{d}r\right]\varphi(0,t,x)\mathrm{d}t\mathrm{d}x\right|+\\ &\quad\left|\int_{\Omega_T}\left[\int_0^A(\beta(S_n)-\beta(S^*))p\mathrm{d}r\right]\varphi(0,t,x)\mathrm{d}t\mathrm{d}x\right|\\ &=F_1(n)+F_2(n)。\end{aligned}\tag{4.3.51}$$

由假设条件(H_2)中关于 β 的假设和迹定理(引理 2.1.1)：$\varphi\in V, D\varphi\in V'\Rightarrow\varphi(0,\cdot,\cdot)\in L^2(\Omega_T)$以及式(4.3.25)可推得，当 $n\to+\infty$时，

$$\begin{aligned}F_1(n)&=\left|\int_{\Omega_T}\left[\int_0^A\beta(S_n)(p_n-p)\mathrm{d}r\right]\varphi(0,t,x)\mathrm{d}t\mathrm{d}x\right|\\ &\leqslant G_1\left|\int_Q(p_n-p)(r,t,x)\varphi(0,t,x)\mathrm{d}Q\right|\\ &\leqslant G_1\|p_n-p\|_{L^2(Q)}\cdot\|\varphi(0,\cdot,\cdot)\|_{L^2(\Omega_T)}\cdot A\to 0。\end{aligned}\tag{4.3.52}$$

由微分中值定理和假设条件(H_2)以及 S_n 与 S^* 定义式(4.3.30)，有 $\bar{S}_n\in[S_n,S^*]$，且

$$\begin{aligned}F_2(n)&=\left|\int_{\Omega_T}\left[\int_0^A(\beta(S_n)-\beta(S^*))p\mathrm{d}r\right]\varphi(0,t,x)\mathrm{d}t\mathrm{d}x\right|\\ &=\left|\int_{\Omega_T}\left[\int_0^A\beta_S(\bar{S}_n)(S_n-S^*)p\mathrm{d}r\right]\varphi(0,t,x)\mathrm{d}t\mathrm{d}x\right|\\ &=\left|\int_Q\beta_S(\bar{S}_n)\left[\int_0^A(v_np_n-up)\mathrm{d}\alpha\right]p\varphi(0,t,x)\mathrm{d}Q\right|\\ &=\left|\int_Q\int_0^A\beta_S(\bar{S}_n)[v_n(p_n-p)+(v_n-u)p]p(r,t,x)\varphi(0,t,x)\mathrm{d}\alpha\mathrm{d}r\mathrm{d}t\mathrm{d}x\right|\\ &=\left|\int_Q\left[\int_0^A\beta_S(\bar{S}_n)v_n(p_n-p)\mathrm{d}\alpha\right]p(r,t,x)\varphi(0,t,x)\mathrm{d}r\mathrm{d}t\mathrm{d}x\right|+\\ &\quad\left|\int_Q\left[\int_0^A\beta_S(\bar{S}_n)(v_n-u)p\mathrm{d}\alpha\right]p(r,t,x)\varphi(0,t,x)\mathrm{d}r\mathrm{d}t\mathrm{d}x\right|\end{aligned}$$

$$=F_2^{(1)}(n)+F_2^{(2)}(n)。\tag{4.3.53}$$

这与式(4.3.42)中 $E_1(n)$ 和 $E_2(n)$ 的形式几乎完全一样,只是 $\mu_{eS}(\bar{S}_n)$ 和 $\varphi(r,t,x)$ 以 $\beta_S(\bar{S}_n)$ 和 $\varphi(0,t,x)$ 代替,这不是本质的区别。由于 μ_e 和 β 均满足假设条件(H_2),因而与其中的 $E_1(n)$ 和 $E_2(n)$ 证明一样,可以证明当 $n\to+\infty$ 时

$$F_2^{(1)}(n)\to 0,\quad F_2^{(2)}(n)\to 0。\tag{4.3.54}$$

这样,由式(4.3.51)~式(4.3.54)就推得式(4.3.50)成立。

其次,证明当 $n\to+\infty$ 时,

$$\int_{\Omega_T}(p_n\varphi)(0,t,x)\mathrm{d}t\mathrm{d}x\to\int_{\Omega_T}(p\varphi)(0,t,x)\mathrm{d}t\mathrm{d}x。\tag{4.3.55}$$

事实上,由式(4.3.16)和 $\varphi\in\Phi\subset V$ 且 $V''=V$ 可推出,当 $n\to+\infty$ 时,

$$\int_Q\frac{\partial p_n}{\partial r}\varphi(r,t,x)\mathrm{d}Q\to\int_Q\frac{\partial p}{\partial r}\varphi(r,t,x)\mathrm{d}Q。$$

对上式分部积分可得,当 $n\to+\infty$ 时,

$$-\int_Q\frac{\partial\varphi}{\partial r}p_n(r,t,x)\mathrm{d}Q+\int_{\Omega_T}[(p_n\varphi)(A,t,x)-(p_n\varphi)(0,t,x)]\mathrm{d}t\mathrm{d}x$$

$$\to-\int_Q\frac{\partial\varphi}{\partial r}p(r,t,x)\mathrm{d}Q+\int_{\Omega_T}[(p\varphi)(A,t,x)-(p\varphi)(0,t,x)]\mathrm{d}t\mathrm{d}x。$$

结合 Φ 的定义中的 $\varphi(A,t,x)=0$,由式$(4.3.15)_1$ 和 $\frac{\partial p}{\partial r}\in V'$ 可推出

$$\int_Q\frac{\partial\varphi}{\partial r}p_n(r,t,x)\mathrm{d}Q\to\int_Q\frac{\partial\varphi}{\partial r}p(r,t,x)\mathrm{d}Q,$$

从上式就得到式(4.3.55)。由于 $p_n(r,t,x)$ 满足式(4.3.17)和式$(4.3.27)_2$,即

$$p_n(0,t,x)=\int_0^A\beta(r,t,x;S_n)p_n(r,t,x)\mathrm{d}r,$$

从而有

$$\int_{\Omega_T}(p_n\varphi)(0,t,x)\mathrm{d}t\mathrm{d}x=\int_{\Omega_T}\left[\int_0^A\beta(S_n)p_n(r,t,x)\mathrm{d}r\right]\varphi(0,t,x)\mathrm{d}t\mathrm{d}x。\tag{4.3.56}$$

在式(4.3.56)两边令 $n\to+\infty$ 取极限,由式(4.3.50)和式(4.3.55)推得式(4.3.49)成立。

在式(4.3.27)中,令 $n\to+\infty$ 取极限,结合式(4.3.29),式(4.3.30),式(4.3.38),式(4.3.39),式(4.3.46),式(4.3.49)和 S^* 的记号(4.3.30)就推得式(4.3.15)中的极限函数 $p\in V$ 满足积分恒等式(4.3.28)的4个式子。因而式(4.3.15)中的极限函数 p 为问题(4.3.1)~问题(4.3.5)所支配的系统(P)对应于控制量 u 的广义解。根据前面的记法(4.3.6),$p(r,t,x)=p(r,t,x;u)\equiv p(u)$。

下面的定理4.3.3表明,式(4.3.13)中的极限函数 $u\in U$ 即为所要求的具有分布观测的拟线性系统(P)的最优控制,而相应的$(u,p(u))$为系统(P)的最优对。定理4.3.2证毕。

定理 4.3.3 设 $p(v)\in V_1\subset V$ 是问题(4.3.1)~问题(4.3.5)的广义解,且假设条件(H_1)~条件(H_6)成立,性能指标泛函 $J_1(v)$ 由式(4.3.7)给定,容许控制集合 U 由式(4.3.10)确定,$\{v_n\}$是极小化序列,u 是式(4.3.15)中的极限函数,即 $v_n\to u$ 在 $L^\infty(Q)$ 中弱和 $v_n\to u$ 在 $L^2(Q)$ 中弱,则 u 就是系统(P)具有分布观测泛函 J_1 的最优控制,即 $u\in U$,并使得

$$J_1(u)=\inf_{v\in U}J_1(v)。\tag{4.3.57}$$

证明　因为 $u\in U$，所以显然有

$$J_1(u)\geqslant\inf_{v\in U}J_1(v)\tag{4.3.58}$$

所以，要想完成本定理的证明，只需证明下面的不等式：

$$J_1(u)\leqslant\inf_{v\in U}J_1(v)\tag{4.3.59}$$

就足够了。

定义 $L^2(Q)$上的泛函 $v_n(h)$：

$$v_n(h)=\int_Q v_n(r,t,x)h(r,t,x)\mathrm{d}Q,\quad \forall h\in L^2(Q),\tag{4.3.60}$$

则 $v_n(h)\in(L^2(Q))'\equiv L^2(Q)$，并由式(4.3.13)可推出，当 $n\to+\infty$ 时

$$v_n(h)=\int_Q v_n h(r,t,x)\mathrm{d}Q\to\int_Q uh(r,t,x)\mathrm{d}Q=u(h)。\tag{4.3.61}$$

因为 $|v_n(h)|\leqslant\|v_n\|\cdot\|h\|_{L^2(Q)}$，所以 $\inf_{k\geqslant n}|v_k(h)|\leqslant\inf_{k\geqslant n}\|v_k\|\cdot\|h\|_{L^2(Q)}$。因而令 $n\to+\infty$，得 $\varliminf_{n\to+\infty}|v_n(h)|\leqslant\left(\varliminf_{n\to+\infty}\|v_n\|\right)\cdot\|h\|_{L^2(Q)}$。结合式(4.3.59)可以推得

$$|u(h)|=\lim_{n\to+\infty}|v_n(h)|=\varliminf_{n\to+\infty}|v_n(h)|\leqslant\left(\varliminf_{n\to+\infty}\|v_n\|\right)\cdot\|h\|_{L^2(Q)},$$

由此及范数 $\|u\|$ 的定义，有

$$\|u\|\leqslant\varliminf_{n\to+\infty}\|v_n\|。\tag{4.3.62}$$

由 $L^2(Q)$的 Riesz 表示定理，有 $\|v_n\|=\|v_n\|_{L^2(Q)}$，$\|u\|=\|u\|_{L^2(Q)}$。结合式(4.3.62)可得

$$\begin{cases}\|u\|_{L^2(Q)}\leqslant\varliminf\limits_{n\to+\infty}\|v_n\|_{L^2(Q)},v_n\to u\ \text{在}\ L^2(Q)\ \text{中弱},\\ \text{即}\|v\|_{L^2(Q)}\ \text{在}\ u\in L^2(Q)\ \text{处是弱下半连续的。}\end{cases}\tag{4.3.63}$$

由式$(4.3.14)_2$，式$(4.3.15)_3$ 可知，当 $v_n\to u$ 在 $L^2(Q)$中弱时，$p(v_n)\to p(u)$在 $L^2(Q)$中弱。因此，当 $v_n\to u$ 在 $L^2(Q)$中弱时，可记作当 $n\to+\infty$ 时，有

$$\int_Q p(v_n)\varphi(r,t,x)\mathrm{d}Q\to\int_Q p(u)\varphi(r,t,x)\mathrm{d}Q,\quad\forall\varphi\in L^2(Q)。$$

在上式中取 $\varphi=p(u)$，则可推出，当 $n\to+\infty$ 时，

$$\int_Q p(v_n)p(u)\mathrm{d}Q\to\|p(u)\|_{L^2(Q)}^2。\tag{4.3.64}$$

利用 Hölder 不等式，有

$$\int_Q p(v_n)p(u)\mathrm{d}Q\leqslant\|p(v_n)\|_{L^2(Q)}\|p(u)\|_{L^2(Q)}。$$

结合式(4.3.64)和极限性质推得：

$$\lim_{n\to+\infty}\int_Q p(v_n)p(u)\mathrm{d}Q=\|p(u)\|_{L^2(Q)}^2\leqslant\|p(v_n)\|_{L^2(Q)}\|p(u)\|_{L^2(Q)}。$$

两边消去相同的因子，从上式得到：

$$\|p(u)\|_{L^2(Q)}\leqslant\|p(v_n)\|_{L^2(Q)},\tag{4.3.65}$$

因而有

$$\|p(u)\|_{L^2(Q)}\leqslant\lim_{n\to+\infty}\inf_{k\geqslant n}\|p(v_k)\|_{L^2(Q)}=\varliminf_{n\to+\infty}\|p(v_n)\|_{L^2(Q)}。\tag{4.3.66}$$

上式表明

$$v\to\|p(v)\|_{L^2(Q)}\ \text{在}\ u\ \text{处是弱下半连续的。}\tag{4.3.67}$$

但是

$$\int_Q [p(v)-z_1]^2 \mathrm{d}Q \text{ 是 } \|p(v)\|_{L^2(Q)} \text{ 的连续函数。} \tag{4.3.68}$$

因此可得，当 $\|p^{(1)}-p^{(2)}\|_{L^2(Q)}\to 0$ 时，

$$\begin{aligned}\left|\int_Q (p^{(1)}-z_1)^2\mathrm{d}Q-\int_Q (p^{(2)}-z_1)^2\mathrm{d}Q\right| &= \left|\int_Q (p^{(1)}+p^{(2)}-2z_1)(p^{(1)}-p^{(2)})\mathrm{d}Q\right| \\ &\leqslant \|p^{(1)}-p^{(2)}\|_{L^2(Q)}\cdot\|p^{(1)}+p^{(2)}-2z_1\|_{L^2(Q)} \\ &\to 0,\end{aligned}$$

这就证明了式(4.3.68)。

由式(4.3.63)，式(4.3.67)和式(4.3.68)推得

$$\begin{cases} v\to J_1(v) \text{ 在 } v \text{ 处是弱下半连续的，} \\ \text{即 } \varliminf\limits_{n\to+\infty} J_1(v_n)\geqslant J_1(u)\text{。}\end{cases} \tag{4.3.69}$$

设 $\varepsilon>0,\varepsilon\to 0$，而由式(4.3.11)的含义或下确界定义可知，对于任意给定的 $\varepsilon>0$，存在 $n(\varepsilon)>0$，当 $m>n(\varepsilon)$ 时，有

$$J_1(v_m)\leqslant \inf_{v\in U} J_1(v)+\varepsilon,$$

进而有

$$\inf_{m\geqslant n} J_1(v_m)\leqslant \inf_{v\in U} J_1(v)+\varepsilon\text{。}$$

令 $\varepsilon\to 0$，则 $n\to+\infty$，就得到

$$\varliminf_{n\to+\infty} J_1(v_n)\equiv \lim_{n\to+\infty}\inf_{m\geqslant n} J_1(v_m)\leqslant \inf_{v\in U} J_1(v),$$

即

$$\varliminf_{n\to+\infty} J_1(v_n)\leqslant \inf_{v\in U} J_1(v)\text{。} \tag{4.3.70}$$

由式(4.3.69)，式(4.3.70)推得

$$J_1(u)\leqslant \inf_{v\in U} J_1(v),$$

这就是式(4.3.59)。由式(4.3.58)，式(4.3.59)，推得式(4.3.57)成立，即 $u\in U$ 就是我们要求的系统(P)具有分布观测的泛函指标 J_1 的最优控制。定理 4.3.3 证毕。

3. 最优性的一阶必要条件

设 $p\in V$ 为系统(P)的状态，$\dot{p}(r,t,x;u)$ 为 $p(v)$ 在 u 处沿方向 $(v-u)$ 的 G-微分[109]，即

$$\begin{aligned}\dot{p} &= \frac{\mathrm{d}}{\mathrm{d}\lambda}p(u+\lambda(v-u))\Big|_{\lambda=0} \\ &= \lim_{\lambda\to 0^+}\frac{1}{\lambda}[p(u+\lambda(v-u))-p(u)],\quad \forall v\in U\text{。}\end{aligned} \tag{4.3.71}$$

记 $v_\lambda(r,t,x)=u(r,t,x)+\lambda(v-u)(r,t,x)$，$0<\lambda<1$，由 U 的凸性(4.3.9)，可得 $v_\lambda(r,t,x)=u(r,t,x)+\lambda(v-u)$，$(r,t,x)\in U$。用 p_λ 和 p 分别表示问题(4.3.1)～问题(4.3.5)中在 $v=v_\lambda(r,t,x)$ 与 $v=u(r,t,x)$ 时在 V 中的广义解，即 p_λ 和 p 分别满足

$$
\begin{cases}
\dfrac{\partial p_\lambda}{\partial r}+\dfrac{\partial p_\lambda}{\partial t}-\operatorname{div}(k(S_\lambda)\operatorname{grad}p_\lambda)+[\mu_0+\mu_e(S_\lambda)]p_\lambda=0, & \text{在 } Q \text{ 内},\\
p_\lambda(0,t,x)=\displaystyle\int_0^A\beta(S_\lambda)p_\lambda(r,t,x)\mathrm{d}r, & \text{在 } \Omega_T \text{ 内},\\
p_\lambda(r,0,x)=p_0(r,x), & \text{在 } \Omega_A \text{ 内},\\
p_\lambda(r,t,x)=0, & \text{在 } \Sigma \text{ 上},\\
S_\lambda=S_\lambda(t,x)=\displaystyle\int_0^A v_\lambda(r,t,x)p_\lambda(r,t,x)\mathrm{d}r, & \text{在 } \Omega_T \text{ 内}
\end{cases}
\tag{4.3.72}
$$

和

$$
\begin{cases}
\dfrac{\partial p}{\partial r}+\dfrac{\partial p}{\partial t}-\operatorname{div}(k(S^*)\operatorname{grad}p)+[\mu_0+\mu_e(S^*)]p=0, & \text{在 } Q \text{ 内},\\
p(0,t,x)=\displaystyle\int_0^A\beta(S^*)p(r,t,x)\mathrm{d}r, & \text{在 } \Omega_T \text{ 内},\\
p(r,0,x)=p_0(r,x), & \text{在 } \Omega_A \text{ 内},\\
p(r,t,x)=0, & \text{在 } \Sigma \text{ 上},\\
S^*\equiv S^*(t,x)=\displaystyle\int_0^A u(r,t,x)p(r,t,x)\mathrm{d}r, & \text{在 } \Omega_T \text{ 内。}
\end{cases}
\tag{4.3.73}
$$

将式(4.3.72)与式(4.3.73)相减，并将所得方程两端同时除 $\lambda>0$，令 $\lambda\to 0^+$ 取极限，并注意到 $\dot{p}(r,t,x;u)$ 的定义式(4.3.71)，可以推得 $\dot{p}$ 满足下面的方程及条件：

$$
\begin{cases}
A\dot{p}\equiv\dot{p}_r+\dot{p}_t-\operatorname{div}(k(S^*)\nabla\dot{p})+[\mu_0+\mu_e(S^*)]\dot{p}-F=0, & \text{在 } Q \text{ 内},\\
\dot{p}(0,t,x)=\displaystyle\int_0^A\beta(S^*)\dot{p}(r,t,x)\mathrm{d}r+ & \\
\qquad\displaystyle\int_0^A p\beta_S(S^*)\left\{\int_0^A[u\dot{p}+(v-u)p]\mathrm{d}\sigma\right\}\mathrm{d}r, & \text{在 } \Omega_T \text{ 内},\\
\dot{p}(r,0,x)=0, & \text{在 } \Omega_A \text{ 内},\\
\dot{p}(r,t,x)=0, & \text{在 } \Sigma \text{ 内},\\
S^*\equiv S^*(t,x)=\displaystyle\int_0^A up\,\mathrm{d}r, & \text{在 } \Omega_T \text{ 内},
\end{cases}
\tag{4.3.74}
$$

其中，

$$
\begin{aligned}
F\equiv{}&k_S(S^*)\int_0^A[u\dot{p}+(v-u)p]\mathrm{d}r\cdot\Delta p-\mu_{eS}(S^*)p\int_0^A[u\dot{p}+(v-u)p]\mathrm{d}r+\\
&k_{x_iS}(S^*)p_{x_i}\int_0^A([u\dot{p}+(v-u)p]\mathrm{d}r)+k_S(S^*)p_{x_i}\int_0^A[u_{x_i}\dot{p}+(v_{x_i}-u_{x_i})p]\mathrm{d}r+\\
&k_{SS}(S^*)p_{x_i}\int_0^A u_{x_i}p\,\mathrm{d}r\cdot\int_0^A[u\dot{p}+(v-u)p]\mathrm{d}r+\\
&k_{SS}(S^*)p_{x_i}\int_0^A up_{x_i}\mathrm{d}r\cdot\int_0^A[u\dot{p}+(v-u)p]\mathrm{d}r+\\
&k_S(S^*)p_{x_i}\int_0^A[u\dot{p}+(v-u)p_{x_i}]\mathrm{d}r。
\end{aligned}
\tag{4.3.75}
$$

由于问题(4.3.74)与 4.1 节中的问题(P)是同一类型，因而我们能够用与证明问题(P)存在唯一广义解相同的方法来证明定理 4.3.4。

定理 4.3.4　若假设条件(H_1)～条件(H_6)成立，那么由式(4.3.71)定义的 $\dot{p}$ 在 V 中存在且是问题(4.3.74)的唯一解。

定理 4.3.5 若 $u\in U$ 是系统(P)的最优控制,则 u 满足下面变分不等式:

$$\int_Q \{\dot{p}[p(u)-z_1]+\rho u(v-u)\}\,\mathrm{d}Q\geqslant 0,\quad \forall v\in U。\tag{4.3.76}$$

其中,$p(u)$,z_1 分别是 $p(r,t,x;u)$ 和 $z_1(r,t,x)$ 的简洁记号;换句话说,$u\in U$ 为系统(P)的最优控制的一阶必要条件是 u 满足不等式(4.3.76)。

证明 因为 $u\in U$ 是满足式(4.3.8)的最优控制,所以有

$$J_1(v_\lambda)-J_1(u)\geqslant 0。$$

结合性能指标泛函 $J_1(v)$ 的结构式(4.3.7),我们有

$$\begin{aligned}J_1(v_\lambda)-J_1(u)&=\frac{1}{2}\int_Q|p(v_\lambda)-z_1(r,t,x)|^2\,\mathrm{d}Q+\frac{1}{2}\rho\|v_\lambda\|^2_{L^2(Q)}-\\&\quad\frac{1}{2}\int_Q|p(u)-z_1(r,t,x)|^2\,\mathrm{d}Q-\frac{1}{2}\rho\|u\|^2_{L^2(Q)}\\&=\frac{1}{2}\int_Q\{[p(v_\lambda)-p(u)][p(v_\lambda)+p(u)-2z_1(r,t,x)]\}+\\&\quad\rho(v_\lambda+u)(v_\lambda-u)\mathrm{d}Q\geqslant 0,\quad\forall v\in U。\end{aligned}$$

其中,$p(v_\lambda)$是 $p(r,t,x;v_\lambda)$的简洁记号。上述等式两端同时除 $\lambda>0$,令 $\lambda\to 0^+$ 取极限,并注意到$\dot{p}(r,t,x;u)$的定义式(4.3.71),由极限保号性可以推得

$$\begin{aligned}&\lim_{\lambda\to 0}\frac{1}{2\lambda}\int_Q[p(v_\lambda)-p(u)][p(v_\lambda)+p(u)-2z_1]\mathrm{d}Q+\lim_{\lambda\to 0+}\int_Q\frac{\rho}{2\lambda}(v_\lambda+u)(v_\lambda-u)\mathrm{d}Q\\&=\int_Q\lim_{\lambda\to 0}\frac{1}{2\lambda}[p(v_\lambda)-p(u)][p(v_\lambda)+p(u)-2z_1]\mathrm{d}Q+\\&\quad\lim_{\lambda\to 0+}\int_Q\frac{\rho}{2\lambda}[2u+\lambda(v-u)]\lambda(v-u)\mathrm{d}Q\\&=\int_Q\dot{p}[p(u)-z_1]\mathrm{d}Q+\int_Q\rho u(v-u)\mathrm{d}Q\geqslant 0,\end{aligned}$$

即式(4.3.76)成立。定理 4.3.5 证毕。

为了变换不等式(4.3.76),引入伴随状态 $q(r,t,x;u)$:

$$\left\{\begin{aligned}&A_1^*q\equiv-q_r-q_t-\mathrm{div}(k(S^*)\nabla q)+[\mu_0+\mu_e(S^*)]q-\beta(r,t,x;S^*)q(0,t,x)-\\&\qquad u(r,t,x)\int_0^A p(\sigma,t,x)\beta_S(\sigma,t,x;S^*)\mathrm{d}\sigma\cdot q(0,t,x)-\\&\qquad u(r,t,x)k_S(S^*)\int_0^A(p\Delta q)(\sigma,t,x)\mathrm{d}\sigma+u(r,t,x)\mu_{eS}(S^*)\int_0^A(pq)(\sigma,t,x)\mathrm{d}\sigma-\\&\qquad u(r,t,x)k_{x_iS}(S^*)\int_0^A p_{x_i}q(\sigma,t,x)\mathrm{d}\sigma-u_{x_i}(r,t,x)k_S(S^*)\int_0^A p_{x_i}q(\sigma,t,x)\mathrm{d}\sigma-\\&\qquad u(r,t,x)k_{SS}(S^*)\int_0^A u_{x_i}p(\sigma,t,x)\mathrm{d}\sigma\cdot\int_0^A pq(\sigma,t,x)\mathrm{d}\sigma-\\&\qquad u(r,t,x)k_{SS}(S^*)\int_0^A up_{x_i}(\sigma,t,x)\mathrm{d}\sigma\cdot\int_0^A p_{x_i}q(\sigma,t,x)\mathrm{d}\sigma-\\&\qquad u(r,t,x)k_S(S^*)\int_0^A p_{x_i}q(\sigma,t,x)\mathrm{d}\sigma\\&\quad=p(r,t,x;u)-z_1(r,t,x),\quad 在 Q 内,\end{aligned}\right.$$

$$\begin{cases} q(A,t,x)=0, & \text{在 } \Omega_T \text{ 内}, \\ q(r,T,x)=0, & \text{在 } \Omega_A \text{ 内}, \\ q(r,t,x)=0, & \text{在 } \Sigma \text{ 内}, \\ S^* \equiv S^*(t,x)=\int_0^A u(r,t,x)p(r,t,x;u)\mathrm{d}r, & \text{在 } \Omega_T \text{ 内}。 \end{cases} \tag{4.3.77}$$

定理 4.3.6　设 $p(u)$为系统(P)对应于 u 在 V 中的广义解,则伴随问题(4.3.77)在 V 中容许唯一的解 $q(r,t,x;u)$。

证明　令

$$\begin{cases} r=A-r',t=T-t' \\ q(r,t,x)=q(A-r',T-t',x)=\psi(r',t',x), \end{cases} \tag{4.3.78}$$

则 $\psi(r',t',x)$满足下面的方程及条件:

$$\begin{cases} \dfrac{\partial\psi}{\partial r'}+\dfrac{\partial\psi}{\partial t'}-\mathrm{div}(k(S^*)\nabla\psi)+[\mu_0-\mu_e(S^*)]\psi-F_2(r',t',x) \\ \quad =p(A-r',T-t',x;u)-z_1(A-r',T-t',x), & \text{在 } Q \text{ 内}, \\ \psi(0,t',x)=0, & \text{在 } \Omega_T \text{ 内}, \\ \psi(r',0,x)=0, & \text{在 } \Omega_A \text{ 内}, \\ \psi(r',t',x)=0, & \text{在 } \Sigma=\Theta\times\partial\Omega \text{ 内}, \\ S^*(t^*,x)=S^*(T-t',x)=\int_0^A u(A-r',T-t',x)p(A-r',T-t',x)\mathrm{d}\sigma'。 \end{cases}$$

(4.3.79)

其中,

$$\begin{aligned} F_2(r',t',x)=&-\beta(A-r',T-t',x;S^*)q(A,T-t',x)+ \\ &u(A-r',T-t',x)\int_0^A p(A-\sigma',T-t',x)\beta_S(A-r',T-t',x;S^*)\cdot \\ &\quad q(A,T-t',x)\mathrm{d}\sigma'+ \\ &u(A-r',T-t',x)k_S(S)\int_0^A(p\Delta q)(A-\sigma',T-t',x)\mathrm{d}\sigma- \\ &u(A-r',T-t',x)\mu_{eS}(S^*(t',x))\int_0^A(pq)(A-\sigma',T-t',x)\mathrm{d}\sigma'+ \\ &u(A-r',T-t',x)k_{x_iS}(S^*(t',x))\int_0^A(p_{x_i}q)(A-\sigma',T-t',x)\mathrm{d}\sigma'+ \\ &u_{x_i}(A-r',T-t',x)k_S(S^*(t',x))\int_0^A(p_{x_i}q)(A-\sigma',T-t',x)\mathrm{d}\sigma'- \\ &u(A-r',T-t',x)k_{SS}(S^*(t',x))\int_0^A u_{x_i}p(A-\sigma',T-t',x)\mathrm{d}\sigma'\cdot \\ &\int_0^A pq(A-\sigma',T-t',x)\mathrm{d}\sigma'- \\ &u(A-r',T-t',x)k_{SS}(S^*(t',x))\int_0^A up_{x_i}(A-\sigma',T-t',x)\mathrm{d}\sigma'\cdot \\ &\int_0^A p_{x_i}q(A-\sigma',T-t',x)\mathrm{d}\sigma'+ \\ &u(A-r',T-t',x)k_S(S^*(t',x))\cdot \end{aligned}$$

$$\int_0^A p_{x_i} q(A-\sigma',T-t',x)\mathrm{d}\sigma'。\tag{4.3.80}$$

方程组(4.3.79)与问题(4.3.1)～问题(4.3.5)是同一类型的问题。在假设条件(H_1)～条件(H_5)成立的条件下,用证明定理 4.1.3 的方法可以证明问题(4.3.79)在 v 中存在唯一广义解。再由变换式(4.3.78)可知,问题(4.3.77)在 V 中存在唯一广义解 $q(r,t,x;u)\in V$。定理 4.3.6 证毕。

现在进行不等式(4.3.76)的变换工作。设 $\dot{p}(r,t,x;u)$ 由式(4.3.74)确定,用 $\dot{p}(u)$ 与方程$(4.3.77)_1$ 作内积,可得

$$\begin{aligned}
&-\int_Q q_r\,\dot{p}\mathrm{d}Q-\int_Q q_t\,\dot{p}\mathrm{d}Q-\int_Q \operatorname{div}(k(S^*)\nabla q)\,\dot{p}\mathrm{d}Q+\int_Q[\mu_0+\\
&\mu_e(S^*)]q\,\dot{p}\mathrm{d}Q-\int_Q\beta(r,t,x;S^*)q(0,t,x)\,p\mathrm{d}Q-\\
&\int_Q u(r,t,x)\int_0^A p(\sigma,t,x)\beta_S(\sigma,t,x;S^*)\mathrm{d}\sigma\cdot q(0,t,x)\,\dot{p}\mathrm{d}Q-\\
&\int_Q u(r,t,x)k_S(S^*)\int_0^A p\Delta q(\sigma,t,x)\mathrm{d}\sigma\cdot\dot{p}\mathrm{d}Q+\\
&\int_Q u(r,t,x)\mu_{eS}(S^*)\int_0^A pq(\sigma,t,x)\mathrm{d}\sigma\cdot\dot{p}\mathrm{d}Q-\\
&\int_Q u(r,t,x)k_{x_iS}(S^*)\int_0^A p_{x_i}q(\sigma,t,x)\mathrm{d}\sigma\cdot\dot{p}\mathrm{d}Q-\\
&\int_Q u_{x_i}(r,t,x)k_S(S^*)\int_0^A p_{x_i}q(\sigma,t,x)\mathrm{d}\sigma\cdot\dot{p}\mathrm{d}Q-\\
&\int_Q u(r,t,x)k_{SS}(S^*)\int_0^A u_{x_i}p(\sigma,t,x)\mathrm{d}\sigma\cdot\int_0^A pq(\sigma,t,x)\mathrm{d}\sigma\cdot\dot{p}\mathrm{d}Q-\\
&\int_Q u(r,t,x)k_{SS}(S^*)\int_0^A u_{x_i}p(\sigma,t,x)\mathrm{d}\sigma\cdot\int_0^A p_{x_i}q(\sigma,t,x)\mathrm{d}\sigma\cdot\dot{p}\mathrm{d}Q-\\
&\int_Q u(r,t,x)k_S(S^*)\int_0^A p_{x_i}q(\sigma,t,x)\mathrm{d}\sigma\cdot\dot{p}\mathrm{d}Q\\
=&\int_Q\dot{p}\,[p(u)-z_1(r,t,x)]\,\mathrm{d}Q。
\end{aligned}\tag{4.3.81}$$

应用分部积分公式与 Green 公式,并注意到式(4.3.74)和式(4.3.77)的初边值条件,同时将式(4.3.81)等号左边各项依次记为 $I_1\sim I_{13}$,则可得以下变形式:

$$\begin{aligned}
I_1=&-\int_Q q_r\,\dot{p}\mathrm{d}Q=\int_Q\dot{p}_r q\mathrm{d}Q-\int_{\Omega_T}q(A,t,x)\,\dot{p}(A,t,x)\mathrm{d}t\mathrm{d}x+\\
&\int_Q q\,\dot{p}(0,t,x)\mathrm{d}t\mathrm{d}x\\
=&\int_Q\dot{p}_r q\mathrm{d}Q-0+\int_{\Omega_T}q(0,t,x)\int_0^A\beta(S^*)\,\dot{p}\mathrm{d}r\mathrm{d}t\mathrm{d}x+\\
&\int_Q\dot{p}u\int_0^A p\beta_S(S^*)q(0,t,x)\mathrm{d}\sigma\mathrm{d}Q+\\
&\int_Q\left[\int_0^A p\beta_S(S^*)\mathrm{d}\sigma\right]\cdot(v-u)pq(0,t,x)\mathrm{d}Q\\
=&\int_Q\dot{p}_r q\mathrm{d}Q+\int_Q\beta(S^*)\,\dot{p}(r,t,x;u)q(0,t,x)\mathrm{d}r\mathrm{d}t\mathrm{d}x+\\
&\int_Q\dot{p}(u)u(r,t,x)\int_0^A p\beta_S(S^*)\mathrm{d}\sigma q(0,t,x)\mathrm{d}Q,
\end{aligned}$$

$$I_2=-\int_Q q_t\,\dot p\,\mathrm{d}Q=\int_Q \dot p_t q\,\mathrm{d}Q-\int_{\Omega_A} q\,\dot p(r,T,x)\,\mathrm{d}r\,\mathrm{d}x+\int_{\Omega_A} q\,\dot p(r,0,x)\,\mathrm{d}r\,\mathrm{d}x$$
$$=\int_Q \dot p_t q\,\mathrm{d}Q+0,$$

$$I_3=-\int_Q \mathrm{div}(k(S^*)\,\nabla q)\,\dot p\,\mathrm{d}Q=\int_Q k(S^*)\,\nabla q\cdot\nabla\dot p\,\mathrm{d}Q$$
$$=\int_Q \nabla q\cdot k(S^*)\,\nabla\dot p\,\mathrm{d}Q=-\int_Q \mathrm{div}(k(S^*)\,\nabla\dot p)\cdot q\,\mathrm{d}Q,$$

$$I_4=\int_Q[\mu_0+\mu_e(S^*)]q\,\dot p\,\mathrm{d}Q=\int_Q[\mu_0+\mu_e(S^*)]\,\dot p q\,\mathrm{d}Q,$$

$$I_5=-\int_Q\beta(r,t,x;S^*)q(0,t,x)\,\dot p\,\mathrm{d}Q=-\int_Q\beta(r,t,x;S^*)\,\dot p q(0,t,x)\,\mathrm{d}Q,$$

$$I_6=-\int_Q u(r,t,x)\int_0^A p(\sigma,t,x)\beta_S(\sigma,t,x;S^*)\,\mathrm{d}\sigma\cdot q(0,t,x)\,\dot p\,\mathrm{d}Q$$
$$=-\int_Q u(r,t,x)\,\dot p(r,t,x)\left[\int_0^A p(\sigma,t,x;u)\beta_S(\sigma,t,x;S^*)\,\mathrm{d}\sigma\right]q(0,t,x;u)\,\mathrm{d}Q,$$

$$I_7=-\int_Q u(r,t,x)k_S(S^*)\int_0^A p\Delta q(\sigma,t,x)\,\mathrm{d}\sigma\cdot\dot p\,\mathrm{d}Q$$
$$=-\int_Q k_S(S^*)\int_0^A u\,\dot p(\sigma,t,x)\,\mathrm{d}\sigma\cdot\Delta p\cdot q(r,t,x)\,\mathrm{d}Q,$$

$$I_8=\int_Q u(r,t,x)\mu_{eS}(S^*)\int_0^A pq(\sigma,t,x)\,\mathrm{d}\sigma\cdot\dot p\,\mathrm{d}Q$$
$$=\int_Q\mu_{eS}(S^*)p\int_0^A u\,\dot p(\sigma,t,x)\,\mathrm{d}\sigma\cdot q(r,t,x)\,\mathrm{d}Q,$$

$$I_9=-\int_Q u(r,t,x)k_{x_iS}(S^*)\int_0^A p_{x_i}q(\sigma,t,x;u)\,\mathrm{d}\sigma\cdot\dot p\,\mathrm{d}Q$$
$$=-\int_Q k_{x_iS}(S^*)p_{x_i}\int_0^A u\,\dot p(\sigma,t,x)\,\mathrm{d}\sigma\cdot q(r,t,x;u)\,\mathrm{d}Q,$$

$$I_{10}=-\int_Q u_{x_i}(r,t,x)k_S(S^*)\int_0^A p_{x_i}q(\sigma,t,x;u)\,\mathrm{d}\sigma\,\dot p\,\mathrm{d}Q$$
$$=-\int_Q k_S(S^*)p_{x_i}\int_0^A u_{x_i}\,\dot p(\sigma,t,x)\,\mathrm{d}\sigma q(r,t,x)\,\mathrm{d}Q,$$

$$I_{11}=-\int_Q u(r,t,x)k_{SS}(S^*)\int_0^A u_{x_i}p(\sigma,t,x)\,\mathrm{d}\sigma\cdot\int_0^A pq(\sigma,t,x)\,\mathrm{d}\sigma\cdot\dot p\,\mathrm{d}Q$$
$$=-\int_Q k_{SS}(S^*)p_{x_i}\int_0^A u_{x_i}p(\sigma,t,x;u)\,\mathrm{d}\sigma\cdot\int_0^A u\,\dot p(\sigma,t,x)\,\mathrm{d}\sigma\cdot q(r,t,x)\,\mathrm{d}Q,$$

$$I_{12}=-\int_Q u(r,t,x)k_{SS}(S^*)\int_0^A up_{x_i}(\sigma,t,x)\,\mathrm{d}\sigma\cdot\int_0^A p_{x_i}q(\sigma,t,x;u)\,\mathrm{d}\sigma\cdot\dot p\,\mathrm{d}Q$$
$$=-\int_Q k_{SS}(S^*)p_{x_i}\int_0^A up_{x_i}(\sigma,t,x)\,\mathrm{d}\sigma\cdot\int_0^A u\,\dot p(\sigma,t,x)\,\mathrm{d}\sigma\cdot q(r,t,x)\,\mathrm{d}Q,$$

$$I_{13}=-\int_Q u(r,t,x)k_S(S^*)\int_0^A p_{x_i}q(\sigma,t,x)\,\mathrm{d}\sigma\cdot\dot p\,\mathrm{d}Q$$
$$=-\int_Q k_S(S^*)p_{x_i}\int_0^A u\,\dot p(\sigma,t,x)\,\mathrm{d}\sigma\cdot q(r,t,x)\,\mathrm{d}Q。$$

把上述 $I_1 \sim I_{13}$ 的变形式代入式(4.3.81)与式(4.3.74)进行比较,可以得出

$$(\dot{p}, A_1^* q) = (A\dot{p}, q) - (\dot{p}, A_2^* q)。$$

其中,

$$-(\dot{p}, A_2^* q) = \sum_{i=1}^{N} \Big\{ \int_Q \Big[\int_0^A q(\sigma,t,x) \Delta p \, d\sigma \Big] k_S(S^*) p(v-u) dQ -$$
$$\int_Q \Big[\int_0^A p q(\sigma,t,x) d\sigma \Big] \mu_{eS}(S^*) p(v-u) dQ +$$
$$\int_Q \Big[\int_0^A p_{x_i} q(\sigma,t,x) d\sigma \Big] k_{x_i S}(S^*) p(v-u) dQ +$$
$$\int_Q \Big[\int_0^A p_{x_i} q(\sigma,t,x) d\sigma \Big] k_S(S^*) p(v_{x_i} - u_{x_i}) dQ +$$
$$\int_Q \Big[\int_0^A u_{x_i} p \, d\sigma \Big] \Big[\int_0^A p_{x_i} q(\sigma,t,x) d\sigma \Big] k_{SS}(S^*) p(v-u) dQ +$$
$$\int_Q \Big[\int_0^A u p_{x_i} d\sigma \Big] \Big[\int_0^A p_{x_i} q(\sigma,t,x) d\sigma \Big] k_{SS}(S^*) p(v-u) dQ +$$
$$\int_Q \Big[\int_0^A p_{x_i} q(\sigma,t,x) d\sigma \Big] k_S(S^*) p(v_{x_i} - u_{x_i}) dQ +$$
$$\int_Q \Big[\int_0^A p \beta_S(S^*) d\sigma \Big] q(0,t,x) p(v-u) dQ \Big\}。\tag{4.3.82}$$

但是,由式(4.3.74)有 $(A\dot{p}, q) = 0$,由式(4.3.77)有 $(\dot{p}, A_1^* q) = \int_Q [p(u) - z_1] \dot{p} dQ$,因此可推得

$$-(\dot{p}, A_2^* q) = \int_Q [p(u) - z_1] \dot{p} dQ。\tag{4.3.83}$$

由式(4.3.82),式(4.3.83)及式(4.3.76),推得三元组 $\{p(u), u, q(u)\}$ 必须满足如下的变分不等式:

$$-(\dot{p}, A_2^* q) + \int_Q \rho u(v-u) dQ \geqslant 0。$$

把式(4.3.82)代入上式即得

$$\sum_{i=1}^{N} \Big\{ \int_Q \Big[\int_0^A q(\sigma,t,x) \Delta p \, d\sigma \Big] k_S(S^*) p(v-u) dQ -$$
$$\int_Q \Big[\int_0^A p q(\sigma,t,x) d\sigma \Big] \mu_{eS}(S^*) p(v-u) dQ +$$
$$\int_Q \Big[\int_0^A p_{x_i} q(\sigma,t,x) d\sigma \Big] k_{x_i S}(S^*) p(v-u) dQ +$$
$$\int_Q \Big[\int_0^A p_{x_i} q(\sigma,t,x) d\sigma \Big] k_S(S^*) p(v_{x_i} - u_{x_i}) dQ +$$
$$\int_Q \Big[\int_0^A u_{x_i} p \, d\sigma \Big] \Big[\int_0^A p_{x_i} q(\sigma,t,x) d\sigma \Big] k_{SS}(S^*) p(v-u) dQ +$$
$$\int_Q \Big[\int_0^A u p_{x_i} d\sigma \Big] \Big[\int_0^A p_{x_i} q(\sigma,t,x) d\sigma \Big] k_{SS}(S^*) p(v-u) dQ +$$
$$\int_Q \Big[\int_0^A p_{x_i} q(\sigma,t,x) d\sigma \Big] k_S(S^*) p(v_{x_i} - u_{x_i}) dQ +$$

$$\int_Q \left[\int_0^A p\beta_S(S^*)\mathrm{d}\sigma\right] q(0,t,x)p(v-u)\mathrm{d}Q\Big\} +$$
$$\int_Q pu(v-u)\mathrm{d}Q \geqslant 0,\quad \forall v \in U, u \in U。\tag{4.3.84}$$

综上所述，得到本节的主要结论之一。

定理 4.3.7　设 $p(r,t,x;v)$ 是由系统 (P)（即问题(4.3.1)～问题(4.3.5)）所描述的状态，性能指标泛函 $J_1(v)$ 由式(4.3.7)给出，容许控制集合 U 由式(4.3.10)确定。若 $u\in U$ 为系统 (P) 的最优控制，则三元组 $\{p,q,u\}$ 满足方程(4.3.1)～方程(4.3.5)（其中 $v=u$），伴随方程(4.3.77)及变分不等式(4.3.84)。$\{p,q,u\}$ 必须满足的方程(4.3.1)～方程(4.3.5)（其中 $v=u$），式(4.3.77)及式(4.3.84)称为最优性组，由最优性组可确定最优控制 $u\in U$。

4.3.3　具有最终状态观测的拟线性种群系统的最优控制

同 4.3.2 节一样，本节内容依然分三个部分进行阐述。

1. 问题的陈述

我们讨论由问题(4.3.1)～问题(4.3.5)所支配的系统 (P) 具有最终状态观测的最优控制问题，性能指标泛函 $J_2(v)$ 为

$$J_2(v) = \frac{1}{2}\|p(r,T,x;v) - z_2(r,x)\|^2_{L^2(\Omega_A)} + \rho\|v\|_{L^\infty(Q)}。\tag{4.3.85}$$

其中，给定理想状态 $z_2(r,x)$，$z_2\in L^2(\Omega_A)$，由引理 2.1.1 可知，$p(\cdot,T,\cdot,v)\in L^2(\Omega_A)$，因而式(4.3.85)有意义，且最终观测空间为 $L^2(\Omega_A)$。

系统 (P) 的最优控制问题是：

$$\text{寻找满足等式 } J_2(u) = \inf_{v\in U} J_2(v) \text{ 的 } u \in U,\tag{4.3.86}$$

其中 U 由式(4.3.10)所确定。

状态方程(4.3.1)～方程(4.3.5)，性能指标泛函 $J_2(v)$ 的表达式(4.3.85)及极小化问题(4.3.86)就构成了与年龄相关的具有最终状态观测的拟线性种群扩散系统的最优控制问题的数学模型。问题(4.3.86)中的 $u\in U$ 称为系统 (P) 的最优控制，而相应的 $(u,p(u))$ 则称为最优对。

在本节我们讨论最优控制问题的存在性及控制为最优的必要条件和最优性组。

2. 最优控制的存在性

定理 4.3.8　设 $p\in V_1\subset V$ 为问题(4.3.1)～问题(4.3.5)所支配的系统 (P) 的状态，容许控制集合 U 由式(4.3.10)确定，性能指标泛函 $J_2(v)$ 由式(4.3.85)给定。若假设条件(H_1)～条件(H_6)成立，则问题(4.3.86)在 U 中至少存在一个最优控制 $u\in U$，使得

$$J_2(u) = \inf_{v\in U} J_2(v)。$$

证明　设 $\{v_n\}\subset U$ 为问题(4.3.86)的极小化序列，使得当 $n\to+\infty$ 时

$$J_2(v_n) \to \inf_{v\in U} J_2(v)。\tag{4.3.87}$$

由 U 的定义式(4.3.10)可知，

$$\begin{cases}\|v_n(r,t,x)\|_{L^\infty(Q)}\leqslant C_1, & n=1,2,\cdots,\\ \|v_n(r,t,x)\|_{L^2(Q)}\leqslant C_1, & n=1,2,\cdots,\end{cases}\tag{4.3.88}$$

其中,常数 $C_1>0$ 与 n 无关。

与证明定理 4.3.2 一样,下面的证明过程分几步完成。

(1) 证明存在 $u\in U$,使得当 $n\to+\infty$时,

$$\begin{cases}v_n\to u, & \text{在 } L^\infty(Q) \text{ 中}, \quad u\in U,\\ v_n\to u, & \text{在 } L^2(Q) \text{ 中弱}, \quad u\in L^2(Q)\cap U。\end{cases}\tag{4.3.89}$$

由于 $L^1(Q)$为可分的 Banach 空间且其共轭空间为 $L^\infty(Q)$[108],由 Alaoglu 定理[125]及$\{v_n\}$在 $L^\infty(Q)$中的一致有界性(即式(4.3.88)),可以抽出$\{v_n\}$的一个子序列,仍记作$\{v_n\}$,使得

$$v_n\to u, \quad \text{在 } L^\infty(Q) \text{ 中}。\tag{4.3.90}$$

由式(4.3.9),式(4.3.10)知,U 在 $L^\infty(Q)$的弱星拓扑下是闭的,因而 $u\in U$。由式$(4.3.88)_2$推得 $v_n\to u$ 在 $L^2(Q)$中弱,$u\in L^2(Q)\cap U$。因此,结合式(4.3.90)可推得式(4.3.89)成立。

(2) 类似 4.2 节中定理 4.3.2 证明过程中式(4.3.15),式(4.3.16)的证明,应用第 3 章的正则性结果,只需将其中的"$\|v_n\|_{L^2(Q)}$"换成"$\|v_n\|_{L^\infty(Q)}$",将"$v_n\to u$,在 U 中弱"换成"$v_n\to u$ 在 U 中",就可以证明存在 $p\in V$ 且 $D_p(r,t,x)\in V'$,使得当 $v_n\to v$ 在 U 中,或 $v_n\to u$ 在 $L^2(Q)$中弱,即当 $n\to+\infty$时,有

$$\begin{cases}p_n\to p, & \text{在 } V \text{ 中弱}, p\in V,\\ Dp_n\to Dp, & \text{在 } V' \text{ 中弱},\\ p_n\to p, & \text{在 } L^2(Q) \text{ 中强},\\ p_n\to p, & \text{在 } H^{1,1,2}(Q) \text{ 中弱},\\ (p_n)_{x_i}\to p_{x_i}, & \text{在 } L^2(Q) \text{ 中强}。\end{cases}\tag{4.3.91}$$

其中,

$$\begin{cases}p_n(r,t,x)=p(r,t,x;v_n),\\ S_n(t,x)=\int_0^A v_n(r,t,x)p_n(r,t,x)\mathrm{d}r,\end{cases}\tag{4.3.92}$$

$$S^*(t,x)=\int_0^A u(r,t,x)p(r,t,x)\mathrm{d}r。\tag{4.3.93}$$

(3) 与定理 4.3.2 证明过程中的步骤(3)一样,可以证明式(4.3.91)中的极限函数 $p(r,t,x)$是问题(4.3.1)~问题(4.3.5)对应于 $v=u$ 在 V 中的广义解,即

$$p(r,t,x)=p(r,t,x;u)。\tag{4.3.94}$$

下面的定理 4.3.9 表明,$u\in U$ 即为所要求的系统(P)的最优控制,而相应的$(u,p(u))$就是问题(P)的最优对。定理 4.3.8 证毕。

定理 4.3.9 设 $p\in V$ 为问题(P)的广义解,性能指标泛函 $J_2(v)$由式(4.3.85)给定,容许控制集合 U 由式(4.3.10)确定,$\{v_n\}$是定理 4.3.7 中的极小化序列,u 是式(4.3.90)中的极限函数,$v_n\to u$ 在 $L^\infty(Q)$中,则 $u\in U$ 就是系统(P)的最优控制,即它满足下面的等式:

$$J_2(u)=\inf_{v\in U}J_2(v)。\tag{4.3.95}$$

证明 定义 $L^1(Q)$上的泛函

$$v_n(h)=\int_Q v_n(r,t,x)h(r,t,x)\mathrm{d}Q, \quad \forall h\in L^1(Q),\tag{4.3.96}$$

则 $v_n(h)\in(L^1(Q))'\equiv L^\infty(Q)$，并由式(4.3.89)可推出，当 $n\to+\infty$ 时，

$$v_n(h)=\int_Q v_n(r,t,x)h(r,t,x)\mathrm{d}Q\to\int_Q u(r,t,x)h(r,t,x)\mathrm{d}Q$$
$$=u(h),\quad u(r,t,x)\in L^\infty(Q)。\tag{4.3.97}$$

因为 $|v_n(h)|\leqslant\|v_n\|\cdot\|h\|_{L^1(Q)}$，所以 $\inf\limits_{k\geqslant n}|v_k(h)|\leqslant\inf\limits_{k\geqslant n}\|v_k\|\cdot\|h\|_{L^1(Q)}$。令 $n\to+\infty$，有

$$\varliminf_{n\to+\infty}|v_n(h)|\leqslant\left(\varliminf_{n\to+\infty}\|v_n\|\right)\cdot\|h\|_{L^1(Q)}。$$

结合式(4.3.97)可以推得

$$|u(h)|=\lim_{n\to+\infty}|v_n(h)|=\varliminf_{n\to+\infty}|v_n(h)|\leqslant\left(\lim_{n\to+\infty}\|v_n\|\right)\cdot\|h\|_{L^1(Q)}。$$

由此及范数 $\|u\|$ 定义可推得

$$\|u\|\leqslant\varliminf_{n\to+\infty}\|v_n\|。\tag{4.3.98}$$

由 $L^1(Q)$ 的 Riesz 表示定理[81]有

$$\begin{cases}\|v_n\|=\|v_n;[L^1(Q)]\|=\|v_n\|_{L^\infty(Q)},\\ \|u\|=\|u\|_{L^\infty(Q)}。\end{cases}$$

结合式(4.3.98)可得

$$\begin{cases}\|u\|_{L^\infty(Q)}\leqslant\varliminf\limits_{n\to+\infty}\|v_n\|_{L^\infty(Q)},\quad 当\ v_n\to u,\\ 即\ \|u\|_{L^\infty(Q)}\ 在\ u\in L^\infty(Q)\ 处是弱下半连续的。\end{cases}\tag{4.3.99}$$

与式(4.3.47)的证明过程类似，还可以证明，当 $v_n\to u$ 在 $L^\infty(Q)$ 中时，有

$$\int_{\Omega_A}p_n(r,T,x)\varphi(r,T,x)\mathrm{d}r\mathrm{d}x\to\int_{\Omega_A}p(r,t,x;u)\varphi(r,T,x)\mathrm{d}r\mathrm{d}x,\quad\forall\varphi\in V。\tag{4.3.100}$$

由引理 2.1.1 有

$$p_n(r,T,x),p(r,T,x),\varphi(r,T,x)\in L^2(\Omega_A),\tag{4.3.101}$$

还可推出，当 $v_n\to u$ 在 U 中时

$$\begin{cases}\lim\limits_{n\to+\infty}\inf\limits_{k\geqslant n}\|p_k(r,T,x)\|_{L^2(\Omega_A)}\geqslant\|p(r,T,x;u)\|_{L^2(\Omega_A)},\\ 即函数\ v\to\|p(r,T,x;u)\|_{L^2(\Omega_A)}\ 在\ u\in L^\infty(Q)\ 处是弱下半连续的。\end{cases}\tag{4.3.102}$$

事实上，在式(4.3.100)中令 $\varphi=p(u)$，则可推得，当 $n\to+\infty$ 时，

$$\int_{\Omega_A}p(r,T,x;v_n)p(r,T,x;u)\mathrm{d}r\mathrm{d}x\to\int_{\Omega_A}|p(r,T,x;u)|^2\mathrm{d}r\mathrm{d}x=\|p(r,T,x;u)\|^2_{L^2(\Omega_A)}。$$

但是用 Hölder 不等式，可得

$$\int_{\Omega_A}p(r,T,x;v_n)p(r,T,x;u)\mathrm{d}r\mathrm{d}x\leqslant\|p(r,T,x;u)\|_{L^2(\Omega_A)}\|p(r,T,x;u)\|_{L^2(\Omega_A)}。$$

因而

$$\varliminf_{n\to+\infty}\|p(r,T,x;v_n)\|_{L^2(\Omega_A)}\|p(r,T,x;u)\|_{L^2(\Omega_A)}\geqslant\varliminf_{n\to+\infty}\int_{\Omega_A}p(r,T,x;v_n)p(r,T,x;u)\mathrm{d}r\mathrm{d}x$$
$$=\|p(r,T,x;u)\|^2_{L^2(\Omega_A)}。\tag{4.3.103}$$

消去两边相同的因子 $\|p(r,T,x;u)\|_{L^2(\Omega_A)}$，就推得式(4.3.102)。

由式(4.3.99)和式(4.3.102)及 $J_2(v)$ 的结构，推得：$J_2(v)$ 在 $u\in U$ 处是弱下半连续的，即

$$J_2(u)\leqslant \varliminf_{n\to+\infty} J_2(v_n)。\tag{4.3.104}$$

由式(4.3.87)的极限含义或下确界定义，对于任意给定的 $\varepsilon>0$，存在 $N(\varepsilon)>0$，当 $n\geqslant N(\varepsilon)$ 时，有

$$J_2(v_n)\leqslant \inf_{v\in U} J_2(v)+\varepsilon,$$

进而可得

$$\inf_{n\geqslant N} J_2(v_n)\leqslant \inf_{v\in U} J_2(v)+\varepsilon。$$

令 $N\to+\infty,\varepsilon\to 0$，就得到

$$\varliminf_{n\to+\infty} J_2(v_n)=\lim_{n\to+\infty}\inf_{N\geqslant n} J_2(v_N)\leqslant \inf_{v\in U} J_2(v),$$

因而有

$$J_2(u)\leqslant \inf_{v\in U} J_2(v)。\tag{4.3.105}$$

另一方面，由下确界定义有

$$J_2(u)\geqslant \inf_{v\in U} J_2(v),\quad u\in U,$$

由上式及式(4.3.105)，可推得

$$J_2(u)=\inf_{v\in U} J_2(v)。$$

因而式(4.3.95)成立，即 u 就是我们要求的系统(P)具有最终状态观测的最优控制。定理 4.3.9 证毕。

3. 必要条件与最优性组

在这一部分，我们将讨论 u 为系统(P)具有最终状态观测的最优控制的必要条件及最优性组。

令 $\dot{p}$ 是由式(4.3.71)定义的非线性函数 $p(v)$ 在 u 处沿方向 $(v-u)$ 的 G-微分[109]，记 $v_\lambda(r,t,x)=u(r,t,x)+\lambda(v-u)(r,t,x)$，$0<\lambda<1$，并用 p_λ 和 p 分别表示问题(P)在 $v=v_\lambda(r,t,x)$ 与 $v=u(r,t,x)$ 时在 V 中的广义解，则类似于式(4.3.74)的推导过程，可以推得 $\dot{p}(r,t,x;u)$ 满足下面的方程及条件：

$$\begin{cases}A\dot{p}=\dot{p}_r+\dot{p}_t-\operatorname{div}(k(S^*)\nabla\dot{p})+[\mu_0+\mu_e(S^*)]\dot{p}-F=0, & \text{在 } Q \text{ 内},\\ \dot{p}(0,t,x)=\int_0^A\beta(S^*)\dot{p}(r,t,x)\mathrm{d}r+ & \\ \qquad\int_0^A p\beta_S(S^*)\left\{\int_0^A[u\dot{p}+(v-u)p]\mathrm{d}\sigma\right\}\mathrm{d}r, & \text{在 } \Omega_T \text{ 内},\\ \dot{p}(r,0,x)=0, & \text{在 } \Omega_A \text{ 内},\\ \dot{p}(r,t,x)=0, & \text{在 } \Sigma \text{ 内},\\ S^*\equiv S^*(t,x)=\int_0^A up\,\mathrm{d}r, & \text{在 } \Omega_T \text{ 内}。\end{cases}\tag{4.3.106}$$

其中，

$$F\equiv k_S(S^*)\int_0^A[u\dot{p}+(v-u)p]\mathrm{d}r\cdot\Delta p-\mu_{eS}(S^*)p\int_0^A[u\dot{p}+(v-u)p]\mathrm{d}r+$$

$$k_{x_iS}(S^*)p_{x_i}\int_0^A [u\dot{p}+(v-u)p]\,\mathrm{d}r+k_S(S^*)p_{x_i}\int_0^A [u_{x_i}\dot{p}+(v_{x_i}-u_{x_i})p]\,\mathrm{d}r+$$
$$k_{SS}(S^*)p_{x_i}\int_0^A u_{x_i}p\,\mathrm{d}r\cdot\int_0^A[u\dot{p}+(v-u)p]\mathrm{d}r+$$
$$k_{SS}(S^*)p_{x_i}\int_0^A up_{x_i}\,\mathrm{d}r\cdot\int_0^A[u\dot{p}+(v-u)p]\mathrm{d}r+$$
$$k_S(S^*)p_{x_i}\int_0^A[u\dot{p}+(v-u)p]\mathrm{d}r \tag{4.3.107}$$

式中，$p=p(r,t,x)$为 $p(r,t,x;u)$的简洁记号。

由于问题(4.3.106)与问题(P)是同一类型，因而能够用与证明问题(P)存在唯一广义解相同的方法证明下面的定理。

定理 4.3.10　若假设条件(H_1)～条件(H_6)成立，那么 $\dot{p}$ 在 V 中存在且是问题(4.3.106)的唯一解。

定理 4.3.11　若 $u\in U$ 是系统(P)的最优控制，则 $u(r,t,x)$满足下面的变分不等式，即对任意的 $v\in U$，

$$\int_{\Omega_A}\dot{p}[p(T;u)-z_2(r,x)]\mathrm{d}r\,\mathrm{d}x+\rho\|v-u\|_{L^\infty(Q)}\geqslant 0, \tag{4.3.108}$$

其中，$p(T,u)=p(r,T,x;u)$。换言之，$u\in U$ 为系统(P)的最优控制的必要条件是 u 满足不等式(4.3.108)。

证明　由关于 U 的凸性假设(4.3.9)，假设(4.3.10)，对于任意的 $v\in U$ 和 $0<\lambda<1$，有

$$v_\lambda\equiv u+\lambda(v-u)=\lambda u+(1-\lambda)u\in U,$$

由于 $u\in U$ 是满足问题(4.3.86)的最优控制的假设，可推出

$$J_2(v_\lambda)-J_2(u)\geqslant 0。\tag{4.3.109}$$

此外，由于$\|v_\lambda\|_{L^\infty(Q)}-\|u\|_{L^\infty(Q)}\leqslant\|v_\lambda-u\|_{L^\infty(Q)}=\lambda\|v-u\|_{L^\infty(Q)}$，因而对任意的 $v\in U$，有

$$\frac{1}{\lambda}(\|v_\lambda\|_{L^\infty(Q)}-\|u\|_{L^\infty(Q)})\leqslant\|v-u\|_{L^\infty(Q)}。\tag{4.3.110}$$

由 $J_2(v)$的结构式(4.3.85)及式(4.3.109)，可得

$$\begin{aligned}J_2(v_\lambda)-J_2(u)&=\frac{1}{2}\int_{\Omega_A}|p(v_\lambda)-z_2(r,x)|^2\mathrm{d}r\,\mathrm{d}x+\rho\|v_\lambda\|_{L^\infty(Q)}-\\&\quad\frac{1}{2}\int_{\Omega_A}|p(u)-z_2(r,x)|^2\mathrm{d}r\,\mathrm{d}x-\rho\|u\|_{L^\infty(Q)}\\&=\frac{1}{2}\int_{\Omega_A}[p(v_\lambda)-p(u)][p(v_\lambda)+p(u)-2z_2(r,x)]\mathrm{d}r\,\mathrm{d}x+\\&\quad\rho(\|v_\lambda\|_{L^\infty(Q)}-\|u\|_{L^\infty(Q)})\geqslant 0,\end{aligned}$$

其中，$p(v_\lambda)$是 $p(r,T,x;v_\lambda)$的简洁记号。

上述不等式两端同除 $\lambda>0$，在不等式右侧第一项中令 $\lambda\to 0^+$ 取极限，并注意到 $\dot{p}(r,t,x;u)$ 的定义式(4.3.71)和式(4.3.110)，由极限保号性可以推得

$$\begin{aligned}&\lim_{\lambda\to 0^+}\frac{1}{2\lambda}\int_{\Omega_A}[p(v_\lambda)-p(u)][p(v_\lambda)+p(u)-2z_2(r,x)]\mathrm{d}r\,\mathrm{d}x+\rho(\|v-u\|_{L^\infty(Q)})\\&=\int_{\Omega_A}\lim_{\lambda\to 0^+}\frac{1}{2\lambda}[p(v_\lambda)-p(u)][p(v_\lambda)+p(u)-2z_2(r,x)]\mathrm{d}r\,\mathrm{d}x+\rho(\|v-u\|_{L^\infty(Q)})\end{aligned}$$

$$=\int_{\Omega_A} \dot{p}(r,T,x;u)[p(r,T,x;u)-z_2(r,x)]\mathrm{d}r\mathrm{d}x+\rho\|v-u\|_{L^\infty(Q)}\geqslant 0,$$

即对于任意的 $v\in U$，有

$$\int_{\Omega_A} \dot{p}(r,T,x;u)[p(r,T,x;u)-z_2(r,x)]\mathrm{d}r\mathrm{d}x+\rho\|v-u\|_{L^\infty(Q)}\geqslant 0,$$

即式(4.3.108)成立。定理 4.3.11 证毕。

下面进行式(4.3.108)的变换工作。为此引入伴随状态 $q(r,t,x;u)$：

$$\begin{cases}A_3^* q\equiv -q_r-q_t-\operatorname{div}(k(S^*)\nabla q)+[\mu_0+\mu_e(S^*)]q-\beta(r,t,x;S^*)q(0,t,x)-\\ \quad u(r,t,x)\int_0^A\rho(\sigma,t,x;S^*)\beta_S(\sigma,t,x;S^*)\mathrm{d}\sigma\cdot q(0,t,x)-\\ \quad u(r,t,x)k_S(S^*)\int_0^A p\Delta q(\sigma,t,x)\mathrm{d}\sigma+u(r,t,x)\mu_{eS}(S^*)\int_0^A pq(\sigma,t,x)\mathrm{d}\sigma-\\ \quad u(r,t,x)k_{x_iS}(S^*)\int_0^A p_{x_i}q(\sigma,t,x)\mathrm{d}\sigma-u_{x_i}(r,t,x)k_S(S^*)\int_0^A p_{x_i}q(\sigma,t,x)\mathrm{d}\sigma-\\ \quad u(r,t,x)k_{SS}(S^*)\int_0^A u_{x_i}p(\sigma,t,x)\mathrm{d}\sigma\cdot\int_0^A pq(\sigma,t,x)\mathrm{d}\sigma-\\ \quad u(r,t,x)k_{SS}(S^*)\int_0^A up_{x_i}(\sigma,t,x)\mathrm{d}\sigma\cdot\int_0^A p_{x_i}q(\sigma,t,x)\mathrm{d}\sigma-\\ \quad u(r,t,x)k_S(S^*)\int_0^A p_{x_i}q(\sigma,t,x)\mathrm{d}\sigma=0,\quad \text{在 } Q \text{ 内},\\ q(A,t,x)=0,\quad \text{在 } \Omega_T \text{ 内},\\ q(r,T,x)=p(r,T,x;u)-z_2(r,x),\quad \text{在 } \Omega_A \text{ 内},\\ q(r,t,x)=0,\quad \text{在 } \Sigma \text{ 上},\\ S^*\equiv S^*(t,x)=\int_0^A u(r,t,x)p(r,t,x;u)\mathrm{d}r,\quad \text{在 } \Omega_T \text{ 内}。\end{cases}$$

(4.3.111)

不妨将式$(4.3.111)_1$ 改写为

$$A_3^* q\equiv -q_r-q_t-\operatorname{div}(k(S^*)\nabla q)+[\mu_0+\mu_e(S^*)]q+I'=0,\quad (4.3.112)$$

其中，

$$\begin{aligned}I'=&-\beta(r,t,x;S^*)q(0,t,x)-u(r,t,x)\int_0^A p(\sigma,t,x)\beta_S(r,t,x;S^*)\mathrm{d}\sigma\cdot q(0,t,x)-\\ &u(r,t,x)k_S(S^*)\int_0^A p\Delta q(\sigma,t,x)\mathrm{d}\sigma+u(r,t,x)\mu_{eS}(S^*)\int_0^A pq(\sigma,t,x)\mathrm{d}\sigma-\\ &u(r,t,x)k_{x_iS}(S^*)\int_0^A p_{x_i}q(\sigma,t,x)\mathrm{d}\sigma-u_{x_i}(r,t,x)k_S(S^*)\int_0^A p_{x_i}q(\sigma,t,x)\mathrm{d}\sigma-\\ &u(r,t,x)k_{SS}(S^*)\int_0^A u_{x_i}p(\sigma,t,x)\mathrm{d}\sigma\cdot\int_0^A pq(\sigma,t,x)\mathrm{d}\sigma-\\ &u(r,t,x)k_{SS}(S^*)\int_0^A up_{x_i}(\sigma,t,x)\mathrm{d}\sigma\cdot\int_0^A p_{x_i}q(\sigma,t,x)\mathrm{d}\sigma-\\ &u(r,t,x)k_S(S^*)\int_0^A pq(\sigma,t,x)\mathrm{d}\sigma\\ \equiv& I'_1+I'_2+I'_3+I'_4+I'_5+I'_6+I'_7+I'_8+I'_9。\end{aligned}\quad (4.3.113)$$

定理 4.3.12 设 $p(r,t,x;u)$为系统(P)对应于 u 在 V 中的广义解，则伴随问题(4.3.111)

在 V 中容许唯一的解 $q(r,t,x;u)$。

证明　令

$$\begin{cases}r=A-r',t=T-t',\\ q(r,t,x)=q(A-r',T-t',x)=\psi(r',t',x),\end{cases}\tag{4.3.114}$$

则 $\psi(r',t',x)$ 满足下面的方程及条件：

$$\begin{cases}\dfrac{\partial\psi}{\partial r'}+\dfrac{\partial\psi}{\partial t'}-\operatorname{div}(k(S^*)\nabla\psi)+[\mu_0-\mu_e(S^*)]\psi+F_2(r',t',x)=0, & \text{在 } Q \text{ 内},\\ \psi(0,t',x)=0, \quad \text{在 } \Omega_T \text{ 内},\\ \psi(r',0,x)=p(A-r',0,x;u)-z_2(A-r',x), \quad \text{在 } \Omega_A \text{ 内},\\ \psi(r',t',x)=0, \quad \text{在 } \Sigma=\Theta\times\partial\Omega \text{ 上},\\ S^*(t',x)\equiv S^*(T-t',x)=\displaystyle\int_0^A u(A-r',T-t',x)p(A-r',T-t',x)\mathrm{d}\sigma'。\end{cases}\tag{4.3.115}$$

其中，

$$\begin{aligned}F_2(r',t',x)=&-\beta(A-r',T-t',x;S^*)q(A,T-t',x)+\\&u(A-r',T-t',x)\int_0^A p(A-\sigma',T-t',x)\beta_S(A-r',T-t',x;S^*)\cdot\\&q(A,T-t',x)\mathrm{d}\sigma'+\\&u(A-r',T-t',x)k_S(S)\int_0^A(p\Delta q)(A-\sigma',T-t',x)\mathrm{d}\sigma'-\\&u(A-r',T-t',x)\mu_{eS}(S^*(t',x))\int_0^A(pq)(A-\sigma',T-t',x)\mathrm{d}\sigma'+\\&u(A-r',T-t',x)k_{x_iS}(S^*(t',x))\int_0^A(p_{x_i}q)(A-\sigma',T-t',x)\mathrm{d}\sigma'+\\&u_{x_i}(A-r',T-t',x)k_S(S^*(t',x))\int_0^A(p_{x_i}q)(A-\sigma',T-t',x)\mathrm{d}\sigma'-\\&u(A-r',T-t',x)k_{SS}(S^*(t',x))\int_0^A u_{x_i}p(A-\sigma',T-t',x)\mathrm{d}\sigma'\cdot\\&\int_0^A pq(A-\sigma',T-t',x)\mathrm{d}\sigma'-\\&u(A-r',T-t',x)k_{SS}(S^*(t',x))\int_0^A up_{x_i}(A-\sigma',T-t',x)\mathrm{d}\sigma'\cdot\\&\int_0^A p_{x_i}q(A-\sigma',T-t',x)\mathrm{d}\sigma'+\\&u(A-r',T-t',x)k_S(S^*(t',x))\int_0^A p_{x_i}q(A-\sigma',T-t',x)\mathrm{d}\sigma'。\end{aligned}\tag{4.3.116}$$

方程组(4.3.115)与问题(4.1.1)～问题(4.1.5)是同一类型的问题。在假设条件(H_1)～条件(H_5)成立的条件下，用证明定理 4.1.3 的方法可以证明问题(4.3.115)在 V 中存在唯一广义解 $\psi(r',t',x)$。再由变换(4.3.114)可知，问题(4.3.111)在 V 中存在唯一广义解 $q(r,t,x;u)$。定理 4.3.12 证毕。

用方程(4.3.106)的解 $\dot{p}(r,t,x;u)$ 去乘式$(4.3.111)_1$ 即式(4.3.112)的两端，然后在 Q

上积分，可得

$$(A_3^* q, \dot{p}) \equiv \int_Q \{-q_r \dot{p} - q_t \dot{p} - \mathrm{div}(k(S^*) \nabla q) \dot{p} + [\mu_0 + \mu_e(S^*)] q \dot{p}\} \mathrm{d}Q + \int_Q I' \dot{p} \mathrm{d}Q = 0。 \tag{4.3.117}$$

由分部积分和方程(4.3.106)及式(4.3.111)的初边值条件以及 Green 公式，同时运用积分变量互换，有

$$\begin{aligned}
I_1^0 &= -\int_Q q_r \dot{p} \mathrm{d}Q = \int_{\Omega_T} \left(-\int_0^A q_r \dot{p} \mathrm{d}r\right) \mathrm{d}t \mathrm{d}x \\
&= \int_Q \dot{p} q_r \mathrm{d}Q - \int_{\Omega_T} [q \dot{p}(A,t,x) - q \dot{p}(0,t,x)] \mathrm{d}t \mathrm{d}x \\
&= \int_Q \dot{p} q_r \mathrm{d}Q - 0 + \int_{\Omega_T} \int_0^A \beta(\sigma,t,x;S^*) \dot{p}(\sigma,t,x) \mathrm{d}\sigma q(0,t,x) \mathrm{d}t \mathrm{d}x + \\
&\quad \int_{\Omega_T} \int_0^A \beta_S(\sigma,t,x;S^*) p(r,t,x) \left[\int_0^A (u \dot{p} + (v-u) p) \mathrm{d}\sigma\right] \mathrm{d}r q(0,t,x) \mathrm{d}t \mathrm{d}x \\
&= \int_Q \dot{p}_r q \mathrm{d}Q + \int_Q \dot{p}(r,t,x;u) \beta(r,t,x;S^*) q(0,t,x) \mathrm{d}r \mathrm{d}t \mathrm{d}x + \\
&\quad \int_Q \dot{p} u(r,t,x) \left[\int_0^A p(\sigma,t,x) \beta_S(\sigma,t,x;S^*) \mathrm{d}\sigma\right] q(0,t,x) \mathrm{d}Q + \\
&\quad \int_Q \left[\int_0^A p \beta_S(S^*) \mathrm{d}\sigma\right] p(v-u) \cdot q(0,t,x) \mathrm{d}r \mathrm{d}t \mathrm{d}x,
\end{aligned}$$

$$\begin{aligned}
I_2^0 &= -\int_Q q_t \dot{p} \mathrm{d}Q = \int_Q \dot{p}_t q \mathrm{d}Q - \int_{\Omega_A} [q \dot{p}(r,T,x) - q \dot{p}(r,0,x)] \mathrm{d}r \mathrm{d}x \\
&= \int_Q \dot{p} q_t \mathrm{d}Q - \int_{\Omega_A} \dot{p} [p(r,t,x;u) - z_2(r,x)] \mathrm{d}r \mathrm{d}x,
\end{aligned}$$

$$I_3^0 = -\int_Q \mathrm{div}(k(S^*) \nabla q) \cdot \dot{p} \mathrm{d}Q = -\int_Q \mathrm{div}(k(S^*) \nabla \dot{p}) \cdot q \mathrm{d}Q,$$

$$I_4^0 = \int_Q [\mu_0 + \mu_e(S^*)] q \dot{p} \mathrm{d}Q = \int_Q [\mu_0 + \mu_e(S^*)] \dot{p} q \mathrm{d}Q。$$

下面对以下各式进行变换。

$$I = \int_Q I' \dot{p} \mathrm{d}Q = I_1 + I_2 + I_3 + I_4' + I_5' + I_6' + I_7' + I_8 + I_9,$$

$$\begin{aligned}
I_1 &= \int_Q I_1' \dot{p} \mathrm{d}Q = -\int_Q \beta(r,t,x;S^*) q(0,t,x) \dot{p} \mathrm{d}Q \\
&= -\int_Q \dot{p}(r,t,x;u) \beta(r,t,x;S^*) q(0,t,x) \mathrm{d}Q,
\end{aligned}$$

$$\begin{aligned}
I_2 &= \int_Q I_2' \dot{p} \mathrm{d}Q = -\int_Q u(r,t,x) \left[\int_0^A p(\sigma,t,x;u) \beta_S(\sigma,t,x;S^*) \mathrm{d}\sigma\right] q(0,t,x) \dot{p} \mathrm{d}r \mathrm{d}t \mathrm{d}x \\
&= -u \dot{p}(r,t,x) \left[\int_0^A p \beta_S(r,t,x;S^*) \mathrm{d}\sigma\right] q(0,t,x) \mathrm{d}Q,
\end{aligned}$$

$$\begin{aligned}
I_3 &= \int_Q I_3' \dot{p} \mathrm{d}Q = -\int_Q u(r,t,x) k_S(S^*) \int_0^A p \Delta q(\sigma,t,x) \mathrm{d}\sigma \cdot \dot{p} \mathrm{d}Q \\
&= -\int_Q k_S(S^*) \int_0^A u \dot{p}(\sigma,t,x) \mathrm{d}\sigma \cdot \Delta p \cdot q(r,t,x) \mathrm{d}Q,
\end{aligned}$$

$$I_4=\int_Q I'_4\dot{p}\mathrm{d}Q=\int_Q u(r,t,x)\mu_{eS}(S^*)\int_0^A pq(\sigma,t,x)\mathrm{d}\sigma\cdot\dot{p}\mathrm{d}Q$$
$$=\int_Q\mu_{eS}(S^*)p\int_0^A u\,\dot{p}(\sigma,t,x)\mathrm{d}\sigma\cdot q(r,t,x)\mathrm{d}Q,$$
$$I_5=\int_Q I'_5\dot{p}\mathrm{d}Q=-\int_Q u(r,t,x)k_{x_iS}(S^*)\int_0^A p_{x_i}q(\sigma,t,x)\mathrm{d}\sigma\cdot\dot{p}\mathrm{d}Q$$
$$=-\int_Q k_{x_iS}(S^*)p_{x_i}\int_0^A u\,\dot{p}(\sigma,t,x)\mathrm{d}\sigma\cdot q(r,t,x)\mathrm{d}Q,$$
$$I_6=\int_Q I'_6\dot{p}\mathrm{d}Q=-\int_Q u_{x_i}(r,t,x)k_S(S^*)\int_0^A p_{x_i}q(\sigma,t,x)\mathrm{d}\sigma\cdot\dot{p}\mathrm{d}Q$$
$$=-\int_Q k_S(S^*)p_{x_i}\int_0^A u_{x_i}\,\dot{p}(\sigma,t,x)\mathrm{d}\sigma\cdot q(r,t,x)\mathrm{d}Q,$$
$$I_7=\int_Q I'_7\dot{p}\mathrm{d}Q=-\int_Q u(r,t,x)k_{SS}(S^*)\int_0^A u_{x_i}p(\sigma,t,x)\mathrm{d}\sigma\cdot\int_0^A pq(\sigma,t,x)\mathrm{d}\sigma\cdot\dot{p}\mathrm{d}Q$$
$$=-\int_Q k_{SS}(S^*)p_{x_i}\int_0^A u_{x_i}\,\dot{p}(\sigma,t,x)\mathrm{d}\sigma\cdot\int_0^A u\,\dot{p}(\sigma,t,x)\mathrm{d}\sigma\cdot q(r,t,x)\mathrm{d}Q,$$
$$I_8=\int_Q I'_8\dot{p}\mathrm{d}Q=-\int_Q u(r,t,x)k_{SS}(S^*)\int_0^A up_{x_i}(\sigma,t,x)\mathrm{d}\sigma\cdot\int_0^A pq(\sigma,t,x)\mathrm{d}\sigma\mathrm{d}Q$$
$$=-\int_Q k_{SS}(S^*)p_{x_i}\int_0^A up_{x_i}(\sigma,t,x)\mathrm{d}\sigma\cdot\int_0^A u\,\dot{p}(\sigma,t,x)\mathrm{d}\sigma\cdot q(r,t,x)\mathrm{d}Q,$$
$$I_9=\int_Q I'_9\mathrm{d}Q=-\int_Q u(r,t,x)k_S(S^*)\int_0^A p_{x_i}q(\sigma,t,x)\mathrm{d}\sigma\cdot\dot{p}\mathrm{d}Q$$
$$=-\int_Q k_S(S^*)p_{x_i}(r,t,x)\int_0^A u\,\dot{p}(\sigma,t,x)\mathrm{d}\sigma\cdot q(r,t,x)\mathrm{d}Q。$$

把上述 $I_1^0\sim I_2^0,I_1\sim I_9$ 代入式(4.3.117),经过整理得到

$$\begin{aligned}(\dot{p},A_3^*q)\equiv&\int_Q[\dot{p}_r+\dot{p}_t-\mathrm{div}(k(S^*)\nabla\dot{p})+\mu_0+\mu_e(S^*)]\dot{p}q\mathrm{d}Q-\\&\int_Q k_S(S^*)\int_0^A[u\,\dot{p}+p(v-u)]q(\sigma,t,x)\mathrm{d}\sigma\cdot(\Delta p)\mathrm{d}Q+\\&\int_Q\mu_{eS}(S^*)p\int_0^A[u\,\dot{p}+(v-u)p](\sigma,t,x)\mathrm{d}\sigma q\mathrm{d}Q-\\&\int_Q k_{x_iS}(S^*)p_{x_i}\int_0^A[u\,\dot{p}+p(v-u)](\sigma,t,x)\mathrm{d}\sigma q(r,t,x)\mathrm{d}Q-\\&\int_Q k_S(S^*)p_{x_i}\int_0^A[u_{x_i}\,\dot{p}+p(v_{x_i}-u_{x_i})](\sigma,t,x)\mathrm{d}\sigma\cdot q\mathrm{d}Q-\\&\int_Q k_{SS}(S^*)p_{x_i}\left[\int_0^A u_{x_i}p\mathrm{d}\sigma\right]\int_0^A[u\,\dot{p}+p(v-u)](\sigma,t,x)\mathrm{d}\sigma\cdot q\mathrm{d}Q-\\&\int_Q k_{SS}(S^*)p_{x_i}\left[\int_0^A up_{x_i}\mathrm{d}\sigma\right]\left[\int_0^A(u\,\dot{p}+p(v-u))\mathrm{d}\sigma\right]q\mathrm{d}Q-\\&\int_Q k_S(S^*)p_{x_i}\int_0^A[u\,\dot{p}+(v-u)p_{x_i}](\sigma,t,x)\mathrm{d}\sigma\cdot q(r,t,x)\mathrm{d}Q+\\&\int_Q\dot{p}(r,t,x;u)\beta(r,t,x;S^*)q(0,t,x)\mathrm{d}Q+\\&\int_Q\left[\int_0^A p\beta_S(r,t,x;S^*)\mathrm{d}\sigma\right]p(v-u)\cdot q(0,t,x)\mathrm{d}Q\end{aligned}$$

$$-\int_{\Omega_T}\dot{p}[p(r,T,x;u)-z_2]\mathrm{d}r\mathrm{d}x+\int_Q k_{x_iS}(S^*)p_{x_i}\left[\int_0^A p(v-u)\mathrm{d}\sigma\right]q\mathrm{d}Q-$$
$$\int_Q\mu_{eS}(S^*)p\left[\int_0^A p(v-u)\mathrm{d}\sigma\right]q\mathrm{d}Q+\int_Q k_S(S^*)p_{x_i}\left[\int_0^A p(v_{x_i}-u_{x_i})\mathrm{d}\sigma\right]q\mathrm{d}Q+$$
$$\int_Q k_{SS}(S^*)p_{x_i}\left[\int_0^A u_{x_i}p\mathrm{d}\sigma\right]\left[\int_0^A p(v-u)\mathrm{d}\sigma\right]q\mathrm{d}Q+$$
$$\int_Q k_{SS}(S^*)p_{x_i}\left[\int_0^A up_{x_i}\mathrm{d}\sigma\right]\left[\int_0^A p(v-u)\mathrm{d}\sigma\right]q\mathrm{d}Q+$$
$$\int_Q k_S(S^*)\int_0^A p(v-u)\mathrm{d}\sigma\Delta p\cdot q\mathrm{d}Q+\int_Q k_S(S^*)p_{x_i}\left[\int_0^A p_{x_i}(v-u)\mathrm{d}\sigma\right]q\mathrm{d}Q。\tag{4.3.118}$$

将式(4.3.118)与式(4.3.106)对照,可以发现下面的事实:

$$(\dot{p},A_3^*q)=(A\dot{p},q)-(\dot{p},A_4^*q),\tag{4.3.119}$$

而$(\dot{p},A_4^*q)$有如下表达式:

$$(\dot{p},A_4^*q)=-\int_Q\left[\int_0^A p\beta_S(S^*)\mathrm{d}\sigma\right]p(v-u)q(0,t,x)\mathrm{d}Q+\int_{\Omega_T}\dot{p}\left[p(T;u)-z_2\right]\mathrm{d}r\mathrm{d}x-$$
$$\int_Q k_{x_iS}(S^*)p_{x_i}\left[\int_0^A p(v-u)\mathrm{d}\sigma\right]q\mathrm{d}Q+\int_Q\mu_{eS}(S^*)p\left[\int_0^A p(v-u)\mathrm{d}\sigma\right]q\mathrm{d}Q-$$
$$\int_Q k_S(S^*)p_{x_i}\left[\int_0^A p(v_{x_i}-u_{x_i})\mathrm{d}\sigma\right]q\mathrm{d}Q-$$
$$\int_Q k_S(S^*)p_{x_i}\left[\int_0^A u_{x_i}p\mathrm{d}\sigma\right]\left[\int_0^A p(v-u)\mathrm{d}\sigma\right]q\mathrm{d}Q-$$
$$\int_Q k_{SS}(S^*)p_{x_i}\left[\int_0^A up_{x_i}\mathrm{d}\sigma\right]\left[\int_0^A p(v-u)\mathrm{d}\sigma\right]q\mathrm{d}Q-$$
$$\int_Q k_S(S^*)\left[\int_0^A p(v-u)\mathrm{d}\sigma\right]\Delta p\cdot q\mathrm{d}Q-$$
$$\int_Q k_S(S^*)p_{x_i}\left[\int_0^A p_{x_i}(v-u)\mathrm{d}\sigma\right]q\mathrm{d}Q。$$

由式(4.3.106)可知,$(A\dot{p},q)=0$,而由式(4.3.117)可知,$(\dot{p},A_3^*q)=0$。因而,结合式(4.3.119)可推出$(\dot{p},A_4^*q)=0$,即有

$$\int_{\Omega_T}\dot{p}\left[p(r,T,x;u)-z_2(r,x)\right]\mathrm{d}r\mathrm{d}x$$
$$=\int_Q\Big\{q(0,t,x)\left[\int_0^A p\beta_S(S^*)\mathrm{d}\sigma\right]p(v-u)-\left[\int_0^A pq(\sigma,t,x)\mathrm{d}\sigma\right]\mu_{eS}(S^*)p(v-u)+$$
$$\left[\int_0^A p_{x_i}q(\sigma,t,x)\mathrm{d}\sigma\right]k_{x_iS}p(v-u)+\left[\int_0^A p_{x_i}q(\sigma,t,x)\mathrm{d}\sigma\right]k_S(S^*)p(v_{x_i}-u_{x_i})+$$
$$\left[\int_0^A p_{x_i}q(\sigma,t,x)\mathrm{d}\sigma\right]\left[\int_0^A u_{x_i}p(\sigma,t,x)\mathrm{d}\sigma\right]k_{SS}(S^*)p(v-u)+$$
$$\left[\int_0^A p_{x_i}q(\sigma,t,x)\mathrm{d}\sigma\right]\left[\int_0^A up_{x_i}(\sigma,t,x)\mathrm{d}\sigma\right]k_{SS}(S^*)p(v-u)+$$
$$\left[\int_0^A(\Delta p)q(\sigma,t,x)\mathrm{d}\sigma\right]k_S(S^*)p(v-u)+$$
$$\left[\int_0^A p_{x_i}q(\sigma,t,x)\mathrm{d}\sigma\right]k_S(S^*)p_{x_i}(v-u)\Big\}\mathrm{d}Q。\tag{4.3.120}$$

由式(4.3.120)和式(4.3.108)就推得下面的变分不等式：

$$\sum_{i=1}^{N}\int_Q\Big\{q(0,t,x)\Big[\int_0^A\beta_S(S^*)p\,\mathrm{d}\sigma\Big]p(v-u)-\Big[\int_0^A pq\,\mathrm{d}\sigma\Big]\mu_{eS}(S^*)p(v-u)+$$
$$\Big[\int_0^A p_{x_i}q\,\mathrm{d}\sigma\Big]k_{x_iS}(S^*)p(v-u)+\Big[\int_0^A p_{x_i}q\,\mathrm{d}\sigma\Big]k_S(S^*)p(v_{x_i}-u_{x_i})+$$
$$\Big[\int_0^A p_{x_i}q\,\mathrm{d}\sigma\Big]\Big[\int_0^A u_{x_i}p\,\mathrm{d}\sigma\Big]k_{SS}(S^*)p(v-u)+$$
$$\Big[\int_0^A p_{x_i}q\,\mathrm{d}\sigma\Big]\Big[\int_0^A up_{x_i}\,\mathrm{d}\sigma\Big]k_{SS}(S^*)p(v-u)+$$
$$\Big[\int_0^A(\Delta p)q\,\mathrm{d}\sigma\Big]k_S(S^*)p(v-u)+\Big[\int_0^A p_{x_i}q\,\mathrm{d}\sigma\Big]k_S(S^*)p_{x_i}(v-u)\Big\}\,\mathrm{d}Q+$$
$$\rho\|v-u\|_{L^\infty(Q)}\geqslant 0,\quad \forall v,u\in U。\tag{4.3.121}$$

定理 4.3.13　设 $p(r,t,x;v)$为由问题(4.1.1)～问题(4.1.5)所描述的系统(P)的状态，性能指标泛函 $J_2(v)$由式(4.3.85)给出，容许控制集合 U 由式(4.3.10)确定，且假设条件(H_1)～条件(H_6)成立，则系统(P)的最优控制 $u\in U$ 由方程(4.1.1)～方程(4.1.5)(其中 $v=u$)和伴随方程(4.3.111)及变分不等式(4.3.121)构成的最优性组所确定。

4.4　与年龄相关的种群系统的最优扩散控制

4.4.1　引言

本节考虑如下的与年龄相关的种群系统扩散项的最优控制系统 S：

$$\frac{\partial p}{\partial r}+\frac{\partial p}{\partial t}+A_vp+\mu(r,t,x)p=f(r,t,x),\quad 在\ Q=\Theta\times\Omega\ 内,\tag{4.4.1}$$

$$p(0,t,x)=\int_0^A\beta(r,t,x;S)p(r,t,x)\mathrm{d}r,\quad 在\ \Omega_T=(0,T)\times\Omega\ 内,\tag{4.4.2}$$

$$p(r,0,t)=p_0(r,t),\quad 在\ \Omega_A=(0,A)\times\Omega\ 内,\tag{4.4.3}$$

$$p(r,t,x)=0,\quad 在\ \Sigma=\Theta\times\partial\Omega\ 上,\tag{4.4.4}$$

其中，$\Theta=(0,A)\times(0,T)$，参量 μ,f,β 和变量 p 以及控制量 v 和 Ω 的定义见第 1～2 章，而

$$A_vp=-\sum_{i,j=1}^{N}\frac{\partial}{\partial x_i}\Big(kv(r,t,x)\frac{\partial p}{\partial x_j}\Big)。\tag{4.4.5}$$

性能指标泛函 J 取作

$$J(v)=\|p(v)-z\|_{L^2(\Omega)}^2,\tag{4.4.6}$$

其中 $z(r,t,x)$为已知理想目标函数，$z\in L^2(Q)$。

本节讨论下面的最优控制问题：

$$寻求满足不等式\ J(u)=\inf_{v\in U}J(v)\ 的\ u\in U,\tag{4.4.7}$$

其中，

$$U=\{v\mid v\in L^\infty(Q),0<\gamma_0\leqslant v(r,t,x)\leqslant\gamma_1\leqslant+\infty,\text{a.e.于}\ Q\ 内\}\tag{4.4.8}$$

由于控制量 v 出现在扩散项$\dfrac{\partial}{\partial x_i}\Big(kv(r,t,x)\dfrac{\partial p}{\partial x_j}\Big)$中，它是式(4.1.1)中扩散项 $\mathrm{div}(k(t,x;S)\nabla p)$，

$S=\int_0^A vp\,\mathrm{d}t$ 的特殊情形，因此，称为扩散控制。

4.4.2 基本假设

我们假定下面的假设条件成立：

(H_1) $\mu \in L^{\infty}_{\mathrm{loc}}(Q)$，$\int_0^A \mu_0(r,t,x)\mathrm{d}r=+\infty$，$\mu(r,t,x)\geqslant \alpha_1>0$，a.e.于 Q 内。

(H_2) $0\leqslant \beta(r,t,x)\leqslant \bar{\beta}<+\infty$，a.e.于 Q 内，$\int_0^A \beta^2\mathrm{d}r\leqslant C^1<+\infty$。

(H_3) $p_0\in L^2(\Omega_A)$，$p_0(r,x)\geqslant 0$，a.e.于 Ω_A 内。

(H_4) $f\in L^2(\Theta;H^{-1}(\Omega))$。

(H_5) 常数 $k>0$，$\partial\Omega$ 充分光滑。

同 4.1 节一样，我们引入空间记号：

$$W=L^2(0,A;H_0^1(\Omega)),W'=L^2(0,A;H^{-1}(\Omega))。$$

运用前面证明定理 2.1.3 的方法，可以证明系统 S 的广义解的存在唯一性定理。

定理 4.4.1 若假设条件(H_1)～条件(H_5)成立，而且 $v\in U$，U 由式(4.4.8)定义，则系统 S 存在唯一的广义解 $p(r,t,x;v)$，$p\in V$ 而

$$V=L^2(\Theta;H_0^1(\Omega))。\tag{4.4.9}$$

4.4.3 系统 S 的奇扰动系统 S_ε

在系统 S 中，当 $v_n\to u$ 在 $L^\infty(Q)$中弱星和 $p_n\to p$ 在 $L^2(Q)$中强时，$A(v_n)p_n\to A(v)p$ 一般不成立，因此，为了求得控制问题 S 的解 $u\in U$，需要借助系统 S 的奇扰动系统 S_ε 的帮助。我们采取文献[135]中的思路和方法。

设

$$\begin{cases} b(\varphi,\psi)\ 为\ H_0^2(\Omega)\ 上的双线性型，使得 \\ b(\psi,\psi)\geqslant \alpha_2\|\psi\|_{H_0^2(\Omega)},\alpha_2\geqslant 0,\forall\,\psi\in H_0^2(\Omega)。\end{cases}\tag{4.4.10}$$

设 $B\in L(H_0^2(\Omega);H^{-2}(\Omega))$是相应的线性算子。例如，若

$$b(\varphi,\psi)=\int_\Omega(\Delta\varphi)(\Delta\psi)\mathrm{d}x,\tag{4.4.11}$$

其中，Δ 为 Ω 上的 Laplace 算子，则可以表明式(4.4.10)成立，因此

$$B=\Delta^2。\tag{4.4.12}$$

以后我们就假设 $b(\varphi,\psi)$的表达式由式(4.4.11)，式(4.4.12)给出。

给出如下的扰动系统 S_ε：

$$\frac{\partial p_\varepsilon(v)}{\partial r}+\frac{\partial p_\varepsilon(v)}{\partial t}+\varepsilon\Delta^2 p_\varepsilon(v)+A_v p_\varepsilon(v)+\mu p_\varepsilon(v)=f,\quad 在\ Q\ 内,\tag{4.4.13}$$

$$p_\varepsilon(0,t,x)=\int_0^A \beta(r,t,x;S)p_\varepsilon(r,t,x)\mathrm{d}r,\quad 在\ \Omega_T\ 内,\tag{4.4.14}$$

$$p_\varepsilon(r,0,t)=p_0(r,t),\quad 在\ \Omega_A\ 内,\tag{4.4.15}$$

$$\frac{\partial p_\varepsilon}{\partial \nu}=0,p_\varepsilon=0,\quad 在\ \Sigma=\Theta\times\partial\Omega\ 上,\tag{4.4.16}$$

其中 $\varepsilon>0$，v 为$\partial\Omega$ 上的外法线方向。

设

$$a_v(r,t;\varphi,\psi)=\sum_{i,j=1}^{N}\int_{\Omega}kv(r,t,x)\frac{\partial\varphi}{\partial x_i}\frac{\partial\psi}{\partial x_j}\mathrm{d}x, \tag{4.4.17}$$

则由式(4.4.8)可得

$$a_v(r,t;\varphi,\psi)\geqslant k\gamma_0\int_{\Omega}|\operatorname{grad}\varphi|^2\mathrm{d}x\geqslant C_2\|\varphi\|^2_{H_0^1(\Omega)},\quad \varphi\in H_0^1(\Omega) \tag{4.4.18}$$

和 $\lambda>0$ 一致的，

$$a_v(r,t;\varphi,\psi)+\lambda|\varphi|^2\geqslant C_3\|\varphi\|^2_{H_0^1(\Omega)},\quad \forall\varphi\in H_0^1(\Omega)。$$

对于 $\varepsilon>0$，设

$$a_{\varepsilon,v}(r,t;\varphi,\psi)=\varepsilon b(\varphi,\psi)+a_v(r,t;\varphi,\psi),\quad \varphi,\psi\in V_1, \tag{4.4.19}$$

其中

$$V_1=L^2(\Theta;H_0^1(\Omega))。 \tag{4.4.20}$$

引入记号 $Dp_\varepsilon=\dfrac{\partial}{\partial r}p_\varepsilon+\dfrac{\partial}{\partial t}p_\varepsilon=p_{\varepsilon,r}+p_{\varepsilon,t}$。

定义 4.4.1　若函数 $p_\varepsilon\in V_1$ 满足下面的积分恒等式：

$$\int_{\Theta}\left[\langle Dp_\varepsilon,\varphi\rangle+a_{\varepsilon,v}(r,t;p_\varepsilon,\varphi)+\int_{\Omega}\mu p_\varepsilon\varphi\mathrm{d}x\right]\mathrm{d}r\mathrm{d}t=\int_{Q}f\varphi\mathrm{d}Q,$$
$$\mathrm{d}Q=\mathrm{d}r\mathrm{d}t\mathrm{d}x,\quad \forall\varphi\in\Phi, \tag{4.4.21}$$

$$\int_{\Omega_T}(p_\varepsilon\varphi)(0,t,x)\mathrm{d}t\mathrm{d}x=\int_{\Omega_T}\left[\int_0^A\beta(r,t,x)p_\varepsilon(r,t,x)\mathrm{d}r\right]\varphi(0,t,x)\mathrm{d}t\mathrm{d}x,$$
$$\forall\varphi\in\Phi_1, \tag{4.4.22}$$

$$\int_{\Omega_A}(p_\varepsilon\varphi)(r,0,x)\mathrm{d}t\mathrm{d}x=\int_{\Omega_A}p_0(r,t)\varphi(0,t,x)\mathrm{d}t\mathrm{d}x,\quad \forall\varphi\in\Phi_1, \tag{4.4.23}$$

则 $p_\varepsilon\in V_1$ 称为系统 S_ε 的广义解。

其中，

$$\begin{cases}\Phi=\{\varphi\mid\varphi\in V_1,D\varphi\in V_1,\sqrt{\mu}\varphi\in L^2(Q)\},\\ \Phi_1=\{\varphi\mid\varphi\in\Phi,\varphi(A,t,x)=\varphi(r,T,x)=0\}。\end{cases} \tag{4.4.24}$$

而$\langle\cdot,\cdot\rangle$表示 $H_0^2(\Omega)$与 $H^{-1}(\Omega)$之间的对偶积。假设条件(H_1)等价于

$$p_\varepsilon(r,t,x)=0,\quad 当\ r\geqslant A\ 时。 \tag{4.4.25}$$

用类似于文献[135]中的方法，可以证明系统 S 的广义解的存在唯一性定理。

定理 4.4.2　若假设条件(H_1)～条件(H_5)成立，$b(\varphi,\psi)$，$a_v(r,t;p_\varepsilon,\rho)$和 $a_{\varepsilon,v}(r,t;p_\varepsilon,\rho)$分别由式(4.4.11)，式(4.4.17)和式(4.4.19)给出，则系统 S 容许唯一的广义解 $p_\varepsilon\in V_1$，即 p_ε 满足积分恒等式(4.4.21)～式(4.4.23)。

对未知函数进行变换是方便的。若 p_ε 是系统 S_ε 的解，那么 $q(r,t,x)=\mathrm{e}^{-\lambda t}p_\varepsilon(r,t,x)$ 也是系统 S_ε 中以 $\mu+\lambda$ 代替 μ 得到的解。函数 $q(r,t,x)$是下面系统(即式(4.4.26)～式(4.4.29))的解：

$$Dq+\varepsilon\Delta^2q+A_vp+(\mu+\lambda)q=F,\quad 在\ Q\ 内 \tag{4.4.26}$$

$$q(0,t,x)=\int_0^A\beta(r,t,x)q(r,t,x)\mathrm{d}r,\quad 在\ \Omega_T\ 内, \tag{4.4.27}$$

$$q(r,0,x)=p_0(r,x),\quad 在\ \Omega_A\ 内, \tag{4.4.28}$$

$$q=0,\frac{\partial q}{\partial v}=0,\quad 在\ \Sigma\ 上,\tag{4.4.29}$$

其中,$F(r,t,x)=\mathrm{e}^{-\lambda t}f(r,t,x)$,$\lambda\geqslant C_1$。

引理 4.4.1 已知 $F\in V'$,则存在唯一的 $q\in V_1$,$Dq\in V'$,满足

$$\int_\Theta\langle Dq,\varphi\rangle\mathrm{d}r\,\mathrm{d}t+\int_Q(\varepsilon\Delta q\Delta\varphi+kvq_{x_i}\varphi_{x_i}+(\mu+\lambda)q\varphi)\mathrm{d}Q=\int_Q f\varphi\mathrm{d}Q,\quad \forall\varphi\in\Phi\tag{4.4.30}$$

及初边值条件

$$\begin{cases}q(r,t,x)=0, & 在\ \Omega_T\ 内,\\ q(r,0,x)=0, & 在\ \Omega_A\ 内。\end{cases}\tag{4.4.31}$$

证明 令 $H_0^2(\Omega)\cup\Phi$ 上的双线性型由下式定义:

$$e(q,\varphi)=\int_\Omega\left(\varepsilon\Delta q\Delta\varphi+\sum_{ij}^N kvq_{x_i}\varphi_{x_i}+(\mu+\lambda)q\varphi\right)\mathrm{d}x。\tag{4.4.32}$$

由假设条件(H_1),条件(H_2),条件(H_4)和条件(H_5)可知,e 在 $H_0^2(\Omega)$上是连续的。$\forall q\in H_0^2(\Omega)$,有

$$\begin{aligned}\alpha_3\|q\|_{H_0^2(\Omega)}^2=\min(k,\varepsilon,\lambda)\|q\|_{H_0^2(\Omega)}^2&\leqslant e(q,q)\\ &\leqslant\max\left(k,\varepsilon,\|\sqrt{\mu q}\|_{L^2(Q)}+\lambda\right)\|q\|_{H_0^2(\Omega)}^2,\quad \alpha_3>0。\end{aligned}\tag{4.4.33}$$

从式(4.4.32),式(4.4.33)可推断

$$《Mq,\varphi》=\int_\Theta e(q,\varphi)\mathrm{d}r\,\mathrm{d}t,\tag{4.4.34}$$

这里 $M:V_1\to V_1'$是有界线性算子《·,·》,表示 V_1'与 V_1 之间的对偶积,因此,从式(4.4.33),式(4.4.34),可得

$$\begin{cases}M\in L(V_1\to V_1'),\\ 《Mq,q》\geqslant\alpha_4\|q\|_{V_1}^2,\alpha_4=\alpha_3\,\mathrm{mes}\Theta>0,\forall q\in V_1\cup\Phi。\end{cases}\tag{4.4.35}$$

现在考虑 $L^2(Q)$上的无界算子 Λ,$\Lambda q=\partial q/\partial r+\partial q/\partial t$,其定义域为

$$D(\Lambda)=\{q\in L^2(Q),\Lambda q\in L^2(Q),q(0,t,x)=q(r,0,x)=0\}。$$

设

$$(G(s)q)(r,t,x)=\begin{cases}q(r-s,t-s,x), & (r-s,t-s,x)\in Q,\\ 0, & 其他。\end{cases}\tag{4.4.36}$$

容易验证式(4.4.36)定义一个有界连续收缩半群($G(s)$,$s\geqslant0$)$\in V_1$ 和 V_1';并且$-\Lambda$ 是半群($G(s)$,$s\geqslant0$)的无穷小生成元,它们的定义域 $D(\Lambda;V_1)$和 $D(\Lambda;V_1')$分别为

$$D(\Lambda;V_1)=\{q\in V_1,Dq\in V'_1,q(r,0,t)=q(0,t,x)=0\}$$

和

$$D(\Lambda;V_1')=\{q\in V'_1,Dq\in V'_1,q(r,0,t)=q(0,t,x)=0\}。$$

上述结果可由下式表述:

$$\begin{cases}(G(s),s)\geqslant0\ 是\ V_1,L^2(Q)\ 和\ V'_1\ 中的有界连续收缩半群,\\ -\Lambda\ 是\ G(s)\ 中的无穷小生成元且分别由\ D(\Lambda;V_1),\\ D(\Lambda;L^2(Q))\ 和\ D(\Lambda;V'_1)\ 表示其在空间\ V_1,L^2(Q)\ 和\ V'_1\ 上的定义域。\end{cases}\tag{4.4.37}$$

由文献[77]、式(4.4.35)和式(4.4.37)推得，存在唯一 $q\in V_1$，使得

$$\begin{cases}Mq+\Lambda q=F,\\ q(0,t,x)=q(r,0,x)=0。\end{cases}$$

上述方程是系统(即式(4.4.30)，式(4.4.31))的抽象形式。引理 4.4.1 证毕。

引理 4.4.2　已知 $p_0\in L^2(\Omega_A)$，$B_1\in L^2(\Omega_T)$，则式(4.3.30)存在唯一解 $q\in V_1$，且满足初边值条件：

$$\begin{aligned}&q(r,0,x)=p_0(r,x),\quad \text{在 } \Omega_A \text{ 内},\\ &q(0,t,x)=B_1(t,x),\quad \text{在 } L^2(\Omega_T) \text{ 内}。\end{aligned}\tag{4.4.38}$$

进一步，可得

$$\alpha_5\|q\|_{V_1}^2\leqslant\frac{1}{2}\|p_0\|_{L^2(\Omega_A)}^2+\frac{1}{2}\|B_1\|_{L^2(\Omega_T)}^2+C_4\|F\|_{L^2(Q)}^2,\quad \text{常数 } \alpha_5>0。\tag{4.4.39}$$

证明　由引理 4.4.1 可证明解的唯一性。

为证明存在性，引入 $C^\infty(\overline{Q})$ 中的光滑函数列 $\{\varphi_n\}$，使得当 $n\to+\infty$ 时，

$$\begin{aligned}&\varphi_n(0,t,x)\to B_1(t,x),\quad \text{在 } L^2(\Omega_T) \text{ 内},\\ &\varphi_n(r,0,x)\to p_0(r,x),\quad \text{在 } L^2(\Omega_A) \text{ 内}。\end{aligned}$$

从引理 4.4.1 可推得，存在唯一的 $\bar{q}_n\in D(\Lambda;V_1)$ 和 $D\bar{q}_n\in V'_1$，它是

$$M\bar{q}_n+\Lambda\bar{q}_n=-M\varphi_n-D\varphi_n+F$$

满足条件

$$\bar{q}_n(r,0,x)=\bar{q}_n(0,t,x)=0$$

的解。因此，$q_n=\bar{q}_n+\varphi_n$ 是式(4.4.30)的解，即 q_n 满足

$$\int_\Theta\langle Dq_n,\varphi\rangle\mathrm{d}r\,\mathrm{d}t+\int_\Theta e(q_n,\varphi)\mathrm{d}r\,\mathrm{d}t=\int_Q F\varphi\mathrm{d}Q,\quad \forall\varphi\in V_1\tag{4.4.40}$$

和初边值条件

$$q_n(0,t,x)=\varphi_n(0,t,x),q_n(r,0,x)=\varphi_n(r,0,x)。$$

因此可得，

$$\int_\Theta\langle Dq_n,q_n\rangle\mathrm{d}r\,\mathrm{d}t+\int_\Theta e(q_n,q_n)\mathrm{d}r\,\mathrm{d}t=\int_Q Fq_n\mathrm{d}Q。\tag{4.4.41}$$

分部积分第一项，有

$$\begin{aligned}\int_\Theta\langle Dq_n,q_n\rangle\mathrm{d}r\,\mathrm{d}t=&\frac{1}{2}\int_{\Omega_A}[(q_n)^2(r,T,x)-(q_n)^2(r,0,x)]\mathrm{d}r\,\mathrm{d}x+\\ &\frac{1}{2}\int_{\Omega_T}[(q_n)^2(A,t,x)-(q_n)^2(0,t,x)]\mathrm{d}t\,\mathrm{d}x\\ \geqslant&-\frac{1}{2}\int_{\Omega_A}(\varphi_n)^2(r,0,x)\mathrm{d}r\,\mathrm{d}x-\frac{1}{2}\int_{\Omega_T}(\varphi_n)^2(0,t,x)\mathrm{d}t\,\mathrm{d}x。\end{aligned}$$

将该不等式代入式(4.4.41)中，由式(4.4.35)可得

$$\alpha_4\|q_n\|_{V_1}^2\leqslant\frac{1}{2}\|\varphi_n(r,0,x)\|_{L^2(\Omega_A)}^2+\frac{1}{2}\|\varphi_n(0,t,x)\|_{L^2(\Omega_T)}^2+\frac{1}{2\varepsilon}\|F\|_{L^2(Q)}^2+\frac{\varepsilon}{2}\|q_n\|_{L^2(Q)}^2。$$

由此推得

$$\alpha_5\|q_n\|_{V_1}^2\leqslant\frac{1}{2}\|\varphi_n(r,0,x)\|_{L^2(\Omega_A)}^2+\frac{1}{2}\|\varphi_n(0,t,x)\|_{L^2(\Omega_T)}^2+\frac{1}{2\varepsilon}\|F\|_{L^2(Q)}^2,\quad \alpha_5>0。\tag{4.4.42}$$

只要 $\varepsilon>0$ 充分小。

令 $C_4=\frac{1}{2\varepsilon}$，从式(4.4.42)可以推得

$$\alpha_5\|q_n\|_{V_1}^2\leqslant\frac{1}{2}\|\varphi_n(r,0,x)\|_{L^2(\Omega_A)}^2+\frac{1}{2}\|\varphi_n(0,t,x)\|_{L^2(\Omega_T)}^2+C_4\|F\|_{L^2(Q)}^2。\tag{4.4.43}$$

式(4.4.43)表明，$\{q_n\}$是 V_1 中的有界序列。故能够选取$\{q_n\}$中的子序列，仍记为$\{q_n\}$，使得当 $n\to+\infty$时，

$$\begin{cases}q_n\to q, & 在 V_1 中弱, q\in V_1,\\ Dq_n\to Dq, & 在 V_1' 中弱。\end{cases}\tag{4.4.44}$$

这样，由 M 的连续性推得，当 $n\to+\infty$时，

$$《Mq_n,\varphi》\to《Mq,\varphi》,\quad \forall\varphi\in V_1\cup\Phi。\tag{4.4.45}$$

而由式(4.4.44)推得，当 $n\to+\infty$时，

$$(Dq_n,\varphi)\to(Dq,\varphi),\quad \forall\varphi\in V_1。$$

因此，通过在式(4.4.40)中取极限推得式(4.4.44)中的 q 就是式(4.4.30)的解。将迹的连续性(引理 2.1.1)应用到 $t=0$ 和 $r=0$ 就意味着 $q(r,0,x)=p_0(r,x)$和 $q(0,t,x)=B_1(t,x)$。由不等式(4.4.43)和关于弱收敛范数的下半连续性，证得解 q 满足式(4.4.39)。引理 4.4.2 证毕。

定理 4.4.2 的证明 令 $g\in V_1$ 且式(4.4.30)的解 $S_g=q$ 满足初边值条件

$$\begin{cases}q(r,0,x)=p_0(r,x), & 在 \Omega_A 内,\\ q(0,t,x)=\int_0^A\beta(r,t,x)q(r,t,x)\mathrm{d}r\equiv B_1(t,x), & 在 \Omega_T 内。\end{cases}\tag{4.4.46}$$

由引理 4.4.2 可知，上述的 q 存在且有 $q\in V_1$，$Dq\in V_1'$，即 S 在 V_1 的映射为其自身。从式(4.4.39)和式(4.4.46)，可推得

$$\|q\|_{V_1}^2\leqslant\frac{1}{2\alpha_5}\left[\|p_0\|_{L^2(\Omega_A)}^2+C_1\|g\|_{L^2(Q)}^2+2C_4\|F\|_{L^2(Q)}^2\right],$$

由上面的关系式推得 S 是连续的，且由 $L^2(Q)$到 V_1 是有界的，可推得 S 在 $L^2(Q)$中是严格的。若 $q\in L^2(Q)$，则 $q\in V_1$ 因而定理的结论将得证。

事实上，若 $g_1,g_2\in L^2(Q)$，令 $Sg_1=q_1$，$Sg_2=q_2$ 是式(4.4.30)的解，其中 $q=q_1-q_2$ 在 $t=0$ 上消失为 0(即在式(4.4.30)的右端，F 消失为零)，且满足

$$q(0,t,x)=\int_0^A\beta(r,t,x)q(r,t,x)\mathrm{d}r,\quad g=g_1-g_2,$$

根据引理 4.4.2 的证明，可推得

$$\int_\Theta\langle Dq,q\rangle\mathrm{d}r\mathrm{d}t+\int_\Theta e(q,q)\mathrm{d}r\mathrm{d}t=0$$

及类似的结论

$$\lambda\|q\|_{L^2(Q)}^2\leqslant\frac{1}{2}C_1\|g\|_{L^2(Q)}^2。$$

由于 $\lambda\geqslant C_1$，因此 S 在 $L^2(Q)$中是严格压缩的，这是因为上面的不等式意味着

$$\|Sg_1-Sg_2\|_{L^2(Q)}^2\leqslant\frac{1}{2}\|g_1-g_2\|_{L^2(Q)}^2。$$

因此,根据 Banach 空间的压缩映射原理,存在唯一不动点 $q\in L^2(Q)$,$Sq=q_1$,它是问题(4.4.26)～问题(4.4.29)的 $L^2(Q)$-解。

由不等式(4.4.39),可得

$$\alpha_5\|q\|_{V_1}^2\leqslant\frac{1}{2}\|p_0\|_{L^2(Q_A)}^2+\frac{C_1}{2}\|q\|_{L^2(Q)}^2+C_4\|F\|_{L^2(Q)}^2,\quad \alpha_5>0。$$

因为 $q\in L^2(Q)$,这意味着问题(4.4.26)～问题(4.4.29)的 $L^2(Q)$-解 $q\in V_1$。因此,$p_\varepsilon=e^{\lambda t}q\in V_1$ 是系统 S_ε 的解。定理 4.4.2 证毕。

为简便起见,以后分别用 p_ε 和 p 或 $p_\varepsilon(v)$ 和 $p(v)$ 表示系统 S_ε 和 S 的广义解 $p_\varepsilon(r,t,x;v)$ 和 $p(r,t,x;v)$。

由式(4.4.10)和式(4.4.17),可推得

$$a_{\varepsilon,v}(r,t;\psi,\psi)\geqslant\varepsilon\|\psi\|_{H^2(\Omega)}^2+C_5\|\psi\|_{H^1(\Omega)}^2。\tag{4.4.47}$$

定理 4.4.3 对于固定的 $u\in U$,当 $\varepsilon\to0$ 时,有

$$p_\varepsilon(v)\to p(v),\quad 在 V 中强,\tag{4.4.48}$$

$$\sqrt{\varepsilon}p_\varepsilon(v)\to0,\quad 在 V_1 中强,\tag{4.4.49}$$

$$Dp_\varepsilon(v)\to Dp(v),\quad 在 V_1' 中强,\tag{4.4.50}$$

其中 V_1 的对偶 $V_1'=L^2(\Theta;H_0^1(\Omega))$,$p_\varepsilon(v)\in V_1$ 是问题(4.4.13)～问题(4.4.16)的广义解,$p(v)\in V$ 是问题(4.4.1)～问题(4.4.4)的广义解。

证明 (1) 用 p_ε 乘式(4.4.13),并在 Ω_A 上积分,得

$$\int_{\Omega_A}\frac{\partial p_\varepsilon}{\partial r}p_\varepsilon\mathrm{d}r\mathrm{d}x+\int_{\Omega_A}\frac{\partial p_\varepsilon}{\partial t}p_\varepsilon\mathrm{d}r\mathrm{d}x+\int_{\Omega_A}(\varepsilon\Delta^2+A_v+\mu)p_\varepsilon^2(v)\mathrm{d}r\mathrm{d}x=\int_{\Omega_A}fp_\varepsilon\mathrm{d}r\mathrm{d}x。\tag{4.4.51}$$

用 $|\cdot|$,$\|\cdot\|$,$\||\cdot|\|$ 分别表示 $\|\cdot\|_{L^2(\Omega_A)}$,$\|\cdot\|_{L^2(0,A;H_0^1(\Omega))}$,$\|\cdot\|_{L^2(\Theta;H_0^2(\Omega))}$,有

$$\int_{\Omega_A}\frac{\partial p_\varepsilon}{\partial r}p_\varepsilon\mathrm{d}r\mathrm{d}x=\frac{1}{2}\frac{\mathrm{d}}{\mathrm{d}t}\int_{\Omega_A}p_\varepsilon^2\mathrm{d}r\mathrm{d}x=\frac{1}{2}\frac{\mathrm{d}}{\mathrm{d}t}|p_\varepsilon|^2,\tag{4.4.52}$$

$$\begin{aligned}-\int_{\Omega_A}\frac{\partial p_\varepsilon}{\partial r}p_\varepsilon\mathrm{d}r\mathrm{d}x&=-\frac{1}{2}\frac{\mathrm{d}}{\mathrm{d}t}\int_{\Omega_A}p_\varepsilon^2\mathrm{d}r\mathrm{d}x=-\frac{1}{2}\frac{\mathrm{d}}{\mathrm{d}t}\int_\Omega[p_\varepsilon^2(A,t,x)-p_\varepsilon^2(0,t,x)]\mathrm{d}x\\&=0+\frac{1}{2}\int_\Omega\left(\int_0^A\beta p_\varepsilon\mathrm{d}r\right)^2\mathrm{d}x\leqslant\frac{1}{2}\bar{\beta}^2A|p_\varepsilon(t)|^2。\end{aligned}\tag{4.4.53}$$

由式(4.4.47),可得

$$\begin{aligned}\int_{\Omega_A}(\varepsilon\Delta^2+A_v)p_\varepsilon^2(v)\mathrm{d}r\mathrm{d}x&=\int_0^A a_{\varepsilon,v}(r,t,p_\varepsilon,p_\varepsilon)\mathrm{d}r\\&\geqslant\int_0^A(\varepsilon\|p_\varepsilon\|_{H^2(\Omega)}^2+C_5\|p_\varepsilon\|_{H^1(\Omega)}^2)\mathrm{d}r\\&\geqslant\varepsilon\alpha_6\||p_\varepsilon|\|^2+\alpha_7\|p_\varepsilon(t)\|^2。\end{aligned}\tag{4.4.54}$$

另外,还有

$$\int_{\Omega_A}fp_\varepsilon\mathrm{d}r\mathrm{d}x\leqslant\frac{1}{2}|f|_{W'}^2+\frac{1}{2}|p_\varepsilon|_W^2。\tag{4.4.55}$$

由式(4.4.51)～式(4.4.55)可推得

$$\frac{1}{2}\frac{\mathrm{d}}{\mathrm{d}t}|p_\varepsilon(t)|+\varepsilon\alpha_6\||p_\varepsilon|\|^2+\alpha_7\|p_\varepsilon(t)\|^2+|\sqrt{\mu}p_\varepsilon(t)|^2$$

$$\leqslant \frac{1}{2}\bar{\beta}A \mid p_\varepsilon(t) \mid^2 + \frac{1}{2} \mid p_\varepsilon(t) \mid_W^2 + \frac{1}{2} \mid f(t) \mid_{W'}, \tag{4.4.56}$$

对式(4.4.56)在$[0,t]$上关于τ积分，记$Q_t=(0,A)\times(0,t)\times\Omega$，并注意到式(4.4.15)，可得

$$\mid p_\varepsilon(t) \mid + \int_0^t 2\varepsilon\alpha_6 \| \mid p_\varepsilon(\tau) \mid \|^2 d\tau + 2\alpha_7 \int_0^t \| p_\varepsilon(\tau) \|^2 d\tau + 2\int_0^t \left|\sqrt{\mu}\, p_\varepsilon(\tau)\right|^2 d\tau$$

$$\leqslant \int_0^t \mid f(\tau) \mid_{W'}^2 d\tau + \mid p_0 \mid^2 + (\bar{\beta}^2 A + 1)\int_0^t \mid p_\varepsilon(\tau) \mid^2 d\tau,$$

即

$$\mid p_\varepsilon(t) \mid^2 + 2\varepsilon\alpha_6 \int_0^t \| \mid p_\varepsilon(\tau) \mid \|^2 d\tau + 2\alpha_7 \int_0^t \| p_\varepsilon(\tau) \|^2 d\tau + 2\int_0^t \left|\sqrt{\mu}\, p_\varepsilon(\tau)^2\right| d\tau$$

$$\leqslant C_6 + C_7 \int_0^t \mid p_\varepsilon(\tau) \mid_w^2 d\tau, \tag{4.4.57}$$

其中，常数$C_6=2\| p_0 \|_{L^2(\Omega_A)}^2 + \| f \|_{V'} > 0$，$C_7=\bar{\beta}^2 A + 1 > 0$。

由式(4.4.57)显然可得，

$$\mid p_\varepsilon(t) \mid^2 \leqslant C_6 + C_7 \int_0^t \mid p_\varepsilon(\tau)^2 \mid d\tau。$$

结合 Gronwall 不等式可得

$$\mid p_\varepsilon(t) \mid^2 \leqslant C_6 e^{C_7 T} \equiv C_8, \quad \forall t \in [0,T]。\tag{4.4.58}$$

在区间$[0,T]$上对上式积分可得

$$\| p_\varepsilon \|_{L^2(Q)}^2 \leqslant C_8 T \equiv C_9 < +\infty。$$

结合式(4.4.57)推得

$$\sqrt{\mu}\, p_\varepsilon \in L^2(Q), \sqrt{\varepsilon}\, p_\varepsilon \in V_1, \tag{4.4.59}$$

$$\{p_\varepsilon\} \text{ 在 } L^2(Q) \text{ 中一致有界}, \tag{4.4.60}$$

$$\{\sqrt{\mu}\, p_\varepsilon\} \text{ 在 } L^2(Q) \text{ 中一致有界}, \tag{4.4.61}$$

$$\{p_\varepsilon\} \text{ 在 } V_1 \text{ 中一致有界}, \tag{4.4.62}$$

$$\{\sqrt{\mu}\, p_\varepsilon\} \text{ 在 } V_1 \text{ 中一致有界。} \tag{4.4.63}$$

因而存在$\{p_\varepsilon\}$的子序列，仍然记作$\{p_\varepsilon\}$，使得当$\varepsilon\to 0$时，

$$p_\varepsilon \to z, \quad \text{在 } L^2(Q) \text{ 中弱}, \tag{4.4.64}$$

$$\sqrt{\mu}\, p_\varepsilon \to \sqrt{\mu}\, z, \quad \text{在 } L^2(Q) \text{ 中弱}, \tag{4.4.65}$$

$$p_\varepsilon \to z, \quad \text{在 } V \text{ 中弱}, \tag{4.4.66}$$

$$\sqrt{\varepsilon}\, p_\varepsilon \to z_1, \quad \text{在 } V_1' \text{ 中弱。} \tag{4.4.67}$$

还有

$$Dp_\varepsilon \to Dz, \quad \text{在 } V_1' \text{ 中弱。} \tag{4.4.68}$$

事实上，由方程(4.4.13)的变形

$$Dp_\varepsilon = -(\varepsilon\Delta^2 + A_v + \mu)p_\varepsilon + f \in V_1',$$

和式(4.4.60)～式(4.4.68)就推得

$$\{Dp_\varepsilon\} \text{ 在 } V_1' \text{ 中一致有界。} \tag{4.4.69}$$

由此，推得式(4.4.68)成立。

(2) 下面证明式(4.4.64)的极限$z=p$，即它是系统S(即问题(4.4.1)～问题(4.4.4))的

广义解。

① 证明当 ε→0 时，

$$\varepsilon b(p_\varepsilon,\varphi)\to 0,\quad \forall\varphi\in V_1。\tag{4.4.70}$$

事实上，由于 $\varphi\in\Phi$，有 $\Delta^2\varphi\in V_1'$。由式(4.4.67)，可推得，当 ε→0 时，

$$\int_\Theta \varepsilon b(p_\varepsilon,\varphi)\mathrm{d}r\mathrm{d}t=\varepsilon\int_Q \Delta p_\varepsilon\Delta\varphi\mathrm{d}Q=\sqrt{\varepsilon}\int_Q(\sqrt{\varepsilon}p_\varepsilon)\Delta^2\varphi\mathrm{d}Q\to 0\int_Q z_1\Delta^2\varphi\mathrm{d}Q=0。$$

② 证明当 ε→0 时，

$$\int_\Theta a_v(r,t;p_\varepsilon,\varphi)\mathrm{d}r\mathrm{d}t=\int_\Theta a_v(r,t;z,\varphi)\mathrm{d}r\mathrm{d}t,\quad \forall\varphi\in\Phi\subset V_1,\tag{4.4.71}$$

由定义式(4.4.17)，有

$$\int_\Theta a_v(r,t;p_\varepsilon,\varphi)\mathrm{d}r\mathrm{d}t=\sum_{i,j=1}^N k\int_Q v(r,t;x)\frac{\partial p_\varepsilon}{\partial x_j}\frac{\partial\varphi}{\partial x_i}\mathrm{d}r\mathrm{d}t\mathrm{d}x。\tag{4.4.72}$$

由式(4.4.66)，应有

$$\frac{\partial p_\varepsilon}{\partial x_i}\to\frac{\partial z}{\partial x_i},\quad 在 L^2(Q) 中弱。\tag{4.4.73}$$

由 $\varphi\in\Phi\subset V_1\subset V$，有 $\dfrac{\partial\varphi}{\partial x_i}\in L^2(Q)$，由于 $v\in U$，应有 $v\dfrac{\partial\varphi}{\partial x_i}\in L^2(Q)$。这是因为

$$\int_Q\left(v\frac{\partial\varphi}{\partial x_i}\right)^2\mathrm{d}Q\leqslant\gamma_1^2\int_Q\left(\frac{\partial\varphi}{\partial x_i}\right)^2=\gamma_1^2\left\|\frac{\partial\varphi}{\partial x_i}\right\|_{L^2(Q)}^2<+\infty。$$

因此，由式(4.4.72)，式(4.4.73)推得式(4.4.71)。

③ 证明当 ε→0 时，

$$\int_Q\mu p_\varepsilon\varphi\mathrm{d}Q\to\int_Q\mu z\varphi\mathrm{d}Q,\quad\forall\varphi\in\Phi\subset V\subset L^2(Q),\tag{4.4.74}$$

事实上，由 Φ 的定义，有 $\sqrt{\mu}\varphi\in L^2(Q)$，因此由式(4.4.61)推得式(4.4.74)成立。

④ 证明

$$\int_{\Omega_T}(z\varphi)(0,t,x)\mathrm{d}r\mathrm{d}t\to\int_{\Omega_T}\left[\int_0^A\beta(r,t,x)z(r,t,x)\mathrm{d}r\right]\varphi(0,t,x)\mathrm{d}t\mathrm{d}x,\quad\forall\varphi\in\Phi_1,\tag{4.4.75}$$

在证明式(4.4.75)之前首先证明当 ε→0 时，

$$\begin{aligned}&\int_{\Omega_T}\left[\int_0^A\beta(r,t,x)p_\varepsilon(r,t,x)\mathrm{d}r\right]\varphi(0,t,x)\mathrm{d}t\mathrm{d}x\\&\to\int_{\Omega_T}\left[\int_0^A\beta(r,t,x)z(r,t,x)\mathrm{d}r\right]\varphi(0,t,x)\mathrm{d}t\mathrm{d}x,\quad\forall\varphi\in\Phi。\end{aligned}\tag{4.4.76}$$

由引理 2.1.1 可得，$\varphi(0,t,x)\in L^2(\Omega_T)$，因而有

$$\int_Q[\beta(r,t,x)\varphi(0,t,x)]^2\mathrm{d}Q\leqslant A\bar{\beta}^2\|\varphi(0,\cdot,\cdot)\|_{L^2(\Omega_T)}^2<+\infty,$$

即 $\beta(r,t,x)\varphi(0,t.x)\in L^2(Q)$。由式(4.4.64)推得式(4.4.76)成立。

其次证明，

$$\int_{\Omega_T}p_\varepsilon(0,t,x)\varphi(0,t,x)\mathrm{d}t\mathrm{d}x\to\int_{\Omega_T}z(0,t,x)\varphi(0,t,x)\mathrm{d}t\mathrm{d}x,\quad\forall\varphi\in\Phi。\tag{4.4.77}$$

由 $\varphi\in\Phi_1\subset V_1\subset V$ 且 $V_1''=V_1$，由式(4.4.68)有，当 $\varepsilon\to 0$ 时，

$$\int_Q \frac{\partial p_\varepsilon}{\partial r}\varphi(r,t,x)\mathrm{d}Q \to \int_Q \frac{\partial z}{\partial r}\varphi(r,t,x)\mathrm{d}Q。$$

对上式分部积分可得，当 $\varepsilon\to 0$ 时，

$$-\int_Q \frac{\partial \varphi}{\partial r}p_\varepsilon \mathrm{d}Q + \int_{\Omega_T}[(p_\varepsilon\varphi)(A,t,x)-(p_\varepsilon\varphi)(0,t,x)]\mathrm{d}t\,\mathrm{d}x$$

$$\to -\int_Q \frac{\partial \varphi}{\partial r}z\,\mathrm{d}Q + \int_{\Omega_T}[(z\varphi)(A,t,x)-(z\varphi)(0,t,x)]\mathrm{d}t\,\mathrm{d}x。$$

注意到 $\varphi\in\Phi_1,\varphi(A,t,x)=0,\dfrac{\partial\varphi}{\partial r}\in V'$，由式(4.4.64)可推得，当 $\varepsilon\to 0$ 时，

$$\int_Q \frac{\partial \varphi}{\partial r}p_\varepsilon(r,t,x)\mathrm{d}Q \to \int_Q \frac{\partial \varphi}{\partial r}z(r,t,x)\mathrm{d}Q。$$

因而，从上式就得到式(4.4.77)。由于 $p_\varepsilon(0,t,x)\to\int_0^A \beta p_\varepsilon \mathrm{d}r$，从而有

$$\int_{\Omega_T}(\varphi p_\varepsilon)(0,t,x)\varphi(0,t,x)\mathrm{d}t\,\mathrm{d}x = \int_{\Omega_T}\left[\int_0^A \beta p_\varepsilon \mathrm{d}r\right]\mathrm{d}t\,\mathrm{d}x。\tag{4.4.78}$$

在式(4.4.78)中令 $\varepsilon\to 0$ 并取极限，由式(4.4.76)，式(4.4.77)就推得式(4.4.75)成立。

同理可证明

$$\int_{\Omega_A}(z\varphi)(r,0,x)\mathrm{d}r\,\mathrm{d}x = \int_{\Omega_A}p_0(r,x)\varphi(r,0,x)\mathrm{d}r\,\mathrm{d}x,\quad \forall\varphi\in\Phi_1。\tag{4.4.79}$$

由于 $\varphi\in\Phi\subset V_1=V_1''$，所以由式(4.4.68)可推得，当 $\varepsilon\to 0$ 时，

$$\int_Q (Dp_\varepsilon)\varphi\mathrm{d}Q \to \int_Q (Dz)\varphi\mathrm{d}Q,\quad \forall\varphi\in\Phi。\tag{4.4.80}$$

因此，在积分恒等式(4.4.21)～式(4.4.23)中令 $\varepsilon\to 0$ 取极限，由式(4.4.70)，式(4.4.71)，式(4.4.74)～式(4.4.80)就推得 $z\in V_1\subset V$ 满足下面的积分恒等式：

$$\int_\Theta[\langle Dz,\varphi\rangle + a_v(r,t;z,\varphi)+\int_\Omega \mu z\varphi\mathrm{d}x]\mathrm{d}r\,\mathrm{d}t = \int_Q f\varphi\mathrm{d}Q,\quad \forall\varphi\in\Phi\subset V,\tag{4.4.81}$$

$$\int_{\Omega_T}(z\varphi)(0,t,x)\mathrm{d}t\,\mathrm{d}x = \int_{\Omega_T}\left(\int_0^A \beta z\,\mathrm{d}r\right)\varphi(0,t,x)\mathrm{d}t\,\mathrm{d}x,\quad \forall\varphi\in\Phi_1\subset V,\tag{4.4.82}$$

$$\int_{\Omega_A}(z\varphi)(r,0,x)\mathrm{d}r\,\mathrm{d}x = \int_{\Omega_A}p_0(r,x)\varphi(r,0,x)\mathrm{d}r\,\mathrm{d}x,\quad \forall\varphi\in\Phi_1\subset V。\tag{4.4.83}$$

式(4.4.81)～式(4.4.83)表明，z 是系统 S 即问题(4.4.1)～问题(4.4.4)的广义解。由系统 S 解的存在唯一性定理 4.3.1，有 $z=p$。结合式(4.4.64)～式(4.4.68)可推得当 $\varepsilon\to 0$ 时，

$$p_\varepsilon\to p,\quad 在 L^2(Q) 中弱,\tag{4.4.84}$$

$$p_\varepsilon\to p,\quad 在 V 中弱,\tag{4.4.85}$$

$$\sqrt{\varepsilon}p_\varepsilon\to z_1,\quad 在 V_1 中弱,\tag{4.4.86}$$

$$Dp_\varepsilon\to Dp,\quad 在 V_1' 中弱。\tag{4.4.87}$$

由 V 的定义及式(4.4.85)推得，当 $\varepsilon\to 0$ 时，

$$\frac{\partial p_\varepsilon}{\partial x_i}\to\frac{\partial p}{\partial x_i},\quad 在 L^2(Q) 中弱。\tag{4.4.88}$$

(3) 证明定理结论(4.4.48)～结论(4.4.50)成立。

考虑下面的量 X_ε：

$$X_\varepsilon = \frac{1}{2}\int_{\Omega_A} |p_\varepsilon(r,T,x) - p(r,T,x)|^2 \mathrm{d}r\mathrm{d}x + \frac{1}{2}\int_{\Omega_T} |p_\varepsilon(0,t,x) - p(0,t,x)|^2 \mathrm{d}t\mathrm{d}x + \varepsilon\int_\Theta b(p_\varepsilon, p_\varepsilon)\mathrm{d}r\mathrm{d}t + \frac{1}{2}\int_\Theta a_v(r,t;p_\varepsilon - p, p_\varepsilon - p)\mathrm{d}t\mathrm{d}x + \int_Q \mu(p_\varepsilon - p)\mathrm{d}Q。\tag{4.4.89}$$

由于 $p_\varepsilon(r,0,x) - p(r,0,x) = p_0(r,x) - p_0(r,x) = 0$，故有

$$\frac{1}{2}\int_{\Omega_A} |p_\varepsilon(r,T,x) - p(r,T,x)|^2 \mathrm{d}r\mathrm{d}x = \int_\Theta \left\langle \frac{\partial}{\partial t}[p_\varepsilon(r,t,x) - p(r,t,x)], [p_\varepsilon(r,t,x) - p(r,t,x)]\right\rangle \mathrm{d}r\mathrm{d}t。\tag{4.4.90}$$

同理，由于 $p_\varepsilon(A,t,x) = p(0,t,x) = 0$，故有

$$\frac{1}{2}\int_{\Omega_A} |p_\varepsilon(0,t,x) - p(0,t,x)|^2 \mathrm{d}t\mathrm{d}x = \int_\Theta \left\langle \frac{\partial}{\partial t}(p_\varepsilon - p), p_\varepsilon - p\right\rangle \mathrm{d}r\mathrm{d}t。\tag{4.4.91}$$

因此，式(4.4.89)变为

$$X_\varepsilon = \int_\Theta [\langle D(p_\varepsilon - p), p_\varepsilon - p\rangle + \varepsilon b(p_\varepsilon, p_\varepsilon) + a_v(r,t;p_\varepsilon - p, p_\varepsilon - p)]\mathrm{d}r\mathrm{d}t + \frac{1}{2}\int_Q \mu(p_\varepsilon - p)^2 \mathrm{d}Q。\tag{4.4.92}$$

由 p 和 p_ε 分别满足式(4.4.81)～式(4.4.83)(其中，$z = p$ 或 p_ε)和式(4.4.21)～式(4.4.23)以及 D 的线性性质和 b 与 a_v 的双线性性质，从式(4.4.92)推得

$$\begin{aligned}
X_\varepsilon &= \int_\Theta \langle Dp_\varepsilon, p_\varepsilon\rangle \mathrm{d}r\mathrm{d}t - 2\int_\Theta \langle Dp_\varepsilon, p_\varepsilon\rangle \mathrm{d}r\mathrm{d}t + \int_\Theta \langle Dp, p\rangle \mathrm{d}r\mathrm{d}t + \\
&\quad \varepsilon\int_\Theta b(p_\varepsilon, p_\varepsilon)\mathrm{d}r\mathrm{d}t + \int_\Theta a_v(r,t;p_\varepsilon, p_\varepsilon)\mathrm{d}r\mathrm{d}t - \\
&\quad 2\int_\Theta a_v(r,t;p_\varepsilon, p)\mathrm{d}r\mathrm{d}t + \int_\Theta a_v(r,t;p,p)\mathrm{d}r\mathrm{d}t + \\
&\quad \int_Q \mu p_\varepsilon^2 \mathrm{d}Q - 2\int_Q \mu p_\varepsilon p \mathrm{d}Q + \int_Q \mu p^2 \mathrm{d}Q \\
&= \int_\Theta \left[\langle Dp_\varepsilon, p_\varepsilon\rangle + \varepsilon b(p_\varepsilon, p_\varepsilon) + a_v(r,t;p_\varepsilon, p_\varepsilon) + \int_\Omega \mu p_\varepsilon p_\varepsilon \mathrm{d}x\right]\mathrm{d}r\mathrm{d}t - \\
&\quad 2\int_\Theta \left[\langle Dp_\varepsilon, p_\varepsilon\rangle + a_v(r,t;p,p_\varepsilon) + \int_\Omega \mu p p_\varepsilon \mathrm{d}x\right]\mathrm{d}r\mathrm{d}t + \\
&\quad \int_\Theta \left[\langle Dp, p\rangle + a_v(r,t;p,p) + \int_\Omega \mu p p \mathrm{d}x\right]\mathrm{d}r\mathrm{d}t - \\
&\quad \int_\Theta \left[\langle Dp, p_\varepsilon\rangle + a_v(r,t;p,p_\varepsilon) + \int_\Omega \mu p p_\varepsilon \mathrm{d}x\right]\mathrm{d}r\mathrm{d}t \\
&= (f, p_\varepsilon) - (f, p_\varepsilon) + (f, p) - (f, p_\varepsilon) \\
&= (f, p - p_\varepsilon)。
\end{aligned}$$

即

$$X_\varepsilon = (f, p) - (f, p_\varepsilon) = (f, p - p_\varepsilon)。\tag{4.4.93}$$

由假设条件(H_4)可推得 $f \in V'$，结合式(4.4.84)推得，当 $\varepsilon \to 0$ 时，

$$X_\varepsilon \to 0。 \tag{4.4.94}$$

由 X_ε 的结构及式(4.4.94)推得式(4.4.89)中 X_ε 的各部分均趋近于零，特别地，当 $\varepsilon \to 0$ 时，

(i) $I_1(\varepsilon)=\varepsilon\int_\Theta b(p_\varepsilon,p_\varepsilon)\mathrm{d}r\mathrm{d}t=\int_Q[\Delta(\sqrt{\varepsilon}p_\varepsilon)]^2\mathrm{d}Q\to 0$，

即

$$\sqrt{\varepsilon}p_\varepsilon \to 0,\quad 在 V_1 中强，$$

此即式(4.4.49)。

(ii) $I_2(\varepsilon)=\int_\Theta\left[a_v(r,t;p_\varepsilon-p,p_\varepsilon-p)+\int_\Omega\mu(p_\varepsilon-p^2\mathrm{d}x)\right]\mathrm{d}r\mathrm{d}t\to 0$。 (4.4.95)

然而，由式(4.4.18)有

$$I_2(\varepsilon)\geqslant C_2\int_\Theta\|p_\varepsilon-p\|^2_{H_0^1(\Omega)}\mathrm{d}r\mathrm{d}t。$$

结合式(4.4.95)可推得

$$p_\varepsilon\to p,\quad 在 V 中强，$$

此即式(4.4.48)。顺便指出，由式(4.4.48)推得

$$p_\varepsilon\to p,\quad 在 L^2(Q) 中强。 \tag{4.4.96}$$

由式(4.4.89)，式(4.4.94)，式(4.4.90)和式(4.9.91)推得，当 $\varepsilon\to 0$ 时，

$$\int_\Theta(D(p_\varepsilon-p),p_\varepsilon-p)\mathrm{d}r\mathrm{d}t\to 0, \tag{4.4.97}$$

若 $(D(p_\varepsilon-p),p_\varepsilon-p)$ 表示 V_1' 与 V 之间的对偶积，则式(4.3.97)表明，当 $\varepsilon\to 0$ 时，

$$D(p_\varepsilon-p)\to 0,\quad D(p_\varepsilon-p)\in V_1'。 \tag{4.4.98}$$

此即式(4.4.50)。定理 4.4.3 证毕。

4.4.4 扰动系统 S_ε 最优控制 u_ε 的存在性

定理 4.4.4 设 $p_\varepsilon\in V_1$，$Dp_\varepsilon\to 0\in V_1'$。对于固定的 ε，在由式(4.4.8)定义的 U 中存在系统 S_ε 关于性能指标泛函

$$J(v)=\|p_\varepsilon(v)-z\|^2_{L^2(Q)} \tag{4.4.99}$$

的最优控制 u_ε，即 u_ε 使得等式

$$J(u_\varepsilon)=\inf_{v\in U}J(v) \tag{4.4.100}$$

成立。

证明 (1) 设 v_n 是极小化序列，当 $n\to+\infty$ 时，

$$J(v_n)\to\inf_{v\in U}J(v)。 \tag{4.4.101}$$

又设 $p_n=p_\varepsilon(v_n)$，由 U 的定义式(4.4.8)，存在 u_ε 和 $\{v_n\}$ 的子序列，后者仍然记作 $\{v_n\}$，使得当 $n\to+\infty$ 时，

$$v_n\to v_\varepsilon,\quad 在 L^\infty(Q) 弱星。 \tag{4.4.102}$$

因 $\varepsilon>0$ 固定，推导过程中将 u_ε 简记作 u，待定理即将证实再恢复为 u_ε。

(2) 与式(4.4.57)的推导一样，可以从式(4.4.13)～式(4.4.16)出发，依据假设条件(H_1)～条件(H_5)，推得下面的不等式：

$$|p_n(t)|^2+2\varepsilon\alpha_6\int_0^t\|p_n(\tau)\|^2\mathrm{d}\tau+2\alpha_7\int_0^t\|p_n(\tau)\|^2\mathrm{d}\tau+\int_0^t\left|\sqrt{\mu}p_n(\tau)\right|^2\mathrm{d}\tau$$
$$\leqslant C_6+C_7\int_0^t|p_n(\tau)|^2\mathrm{d}\tau。\tag{4.4.103}$$

显然,式(4.4.103)蕴涵

$$|p_n(t)|^2\leqslant C_6+C_7\int_0^t|p_n(\tau)|^2\mathrm{d}\tau。$$

结合不等式推得

$$|p_n(t)|^2\leqslant C_6\mathrm{e}^{C_7T}\equiv C_8,\quad t\in[0,T]。$$

在区间[0,T]上对上式积分,得

$$\|p_n\|_{L^2(Q)}\leqslant C_9<+\infty,\quad n=1,2,\cdots。\tag{4.4.104}$$

由式(4.4.103)和式(4.4.104)推得

$$\|p_n\|_{V_1}\leqslant C_{10}<+\infty,\tag{4.4.105}$$
$$\|p_n\|_{V_1}\leqslant C_{10},\tag{4.4.106}$$
$$\left\|\sqrt{\mu}p_n\right\|_{L^2(Q)}\leqslant C_{10}。\tag{4.4.107}$$

由式(4.4.104)~式(4.4.107)分别推得,当 $n\to+\infty$时,

$$p_n\to p,\quad 在 L^2(Q) 中弱,\tag{4.4.108}$$
$$p_n\to p,\quad 在 V_1 中弱,\tag{4.4.109}$$
$$p_n\to p,\quad 在 V 中弱,\tag{4.4.110}$$
$$\sqrt{\mu}p_n\to\sqrt{\mu}p,\quad 在 L^2(Q) 中弱,\tag{4.4.111}$$

式(4.4.109)和式(4.4.110)分别蕴涵,当 $n\to+\infty$时,

$$\frac{\partial p_n}{\partial x_i}\to\frac{\partial p}{\partial x_i},\quad 在 V 中弱\tag{4.4.112}$$
$$\frac{\partial p_n}{\partial x_i}\to\frac{\partial p}{\partial x_i},\quad 在 L^2(Q) 中弱。\tag{4.4.113}$$

从式(4.4.13)(其中 $p_\varepsilon=p_n$)的变形

$$Dp_n=f-(\varepsilon\Delta^2p_n+A_{v_n}p+\mu p_n)\in V_1'\tag{4.4.114}$$

及算子 A_v 的有界性,推得

$$\{Dp_n\}\ 在 V_1' 中一致有界。\tag{4.4.115}$$

因此可得,当 $n\to+\infty$时,

$$Dp_n\to Dp,\quad 在 V_1' 中弱。\tag{4.4.116}$$

显然有 $H_0^2(\Omega)\subset H_0^1(\Omega)\subset H^{-2}(\Omega)$,且内射 $H_0^2(\Omega)\to H_0^1(\Omega)$是紧的[77],由紧性定理 2.1.1,可推得

$$H_1(0,A;H_0^2(\Omega),H^{-2}(\Omega))\to L^2(0,A;H_0^1(\Omega))\ 的映射是紧的,$$

因而有

$$L^2(0,A;H_0^2(\Omega))\to L^2(0,A;H_0^1(\Omega))\ 的映射是紧的。\tag{4.4.117}$$

显然有 $L^2(0,A;H_0^2(\Omega))\subset L^2(0,A;H_0^1(\Omega))\subset L^2(0,A;H^{-2}(\Omega))$,结合式(4.4.117)和紧性定理 2.1.1,从式(4.4.105)和式(4.4.115)推得 $H_1(L^2(0,T;L^2(0,A;H_0^2(\Omega))),L^2(0,A;H^{-2}(\Omega)))\to L^2(0,T;L^2(0,A;H_0^1(\Omega)))\equiv V$ 的映射是紧的,即当 $n\to+\infty$时,

$$p_n \to p, \quad 在\ V\ 中强, \tag{4.4.118}$$

亦即

$$\frac{\partial p_n}{\partial x_i} \to \frac{\partial p}{\partial x_i}, \quad 在\ L^2(Q)\ 中强, \tag{4.4.119}$$

更有

$$p_n \to p, \quad 在\ L^2(Q)\ 中强。\tag{4.4.120}$$

(3) 证明式(4.4.109)中的极限函数 $p \in V_1$(恢复记号后仍为 p_ε)为系统 S_ε,即问题(4.4.13)~问题(4.4.16)的广义解。

① 证明当 $n \to +\infty$ 时,

$$\int_\Theta \varepsilon b(p_n, \varphi) \mathrm{d}r\mathrm{d}t \to \int_\Theta \varepsilon b(p, \varphi) \mathrm{d}r\mathrm{d}t, \quad \forall \varphi \in \Phi \subset V_1。\tag{4.4.121}$$

事实上,$\Delta^2 \varphi \in V_1'$。结合式(4.4.109)推得,当 $n \to +\infty$ 时,

$$\begin{aligned}\int_\Theta \varepsilon b(p_n, \varphi) \mathrm{d}r\mathrm{d}t &= \varepsilon \int_Q \Delta p_n \cdot \Delta \varphi \mathrm{d}Q = \varepsilon \int_Q p_n \Delta^2 \varphi \mathrm{d}Q \\ &\to \varepsilon \int_Q p \Delta^2 \varphi \mathrm{d}Q = \varepsilon \int_Q \Delta p \cdot \Delta \varphi \mathrm{d}Q = \varepsilon \int_\Theta b(p, \varphi) \mathrm{d}r\mathrm{d}t。\end{aligned}$$

即式(4.4.121)成立。

② 证明当 $n \to +\infty$ 时,

$$\int_\Theta a_{v_n}(r,t,x;p_n,\varphi) \mathrm{d}r\mathrm{d}t \to \int_\Theta a_{v_n}(r,t,x;p,\varphi) \mathrm{d}r\mathrm{d}t, \quad \forall \varphi \in \Phi \subset V_1。\tag{4.4.122}$$

事实上,由 $a_{v_n}(r,t,x;p_n,\varphi)$ 的定义(4.4.5) 可得$\left(以下省去记号 \sum_{i,j=1}^N\right)$:

$$\begin{aligned}&\left|\int_\Theta [a_{v_n}(r,t,x;p_n,\varphi) - a_{v_n}(r,t,x;p,\varphi)] \mathrm{d}r\mathrm{d}t\right| \\ =& \left|\int_Q \left[k v_n \frac{\partial p_n}{\partial x_j} \frac{\partial \varphi}{\partial x_i} - k v \frac{\partial p}{\partial x_j} \frac{\partial \varphi}{\partial x_i}\right] \mathrm{d}Q\right| \\ \leqslant& k \left|\int_Q (v_n - v) \frac{\partial \varphi}{\partial x_i} \frac{\partial p}{\partial x_j} \mathrm{d}Q\right| + k \left|\int_Q v_n \frac{\partial \varphi}{\partial x_i}\left(\frac{\partial p_n}{\partial x_j} - \frac{\partial p}{\partial x_j}\right) \mathrm{d}Q\right| \\ =& k I_1(n) + k I_2(n)。\end{aligned} \tag{4.4.123}$$

由 $(\varphi_{x_i}, p_{x_j}) \in L^1(Q)$ 推得,

$$I_1(n) \to 0。\tag{4.4.124}$$

由式(4.4.118)和式(4.4.119)推得,当 $n \to +\infty$ 时,

$$\begin{aligned}I_2(n) &= \left|\int_Q v_n \frac{\partial \varphi}{\partial x_i}\left(\frac{\partial p_n}{\partial x_j} - \frac{\partial p}{\partial x_j}\right) \mathrm{d}Q\right| \\ &\leqslant \gamma_1 \left\|\frac{\partial \varphi}{\partial x_i}\right\|_{L^2(Q)} \left\|\frac{\partial (p_n - p)}{\partial x_j}\right\|_{L^2(Q)} \to 0。\end{aligned}$$

结合式(4.4.123)~式(4.4.124)推得式(4.4.122)成立。

③ 证明当 $n \to +\infty$ 时,

$$\int_Q \mu p_n \varphi \mathrm{d}Q \to \int_Q \mu p \varphi \mathrm{d}Q, \quad \forall \varphi \in \Phi \subset V \subset L^2(Q)。\tag{4.4.125}$$

事实上，由式(4.4.107)和 Φ 的定义推得，$\sqrt{\mu}p_n\in L^2(Q)$和$\sqrt{\mu}\varphi\in L^2(Q)$。结合式(4.4.111)推得式(4.4.125)成立。

④ 完全类似于 4.4.3 节中式(4.4.75)～式(4.4.77)，式(4.4.79)，式(4.4.80)的推导，可以证明下面的事实成立，当 $n\to+\infty$时，

$$\int_{\Omega_T}(p\varphi)(0,t,x)\mathrm{d}t\mathrm{d}x=\int_{\Omega_T}\left[\int_0^A\beta p\mathrm{d}r\right]\varphi(0,t,x)\mathrm{d}t\mathrm{d}x,\quad\forall\varphi\in\Phi_1,\tag{4.4.126}$$

$$\int_{\Omega_T}\left[\int_0^A\beta p_n\mathrm{d}r\right]\varphi(0,t,x)\mathrm{d}t\mathrm{d}x\to\int_{\Omega_T}\left[\int_0^A\beta p\mathrm{d}r\right]\varphi(0,t,x)\mathrm{d}t\mathrm{d}x,\quad\forall\varphi\in\Phi_1,\tag{4.4.127}$$

$$\int_{\Omega_T}p_n(0,t,x)\varphi(0,t,x)\mathrm{d}t\mathrm{d}x\to\int_{\Omega_T}p(0,t,x)\varphi(0,t,x)\mathrm{d}t\mathrm{d}x,\quad\forall\varphi\in\Phi_1,\tag{4.4.128}$$

$$\int_{\Omega_A}(p\varphi)(r,0,x)\mathrm{d}r\mathrm{d}x=\int_{\Omega_A}(p_0(r,x))\varphi(r,0,x)\mathrm{d}r\mathrm{d}x,\quad\forall\varphi\in\Phi_1,\tag{4.4.129}$$

$$\int_Q(Dp_n)\varphi\mathrm{d}Q\to\int_Q(Dp)\varphi\mathrm{d}Q,\quad\forall\varphi\in\Phi_1\subset V_1。\tag{4.4.130}$$

由 $p_n=p_\varepsilon(v_n)$定义，p_n 满足下面积分恒等式：

$$\int_\Theta\left[\langle Dp_n,\varphi\rangle+a_{\varepsilon,v_n}(r,t;p_n,\varphi)+\int_\Omega\mu p_n\varphi\mathrm{d}x\right]\mathrm{d}r\mathrm{d}t=\int_Q f\varphi\mathrm{d}Q,\quad\forall\varphi\in\Phi_1,\tag{4.4.21$'$}$$

$$\int_{\Omega_T}(p_n\varphi)(0,t,x)\mathrm{d}t\mathrm{d}x=\int_{\Omega_T}\left[\int_0^A\beta p_n\mathrm{d}r\right]\varphi(0,t,x)\mathrm{d}t\mathrm{d}x,\quad\forall\varphi\in\Phi_1,\tag{4.4.22$'$}$$

$$\int_{\Omega_A}(p_n\varphi)(r,0,x)\mathrm{d}r\mathrm{d}x=\int_{\Omega_A}(p_n(r,x))\varphi(r,0,x)\mathrm{d}r\mathrm{d}x,\quad\forall\varphi\in\Phi_1。\tag{4.4.23$'$}$$

在式(4.4.21′)～式(4.4.23′)中令 $n\to+\infty$，注意到式(4.4.121)，式(4.4.122)，式(4.4.126)～式(4.4.130)推得式(4.4.102)和式(4.4.109)中的极限函数 u(恢复记号应为 u_ε)和 p(恢复记号应为 p_ε)满足积分恒等式(4.4.21′)～式(4.4.23′)(其中 $v=v_\varepsilon$)，即 $p=p_\varepsilon(r,t,x)$为系统 P_ε 在 $v=v_\varepsilon$ 时的广义解，亦即 $p_\varepsilon(r,t,x)=p_\varepsilon(r,t,x;u_\varepsilon)=p_\varepsilon(u_\varepsilon)$。

(4) 证明式(4.4.102)中的极限函数 $u_\varepsilon\in U$ 为系统 S_ε 在 $\varepsilon>0$ 固定时的最优控制，即满足等式：

$$J(u_\varepsilon)=\inf_{v\in U}J(v)。$$

因为 $\varepsilon>0$ 固定，为简便起见，把 $u_\varepsilon,p_{\varepsilon,n}$ 和 $v_{\varepsilon,n}$ 分别简记为 u,p_n 和 v_n。由于 $u\in U$，所以显然有

$$J(u)\geqslant\inf_{v\in U}J(v),\tag{4.4.131}$$

因此，为了证明式(4.4.100)，只需证明，对于固定的 $\varepsilon>0$，有

$$J(u)=\|p(u)-z\|_{L^2(Q)}^2\leqslant\inf_{v\in U}J(v)=\inf_{v\in U}\|p(v)-z\|_{L^2(Q)}^2。\tag{4.4.132}$$

因为 $p_n=p(v_n)$，由式(4.4.108)推得，当 $n\to+\infty$时，

$$\int_Q p(v_n)\varphi\mathrm{d}Q\to\int_Q p(u)\varphi\mathrm{d}Q,\quad\forall\varphi\in L^2(Q)。$$

在上式中取 $\varphi=p(u)\in L^2(Q)$，则有，当 $n\to+\infty$时，

$$\int_Q p(v_n)p(u)\mathrm{d}Q\to\|p(u)\|_{L^2(Q)}^2。\tag{4.4.133}$$

利用 Hölder 不等式，有

$$\int_Q p(v_n)p(u)\mathrm{d}Q \leqslant \|p(v_n)\|_{L^2(Q)} \cdot \|p(u)\|_{L^2(Q)}。$$

结合式(4.4.133)和极限性质，推得

$$\|p(u)\|_{L^2(Q)}^2 \leqslant \|p(v_n)\|_{L^2(Q)} \cdot \|p(u)\|_{L^2(Q)}。$$

消去上式两边相同的因子，得到

$$\|p(u)\|_{L^2(Q)} \leqslant \|p(v_n)\|_{L^2(Q)}。\tag{4.4.134}$$

不等式(4.4.134)表明，

$$v \to \|p(v)\|_{L^2(Q)} \text{ 在 } u \text{ 处是弱星下半连续的。}\tag{4.4.135}$$

但是，有

$$J(p(v)) = \int_Q (p(v)-z)^2\mathrm{d}Q \text{ 是} \|p(v)\|_{L^2(Q)} \text{ 的连续函数。}\tag{4.4.136}$$

事实上，当 $\|p_1 - p_2\|_{L^2(Q)} \to 0$ 时，有

$$\begin{aligned}|J(p_1)-J(p_2)| &= \left|\int_Q (p_1-z)^2\mathrm{d}Q - \int_Q (p_2-z)^2\mathrm{d}Q\right| \\ &= \int_Q (p_1+p_2-2z)(p_1-p_2)\mathrm{d}Q \\ &\leqslant \|p_1-p_2\|_{L^2(Q)} \cdot \|p_1+p_2-2z\|_{L^2(Q)} \to 0。\end{aligned}$$

从而，由式(4.4.135)，式(4.4.136)推得

$$v \to J(v) \text{ 在 } u \text{ 处是弱星下半连续的，}$$

即

$$\varliminf_{n\to+\infty} J(v_n) \geqslant J(u)。\tag{4.4.137}$$

但是，从式(4.4.101)和 $u \in U$ 又推得

$$\varliminf_{n\to+\infty} J(v_n) \leqslant \inf_{v\in U} J(v)。\tag{4.4.138}$$

现在来证明式(4.4.138)。由式(4.4.101)或者说由 $\inf\limits_{v\in U} J(v)$ 的定义，设 $\varepsilon_n \to 0$，$\varepsilon_n > 0$，则对 $\varepsilon_n > 0$，存在 $n > 0$，当 $m > n$ 时，有

$$J(v_m) < \inf_{v\in U} J(v) + \varepsilon_n,$$

更有

$$\inf_{m\geqslant n} J(v_m) < \inf_{v\in U} J(v) + \varepsilon_n,$$

$$\lim_{n\to+\infty} \inf_{m\geqslant n} J(v_m) \leqslant \lim_{n\to+\infty}\left[\inf_{v\in U} J(v) + \varepsilon_n\right],$$

注意到 $\varepsilon_n \to 0$，则当 $n \to +\infty$ 时，从上式得到

$$\varliminf_{n\to+\infty} J(v_n) \leqslant \inf_{v\in U} J(v)。$$

即式(4.4.138)成立。由式(4.4.137)，式(4.4.138)推得式(4.4.132)成立。定理 4.4.4 证毕。

4.4.5 扰动系统 S_ε 控制为最优的必要条件

设 $p \in V_1$ 为系统 S_ε 的状态解，$u \in U$ 为最优控制。$\dot{p} = \dot{p}(r,t,x;u)$ 为 $p(v)$ 在 u 处沿方向 $(v-u)$ 的 G-微分[109]，即

$$\dot{p} \equiv \dot{p}(u)(v-u) = \frac{\mathrm{d}}{\mathrm{d}\lambda} p(u+\lambda(v-u))\Big|_{\lambda=0}$$

$$= \lim_{\lambda \to 0^+} \frac{1}{\lambda}[p(u+\lambda(v-u)) - p(u)], \quad \forall v \in U。 \tag{4.4.139}$$

记 $u_\lambda = u+\lambda(v-u), 0<\lambda<1, p_\lambda = p(v_\lambda), p=p(u)$，则 p_λ 和 p 分别是式(4.4.13)～式(4.4.16)在 $v=v_\lambda$ 和 $v=u$ 时的解，即有

$$\begin{cases} \dfrac{\partial p_\lambda}{\partial r} + \dfrac{\partial p_\lambda}{\partial t} + \varepsilon \Delta^2 p_\lambda - \dfrac{\partial}{\partial x_i}\left(k v_\lambda \dfrac{\partial p_\lambda}{\partial x_j}\right) + \mu p_\lambda = f, & 在\ Q\ 内, \\ p_\lambda(0,t,x) = \displaystyle\int_0^A \beta p_\lambda \mathrm{d}r, & 在\ \Omega_T\ 内, \\ p_\lambda(r,0,x) = p_0(r,x), & 在\ \Omega_A\ 内, \\ p_\lambda(r,t,x) = 0, \dfrac{\partial p_\lambda}{\partial v} = 0, & 在\ \Sigma\ 上 \end{cases} \tag{4.4.140}$$

和

$$\begin{cases} \dfrac{\partial p}{\partial r} + \dfrac{\partial p}{\partial t} + \varepsilon \Delta^2 p - \dfrac{\partial}{\partial x_i}\left(k u \dfrac{\partial p}{\partial x_j}\right) + \mu p = f, & 在\ Q\ 内, \\ p(0,t,x) = \displaystyle\int_0^A \beta p \mathrm{d}r, & 在\ \Omega_T\ 内, \\ p(r,0,x) = p_0(r,x), & 在\ \Omega_A\ 内, \\ p(r,t,x) = 0, \dfrac{\partial p}{\partial v} = 0, & 在\ \Sigma\ 上。 \end{cases} \tag{4.4.141}$$

将式(4.4.141)减去式(4.4.140)，并将所得方程两端同除 $\lambda(\lambda>0)$，令 $\lambda\to 0^+$ 取极限，那么按记号(4.4.139)推得 $\dot{p}$ 满足下面的方程及条件：

$$\begin{cases} \dfrac{\partial \dot{p}}{\partial r} + \dfrac{\partial \dot{p}}{\partial t} + \varepsilon \Delta^2 \dot{p} - \dfrac{\partial}{\partial x_i}\left(k u \dfrac{\partial \dot{p}}{\partial x_j}\right) + \mu \dot{p} = f, & 在\ Q\ 内, \\ \dot{p}(0,t,x) = \displaystyle\int_0^A \beta \dot{p} \mathrm{d}r, & 在\ \Omega_T\ 内, \\ \dot{p}(r,0,x) = p_0(r,x), & 在\ \Omega_A\ 内, \\ \dot{p}(r,t,x) = 0, \dfrac{\partial \dot{p}}{\partial v} = 0, & 在\ \Sigma\ 上。 \end{cases} \tag{4.4.142}$$

问题(4.4.142)与问题(4.4.13)～问题(4.4.16)是属于同一类型的问题，所以问题(4.4.142)存在唯一广义解 $\dot{p}\in V_1$。

由 $u\in U$ 是最优控制推得

$$J(v_\lambda) - J(u) \geqslant 0, \quad \forall v = U。 \tag{4.4.143}$$

由 $J(v)$ 的定义有

$$\begin{aligned} J(u_\lambda) - J(u) &= \int_Q (p_\lambda - z)^2 \mathrm{d}Q - \int_Q (p-z)^2 \mathrm{d}Q \\ &= \int_Q (p_\lambda + p - 2z)(p_\lambda - p)\mathrm{d}Q, \end{aligned} \tag{4.4.144}$$

上式两端同除 $\lambda>0$，并令 $\lambda\to 0^+$ 取极限，注意到记号(4.4.139)，从式(4.4.144)右端推得

$$\lim_{\lambda\to 0^+} \int_Q \left(\frac{p_\lambda - p}{\lambda}\right)(p_\lambda + p - 2z)\mathrm{d}Q = 2\int_Q \dot{p}(p-z)\mathrm{d}Q。 \tag{4.4.145}$$

由式(4.4.143)有

$$\lim_{\lambda\to 0^+}\frac{1}{\lambda}[J(v_\lambda)-J(u)]\geqslant 0。\tag{4.4.146}$$

由式(4.4.144)～ 式(4.4.146)推得

$$\int_Q \dot{p}(p-z)\mathrm{d}Q\geqslant 0。\tag{4.4.147}$$

综上所述,我们得到控制 $u\in U$ 为最优的必要条件。

定理 4.4.5 设 $u\in U$ 是系统(P_ε)的最优控制,则 u 满足下面的不等式:

$$\int_Q[\dot{p}(r,t,x;u,v)(p(u)-z)\mathrm{d}Q]\geqslant 0,\quad \forall v\in U。\tag{4.4.148}$$

4.4.6 扰动系统 S_ε 和系统 S 广义解的正则性

本节讨论扰动系统 S_ε 广义解 $p_\varepsilon\in V_1$ 和原系统(P)广义解 $P\in V_1$ 的正则性,其目的是为解决原系统 S 最优控制 $u\in U$ 的存在性提供理论支撑。这个理论支撑可使下面的极限:

$$\frac{\partial}{\partial x_i}\left(ku_\varepsilon\frac{\partial p(u_\varepsilon)}{\partial x_j}\right)\to\frac{\partial}{\partial x_i}\left(ku\frac{\partial p(u)}{\partial x_j}\right),\quad 在 V 中弱$$

成立。其中 $p(u)$为原系统 S 的解。

为此,我们用 Ω 上的算子 $\sum_{i=1}^N\frac{\partial}{\partial x_i}$ 作用于系统 P_ε,即作用于方程及条件(4.4.13) ～条件(4.4.16)$\left(略去记号\sum_{i=1}^N 或\sum_{i,j=1}^N\right)$,可得

$$\frac{\partial}{\partial x_i}\left[\frac{\partial p_\varepsilon}{\partial r}+\frac{\partial p_\varepsilon}{\partial t}+\varepsilon\Delta^2 p_\varepsilon+A_v p_\varepsilon+\mu p_\varepsilon\right]=\frac{\partial}{\partial x_i}f,\quad 在 Q 内,\tag{4.4.13$'$}$$

$$\frac{\partial}{\partial x_i}[p_\varepsilon(0,t,x)]=\frac{\partial}{\partial x_i}\left[\int_0^A\beta p_\varepsilon\mathrm{d}r\right],\quad 在 \Omega_T 内,\tag{4.4.14$'$}$$

$$\frac{\partial}{\partial x_i}[p_\varepsilon(r,0,x)]=\frac{\partial}{\partial x_i}p_0(r,x),\quad 在 \Omega_A 内,\tag{4.4.15$'$}$$

$$\frac{\partial}{\partial x_i}p_\varepsilon=0,\frac{\partial}{\partial x_i}\left(\frac{\partial p_\varepsilon}{\partial v}\right)=0,\quad 在 \Sigma=\Theta\times\partial\Omega 上。\tag{4.4.16$'$}$$

下面导出式(4.4.13′)～式(4.4.16′)的变形式。

(1) 将式(4.4.13′)变形,可推得

$$\frac{\partial}{\partial x_i}\left[\frac{\partial p_\varepsilon}{\partial r}+\frac{\partial p_\varepsilon}{\partial t}\right]=\frac{\partial}{\partial r}\left(\frac{\partial p_\varepsilon}{\partial x_i}\right)+\frac{\partial}{\partial t}\left(\frac{\partial p_\varepsilon}{\partial x_i}\right)=D\left(\frac{\partial p_\varepsilon}{\partial x_i}\right),\tag{4.4.149}$$

$$\frac{\partial}{\partial x_i}(\varepsilon\Delta^2 p_\varepsilon)=\varepsilon\Delta^2\left(\frac{\partial p_\varepsilon}{\partial x_i}\right),\tag{4.4.150}$$

$$\begin{aligned}\frac{\partial}{\partial x_i}(A_v p_\varepsilon)&=\frac{\partial}{\partial x_i}\left[-\frac{\partial p_\varepsilon}{\partial x_i}\left(kv\frac{\partial p_\varepsilon}{\partial x_j}\right)\right]=-k\frac{\partial}{\partial x_i}(v_{x_i}p_{\varepsilon x_j}+vp_{x_jx_i})\\&=-k(v_{x_ix_i}p_{\varepsilon x_j}+vp_{\varepsilon x_jx_i}+v_{x_i}p_{\varepsilon x_jx_i}+vp_{\varepsilon x_jx_ix_i})\\&=-k(v_{x_i}p_{\varepsilon x_jx_i}+vp_{\varepsilon x_jx_ix_i})-k(v_{x_i}p_{\varepsilon x_jx_i}+v_{x_ix_i}p_{\varepsilon x_j})。\end{aligned}$$

但是,由于

$$A_v\frac{\partial p_\varepsilon}{\partial x_i}=-\frac{\partial}{\partial x_i}\left[kv\frac{\partial}{\partial x_j}\left(\frac{\partial p_\varepsilon}{\partial x_i}\right)\right]=-k(v_{x_i}p_{\varepsilon x_i x_j}+vp_{\varepsilon x_i x_j x_i}),$$

因此,可得

$$\frac{\partial}{\partial x_i}(A_v p_\varepsilon)=A_v\left(\frac{\partial p_\varepsilon}{\partial x_i}\right)-k(v_{x_i}p_{\varepsilon x_j x_i}+v_{x_i x_i}p_{\varepsilon x_j}),\tag{4.4.151}$$

还可推得

$$\frac{\partial}{\partial x_i}(\mu p_\varepsilon)=\mu(p_{\varepsilon x_i})+\mu_{x_i}p_\varepsilon。\tag{4.4.152}$$

由式(4.4.149)～式(4.4.152)可推得,方程(4.4.13′)变形为

$$\frac{\partial}{\partial r}(p_\varepsilon x_i)+\frac{\partial}{\partial t}(p_{\varepsilon x_i})+\varepsilon\Delta^2(p_{\varepsilon x_i})+A_v(p_{\varepsilon x_i})+\mu(p_{\varepsilon x_i})=F,\quad 在\ Q\ 内,\tag{4.4.153}$$

其中,

$$F(r,t,x)=f_{x_i}+k[v_{x_i}(r,t,x)p_{\varepsilon x_j x_i}(r,t,x)+v_{x_i x_i}(r,t,x)p_{\varepsilon x_i}(r,t,x)]-\\ \mu_{x_i}(r,t,x)p_\varepsilon(r,t,x)。\tag{4.4.154}$$

(2) 将式(4.4.14′)变形,可推得

$$\frac{\partial}{\partial x_i}\left[\int_0^A\beta p_\varepsilon\mathrm{d}r\right]=\int_0^A(\beta p_{\varepsilon x_i}+\beta_{x_i}p_\varepsilon)\mathrm{d}r=\int_0^A\beta p_{\varepsilon x_i}\mathrm{d}r+\int_0^A\beta_{x_i}p_\varepsilon\mathrm{d}r。\tag{4.4.155}$$

(3) 将式(4.4.15′)～式(4.4.16′)变形,可分别推得

$$\begin{cases}p_{\varepsilon x_i}(0,t,x)=p_{0x_i}(r,x), & 在\ \Omega_A\ 内,\\ p_{\varepsilon x_i}=0,\dfrac{\partial p_{\varepsilon x_i}}{\partial v}=0, & 在\ \Sigma\ 上。\end{cases}\tag{4.4.156}$$

综合式(4.4.153)～式(4.4.156),可推得,系统 S_ε 变为如下的系统 $S_{\varepsilon x_i}$:

$$\frac{\partial p_{\varepsilon x_i}}{\partial r}+\frac{\partial p_{\varepsilon x_i}}{\partial t}+\varepsilon\Delta^2 p_{\varepsilon x_i}+A_v p_{\varepsilon x_i}+\mu p_{\varepsilon x_i}=F,\quad 在\ Q\ 内,\tag{4.4.157}$$

$$p_{\varepsilon x_i}(0,t,x)=\int_0^A\beta p_{\varepsilon x_i}\mathrm{d}r+B_2(t,x),\quad 在\ \Omega_T\ 内,\tag{4.4.158}$$

$$p_{\varepsilon x_i}(0,t,x)=p_{0x_i}(r,x),\quad 在\ \Omega_A\ 内,\tag{4.4.159}$$

$$p_{\varepsilon x_i}=0,\frac{\partial p_{\varepsilon x_i}}{\partial v}=0,\quad 在\ \Sigma\ 上,\tag{4.4.160}$$

其中,

$$F(r,t,x)\equiv f_{x_i}+k(v_{x_i}p_{\varepsilon x_j x_i}+v_{x_i x_i}p_{\varepsilon x_i}),\tag{4.4.154}$$

$$B_2(t,x)=\int_0^A\beta_{x_i}p_\varepsilon\mathrm{d}r。\tag{4.4.161}$$

为了使

$$F\in L^2(\Theta;H^{-1}(\Omega)),\quad B_2\in L^2(0,T;H^{-1}(\Omega)),\quad p_{0x_i}\in L^2(\Omega_A),\tag{4.4.162}$$

必须有下面附加的正则性假设:

$$(\mathrm{H}_6)\begin{cases}f\in L^2(Q),v\in L^2(\Theta;H^1(\Omega)),|v_{x_i}|\leqslant\gamma_2,|v_{x_i x_i}|\leqslant\gamma_3,\\ \beta\in L^2(\Theta;H^1(\Omega)),|\beta_{x_i}|\leqslant\beta_0,\mu_{x_i}\in L^2(\Theta;H^{-1}(\Omega)),\\ p_0\in L^2(\Theta;H^1(\Omega))。\end{cases}\tag{4.4.163}$$

由本节定理 4.4.2,可推出下面的正则性定理。

定理 4.4.6 若假设条件(H_1)～条件(H_6)成立,则系统 $S_{\varepsilon x_i}$ 即问题(4.4.157)～问题(4.4.160)在 $V_2 \equiv L^2(\Theta;H_0^3(\Omega))$ 中存在唯一的正则解 p_ε。

证明 令 $y_\varepsilon = p_{\varepsilon x_i}$,$y_0(r,x)=p_{0x_i}$,则问题(4.4.157)～问题(4.4.160)变为

$$\frac{\partial y_\varepsilon}{\partial r}+\frac{\partial y_\varepsilon}{\partial t}+\varepsilon\Delta^2 y_\varepsilon + A_v y_\varepsilon + \mu y_\varepsilon = F, \quad 在 Q 内, \tag{4.4.164}$$

$$y_\varepsilon(0,t,x)=\int_0^A \beta(r,t,x)y_\varepsilon(r,t,x)\mathrm{d}r + B_2(t,x), \quad 在 \Omega_T 内, \tag{4.4.165}$$

$$y_\varepsilon(r,0,x)=y_0(r,x), \quad 在 \Omega_A 内, \tag{4.4.166}$$

$$y_\varepsilon = 0, \frac{\partial y_\varepsilon}{\partial v}=0, \quad 在 \Sigma 上。 \tag{4.4.167}$$

其中由假设条件(H_6)和式(4.4.162)可推得,F,B_2,y_0 满足条件:

$$\begin{cases} F \in L^2(\Theta;H^1(\Omega)), B_2 \in L^2(0,T;H^1(\Omega)), \\ v \in L^2(\Theta;H^{-1}(\Omega)), y_0 \in L^2(\Omega_A)。\end{cases} \tag{4.4.168}$$

由定理 4.4.2,存在唯一的函数 $y_\varepsilon \in L^2(\Theta;H_0^2(\Omega))$ 为问题(4.4.164)～问题(4.4.167)的广义解。由代换 $y_\varepsilon = p_{\varepsilon x_i}$ 和 $y_\varepsilon \in L^2(\Theta;H_0^2(\Omega))$ 推得 $p_\varepsilon \in L^2(\Theta;H_0^3(\Omega)) \equiv V_2$。定理 4.3.6 证毕。

注 4.1 式(4.4.165)比式(4.4.22)多了个 B_2,但不影响结论成立。具体内容参见文献[55]。

定理 4.4.7 对于固定的 v,当 $\varepsilon \to 0$ 时,有

$$p_\varepsilon(v) \to p(v), \quad 在 V_1 中强。 \tag{4.4.169}$$

其中 $p_\varepsilon(v)$ 为系统 $p_{\varepsilon x_i}$ 的正则解,而 $p(v)$ 为系统 S,即

$$Dp + A_v p + \mu p = f, \quad 在 Q 内, \tag{4.4.170}$$

$$p(0,t,x)=\int_0^A \beta(r,t,x)p(r,t,x)\mathrm{d}r, \quad 在 \Omega_T 内, \tag{4.4.171}$$

$$p(r,0,x)=p_0(r,x), \quad 在 \Omega_A 内, \tag{4.4.172}$$

$$p=0, \quad 在 \Sigma 上 \tag{4.4.173}$$

的正则解:$p \in L^2(\Theta;H_0^2(\Omega))$。

证明 由定理 4.4.3,对于固定的 $v \in U$,当 $\varepsilon \to 0$ 时,

$$y_\varepsilon(v) \to y(v), \quad 在 V 中强, \tag{4.4.174}$$

其中 $y(v) \in V$ 为系统

$$\frac{\partial y}{\partial r}+\frac{\partial y}{\partial t}+A_v y + \mu y = F, \quad 在 Q 内, \tag{4.4.175}$$

$$y(0,t,x)=\int_0^A \beta(r,t,x)y(r,t,x)\mathrm{d}r + B_2(t,x), \quad 在 \Omega_T 内, \tag{4.4.176}$$

$$y(r,0,x)=y_0(r,x), \quad 在 \Omega_A 内, \tag{4.4.177}$$

$$y(A,t,x)=0, \quad 在 \Omega_T 内,$$

$$y=0, \quad 在 \Sigma 上 \tag{4.4.178}$$

的广义解。

我们注意,在变换 $y_\varepsilon = p_{\varepsilon x_i}$ 中,由式(4.4.13′)～式(4.4.16′)可见,它是式(4.4.13)～式(4.4.16)中的广义解 $p_\varepsilon \in L^2(\Theta;H_0^2(\Omega))$。由定理 4.4.3 可推得,当 $\varepsilon \to 0$ 时,

$$p_\varepsilon(v) \to p(v), \quad \text{在 } V \text{ 中强},$$

其中 $p(v)\in V$ 是系统 S 的广义解。由变换 $y_\varepsilon(u)=p_{\varepsilon x_i}$，可得

$$p_\varepsilon(v)=\int_{x_0}^{x} y_\varepsilon(r,t,x)\mathrm{d}x \in L^2(\Theta;H_0^2(\Omega)), \tag{4.4.179}$$

而且由式(4.4.174)可推得

$$p_\varepsilon(v) \to \int_{x_0}^{x} y(r,t,x)\mathrm{d}x, \quad \text{在 } V_1 \text{ 中强}, \tag{4.4.180}$$

由极限唯一性，从式(4.4.48)和式(4.4.180)推得

$$p_\varepsilon(v) \to \int_{x_0}^{x} y(r,t,x)\mathrm{d}x, \quad \text{a.e.于 } Q \text{ 内。} \tag{4.4.181}$$

联合式(4.4.180)可得

$$p(v) \in V_1 = L^2(\Theta;H_0^2(\Omega))。 \tag{4.4.182}$$

由式(4.4.180)，式(4.4.181)推得

$$p_\varepsilon(v) \to p(v), \quad \text{在 } V_1 \text{ 中强。} \tag{4.4.183}$$

$p(v)\in V_1$ 是 S 的正则广义解。定理 4.4.7 证毕。

4.4.7　系统 S 最优控制的存在性

在 4.4.2～4.4.6 节特别是 4.4.6 节做了正则性工作的准备之后，本节回过头来讨论并解决 4.4.1 节引言中提出的由问题(4.4.1)～问题(4.4.4)描述的系统关于性能指标泛函(4.4.6)的最优控制的存在性问题。

引理 4.4.3　若假设条件(H_1)～条件(H_6)成立，$v\in U$，U 由式(4.4.8)定义，$p(v)$为系统 S 的正则广义解，$p(v)\in V_1\equiv L^2(\Theta;H_0^2(\Omega))$，则有下面的估计式：

$$\begin{cases} \|p\|_{L^2(Q)} \leqslant C_{11} < +\infty, \\ \|p\|_V \leqslant C_{11}, \\ \|p\|_{V_1} \leqslant C_{11} < +\infty, \\ \left\|\sqrt{\mu}\,p\right\|_{L^2(Q)} \leqslant C_{11} \end{cases} \tag{4.4.184}$$

成立。其中，常数 C_{11} 与 v,p 无关。

证明　由定理 4.3.7 的证明过程可知，$y(r,t,x)=\dfrac{\partial}{\partial x_i}p(r,t,x;v)\in V$ 满足下面的方程及条件：

$$\frac{\partial y}{\partial r}+\frac{\partial y}{\partial t}+A_v y+\mu y=F, \quad \text{在 } Q \text{ 内}, \tag{4.4.185}$$

$$y(0,t,x)=\int_0^A \beta(r,t,x)y(r,t,x)\mathrm{d}r+B_2(t,x), \quad \text{在 } \Omega_T \text{ 内}, \tag{4.4.186}$$

$$y(r,0,x)=y_0(r,x), \quad \text{在 } \Omega_A \text{ 内}, \tag{4.4.187}$$

$$y(A,t,x)=0, \quad \text{在 } \Sigma \text{ 上}, \tag{4.4.188}$$

其中 F,B_2 和 y_0 分别由式(4.4.154)，式(4.4.161)和 $y_0(r,x)=p_{0x_i}(r,x)$表示。

此处我们回忆 4.4.2 节中引进的空间记号：

$$W=L^2(0;H_0^1(\Omega)), \quad W'=L^2(0,A;H^{-1}(\Omega))。 \tag{4.4.189}$$

我们先进行估计。与式(4.4.57)的导数类似，用 y 乘式(4.4.185)并在 Ω_A 上积分，得

$$\int_{\Omega_A}\frac{\partial y}{\partial r}y\mathrm{d}r\mathrm{d}x+\int_{\Omega_A}\frac{\partial y}{\partial t}y\mathrm{d}r\mathrm{d}x+\int_{\Omega_A}(A_v+\mu)y^2\mathrm{d}r\mathrm{d}x=\int_{\Omega_A}Fy\mathrm{d}r\mathrm{d}x。\tag{4.4.190}$$

以 $|\cdot|$, $\|\cdot\|$,分别表示模 $\|\cdot\|_{L^2(Q)}$, $\|\cdot\|_W$,并注意到式(4.4.186),式(4.4.188)和式(4.4.161)可得

$$\int_{\Omega_A}\frac{\partial y}{\partial r}y\mathrm{d}r\mathrm{d}x=\frac{1}{2}\frac{\partial}{\partial t}\int_{\Omega_A}y^2\mathrm{d}r\mathrm{d}x=\frac{1}{2}\frac{\mathrm{d}}{\mathrm{d}t}|y(t)|^2,\tag{4.4.191}$$

$$\begin{aligned}
-\int_{\Omega_A}\frac{\partial y}{\partial r}y\mathrm{d}r\mathrm{d}x&=-\frac{1}{2}\int_{\Omega_A}\frac{\mathrm{d}}{\mathrm{d}r}y^2\mathrm{d}r\mathrm{d}x=-\frac{1}{2}\int_{\Omega}[y^2(A,t,x)-y^2(0,t,x)]\mathrm{d}x\\
&=\frac{1}{2}\int_{\Omega}\left[\int_0^A\beta y\mathrm{d}r+B_2(t,x)\right]^2\mathrm{d}x\\
&=\frac{1}{2}\int_{\Omega}\left[\int_0^A\beta y\mathrm{d}r\right]^2\mathrm{d}x+\int_{\Omega}\left[\int_0^A\beta y\mathrm{d}r\cdot\int_0^A\beta_{x_i}p\mathrm{d}r\right]\mathrm{d}x+\\
&\quad\frac{1}{2}\int_{\Omega}\left[\int_0^A\beta_{x_i}p\mathrm{d}r\right]^2\mathrm{d}x\\
&\leqslant\frac{1}{2}\bar{\beta}^2A|y(t)|^2+\int_{\Omega}[\bar{\beta}A^{1/2}\|y(t,x)\|_{L^2(0,A)}\cdot\\
&\quad\beta_0A^{1/2}\|p(t,x)\|_{L^2(0,A)}]\mathrm{d}x+\\
&\quad\frac{1}{2}\int_{\Omega}\beta_0^2A\|p\|_{L^2(0,A)}\mathrm{d}x\\
&\leqslant\frac{1}{2}\bar{\beta}^2A|y(t)|^2+\bar{\beta}A^{1/2}|y(t)|\beta_0A^{1/2}|p(t)|+\frac{1}{2}\beta_0^2A|p(t)|^2\\
&\leqslant\frac{1}{2}\bar{\beta}^2A|y(t)|^2+A\bar{\beta}\beta_0\left[\frac{1}{2}|y(t)|^2+\frac{1}{2}|p(t)|^2\right]+\\
&\quad\frac{1}{2}\beta_0^2A|p(t)|^2\\
&\leqslant C_{11}|y(t)|^2+C_{12}|p(t)|^2,
\end{aligned}$$

即

$$-\int_{\Omega_A}\frac{\partial y}{\partial r}y\mathrm{d}r\mathrm{d}x\leqslant C_{11}|y(t)|^2+C_{12}|p(t)|^2。$$

由式(4.4.62)和式(4.4.48)可推得,$|p(t)|\leqslant C_{13}$,$t\in[0,T]$,对系统(即式(4.4.1)~式(4.4.4))的广义解 $p(t)$ 是一致的。因此有

$$-\int_{\Omega_A}\frac{\partial y}{\partial r}y\mathrm{d}r\mathrm{d}x\leqslant C_{11}|y(t)|^2+C_{13},\quad t\in[0,T]。\tag{4.4.192}$$

由式(4.4.18)有

$$\int_{\Omega_A}(A_vy)y\mathrm{d}r\mathrm{d}x=\int_0^Aa_v(r,t;y,y)\mathrm{d}r\geqslant C_2\int_0^A\|y\|_{H^1(\Omega)}^2\mathrm{d}r=C_2\|y\|_{L^2(0,A;H^1(\Omega))}^2。\tag{4.4.193}$$

还可得

$$\int_{\Omega_A}\mu y^2\mathrm{d}r\mathrm{d}x=\|\sqrt{\mu}y(t)\|^2,\tag{4.4.194}$$

由假设条件(H_6)有

$$\int_{\Omega_A} Fy\,\mathrm{d}r\,\mathrm{d}x \leqslant \|F\|_{W'}\|y\|_W。\tag{4.4.195}$$

由 F 的表达式(4.4.154)有

$$F(r,t,x)=f_{x_i}+k(v_{x_i}p_{x_jx_i}+v_{x_ix_i}p_{x_i})-\mu_{x_i}p。$$

由式(4.4.62)和式(4.4.48)可知,式(4.4.154)中的 p,p_{x_i} 和 $p_{x_jx_i}(\in L^2(0,A;H^{-1}(\Omega)))$ 均一致有界。而由假设条件(H_6)又知 $f_{x_i},v_{x_i},v_{x_ix_i}$ 也是一致有界的。因此,结合式(4.4.154)可推出

$$\|F\|_{W'}\leqslant C_{14}<+\infty,\tag{4.4.196}$$

其中,$C_{14}>0$ 为与 p,v 无关的常数。

由式(4.4.190)～式(4.4.196)推得

$$\frac{1}{2}\frac{\mathrm{d}}{\mathrm{d}t}|y(t)|^2+\alpha_2\|y\|^2+|\sqrt{\mu}y|^2\leqslant C_{11}|y(t)|^2+C_{13}+\frac{1}{2\delta}C_{14}+\frac{\delta}{2}\|y\|^2,$$

即

$$\frac{1}{2}\frac{\mathrm{d}}{\mathrm{d}t}|y(t)|^2+\left(\alpha_2-\frac{\delta}{2}\right)\|y\|^2+|\sqrt{\mu}y|^2\leqslant C_{15}+C_{11}|y(t)|^2,\tag{4.4.197}$$

只要 $\delta>0$ 充分小,就能使得 $\alpha_2-\dfrac{\delta}{2}=\alpha_3>0$。在$[0,t]$上对式(4.4.197)积分,$t\in[0,T]$得到

$$\begin{aligned}|y(t)|^2+\int_0^t[\alpha_3\|y(\tau)^2\||\sqrt{\mu}y|^2]\mathrm{d}r&\leqslant C_{15}T+C_{11}\int_0^t|y(\tau)|^2\mathrm{d}\tau+2|y_0|^2\\&\leqslant C_{16}+C_{11}\int_0^t|y(\tau)|^2\mathrm{d}\tau。\end{aligned}\tag{4.4.198}$$

结合 Gronwall 不等式,有

$$|y(t)|^2\leqslant C_{16}\mathrm{e}^{C_{11}T}\equiv C_{17}<+\infty,\quad\forall t\in[0,T]。\tag{4.4.199}$$

在$[0,T]$上对上式积分得到

$$\|y\|_{L^2(Q)}^2\leqslant C_{17}T\equiv C_{18}<+\infty。\tag{4.4.200}$$

由式(4.4.198)和式(4.4.200)推得

$$\|y\|_V\leqslant C_{11}<+\infty,\tag{4.4.201}$$

$$\|\sqrt{\mu}y\|_{L^2(Q)}\leqslant C_{20}<+\infty。\tag{4.4.202}$$

由变换 $y(t,x;v)=\dfrac{\partial}{\partial x_i}p(r,t,x;v)\in V$ 和式(4.4.201)推得,p_{x_i} 在 V 中一致有界。由此推得式(4.4.184)成立。引理 4.4.3 证毕。

定理 4.4.8　若假设条件(H_1)～条件(H_6)成立,系统 S 的状态由问题(4.4.1)～问题(4.4.4)的正则广义解 $p(v)\in V_1=L^2(\Theta;H_0^2(\Omega))$确定,性能指标 $J(v)$由式(4.4.6)给出,其中允许控制集合 U 由式(4.4.8)确定。则系统 S 存在最优控制 $u\in U$,即使得下面等式

$$J(u)=\inf_{v\in U}J(v)\tag{4.4.203}$$

成立。

证明　设$\{v_n\}\subset U$ 为问题(4.4.203)的极小化序列,使得当 $n\to+\infty$时,

$$J(v_n)\to\inf_{v\in U}J(v)。\tag{4.4.204}$$

由 U 的定义(4.4.8)推得,$\{v_n\}$在 $L^\infty(Q)\subset L^2(Q)$中一致有界。从而由 Alaoglu 定理[103]推得,存在 $u\in U$ 和$\{v_n\}$子序列,仍然记作$\{v_n\}$,使得当 $n\to+\infty$时,

$$\begin{cases} v_n \to u & 在 L^{\infty}(Q) 中弱星, u \in U, \\ v_n \to u & 在 L^{\infty}(Q) 中弱, u \in L^2(Q) \cup U。\end{cases} \tag{4.4.205}$$

记 $p_n = p(r,t,x;v_n)$，由引理 4.4.3 推得：

$$\begin{cases} \{\sqrt{\mu} p_n\} 在 L^2(Q) 中一致有界, \\ \{p_n\} 在 L^2(Q) 中一致有界。\end{cases} \tag{4.4.206}$$

$$\begin{cases} \{p_n\} 在 V 中一致有界, \\ \{p_n\} 在 V_1 中一致有界。\end{cases} \tag{4.4.207}$$

由于 $L^2(Q)$，V 和 V_1 均为自反的 Hilbert 空间，因此由式(4.4.206)，式(4.4.207)推得，当 $n \to +\infty$ 时，

$$\sqrt{\mu} p_n \to \sqrt{\mu} p \ 在 L^2(Q) 中弱, \tag{4.4.208}$$

$$p_n \to p \quad 在 L^2(Q) 中弱, \tag{4.4.209}$$

$$p_n \to p \quad 在 V 中弱, \tag{4.4.210}$$

$$p_n \to p \quad 在 V_1 中弱, \tag{4.4.211}$$

由方程(4.4.1)的变形

$$Dp_n = f - A_{v_n p_n} - \mu p_n,$$

其中 $A_{v_n p_n}, p_n \in L^2(Q)$，同时由式(4.3.204)～式(4.3.207)和假设条件(H_6)关于 $f \in L^2(Q)$ 的假设推得

$$\{Dp_n\} 在 V' 和 L^2(Q) 分别一致有界。 \tag{4.4.212}$$

所以可推得，当 $n \to +\infty$ 时，

$$Dp_n \to Dp \ 分别在 V' 和 L^2(Q) 中弱。 \tag{4.4.213}$$

下面证明，对于式(4.4.211)中的极限函数 p，有

$$p(r,t,x) = p(r,t,x;u) = p(u), \tag{4.4.214}$$

即 $p \in V_1 \in V$ 为问题(4.4.1)～问题(4.4.4)在 $v = u$ 时的正则广义解。按 $p_n = p(r,t,x;v_n)$ 的记号含义，即它满足下面的积分恒等式：

$$\int_Q (Dp)\varphi \mathrm{d}Q + \int_Q k v_n \frac{\partial p_n}{\partial x_j} \frac{\partial \varphi}{\partial x_i} \mathrm{d}Q + \int_Q \mu p_n \varphi \mathrm{d}Q = \int_Q f\varphi \mathrm{d}Q, \quad \forall \varphi \in \Phi \subset V_1 \subset V, \tag{4.4.215}$$

$$\int_{\Omega_T} p_n(0,t,x)\varphi(0,t,x)\mathrm{d}t\mathrm{d}x = \int_{\Omega_T} \left[\int_0^A \beta p_n \mathrm{d}r\right]\varphi(0,t,x)\mathrm{d}t\mathrm{d}x, \quad \forall \varphi \in \Phi_1, \tag{4.4.216}$$

$$\int_{\Omega_A} (p_n\varphi)(r,0,x)\mathrm{d}r\mathrm{d}x = \int_{\Omega_A} p_0(r,x)\varphi(r,0,x)\mathrm{d}r\mathrm{d}x, \quad \forall \varphi \in \Phi_1。 \tag{4.4.217}$$

其中，Φ 和 Φ_1 均由式(4.4.24)定义。

要证明式(4.4.211)中 $p = p(u)$ 等价于证明 p 满足下面的积分恒等式：

$$\int_Q (Dp)\varphi \mathrm{d}Q + \int_Q k u \frac{\partial p}{\partial x_j} \frac{\partial \varphi}{\partial x_i} \mathrm{d}Q + \int_Q \mu p \varphi \mathrm{d}Q = \int_Q f\varphi \mathrm{d}Q, \quad \forall \varphi \in \Phi \subset V_1 \subset V, \tag{4.4.218}$$

$$\int_{\Omega_T} (p\varphi)(0,t,x)\mathrm{d}t\mathrm{d}x = \int_{\Omega_T} \left[\int_0^A \beta p \mathrm{d}r\right]\varphi(0,t,x)\mathrm{d}t\mathrm{d}x, \quad \forall \varphi \in \Phi_1, \tag{4.4.219}$$

$$\int_{\Omega_A}(p\varphi)(r,0,x)\mathrm{d}r\mathrm{d}x=\int_{\Omega_A}p_0(r,x)\varphi(r,0,x)\mathrm{d}r\mathrm{d}x,\quad \forall\varphi\in\Phi_1。\tag{4.4.220}$$

下面分几个步骤来进行证明。

(1) 证明式(4.4.205)中的 u 和式(4.4.211)中的 p 满足式(4.4.218)。

① 证明当 $n\to+\infty$ 时，

$$\int_Q(Dp_n)\varphi\mathrm{d}Q\to\int_Q(Dp)\varphi\mathrm{d}Q,\quad \forall\varphi\in\Phi\subset V,\tag{4.4.221}$$

事实上，对于任意给定的 $\varphi\in\Phi\subset V=V''$，由式(4.4.213)可推得式(4.4.221)成立。

② 证明当 $n\to+\infty$ 时，

$$\int_Q v_n\frac{\partial p_n}{\partial x_j}\frac{\partial\varphi}{\partial x_i}\mathrm{d}Q\to\int_Q u\frac{\partial p}{\partial x_j}\frac{\partial\varphi}{\partial x_i}\mathrm{d}Q,\quad \forall\varphi\in\Phi\subset V_1。\tag{4.4.222}$$

在此之前，先证明一个结果：

$$(p_n)_{x_i}\to p_{x_i},\quad 在\ L^2(Q)\ 中强。\tag{4.4.223}$$

事实上，由 $H_0^2(\Omega)\subset H_0^1(\Omega)\subset L^2(\Omega)$，依据紧性定理[59]推得

$H_1(0,T;L^2(0,A;H_0^2(\Omega)),L^2(Q))$ 到 $L^2(\Theta;H_0^1(\Omega))$ 中的内影射是紧的。

结合式(4.4.207)和式(4.4.212)推得

$$\{p_n\}\to p,\quad 在\ V\ 中强,\tag{4.4.224}$$

更有

$$(p_n)\to p,\quad 在\ L^2(Q)\ 中强。\tag{4.4.225}$$

而由式(4.4.224)即推得式(4.4.223)成立。

考虑下面的差：

$$\begin{aligned}I(n)&=\int_Q v_n p_{nx_j}\varphi_{x_i}\mathrm{d}Q-\int_Q up_{x_j}\varphi_{x_i}\mathrm{d}Q\\&=\int_Q(v_np_{nx_j}-up_{x_j})\varphi_{x_i}\mathrm{d}Q\\&=\int_Q v_n(p_{nx_j}-p_{x_j})\varphi_{x_i}\mathrm{d}Q+\int_Q(v_n-u)p_{x_j}\varphi_{x_i}\mathrm{d}Q\\&=I_1(n)+I_2(n)。\end{aligned}\tag{4.4.226}$$

由式(4.4.223)和 $v_n\in U$ 可推得，当 $n\to+\infty$ 时，

$$|I_1(n)|\leqslant\gamma_1\|p_{nx_j}-p_{x_j}\|_{L^2(Q)}\|\varphi_{x_i}\|_{L^2(Q)}\to0。\tag{4.4.227}$$

因为 $\int_Q|p_{x_j}\varphi_{x_i}|\mathrm{d}Q\leqslant\|p_{x_j}\|_{L^2(Q)}\|\varphi_{x_i}\|_{L^2(Q)}<+\infty$，可推得 $p_{x_j}\varphi_{x_i}\in L^1(Q)$。结合式(4.4.205)推得，当 $n\to+\infty$ 时，$|I_2(n)|\to0$。因此，联合式(4.4.227)就推得，当 $n\to+\infty$ 时，$|I(n)|\to0$，即式(4.4.222)成立。

③ 由式(4.4.208)和 $\varphi\in\Phi$ 及 Φ 的定义(4.4.24)可推得，当 $n\to+\infty$ 时，

$$\begin{aligned}\int_Q\mu p_n\varphi\mathrm{d}Q-\int_Q\mu p\varphi\mathrm{d}Q&=\int_Q\mu(p_n-p)\varphi\mathrm{d}Q\\&=\int_Q(\sqrt{\mu}\,p_n-\sqrt{\mu}\,p)\sqrt{\mu}\,\varphi\mathrm{d}Q\to0,\quad \forall\varphi\in\Phi\subset L^2(Q),\end{aligned}$$

即有

$$\int_Q\mu p_n\varphi\mathrm{d}Q\to\int_Q\mu p\varphi\mathrm{d}Q,\quad \forall\varphi\in\Phi。\tag{4.4.228}$$

因此，在恒等式(4.4.215)中令 $n\to+\infty$ 取极限就推得(4.4.205)中的极限函数 u 和式(4.4.211)中的极限函数 p 满足恒等式(4.4.218)。

(2) 证明 p 满足恒等式(4.4.219)。

在此之前，首先证明当 $n\to+\infty$ 时，

$$\int_{\Omega_T}\left[\int_0^A\beta p_n\mathrm{d}r\right]\varphi(0,t,x)\mathrm{d}t\mathrm{d}x\to\int_{\Omega_T}\left[\int_0^A\beta p\mathrm{d}r\right]\varphi(0,t,x)\mathrm{d}t\mathrm{d}x,\quad\forall\varphi\in\Phi_1。\tag{4.4.229}$$

事实上，由式(4.4.225)可推得，当 $n\to+\infty$ 时，

$$\left|\int_{\Omega_T}\left[\int_0^A\beta(p_n-p)\mathrm{d}r\right]\varphi(0,t,x)\mathrm{d}t\mathrm{d}x\right|\leqslant\bar{\beta}\|p_n-p\|_{L^2(Q)}\|\varphi(0,\cdot,\cdot)\|_{L^2(\Omega_T)}\cdot A\to0。$$

其次，证明当 $n\to+\infty$ 时，

$$\int_{\Omega_T}(p_n\varphi)(0,t,x)\mathrm{d}t\mathrm{d}x\to\int_{\Omega_T}(p\varphi)(0,t,x)\mathrm{d}t\mathrm{d}x,\quad\forall\varphi\in\Phi_1。\tag{4.4.230}$$

事实上，由式(4.4.213)和对于任意给定的 $\varphi\in\Phi_1\subset V=V''$ 可推得，当 $n\to+\infty$ 时，

$$\int_Q\frac{\partial p_n}{\partial r}\varphi(r,t,x)\mathrm{d}Q\to\int_Q\frac{\partial p}{\partial r}\varphi(r,t,x)\mathrm{d}Q。$$

对上式分部积分，可得，当 $n\to+\infty$ 时，

$$\begin{aligned}&-\int_Q\frac{\partial\varphi}{\partial r}p_n(r,t,x)\mathrm{d}Q+\int_{\Omega_T}(p_n\varphi)(A,t,x)\mathrm{d}t\mathrm{d}x-\int_{\Omega_T}(p_n\varphi)(0,t,x)\mathrm{d}t\mathrm{d}x\\&\to-\int_Q\frac{\partial\varphi}{\partial r}p(r,t,x)\mathrm{d}Q+\int_{\Omega_T}(p\varphi)(A,t,x)\mathrm{d}t\mathrm{d}x-\int_{\Omega_T}(p\varphi)(0,t,x)\mathrm{d}t\mathrm{d}x。\end{aligned}\tag{4.4.231}$$

由 $\frac{\partial\varphi}{\partial r}\in V'$ 和式(4.4.210)可推得，当 $n\to+\infty$ 时，

$$\int_Q p_n\frac{\partial\varphi}{\partial r}\mathrm{d}Q\to\int_Q p\frac{\partial\varphi}{\partial r}\mathrm{d}Q,\quad\forall\varphi\in\Phi_1\subset V。$$

结合式(4.4.231)和 Φ_1 定义中的 $\varphi(A,t,x)=0$，推得式(4.4.230)成立。但由记号 $p_n=p(v_n)$ 和式(4.4.216)，有

$$\int_{\Omega_T}(p_n\varphi)(0,t,x)\mathrm{d}t\mathrm{d}x=\int_{\Omega_T}\left(\int_0^A\beta p_n\mathrm{d}r\right)\varphi(0,t,x)\mathrm{d}t\mathrm{d}x。$$

在上式中令 $n\to+\infty$ 取极限，从式(4.4.229)，式(4.4.230)推得式(4.4.219)成立。

(3) 证明 p 满足恒等式(4.4.220)。

与证明式(4.4.230)类似，可以证明当 $n\to+\infty$ 时，

$$\int_{\Omega_A}(p_n\varphi)(r,0,x)\mathrm{d}r\mathrm{d}x\to\int_{\Omega_A}(p\varphi)(r,0,x)\mathrm{d}r\mathrm{d}x,\quad\forall\varphi\in\Phi_1。\tag{4.4.232}$$

但是，由式(4.4.217)总可得

$$\int_{\Omega_A}(p_n\varphi)(r,0,x)\mathrm{d}r\mathrm{d}x=\int_{\Omega_A}p_0(r,x)\varphi(r,0,x)\mathrm{d}r\mathrm{d}x,\quad\forall\varphi\in\Phi_1。$$

因此，由式(4.4.232)和式(4.4.217)推得式(4.4.220)成立。

从(1)，(2)，(3)中的结论，同时已知式(4.4.211)中的极限函数 $p(r,t,x)$ 确定积分恒等式(4.4.218)～(4.4.220)，即 $p\in V_1\subset V$ 是系统 S 即问题(4.4.1)～问题(4.4.4)在 $v=u$ 时的

正则广义解，因此可得

$$p=p(u)。\tag{4.4.233}$$

现在证明式(4.4.205)中的极限函数 $u\in U$ 就是定理 4.4.8 中所要寻找的最优控制，即它满足下面的等式(4.4.203)：

$$J(u)=\inf_{v\in U}J(v)。$$

因为 $u\in U$，所以显然有

$$J(u)\geqslant\inf_{v\in U}J(v),\tag{4.4.234}$$

所以最后要证明定理 4.4.8，只需证明下面的不等式

$$J(u)\leqslant\inf_{v\in U}J(v)\tag{4.4.235}$$

成立就够了。

由式$(4.4.205)_2$ 和式(4.4.209)可推得当 $v_n\to u$ 在 $L^2(Q)$中弱时，

$$p(v_n)\to p(u),\quad 在\ L^2(Q)\ 中弱。$$

但式(4.4.205)表明，当 $n\to+\infty$时，

$$v_n\to u,\quad 在\ L^2(Q)\ 中弱，$$

因此，下面把“当 $v_n\to u$ 在 $L^2(Q)$中弱时”这个事实换成“当 $n\to+\infty$时”。这样，由式(4.4.209)和式(4.4.205)可推得当 $n\to+\infty$时，

$$\int_Q p(v_n)\varphi(r,t,x)\mathrm{d}Q\to\int_Q p(u)\varphi(r,t,x)\mathrm{d}Q,\quad\forall\varphi\in L^2(Q)。$$

在上式中取 $\varphi=p(u)$，则可推得，当 $n\to+\infty$时，

$$\int_Q p(v_n)p(u)\mathrm{d}Q\to\|p(u)\|_{L^2(Q)}^2。\tag{4.4.236}$$

应用 Hölder 不等式，有

$$\int_Q p(v_n)p(u)\mathrm{d}Q\leqslant\int_Q|p(v_n)p(u)|\mathrm{d}Q\leqslant\|p(v_n)\|_{L^2(Q)}\cdot\|p(u)\|_{L^2(Q)}。$$

结合式(4.4.236)，有

$$\lim_{n\to+\infty}\int_Q p(v_n)p(u)\mathrm{d}Q=\|p(u)\|_{L^2(Q)}^2\leqslant\|p(v_n)\|_{L^2(Q)}\cdot\|p(u)\|_{L^2(Q)}。$$

上式两边消去相同的因子$\|p(u)\|_{L^2(Q)}$，得到

$$\|p(u)\|_{L^2(Q)}\leqslant\|p(v_n)\|_{L^2(Q)},\quad n=1,2,\cdots。\tag{4.4.237}$$

因此有

$$\|p(u)\|_{L^2(Q)}\leqslant\lim_{n\to+\infty}\inf_{k\geqslant n}\|p(v_k)\|_{L^2(Q)}=\varliminf_{n\to+\infty}\|p(v_n)\|_{L^2(Q)}。\tag{4.4.238}$$

不等式(4.4.238)表明，

$$泛函\ v\to\|p(v)\|_{L^2(Q)}\ 在\ u\ 处是弱下半连续的。\tag{4.4.239}$$

但是，

$$\int_Q[p(v)-z]^2\mathrm{d}Q\ 是\|p(v)\|_{L^2(Q)}\ 的连续函数。\tag{4.4.240}$$

事实上，当$\|p^{(1)}-p^{(2)}\|_{L^2(Q)}\to0$ 时，有

$$\begin{aligned}&\left|\int_Q(p^{(1)}-z)^2\mathrm{d}Q-\int_Q(p^{(2)}-z)^2\mathrm{d}Q\right|\\&\leqslant\int_Q|(p^{(1)}-z)^2-(p^{(2)}-z)^2|\mathrm{d}Q\end{aligned}$$

$$\leqslant \|p^{(1)} - p^{(2)}\|_{L^2(Q)} \cdot \|p^{(1)} + p^{(2)} - 2z\|_{L^2(Q)} \to 0。$$

这就证实了式(4.4.240)。

由 $J(v)$ 的结构式(4.4.6),即

$$J(v) = \|p(v) - z\|_{L^2(Q)}^2$$

以及式(4.4.239)~式(4.4.240)推得泛函 $v \to J(v)$ 在 u 处是弱下半连续的,即

$$\underline{\lim}_{n \to +\infty} J(v_n) \geqslant J(u)。\tag{4.4.241}$$

设 $\varepsilon > 0, \varepsilon \to 0$,由式(4.4.204)或下确界的含义,对于任意给定的 $\varepsilon > 0$,存在 $n(\varepsilon) > 0$,当 $m > n(\varepsilon)$ 时,有

$$J(v_m) \leqslant \inf_{v \in U} J(v) + \varepsilon。$$

进而有

$$\inf_{m \geqslant n(\varepsilon)} J(v_m) \leqslant \inf_{v \in U} J(v) + \varepsilon。$$

令 $\varepsilon > 0$,则 $n = n(\varepsilon) \to +\infty$,就得到

$$\underline{\lim}_{n \to +\infty} J(v_n) \equiv \underline{\lim}_{n \to +\infty} \inf_{m \geqslant n(\varepsilon)} J(v_m) \leqslant \inf_{v \in U} J(v),$$

即

$$\underline{\lim}_{n \to +\infty} J(v_n) \leqslant \inf_{v \in U} J(v),\tag{4.4.242}$$

由式(4.3.241),式(4.3.242)推得

$$J(u) \leqslant \underline{\lim}_{n \to +\infty} J(v_n) \leqslant \inf_{v \in U} J(v)。$$

这就是式(4.4.235)。定理 4.4.8 证毕。

4.4.8 系统 S 控制为最优的必要条件

设 $p \in V$ 为系统 S 的状态解,$u \in U$ 为最优控制,$\dot{p} = \dot{p}(r,t,x;u)$ 为 $p(v)$ 在 u 处沿方向$(v-u)$的 G-微分[109],即

$$\begin{aligned}\dot{p} &\equiv \dot{p}(u)(v-u) = \frac{\mathrm{d}}{\mathrm{d}\lambda} p(u + \lambda(v-u))\big|_{\lambda=0} \\ &= \lim_{\lambda \to 0^+} \frac{1}{\lambda}[p(u + \lambda(v-u)) - p(u)], \quad \forall v \in U。\end{aligned}\tag{4.4.243}$$

记 $u_\lambda = u + \lambda(v-u), 0<\lambda<1, p_\lambda = p(v_\lambda), p = p(u)$,则 p_λ 和 p 分别是问题(4.4.1)~问题(4.4.4)在 $v = v_\lambda$ 和 $v = u$ 时的解,即有

$$\begin{cases}\dfrac{\partial p_\lambda}{\partial r} + \dfrac{\partial p_\lambda}{\partial t} - \dfrac{\partial}{\partial x_i}\left(k u_\lambda \dfrac{\partial p_\lambda}{\partial x_j}\right) + \mu p_\lambda = f, & \text{在 } Q \text{ 内}, \\ p_\lambda(0,t,x) = \displaystyle\int_0^A \beta p_\lambda \mathrm{d}r, & \text{在 } \Omega_T \text{ 内}, \\ p_\lambda(r,0,x) = p_0(r,x), & \text{在 } \Omega_A \text{ 内}, \\ p_\lambda(r,t,x) = 0, \dfrac{\partial p_\lambda}{\partial v} = 0, & \text{在 } \Sigma \text{ 上}\end{cases}\tag{4.4.244}$$

和

$$\begin{cases}\dfrac{\partial p}{\partial r}+\dfrac{\partial p}{\partial t}-\dfrac{\partial}{\partial x_i}\left(ku\dfrac{\partial p}{\partial x_j}\right)+\mu p=f, & \text{在 } Q \text{ 内},\\ p(0,t,x)=\displaystyle\int_0^A \beta p\,\mathrm{d}r, & \text{在 } \Omega_T \text{ 内},\\ p(r,0,x)=p_0(r,x), & \text{在 } \Omega_A \text{ 内},\\ p(r,t,x)=0,\dfrac{\partial p}{\partial v}=0, & \text{在 } \Sigma \text{ 上}\end{cases} \tag{4.4.245}$$

成立。

将式(4.4.245)减去式(4.4.244)，并将所得方程两端除 $\lambda>0$，令 $\lambda\to0^+$ 取极限，那么按记号(4.4.243)推得 $\dot{p}$ 满足下面的方程及条件：

$$\begin{cases}\dfrac{\partial \dot{p}}{\partial r}+\dfrac{\partial \dot{p}}{\partial t}-\dfrac{\partial}{\partial x_i}\left(ku\dfrac{\partial \dot{p}}{\partial x_j}\right)+\mu \dot{p}=f_1, & \text{在 } Q \text{ 内},\\ \dot{p}(0,t,x)=\displaystyle\int_0^A \beta \dot{p}\,\mathrm{d}r, & \text{在 } \Omega_T \text{ 内},\\ \dot{p}(r,0,x)=0, & \text{在 } \Omega_A \text{ 内},\\ \dot{p}(r,t,x)=0,\dfrac{\partial \dot{p}}{\partial v}=0, & \text{在 } \Sigma \text{ 上。}\end{cases} \tag{4.4.246}$$

问题(4.4.246)与问题(4.4.1)～问题(4.4.4)是属于同一类型的问题，所以问题(4.4.246)存在唯一广义解 $\dot{p}\in V$。

由 $u\in U$ 是最优控制推得

$$J(v_\lambda)-J(u)\geqslant 0,\quad \forall v\in U。\tag{4.4.247}$$

由 $J(v)$ 的定义有

$$\begin{aligned}J(u_\lambda)-J(u)&=\int_Q (p_\lambda-z)^2\mathrm{d}Q-\int_Q (p-z)^2\mathrm{d}Q\\ &=\int_Q (p_\lambda+p-2z)(p_\lambda-p)\mathrm{d}Q。\end{aligned} \tag{4.4.248}$$

上式两端同除 $\lambda>0$，令 $\lambda\to0^+$ 取极限，并注意到记号(4.4.243)，从式(4.4.248)右端推得

$$\lim_{\lambda\to0^+}\int_Q\left(\frac{p_\lambda-p}{\lambda}\right)(p_\lambda+p-2z)\mathrm{d}Q=2\int_Q \dot{p}(p-z)\mathrm{d}Q。\tag{4.4.249}$$

由式(4.4.247)有

$$\lim_{\lambda\to0^+}\frac{1}{\lambda}[J(v_\lambda)-J(u)]\geqslant 0。\tag{4.4.250}$$

由式(4.4.248)～式(4.4.250)推得

$$\int_Q \dot{p}(p-z)\mathrm{d}Q\geqslant 0。\tag{4.4.251}$$

综上所述，我们得到控制 $u\in U$ 为最优的必要条件。

定理 4.4.9　设 $u\in U$ 是系统 S 的最优控制，则 u 满足下面的不等式：

$$\int_Q[\dot{p}(r,t,x;u,v)(p(u)-z)]\mathrm{d}Q\geqslant 0,\quad \forall v\in U。\tag{4.4.252}$$

4.5 本章小结

4.1 节证明了与年龄相关的拟线性种群扩散系统(P)的数学模型即问题(P)在 V 中的广义解 $p(r,t,x)$的存在唯一性,为后面讨论系统(P)的最优控制打下必要的理论基础。和前人工作相比较,不同点在于:文献[65]中方程的二阶偏导数项是 $\operatorname{div}\left[k\left(\int_0^A p\,\mathrm{d}r\right)\nabla p\right]$,文献[73],文献[74]中的是 $k(t,x)\Delta p$,而本节中的是

$$\operatorname{div}\left[k\left(t,x;\int_0^A vp\,\mathrm{d}r\right)\nabla p\right]$$

即 $\operatorname{div}(k(t,x;S)\nabla p)$。本节的情形在 k 与(t,x)无关且 $v\equiv 1$ 时就变成了文献[65]中的情况,在 k 与 $\int_0^A vp\,\mathrm{d}r$ 无关时就变成了文献[73],文献[74]中的情形。可见,它们都是本节的特例,因而本节的情形更具一般性。这样,解的存在唯一性证明就比它们要繁琐一些,这主要是因为在证明中新出现了 $k_t,k_x,k_S,k_x\nabla p,k_S\nabla S,k_S|\nabla S|^2,\nabla v\cdot\nabla p$ 等一些项。虽然本节的存在性证明方法基本上采用了文献[65]的延滞法,但处理新出现的项时既要做一些新的、必要的假设,又要使用一些特殊技巧作先验估计。在证明唯一性时,也碰到了一些新的困难,例如,在对

$$\int_{\Omega_t}|\nabla S(\tau,x)|\int_0^A|\nabla p_1(r,\tau,x)\mathrm{d}r\,\mathrm{d}\tau\,\mathrm{d}x|$$

作出估计时,除了要对

$$I_1=\int_0^t\int_0^A|\nabla p(r,t,x)|^2\mathrm{d}r\,\mathrm{d}\tau$$

作出估计外,还要对

$$I_2=\int_0^A\mathrm{d}r\int_{\Omega_t}|\nabla S(\tau,x)||\nabla p_1(r,\tau,x)|\mathrm{d}\tau\,\mathrm{d}x$$

作出估计。但估计 I_2 时不能直接利用 I_1,因为从 I_2 中分离不出因子 I_1 来。所以,我们创造性地运用了 Д.K.法捷耶夫定理,化两个函数乘积的积分为两次累次积分,从而解决了问题。

4.2 节首先证明与年龄相关的线性系统 P_0 的广义解 $p\in V$ 的正则性:$p\in V_1$;然后引用定理 4.1.2 证明了相应的拟线性抛物系统的广义解 S 的正则性:$S\in C^{\alpha/2,\alpha}(\overline{\Omega}_T)\cap H^{1,2}(\Omega_T)$;最后基于前两者而运用差分方法和先验估计证明了与年龄相关的拟线性扩散系统(P)的广义解 $p\in V$ 的正则性:$p\in V_1$。这就为证明系统最优控制的存在性和必要条件扫清了最大障碍。证明过程中采用了类似于证明拟线性抛物系统广义解正则性的思路和方法,但由于我们讨论的系统(P)是一阶双曲算子和拟线性椭圆算子的混合型偏微分方程且在边界 $r=0$ 处与非线性 Fredholm 积分方程相耦合的拟线性积分偏微分方程组,因此,讨论中要采用一些技巧解决新出现的一些繁琐问题,例如 F_λ^h 的连续有界等。

4.3 节针对具有分布观测和最终状态观测的性能指标泛函 J_1 和 J_2 的情形分别证明了与年龄相关的拟线性种群扩散系统(P)的最优控制 $u\in U$ 的存在性,得到了控制 $u\in U$ 为最优的必要条件和可以确定最优控制 $u\in U$ 的最优性组。其中的一个特点,就是控制量 $u\in U$

不仅包含在外在死亡率 $\mu_e\left(\int_0^A vp\,\mathrm{d}r\right)$ 和繁殖率 $\beta\left(\int_0^A vp\,\mathrm{d}r\right)$ 中，而且还包含在扩散系数 $k\left(t,x;\int_0^A vp\,\mathrm{d}r\right)$ 中。因此，该控制系统的控制功能不仅可以影响种群的死亡和繁殖，还能改变种群的生存空间的环境结构状态，从而有助于人们达到某种理想的生态环境，这是本节结果的实际意义。其中的另一个特点，就是在数学控制理论和方法上，它有别于著名国际数学控制理论权威、国际自动控制联合会前主席、法国科学院 Lions 院士提出的三种可能方法，采用了能直接提升系统状态方程广义解的正则性的途径，其中主要是运用非线性偏微分方程的先验估计方法，完全克服了所遇到的困难，得到了预想的结果。这是本节所采用的方法和所得结果的理论意义。

4.4 节讨论了与年龄相关的种群扩散系统(P)的特殊情形，即系统(P)在

$$\operatorname{div}(k(r,t;S)\operatorname{grad}p)=\frac{\partial}{\partial x_i}\left(kv(r,t,x)\frac{\partial p}{\partial x_j}\right)$$

时的最优扩散控制，这些研究成果为进一步讨论拟线性系统(P)的相关控制问题提供了思路和方法，为控制理论上奠定了一定的基础。

本节内容详见本书著者论文[135-137]。

第 5 章 与年龄相关的多种群系统

5.1 半线性捕食与被捕食种群扩散系统的最优收获控制

5.1.1 问题的提出

本节讨论具有年龄结构的半线性捕食与被捕食种群扩散系统(P):

$$\begin{cases}\dfrac{\partial p_1}{\partial t}+\dfrac{\partial p_1}{\partial r}-k_1\Delta p_1=-\mu_1(r,t,x,P_1(t,x))p_1-\lambda_1(r,t,x)P_2(t,x)p_1-u_1(r,t,x)p_1,\\ \dfrac{\partial p_2}{\partial t}+\dfrac{\partial p_2}{\partial r}-k_2\Delta p_2=-\mu_2(r,t,x,P_2(t,x))p_2+\lambda_2(r,t,x)P_1(t,x)p_2-\\ \qquad\qquad\lambda_3(r,t,x)P_3(t,x)p_2-u_2(r,t,x)p_2,\\ \dfrac{\partial p_3}{\partial t}+\dfrac{\partial p_3}{\partial r}-k_3\Delta p_3=-\mu_3(r,t,x,P_3(t,x))p_3+\lambda_4(r,t,x)P_2(t,x)p_3-\\ \qquad\qquad u_3(r,t,x)p_3,\quad (r,t,x)\in Q=(0,A)\times(0,T)\times\Omega,\\ \dfrac{\partial p_i}{\partial \eta}=0,\quad (r,t,x)\in\Sigma=(0,A)\times(0,T)\times\partial\Omega,\\ p_i(0,t,x)=\beta_i(t,x)\displaystyle\int_{a_1}^{a_2}m_i(r,t,x)p_i(r,t,x)\mathrm{d}r,\quad (t,x)\in Q_T=(0,T)\times\Omega,\\ p_i(r,0,x)=p_{i_0}(r,x),\quad (r,x)\in Q_A=(0,A)\times\Omega,\\ P_i(t,x)=\displaystyle\int_0^A p_i(r,t,x)\mathrm{d}r,\quad (r,t,x)\in Q;i=1,2,3\end{cases}\tag{5.1.1}$$

的最优收获控制问题。该模型中,$[a_1,a_2]$是雌性种群的生育区间;$p_i(r,t,x)$是第 i 个种群在时刻 t 年龄为 r 在 x 处的种群密度;$\mu_i(r,t,x,P_i(t,x))$是第 i 个种群的死亡率;$\beta_i(t,x)$是第 i 个种群的生育率;$\lambda_i(r,t,x)>0$ 是种群间的相互作用系数;$m_i(r,t,x)$是第 i 个种群的雌性比率;p_{i0}是第 i 个种群初始年龄分布;A 是种群最大寿命,$0<A<+\infty$。在这里,为不失一般性,假设三种群具有相同的寿命,收获率 $u_i(r,t,x)$是控制变量。

引入性能指标泛函

$$J(u)=\sum_{i=1}^{3}\int_Q g_i(r,t,x)p_i^u(r,t,x)u_i(r,t,x)\mathrm{d}r\mathrm{d}t\mathrm{d}x,\tag{5.1.2}$$

其中,$0<g_i(r,t,x)\leqslant\overline{M}_1$ 表示 t 时刻年龄为 r 在 x 处的第 i 种群的平均单位价格(或平均单位重量),$\overline{M}_1>0$ 为常数;$u_i(r,t,x)\in U_i$,$i=1,2,3$,则种群最优收获控制问题的数学描述为

$$\text{寻求满足等式 } J(u^*) = \sup_{u \in U} J(u) \text{ 的 } u^*, \quad u^* \in U, \tag{5.1.3}$$

其中 $u=(u_1,u_2,u_3)$，且 $U=(U_1,U_2,U_3)$。

$u_i \in U_i = \{u_i \in L^\infty(Q): 0 \leqslant \gamma_{i1}(r,t,x) \leqslant u_i(r,t,x) \leqslant \gamma_{i2}(r,t,x), \text{a.e.}(r,t,x) \in Q\}$，

$\gamma_{ij} \in L^\infty(Q); j=1,2$。

与单种群系统一样，多种群生物群落也要生活在一定的空间中，而且它们经常移动自身的位置或者说在空间中扩散，因而引起种群在空间中的密度变化。顾建军、卢殿臣等在文献[92]中讨论了与年龄相关的线性三种群扩散系统的最优收获控制，证明了最优收获控制的存在性及控制 $u \in U_{ad}$ 为最优的必要条件，给出 bang-bang 控制的结果。吴秀兰、付军在文献[95]中研究了与年龄相关的半线性捕食-被捕食系统的最优收获控制。因而，本节的研究是文献[92]，文献[95]的推广或继续。

5.1.2　系统(*P*)的状态

在本节中，我们给出下列假设条件：

(H_1) $\forall s \in \mathbb{R}^+$，函数 $\mu_i(\cdot,\cdot,\cdot,s) \in L^\infty_{\text{loc}}([0,A] \times (0,T] \times \overline{\Omega})$，$\mu_{is}(\cdot,\cdot,s)$ 关于 s 连续可微，且属于 $L^\infty((0,T) \times (0,+\infty))$。$\mu_i$ 关于第 4 个变量是局部 Lipschitz 函数，即 $\forall k>0$，$\exists L(k)>0$，使得

$$|\mu_i(r,t,x,s_1) - \mu_i(r,t,x,s_2)| \leqslant L(k)|s_1 - s_2|, \quad (r,t,x) \in Q; i=1,2,3。$$

$\mu_i(r,t,x,\cdot)$ 在 Q 内是增函数，且

$$\mu_i(r,t,x,P_i) \geqslant 0, \quad \int_0^A \mu_0(r,t-A+r)\mathrm{d}r = +\infty, \quad t \in (0,T)。$$

(H_2) $\lambda_i, \beta_i \in L^\infty(Q)$，$0 \leqslant \lambda_i, \beta_i \leqslant L$，a.e.在 Q 中，其中 $L>0$ 为常数。

(H_3) $p_{i0} \in L^\infty(Q_A)$，$p_{i0}(r,x) \geqslant 0$，a.e.在 Q_A 内，$i=1,2,3$。

(H_4) $0 \leqslant m_i(r,t,x) \leqslant M_i < 1$，$(r,t,x) \in Q$，$M_i$ 为常数，且当 $r > a_2$ 或 $r < a_1$，$m_i(r,t,x)=0$。

定义 5.1.1[99]　对于系统(*P*)的解，是指存在 $p_i \in L^2(Q)$，使得 p_i 沿每条特征线(由方程 $r-t=k$，$(r,t) \in \overline{Q}$，$k \in \mathbb{R}$)绝对连续($i=1,2,3$)且满足下列系统：

$$\begin{cases}
\dfrac{\partial p_1}{\partial t} + \dfrac{\partial p_1}{\partial r} - k_1 \Delta p_1 = -\mu_1(r,t,x,P_1(t,x))p_1 - \lambda_1(r,t,x)P_2(t,x)p_1 - u_1(r,t,x)p_1, \\
\dfrac{\partial p_2}{\partial t} + \dfrac{\partial p_2}{\partial r} - k_2 \Delta p_2 = -\mu_2(r,t,x,P_2(t,x))p_2 + \lambda_2(r,t,x)P_1(t,x)p_2 - \\
\qquad\qquad \lambda_3(r,t,x)P_3(t,x)p_2 - u_2(r,t,x)p_2, \\
\dfrac{\partial p_3}{\partial t} + \dfrac{\partial p_3}{\partial r} - k_3 \Delta p_3 = -\mu_3(r,t,x,P_3(t,x))p_3 + \lambda_4(r,t,x)P_2(t,x)p_3 - \\
\qquad\qquad u_3(r,t,x)p_3, \quad (r,t,x) \in Q = (0,A) \times (0,T) \times \Omega, \\
\dfrac{\partial p_i}{\partial \eta} = 0, \quad (r,t,x) \in \Sigma = (0,A) \times (0,T) \times \partial\Omega, \\
\lim\limits_{\varepsilon \to 0^+} p_i(\varepsilon, t+\varepsilon, x) = \beta_i(t,x)\displaystyle\int_{a_1}^{a_2} m_i(r,t,x)p_i(r,t,x)\mathrm{d}r, \quad (t,x) \in Q_T = (0,T) \times \Omega, \\
\lim\limits_{\varepsilon \to 0^+} p_i(r+\varepsilon, \varepsilon, x) = p_{i_0}(r,x), \quad (r,x) \in Q_A = (0,A) \times \Omega; i=1,2,3。
\end{cases}$$

关于系统(P)的解的存在唯一性是本节的主要结论之一,可由下面的定理 5.1.1 给出。

定理 5.1.1 对任意给定的 $u=(u_1,u_2,u_3)\in U$,系统(P)存在唯一非负解 $p^u=(p_1^{u_1},p_2^{u_2},p_3^{u_3})\in L^2(Q;R^3)\cap L^\infty(Q;R^3)$ 并且有 $0\leqslant p_i^{u_i}\leqslant M$, a.e. $(r,t,x)\in Q$,其中 $M>0$ 为常数。

证明 首先,由文献[99]可知,系统(O_1):

$$\begin{cases}\dfrac{\partial p_1}{\partial t}+\dfrac{\partial p_1}{\partial r}-k_1\Delta p_1=-u_1p_1, & (r,t,x)\in Q,\\ \dfrac{\partial p_1}{\partial \eta}=0, & (r,t,x)\in \Sigma=(0,A)\times(0,T)\times\partial\Omega,\\ p_1(0,t,x)=\beta_1(t,x)\displaystyle\int_{a_1}^{a_2}m_1(r,t,x)p_1(r,t,x)\mathrm{d}r, & (t,x)\in Q_T=(0,T)\times\Omega,\\ p_1(r,0,x)=p_{10}(r,x), & (r,x)\in Q_A=(0,A)\times\Omega\end{cases}$$

存在非负解 $\bar{p}_1\in L^2(Q;R^3)\cap L^\infty(Q;R^3)$。

由 $\bar{p}_1$ 构造下面的系统(O_2):

$$\begin{cases}\dfrac{\partial p_2}{\partial t}+\dfrac{\partial p_2}{\partial r}-k_2\Delta p_2=\lambda_2(r,t,x)p_2\displaystyle\int_0^A\bar{p}_1(r,t,x)\mathrm{d}r-u_2p_2, & (r,t,x)\in Q,\\ \dfrac{\partial p_2}{\partial \eta}=0, & (r,t,x)\in \Sigma=(0,A)\times(0,T)\times\partial\Omega,\\ p_2(0,t,x)=\beta_2(t,x)\displaystyle\int_{a_1}^{a_2}m_2(r,t,x)p_2(r,t,x)\mathrm{d}r, & (t,x)\in Q_T=(0,T)\times\Omega,\\ p_2(r,0,x)=p_{20}(r,x), & (r,x)\in Q_A=(0,A)\times\Omega。\end{cases}$$

与系统(O_1)同理,系统(O_2)存在非负解 $\bar{p}_2\in L^2(Q;R^3)\cap L^\infty(Q;R^3)$。

由 $\bar{p}_2$ 构造下面的系统(O_3):

$$\begin{cases}\dfrac{\partial p_3}{\partial t}+\dfrac{\partial p_3}{\partial r}-k_3\Delta p_3=\lambda_4(r,t,x)p_3\displaystyle\int_0^A\bar{p}_2(r,t,x)\mathrm{d}r-u_3p_3, & (r,t,x)\in Q,\\ \dfrac{\partial p_3}{\partial \eta}=0, & (r,t,x)\in \Sigma=(0,A)\times(0,T)\times\partial\Omega,\\ p_3(0,t,x)=\beta_3(t,x)\displaystyle\int_{a_1}^{a_2}m_3(r,t,x)p_3(r,t,x)\mathrm{d}r, & (t,x)\in Q_T=(0,T)\times\Omega,\\ p_3(r,0,x)=p_{30}(r,x), & (r,x)\in Q_A=(0,A)\times\Omega\end{cases}$$

存在非负解 $\bar{p}_3\in L^2(Q;R^3)\cap L^\infty(Q;R^3)$。

为了证明非线性系统(P)的解 $p\in L^2(Q;R^n)$ 的存在性,我们讨论系统(P)相应的线性系统。为此,首先作如下假设:

(H_5) 对于系统(O_i)中的非负解 $\bar{p}_i\geqslant 0$,任取向量函数 $v=(v_1,v_2,v_3)\in L^2(Q;R^n)$,且 $0\leqslant v_i\leqslant \bar{p}_i$, $i=1,2,3$。

定义 $V_i(t,x)=\displaystyle\int_0^A v_i(r,t,x)\mathrm{d}r$, $i=1,2,3$。由此构造出系统(P)相应的线性系统(O_4):

$$
\begin{cases}
\dfrac{\partial p_1}{\partial t}+\dfrac{\partial p_1}{\partial r}-k_1\Delta p_1=-\mu_1(r,t,x,V_1(t,x))p_1-\lambda_1(r,t,x)V_2(t,x)p_1- \\
\qquad u_1(r,t,x)p_1, \\
\dfrac{\partial p_2}{\partial t}+\dfrac{\partial p_2}{\partial r}-k_2\Delta p_2=-\mu_2(r,t,x,V_2(t,x))p_2+\lambda_2(r,t,x)V_1(t,x)p_2- \\
\qquad \lambda_3(r,t,x)V_3(t,x)p_2-u_2(r,t,x)p_2, \\
\dfrac{\partial p_3}{\partial t}+\dfrac{\partial p_3}{\partial r}-k_3\Delta p_3=-\mu_3(r,t,x,V_3(t,x))p_3+\lambda_4(r,t,x)V_2(t,x)p_3- \\
\qquad u_3(r,t,x)p_3,\quad (r,t,x)\in Q=(0,A)\times(0,T)\times\Omega, \\
\dfrac{\partial p_i}{\partial \eta}=0,\quad (r,t,x)\in\Sigma=(0,A)\times(0,T)\times\partial\Omega, \\
p_i(0,t,x)=\beta_i(t,x)\displaystyle\int_{a_1}^{a_2}m_i(r,t,x)p_i(r,t,x)\mathrm{d}r,\quad (t,x)\in Q_T=(0,T)\times\Omega, \\
p_i(r,0,x)=p_{i0}(r,x),\quad (r,x)\in Q_A=(0,A)\times\Omega;i=1,2,3。
\end{cases}
\tag{5.1.4}
$$

由文献[92]和文献[99]可知，系统(O_4)存在唯一非负解 $p^v=(p_1^v,p_2^v,p_3^v)\in L^2(Q,R^3)$且 $p_i^v(A,t,x)=0,\forall(t,x)\in Q_T,i=1,2,3$。

由比较原理[99]，有 $p_1^v(r,t,x)\leqslant\bar{p}_1(r,t,x)$，a.e. $(r,t,x)\in Q$。由于 $\mu_1(r,t,x,V_1(t,x))+\lambda_1(r,t,x)V_2(t,x)+u_1(r,t,x)\geqslant u_1(r,t,x)$，所以，对于系统$(O_1)$及系统$(O_4)$应用比较定理[99]，可得 $p_1^v(r,t,x)\leqslant\bar{p}_1(r,t,x)$，a.e. $(r,t,x)\in Q$ 成立。

同理，将系统(O_2)，系统(O_3)分别与系统(O_4)应用比较定理[99]，也能推得系统(O_4)的解$p_i^v(r,t,x)$与(O_i)的解$\bar{p}_i(r,t,x)$满足如下关系式：

$$
p_i^v(r,t,x)\leqslant\bar{p}_i(r,t,x),\quad (r,t,x)\in Q;i=2,3。
$$

事实上，由假设条件(H_5)有 $v_1(r,t,x)\leqslant\bar{p}_1(r,t,x)$，$v_2(r,t,x)\leqslant\bar{p}_2(r,t,x)$。所以，由假设条件$(H_2)$有，

$$
\begin{aligned}
&\lambda_2(r,t,x)\int_0^A\bar{p}_1(r,t,x)\mathrm{d}r-u_2(r,t,x)\\
\geqslant&\lambda_2(r,t,x)\int_0^A v_1(r,t,x)\mathrm{d}r-u_2(r,t,x)\\
=&\lambda_2(r,t,x)V_1(t,x)-u_2(r,t,x)\\
\geqslant&\lambda_2(r,t,x)V_1(t,x)-\mu_2(r,t,x,V_2(t,x))-\lambda_3(r,t,x)V_3(t,x)-u_2(r,t,x)。
\end{aligned}
$$

同理，由

$$
\begin{aligned}
&\lambda_4(r,t,x)\int_0^A\bar{p}_2(r,t,x)\mathrm{d}r-u_3(r,t,x)\\
\geqslant&\lambda_4(r,t,x)V_2(t,x)-u_3(r,t,x)\\
\geqslant&-\mu_3(r,t,x,V_3(t,x))+\lambda_4(r,t,x)V_2(t,x)-u_3(r,t,x)
\end{aligned}
$$

和比较原理[99]，有

$$
p_2^v(r,t,x)\leqslant\bar{p}_2(r,t,x),\quad p_3^v(r,t,x)\leqslant\bar{p}_3(r,t,x)。
$$

对于系统(O_1)，系统(O_2)，系统(O_3)的解 $\bar{p}_i$，$i=1,2,3$，取

$$
v^1=(v_1^1,v_2^1,v_3^1),\quad v^2=(v_1^2,v_2^2,v_3^2),\quad 0\leqslant v_i^k\leqslant\bar{p}_i;i=1,2,3;k=1,2。
$$

令 $p^k=(p_1^k,p_2^k,p_3^k)$，其中 $p_i^k\in L^2(Q;R)$为系统(O_4)对应于 $v_i=v_i^k$，$k=1,2$ 时的解。再令

$$
y=(y_1,y_2,y_3):=p^1-p^2=(p_1^1-p_1^2,p_2^1-p_2^2,p_3^1-p_3^2)。
$$

把 v^1,v^2 分别代入式(5.1.4),将相应的方程作差,得到下面的系统(5.1.5):

$$\begin{cases}\dfrac{\partial y_1}{\partial t}+\dfrac{\partial y_1}{\partial r}-k_1\Delta y_1=-[\mu_1(r,t,x,V_1^1(t,x))-\mu_1(r,t,x,V_1^2(t,x))]p_1^1-\lambda_1V_2^1(t,x)y_1-\\ \qquad [\mu_1(r,t,x,V_1^2(t,x))+u_1(r,t,x)]y_1-\\ \qquad \lambda_1[V_2^1(t,x)-V_2^2(t,x)]p_1^2,\\ \dfrac{\partial y_2}{\partial t}+\dfrac{\partial y_2}{\partial r}-k_2\Delta y_2=-[\mu_2(r,t,x,V_2^1(t,x))-\mu_2(r,t,x,V_2^2(t,x))]p_2^1+\\ \qquad \lambda_2V_1^1(t,x)y_2-[\mu_2(r,t,x,V_2^2(t,x))+\\ \qquad u_2(r,t,x)]y_2+\lambda_2[V_1^1(t,x)-V_1^2(t,x)]p_2^2-\\ \qquad \lambda_3[V_3^1(t,x)-V_3^2(t,x)]p_2^2-\lambda_3V_3^1(t,x)y_2,\\ \dfrac{\partial y_3}{\partial t}+\dfrac{\partial y_3}{\partial r}-k_3\Delta y_3=-[\mu_3(r,t,x,V_3^1(t,x))-\mu_3(r,t,x,V_3^2(t,x))]p_3^1+\\ \qquad \lambda_4V_2^1(t,x)y_3-[\mu_3(r,t,x,V_3^2(t,x))+u_3(r,t,x)]y_3+\\ \qquad \lambda_4[V_2^1(t,x)-V_2^2(t,x)]p_3^2,\quad (r,t,x)\in Q,\\ \dfrac{\partial y_i}{\partial \eta}(r,t,x)=0,\quad (r,t,x)\in\Sigma,\\ y_i(0,t,x)=\beta_i(t,x)\displaystyle\int_{a_1}^{a_2}m_i(r,t,x)y_i(r,t,x)\mathrm{d}r,\quad (t,x)\in Q_T,\\ y_i(r,0,x)=0,\quad (r,x)\in Q_A,\\ V_j^i(t,x)=\displaystyle\int_0^A v_j^i(r,t,x)\mathrm{d}r,\quad i=1,2;j=1,2,3。\end{cases}\tag{5.1.5}$$

再用 y_i 乘以系统(5.1.5)中的第 i 个式子,并在 $(0,A)\times(0,t)\times\Omega$ 上积分得

$$\|y_1(\cdot,t,\cdot)\|_{L^2(Q_A)}^2\leqslant C_1\int_0^t(\|v_1^1(\cdot,s,\cdot)-v_1^2(\cdot,s,\cdot)\|_{L^2(Q_A)}^2+\|v_2^1(\cdot,s,\cdot)-v_2^2(\cdot,s,\cdot)\|_{L^2(Q_A)}^2)\mathrm{d}s,\tag{5.1.6}$$

$$\|y_2(\cdot,t,\cdot)\|_{L^2(Q_A)}^2\leqslant C_2\int_0^t(\|v_2^1(\cdot,s,\cdot)-v_2^2(\cdot,s,\cdot)\|_{L^2(Q_A)}^2+\|v_1^1(\cdot,s,\cdot)-v_1^2(\cdot,s,\cdot)\|_{L^2(Q_A)}^2+\|v_3^1(\cdot,s,\cdot)-v_3^2(\cdot,s,\cdot)\|_{L^2(Q_A)}^2)\mathrm{d}s,\tag{5.1.7}$$

$$\|y_3(\cdot,t,\cdot)\|_{L^2(Q_A)}^2\leqslant C_3\int_0^t(\|v_3^1(\cdot,s,\cdot)-v_3^2(\cdot,s,\cdot)\|_{L^2(Q_A)}^2+\|v_2^1(\cdot,s,\cdot)-v_2^2(\cdot,s,\cdot)\|_{L^2(Q_A)}^2)\mathrm{d}s,\tag{5.1.8}$$

其中,C_i 是常数;$i=1,2,3$;$\|\cdot\|$是空间 $L^2(0,a_+)$中的范数。下面分别证明式(5.1.6),式(5.1.7)及式(5.1.8)成立。

令集合

$$B=\{v=(v_1,v_2,v_3)\in L^2(Q;R^3)\mid 0\leqslant v_i(r,t,x)\leqslant \bar{p}_i(r,t,x),\forall(r,t,x)\in Q\},\quad i=1,2,3。$$

定义映射

$$\Lambda:L_+^2(Q,R^3)\rightarrow L_+^2(Q,R^3),\Lambda v(r,t,x)=p^v(r,t,x),\quad (r,t,x)\in Q,$$

其中，$p^v(r,t,x)=(p_1^v,p_2^v,p_3^v)$为系统$(O_4)$的解。

由于$\forall v\in B$，$0\leqslant(\Lambda v)_i(r,t,x)\leqslant\bar{p}_i(r,t,x)$，a.e.在 Q 中，我们有 $\Lambda(B)\subseteq B$，所以，Λ 是集合 B 上的自映射。

设 $v=(v_1,v_2,v_3)$，$v_i=v_i(r,t,x)\in L^2(Q;R)$，$i=1,2,3$，对于集合 B 定义一等价范数

$$\|v\|^*=\left(\sum_{i=1}^{3}\|v_i\|_*^2\right)^{\frac{1}{2}},$$

$$\|v_i\|_*^2=\int_0^T\|v_i(\cdot,t,\cdot)\|_{L^2(Q_A)}^2\cdot \mathrm{e}^{-4ct}\mathrm{d}t,$$

$$\|\Lambda v^1-\Lambda v^2\|^*=\|p^1-p^2\|^*=\|y\|^*=\left(\sum_{i=1}^{3}\|y_i\|_*^2\right)^{\frac{1}{2}}$$

$$=\left(\sum_{i=1}^{3}\int_0^T\|y_i(\cdot,t,\cdot)\|_{L^2(Q_A)}^2\cdot \mathrm{e}^{-4ct}\mathrm{d}t\right)^{\frac{1}{2}}。\tag{5.1.9}$$

将式(5.1.6)，式(5.1.7)，式(5.1.8)代入式(5.1.9)，且令 $C=\max\{C_1,C_2,C_3\}$，则有

$$\|\Lambda v^1-\Lambda v^2\|^*\leqslant\left[\int_0^T\left(3C\sum_{i=1}^{3}\int_0^t\|v_i^1(\cdot,s,\cdot)-v_i^2(\cdot,s,\cdot)\|_{L^2(Q_A)}^2\mathrm{d}s\cdot \mathrm{e}^{-4ct}\mathrm{d}t\right)\right]^{\frac{1}{2}}$$

$$\leqslant\left(\frac{3}{4}\right)^{\frac{1}{2}}\left[\int_0^T\sum_{i=1}^{3}\|v_i^1(\cdot,s,\cdot)-v_i^2(\cdot,s,\cdot)\|^2\cdot \mathrm{e}^{-4cs}\mathrm{d}s\right]^{\frac{1}{2}}$$

$$=\left(\frac{3}{4}\right)^{\frac{1}{2}}\|v^1-v^2\|^*。$$

所以 Λ 为$(B,\|\cdot\|^*)$上的压缩映射。

根据 Banach 不动点原理可知，存在唯一的不动点 v，使得

$$\Lambda v(r,t,x)=v,\quad \Lambda v(r,t,x)=p^v(r,t,x),$$

所以 $v=p^v(r,t,x)$是系统(P)的解。

令 $M=\max\{\|\bar{p}_1(r,t,x)\|_{L^\infty(Q)},\|\bar{p}_2(r,t,x)\|_{L^\infty(Q)}\}$，有

$$0\leqslant p_i^{u_i}(r,t,x,)\leqslant M,\quad i=1,2,3,\text{a.e.}\quad (r,t,x)\in Q,$$

定理 5.1.1 证毕。

5.1.3　最优收获控制的存在性

本节我们讨论最优收获控制问题(5.1.3)解的存在性。

定理 5.1.2　若假设条件(H_1)～条件(H_5)成立，则最优控制问题(5.1.3)至少存在一个最优解 $u^*\in U$，使得

$$J(u^*)=\sup_{u\in U}\sum_{i=1}^{3}\int_Q[g_i(r,t,x)p_i^u(r,t,x)u_i(r,t,x)]\mathrm{d}r\mathrm{d}t\mathrm{d}x。$$

证明　由定理 5.1.1 有

$$0\leqslant J(u)=\sum_{i=1}^{3}\int_Q[g_i(r,t,x)p_i^u(r,t,x)u_i(r,t,x)]\mathrm{d}r\mathrm{d}t\mathrm{d}x$$

$$\leqslant\overline{M}_1M\sum_{i=1}^{3}\int_Q\gamma_{i2}(r,t,x)\mathrm{d}r\mathrm{d}t\mathrm{d}x,$$

且 $\gamma_{i2}(r,t,x)\in L^{\infty}(Q)$，即 $J(u)$ 在 U 上有界，因此 $J(u)$ 在 U 上有上确界。

令 $d=\sup\limits_{u\in U}J(u)$，且 $d\in[0,+\infty)$。由上确界定义可知，$\forall n\in N$，存在 $u_n\in U$，其中 $u_n=(u_{1n},u_{2n},u_{3n})$，使得

$$d-\frac{1}{n}\leqslant J(u_n)\leqslant d。$$

设在系统(P)中，当 $u=u_n$ 时的解为 $p_n=p(u_n)=(p_1^{u_n},p_2^{u_n},p_3^{u_n})$，则由定理 5.1.1，有

$$0\leqslant p_i^{u_n}(r,t,x)\leqslant M,\quad \text{a.e.在 } Q \text{ 内。}$$

由于自反的 Banach 空间 $L^2(Q)$ 的有界集是弱序列紧的和完备的[109]，因而可以抽出 $\{p(u_n)\}$ 的一个子序列，仍记为 $\{p(u_n)\}$，使 $p(u_n)\to p^*$ 在 $L^2(Q)$ 中弱，即当 $n\to+\infty$ 时，

$$(p_1^{u_n},p_2^{u_n},p_3^{u_n})\to(p_1^*,p_2^*,p_3^*),\quad \text{在 } L^2(Q) \text{ 中弱。}\tag{5.1.10}$$

根据 Mazur 定理[139]，存在序列 $\{\tilde{p}_{1n},\tilde{p}_{2n},\tilde{p}_{3n}\}$，满足

$$\tilde{p}_{in}=\sum_{j=n+1}^{k_n}\delta_j^n p_i^{u_j},\quad i=1,2,3,$$

$$\delta_j^n\geqslant 0,\quad \sum_{j=n+1}^{k_n}\delta_j^n=1,$$

使得

$$\tilde{p}_{in}\to p_i^*,\text{在 } L^2(Q) \text{ 内},\quad i=1,2,3。\tag{5.1.11}$$

根据文献[99]可知，存在 $\{P(u_n)\}$ 的子序列，仍记为 $\{P(u_n)\}$，使得当 $n\to+\infty$ 时，

$$P_i^{u_n}\to P_i^*,\quad \text{在 } L^2(Q_T) \text{ 内强},\tag{5.1.12}$$

$$P_i^{u_n}(t,x)\to P_i^*(t,x),\quad \text{a.e.在 } Q_T \text{ 内一致收敛。}\tag{5.1.13}$$

其中，

$$P_i^{u_n}=\int_0^A p_i^{u_n}(r,t,x)\mathrm{d}r,\quad i=1,2,3。$$

下面考虑控制序列 $(\tilde{u}_{1n},\tilde{u}_{2n},\tilde{u}_{3n})$，其中

$$\tilde{u}_{in}(r,t,x)=\begin{cases}\dfrac{\sum\limits_{j=n+1}^{k_n}\delta_j^n u_{ij}p_i^{u_j}}{\sum\limits_{j=n+1}^{k_n}\delta_j^n p_i^{u_j}}, & \sum\limits_{j=n+1}^{k_n}\delta_j^n p_i^{u_j}\neq 0;i=1,2,3,\\ \gamma_{i1}(r,t,x), & \sum\limits_{j=n+1}^{k_n}\delta_j^n p_i^{u_j}=0;i=1,2,3。\end{cases}\tag{5.1.14}$$

由式(5.1.3)知，

$$\gamma_{i1}\leqslant\frac{\sum\limits_{j=n+1}^{k_n}\delta_j^n u_{ij}p_i^{u_j}}{\sum\limits_{j=n+1}^{k_n}\delta_j^n p_i^{u_j}}\leqslant\gamma_{i2},$$

所以，再由式(5.1.3)，可推出 $(\tilde{u}_{1n},\tilde{u}_{2n},\tilde{u}_{3n})\in U$。由式(5.1.10)，当 $n\to+\infty$ 时，有

$$(p_1^{u_n},p_2^{u_n},p_3^{u_n})\to(p_1^*,p_2^*,p_3^*),\quad \text{在 } L^2(Q) \text{ 中弱},$$

即有

$$\int_0^A p_i^{u_n}(r,\cdot,\cdot)\mathrm{d}r\to\int_0^A p_i^*(r,\cdot,\cdot)\mathrm{d}r,\quad \text{在 } L^2(Q_T) \text{ 中弱。}\tag{5.1.15}$$

由式(5.1.3)、式(5.1.14)和弱极限的唯一性可知，

$$P_i^*(t,x)=\int_0^A p_i^*(r,t,x)\mathrm{d}r,\text{在 } Q_T \text{ 内},\quad i=1,2,3。$$

由于 $\gamma_{i1}\leqslant\widetilde{u}_{in}\leqslant\gamma_{i2}$，存在 $\{\widetilde{u}_{in}\}$ 的子序列，仍记为 $\{\widetilde{u}_{in}\}$，$i=1,2,3$，使得当 $n\to+\infty$ 时，有

$$\widetilde{u}_{in}\to u_i^*,\quad \text{在 } L^2(Q) \text{ 中弱。}\tag{5.1.16}$$

显然 $(u_1^*,u_2^*,u_3^*)\in U$。

设 $\widetilde{p}_{in}$ 为系统(P)对应于 $u=\widetilde{u}_{in}$ 的解，且 $(\widetilde{p}_{1n},\widetilde{p}_{2n},\widetilde{p}_{3n})$ 是如下系统：

$$\begin{cases}\dfrac{\partial\widetilde{p}_{1n}}{\partial t}+\dfrac{\partial\widetilde{p}_{1n}}{\partial r}-k_1\Delta\widetilde{p}_{1n}=-\displaystyle\sum_{j=n+1}^{k_n}\delta_j^n\mu_1(r,t,x,P_1^{u_j})p_1^{u_j}-\lambda_1(r,t,x)\sum_{j=n+1}^{k_n}\delta_j^nP_2^{u_j}p_1^{u_j}-\widetilde{u}_{1n}\widetilde{p}_{1n},\\ \dfrac{\partial\widetilde{p}_{2n}}{\partial t}+\dfrac{\partial\widetilde{p}_{2n}}{\partial r}-k_2\Delta\widetilde{p}_{2n}=-\displaystyle\sum_{j=n+1}^{k_n}\delta_j^n\mu_2(r,t,x,P_2^{u_j})p_2^{u_j}+\lambda_2(r,t,x)\sum_{j=n+1}^{k_n}\delta_j^nP_1^{u_j}p_2^{u_j}-\\ \qquad\qquad\lambda_3(r,t,x)\displaystyle\sum_{j=n+1}^{k_n}\delta_j^nP_3^{u_j}p_2^{u_j}-\widetilde{u}_{2n}\widetilde{p}_{2n},\\ \dfrac{\partial\widetilde{p}_{3n}}{\partial t}+\dfrac{\partial\widetilde{p}_{3n}}{\partial r}-k_3\Delta\widetilde{p}_{3n}=-\displaystyle\sum_{j=n+1}^{k_n}\delta_j^n\mu_3(r,t,x,P_3^{u_j})p_3^{u_j}+\lambda_4(r,t,x)\sum_{j=n+1}^{k_n}\delta_j^nP_2^{u_j}p_3^{u_j}-\widetilde{u}_{3n}\widetilde{p}_{3n},\\ \qquad\qquad(r,t,x)\in Q=(0,A)\times(0,T)\times\Omega,\\ \dfrac{\partial\widetilde{p}_{in}}{\partial\eta}=0,\quad(r,t,x)\in\Sigma=(0,A)\times(0,T)\times\partial\Omega,\\ \widetilde{p}_{in}(0,t,x)=\beta_i(t,x)\displaystyle\int_{a_1}^{a_2}m_i(r,t,x)\widetilde{p}_{in}(r,t,x)\mathrm{d}r,(t,x)\in Q_T=(0,T)\times\Omega,\\ \widetilde{p}_{in}(r,0,x)=p_{i0}(r,x),\quad(r,x)\in Q_A=(0,A)\times\Omega;i=1,2,3\end{cases}\tag{5.1.17}$$

的解。

对式(5.1.17)各项取极限(利用与文献[99]同样的方法，在特征线上取极限)，并注意到假设条件(H_1)～条件(H_4)以及式(5.1.10)～式(5.1.16)，可得

$$\begin{cases}\dfrac{\partial p_1^*}{\partial t}+\dfrac{\partial p_1^*}{\partial r}-k_1\Delta p_1^*=-\mu_1(r,t,x,P_1^*(t,x))p_1^*-\lambda_1(r,t,x)P_2^*(t,x)p_1^*-u_1(r,t,x)p_1^*,\\ \dfrac{\partial p_2^*}{\partial t}+\dfrac{\partial p_2^*}{\partial r}-k_2\Delta p_2^*=-\mu_2(r,t,x,P_2^*(t,x))p_2^*+\lambda_2(r,t,x)P_1^*(t,x)p_2^*-\\ \qquad\qquad\lambda_3(r,t,x)P_3^*(t,x)p_2^*-u_2(r,t,x)p_2^*,\\ \dfrac{\partial p_3^*}{\partial t}+\dfrac{\partial p_3^*}{\partial r}-k_3\Delta p_3^*=-\mu_3(r,t,x,P_3^*(t,x))p_3^*+\lambda_4(r,t,x)P_2^*(t,x)p_3^*-\\ \qquad\qquad u_3(r,t,x)p_3^*,\quad(r,t,x)\in Q=(0,A)\times(0,T)\times\Omega,\\ \dfrac{\partial p_i^*}{\partial\eta}=0,\quad(r,t,x)\in\Sigma=(0,A)\times(0,T)\times\partial\Omega,\\ p_i^*(0,t,x)=\beta_i(t,x)\displaystyle\int_{a_1}^{a_2}m_i(r,t,x)p_i^*(r,t,x)\mathrm{d}r,\quad(t,x)\in Q_T=(0,T)\times\Omega,\\ p_i^*(r,0,x)=p_{i0}(r,x),\quad(r,x)\in Q_A=(0,A)\times\Omega,\\ P_i^*(t,x)=\displaystyle\int_0^A p_i^*(r,t,x)\mathrm{d}r,\quad(r,t,x)\in Q;i=1,2,3。\end{cases}$$

即(p_1^*, p_2^*, p_3^*)是系统(5.1.1)在$u=u^*=(u_1^*, u_2^*, u_3^*)$时的解，即$p^*=p^{u^*}$。

下面证明$J(u^*)=d$。

事实上，由式(5.1.2)及式(5.1.14)，有

$$\sum_{j=n+1}^{k_n}\delta_j^n\int_Q\sum_{i=1}^3 g_i(r,t,x)p_i^{u_j}(r,t,x)u_{ij}(r,t,x)\mathrm{d}r\mathrm{d}t\mathrm{d}x$$
$$=\sum_{i=1}^3\int_Q g_i(r,t,x)\tilde{u}_{in}(r,t,x)\tilde{p}_{in}(r,t,x)\mathrm{d}r\mathrm{d}t\mathrm{d}x。$$

因为

$$\Big|\sum_{i=1}^3\int_Q g_i(r,t,x)\tilde{u}_{in}(r,t,x)\tilde{p}_{in}(r,t,x)\mathrm{d}r\mathrm{d}t\mathrm{d}x-$$
$$\sum_{i=1}^3\int_Q g_i(r,t,x)u^*(r,t,x)p^*(r,t,x)\mathrm{d}r\mathrm{d}t\mathrm{d}x\Big|$$
$$\leqslant\sum_{i=1}^3\int_Q g_i(r,t,x)\left|\tilde{u}_{in}(r,t,x)\tilde{p}_{in}(r,t,x)-u^*(r,t,x)p^*(r,t,x)\right|\mathrm{d}r\mathrm{d}t\mathrm{d}x$$
$$\leqslant\sum_{i=1}^3\overline{M}_1\int_Q\left|\tilde{u}_{in}(r,t,x)\tilde{p}_{in}(r,t,x)-u^*(r,t,x)p^*(r,t,x)\right|\mathrm{d}r\mathrm{d}t\mathrm{d}x$$
$$\leqslant\overline{M}_1\Big(\sum_{i=1}^3\int_Q\left|\tilde{u}_{in}(r,t,x)\right|\left|\tilde{p}_{in}(r,t,x)-p^*(r,t,x)\right|\mathrm{d}r\mathrm{d}t\mathrm{d}x+$$
$$\sum_{i=1}^3\int_Q\left|p^*(r,t,x)(\tilde{u}_{in}(r,t,x)-u^*(r,t,x))\right|\mathrm{d}r\mathrm{d}t\mathrm{d}x\Big)$$
$$\leqslant\overline{M}_1\Big[\|\gamma_{in}(r,t,x)\|_{L^\infty(Q)}\|Q\|^{\frac{1}{2}}\sum_{i=1}^3\|\tilde{p}_{in}(r,t,x)-p^*(r,t,x)\|_{L^2(Q)}+$$
$$\sum_{i=1}^3\int_Q\left|p^*(r,t,x)(\tilde{u}_{in}(r,t,x)-u^*(r,t,x))\right|\mathrm{d}r\mathrm{d}t\mathrm{d}x\Big],$$

所以，由式(5.1.11)有

$$\Big|\sum_{i=1}^3\int_Q g_i(r,t,x)\tilde{u}_{in}(r,t,x)\tilde{p}_{in}(r,t,x)\mathrm{d}r\mathrm{d}t\mathrm{d}x-$$
$$\sum_{i=1}^3\int_Q g_i(r,t,x)u^*(r,t,x)p^*(r,t,x)\mathrm{d}r\mathrm{d}t\mathrm{d}x\Big|\to 0,$$

从而

$$\sum_{j=n+1}^{k_n}\delta_j^n\int_Q\sum_{i=1}^3 g_i(r,t,x)p_i^{u_j}(r,t,x)u_{ij}(r,t,x)\mathrm{d}r\mathrm{d}t\mathrm{d}x\to J(u^*)。\qquad(5.1.18)$$

另一方面

$$\sum_{j=n+1}^{k_n}\delta_j^n\int_Q\sum_{i=1}^3 g_i(r,t,x)p_i^{u_j}(r,t,x)u_{ij}(r,t,x)\mathrm{d}r\mathrm{d}t\mathrm{d}x=\sum_{j=n+1}^{k_n}\delta_j^n J(u_j),$$

又因为

$$\sum_{j=n+1}^{k_n}\delta_j^n\left(d-\frac{1}{n}\right)\leqslant\sum_{j=n+1}^{k_n}\delta_j^n J(u_j)\leqslant\sum_{j=n+1}^{k_n}\delta_j^n d=d,$$

从而

$$\sum_{j=n+1}^{k_n}\delta_j^n\int_Q\sum_{i=1}^{3}g_i(r,t,x)p_i^{u_j}(r,t,x)u_{ij}(r,t,x)\mathrm{d}r\mathrm{d}t\mathrm{d}x\to d。\tag{5.1.19}$$

而由式(5.1.18)、式(5.1.19)及极限唯一性可知

$$J(u^*)=d=\sup_{u\in U}J(u)。$$

定理 5.1.2 证毕。

5.1.4　最优收获控制存在性的最优条件

运用文献[92]的方法,可推出如下的引理 5.1.1。

引理 5.1.1[92]　设(u^*,p^{u^*})是控制问题(5.1.3)的最优对,若对任意小的$\varepsilon>0$,以及对$\forall h=(h_1,h_2,h_3)\in L^\infty(Q,R^3)(h_i>0)$,有$u^*+\varepsilon h\in U$,则在$L^\infty(Q;R^3)$中有下列极限

$$\frac{1}{\varepsilon}(p^{u^*+\varepsilon h}-p^{u^*})\to z,\quad 当\ \varepsilon\to 0^+\ 时,$$

成立。其中,$p^{u^*}=(p_1^{u^*},p_2^{u^*},p_3^{u^*})$,$u^*=(u_1^*,u_2^*,u_3^*)$,$z=(z_1,z_2,z_3)$是方程(5.1.20)的解。

$$\begin{cases}\dfrac{\partial z_1}{\partial t}+\dfrac{\partial z_1}{\partial r}-k_1\Delta z_1=-\mu_1(r,t,x,P_1^{u^*}(t,x))z_1-\\ \qquad\qquad \mu_{1P}(r,t,x,P_1^{u^*}(t,x))p_1^{u^*}(r,t,x)Z_1(t,x)-\\ \qquad\qquad u_1^*z_1-h_1p_1^{u^*}-\lambda_1[p_1^{u^*}Z_2(t,x)+P_2^{u^*}(t,x)z_1],\\ \dfrac{\partial z_2}{\partial t}+\dfrac{\partial z_2}{\partial r}-k_2\Delta z_2=-\mu_2(r,t,x,P_2^{u^*}(t,x))z_2-\\ \qquad\qquad \mu_{2P}(r,t,x,P_2^{u^*}(t,x))p_2^{u^*}(r,t,x)Z_2(t,x)-\\ \qquad\qquad u_2^*z_2-h_2p_2^{u^*}+\lambda_2[p_2^{u^*}Z_1(t,x)+P_1^{u^*}(t,x)z_2]-\\ \qquad\qquad \lambda_3[p_2^{u^*}Z_3(t,x)+P_3^{u^*}(t)z_2],\\ \dfrac{\partial z_3}{\partial t}+\dfrac{\partial z_3}{\partial r}-k_3\Delta z_3=-\mu_3(r,t,x,P_3^{u^*}(t,x))z_3-\\ \qquad\qquad \mu_{3P}(r,t,x,P_3^{u^*}(t,x))p_3^{u^*}(r,t,x)Z_3(t,x)-\\ \qquad\qquad u_3^*z_3-h_3p_3^{u^*}+\lambda_4[p_3^{u^*}Z_2(t,x)+P_2^{u^*}(t,x)z_3],\\ \qquad\qquad (r,t,x)\in Q,\\ \dfrac{\partial z_i}{\partial\eta}=0,\quad (r,t,x)\in\Sigma,\\ z_i(0,t,x)=\beta_i(t,x)\displaystyle\int_{a_1}^{a_2}m_i(r,t,x)z_i(r,t,x)\mathrm{d}r,\quad (t,x)\in Q_T,\\ z_i(r,0,x)=0,\quad (r,x)\in Q_A,\\ Z_i(t,x)=\displaystyle\int_0^A z_i(r,t,x)\mathrm{d}r,\quad (r,t,x)\in Q;i=1,2,3。\end{cases}\tag{5.1.20}$$

证明　令

$$z_\varepsilon(r,t,x)=\frac{1}{\varepsilon}[p^{u^*+\varepsilon h}(r,t,x)-p^{u^*}(r,t,x)],\quad (r,t,x)\in Q,$$

则$z_\varepsilon=(z_{1\varepsilon},z_{2\varepsilon},z_{3\varepsilon})$满足下列方程

$$
\begin{cases}
\dfrac{\partial z_{1\varepsilon}}{\partial t}+\dfrac{\partial z_{1\varepsilon}}{\partial r}-k_1\Delta z_{1\varepsilon}=-\mu_1(r,t,x,P_1^{u_1^*+\varepsilon h_1}(t,x))z_{1\varepsilon}-\mu_1^* z_{1\varepsilon}-h_1 p_1^{u_1^*+\varepsilon h_1}- \\
\qquad \mu_{1P}(r,t,x,P_1^{u_1^*+\theta_1\varepsilon h_1}(t,x))p_1^{u_1^*}Z_{1\varepsilon}(t,x)- \\
\qquad \lambda_1[p_1^{u_1^*+\varepsilon h_1}Z_{2\varepsilon}(t,x)+P_2^{u_2^*}(t,x)z_{1\varepsilon}], \\
\dfrac{\partial z_{2\varepsilon}}{\partial t}+\dfrac{\partial z_{2\varepsilon}}{\partial r}-k_2\Delta z_{2\varepsilon}=-\mu_2(r,t,x,P_2^{u_2^*+\varepsilon h_2}(t,x))z_{2\varepsilon}-u_2^* z_{2\varepsilon}-h_2 p_2^{u_2^*+\varepsilon h_2}- \\
\qquad \mu_{2P}(r,t,x,P_2^{u_2^*+\theta_2\varepsilon h_2}(t,x))p_2^{u_2^*}Z_{2\varepsilon}(t,x)+ \\
\qquad \lambda_2[P_2^{u_2^*+\varepsilon h_2}Z_{1\varepsilon}(t,x)+P_1^{u_1^*}(t,x)z_{2\varepsilon}]- \\
\qquad \lambda_3[p_2^{u_2^*+\varepsilon h_2}Z_{3\varepsilon}(t,x)+P_3^{u_3^*}(t,x)z_{2\varepsilon}], \\
\dfrac{\partial z_{3\varepsilon}}{\partial t}+\dfrac{\partial z_{3\varepsilon}}{\partial r}-k_3\Delta z_{3\varepsilon}=-\mu_3(r,t,x,P_3^{u_3^*+\varepsilon h_3}(t,x))z_{3\varepsilon}-u_3^* z_{3\varepsilon}-h_3 p_3^{u_3^*+\varepsilon h_3}- \\
\qquad \mu_{3P}(r,t,x,P_1^{u_3^*+\theta_3\varepsilon h_3}(t,x))p_3^{u_3^*}Z_{3\varepsilon}(t,x)+ \\
\qquad \lambda_4[p_3^{u_3^*+\varepsilon h_3}Z_{2\varepsilon}(t,x)+P_2^{u_2^*}(t,x)z_{3\varepsilon}],\quad (r,t,x)\in Q, \\
\dfrac{\partial z_{i\varepsilon}}{\partial \eta}=0,\quad (r,t,x)\in\Sigma=(0,A)\times(0,T)\times\partial\Omega, \\
z_{i\varepsilon}(0,t,x)=\beta_i(t,x)\displaystyle\int_{a_1}^{a_2}m_i(r,t,x)z_{i\varepsilon}(r,t,x)\mathrm{d}r,\quad (t,x)\in Q_T, \\
z_{i\varepsilon}(r,0,x)=0,\quad (r,x)\in Q_A, \\
z_{i\varepsilon}(t,x)=\displaystyle\int_0^A z_{i\varepsilon}(r,t,x)\mathrm{d}r,\quad (r,t,x)\in Q;i=1,2,3。
\end{cases}
\tag{5.1.21}
$$

其中 $0<\theta_1,\theta_2,\theta_3<1$。

定义 $w_\varepsilon=\varepsilon z_\varepsilon$，由式(5.1.20)知，$w_\varepsilon$ 满足如下方程：

$$
\begin{cases}
\dfrac{\partial w_{1\varepsilon}}{\partial t}+\dfrac{\partial w_{1\varepsilon}}{\partial r}-k_1\Delta w_{1\varepsilon}=-\mu_1(r,t,x,P_1^{u_1^*+\varepsilon h_1}(t,x))w_{1\varepsilon}-u_1^* w_{1\varepsilon}-\varepsilon h_1 p_1^{u_1^*+\varepsilon h_1}- \\
\qquad \mu_{1P}(r,t,x,P_1^{u_1^*+\theta_1\varepsilon h_1}(t,x))p_1^{u_1^*}W_{1\varepsilon}(t,x)- \\
\qquad \lambda_1[p_1^{u_1^*+\varepsilon h_1}W_{2\varepsilon}(t,x)+P_2^{u_2^*}(t,x)w_{1\varepsilon}], \\
\dfrac{\partial w_{2\varepsilon}}{\partial t}+\dfrac{\partial w_{2\varepsilon}}{\partial r}-k_2\Delta w_{2\varepsilon}=-\mu_2(r,t,x,P_2^{u_2^*+\varepsilon h_2}(t,x))w_{2\varepsilon}-u_2^* w_{2\varepsilon}-\varepsilon h_2 p_2^{u_2^*+\varepsilon h_2}- \\
\qquad \mu_{2P}(r,t,x,P_2^{u_2^*+\theta_2\varepsilon h_2}(t,x))p_2^{u_2^*}W_{2\varepsilon}(t,x)+ \\
\qquad \lambda_2[p_2^{u_2^*+\varepsilon h_2}W_{1\varepsilon}(t,x)+P_1^{u_1^*}(t,x)w_{2\varepsilon}]- \\
\qquad \lambda_3[p_2^{u_2^*+\varepsilon h_2}W_{3\varepsilon}(t,x)+P_3^{u_3^*}(t,x)w_{2\varepsilon}], \\
\dfrac{\partial w_{3\varepsilon}}{\partial t}+\dfrac{\partial w_{3\varepsilon}}{\partial r}-k_3\Delta w_{3\varepsilon}=-\mu_3(r,t,x,P_3^{u_3^*+\varepsilon h_3}(t,x))w_{3\varepsilon}-u_3^* w_{3\varepsilon}-\varepsilon h_3 p_3^{u_3^*+\varepsilon h_3}- \\
\qquad \mu_{3P}(r,t,x,P_3^{u_3^*+Q_3\varepsilon h_3}(t,x))p_3^{u_3^*}W_{3\varepsilon}(t,x)+ \\
\qquad \lambda_4[p_3^{u_3^*+\varepsilon h_3}W_{2\varepsilon}(t,x)+P_2^{u_2^*}(t,x)w_{3\varepsilon}],\quad (r,t,x)\in Q, \\
\dfrac{\partial w_{i\varepsilon}}{\partial \eta}=0,\quad (r,t,x)\in\Sigma=(0,A)\times(0,T)\times\partial\Omega, \\
w_{i\varepsilon}(0,t,x)=\beta_i(t,x)\displaystyle\int_{a_1}^{a_2}m_i(r,t,x)w_{i\varepsilon}(r,t,x)\mathrm{d}r,\quad (t,x)\in Q_T, \\
w_{i\varepsilon}(r,0,x)=0,\quad (r,x)\in Q_A, \\
W_{i\varepsilon}(t,x)=\displaystyle\int_0^A w_{i\varepsilon}(r,t,x)\mathrm{d}r,\quad (r,t,x)\in Q;i=1,2,3。
\end{cases}
\tag{5.1.22}
$$

将系统(5.1.22)的第 i 个式子两边乘以 $w_{i\varepsilon}$，并在 $(0,A)\times(0,t)\times\Omega$ 上积分可推得：

$$\|w_{1\varepsilon}(\cdot,t,\cdot)\|^2_{L^2(Q_A)}\leqslant c_1\left\{\int_0^t\|w_{1\varepsilon}(\cdot,\tau,\cdot)\|^2\mathrm{d}\tau+\int_0^t\|w_{2\varepsilon}(\cdot,\tau,\cdot)\|^2\mathrm{d}\tau+\varepsilon^2\int_0^t\|h_1(\cdot,\tau,\cdot)\|^2\mathrm{d}\tau\right\},\tag{5.1.23}$$

$$\|w_{2\varepsilon}(\cdot,t,\cdot)\|_{L^2(Q_A)}\leqslant c_2\left\{\int_0^t\|w_{1\varepsilon}(\cdot,\tau,\cdot)\|^2\mathrm{d}\tau+\int_0^t\|w_{2\varepsilon}(\cdot,\tau,\cdot)\|^2\mathrm{d}\tau+\int_0^t\|w_{3\varepsilon}(\cdot,\tau,\cdot)\|^2\mathrm{d}\tau+\varepsilon^2\int_0^t\|h_2(\cdot,\tau,\cdot)\|^2\mathrm{d}\tau\right\},\tag{5.1.24}$$

$$\|w_{3\varepsilon}(\cdot,t,\cdot)\|^2_{L^2(Q_A)}\leqslant c_3\left\{\int_0^t\|w_{2\varepsilon}(\cdot,\tau,\cdot)\|^2\mathrm{d}\tau+\int_0^t\|w_{3\varepsilon}(\cdot,\tau,\cdot)\|^2\mathrm{d}\tau+\varepsilon^2\int_0^t\|h_3(\cdot,\tau,\cdot)\|^2\mathrm{d}\tau\right\}。\tag{5.1.25}$$

其中，$\|\cdot\|$表示 $L^2(Q_A)$空间的范数。

将式(5.1.23)，式(5.1.24)，式(5.1.25)相加，并令 $c_4=\max\{c_1,c_2,c_3\}$，则可得

$$\sum_{i=1}^3\|w_{i\varepsilon}(\cdot,t,\cdot)\|^2_{L^2(Q_A)}\leqslant 3c_4\left\{\sum_{i=1}^3\int_0^t\|w_{i\varepsilon}(\cdot,\tau,\cdot)\|^2_{L^2(Q_A)}\mathrm{d}\tau+\varepsilon^2\sum_{i=1}^3\int_0^t\|h_i(\cdot,\tau,\cdot)\|^2_{L^2(Q_A)}\mathrm{d}\tau\right\},$$

结合 Bellman 不等式，可得

$$\sum_{i=1}^3\|w_{i\varepsilon}(\cdot,t,\cdot)\|^2_{L^2(Q_A)}\leqslant c\varepsilon^2\sum_{i=1}^3\int_0^t\|h_i(\cdot,\tau,\cdot)\|^2_{L^2(Q_A)}\mathrm{d}\tau。\tag{5.1.26}$$

令 $\varepsilon\to0^+$，由式(5.1.26)可得

$$w_\varepsilon=(w_{1\varepsilon},w_{2\varepsilon},w_{3\varepsilon})\to0,\quad 在\ L^\infty(Q;R^3)\ 内,$$

由前面的定义，有 $z_\varepsilon=\dfrac{1}{\varepsilon}w_\varepsilon$。

当 $w_\varepsilon\to0,\varepsilon\to0^+$时，采用上述方法，可推得有

$$z_\varepsilon\to z,\quad 在\ L^\infty(Q;R^3)\ 内,$$

其中 $z=(z_1,z_2,z_3)$是系统(5.1.20)的解。引理 5.1.1 证毕。

定理 5.1.3　若 $u^*=(u_1^*,u_2^*,u_3^*)\in U$ 为问题(5.1.3)的最优控制，$p^{u^*}=(p_1^{u^*},p_2^{u^*},p_3^{u^*})$ 为系统(P)当 $u=u^*$ 时的解，且 $q_i(r,t,x)$为下列对偶系统：

$$\begin{cases}\dfrac{\partial q_1}{\partial t}+\dfrac{\partial q_1}{\partial r}+k_1\Delta q_1=\mu_1(r,t,x,P_1^{u_1^*}(t,x))q_1+\displaystyle\int_0^A\mu_{1P}(r,t,x,P_1^{u_1^*}(t,x))p_1^{u_1^*}q_1\mathrm{d}r-\\ \qquad\beta_1m_1q_1(0,t,x)+\lambda_1P_2^{u_2^*}(t,x)q_1+(q_1+g_1)u_1^*-\\ \qquad\displaystyle\int_0^A(\lambda_2p_2^{u_2^*}q_2)(r,t,x)\mathrm{d}r,\\ \dfrac{\partial q_2}{\partial t}+\dfrac{\partial q_2}{\partial r}+k_2\Delta q_2=\mu_2(r,t,x,P_2^{u_2^*}(t,x))q_2+\displaystyle\int_0^A\mu_{2P}(r,t,x,P_2^{u_2^*}(t,x))p_2^{u_2^*}q_2\mathrm{d}r-\\ \qquad\beta_2m_2q_2(0,t,x)-\lambda_2P_1^{u_1^*}(t,x)q_2+\lambda_3P_3^{u_3^*}(t,x)q_2+\\ \qquad(q_2+g_2)u_2^*+\displaystyle\int_0^A(\lambda_1P_1^{u_1^*}q_1)(r,t,x)\mathrm{d}r-\int_0^A(\lambda_4p_3^{u_3^*}q_3)(r,t,x)\mathrm{d}r,\\ \dfrac{\partial q_3}{\partial t}+\dfrac{\partial q_3}{\partial r}+k_3\Delta q_3=\mu_3(r,t,x,P_3^{u_3^*}(t,x))q_3+\displaystyle\int_0^A\mu_{3P}(r,t,x,P_3^{u_3^*}(t,x))p_3^{u_3^*}q_3\mathrm{d}r-\\ \qquad\beta_3m_3q_3(0,t,x)-\lambda_4P_2^{u_2^*}(t,x)q_3+(q_3+g_3)u_3^*+\\ \qquad\displaystyle\int_0^A(\lambda_3p_2^{u_2^*}q_2)(r,t,x)\mathrm{d}r,\quad(r,t,x)\in Q,\\ \dfrac{\partial q_i}{\partial\eta}=0,\quad(r,t,x)\in\Sigma=(0,A)\times(0,T)\times\partial\Omega,\\ q_i(r,T,x)=q_i(A,t,x)=0,\quad i=1,2,3\end{cases}\tag{5.1.27}$$

的解，则

$$u_i^*(r,t,x)=\begin{cases}\gamma_{i1}(r,t), & \text{当 } q_i+g_i<0,\\ \gamma_{i2}(r,t), & \text{当 } q_i+g_i>0,\end{cases}\quad i=1,2,3。$$

证明 已知 $u^*=(u_1^*,u_2^*,u_3^*)$ 为问题(5.1.3)的最优控制，设 $T_U(u^*)$ 为控制集 U 中在 u^* 处的切锥，则对任意给定的 $h=(h_1,h_2,h_3)\in T_U(u^*)\subseteq L^\infty(Q;R^3)$，当 $\varepsilon<0$ 且充分小时，有 $u^*+\varepsilon h\in U$，所以 $J(u^*,p^*)\geqslant J(u^*+\varepsilon h,p^{u^*+\varepsilon h})$，即

$$\sum_{i=1}^{3}\int_Q g_i u_i^* p_i^{u_i^*}\,\mathrm{d}r\,\mathrm{d}t\,\mathrm{d}x\geqslant\sum_{i=1}^{3}\int_Q g_i(u_i^*+\varepsilon h_i)p_i^{u_i^*+\varepsilon h_i}\,\mathrm{d}r\,\mathrm{d}t\,\mathrm{d}x,$$

将上式移项，并两边同时除 $\varepsilon>0$，可得

$$\sum_{i=1}^{3}\int_Q\left(g_i u_i^*\frac{p_i^{u_i^*+\varepsilon h_i}-p_i^{u_i^*}}{\varepsilon}+g_i h_i p_i^{u_i^*+\varepsilon h_i}\right)\mathrm{d}r\,\mathrm{d}t\,\mathrm{d}x\leqslant 0。\tag{5.1.28}$$

由引理 5.1.1，当 $\varepsilon\to 0^+$ 时，对式(5.1.28)取极限，得

$$\sum_{i=1}^{3}\int_Q(g_i u_i^* z_i+g_i h_i p_i^{u_i^*})\mathrm{d}r\,\mathrm{d}t\,\mathrm{d}x\leqslant 0。\tag{5.1.29}$$

将式$(5.1.27)_{1\text{-}3}$的两边同时乘以 $z_i(r,t,x)$，并在 Q 上积分，再运用式(5.1.20)得

$$\sum_{i=1}^{3}\int_Q g_i z_i u_i^*\,\mathrm{d}r\,\mathrm{d}t\,\mathrm{d}x=\sum_{i=1}^{3}\int_Q q_i h_i p_i^{u_i^*}\,\mathrm{d}r\,\mathrm{d}t\,\mathrm{d}x。\tag{5.1.30}$$

将上式代入式(5.1.29)，得

$$\sum_{i=1}^{3}\int_Q(h_i p_i^{u_i^*}q_i+g_i h_i p_i^{u_i^*})\mathrm{d}r\,\mathrm{d}t\,\mathrm{d}x\leqslant 0,$$

即 $\forall h\in T_U(u^*)$ 有，

$$\sum_{i=1}^{3}\int_Q h_i(q_i+g_i)p_i^{u_i^*}\,\mathrm{d}r\,\mathrm{d}t\,\mathrm{d}x\leqslant 0。$$

由法锥定义[49]知，$(g_i+q_i)p_i^{u_i^*}\in N_{U_i}(u_i^*)$，因此可得

$$u_i^*(r,t,x)=\begin{cases}\gamma_{i1}, & \text{当}(g_i+q_i)p_i^{u_i^*}<0\text{ 时},\\ \gamma_{i2}, & \text{当}(g_i+q_i)p_i^{u_i^*}>0\text{ 时},\end{cases}\quad i=1,2,3。$$

又由定理 5.1.1，$p_i^{u_i^*}\geqslant 0$，所以

$$u_i^*(r,t,x)=\begin{cases}\gamma_{i1}, & \text{当 } g_i+q_i<0\text{ 时},\\ \gamma_{i2}, & \text{当 } g_i+q_i>0\text{ 时},\end{cases}\quad i=1,2,3。$$

定理证毕。

5.2 与年龄相关的半线性 *n* 维食物链种群系统的最优收获控制

5.2.1 问题的陈述

本节讨论具有年龄结构的 n 维半线性种群食物链系统(P)：

$$
\begin{cases}
\dfrac{\partial p_1}{\partial t}+\dfrac{\partial p_1}{\partial r}=f_1(r,t)-\mu_1(r,t,P_1(t))p_1-\lambda_1(r,t)P_2(t)p_1-u_1(r,t)p_1,\\
\dfrac{\partial p_i}{\partial t}+\dfrac{\partial p_i}{\partial r}=f_i(r,t)-\mu_i(r,t,P_i(t))p_i+\lambda_{2i-2}(r,t)P_{i-1}(t)p_i-\\
\qquad\qquad \lambda_{2i-1}(r,t)P_{i+1}(t)p_i-u_i(r,t)p_i,\quad i=2,3,\cdots,n-1,\\
\dfrac{\partial p_n}{\partial t}+\dfrac{\partial p_n}{\partial r}=f_n(r,t)-\mu_n(r,t,P_n(t))p_n+\lambda_{2n-2}(r,t)P_{n-1}(t)p_n-\\
\qquad\qquad u_n(r,t)p_n,\quad 在 Q 内,\\
p_i(0,t)=\beta_i(t)\displaystyle\int_{a_1}^{a_2}m_i(r,t)p_i(r,t)\mathrm{d}r,\quad 在(0,T)内,\\
p_i(r,0)=p_{i_0}(r),\quad 在(0,a_+)内,\\
P_i(t)=\displaystyle\int_0^{a_+}p_i(r,t)\mathrm{d}r,\quad 在 Q 内;i=1,2,\cdots,n。
\end{cases}
\tag{5.2.1}
$$

其中,$Q=(0,a_+)\times(0,T)$,$[a_1,a_2]$表示雌性种群的生育区间;$p_i(r,t)$为 t 时刻年龄为 r 的第 i 个种群密度;$\mu_i(r,t,P_i(t))$为第 i 个种群的个体平均死亡率;$\beta_i(t)$为第 i 个种群的个体平均生育率;$f_i(r,t)$为第 i 个种群的输入率;$p_{i0}(r)$为第 i 个种群的初始年龄分布;a_+ 为种群个体的最高寿命,$0<a_+<+\infty$,这里,不失一般性,可假设 n 种群个体有相同寿命;$\lambda_i(r,t)$为两种群之间相互作用因子($i=1,2,\cdots,2n-2$);$m_i(r,t)$为第 i 个种群中雌性个体的比例;$u_i(r,t)$为收获努力度函数,且为系统(P)的控制变量,由于系统的状态依赖于控制变量 $u_i(r,t)$,所以,记 $p_i^u(r,t)=p_i(r,t;u_1,u_2,\cdots,u_n)$。

引入性能指标泛函

$$
J(u)=\sum_{i=1}^{n}\int_0^T\int_0^{a_+}g_i(r,t)u_i(r,t)p_i^u(r,t)\mathrm{d}r\mathrm{d}t,
\tag{5.2.2}
$$

其中,非负函数 $g_i(r,t)$表示时刻 t 年龄为 r 的第 i 个种群个体的重量,$g_i\in L^1(Q)$,$0<g_i(r,t)\leqslant\overline{M}_1$,$\overline{M}_1$ 为常数,$u_i(r,t)\in U_i$,

$$
U_i=\{u_i \mid u_i\in L^\infty(Q),\quad 0\leqslant\xi_{i1}(r,t)\leqslant u_i(r,t)\leqslant\xi_{i2}(r,t)\text{a.e.}(r,t)\in Q\}。
\tag{5.2.3}
$$

积分 $\sum_{i=1}^{n}\int_0^T\int_0^{a_+}g_i(r,t)u_i(r,t)p_i^u(r,t)\mathrm{d}r\mathrm{d}t$ 表示时间区间$[0,T]$上收获种群的总重量。因此,系统(P)最优收获控制问题的数学描述为:

$$
寻求满足等式\ J(u^*)=\sup_{u\in U}J(u)\ 的\ u^*,\quad u^*\in U,
\tag{5.2.4}
$$

其中,

$$
U=\prod_{i=1}^{n}U_i,\xi_{ij}\in L^\infty(Q),\quad j=1,2。
$$

5.2.2　基本假设与系统的状态

在本节,我们假设下面的条件成立:

(A_1) $\forall s\in\mathbb{R}^+$,函数 $\mu_i(\cdot,\cdot,s)\in L_{\mathrm{loc}}^\infty([0,a_+]\times[0,T])$,$\mu_i(\cdot,\cdot,s)$关于 s 连续可微,且属于 $L^\infty((0,T)\times(0,+\infty))$。$\mu_i$ 关于第三个变量 s 是局部 Lipschitz 函数,即

$\forall k>0$，$\exists L(k)>0$，使得

$$|\mu_i(r,t,s_1)-\mu_i(r,t,s_2)|\leqslant L(k)|s_1-s_2|,\quad (r,t)\in Q; i=1,2,\cdots,n。$$

$\mu_i(r,t,\cdot)$在 Q 内是增函数，且

$$\mu_i(r,t,P_i)\geqslant 0,\int_0^{a_+}\mu_i(r,t+r-a_+,P_i)\mathrm{d}r=+\infty,\quad (r,t)\in Q。$$

(A_2) $0\leqslant\lambda_i(r,t)\leqslant A_i$，$(r,t)\in Q$，$A_i$ 为常数，$i=1,2,\cdots,2n-2$。

(A_3) $0\leqslant m_i(r,t)\leqslant M_i<1$，$0\leqslant f_i(r,t)\leqslant K_i$，$(r,t)\in Q$，$M_i$，$K_i$ 为常数，且 $m_i(r,t)\equiv 0$，当 $r<a_1$ 或 $r>a_2$ 时。

(A_4) $0\leqslant\beta_0\leqslant\beta_i(t)\leqslant\beta^0$，$\forall t>0$，$\beta_0$，$\beta^0$ 为常数。

(A_5) $p_{i0}\in L^\infty(0,a_+)$，$p_{i0}(r)\geqslant 0$，$\forall r\in(0,a_+)$。

定义 5.2.1[99]　对于系统(P)的解，是指存在 $p_i\in L^\infty(0,T;L^1(0,a_+))$，$i=1,2,\cdots,n$，使得 p_i 沿每条特征线(由方程 $r-t=k$，$(r,t)\in\overline{Q}$，$k\in\mathbb{R}$ 表示)绝对连续，且满足下列系统

$$\begin{cases}\dfrac{\partial p_1}{\partial t}+\dfrac{\partial p_1}{\partial r}=f_1(r,t)-\mu_1(r,t,P_1(t))p_1-\lambda_1(r,t)P_2(t)p_1-u_1(r,t)p_1,\\[2mm] \dfrac{\partial p_i}{\partial t}+\dfrac{\partial p_i}{\partial r}=f_i(r,t)-\mu_i(r,t,P_i(t))p_i+\lambda_{2i-2}(r,t)P_{i-1}(t)p_i-\\ \qquad\qquad \lambda_{2i-1}(r,t)P_{i+1}(t)p_i-u_i(r,t)p_i,\quad i=2,3,\cdots,n-1,\\[2mm] \dfrac{\partial p_n}{\partial t}+\dfrac{\partial p_n}{\partial r}=f_n(r,t)-\mu_n(r,t,P_n(t))p_n+\lambda_{2n-2}(r,t)P_{n-1}(t)p_n-\\ \qquad\qquad u_n(r,t)p_n,\quad (r,t)\in Q,\\[2mm] \lim\limits_{\varepsilon\to 0^+}p_i(\varepsilon,t+\varepsilon)=\beta_i(t)\displaystyle\int_{a_1}^{a_2}m_i(r,t)p_i(r,t)\mathrm{d}r,\quad t\in(0,T),\\[2mm] \lim\limits_{\varepsilon\to 0^+}p_i(r+\varepsilon,\varepsilon)=p_{i0}(r),\quad r\in(0,a_+)。\end{cases}$$

这里，$P_i(t)=\int_0^{a_+}p_i(n,t)\mathrm{d}r$。

关于系统(P)的解的存在唯一性是本节的主要结论之一，可由下面定理 5.2.1 给出。

定理 5.2.1　对任意给定的 $u\in U$，系统(P)存在唯一解 $p^u\in L^\infty(0,T;L^1(0,a_+))$，并且有 $p^u=(p_1^{u_1},p_2^{u_2},\cdots,p_n^{u_n})$，$0\leqslant p_i^{u_i}\leqslant M$，a.e.$(r,t)\in Q$，其中 $M>0$ 为常数。

证明　首先，考虑如下的系统(O_1)：

$$\begin{cases}\dfrac{\partial p_1}{\partial t}+\dfrac{\partial p_1}{\partial r}=f_1(r,t)-u_1(r,t)p_1,\quad (r,t)\in Q,\\[2mm] p_1(0,t)=\beta_1(t)\displaystyle\int_{a_1}^{a_2}m_1(r,t)p_1(r,t)\mathrm{d}r,\quad t\in(0,T),\\[2mm] p_1(r,0)=p_{10}(r),\quad r\in(0,a_+)。\end{cases}$$

由文献[99]可知，系统(O_1)存在非负解 $\bar{p}_1\in L^\infty(0,T;L^1(0,a_+))$。

由 $\bar{p}_1$ 构造下面的系统(O_2)：

$$\begin{cases}\dfrac{\partial p_2}{\partial t}+\dfrac{\partial p_2}{\partial r}=f_2(r,t)+\lambda_2(r,t)p_2\displaystyle\int_0^{a_+}\bar{p}_1(r,t)\mathrm{d}r-u_2(r,t)p_2,\quad (r,t)\in Q,\\[2mm] p_2(0,t)=\beta_2(t)\displaystyle\int_{a_1}^{a_2}m_2(r,t)p_2(r,t)\mathrm{d}r,\quad t\in(0,T),\\[2mm] p_2(r,0)=p_{20}(r),\quad r\in(0,a_+)。\end{cases}$$

与系统(O_1)同理,系统(O_2)存在非负解 $\bar{p}_2 \in L^{\infty}(0,T;L^1(0,a_+))$。

再由$\bar{p}_2$ 构造系统(O_3)。依此类推,由$\bar{p}_{i-1}$ 构造下面的系统(O_i)($i=3,4,\cdots,n$):

$$\begin{cases}\dfrac{\partial p_i}{\partial t}+\dfrac{\partial p_i}{\partial r}=f_i(r,t)+\lambda_{2i-2}(r,t)p_i\displaystyle\int_0^{a_+}\bar{p}_{i-1}(r,t)\mathrm{d}r-u_i(r,t)p_i, \quad (r,t)\in Q,\\ p_i(0,t)=\beta_i(t)\displaystyle\int_{a_1}^{a_2}m_i(r,t)p_i(r,t)\mathrm{d}r, \quad t\in(0,T),\\ p_i(r,0)=p_{i_0}(r), \quad r\in(0,a_+)。\end{cases}$$

与系统(O_1)同理,系统(O_3),系统(O_4),…,系统(O_n)分别存在非负解

$$\bar{p}_i\in L^{\infty}(0,T;L^1(0,a_+)), \quad i=3,4,\cdots,n。$$

为了证明非线性系统(P)的解 $p\in L^{\infty}(Q;R^n)$的存在性,我们讨论系统(P)相应的线性系统。为此,首先作如下假设:

(A_6) 对于系统(O_i)中的非负解 $\bar{p}_i\geqslant 0$,任意取定向量函数$\boldsymbol{v}=(v_1,v_2,\cdots,v_n)\in L^2(Q;R^n)$,使其满足 $0\leqslant v_i\leqslant \bar{p}_i, i=1,2,\cdots,n$。

定义 $V_i(t)=\int_0^{a_+}v_i(r,t)\mathrm{d}r$,由此构造出系统($P$)相应的线性系统:

$$\begin{cases}\dfrac{\partial p_1}{\partial t}+\dfrac{\partial p_1}{\partial r}=f_1(r,t)-\mu_1(r,t,V_1(t))p_1-\lambda_1(r,t)V_2(t)p_1-u_1(r,t)p_1,\\ \dfrac{\partial p_i}{\partial t}+\dfrac{\partial p_i}{\partial r}=f_i(r,t)-\mu_i(r,t,V_i(t))p_i+\lambda_{2i-2}(r,t)V_{i-1}(t)p_i-\\ \qquad\qquad \lambda_{2i-1}(r,t)V_{i+1}(t)p_i-u_i(r,t)p_i, \quad i=2,3,\cdots,n-1,\\ \dfrac{\partial p_n}{\partial t}+\dfrac{\partial p_n}{\partial r}=f_n(r,t)-\mu_n(r,t,V_n(t))p_n+\\ \qquad\qquad \lambda_{2n-2}(r,t)V_{n-1}(t)p_n-u_n(r,t)p_n, \quad (r,t)\in Q,\\ p_i(0,t)=\beta_i(t)\displaystyle\int_{a_1}^{a_2}m_i(r,t)p_i(r,t)\mathrm{d}r, \quad t\in(0,T),\\ p_i(r,0)=p_{i0}(r), \quad r\in(0,a_+),i=1,2,\cdots,n。\end{cases} \tag{5.2.5}$$

由文献[99]及文献[91]可知,上述系统(5.2.5)有唯一非负解 $p^v=(p_1^v,p_2^v,\cdots,p_n^v)\in L^{\infty}(Q;R^n)$,并且 $p_i^v(a_+,t)=0, \forall t\in[0,T], i=1,2,\cdots,n$。

利用比较原理[99],可得

$$p_1^v(r,t)\leqslant \bar{p}_1(r,t), \quad (r,t)\in Q。$$

由于 $\mu_1(r,t,V_1(t))+\lambda_1(r,t)V_2(t)\geqslant 0$,所以,对系统($O_1$)及系统(5.2.5)应用比较定理[99],有 $p_1^v(r,t)\leqslant \bar{p}_1(r,t)$, $(r,t)\in Q$ 成立。

同理,将系统(O_2),系统(O_3),…,系统(O_n)分别与系统(5.2.5)应用比较定理[99],也能推得系统(5.2.5)的解 $p_i^v(r,t)$与系统(O_i)的解 $\bar{p}_i(r,t)$ 满足如下关系,即

$$p_i^v(r,t)\leqslant \bar{p}_i(r,t), \quad (r,t)\in Q; i=2,3,\cdots,n。$$

事实上,由假设条件(A_6),有

$$v_{i-1}(r,t)\leqslant \bar{p}_{i-1}(r,t), \quad i=2,3,\cdots,n。$$

由假设条件(A_2),有

$$\lambda_{2i-2}(r,t)\int_0^{a_+}\bar{p}_{i-1}(r,t)\mathrm{d}r\geqslant \lambda_{2i-2}(r,t)\int_0^{a_+}v_{i-1}(r,t)\mathrm{d}r=\lambda_{2i-2}(r,t)V_{i-1}(t)$$

因而，有

$$\lambda_{2i-2}(r,t)\int_0^{a_+}\bar{p}_{i-1}(r,t)\mathrm{d}r$$
$$\geqslant \lambda_{2i-2}(r,t)V_{i-1}(t)$$
$$\geqslant -\mu_i(r,t,V_i(t))+\lambda_{2i-2}(r,t)V_{i-1}(t)-\lambda_{2i-2}(r,t)V_{i+1}(t),\quad i=2,3,\cdots,n-1,$$
$$\lambda_{2n-2}(r,t)\int_0^{a_+}\bar{p}_{n-1}(r,t)\mathrm{d}r\geqslant \lambda_{2n-2}(r,t)V_{n-1}(t)。$$

故由比较原理[99]，可得

$$p_i^v(r,t)\leqslant \bar{p}_i(r,t),\quad i=2,3,\cdots,n。$$

对于系统(O_1)，系统(O_2)，…，系统(O_n)的解 $\bar{p}_i$，$i=1,2,\cdots,n$，我们任取

$$v^k=(v_1^k,v_2^k,\cdots,v_n^k)\in L^2(Q;R^n),\quad 0\leqslant v_i^k\leqslant \bar{p}_i;i=1,2,\cdots,n;k=1,2。$$

令

$$p^k=(p_1^k,p_2^k,\cdots,p_n^k),$$

其中 $p_i^k\in L^\infty(Q;R)$为系统(5.2.1)对应于 $v_i=v_i^k(k=1,2)$时的解。

再令

$$x=p^1-p^2,$$

其中，$x=(x_1,x_2,\cdots,x_n)$，$p^1-p^2=(p_1^1-p_1^2,p_2^1-p_2^2,\cdots,p_n^1-p_n^2)$。

将 $v_i^k(i=1,2,\cdots,n;k=1,2)$分别代入系统(5.2.5)，再对相应的方程作差，得到下面的系统(5.2.6)：

$$\begin{cases}\dfrac{\partial x_1}{\partial t}+\dfrac{\partial x_1}{\partial r}=-[\mu_1(r,t,V_1^1(t))-\mu_1(r,t,V_1^2(t))]p_1^1-\\ \qquad [\mu_1(r,t,V_1^2(t))+u_1(r,t)]x_1-\\ \qquad \lambda_1V_2^1(t)x_1-[V_2^1(t)-V_2^2(t)]\lambda_1p_1^2,\\ \dfrac{\partial x_i}{\partial t}+\dfrac{\partial x_i}{\partial r}=-[\mu_i(r,t,V_i^1(t))-\mu_i(r,t,V_i^2(t))]p_i^1-\\ \qquad [\mu_i(r,t,V_i^2(t))+u_i(r,t)]x_i+\lambda_{2i-2}V_{i-1}^1(t)x_i-\lambda_{2i-1}V_{i+1}^1(t)x_i+\\ \qquad [V_{i-1}^1(t)-V_{i-1}^2(t)]\lambda_{2i-2}p_i^2-\\ \qquad [V_{i+1}^1(t)-V_{i+1}^2(t)]\lambda_{2i-2}p_i^2,\quad i=2,3,\cdots,n-1,\\ \dfrac{\partial x_n}{\partial t}+\dfrac{\partial x_n}{\partial r}=-[\mu_n(r,t,V_n^1(t))-\mu_n(r,t,V_n^2(t))]p_n^1-\\ \qquad [\mu_n(r,t,V_n^2(t))+u_n(r,t)]x_n+\\ \qquad \lambda_{2n-2}V_{n-1}^1(t)x_n+[V_{n-1}^1(t)-V_{n-1}^2(t)]\lambda_{2n-2}p_n^2,\quad (r,t)\in Q,\\ x_i(0,t)=\beta_i(t)\int_{a_1}^{a_2}m_i(r,t)x_i(r,t)\mathrm{d}r,\quad t\in(0,T),\\ x_i(r,0)=0,\quad r\in(0,a_+);i=1,2,\cdots,n,\\ V_j^i(t)=\int_0^{a_+}v_j^i(r,t)\mathrm{d}r,\quad (r,t)\in Q;i=1,2;j=1,2,\cdots,n。\end{cases}\tag{5.2.6}$$

将系统(5.2.6)的第 i 个式子两边同时乘 $x_i(i=1,2,\cdots,n)$，并在$(0,a_+)\times(0,t)$内积分，可得

$$\|x_1(\cdot,t)\|^2 \leqslant C_1\int_0^t(\|v_1^1(\cdot,s)-v_1^2(\cdot,s)\|^2+\|v_2^1(\cdot,s)-v_2^2(\cdot,s)\|^2)\mathrm{d}s, \tag{5.2.7}$$

$$\|x_i(\cdot,t)\|^2 \leqslant C_i\int_0^t(\|v_{i-1}^1(\cdot,s)-v_{i-1}^2(\cdot,s)\|^2+\|v_i^1(\cdot,s)-v_i^2(\cdot,s)\|^2+ \\ \|v_{i+1}^1(\cdot,s)-v_{i+1}^2(\cdot,s)\|^2)\mathrm{d}s,\quad i=2,3,\cdots,n-1, \tag{5.2.8}$$

$$\|x_n(\cdot,t)\|^2 \leqslant C_n\int_0^t(\|v_{n-1}^1(\cdot,s)-v_{n-1}^2(\cdot,s)\|^2+\|v_n^1(\cdot,s)-v_n^2(\cdot,s)\|^2)\mathrm{d}s。 \tag{5.2.9}$$

其中，$C_i(i=1,2,\cdots,n)$是常数，$\|\cdot\|$是空间 $L^2(0,a_+)$中的范数。

令集合

$$I=\{v=(v_1,v_2,\cdots,v_n)\in L^2(Q;R^n)\,|\,0\leqslant v_i(r,t)\leqslant \bar{p}_i(r,t),\quad \forall(r,t)\in Q\},$$

定义映射 $G:I\to I,(Gv)(r,t)=p^v(r,t),\forall(r,t)\in Q$，其中 $p^v(r,t)=(p_1^v,p_2^v,\cdots,p_n^v)$为系统(5.2.5)的解。

因为 $\forall v\in I,0\leqslant(Gv)_i(r,t)\leqslant\bar{p}_i(r,t)$，a.e.在$Q$中，所以$G(I)\subseteq I$。因此，$G$是集合 I 上的自映射。

设 $v=(v_1,v_2,\cdots,v_n),v_i=v_i(r,t)\in L^2(Q;R),i=1,2,\cdots,n$。对于集合 I，定义一个等价范数$\|v\|^*=\left(\sum\limits_{i=1}^n\|v_i\|_*^2\right)^{\frac{1}{2}}$，其中$\|v_i\|_*^2=\int_0^T\|v_i(\cdot,t)\|_{L^2(0,a_+)}^2\cdot \mathrm{e}^{-4Ct}\mathrm{d}t,i=1,2,\cdots,n$，则有

$$\begin{aligned}\|Gv^1-Gv^2\|^*&=\|p^1-p^2\|^*=\|x\|^*\\&=\left(\sum_{i=1}^n\|x_i\|_*^2\right)^{\frac{1}{2}}=\left\{\sum_{i=1}^n\int_0^T\|x_i(\cdot,t)\|^2\cdot\mathrm{e}^{-4Ct}\mathrm{d}t\right\}^{\frac{1}{2}}。\end{aligned} \tag{5.2.10}$$

将式(5.2.7)～式(5.2.9)代入式(5.2.10)，且令 $C=\max\{C_1,C_2,\cdots,C_n\}$，则有

$$\begin{aligned}\|Gv^1-Gv^2\|^*&\leqslant\left\{\int_0^T\int_0^t C\Big[2\|v_1^1(\cdot,s)-v_1^2(\cdot,s)\|^2+3\sum_{i=2}^{n-1}\|v_i^1(\cdot,s)-v_i^2(\cdot,s)\|^2+\right.\\&\qquad\left.2\|v_n^1(\cdot,s)-v_n^2(\cdot,s)\|^2\Big]\cdot\mathrm{e}^{-4Ct}\mathrm{d}s\mathrm{d}t\right\}^{\frac{1}{2}}\\&\leqslant\left\{\int_0^T\Big[\sum_{i=1}^n\|v_i^1(\cdot,s)-v_i^2(\cdot,s)\|^2\Big]\cdot\int_s^T 3C\mathrm{e}^{-4Ct}\mathrm{d}t\mathrm{d}s\right\}^{\frac{1}{2}}\\&\leqslant\left(\frac{3}{4}\right)^{\frac{1}{2}}\left\{\int_0^T\Big[\sum_{i=1}^n\|v_i^1(\cdot,s)-v_i^2(\cdot,s)\|^2\Big]\cdot\mathrm{e}^{-4Cs}\mathrm{d}s\right\}^{\frac{1}{2}}\\&=\left(\frac{3}{4}\right)^{\frac{1}{2}}\|v^1-v^2\|^*。\end{aligned}$$

因此，G 是完备空间$(I,\|\cdot\|^*)$上的压缩映射，根据 Banach 不动点原理，一定存在唯一的不动点 v，使得 $Gv=v$，而 $Gv=p^v(r,t)$，所以 $v\equiv p^v(r,t)$就是系统(P)的解。

令 $M=\max\{\|\bar{p}_1\|_{L^\infty(Q)},\cdots,\|\bar{p}_n\|_{L^\infty(Q)}\}$，可推出 $0\leqslant p_i^u(r,t)\leqslant M$。定理 5.2.1 证毕。

5.2.3　最优收获控制的存在性

本节我们讨论最优收获控制问题(5.2.4)解的存在性。

定理 5.2.2　若假设条件(A_1)～条件(A_6)成立，则最优控制问题(5.2.3)至少存在一个解，即存在 $u^*\in U$，使得

$$J(u^*)=\sup_{u\in U}\sum_{i=1}^{n}\int_0^T\int_0^{a_+}g_i(r,t)u_i(r,t)p_i^u(r,t)\mathrm{d}r\mathrm{d}t。$$

证明　由定理 5.2.1 有

$$0\leqslant J(u)=\sum_{i=1}^{n}\int_0^T\int_0^{a_+}g_i(r,t)u_i(r,t)p_i^u(r,t)\mathrm{d}r\mathrm{d}t\leqslant \overline{M}_1M\sum_{i=1}^{n}\int_0^T\int_0^{a_+}\xi_{i2}(r,t)\mathrm{d}r\mathrm{d}t,$$

且 $\xi_{12}\in L^\infty(Q)$，即 $J(u)$ 在 U 上有界，从而 $J(u)$ 在 U 上存在上确界。

令 $d=\sup\limits_{u\in U}J(u)$，且 $d\in[0,+\infty)$。由上确界定义知，$\forall n\in N$，存在 $u_n\in U$，使得

$$d-\frac{1}{n}\leqslant J(u_n)\leqslant d,$$

其中 $u_n=(u_{1n},u_{2n},\cdots,u_{nn})$。

设在系统(P)中，当 $u=u_n$ 时的解为 $p_n=p(u_n)=(p_1^{u_n},p_2^{u_n},\cdots,p_n^{u_n})$，则由定理 5.2.1，可得

$$0\leqslant p_i^{u_n}(r,t)\leqslant M,\quad \text{a.e.在 } Q \text{ 内},$$

由自反的 Banach 空间 $L^2(Q)$ 的有界集是弱序列紧的和完备的[109]，因而可以抽出 $\{p(u_n)\}$ 的一个子序列，仍记为 $\{p(u_n)\}$，使 $p(u_n)\rightharpoonup p^*$ 在 $L^2(Q)$ 中弱，即

$$(p_1^{u_n},p_2^{u_n},\cdots,p_n^{u_n})\rightharpoonup(p_1^*,p_2^*,\cdots,p_n^*),\quad \text{在 } L^2(Q) \text{ 中弱。}\tag{5.2.11}$$

根据 Mazur 定理[139]，存在序列 $\{(\tilde{p}_{1n},\tilde{p}_{2n},\cdots,\tilde{p}_{nn})\}$，满足 $\tilde{p}_{in}=\sum\limits_{j=n+1}^{k_n}\delta_j^n p_i^{u_i}$，$\delta_j^n\geqslant 0$，$\sum\limits_{j=n+1}^{k_n}\delta_j^n=1$，$i=1,2,\cdots,n$，使得

$$\tilde{p}_{in}\rightarrow p_i^*\quad \text{在 } L^2(Q) \text{ 内};i=1,2,\cdots,n。\tag{5.2.12}$$

由文献[99]可知，存在 $\{P(u_n)\}$ 的子序列，仍记为 $\{P(u_n)\}$，使得

$$P_i^{u_n}\rightarrow P_i^*,\quad \text{在 } L^2(0,T) \text{ 中强},\tag{5.2.13}$$

$$P_i^{u_n}(t)\rightarrow P_i^*(t),\quad \text{a.e.在}(0,T)\text{ 内一致收敛。}\tag{5.2.14}$$

其中，$P_i^{u_n}=\int_0^{a_+}p_i^{u_n}(r,t)\mathrm{d}r$，$i=1,2,\cdots,n$。

下面考虑控制序列 $(\tilde{u}_{1n},\tilde{u}_{2n},\cdots,\tilde{u}_{nn})$，其中

$$\tilde{u}_{in}(r,t)=\begin{cases}\dfrac{\sum\limits_{j=n+1}^{k_n}\delta_j^n u_{ij}p_i^{u_j}}{\sum\limits_{j=n+1}^{k_n}\delta_j^n p_i^{u_j}}, & \sum\limits_{j=n+1}^{k_n}\delta_j^n p_i^{u_j}\neq 0,i=1,2,\cdots,n,\\ \xi_{i1}(r,t), & \sum\limits_{j=n+1}^{k_n}\delta_j^n p_i^{u_j}=0,i=1,2,\cdots,n。\end{cases}\tag{5.2.15}$$

由式(5.2.3)知，

$$\xi_{i1}\leqslant\frac{\sum\limits_{j=n+1}^{k_n}\delta_j^n u_{i1}p_i^{u_j}}{\sum\limits_{j=n+1}^{k_n}\delta_j^n p_i^{u_j}}\leqslant\xi_{i2},$$

所以，再由式(5.2.3)，又有 $(\tilde{u}_{1n},\tilde{u}_{2n},\cdots,\tilde{u}_{nn})\in U$。

由式(5.2.11)有$(p_1^{u_n}, p_2^{u_n}, \cdots, p_n^{u_n}) \to (p_1^*, p_2^*, \cdots, p_n^*)$,在$L^2(Q)$中弱,即有

$$\int_0^{a_+} p_i^{u_n}(r,\cdot)\mathrm{d}r \to \int_0^{a_+} p_i^*(r,\cdot)\mathrm{d}r,\quad \text{在 } L^2(0,T) \text{ 中弱}, i=1,2,\cdots,n。\tag{5.2.16}$$

由式(5.2.14),式(5.2.16)和弱极限的唯一性可知,

$$P_i^*(t)=\int_0^{a_+} p_i^*(r,t)\mathrm{d}r,\quad \text{在}(0,T)\text{内}; i=1,2,\cdots,n。$$

由$\xi_{i1} \leqslant \tilde{u}_{in} \leqslant \xi_{i2}$及文献[109]可知,存在$\{\tilde{u}_{in}\}$的子序列,仍记为$\{\tilde{u}_{in}\}$,$i=1,2,\cdots,n$,使得

$$\tilde{u}_{in} \to u_i^*,\quad \text{在 } L^2(Q) \text{ 中弱}。$$

显然$(u_1^*, u_2^*, \cdots, u_n^*) \in U$。

设$\tilde{p}_{in}$为系统(P)对应于$u=\tilde{u}_{in}$的解,则$(\tilde{p}_{1n}, \tilde{p}_{2n}, \cdots, \tilde{p}_{nn})$是如下系统:

$$\begin{cases}\dfrac{\partial \tilde{p}_{1n}}{\partial t}+\dfrac{\partial \tilde{p}_{1n}}{\partial r}=f_1(r,t)-\displaystyle\sum_{i=n+1}^{k_n}\delta_i^n \mu_1(r,t,P_1^{u_i})p_1^{u_i}-\lambda_1(r,t)\sum_{i=n+1}^{k_n}\delta_i^n P_2^{u_i}p_1^{u_i}-\tilde{u}_{1n}\tilde{p}_{1n},\\ \dfrac{\partial \tilde{p}_{kn}}{\partial t}+\dfrac{\partial \tilde{p}_{kn}}{\partial r}=f_k(r,t)-\displaystyle\sum_{i=n+1}^{k_n}\delta_i^n \mu_k(r,t,P_k^{u_i})p_k^{u_i}+\lambda_{2k-2}(r,t)\sum_{i=n+1}^{k_n}\delta_i^n P_{k-1}^{u_i}p_k^{u_i}-\\ \qquad\qquad \lambda_{2k-1}(r,t)\displaystyle\sum_{i=n+1}^{k_n}\delta_i^n P_{k+1}^{u_i}p_k^{u_i}-\tilde{u}_{kn}\tilde{p}_{kn},\quad k=2,3,\cdots,n-1,\\ \dfrac{\partial \tilde{p}_{nn}}{\partial t}+\dfrac{\partial \tilde{p}_{nn}}{\partial r}=f_n(r,t)-\displaystyle\sum_{i=n+1}^{k_n}\delta_i^n \mu_n(r,t,P_n^{u_i})p_n^{u_i}+\\ \qquad\qquad \lambda_{2n-2}(r,t)\displaystyle\sum_{i=n+1}^{k_n}\delta_i^n P_{n-1}^{u_i}p_n^{u_i}-\tilde{u}_{nn}\tilde{p}_{nn},\\ \tilde{p}_{in}(0,t)=\beta_j(t)\displaystyle\int_{a_1}^{a_2} m_j(r,t)\tilde{p}_{jn}(r,t)\mathrm{d}r,\quad t\in(0,T); j=1,2,\cdots n,\\ \tilde{p}_{jn}(r,0)=p_{j0}(r),\quad r\in(0,a_+); j=1,2,\cdots,n\end{cases}\tag{5.2.17}$$

的解。

对式(5.2.17)在$n \to +\infty$时取极限(利用与文献[99]中同样的方法,在特征线上取极限),可得

$$\begin{cases}\dfrac{\partial p_1^*}{\partial t}+\dfrac{\partial p_1^*}{\partial r}=f_1(r,t)-\mu_1(r,t,P_1^*(t))p_1^*-\lambda_1(r,t)P_2{}^*(t)p_1^*-u_1^*(r,t)p_1^*,\\ \dfrac{\partial p_i^*}{\partial t}+\dfrac{\partial p_i^*}{\partial r}=f_i(r,t)-\mu_i(r,t,P_i^*(t))p_i^*+\lambda_{2i-2}(r,t)P_{i-1}^*(t)p_i^*-\\ \qquad\qquad \lambda_{2i-1}(r,t)P_{i+1}^*(t)p_i^*-u_i^*(r,t)p_i^*,\quad i=2,3,\cdots,n-1,\\ \dfrac{\partial p_n^*}{\partial t}+\dfrac{\partial p_n^*}{\partial r}=f_n(r,t)-\mu_n(r,t,P_n^*(t))p_n^*+\\ \qquad\qquad \lambda_{2n-2}(r,t)P_{n-1}^*(t)p_n^*-u_n^*(r,t)p_n^*,\quad \text{在 } Q \text{ 内},\\ p_i^*(0,t)=\beta_i(t)\displaystyle\int_{a_1}^{a_2} m_i(r,t)p_i^*(r,t)\mathrm{d}r,\quad \text{在}(0,T)\text{内},\\ p_i^*(r,0)=p_{i0}(r),\quad \text{在}(0,a_+)\text{内},\\ P_i^*(t)=\displaystyle\int_0^{a_+} p_i^*(r,t)\mathrm{d}r,\quad \text{在 } Q \text{ 内}; i=1,2,\cdots,n。\end{cases}$$

即$(p_1^*,p_2^*,\cdots,p_n^*)$是系统(5.2.1)在$u=u^*=(u_1^*,u_2^*,\cdots,u_n^*)$时的解,即$p^*=p^{u^*}$。

下面证明$J(u^*)=d$。

事实上,由式(5.2.2)及式(5.2.15),有

$$\sum_{j=n+1}^{k_n}\delta_j^n\int_Q\sum_{i=1}^n g_i(r,t)p_i^{u_j}(r,t)u_{ij}(r,t)\mathrm{d}r\mathrm{d}t$$

$$=\sum_{i=1}^n\int_Q g_i(a,t)\frac{\sum_{j=n+1}^{k_n}\delta_j^n p_i^{u_j}(r,t)u_{ij}(r,t)}{\sum_{j=n+1}^{k_n}\delta_j^n p_i^{u_j}(r,t)}\cdot\sum_{i=n+1}^{k_n}\delta_i^n p_j^{u_i}(r,t)\mathrm{d}r\mathrm{d}t$$

$$=\sum_{i=1}^n\int_Q g_i(r,t)\tilde{u}_{in}(r,t)\tilde{p}_{in}(r,t)\mathrm{d}r\mathrm{d}t。$$

因为

$$\left|\sum_{i=1}^n\int_Q g_i(r,t)\tilde{u}_{in}(r,t)\tilde{p}_{in}(r,t)\mathrm{d}r\mathrm{d}t-\sum_{i=1}^n\int_Q g_i(r,t)u^*(r,t)p^*(r,t)\mathrm{d}r\mathrm{d}t\right|$$

$$\leqslant\sum_{i=1}^n\overline{M}_1\int_Q|\tilde{u}_{in}(r,t)\tilde{p}_{in}(r,t)-u^*(r,t)p^*(r,t)|\mathrm{d}r\mathrm{d}t$$

$$\leqslant\overline{M}_1\Big(\sum_{i=1}^n\int_Q|\tilde{u}_{in}(r,t)|\,|\tilde{p}_{in}(r,t)-p^*(r,t)|\mathrm{d}r\mathrm{d}t+$$

$$\sum_{i=1}^n\int_Q|p^*(r,t)(\tilde{u}_{in}(r,t)-u^*(r,t))|\mathrm{d}r\mathrm{d}t\Big)$$

$$\leqslant\overline{M}_1\Big(\|\xi_{in}(r,t)\|_{L^\infty(Q)}\sum_{i=1}^n\int_Q|\tilde{p}_{in}(r,t)-p^*(r,t)|\mathrm{d}r\mathrm{d}t+$$

$$\sum_{i=1}^n\int_Q|p^*(r,t)(\tilde{u}_{in}(r,t)-u^*(r,t))|\mathrm{d}r\mathrm{d}t\Big)$$

$$\leqslant\overline{M}_1\Big[\|\xi_{in}(r,t)\|_{L^\infty(Q)}\|Q\|^{\frac{1}{2}}\sum_{i=1}^n\|\tilde{p}_{in}(r,t)-p^*(r,t)\|_{L^2(Q)}+$$

$$\sum_{i=1}^n\int_Q|p^*(r,t)(\tilde{u}_{in}(r,t)-u^*(r,t))|\mathrm{d}r\mathrm{d}t\Big],$$

所以,由式(5.2.12),当$n\to+\infty$时,

$$\left|\sum_{i=1}^n\int_Q g_i(r,t)\tilde{u}_{in}(r,t)\tilde{p}_{in}(r,t)\mathrm{d}r\mathrm{d}t-\sum_{i=1}^n\int_Q g_i(r,t)u^*(r,t)p^*(r,t)\mathrm{d}r\mathrm{d}t\right|\to 0,$$

从而,

$$\sum_{j=n+1}^{k_n}\delta_j^n\int_Q\sum_{i=1}^n g_i(r,t)p_i^{u_j}(r,t)u_{ij}(r,t)\mathrm{d}r\mathrm{d}t\to J(u^*)。\tag{5.2.18}$$

另一方面,

$$\sum_{j=n+1}^{k_n}\delta_j^n\int_Q\sum_{i=1}^n g_i(r,t)p_i^{u_j}(r,t)u_{ij}(r,t)\mathrm{d}r\mathrm{d}t=\sum_{j=n+1}^{k_n}\delta_j^n J(u_j),$$

所以,

$$\sum_{j=n+1}^{k_n}\delta_j^n\left(d-\frac{1}{n}\right)\leqslant\sum_{j=n+1}^{k_n}\delta_j^nJ(u_j)\leqslant\sum_{j=n+1}^{k_n}\delta_j^nd=d,$$

从而，

$$\sum_{j=n+1}^{k_n}\delta_j^n\int_Q\sum_{i=1}^{n}g_i(r,t)p_i^{u_j}(r,t)u_{ij}(r,t)\mathrm{d}r\mathrm{d}t\rightarrow d。\tag{5.2.19}$$

因而，由式(5.2.18)，式(5.2.19)及极限唯一性可知，$J(u^*)=d=\sup\limits_{u\in U}J(u)$。定理 5.2.2 证毕。

5.2.4　最优条件

运用文献[91]的方法，可得出下列引理 5.2.1。

引理 5.2.1　设(u^*,p^{u^*})是最优控制问题(5.2.3)的最优对，若对任意小的 $\varepsilon>0$，以及任意 $v=(v_1,v_2,\cdots,v_n)\in L^\infty(Q;\mathbb{R}^n)$，$v_i>0$，有 $u^*+\varepsilon v\in U$，则在 $L^\infty(Q;\mathbb{R}^n)$中有下列极限：

$$\frac{1}{\varepsilon}(p^{u^*+\varepsilon v}-p^{u^*})\rightarrow z,\quad 当\ \varepsilon\rightarrow 0^+\ 时,$$

成立。其中，$p^{u^*}=(p_1^{u^*},p_2^{u^*},\cdots,p_n^{u^*})$，$u^*=(u_1^*,u_2^*,\cdots,u_n^*)$，$z=(z_1,z_2,\cdots,z_n)$是下列系统(5.2.20)的解。

$$\begin{cases}\dfrac{\partial z_1}{\partial t}+\dfrac{\partial z_1}{\partial r}=-\mu_1(r,t,P_1^{u^*}(t))z_1-\mu_{1p}(r,t,P_1^{u^*}(t))p_1^{u^*}(r,t)Z_1(t)-u_1^*z_1-\\ \qquad v_1p_1^{u^*}-\lambda_1[p_1^{u^*}Z_2(t)+P_2^{u^*}(t)z_1],\\ \dfrac{\partial z_j}{\partial t}+\dfrac{\partial z_j}{\partial r}=-\mu_j(r,t,P_j^{u^*}(t))z_j-\mu_{jp}(r,t,P_j^{u^*}(t))p_j^{u^*}(r,t)Z_j(t)-u_j^*z_j-\\ \qquad v_jp_j^{u^*}+\lambda_{2j-2}[p_j^{u^*}Z_{j-1}(t)+P_{j-1}^{u^*}(t)z_j]-\\ \qquad \lambda_{2j-1}[p_j^{u^*}Z_{j+1}(t)+P_{j+1}^{u^*}(t)z_j],\quad j=2,3,\cdots,n-1,\\ \dfrac{\partial z_n}{\partial t}+\dfrac{\partial z_n}{\partial r}=-\mu_n(r,t,P_n^{u^*}(t))z_n-\mu_{np}(r,t,P_n^{u^*}(t))p_n^{u^*}(r,t)Z_n(t)-\\ \qquad u_n^*z_n-v_np_n^{u^*}+\lambda_{2n-2}[p_n^{u^*}Z_{n-1}(t)+P_{n-1}^{u^*}(t)z_n],\\ z_i(0,t)=\beta_i(t)\displaystyle\int_{a_1}^{a_2}m_i(r,t)z_i(r,t)\mathrm{d}r,\\ z_i(r,0)=0,\\ P_i^{u^*}(t)=\displaystyle\int_0^{a_+}p_i^{u^*}(r,t)\mathrm{d}r,\\ Z_i(t)=\displaystyle\int_0^{a_+}z_i(r,t)\mathrm{d}r,\quad (r,t)\in Q;i=1,2,\cdots,n。\end{cases}\tag{5.2.20}$$

证明　令

$$z_\varepsilon(r,t)=\frac{1}{\varepsilon}[p^{u^*+\varepsilon v}(a,t)-p^{u^*}(r,t)],\quad (r,t)\in Q,$$

则 $z_\varepsilon=(z_{1\varepsilon},z_{2\varepsilon},\cdots,z_{n\varepsilon})$满足下列方程

$$
\begin{cases}
\dfrac{\partial z_{1\varepsilon}}{\partial t}+\dfrac{\partial z_{1\varepsilon}}{\partial r}=-\mu_1(r,t,P_1^{u_1^*+\varepsilon v_1}(t))z_{1\varepsilon}-\mu_{1p}(r,t,P_1^{u_1^*+\theta_1\varepsilon v_1}(t))p_1^{u_1^*}(r,t)Z_{1\varepsilon}(t)- \\
\qquad u_1^* z_{1\varepsilon}-v_1 p_1^{u_1^*+\varepsilon v_1}-\lambda_1[p_1^{u_1^*+\varepsilon v_1}Z_{2\varepsilon}(t)+P_2^{u_2^*}(t)z_{1\varepsilon}], \\
\dfrac{\partial z_{i\varepsilon}}{\partial t}+\dfrac{\partial z_{i\varepsilon}}{\partial r}=-\mu_i(r,t,P_i^{u_i^*+\varepsilon v_i}(t))z_{i\varepsilon}-\mu_{ip}(r,t,P_i^{u_i^*+\theta_i\varepsilon v_i}(t))p_i^{u_i^*}(r,t)Z_{i\varepsilon}(t)- \\
\qquad u_i^* z_{i\varepsilon}-v_i p_i^{u_i^*+\varepsilon v_i}+\lambda_{2i-2}[p_i^{u_i^*+\varepsilon v_i}Z_{(i-1)\varepsilon}(t)+P_{i-1}^{u_{i-1}^*}(t)z_{i\varepsilon}]- \\
\qquad \lambda_{2i-1}[p_i^{u_i^*+\varepsilon v_i}Z_{(i+1)\varepsilon}(t)+P_{i+1}^{u_{i+1}^*}(t)z_{i\varepsilon}],\quad i=2,3,\cdots,n-1, \\
\dfrac{\partial z_{n\varepsilon}}{\partial t}+\dfrac{\partial z_{n\varepsilon}}{\partial r}=-\mu_n(r,t,P_n^{u_n^*+\varepsilon v_n}(t))z_{n\varepsilon}-\mu_{np}(r,t,P_n^{u_n^*+\theta_n\varepsilon v_n}(t))p_n^{u_n^*}(r,t)Z_{n\varepsilon}(t)- \\
\qquad u_n^* z_{n\varepsilon}-v_n p_n^{u_n^*+\varepsilon v_n}+\lambda_{2n-2}[p_n^{u_n^*+\varepsilon v_n}Z_{(n-1)\varepsilon}(t)+P_{n-1}^{u_{n-1}^*}(t)z_{n\varepsilon}], \\
z_{i\varepsilon}(0,t)=\beta_i(t)\displaystyle\int_{a_1}^{a_2}m_i(r,t)z_{i\varepsilon}(r,t)\mathrm{d}r, \\
z_{i\varepsilon}(r,0)=0, \\
Z_{i\varepsilon}(t)=\displaystyle\int_0^{a_+}z_{i\varepsilon}(r,t)\mathrm{d}r,\quad (r,t)\in Q,i=1,2,\cdots,n。
\end{cases}
\tag{5.2.21}
$$

其中，$0<\theta_1,\theta_2,\cdots,\theta_n<1$。

定义 $w_\varepsilon=\varepsilon z_\varepsilon$，于是由式(5.2.21)可得，$w_\varepsilon$ 满足下列方程(5.2.22)：

$$
\begin{cases}
\dfrac{\partial w_{1\varepsilon}}{\partial t}+\dfrac{\partial w_{1\varepsilon}}{\partial r}=-\mu_1(r,t,P_1^{u_1^*+\varepsilon v_1}(t))w_{1\varepsilon}-\mu_{1p}(r,t,P_1^{u_1^*+\theta_1\varepsilon v_1}(t))p_1^{u_1^*}W_{1\varepsilon}- \\
\qquad u_1^* w_{1\varepsilon}-\varepsilon v_1 p_1^{u_1^*+\varepsilon v_1}-\lambda_1(r,t)[p_1^{u_1^*+\varepsilon v_1}W_{2\varepsilon}(t)+P_2^{u_2^*}(t)w_{1\varepsilon}], \\
\dfrac{\partial w_{i\varepsilon}}{\partial t}+\dfrac{\partial w_{i\varepsilon}}{\partial r}=-\mu_i(r,t,P_i^{u_i^*+\varepsilon v_i}(t))w_{i\varepsilon}-\mu_{ip}(r,t,P_i^{u_i^*+\theta_i\varepsilon v_i}(t))p_i^{u_i^*}W_{i\varepsilon}-u_i^* w_{i\varepsilon}- \\
\qquad \varepsilon v_i p_i^{u_i^*+\varepsilon v_i}+\lambda_{2i-2}[p_i^{u_i^*+\varepsilon v_i}W_{(i-1)\varepsilon}(t)+P_{i-1}^{u^*}(t)w_{i\varepsilon}]- \\
\qquad \lambda_{2i-1}[p_i^{u_i^*+\varepsilon v_i}W_{(i+1)\varepsilon}(t)+P_{i+1}^{u^*}(t)w_{i\varepsilon}],\quad i=2,3,\cdots,n-1, \\
\dfrac{\partial w_{n\varepsilon}}{\partial t}+\dfrac{\partial w_{n\varepsilon}}{\partial r}=-\mu_n(r,t,P_n^{u_n^*+\varepsilon v_n}(t))w_{n\varepsilon}-\mu_{np}(r,t,P_n^{u_n^*+\theta_n\varepsilon v_n}(t))p_n^{u_n^*}W_{n\varepsilon}- \\
\qquad u_n^* w_{n\varepsilon}-\varepsilon v_n p_n^{u_n^*+\varepsilon v_n}+\lambda_{2n-2}[p_n^{u_n^*+\varepsilon v_n}W_{(n-1)\varepsilon}(t)+P_{n-1}^{u_n^*}(t)w_{n\varepsilon}], \\
w_{i\varepsilon}(0,t)=\beta_i(t)\displaystyle\int_{a_1}^{a_2}m_i(r,t)w_{i\varepsilon}(r,t)\mathrm{d}r, \\
w_{i\varepsilon}(r,0)=0, \\
W_{i\varepsilon}(t)=\displaystyle\int_0^{a_+}w_{i\varepsilon}(r,t)\mathrm{d}r,\quad (r,t)\in Q;i=1,2,\cdots,n。
\end{cases}
\tag{5.2.22}
$$

将系统(5.2.22)第 i 式两边乘 $w_{i\varepsilon}(i=1,2,\cdots,n)$，并且在 $(0,a_+)\times(0,t)$ 积分，可推得

$$
\|w_{1\varepsilon}(\cdot,t)\|^2\leqslant C_1\left\{\int_0^t\|w_{1\varepsilon}(\cdot,s)\|^2\mathrm{d}s+\int_0^t\|w_{2\varepsilon}(\cdot,s)\|^2\mathrm{d}s+\varepsilon^2\int_0^t\|v_1(\cdot,s)\|^2\mathrm{d}s\right\},
\tag{5.2.23}
$$

$$
\|w_{i\varepsilon}(\cdot,t)\|^2\leqslant C_i\left\{\int_0^t\|w_{(i-1)\varepsilon}(\cdot,s)\|^2\mathrm{d}s+\int_0^t\|w_{i\varepsilon}(\cdot,s)\|^2\mathrm{d}s+\right.
$$

$$\int_0^t \|w_{(i+1)\varepsilon}(\cdot,s)\|^2 \mathrm{d}s + \varepsilon^2 \int_0^t \|v_i(\cdot,s)\|^2 \mathrm{d}s\Big\},\quad i=2,3,\cdots,n-1, \tag{5.2.24}$$

$$\|w_{n\varepsilon}(\cdot,t)\|^2 \leqslant C_n\Big\{\int_0^t \|w_{(n-1)\varepsilon}(\cdot,s)\|^2 \mathrm{d}s + \int_0^t \|w_{n\varepsilon}(\cdot,s)\|^2 \mathrm{d}s + \varepsilon^2 \int_0^t \|v_n(\cdot,s)\|^2 \mathrm{d}s\Big\}。 \tag{5.2.25}$$

其中,$C_i(i=1,2,\cdots,n)$是不依赖于 v 的常量,$\|\cdot\|$ 是 $L^2(0,a_+)$中的范数。

为估计$\|w_{1\varepsilon}(\cdot,t)\|^2_{L^2(0,a_+)}$,将式(5.2.23),式(5.2.24),式(5.2.25)相加,推得

$$\sum_{i=1}^n \|w_{1\varepsilon}(\cdot,t)\|^2_{L^2(0,a_+)} \leqslant C_{n+1}\Big\{\sum_{i=1}^n \int_0^t \|w_{i\varepsilon}(\cdot,s)\|^2_{L^2(0,a_+)} \mathrm{d}s + \varepsilon^2 \sum_{i=1}^n \int_0^t \|v_i(\cdot,s)\|^2_{L^2(0,a_+)} \mathrm{d}s\Big\}。$$

结合 Bellman 不等式,得

$$\sum_{i=1}^n \|w_{1\varepsilon}(\cdot,t)\|^2_{L^2(0,a_+)} \leqslant C\varepsilon^2 \sum_{i=1}^n \int_0^t \|v_i(\cdot,s)\|^2_{L^2(0,a_+)} \mathrm{d}s。 \tag{5.2.26}$$

令 $\varepsilon \to 0^+$,则由上式,得

$$w_\varepsilon = (w_{1\varepsilon},\cdots,w_{n\varepsilon}) \to 0,\quad 在\ L^\infty(Q;R^n)\ 中。$$

由前面的定义有 $z_\varepsilon = \dfrac{1}{\varepsilon} w_\varepsilon$,采用上述方法可以证明,当 $\varepsilon \to 0^+$ 时,若 $w_\varepsilon \to 0$,在 $L^\infty(Q;\mathbb{R}^n)$中,则有 $z_\varepsilon \to z$,其中 $z=(z_1,z_2,\cdots,z_n)$是系统(5.2.20)的解。引理 5.2.1 证毕。

定理 5.2.3　若(u^*,p^{u^*})是控制问题(5.2.4)的最优对,q 是方程:

$$\begin{cases}
\dfrac{\partial q_1}{\partial t}+\dfrac{\partial q_1}{\partial r}=\mu_1(r,t,P_1^{u_1^*}(t))q_1(r,t)+\displaystyle\int_0^{a_+}\mu_{1p}(r,t,P_1^{u_1^*}(t))p_1^{u_1^*}(r,t)q_1(r,t)\mathrm{d}r- \\
\qquad \beta_1(t)m_1(r,t)q_1(0,t)+\lambda_1 P_2^{u_2^*}(t)q_1+(q_1+g_1)u_1^*- \\
\qquad \displaystyle\int_0^{a_+}(\lambda_2 p_2^{u_2^*}q_2)(r,t)\mathrm{d}r, \\
\dfrac{\partial q_i}{\partial t}+\dfrac{\partial q_i}{\partial r}=\mu_i(r,t,P_i^{u_i^*}(t))q_i(r,t)+\displaystyle\int_0^{a_+}\mu_{ip}(r,t,P_i^{u_i^*}(t))p_i^{u_i^*}(r,t)q_i(r,t)\mathrm{d}r- \\
\qquad \beta_i(t)m_i(r,t)q_i(0,t)-\lambda_{2i-2}P_{i-1}^{u_{i-1}^*}(t)q_i+\lambda_{2i-1}P_{i+1}^{u_{i+1}^*}(t)q_i+ \\
\qquad (q_i+g_i)u_i^*+\displaystyle\int_0^{a_+}(\lambda_{2i-3}p_{i-1}^{u_{i-1}^*}q_{i-1})(r,t)\mathrm{d}r- \\
\qquad \displaystyle\int_0^{a_+}(\lambda_{2i}p_{i+1}^{u_{i+1}^*}q_{i+1})(r,t)\mathrm{d}r,\quad i=2,3,\cdots,n-1, \\
\dfrac{\partial q_n}{\partial t}+\dfrac{\partial q_n}{\partial r}=\mu_n(r,t,P_n^{u_n^*}(t))q_n(r,t)+\displaystyle\int_0^{a_+}\mu_{np}(r,t,P_n^{u_n^*}(t))p_n^{u_n^*}(r,t)q_n(r,t)\mathrm{d}r- \\
\qquad \beta_n(t)m_n(r,t)q_n(0,t)-\lambda_{2n-2}P_{n-1}^{u_{n-1}^*}(t)q_n+(q_n+g_n)u_n^*+ \\
\qquad \displaystyle\int_0^{a_+}(\lambda_{2n-3}p_{n-1}^{u_{n-1}^*}q_{n-1})(r,t)\mathrm{d}r, \\
q_i(r,T)=q_i(a_+,t)=0,\quad (r,t)\in Q;i=1,2,\cdots,n
\end{cases} \tag{5.2.27}$$

的解,则有 $u_i^*(r,t)=\begin{cases}\xi_{i1}(r,t), & 当\ q_i(r,t)+g_i<0, \\ \xi_{i2}(r,t), & 当\ q_i(r,t)+g_i>0,\end{cases}\quad i=1,2,\cdots,n。$

证明　设 $T_U(u^*)$为控制集 U 中在 u^* 处的切锥,由于任意 $v=(v_1,v_2,\cdots,v_n)\in$

$T_U(u^*)\subset L^\infty(Q;R^n)$，$u^*+\varepsilon v\in U$，$\varepsilon>0$ 且充分小，并且 u^* 是最优控制问题(5.2.3)的解，从而有

$$\sum_{i=1}^{n}\int_0^T\int_0^{a_+} g_i(r,t)u_i^* p_i^{u^*}\mathrm{d}r\mathrm{d}t \geqslant \sum_{i=1}^{n}\int_0^T\int_0^{a_+} g_i(r,t)(u_i^*+\varepsilon v_i)p_i^{u_i^*+\varepsilon v_i}\mathrm{d}r\mathrm{d}t。$$

上式两边除 $\varepsilon>0$ 并移项，有

$$\sum_{i=1}^{n}\int_0^T\int_0^{a_+} g_i(r,t)\left[u_i^*\frac{p_i^{u_i^*+\varepsilon v_i}-p_i^{u_i^*}}{\varepsilon}+v_i p_i^{u_i^*+\varepsilon v_i}\right]\mathrm{d}r\mathrm{d}t\leqslant 0。\tag{5.2.28}$$

由引理 5.2.1，对式(5.2.28)在 $\varepsilon\to 0^+$ 时取极限得

$$\sum_{i=1}^{n}\int_0^T\int_0^{a_+} g_i(r,t)[u_i^* z_i+v_i p_i^{u_i^*}]\mathrm{d}r\mathrm{d}t\leqslant 0。\tag{5.2.29}$$

将系统(5.2.27)的第 i 个式子，$i=1,2,\cdots,n$，两边乘 z_i，并在 Q 上积分得

$$\sum_{i=1}^{n}\int_0^T\int_0^{a_+}(g_i z_i u_i^*)(r,t)\mathrm{d}r\mathrm{d}t=\sum_{i=1}^{n}\int_0^T\int_0^{a_+}(q_i v_i p_i^{u_i^*})(r,t)\mathrm{d}r\mathrm{d}t。\tag{5.2.30}$$

将式(5.2.30)代入式(5.2.29)，得

$$\sum_{i=1}^{n}\int_0^T\int_0^{a_+}[(g_i+q_i)p_i^{u_i^*}v_i](r,t)\mathrm{d}r\mathrm{d}t\leqslant 0。$$

由法锥定义[99]可知，

$$(g_i+q_i)p_i^{u_i^*}\in N_{U_i}(u_i^*)。$$

于是，可得

$$u_i^*(r,t)=\begin{cases}\xi_{i1}(r,t), & 当(g_i+q_i)p_i^{u_i^*}(r,t)<0,\\ \xi_{i2}(r,t), & 当(g_i+q_i)p_i^{u_i^*}(r,t)>0。\end{cases}$$

因为 $p_i^{u_i^*}(r,t)\geqslant 0$，所以

$$u_i^*(r,t)=\begin{cases}\xi_{i1}(r,t), & 当 q_i(r,t)+g_i<0,\\ \xi_{i2}(r,t), & 当 q_i(r,t)+g_i>0。\end{cases}$$

定理 5.2.3 证毕。

5.3 与年龄相关的捕食种群系统的最优控制

5.3.1 问题的陈述

本节研究具有年龄结构的捕食—食饵种群系统(P)：

$$\begin{cases}\dfrac{\partial p}{\partial r}+\dfrac{\partial p}{\partial t}=-[\mu_1(r)+x_1(S(t))-x_2(q(t))]p(r,t), & (r,t)\in Q,\\ \dfrac{\mathrm{d}q(t)}{\mathrm{d}t}=-[x_3(S(t))+\mu_2+v(t)]q(t), & t\in(0,T),\\ p(0,t)=x_4(q(t))\displaystyle\int_0^A\beta(r)p(r,t)\mathrm{d}r+u(t), & t\in(0,T),\\ p(r,0)=p_0(r)\geqslant 0, & r\in(0,A),\\ q(0)=q_0\geqslant 0,\\ S(t)=\displaystyle\int_0^A p(r,t)\mathrm{d}r, & t\in(0,T)。\end{cases}\tag{5.3.1}$$

其中，$p(r,t)$为时刻 t 年龄为 r 的捕食种群的密度函数；$Q=(0,A)\times(0,T)$；A 为最大年龄；T 为捕食种群个体收获周期；$q(t)$为时刻 t 食饵的种群密度函数；$\mu_1(r)$为捕食种群的自然死亡率；$\mu_2(t)$为食饵种群的自然死亡率；$\beta(r)$为捕食种群的生育率；$x_1(S(t))$为捕食种群受规模变量影响而产生的死亡率；$x_2(q(t))$是食饵种群对捕食种群的能量转换函数；$x_3(S(t))$是食饵种群受捕食种群影响而产生的死亡率；$x_4(q(t))$为食饵种群对捕食种群生育率的作用因子；S 为捕食种群的规模变量；$u(t)$为系统(P)中捕食种群的投放率，$v(t)$为食饵种群的收获率，二者均为系统(P)的控制量。

若将 p 看作羊群，将 q 看作草地中的草本植物，则该模型可以看作是羊吃草的模型。考虑到既要合理利用草场资源，又不“竭泽而渔”，我们提出对羊群的投放量和草的收获量同时加以控制，以保证自然资源的可持续发展，确保草丛可持续再生，并使捕食种群和食饵种群都能够最大限度地趋近理想状态。

设 $z_1(r,t)$，$z_2(t)$分别代表捕食种群和食饵种群的理想状态，选取性能指标泛函为

$$J(u,v)=\int_Q |p(r,t;u,v)-z_1(r,t)|^2\mathrm{d}Q+\int_0^T |q(t;u,v)-z_2(t)|\mathrm{d}t+\frac{\rho_1}{2}\int_0^T u^2(t)\mathrm{d}t+\frac{\rho_2}{2}\int_0^T v^2(t)\mathrm{d}t, \tag{5.3.2}$$

其中，捕食种群的投放代价因子和食饵种群被收获的代价因子分别用 ρ_1 和 ρ_2 表示。因此，本节研究的最优控制问题是：

$$\text{寻求}(u^*,v^*)\in U,\text{使 } J(u^*,v^*)=\inf_{(u,v)\in U} J(u,v), \tag{5.3.3}$$

允许控制集为

$$U=\{(u,v)\in L^\infty(0,T)\times L^\infty(0,T)\,|\,0\leqslant u(t)\leqslant \bar{u},\text{a.e.于}(0,T)\text{中},\ 0\leqslant v(t)\leqslant \bar{v},\text{a.e 于}(0,T)\}, \tag{5.3.4}$$

其中，$\bar{u}$，$\bar{v}$ 均为常数。

捕食—食饵种群系统的研究目前已有一些研究成果，详见文献[95]，文献[100]。本节提出并研究的具有年龄结构的捕食—食饵种群系统，即对捕食种群的投放和食饵种群的收获同时加以控制的问题，是对前人研究工作的推广和继续。这不仅在解决问题的数学方法上，还在对牧场合理规划养殖规模等方面，都具有重要的现实意义。

5.3.2　系统(*P*)广义解的存在唯一性

本节提出下面的基本假设：

(H_1) $\mu_1(r)\in L^\infty_{\mathrm{loc}}(0,A)$，$\mu_1(r)>0$，$r\in(0,A)$。

(H_2) $\beta\in L^\infty(0,A)$，$\beta(r)\geqslant 0$，$\|\beta(r)\|_\infty\leqslant\bar{\beta}$，其中$\bar{\beta}$为非负常数。

(H_3) $x_i(S)$是严格增函数，$x_i(0)=0$，$\lim\limits_{S\to+\infty} x_i(S)<+\infty$，$i=1,3$。

(H_4) $x_i(q)$是严格增函数，$x_2(0)=0$，$x_4(0)=1$，$\lim\limits_{q\to+\infty} x_i(q)<+\infty$，$i=2,4$。

(H_5) x_i 关于其变量满足 Lipschitz 条件，$i=1,2,3,4$。

(H_6) 所有变量和参数在定义域以外均取零。

(H_7) $0\leqslant p_0(r)\leqslant\bar{p}_0$，$\int_0^A p_0(r)\mathrm{d}r=q_0$，$0\leqslant q_0\leqslant M$，其中$\bar{p}_0>0$，$M>0$ 为常数。

(H_8) $0 < p(a,t) \leqslant \bar{p}, 0 < q(t) \leqslant \bar{q}$，其中 $\bar{p} > 0, \bar{q} > 0$ 且为常数。

为应用泛函分析中的不动点定理证明系统(P)广义解的存在唯一性，需构造相应的压缩映射，所以，我们先解出系统(P)的形式解。将系统(P)分解为两个系统，分别为捕食系统(W_1)与食饵系统(W_2)，然后可由特征线法分别讨论它们的形式解。首先，将系统(P)：

$$\begin{cases}\dfrac{\partial p}{\partial r}+\dfrac{\partial p}{\partial t}=-\left[\mu_1(r)+x_1(S(t))-x_2(q(t))\right]p(r,t), \quad (r,t)\in Q,\\ \dfrac{\mathrm{d}q(t)}{\mathrm{d}t}=-\left[x_3(S(t))+\mu_2+v(t)\right]q(t), \quad t\in(0,T),\\ p(0,t)=x_4(q(t))\displaystyle\int_0^A\beta(r)p(r,t)\mathrm{d}r+u(t), \quad t\in(0,T),\\ p(r,0)=p_0(r)\geqslant 0, \quad r\in(0,A),\\ q(0)=q_0\geqslant 0,\\ S(t)=\displaystyle\int_0^A p(r,t)\mathrm{d}r, \quad t\in(0,T)\end{cases}$$

分解为系统(W_1)：

$$\begin{cases}\dfrac{\partial p}{\partial r}+\dfrac{\partial p}{\partial t}=-\left[\mu_1(r)+x_1(S(t))-x_2(q(t))\right]p(r,t), \quad (r,t)\in Q,\\ p(0,t)=x_4(q(t))\displaystyle\int_0^A\beta(r)p(r,t)\mathrm{d}r+u(t), \quad t\in(0,T),\\ p(r,0)=p_0(r)\geqslant 0, \quad r\in(0,A)\end{cases} \tag{5.3.5}$$

和系统(W_2)：

$$\begin{cases}\dfrac{\mathrm{d}q(t)}{\mathrm{d}t}=-\left[x_3(S(t))+\mu_2+v(t)\right]q(t),\\ q(0)=q_0。\end{cases} \tag{5.3.6}$$

结合初边值条件，运用特征线法，得到系统(W_1)解的表达式(5.3.7)，即

$$p(r,t)=\begin{cases}x_4(q(t-r))\displaystyle\int_0^A\beta(\rho)p(\rho,t-r)\mathrm{d}\rho\exp\left\{-\int_0^r\mu_1(\rho)\mathrm{d}\rho\right\}+\\ \quad u(t-r)\exp\left\{-\displaystyle\int_0^r\mu_1(\rho)\mathrm{d}\rho\right\}-\\ \displaystyle\int_0^r\left[x_1(S(\rho+t-r))-x_2(q(\rho+t-r))\right]p(\rho,\rho+t-r)\cdot\\ \quad \exp\left\{\displaystyle\int_r^\rho\mu_1(\xi)\mathrm{d}\xi\right\}\mathrm{d}\rho, \quad 当\ t>r>0\ 时,\\ p_0(r-t)\exp\left\{-\displaystyle\int_0^t\mu_1(\rho+r-t)\mathrm{d}\rho\right\}-\\ \displaystyle\int_0^t\left[x_1(S(\rho))-x_2(q(\rho))\right]p(\rho+r-t,\rho)\cdot\\ \quad \exp\left\{\displaystyle\int_t^\rho\mu_1(\xi+r-t)\mathrm{d}\xi\right\}\mathrm{d}\rho, \quad 当\ r\geqslant t>0\ 时。\end{cases} \tag{5.3.7}$$

应用常数变易法求解得系统(W_2)的形式解为

$$q(t)=q_0\exp\{-\mu_2 t\}-\int_0^t\exp\{\mu_2(h-t)\}\cdot\left[x_3(S(h))+v(h)\right]q(h)\mathrm{d}h。 \tag{5.3.8}$$

其次，构造压缩映射证明系统(P)广义解的存在唯一性。

我们定义系统(P)的解空间为

$$X=\{(p,q)\in L^{\infty}(0,T;L^{1}(0,A))\times L^{\infty}(0,T)\mid \sup_{t}\int_{0}^{A}\mid p(r,t)\mid \mathrm{d}r \leqslant 2M,\sup_{t}\mid q(t)\mid\leqslant 2M\},\tag{5.3.9}$$

并定义映射

$$L:X\to X,L(p,q)=(L_1(p,q),L_2(p,q)),\tag{5.3.10}$$

其中,

$$L_1(p,q)=\begin{cases}x_4(q(t-r))\int_0^A\beta(\rho)p(\rho,t-r)\mathrm{d}\rho\exp\left\{-\int_0^r\mu_1(\rho)\mathrm{d}\rho\right\}+\\ u(t-r)\exp\left\{-\int_0^r\mu_1(\rho)\mathrm{d}\rho\right\}-\\ \int_0^r[x_1(S(\rho+t-r))-x_2(q(\rho+t-r))]p(\rho,\rho+t-r)\cdot\\ \exp\left\{\int_r^\rho\mu_1(\xi)\mathrm{d}\xi\right\}\mathrm{d}\rho,\quad 当\ t>r>0\ 时,\\ p_0(r-t)\exp\left\{-\int_0^t\mu_1(\rho+r-t)\right\}-\\ \int_0^t[x_1(S(\rho))-x_2(q(\rho))]p(\rho+r-t,\rho)\cdot\\ \exp\left\{\int_t^\rho\mu_1(\xi+r-t)\mathrm{d}\xi\right\}\mathrm{d}\rho,\quad 当\ r\geqslant t>0\ 时,\end{cases}\tag{5.3.11}$$

$$L_2(p,q)=q_0\exp\{-\mu_2 t\}-\int_0^t\exp\{\mu_2(h-t)\}\cdot[x_3(S(h))+v(h)]q(h)\mathrm{d}h。\tag{5.3.12}$$

如果映射 L 有不动点$(p(r,t),q(t))$,且有 $p(r,t)\geqslant0,q(t)\geqslant0$,那么此不动点即为系统($P$)的解。具体的证明过程由下面的定理 5.3.1 给出。

定理 5.3.1 若假设条件(H_1)~条件(H_8)成立,$\forall(u,v)\in U$,当 T 充分小时,系统(P)存在唯一解$(p,q)\in L^{\infty}(0,T;L^{1}(0,A))\times L^{\infty}(0,T)$。

证明 首先证明 L 映射到自身,即证 $L_1(p,q)\in L^{\infty}(0,T;L^{1}(0,A)),L_2(p,q)\in L^{\infty}(0,T)$。由假设条件($H_7$)可知,$0\leqslant p_0(r),\int_0^A p_0(r)\mathrm{d}r\leqslant M,0\leqslant q_0\leqslant M$,则

$$\begin{aligned}&\int_0^A|L_1(p,q)|(r,t)\mathrm{d}r\\ =&\int_t^A|L_1(p,q)|(r,t)\mathrm{d}r+\int_0^t|L_1(p,q)|(r,t)\mathrm{d}r\\ \leqslant&\int_t^A|p_0(r-t)|\mathrm{d}r+\int_t^A\int_0^t|[x_1(S(\rho))-x_2(q(\rho))]p(\rho+r-t,\rho)|\mathrm{d}r+\\ &\int_0^t\left|x_4(q(t-r))\int_0^A\beta(\rho)p(\rho,t-r)\mathrm{d}\rho\right|\mathrm{d}r+\int_0^t|u(t-r)|\mathrm{d}r\\ \leqslant&\int_0^A p_0(r)\mathrm{d}r+2C_1MT\\ \leqslant& M+2C_1MT。\end{aligned}\tag{5.3.13}$$

其中,C_1 为常数,C_1 与参数 x_i,β 的界限及常数因子有关,$i=1,2,3,4$。

同理可证，

$$L_2(p,q)=|q_0\exp\{-\mu_2 t\}-\int_0^t\exp\{\mu_2(h-t)\}\cdot[x_3(S(h))+v(h)]q(h)\mathrm{d}h|$$
$$\leqslant|q_0|-\int_0^t|[x_3(S(h))+v(h)]q(h)|\mathrm{d}h$$
$$\leqslant M+2C_2MT。\tag{5.3.14}$$

其中，C_2 为常数，C_2 与参数 v,x_3 的界限及常数因子有关。

由式(5.3.13)，式(5.3.14)证得 L 映射到自身，即

$$L(p,q)=(L_1(p,q),L_2(p,q))\in L^\infty(0,T;L^1(0,A))\times L^\infty(0,T)。\tag{5.3.15}$$

其次证明映射 L 是压缩映射。

由积分区间可加性，有

$$\int_0^A|L(p_1,q_1)-L(p_2,q_2)|(r,t)\mathrm{d}r$$
$$=\int_0^t|L(p_1,q_1)-L(p_2,q_2)|(r,t)\mathrm{d}r+\int_t^A|L(p_1,q_1)-L(p_2,q_2)|(r,t)\mathrm{d}r\tag{5.3.16}$$

由映射 L 的定义(5.3.10)～(5.3.12)及假设条件(H_1)～条件(H_8)，可推得

$$\int_0^A|L(p_1,q_1)-L(p_2,q_2)|(r,t)\mathrm{d}r$$
$$\leqslant 2C_3MT\left(\sup_t\int_0^A|p_1-p_2|\mathrm{d}r+C_4T\sup_t|q_1-q_2|\right)。\tag{5.3.17}$$

同理可得，

$$|L_2(p_1,q_1)-L_2(p_2,q_2)|$$
$$\leqslant C_3MT\sup_t\int_0^A|p_1-p_2|\mathrm{d}r+C_4T\sup_t|q_1-q_2|(t)。\tag{5.3.18}$$

其中，C_i 均为仅与参数 v,x_i,β 以及常数因子有关的常数，$i=1,2,3,4$。当 T 充分小时，映射 L 为空间 X 上的压缩映射，因而 L 有唯一的不动点，即系统(P)存在唯一解$(p,q)\in L^\infty(0,T;L^1(0,A))\times L^\infty(0,T)$。

由形式解的表达式(5.3.7)和式(5.3.8)，再结合不动点定理，可得系统(P)的解具有 L^∞ 有界性。由 Banach 不动点定理可知，解的非负性可以通过迭代过程以及方程中共同的 p 和 q 证得。定理 5.3.1 证毕。

5.3.3 系统(*P*)广义解的正则性

定理 5.3.2 如果假设条件(H_1)～条件(H_8)成立，则系统(P)在 $L^\infty(Q)\times L^\infty(0,T)$上的解$(p,q)$是属于 $L^2(Q)\times L^2(0,T)$的，即$(p,q)\in L^2(Q)\times L^2(0,T)$。

证明 要证 $p(r,t)\in L^2(Q)$，只需要证明 $\int_Q p^2\mathrm{d}Q<+\infty$。

在式$(5.3.1)_1$的两边同时乘以 p，并在$(0,A)\times(0,T)$上积分，$t\in(0,T)$，有

$$\int_0^t\int_0^A\frac{\partial p(r,\tau)}{\partial r}p(r,\tau)\mathrm{d}r\mathrm{d}\tau+\int_0^t\int_0^A\frac{\partial p(r,\tau)}{\partial\tau}p(r,\tau)\mathrm{d}r\mathrm{d}\tau$$
$$=-\int_0^t\int_0^A[\mu_1(r)+x_1(S(\tau))-x_2(q(\tau))]p^2(r,\tau)\mathrm{d}r\mathrm{d}\tau。\tag{5.3.19}$$

注意到 p 的边界条件$(5.3.1)_3$ 及 $p(A,\tau)=0$，有

$$\int_0^t\int_0^A \frac{\partial p}{\partial r}p\,\mathrm{d}r\,\mathrm{d}\tau-\frac{1}{2}\int_0^t p^2(0,\tau)\,\mathrm{d}\tau=-\frac{1}{2}\int_0^t\left[x_4(q(\tau))\int_0^A\beta p\,\mathrm{d}r+u(\tau)\right]^2\mathrm{d}\tau。\tag{5.3.20}$$

同理可得，

$$\int_0^A\int_0^t \frac{\partial p}{\partial t}p\,\mathrm{d}\tau\,\mathrm{d}r=\frac{1}{2}\int_0^A p^2(r,t)\,\mathrm{d}r-\frac{1}{2}\int_0^A p^2(r,0)\,\mathrm{d}r。\tag{5.3.21}$$

将式(5.3.20)和式(5.3.21)代入式(5.3.19)中，有

$$\int_0^A p^2(r,t)\,\mathrm{d}r=\int_0^A p^2(r,0)\,\mathrm{d}r+\int_0^t\left[x_4(q(\tau))\int_0^A\beta p\,\mathrm{d}r+u(\tau)\right]^2\mathrm{d}\tau-2\int_0^t\int_0^A[\mu_1(r)+x_1(S(t))-x_2(q(t))]\,p^2(r,t)\,\mathrm{d}r\,\mathrm{d}\tau。\tag{5.3.22}$$

将式(5.3.22)中第二项展开，运用 Hölder 不等式，同时结合假设条件(H_8)和容许控制集(5.3.5)，可得

$$\int_0^t\left[x_4(q(\tau))\int_0^A\beta p\,\mathrm{d}r+u(\tau)\right]^2\mathrm{d}\tau\leqslant A\,\bar{\beta}^2\int_0^t\int_0^A p^2\,\mathrm{d}r\,\mathrm{d}t+2\,\bar{\beta}M\,\bar{u}T+\bar{u}^2T。\tag{5.3.23}$$

由实际意义可知，$\mu_1(r)+x_1(S(t))-x_2(q(t))$具有非负性，将式(5.3.23)代入式(5.3.22)有

$$\int_0^A p^2\,\mathrm{d}r\leqslant(A\,\bar{p}_0{}^2+2\,\bar{\beta}M\,\bar{u}T+\bar{u}^2T)+A\,\bar{\beta}^2\int_0^t\int_0^A p^2\,\mathrm{d}r\,\mathrm{d}\tau。\tag{5.3.24}$$

令

$$C_5=(A\,\bar{p}_0{}^2+2\,\bar{\beta}M\,\bar{u}T+\bar{u}^2T),\quad C_6=A\,\bar{\beta}^2,$$

由式(5.3.24)得

$$\int_0^A p^2\,\mathrm{d}r\leqslant C_5+C_6\int_0^t\int_0^A p^2\,\mathrm{d}r\,\mathrm{d}\tau。\tag{5.3.25}$$

由 Gronwall 不等式，可得

$$\int_0^A p^2\,\mathrm{d}r\leqslant C_5\exp\left\{\int_0^t C_6\,\mathrm{d}\tau\right\}\leqslant C_5\mathrm{e}^{C_6T}\leqslant C_7,\tag{5.3.26}$$

$$\int_0^T\int_0^A p^2\,\mathrm{d}r\,\mathrm{d}t\leqslant\int_0^T C_7\,\mathrm{d}t=C_7T<+\infty。\tag{5.3.27}$$

至此，证得 $\int_Q p^2\,\mathrm{d}Q<+\infty$ 成立。

下面证明 $q(t)\in L^2(0,T)$，即证 $\int_0^T q^2\,\mathrm{d}t<+\infty$。

在式$(5.3.1)_2$ 两边同时乘 q，在$[0,T]$上积分，得

$$\int_0^T\frac{\mathrm{d}q(t)}{\mathrm{d}t}\cdot q(t)\,\mathrm{d}t+\int_0^T[x_3(S(t))+\mu_2+v(t)]q^2(0,t)\,\mathrm{d}t=0。\tag{5.3.28}$$

对上式第一项进行分部积分法，并注意到式(5.3.1)中的边界条件及 $q(T)=0$，可得

$$-\frac{1}{2}q_0^2+\int_0^T[x_3(S(t))+\mu_2+v(t)]\,q^2(t)\,\mathrm{d}t=0。\tag{5.3.29}$$

再由 $x_3(S(t))+\mu_2+v(t)$的非负性，由式(5.3.29)得

$$\int_0^T q^2(t)\,\mathrm{d}t=\|q(t)\|_{L^2(0,T)}^2\leqslant\frac{1}{2}q_0^2,\tag{5.3.30}$$

即

$$\|q(t)\|_{L^2(0,T)} \leqslant \frac{\sqrt{2}}{2}q_0 = C_8 < +\infty。$$

定理 5.3.2 证毕。

5.3.4 系统(*P*)广义解对控制变量的连续依赖性

本节证明系统(P)的解连续依赖于控制变量 $u(t)$ 和 $v(t)$。

定理 5.3.3 如果 T 充分小，则系统(P)的解(p,q)连续依赖于控制变量(u,v)，即

$$\int_Q |p_1 - p_2| \mathrm{d}r\mathrm{d}t + \int_0^T |q_1 - q_2| \mathrm{d}t \leqslant C_9 T\left(\int_0^T |u_1 - u_2| \mathrm{d}t + \int_0^T |v_1 - v_2| \mathrm{d}t\right), \tag{5.3.31}$$

$$\|p_1 - p_2\|_{L^\infty(Q)} + \|q_1 - q_2\|_{L^\infty(0,T)} \leqslant C_{10} T(\|u_1 - u_2\|_{L^\infty(Q)} + \|V_1 - V_2\|_{L^\infty(0,T)})。 \tag{5.3.32}$$

其中，$(p_i, q_i) = (p(u_i, v_i), q(u_i, v_i)), i = 1, 2$。

证明 根据式(5.3.11)和式(5.3.12)，应首先分别讨论 $p(r,t)$在 $Q=(0,A)\times(0,T)$上的 L^1 估计式和 $q(t)$在$[0,T]$上的 L^1 估计式：

$$\begin{aligned}
&\int_0^T\int_t^A\int_0^t |x_1(S(\rho))p_1(\rho + r - t, \rho) - x_1(S(\rho))p_2(\rho + r - t, \rho)| \mathrm{d}\rho\mathrm{d}r\mathrm{d}t \\
&\leqslant \int_0^T\int_t^A\int_0^t | x_1(S_1)(p_1 - p_2)(\rho + r - t, \rho) + \\
&\quad p_2(\rho + r - t, \rho)(x_1(S_1)) - (x_1(S_2)) | \mathrm{d}\rho\mathrm{d}r\mathrm{d}t \\
&\leqslant C_{h_1}\int_0^T\int_0^T\int_0^A |p_1 - p_2| \mathrm{d}\rho\mathrm{d}r\mathrm{d}t + L_{h_1}\int_0^T\int_0^T\int_0^A p_2(t)|p_1 - p_2| \mathrm{d}\rho\mathrm{d}r\mathrm{d}t \\
&\leqslant T(C_{h_1} + ML_{h_1})\int_0^T\int_0^A |p_1 - p_2| \mathrm{d}r\mathrm{d}t。
\end{aligned} \tag{5.3.33}$$

其中，C_{h_1} 是 $x_1(S)$的边界常数，L_{h_1} 是与 $x_1(S)$相关的 Lipschitz 常数。

运用相同的估计方式对其他项作类似的估计，有

$$\begin{aligned}
\int_Q |p_1 - p_2| \mathrm{d}r\mathrm{d}t + \int_0^T |q_1 - q_2| \mathrm{d}t \leqslant{}& C_{11} T\left(\int_0^T |u_1 - u_2| \mathrm{d}t + \int_0^T |v_1 - v_2| \mathrm{d}t\right) + \\
& C_T\left(\int_Q |p_1 - p_2| \mathrm{d}r\mathrm{d}t + \int_0^T |q_1 - q_2| \mathrm{d}t\right)。
\end{aligned} \tag{5.3.34}$$

上面的推导过程用到了 $x_i(i=1,2,3,4)$的 Lipschitz 条件，p 和 q 的边界条件以及 β, u_i, v_i，$i=1,2$ 的有界性，当 T 充分小时，$C_T<1$，即推得式(5.3.31)成立。

下面讨论 L^∞ 估计式，先对 p_1 和 p_2 在$(0,A)$上作 L^1 估计，即

$$\begin{aligned}
\int_0^A |p_1 - p_2| \mathrm{d}r \leqslant{}& C_{10} T\int_0^A |p_1 - p_2| \mathrm{d}r + C_{12} T \sup_t |(q_1 - q_2)(t)| + \\
& C_{13} T\|(u_1 - u_2)\|_{L^\infty(0,T)}。
\end{aligned} \tag{5.3.35}$$

当 T 充分小时，有

$$\sup_t\left(\int_0^A | p_1 - p_2 | (r,t)\mathrm{d}r + | q_1 - q_2(t) |\right)$$

$$\leqslant C_{14}T\{\|u_1-u_2\|_{L^\infty(0,T)}+\|v_1-v_2\|_{L^\infty(0,T)}\}。\tag{5.3.36}$$

则当 $t>r$ 时，p_1 和 p_2 的 L^∞ 估计式为

$$\begin{aligned}|p_1-p_2|(r,t)\leqslant{}& C_\beta\int_0^A|p_1-p_2|(\rho,t-r)\mathrm{d}\rho+\\&C_{15}T(\|p_1-p_2\|_{L^\infty(Q)}+\|q_1-q_2\|_{L^\infty(0,T)})+\\&\|u_1-u_2\|_{L^\infty(0,T)}。\end{aligned}\tag{5.3.37}$$

其中，C_β 是关于 β 的边界常数，C_{15} 是与推导过程中各项系数有关的常数。

同理，当 $t\leqslant a$ 时，有

$$\|q_1-q_2\|_{L^\infty(0,T)}\leqslant C_{T1}(\|p_1-p_2\|_{L^\infty(Q)}+\|q_1-q_2\|_{L^\infty(0,T)})+C_{16}T\|v_1-v_2\|_{L^\infty(0,T)}。\tag{5.3.38}$$

其中，C_{T1} 充分小。

综上，可推得式(5.3.32)成立，即

$$\|p_1-p_2\|_{L^\infty(Q)}+\|q_1-q_2\|_{L^\infty(0,T)}\leqslant C_{10}(\|u_1-u_2\|_{L^\infty(Q)}+\|v_1-v_2\|_{L^\infty(0,T)})。$$

定理 5.3.3 证毕。

5.3.5 最优控制的存在性

本节讨论系统(P)的最优控制的存在性。

定理 5.3.4 最优控制问题 $J(u^*,v^*)=\inf\limits_{(u,v)\in U}J(u,v)$ 至少存在一个最优解(u^*,v^*)。

证明 该控制问题的性能指标泛函为

$$\begin{aligned}J(u,v)={}&\int_Q|p(r,t;u,v)-z_1(r,t)|^2\mathrm{d}Q+\int_0^T|q(t;u,v)-z_2(t)|\mathrm{d}t+\\&\frac{\rho_1}{2}\int_0^T u^2(t)\mathrm{d}t+\frac{\rho_2}{2}\int_0^T v^2(t)\mathrm{d}t。\end{aligned}$$

由于 $0\leqslant J(u,v)<+\infty$，则 $\forall(u,v)\in U$，$\inf\limits_{(u,v)\in U}J(u,v)$存在。

令 $d=\inf\limits_{(u,v)\in U}J(u,v)$，$\forall n\in N_+$，取极小化序列$(u_n,v_n)\in U$，使得

$$d\leqslant J(u_n,v_n)<d+\frac{1}{n},$$

即

$$\lim_{n\to+\infty}J(u_n,v_n)=d。\tag{5.3.39}$$

记 $p_n=p(u_n,v_n)$，$q_n=q(u_n,v_n)$，则存在$\{p_n,q_n\}$的子序列，仍记为$\{p_n,q_n\}$，使得当 $n\to+\infty$时，

$$(p_n,q_n)\to(p^*,q^*),\quad 在\ L^2(Q)\times L^2[0,T]\ 上弱。\tag{5.3.40}$$

其中，$p^*=p(r,t;u^*,v^*)$，$q^*=q(t;u^*,v^*)$，应用 Mazur 定理，存在序列$\{p_n,q_n\}$的凸组合列$\{\tilde{p}_n,\tilde{q}_n\}$，$k_n\geqslant n+1$，$i=n+1,n+2,\cdots$，满足

$$\begin{cases}\tilde{p}_n=\sum\limits_{j=n+1}^{K_n}\delta_j^n p^{(u_j,v_j)},\\\tilde{q}_n=\sum\limits_{j=n+1}^{K_n}\lambda_j^n q^{(u_j,v_j)},\end{cases}\quad\lambda_j^n\geqslant0,\delta_j^n\geqslant0,\ \sum_{j=n+1}^{K_n}\lambda_j^n=1,\ \sum_{j=n+1}^{K_n}\delta_j^n=1,$$

且

$$\widetilde{p}_n \to p^*, \quad 在 L^2(Q) 内强, \tag{5.3.41}$$

$$\widetilde{q}_n \to q^*, \quad 在 L^2(0,T) 内强。 \tag{5.3.42}$$

设

$$\widetilde{u}_n = \sum_{j=n+1}^{k_n} \delta_j^n u_j, \quad \widetilde{v}_n = \begin{cases} \dfrac{\sum_{j=n+1}^{k_n} \lambda_j^n v_j q_j}{\sum_{j=n+1}^{k_n} \lambda_j^n q_j}, & 当 \sum_{j=n+1}^{k_n} \lambda_j^n \neq 0 时, \\ 0, \quad 当 \sum_{j=n+1}^{k_n} \lambda_j^n = 0 时。 \end{cases} \tag{5.3.43}$$

容易验证$(\widetilde{u}_n,\widetilde{v}_n)\in U$,由$U$的有界性和 Mazur 定理有

$$\widetilde{u}_n \to u^*, \widetilde{v}_n \to v^*, \quad 在 L^2(0,T) 内强。 \tag{5.3.44}$$

将式$(5.3.1)_1$的两边同时乘δ_j^n,求和$\sum_{j=n+1}^{k_n}$,式$(5.3.1)_2$的两边同时乘λ_j^n,再求和$\sum_{j=n+1}^{k_n}$,得到下面的系统$(\widetilde{P})$:

$$\begin{cases} \dfrac{\partial \widetilde{p}_n}{\partial r} + \dfrac{\partial \widetilde{p}_n}{\partial t} = -\mu_1(r)\widetilde{p}_n - \sum_{j=n+1}^{k_n} \delta_j^n p_j x_1(S_j(t)) + \sum_{j=n+1}^{k_n} \delta_j^n p_j x_2(q_j(t)), \\ \dfrac{d\widetilde{q}_n}{dt} = -\sum_{j=n+1}^{k_n} \lambda_j^n q_j x_3(S_j(t)) - \mu_2 \widetilde{q}_n - \widetilde{v}_n \widetilde{q}_n, \\ \widetilde{p}_n(0,t) = \sum_{j=n+1}^{k_n} \delta_j^n x_4(q_j(t)) \int_0^A \beta(r) p_j(r,t) dr + \widetilde{u}_n, \\ \widetilde{p}_n(r,0) = p_0(r) \geqslant 0, \\ \widetilde{q}_n(0) = q_0 \geqslant 0, \\ \widetilde{S}_n(t) = \int_0^A \widetilde{p}_n(r,t) dr。 \end{cases} \tag{5.3.45}$$

令$n\to+\infty, j\to+\infty$,对式(5.3.45)两边取极限,由假设条件$(H_1)\sim(H_8)$以及 Hölder 不等式,得系统(P^*):

$$\begin{cases} \dfrac{\partial p^*}{\partial r} + \dfrac{\partial p^*}{\partial t} = -[\mu_1(r) + x_1(S^*(t)) - x_2(q^*(t))]p^*(r,t), \quad (r,t) \in Q, \\ \dfrac{dq^*}{dt} = -[x_3(S^*(t)) + \mu_2 + v^*(t)]q^*(t), \quad t \in (0,T), \\ p^*(0,t) = x_4(q^*(t)) \int_0^A \beta(r) p^*(r,t) dr + u^*(t), \quad t \in (0,T), \\ p^*(r,0) = p_0(r) \geqslant 0, \quad r \in (0,A), \\ q^*(0) = q_0 \geqslant 0, \\ S^*(t) = \int_0^A p^*(r,t) dr。 \end{cases}$$

(5.3.46)

由此可知

$$p^{*}=p(u^{*},v^{*}),\quad q^{*}=q(u^{*},v^{*}) \tag{5.3.47}$$

为系统(5.3.1)在 $u=u^{*}$,$v=v^{*}$ 时的解组$(p^{*},q^{*})\in L^{\infty}(Q)\times L^{\infty}(0,T)$。对于由式(5.3.43)构造的$(\tilde{u}_n,\tilde{v}_n)$,由性能指标泛函(5.3.2),有

$$J(\tilde{u}_n,\tilde{v}_n)=\int_Q |p(r,t;\tilde{u}_n,\tilde{v}_n)-z_1(r,t)|^2\mathrm{d}Q+\int_0^T |q(t;\tilde{u}_n,\tilde{v}_n)-z_2(t)|\mathrm{d}t+$$
$$\frac{\rho_1}{2}\int_0^T \tilde{u}_n^2(t)\mathrm{d}t+\frac{\rho_2}{2}\int_0^T \tilde{v}_n^2(t)\mathrm{d}t。 \tag{5.3.48}$$

对于式(5.3.44)确定的(u^{*},v^{*}),有

$$J(u^{*},v^{*})=\int_Q |p^{*}-z_1(r,t)|^2\mathrm{d}Q+\int_0^T |q^{*}-z_2(t)|^2\mathrm{d}t+$$
$$\frac{\rho_1}{2}\int_0^T u^2(t)\mathrm{d}t+\frac{\rho_2}{2}\int_0^T v^2(t)\mathrm{d}t。 \tag{5.3.49}$$

事实上,由式(5.3.48)和式(5.3.49)可得

$$\begin{aligned}|J(\tilde{u}_n,\tilde{v}_n)-J(u^{*},v^{*})|\leqslant &\left|\int_Q(|\tilde{p}_n-z_1|^2-|p^{*}-z_1|^2)\mathrm{d}Q\right|+\\ &\left|\int_0^T(|\tilde{q}_n-z_2|^2-|q^{*}-z_2|^2)\mathrm{d}t\right|+\\ &\left|\frac{\rho_1}{2}\int_0^T(|\tilde{u}_n|^2-|u^{*}|^2)\mathrm{d}t\right|+\left|\frac{\rho_1}{2}\int_0^T(|\tilde{v}_n|^2-|v^{*}|^2)\mathrm{d}t\right|\\ \triangleq &\, I_1+I_2+I_3+I_4。\end{aligned} \tag{5.3.50}$$

应用 Hölder 不等式,注意到假设条件(H_9)和容许控制集(5.2.4),有

$$\begin{aligned}I_1&=\left|\int_Q |\tilde{p}_n-z_1|^2-|p^{*}-z_1|^2\mathrm{d}Q\right|\\ &=\left|\int_Q(\tilde{p}_n^2-2\tilde{p}_n z_1+z_1^2-p^{*2}+2p^{*}z_1-z_1^2)\mathrm{d}Q\right|\\ &=\left|\int_Q[(\tilde{p}_n+p^{*})(\tilde{p}_n-p^{*})-2z_1(\tilde{p}_n-p^{*})]\mathrm{d}Q\right|\\ &\leqslant\int_Q|\tilde{p}_n-p^{*}||\tilde{p}_n+p^{*}-2z_1|\mathrm{d}Q\\ &\leqslant\left(\int_Q|\tilde{p}_n+p^{*}-2z_1|^2\mathrm{d}Q\right)^{\frac{1}{2}}\left(\int_Q|\tilde{p}_n-p^{*}|^2\mathrm{d}Q\right)^{\frac{1}{2}}\\ &=\left(\int_Q|\tilde{p}_n+p^{*}-2z_1|^2\mathrm{d}Q\right)^{\frac{1}{2}}\|\tilde{p}_n-p^{*}\|_{L^2(Q)},\\ &=2(\bar{p}-z_1)\,(AT)^{\frac{1}{2}}\|\tilde{p}_n-p^{*}\|_{L^2(Q)},\end{aligned} \tag{5.3.51}$$

$$\begin{aligned}I_2&=\left|\int_0^T(|\tilde{q}_n-z_2|^2-|q^{*}-z_2|^2)\mathrm{d}t\right|\\ &\leqslant\int_0^T|\tilde{q}_n-q^{*}||\tilde{q}_n+q^{*}-2z_2|\mathrm{d}t\\ &\leqslant\left(\int_0^T|\tilde{q}_n+q^{*}-2z_2|^2\mathrm{d}t\right)^{\frac{1}{2}}\|\tilde{q}_n-q^{*}\|_{L^2(0,T)}\end{aligned}$$

$$=2(\bar{q}-z_2)(AT)^{\frac{1}{2}}\|\tilde{q}_n-q^*\|_{L^2(0,T)}, \tag{5.3.52}$$

$$I_3=\left|\frac{\rho_1}{2}\int_0^T(|\tilde{u}_n|^2-|u^*|^2)\mathrm{d}t\right|$$
$$=\frac{\rho_2}{2}\int_0^T|\tilde{u}_n+u^*|\cdot|\tilde{u}_n-u^*|\mathrm{d}t$$
$$\leqslant\frac{\rho_1}{2}\left(\int_0^T(\tilde{u}_n+u^*)^2\mathrm{d}t\right)^{\frac{1}{2}}\cdot\|\tilde{u}_n-u^*\|_{L^2(0,T)}$$
$$=\rho_1\bar{u}T^{\frac{1}{2}}\|\tilde{u}_n-u^*\|_{L^2(0,T)}, \tag{5.3.53}$$

$$I_4=\left|\frac{\rho_1}{2}\int_0^T(|\tilde{v}_n|^2-|v^*|^2)\mathrm{d}t\right|$$
$$=\frac{\rho_2}{2}\int_0^T|\tilde{v}_n+v^*||\tilde{v}_n-v^*|\mathrm{d}t$$
$$\leqslant\frac{\rho_1}{2}\left(\int_0^T(\tilde{v}_n+v^*)^2\mathrm{d}t\right)^{\frac{1}{2}}\cdot\|\tilde{v}_n-v^*\|_{L^2(0,T)}$$
$$=\rho_1\bar{v}T^{\frac{1}{2}}\|\tilde{v}_n-v^*\|_{L^2(0,T)}。 \tag{5.3.54}$$

将式(5.3.51)～式(5.3.54)代入式(5.3.50)，注意到式(5.3.41)，式(5.3.42)，式(5.3.44)，有

$$\begin{aligned}|J(\tilde{u}_n,\tilde{v}_n)-J(u^*,v^*)|\leqslant{}&C_{17}\|\tilde{p}_n-p^*\|_{L^2(Q)}+C_{18}\|\tilde{q}_n-q^*\|_{L^2(0,T)}+\\&C_{19}\|\tilde{u}_n-u^*\|_{L^2(0,T)}+C_{20}\|\tilde{v}_n-v^*\|_{L^2(0,T)}\\&\to 0,\end{aligned} \tag{5.3.55}$$

其中，

$$C_{17}=2(\bar{p}-z_1)(AT)^{\frac{1}{2}},\quad C_{18}=2(\bar{q}-z_2)(AT)^{\frac{1}{2}},\quad C_{19}=\rho_1\bar{u}T^{\frac{1}{2}},\quad C_{20}=\rho_2\bar{v}T^{\frac{1}{2}}。$$

即

$$\lim_{n\to+\infty}J(\tilde{u}_n,\tilde{v}_n)=J(u^*,v^*)。 \tag{5.3.56}$$

由于 $\lim\limits_{n\to+\infty}J(\tilde{u}_n,\tilde{v}_n)=\lim\limits_{n\to+\infty}J(u_n,v_n)$，且 $\lim\limits_{n\to+\infty}J(u_n,v_n)=d$，由 $J(\tilde{u}_n,\tilde{v}_n)$ 的唯一性、式(5.3.56)和 $\lim\limits_{n\to+\infty}J(u_n,v_n)=d$，可推出

$$J(u^*,v^*)=d, \tag{5.3.57}$$

即

$$J(u^*,v^*)=\inf_{u,v\in U}J(u,v)。 \tag{5.3.58}$$

定理 5.3.4 证毕。

5.3.6 控制为最优的一阶必要条件及最优性组

系统(P)的广义解是(p,q)，将 $p(u,v)$在(u^*,v^*)处，沿方向$(u-u^*,v-v^*)$的 G-微分记为$\dot{p}$，$q(u,v)$在(u^*,v^*)处，沿方向$(u-u^*,v-v^*)$的 G-微分记为$\dot{q}$，则有

$$\begin{aligned}\dot{p}&=\dot{p}(u^*,v^*)(u-u^*,v-v^*)\\&=\frac{\mathrm{d}}{\mathrm{d}\lambda}p(u^*+\lambda(u-u^*),v^*+\lambda(v-v^*))_{\lambda=0}\\&=\lim_{\lambda\to 0}\frac{1}{\lambda}[p(u^*+\lambda(u-u^*),v^*+\lambda(v-v^*))-p(u^*,v^*)]\end{aligned} \tag{5.3.59}$$

和

$$\begin{aligned}\dot{q} &= \dot{q}(u^*, v^*)(u-u^*, v-v^*) \\ &= \frac{\mathrm{d}}{\mathrm{d}\lambda} q\,(u^*+\lambda(u-u^*), v^*+\lambda(v-v^*))_{\lambda=0} \\ &= \lim_{\lambda\to 0}\frac{1}{\lambda}[q(u^*+\lambda(u-u^*), v^*+\lambda(v-v^*)) - q(u^*, v^*)]。\end{aligned} \tag{5.3.60}$$

引入记号：

$$u_\lambda = u^* + \lambda(u-u^*),\quad v_\lambda = v^* + \lambda(v-v^*),$$

$$p_\lambda = p(u_\lambda, v_\lambda),\quad q_\lambda = q(u_\lambda, v_\lambda),\quad p^* = p(u^*, v^*),\quad q^* = q(u^*, v^*),$$

即(p_λ, q_λ)为系统(P)在$u=u_\lambda, v=v_\lambda$时的广义解，(p^*, q^*)为系统(P)在$u=u^*, v=v^*$时的广义解，则(p_λ, q_λ)和(p^*, q^*)分别满足以下两个系统，即系统(5.3.61)及系统(5.3.62)：

$$\begin{cases}\dfrac{\partial p_\lambda}{\partial r} + \dfrac{\partial p_\lambda}{\partial t} = -[\mu_1(r) + x_1(S_\lambda(t)) - x_2(q_\lambda(t))]p_\lambda(r,t), & (r,t)\in Q, \\ \dfrac{\mathrm{d}q_\lambda(t)}{\mathrm{d}t} = -[x_3(S_\lambda(t)) + \mu_2 + v_\lambda(t)]q_\lambda(t), & t\in(0,T), \\ p_\lambda(0,t) = x_4(q_\lambda(t))\displaystyle\int_0^A \beta(r)p_\lambda(r,t)\mathrm{d}r + u_\lambda(t), & t\in(0,T), \\ p_\lambda(r,0) = p_0(r) \geqslant 0, & r\in(0,A), \\ q_\lambda(0) = q_0 \geqslant 0, \\ S_\lambda(t) = \displaystyle\int_0^A p_\lambda(r,t)\mathrm{d}r, & t\in(0,T)\end{cases} \tag{5.3.61}$$

和

$$\begin{cases}\dfrac{\partial p^*}{\partial r} + \dfrac{\partial p^*}{\partial t} = -[\mu_1(r) + x_1(S^*(t)) - x_2(q^*(t))]p^*(r,t), & (r,t)\in Q, \\ \dfrac{\mathrm{d}q^*(t)}{\mathrm{d}t} = -[x_3(S^*(t)) + \mu_2 + v^*(t)]q^*(t), & t\in(0,T), \\ p^*(0,t) = x_4(q^*(t))\displaystyle\int_0^A \beta(r)p^*(r,t)\mathrm{d}r + u^*(t), & t\in(0,T), \\ p^*(r,0) = p_0(r) \geqslant 0, & r\in(0,A), \\ q^*(0) = q_0 \geqslant 0, \\ S^*(t) = \displaystyle\int_0^A p^*(r,t)\mathrm{d}r, & t\in(0,T)。\end{cases} \tag{5.3.62}$$

将式(5.3.61)与式(5.3.62)中对应方程的各项逐项相减，在所得新方程的两端同时除$\lambda(\lambda>0)$，再取$\lambda\to 0^+$的极限，由式(5.3.59)及式(5.3.60)即可得到$(\dot{p}, \dot{q})$所满足的系统：

$$\begin{cases}\dfrac{\partial \dot p}{\partial r}+\dfrac{\partial \dot q}{\partial t}=-[\mu_1(r)+x_1(S^*)-x_2(q^*)]\dot p-x'_{1s}(S^*)p^*\displaystyle\int_0^A \dot p\,\mathrm{d}r+\\ \qquad x'_{2q}(q^*)p^*\dot q,\quad (r,t)\in Q,\\ \dfrac{\mathrm{d}\dot q}{\mathrm{d}t}=-[x_3(S^*)+\mu_2+v^*]\dot q-x'_{3s}(S^*)q^*\displaystyle\int_0^A \dot p\,\mathrm{d}r-q^*(v-v^*),\quad t\in(0,T),\\ \dot p(0,t)=x_4(q^*)\displaystyle\int_0^A\beta(r)\dot p\,\mathrm{d}r+x'_{4q}(q^*)\dot q\int_0^A\beta(r)p^*\,\mathrm{d}r+(u-u^*),\quad t\in(0,T),\\ \dot p(r,0)=p_0(r)\geqslant 0,\quad r\in(0,A),\\ \dot q(0)=q_0\geqslant 0,\\ \dot S(t)=\displaystyle\int_0^A \dot p\,\mathrm{d}r,\quad t\in(0,T)。\end{cases}$$

(5.3.63)

观察系统(5.3.63)可见,系统(5.3.63)与本节的系统(P)类似,因而我们可以采用相同的方法证明系统(5.3.63)广义解的唯一性.

定理 5.3.5 如果假设条件(H_1)~条件(H_8)成立,则系统(5.3.63)存在唯一的广义解($\dot p$,$\dot q$)。

下面提出控制为最优的一阶必要条件。

定理 5.3.6 若(u^*,v^*)$\in U$ 是系统(P)的最优控制,则(u^*,v^*)满足如下的变分不等式:

$$\int_Q 2\dot p[p^*-z_1]\,\mathrm{d}Q+\int_0^T 2\dot q[q^*-z_2]\,\mathrm{d}t+\rho_1\int_Q u^*(u-u^*)\,\mathrm{d}Q+$$
$$\rho_2\int_0^T v^*(v-v^*)\,\mathrm{d}t\geqslant 0,\tag{5.3.64}$$

其中,$p^*=p(r,t;u^*,v^*)$,$q^*=q(t;u^*,v^*)$,$z_1=z_1(r,t)$,$z_2=z_2(t)$。

证明 因为U是凸集,$\forall(u,v)\in U$ 和 $0<\lambda<1$,有

$$u_\lambda=u^*+\lambda(u-u^*),\quad v_\lambda=v^*+\lambda(v-v^*),$$

由范数三角不等式,有

$$\|u_\lambda\|_{L^\infty(Q)}=\|u^*+\lambda(u-u^*)\|_{L^\infty(Q)}\leqslant\|u^*\|_{L^\infty(Q)}+\lambda\|u-u^*\|_{L^\infty(Q)},$$

即

$$\|u_\lambda\|_{L^\infty(Q)}-\|u^*\|_{L^\infty(Q)}\leqslant\lambda\|u-u^*\|_{L^\infty(Q)}。\tag{5.3.65}$$

同理可得

$$\|v_\lambda\|_{L^\infty(0,T)}-\|v^*\|_{L^\infty(0,T)}\leqslant\lambda\|v-v^*\|_{L^\infty(0,T)}。\tag{5.3.66}$$

因为(u^*,v^*)$\in U$ 是满足式(5.3.2)的最优控制,所以有

$$J(u_\lambda,v_\lambda)-J(u^*,v^*)\geqslant 0,\quad \forall\lambda>0,$$

由性能指标泛函$J(u,v)$,有

$$\frac{1}{\lambda}[J(u_n,v_n)-J(u^*,v^*)]=\frac{1}{\lambda}\int_Q(|p_n-z_1|^2-|p^*-z_1|^2)\,\mathrm{d}Q+$$

$$\frac{1}{\lambda}\int_0^T(|q_n-z_2|^2-|q^*-z_2|^2)\mathrm{d}t+$$

$$\frac{1}{\lambda}\frac{\rho_1}{2}\int_0^T(u_\lambda^2-u^{*2})\mathrm{d}t+$$

$$\frac{1}{\lambda}\frac{\rho_1}{2}\int_0^T(v_\lambda^2-v^{*2})\mathrm{d}t$$

$$\stackrel{\Delta}{=}I_5+I_6+I_7+I_8, \tag{5.3.67}$$

其中，$p_\lambda=p(r,t;u_\lambda,v_\lambda)$，$q_\lambda=q(t;u_\lambda,v_\lambda)$。

$$\begin{aligned}\lim_{\lambda\to0^+}I_5&=\lim_{\lambda\to0^+}\frac{1}{\lambda}\int_Q(|p_\lambda-z_1|^2-|p^*-z_1|^2)\mathrm{d}Q\\&=\lim_{\lambda\to0^+}\frac{1}{\lambda}\int_Q(p_\lambda^2-2p_\lambda z_1+z_1^2-p^{*2}+2p^*z_1-z_1^2)\mathrm{d}Q\\&=\lim_{\lambda\to0^+}\frac{1}{\lambda}\int_Q((p_\lambda+p^*)(p_\lambda-p^*)-2z_1(p_\lambda-p^*))\mathrm{d}Q\\&=2\int_Q\dot{p}(p^*-z_1)\mathrm{d}Q,\end{aligned} \tag{5.3.68}$$

$$\begin{aligned}\lim_{\lambda\to0^+}I_6&=\lim_{\lambda\to0^+}\frac{1}{\lambda}\int_0^T(|q(v_\lambda)-z_2|^2-|q(v^*)-z_2|^2)\mathrm{d}t\\&=\lim_{\lambda\to0^+}\frac{1}{\lambda}\int_0^T[(q_\lambda+q^*)(q_\lambda-q^*)-2z_2(q_\lambda-q^*)]\,\mathrm{d}t\\&=2\int_0^T\dot{q}(q^*-z_2)\mathrm{d}t,\end{aligned} \tag{5.3.69}$$

$$\begin{aligned}\lim_{\lambda\to0^+}I_7&=\lim_{\lambda\to0^+}\frac{1}{\lambda}\frac{\rho_1}{2}\int_Q(u_\lambda^2-u^{*2})\mathrm{d}Q\\&=\lim_{\lambda\to0^+}\frac{\rho_1}{2}\int_Q\lambda(u-u^*)(2u^*+\lambda(u-u^*))\mathrm{d}Q\\&=\frac{\rho_1}{2}\int_Q2u^*(u-u^*)\mathrm{d}Q\\&=\rho_1\int_Qu^*(u-u^*)\mathrm{d}Q,\end{aligned} \tag{5.3.70}$$

$$\begin{aligned}\lim_{\lambda\to0^+}I_8&=\lim_{\lambda\to0^+}\frac{1}{\lambda}\frac{\rho_1}{2}\int_Q(v_\lambda^2-v^{*2})\mathrm{d}Q\\&=\rho_1\int_Qv^*(v-v^*)\mathrm{d}Q。\end{aligned} \tag{5.3.71}$$

由式(5.3.67)～式(5.3.71)可得

$$\int_Q2\,\dot{p}[p^*-z_1]\mathrm{d}Q+\int_0^T2\,\dot{q}[q^*-z_2]\mathrm{d}t+\rho_1\int_Qu^*(u-u^*)\mathrm{d}Q+$$

$$\rho_2\int_0^Tv^*(v-v^*)\mathrm{d}t\geqslant0, \tag{5.3.72}$$

则式(5.3.67)成立。定理 5.3.6 证毕。

下面引入伴随状态 $f_1(r,t)$，$f_2(t)$，简记为 f_1，f_2。

$$\begin{cases}\dfrac{\partial f_1}{\partial r}+\dfrac{\partial f_1}{\partial t}-[\mu_1(r)+x_1(S^*)-x_2(q^*)]f_1-q^*x'_{3s}(S^*)f_2,+\\ \quad x_4(q^*)f_1(0,t)\beta-\int_0^A f_1\cdot x'_{1s}(S^*)p^*\mathrm{d}\xi=p^*-z_1,\quad (r,t)\in Q,\\ \dfrac{\mathrm{d}f_2}{\mathrm{d}t}-[x_3(S^*)+\mu_2+v^*]f_2+x'_{4q}(q^*)f_1(0,t)\beta p^*+\\ \quad x'_{2q}(q^*)p^*f_1=q^*-z_2,\quad t\in(0,T),\\ f_1(A,t)=0,f_1(r,T)=0,\\ f_2(T)=0,f_2(0)=0。\end{cases}\tag{5.3.73}$$

在式(5.3.63)$_1$ 的两端同时乘 f_1,再在$[0,A]\times[0,T]$上积分,整理可得

$$\int_0^T\int_0^A\Big[x_4(q^*)f_1(0,t)\beta+\frac{\partial f_1}{\partial r}+\frac{\partial f_1}{\partial t}-\mu_1(r)f_1-x_1(S^*)f_1+x_2(q^*)f_1-$$
$$\int_0^A f_1\cdot x'_{1s}(S^*)p^*\mathrm{d}\xi\Big]\dot{p}\,\mathrm{d}r\mathrm{d}t+$$
$$\int_0^A\int_0^T[x'_{4q}(q^*)f_1(0,t)\beta\cdot p^*+x'_{2q}(q^*)p^*f_1]\,\dot{q}\,\mathrm{d}r\mathrm{d}t$$
$$=\int_0^T(u-u^*)f_1(0,t)\mathrm{d}t。\tag{5.3.74}$$

在式(5.3.63)$_2$ 的两端同时乘 f_2,再在$[0,T]$上积分,可得

$$\int_0^T\Big\{-[x_3(S^*)f_2+\mu_2f_2+v^*f_2]+\frac{\partial f_2}{\partial t}\Big\}\dot{q}\,\mathrm{d}t-\int_0^A\int_0^T(f_2\cdot x'_{3s}(S^*)q^*)\,\dot{p}\,\mathrm{d}r\mathrm{d}t$$
$$=\int_0^T(v-v^*)q^*f_2\mathrm{d}t。\tag{5.3.75}$$

将式(5.3.74)和式(5.3.75)进行整合,可得

$$\int_0^T\int_0^A\Big[x_4(q^*)f_1(0,t)\beta+\frac{\partial f_1}{\partial r}+\frac{\partial f_1}{\partial t}-\mu_1(r)f_1-x_1(S^*)f_1+x_2(q^*)f_1-$$
$$\int_0^A f_1\cdot x'_{1s}(S^*)p^*\mathrm{d}\xi\Big]\dot{p}\,\mathrm{d}r\mathrm{d}t+$$
$$\int_0^A\int_0^T\Big[x'_{2q}(q^*)f_1(0,t)\beta\cdot p^*+x'_{2q}(q^*)p^*f_1-x'_{3s}(S^*)f_2-$$
$$\mu_2f_2-v^*f_2+\frac{\partial f_2}{\partial t}\Big]\dot{q}\,\mathrm{d}r\mathrm{d}t$$
$$=\int_0^T(u-u^*)f_1(0,t)\mathrm{d}t+\int_0^T(v-v^*)q^*f_2\mathrm{d}t。\tag{5.3.76}$$

将式(5.3.76)代入式(5.3.72),有

$$\int_0^T(u-u^*)f_1(0,t)\mathrm{d}t+\int_0^T(v-v^*)q^*f_2\mathrm{d}t\geqslant 0。\tag{5.3.77}$$

综上,可以得出最优性组。

定理 5.3.7 设$(p(r,t;u),q(t;v))$是系统(P)描述的状态,性能指标泛函 $J(u,v)$及容许控制集合 U 已由式(5.3.2)和式(5.3.4)给出。若$(u^*,v^*)\in U$ 为系统(P)的最优控制,则六元组$\{p,q,f_1,f_2,u,v\}$所必须满足的方程(5.3.1),方程(5.3.73)和方程(5.3.77),构成最优性组,由最优性组可确定最优控制$(u^*,v^*)\in U$。

5.4　本章小结

5.1 节研究一类具有空间扩散和年龄结构的三种群捕食与被捕食非线性系统的最优收获控制问题，并运用 Banach 不动点原理证明了系统非负解的存在唯一性，利用 Mazur 定理，证明了最优控制的存在性，同时由法锥概念的特征刻画，给出了控制为最优的必要条件。众所周知，对实际问题的数学描述，非线性系统总要比线性系统更加贴近于实际。但这在数学理论上会增加一定的研究难度，因而，本节所讨论的种群系统(P)，不仅对种群控制问题的实际研究具有现实意义，还对数学理论的研究具有理论意义。

5.2 节运用不动点定理证明了非线性 n 维食物链种群系统解的存在唯一性，利用 Mazur 定理证明了该系统最优收获控制的存在性，同时由法锥概念的特征刻画，给出了控制为最优的必要条件。本节的研究推广了文献[91]，文献[97]的研究结果。

5.3 节研究具有年龄结构的捕食—食饵种群系统，对捕食种群投放量和对食饵种群的收获量同时加以控制的双重控制问题。首先利用特征线方法给出系统解的形式表达式，进而利用不动点定理证明了解的存在唯一性及解对控制变量的连续依赖性；运用 Mazur 引理证明了最优控制的存在性，运用 G-微分和变分不等式等给出了控制为最优的一阶必要条件和最优性组。

附录 A

$\mu(r,t,x)p(r,t,x)$在$L^1(A)$中的有界性

众所周知,线性系统 P_0 的广义解 $p(r,t,x)$满足下面的方程及条件:

$$\frac{\partial p}{\partial r}+\frac{\partial p}{\partial t}-k(t,x)\Delta p+\mu(r,t,x)p=0, \quad \text{在 } Q \text{ 内}, \tag{A.1}$$

$$p(0,t,x)=\varphi(t,x)=\int_0^A \beta(r,t,x)p(r,t,x)\mathrm{d}r, \quad \text{在 } \Omega_T \text{ 内}, \tag{A.2}$$

$$p(r,0,x)=p_0(r,x), \quad \text{在 } \Omega_A \text{ 内}, \tag{A.3}$$

$$p(r,t,x)=0, \quad \text{在 } \Sigma \text{ 上。} \tag{A.4}$$

定理 A.1 若第 4 章假设条件(H_1)~条件(H_5)成立,β 和 $\mu=(\mu_0+\mu_e)$与 S 无关,$k=k(t,x)$也与 S 无关,则有下面的估计式:

$$\begin{cases}\iint_{\Omega_A}\mu p(r,t,x)\mathrm{d}r\mathrm{d}x\leqslant C_6\|p\|_{L^2(\Omega_A)},\\ \|\mu p\|_{L^1(\Omega_A)}\leqslant C_7,\end{cases} \tag{A.5}$$

其中,常数 $C_6>0$,$C_7>0$ 与 p 无关。

证明 令

$$p_1(r,t)=\int_\Omega p(r,t,x)\mathrm{d}x, \tag{A.6}$$

那么 $p_1(r,t)$就是某一种群于时刻 t 在某一有限空间 Ω 上年龄为 r 的个体密度分布。由文献[42]可知,$p_1(r,t)$满足下面的方程及条件:

$$\frac{\partial p_1}{\partial r}+\frac{\partial p_1}{\partial t}+\mu_1(r,t)p=0, \quad \text{在 } \Theta=(0,A)\times(0,T) \text{ 内}, \tag{A.7}$$

$$p_1(0,t)=\varphi_1(t)\equiv\int_0^A \beta_1(r,t)p_1(r,t)\mathrm{d}r, \quad \text{在}(0,T) \text{ 内}, \tag{A.8}$$

$$p_1(r,0)=p_{1,0}(r), \quad \text{在}(0,A) \text{ 内。} \tag{A.9}$$

其中,

$$\begin{cases}\mu_1(r,t)=\int_Q \mu(r,t,x)p(r,t,x)\mathrm{d}x\cdot\left(\int_Q p(r,t,x)\mathrm{d}x\right)^{-1},\\ \beta_1(r,t)=\int_\Omega \beta(r,t,x)p(r,t,x)\mathrm{d}x\cdot\left(\int_\Omega p(r,t,x)\mathrm{d}x\right)^{-1},\end{cases} \tag{A.10}$$

$$\varphi_1(t)=\int_\Omega \varphi(t,x)\mathrm{d}x=\int_\Omega\int_0^A \beta(r,t,x)p(r,t,x)\mathrm{d}r\mathrm{d}x, \tag{A.11}$$

$$p_{1,0}(r)=\int_\Omega p_0(r,x)\mathrm{d}x\text{。} \tag{A.12}$$

可以验证,式(A.8)和式(A.11)所定义的 $\varphi_1(t)$是一致的。

由文献[14]和文献[18]可知，问题(A.6)和问题(A.9)有解：

$$p_1(r,t)=[p_{1,0}(r-t)+\varphi_1(t-r)]\exp\left[-\int_0^T \mu_1(\rho,\rho+t-r)\mathrm{d}\rho\right]。\tag{A.13}$$

由式(A.6)和式(A.10)，有下面的等式：

$$\begin{aligned}I&=\int_0^A \mu_1 p_1(r,t)\mathrm{d}r\\&=\int_0^A\left[\int_\Omega \mu(r,t,x)p(r,t,x)\mathrm{d}x\cdot\left(\int_\Omega p(r,t,x)\mathrm{d}x\right)^{-1}\right]\cdot\left[\int_\Omega p\,\mathrm{d}x\right]\mathrm{d}r\\&=\int_{\Omega_A}\mu p(r,t,x)\mathrm{d}r\mathrm{d}x。\end{aligned}\tag{A.14}$$

由式(A.13)和式(A.14)有

$$\begin{aligned}I&=\int_0^A \mu_1 p_1(r,t)\mathrm{d}r\\&=\int_0^A \mu_1(r,t)[p_{1,0}(r-t)+\varphi_1(t-r)]\mathrm{e}^{-\int_0^T\mu_1(\rho,\rho+t-r)\mathrm{d}\rho}\mathrm{d}r\\&=\int_0^A I_1(r,t)[p_{1,0}(r-t)+\varphi_1(t-r)]\mathrm{d}r,\end{aligned}\tag{A.15}$$

其中，

$$I_1(r)\equiv I_1(r,t)=\mu_1(r,t)\mathrm{e}^{-\int_0^r\mu_1(\rho,\rho+t-r)\mathrm{d}\rho}。\tag{A.16}$$

由文献[42]可知，相对死亡率函数 $\mu_1(r,t)$有“浴盆”函数性质：

$$\begin{cases}\mu_1(r,t)\geqslant 0,\mu_1(r,t)\to+\infty,\text{当 } r\to A-0 \text{ 时},\\ \mu_1(\cdot,t)\in L^1_{\mathrm{loc}}([0,A)),\int_0^A\mu_1(r,t)\mathrm{d}r=+\infty。\end{cases}\tag{A.17}$$

由于 $C_0^1([0,A))$在 $L^1([0,A))$中稠，以下讨论不妨假设 $\mu_1(\cdot,t)\in C_0^1([0,A))$。由积分中值定理有

$$\int_0^r\mu_1(\rho,\rho+t-r)\mathrm{d}\rho=r\cdot\mu_1(\bar\rho(r),\bar\rho(r)+t-r),\ \bar\rho(r)\in[0,r]。\tag{A.18}$$

由 μ_1 的“浴盆”性质(A.17)可知，当 $r\to A$ 时，也有

$$\bar\rho(r)\to A,\tag{A.19}$$

而且在 $r\to A$ 的过程中

$$\text{两个变量 } \mu_1(r,t) \text{ 与 } r\mu_1(\bar\rho(r),\bar\rho(r)+t-r) \text{ 是同阶无穷大},\tag{A.20}$$

因此，不妨将 $\mu_1(r,t)$和 $r\mu_1(\bar\rho(r),\bar\rho(r)+t-r)$记作：

$$x(r)\equiv\mu_1(r,t),C_1(r)\cdot x(r)\equiv r\mu_1(\bar\rho(r),\bar\rho(r)+t-r),\tag{A.21}$$

其中，$C_1(r)$为当 $r\to A$ 时以某个常数 $C_1>0$ 为极限。这样，由式(A.16)定义的

$$I_1(r)=x(r)\cdot\mathrm{e}^{-C_1(r)x(r)}\tag{A.22}$$

由式(A.19)～式(A.22)，有

$$\lim_{r\to A}I_1(r)=\lim_{x(r)\to+\infty}x(r)\cdot\mathrm{e}^{-C_1(r)x(r)},\tag{A.23}$$

但是，依据洛必达法则可得，当 x 是正无穷大时，

$$\lim_{x(r)\to+\infty}x\mathrm{e}^{-x}=\lim_{x(r)\to+\infty}\frac{x}{\mathrm{e}^x}=\lim_{x(r)\to+\infty}\frac{(x)'}{(\mathrm{e}^x)'}=\lim_{x(r)\to+\infty}\frac{1}{\mathrm{e}^x}=0$$

而由有限极限的量为有界量，可从上式推得

$$\{x\mathrm{e}^{-x}\}\ 一致有界，即\ |x\mathrm{e}^{-x}|\leqslant C_1<+\infty。\tag{A.24}$$

与式(A.24)同理，有

$$\lim_{r\to A}I_1(r)=\lim_{x(r)\to+\infty}x(r)\cdot\mathrm{e}^{-C_1(r)x(r)}=\lim_{x\to+\infty}\frac{x}{\mathrm{e}^{C_1(x)x}}$$

$$=\lim_{x\to+\infty}\frac{1}{\mathrm{e}^{C_1(x)}[C_1(x)+C_1'(x)x]}=0,$$

因而 $I_1(r)\equiv x(r)\mathrm{e}^{-C_1(r)x(r)}$ 具有性质：

$$\begin{cases}I_1(r)=\{I_1(r),r\in(0,A)\}\ 一致有界，\\ |I_1(r)|\leqslant C_2<+\infty。\end{cases}\tag{A.25}$$

这样，由式(A.25)和式(A.15)就推得

$$I=\int_0^A\mu_1p_1(r,t)\mathrm{d}r=\int_0^A I_1(r,t)[p_{1,0}(r-t)+\varphi_1(r-t)]\mathrm{d}r$$

$$\leqslant C_2\int_0^A[|p_{1,0}(r-t)|+|\varphi_1(r-t)|]\mathrm{d}r。\tag{A.26}$$

由式(A.12)和4.1节中假设条件(H_4)关于 p_0 的假设式(4.1.17)，有

$$\int_0^A|p_{1,0}(r-t)|\mathrm{d}r=\int_0^A\int_\Omega p_0(r,x)\mathrm{d}x\mathrm{d}r\leqslant\int_{\Omega_A}\bar{p}_0\mathrm{d}r\mathrm{d}x=\bar{p}_0\mathrm{mes}\Omega_A$$

$$\equiv C_3<+\infty。\tag{A.27}$$

由式(A.11)和4.1节中假设条件(H_2)关于 β 的假设式(4.1.15)，有

$$\int_0^A|\varphi_1(t-r)|\mathrm{d}r=\int_0^A\left|\int_\Omega\varphi(t-r,x)\mathrm{d}x\right|\mathrm{d}r$$

$$=\int_0^A\left|\int_\Omega\int_0^A\beta(\alpha,t-r,x)p(\alpha,t-r,x)\mathrm{d}\alpha\mathrm{d}x\right|\mathrm{d}r$$

$$\leqslant G_1\int_{\Omega_A}\int_0^A p(\alpha,t-r,x)\mathrm{d}\alpha\mathrm{d}r\mathrm{d}x$$

$$\leqslant G_1(AC(T))^{1/2}\cdot\mathrm{mes}\Omega_A$$

$$\equiv C_4<+\infty。\tag{A.28}$$

另外，由式(A.11)和式(A.28)以及 Hölder 不等式又推得：

$$\int_0^A|\varphi_1(t-r)|\mathrm{d}r\leqslant G_1\int_0^A\int_{\Omega_A}p(\alpha,t-r,x)\mathrm{d}\alpha\mathrm{d}r\mathrm{d}x$$

$$\leqslant G_1(\mathrm{mes}\Omega_A)^{\frac{1}{2}}\int_0^A\|p\|_{L^2(\Omega_A)}\mathrm{d}r$$

$$=AG_1(\mathrm{mes}\Omega_A)^{\frac{1}{2}}\|p\|_{L^2(\Omega_A)}\equiv C_5\|p\|_{L^2(\Omega_A)}。\tag{A.29}$$

将式(A.27)，式(A.29)代入式(A.26)得

$$I\leqslant C_2\int_0^A[|p_{1,0}(r-t)|+|\varphi_1(t-r)|]\mathrm{d}r$$

$$\leqslant C_2(C_3+C_5\|p\|_{L^2(\Omega_A)})\leqslant C_6\|p\|_{L^2(\Omega_A)}。\tag{A.30}$$

由式(A.26)～式(A.28)又可推得

$$I\leqslant C_2(C_3+C_4)\equiv C_7。\tag{A.31}$$

依据等式(A.14)，从式(A.31)推得

$$\int_{\Omega_A}\mu(r,t,x)p(r,t,x)\mathrm{d}r\mathrm{d}x = I \leqslant C_7, \tag{A.32}$$

其中常数 $C_7>0$ 与 p 无关。式(A.30)为式$(\text{A.5})_1$；式(A.31)为式$(\text{A.5})_2$。定理 A.1 证毕。

对于与年龄相关的拟线性种群扩散系统(P)，对其内、外死亡率 μ_0，$\mu_e(S)$和广义解 p，应有与定理 A.1 相应的结论，证明方法完全类似，或者运用记号 $\beta(r,t,x;S(t,x))=\beta(r,t,x)$ 和 $\mu_0(r,t,x)+\mu_e(r,t,x;S(t,x))\equiv\mu(r,t,x)$。从定理 A.1 可得到下面的推论。

推论 A.1 若第 4 章假设条件(H_1)～条件(H_6)成立，则有

$$\begin{cases}\left\{\|(\mu_0+\mu_e)p\|_{L^1(\Omega_A)}\right\} \text{一致有界，a.e.于}[0,T]\text{内，}\\ \int_{\Omega_A}(\mu_0+\mu_e)p\,\mathrm{d}r\mathrm{d}x \leqslant C_8\|p\|_{L^2(\Omega_A)}\text{。}\end{cases} \tag{A.33}$$

参考文献

［1］ 拉法格 P,李卜克内西 W.忆马克思恩格斯［M］.杨启璘,等译.北京：生活·读书·新知三联书店,1963.

［2］ 徐光启.农政全书［M］.朱维铮,李天纲,编.上海：上海古籍出版社,2020.

［3］ Malthus T R. An Essay on the Principle of Population as it Affects the Future Improvement of Society, with Remarks on the Speculations of M. Godwin, M. Condorct and other writer［M］. Ann Arbor：University of Michigan Press,1986.

［4］ Verhulst P F.Notice Sur la Loi Que Populations Uit Son Accroissement［J］.Journal of Mathematical Physics,1838,5(10)：113-121.

［5］ Sharpe F R, Lotka A J. A Problem in Age-distribution［J］. Philosophical Magazine, 1911, 6 (21)：435-438.

［6］ Mckendric A C.Applications of Mathematics to Medical Problems［J］.Proceedings of the Edinburgh Mathematical Society,1926,44：98-130.

［7］ von Foerster H.Some Remarks on Changing Populations in the Kinetics of Celluar Proliferation［M］. New York：Grune and Stratton,1959.

［8］ Feller W.On the Integral Equation of Renewal Theory［M］.Heidelberg：Springer-Verlag,1941.

［9］ Bellman R, Cooke K L. Differential Difference Equations［J］. International Symposium on Nonlinear Differential Equations & Nonlinear Mechanics,1963,16(12)：75-76.

［10］ Miller R K.Nonlinear Volterra Integral Equations［J］.Benjamin,1971：4(3)54-56.

［11］ Webb G F.A Semigroup Proof of the Sharpe-Lotka Theorem［C］. The International Conference on Operator Semigroup and Applications, Australia,1983,1076：254-268.

［12］ 宋健,于景元,李广元.人口发展过程的预测［J］.中国科学,1980,9：920-932.

［13］ 宋健,于景元.人口系统的稳定性理论和临界妇女生育率［J］.自动化学报,1981,7 (1)：1-12.

［14］ 陈任昭.非定常人口系统的动态特性［J］.科学通报,1981,26 (20)：1276.

［15］ 陈任昭.人口发展方程的弱解［J］.数学研究与评论,1983,3 (3)：79-89.

［16］ 宋健,陈任昭.非定常人口系统的动态特性和几个重要人口指数的计算公式［J］.中国科学(A 辑),1983,(11)：1043-1051

［17］ 陈任昭.非定常人口系统的稳定性和妇女临界生育率理论［J］.科学通报,1985,6：410.

［18］ 陈任昭,高夯.时变人口系统的李雅普诺夫稳定性［J］.中国科学(A 辑),1990,2：144-152.

［19］ 高夯.开环与闭环时变人口系统的稳定性［J］.系统科学与数学,1991,11 (2),187-192.

［20］ 陈任昭,高夯,李健全.一类时变人口系统的稳定性［C］//秦化淑.中国控制会议论文集［M］.北京：中国科学技术出版社,1995.

［21］ 宋健.关于人口发展的双线性最优控制［J］.自动化学报,1980,6 (4)：241-249.

［22］ 宋健,于景元.人口控制论［M］.北京：科学出版社,1985.

［23］ Song J, Yu J Y.Population System Control［M］.Berlin：Springer-Verlag,1988.

［24］ 于景元,赵军,朱广田.经济增长中的投资控制模型［J］.系统工程理论与实践,1996,4 (16)：13-20.

［25］ 于景元,赵军.经济系统的控制模型及其解的性质［J］.控制与决策,1996,11(4)：452-456.

［26］ 高德智,许香敏.森林发展系统中的最优控制问题［J］.系统工程理论与实践,1999,4：90-93.

［27］ 于景元,许香敏,焦红兵,等.发汗冷却系统的最优控制［J］.控制与决策,1999,14(5)：398-402.

[28] 焦红兵,于景元,许香敏.一类非线性投资动力系统解的非负性[J].系统工程理论与实践,1998,18(4):1-7.

[29] 焦红兵,于景元.资产对科技进步的依赖关系.系统工程理论与实践,1998,18(10):86-90.

[30] 于景元,王文尉,魏礼平,等.林龄面积转移方程解的性质[J].应用数学学报,1994,17 (4):606-612.

[31] Hu S J,Xiao Y Z.Existence of Optimal Fertility Rate in Population Control[J].Acta Mathematica Scientia,1984,4 (2):147-152.

[32] 赵友.时变人口系统最优生育率控制存在性的充要条件[J].东北大学学报(增刊),1994,15 :1-5.

[33] Chen W L,Guo B Z.Optimal birth Control of Population Dynamics[J].Journal of Mathematical Analysis and Applications,1989,144(2) :532-552.

[34] Chen W L,Guo B Z.Optimal birth Control of Population Dynamics.II:Problems with Free Final Times,Phase Constraints and Mini-maxi Cost[J].Journal of Mathematical Analysis & Applications,1990,146(2):523-539.

[35] Chen W L,Guo B Z.Overtaking Optimal Control of Age-dependent Population with Infinite Horizon [J].Journal of Mathematical Analysis & Applications,1990,150(1):41-53.

[36] Prato G D,Iannelli M.Boundary Control Problem for Age-dependent Equations,Evolution Equations,Control Theory and Biomathematics[J].Lectures Notes in Pure and Applied Mathematics,1994,55:91-100.

[37] 曹春玲,陈任昭.时变种群系统的最优边界控制[J].东北师大学报(自然科学版),1999,4 (1):9-13.

[38] 徐文兵,陈任昭.时变种群系统的最终状态观测及边界控制[J].东北师大学报(自然科学版),2000,32 (1):6-9.

[39] Gurtin M E,MacCamy R C,Hoppensteadt F.Nonlinear Age-dependent Population Dynamics.Arch. Rat.Mech.Anal.1974,54(3) :281-300.

[40] Webb G F. Theory of Nonlinear Age-dependent Population Dynamics [J]. Pure and Applied Mathematics,1985,42(7):15-30.

[41] Chen W L,Guo B Z.Global Behavior of Age-dependent Logistic Population Models[J].Journal of Mathematical Biology,1990,(28):225-235.

[42] 于景元,郭宝珠,朱广田.人口分布参数系统控制理论[M].武汉:华中科技大学出版社,1999.

[43] 陈任昭,李健全.与年龄相关的非线性时变种群发展方程解的存在与唯一性[J].数学物理学报(A辑),2003,23(4):385-400.

[44] 徐文兵,陈任昭.与年龄相关的时变种群系统的最优投放和最优捕获[D].长春:东北师范大学,2000.

[45] Anita S. Optimal Harvesting for a Nonlinear Age-dependent Population Dynamics[J].Journal of Mathematical Analysis and Applications,1998,226(1) :6-22.

[46] Anita S,Iannelli M,Kim M Y,et al. Optimal Harvesting for Periodic Age-dependent Population Dynamics[J].Siam Journal on Applied Mathematics,1998,58 (5):1648-1666.

[47] Gurtin M E,Murphy L F.On the Optimal Harvesting of Persistent Age-structured Populations[J]. Journal of Mathematical Biology,1981,13(2):131-148.

[48] Gurtin M E,Murphy L F.On the Optimal Harvesting of Age-structured Populations:Some Simple Models[J].Mathematical Biosciences,1981,55(1-2):115-136.

[49] Barbu V,Iannelli M.Optimal Control of Population Dynamics[J].Journal of Optimization Theory and Applications,1999,102(1):1-14.

[50] Gurtin M E. A System of Equations for Age-dependent Population Diffusion[J].Journal of Theoretical Biology,1973,40(2):389 -392.

[51] Gopalsamy K G.On the Asymptotic Age Distrbution in Dispersive Populations[J]. Mathematical

Biosciences,1976,31(3-4):191-205.

[52] Garroni M G,Lamberti L. A variational problem for population dynamics with a unilateral constraint [J].Bollettino Della Unione Matematica Italiana B,1979,17(4):282-286.

[53] Garroni M G,Langlais M. Age-dependent population diffusion with external constraint[J].Journal of Mathematical Biology,1982,14(1):77-94.

[54] Chan W L,Feng D X. Modelling and stability analysis of population growth with spatial diffusion[J].系统科学与数学(英文版),1993,4:341-352.

[55] 陈任昭,张丹松,李健全.具有空间扩散的种群系统解的存在唯一性与边界控制[J].系统科学与数学,2002,22(1):1-13.

[56] 陈任昭,张丹松.具有空间扩散且与年龄相关的时变种群系统的最优边界控制[J].系统工程理论与实践,2000,20(11):35-45.

[57] 李健全,陈任昭.时变种群扩散系统最优生育率控制的非线性问题[J].应用数学学报,2002,25(4):626-641.

[58] 申建中,张丹松,许香敏.一个非线性扩散系统解的存在性及线性系统的最优控制[J].应用泛函分析学报,2000,2(4):317-327.

[59] 李健全.与年龄相关的非线性种群扩散系统的最优控制[D].北京:北京信息控制研究所,2001.

[60] 付军,陈任昭.年龄相关的种群扩散系统的最优分布控制.数学的实践与认识[J].2003,33(3):93-98.

[61] 付军,陈任昭.关于年龄相关的种群扩散系统的最优分布控制计算的惩罚移位法[C]//顾基发.中国系统工程学会第12届学术年会论文集[M].北京:海洋出版社,2002.

[62] Ainseba B E, Langlais M. On a Population Dynamics Control Problem with Age-dependence and Spatial Structure[J].Journal of Mathematical Analysis and Applications,2000,248(2):455-474.

[63] Blasio G D.Non-linear age-dependent population diffusion[J].Journal of Mathematical Biology,1979,8(3):265-284.

[64] Maccamy R C. A population model with nonlinear diffusion[J]. Journal of Differential Equations,1981,39(1):52-72.

[65] Langlais M. A Non-linear Problem in Age-dependent Population Diffusion[J]. SIAM Journal on Mathematical Analysis,1985,16(3):510-529.

[66] Langlais M. Large time behavior in a nonlinear age-dependent population dynamics problem with spatial diffusion[J].Journal of Mathematical Biology,1988,26(4):319-346.

[67] Kubo M, langlais M. Periodic Solutions for Nonlinear Population Dynamics Models with Age-Dependence and Spatial Diffusion[J].Journal of Differential Equations,1994,109(2):274-294.

[68] 陈任昭,张丹松.带迁移因素和依赖年龄的种群生长的非线性扩散动力系统[C]//秦化淑.中国控制会议论文集[M].武汉:武汉出版社,1997.

[69] 李健全,张丹松,陈任昭.半线性时变种群扩散系统广义解的唯一性[J].东北师大学报(自然科学版),1999,31(3):1-6.

[70] 陈任昭,张丹松.具有年龄相关和空间扩散的非线性时变种群扩散系统解的李雅普诺夫稳定性[J].东北师大学报(自然科学版),1999,(4):1-8.

[71] Anita S. Optimal control of a nonlinear population dynamics with diffusion [J]. Journal of Mathematical Analysis & Applications,1990,152(1):176-208.

[72] Huang Y, Zhao Y. Optimal Birth Control of a Nonlinear Population Diffusion with External Constraint[J].控制理论及其应用(英文版),1994,11(5):534-544.

[73] 陈任昭,李健全,付军.与年龄相关的非线性种群扩散方程广义解的存在性[J].东北师大学报(自然科学版),2001,33(3):3-13.

[74] 陈任昭,李健全.年龄相关的非线性种群扩散系统广义解的唯一性[J].东北师大学报(自然科学版),2002,34(3):1-8.
[75] 陈任昭.新空间中复连通域上抛物系统的最优边界控制[J].中国科学(A辑),1993,23(8):785-793.
[76] 陈任昭,聂宏.混凝土坝温度的最优预冷控制[J].系统工程理论与实践,1997,17(3):88-91.
[77] 陈任昭,聂宏.关于一类抛物系统最优初始计算的惩罚移位法[J].东北师大学报(自然科学版),1998,30(1):102-109.
[78] 翁世友,高海音,赵宏亮,陈任昭.关于混凝土坝基渗流系统最优控制的乘子算法[J].东北师大学报(自然科学版),1998,30(4):7-12.
[79] 陈任昭,张丹松.具有空间扩散且与年龄相关的时变种群的最优边界控制[J].系统工程理论与实践,2000,20(11):35-45.
[80] 付军,程岩.关于年龄相关的种群扩散系统的最优边界控制计算的惩罚移位法[J].数学的实践与认识,2008,38(18):89-97.
[81] 付军,闫淑坤.关于年龄相关的种群系统的最优边界控制计算的惩罚移位法[J].吉林大学学报,2010,48(2):175-182.
[82] 付军,鞠静楠,朱宏.具空间扩散的时变种群系统最优分布控制计算的乘子方法.吉林师范大学学报(自然科学版),2010,31(1):9-12.
[83] 付军,李婉婷,李仲庆.具年龄结构的种群动力系统的最优分布控制计算的惩罚移位法[J].吉林师范大学学报(自然科学版),2017,38(4):59-65.
[84] Odum E P.生态学基础[M].孙儒泳,等译.北京:人民教育出版社,1988.
[85] 陈兰荪.数学生态学模型与研究方法[M].北京:科学出版社,1988.
[86] 马知恩.种群生态学的数学模型与研究[M].合肥:安徽教育出版社,1996.
[87] Zhao C,Wang M S,Zhao P.Optimal harvesting problems for age-dependent interacting species with diffusion[J].Applied Mathematics and Computation,2005,163(1):117-129.
[88] Luo Z X.Optimal harvesting control problem for an age-dependent competing system of n-species[J].Applied Mathematics & Compution,2006,183(1):119-127.
[89] Luo Z X.Optimal harvesting problem for an age-dependent n-dimensional food chain diffusion model[J].Applied Mathematics & Computation,2007,186(2):1742-1752.
[90] Luo Z X.Optimal birth control for an age-dependent competition system of n-species[J].Journal of Systems Science and Complexity,2007,20(3):403-415.
[91] 雒志学,杜明银.一类具年龄结构 n 维食物链模型的最优收获控制[J].应用数学与力学,2008,29(5):618-630.
[92] 顾建军,卢殿臣,王晓明.具扩散与年龄结构的三种群捕食与被捕食系统的最优收获[J].数学的实践与认识,2008,38(22):101-108.
[93] Luo Z X, Guo J S. Optimal Harvesting for Three Competing Species With Age-dependent and Diffusion[J].Advances in Mathematics,2009,38(2):209-219.
[94] 孙宏雨,赵春.具有年龄结构竞争种群系统的适定性和最优控制[J].应用数学学报,2010,33(6):1037-1048.
[95] 吴秀兰,付军.具有年龄结构和空间扩散的捕食与被捕食种群系统的最优控制[J].吉林大学学报(理学版),2010,48(4):545-550.
[96] 孙宏雨,赵春.具有年龄结构三竞争种群系统的适定性[J].天津师范大学学报(自然科学版),2011,31(2):1-5.
[97] 雒志学.具有年龄结构的捕食-食饵种群动力系统的最优收获控制[J].数学的实践与认识,2007,32(12):115-120.

[98] 何泽荣.具有年龄结构的捕食种群系统的最优收获策略[J].系统科学与数学,2006,26(4):467-483.
[99] Anita S. Analysis and control of Age-dependent Population Dynamics[M]. Amsterdam: Kluwer Academic,2000.
[100] 刘炎,何泽荣.具有 size 结构的捕食种群系统的最优收获策略[J].数学物理学报,2012,32(1):90-102.
[101] 付军,陈任昭.年龄相关的种群扩散系统解的存在唯一性与收获控制[J].控制理论与应用,2005,22(4):588-596.
[102] Murphy L F, Smith S J. Optimal harvesting of an age-structured population[J]. Journal of Mathematical Biology,1990,29(1):77-90.
[103] 付军,陈任昭.一类种群扩散系统的解及其对收获控制的连续相依性[J].东北师大学报(自然科学版),2002,34(2):1-5.
[104] 李健全,陈任昭.时变种群扩散系统最优生育率控制的非线性问题[J].应用数学学报,2002,25(4):626-641.
[105] Song J,Yu J Y.Population system Control [M].Berlin: Springer-Verlag,1988.
[106] Lions J L,Magenes E. Nonhomogeneous Boundary Value Problems and Applications[M]. Berlin: Springer-Verlag,1970.
[107] Lions J L. Operational Differential Equation and Boundary Value Problems[M]. Berlin: Springer-Verlag,1970.
[108] Adams R A.索伯列夫空间[M].叶其孝,等译.北京:人民教育出版社,1983.
[109] Berger M S.非线性与泛函分析[M].余庆余,译.北京:人民教育出版社,1989.
[110] Ladyzhenskaya O A,Solonnikov V A,Uraltseva N N.Linear and quasi-linear equations of parabolic type[J].Translations of Mathematical Monographs,1968,16(4):27-44.
[111] Lions J L. Optimal Control of Systems Governed by Partial Differential Equations[M]. Berlin: Springer-Verlag,1971.
[112] Sharpe F R,Lotka A J.A Problem in Age-distribution[J]. Philosophical Magazine,1911,6(21):435-438.
[113] Chen R Z.On dynamic characteristic of nonstationary population systems[J].Kexue Tongbao,1982,27(6):683-684.
[114] 陈任昭.关于人口发展过程的偏微分方程非齐次边值问题[J].东北师大学报(自然科学版),1982,14(2):7-10.
[115] 陈任昭.人口发展方程解的正则性[J].科学探索学报,1983,3(4):37-44.
[116] 姚秀玲,陈任昭.时变种群最优生育率控制的非线性问题[J].东北师大学报(自然科学版),2005,37(4):1-6.
[117] Proto G D,Iamelli M.Boundary control problem for age dependent equation[J].Lecture Notes in Pure and Applied Mathematics,1994,155:90-100.
[118] 斯米尔诺夫 B H.高等数学教程(第四卷,第二分册)[M].谷超豪,译.北京:高等教育出版社,1958.
[119] 夏道行,严绍宗.实变函数与应用泛函分析基础[M].上海:上海科技出版社,1987.
[120] 付军,陈任昭.年龄相关的时变种群系统的边界能控性[J].东北师大学报(自然科学版),2007,39(1):1-6.
[121] 陈任昭.具有移民项的非定常人口发展方程正则解的存在性与唯一性[J].东北师大学报(自然科学版),1985,17(3):1-5.
[122] 李健全,陈任昭.具最终状态观测的种群扩散系统最优生育率控制的非线性问题[J].应用泛函分析学报,2005,7(2):179-192.

[123] 陈任昭,李健全.一类时变人口系统正则解的唯一性[J].东北师大学报(自然科学版),1996,28(1):1-4.

[124] 付军,陈任昭.年龄相关的时变种群系统的分布能控性[J].东北师大学报(自然科学版),2007,39(3):1-7.

[125] 赵义纯.非线性泛函分析及其应用[M].北京:高等教育出版社,1989.

[126] 付军,陈任昭.年龄相关的半线性时变种群扩散系统的最优收获控制[J].应用泛函分析学报,2004,6(3):273-288

[127] 李健全,陈任昭.具分布观测的年龄相关的种群扩散系统生育率控制的非线性问题[J].工程数学学报,2006,23(5):801-815.

[128] 朱宏,付军,王杰.一类非线性种群扩散系统的最优生育率控制的存在性[J].吉林师大学报(自然科学版),2010,31(4):46-50.

[129] 何泽荣,朱广田.基于年龄分布和加权总规模的种群系统的最优收获控制[J].数学进展,2006,35(3):315-324.

[130] 叶山西,赵春.一类具有年龄分布和加权的种群系统的最优控制[J].应用数学,2007,20(3):562-567.

[131] 辜联昆.二阶抛物型偏微分方程[M].厦门:厦门大学出版社,1995.

[132] 那汤松 E B.实变函数论[M].5 版.徐瑞云,译.北京:高等教育出版社,2010.

[133] 拉迪斯卡娅 O A,乌拉利采娃 H H.线性和拟线性椭圆方程[M].严子谦,等译.北京:科学出版社,1987.

[134] Cesari L.Multidimensional Lagrange problems of optimization in a fixed domain and an application to a problem of magnetohydrodynamics[J]. Archive for Rational Mechanics & Analysis, 1968, 29(2): 81-104.

[135] Fu J, Chen R Z. Optimal Control for Perturbation System of Age-Dependent Population Diffusion [J].Journal of Systems Science and Information 2003, 1(2): 211-220.

[136] 付军.一类四阶偏微分方程系统的控制问题[J].数学的实践与认识,2004,34(10):111-121.

[137] 付军.年龄相关的种群系统的最优扩散控制[J].应用数学,2008,21(3):476-484.

[138] Medhin N G. Optimal harvesting in age-structured population[J]. Journal of Optimization Theory and Application, 1992, 74(3): 413-423.

[139] 江泽坚,孙善利.泛函分析[M].北京:高等教育出版社,2005.

[140] 付军,朱宏.具年龄和加权的半线性种群系统的最优边界控制[J].吉林大学学报(理学版),2013,51(1):27-33.

[141] 黎茨 F,塞克佛尔维-纳吉 B.泛函分析讲义(第二卷)[M].庄万,等译.北京:科学出版社,1981.

[142] 郑红燕,赵春.一类依赖个体尺度结构的捕食种群系统的最优收获问题[J].天津师范大学学报(自然科学版),2014,34(3):1-6.